JN493520

도판으로 이해하는

세계건축사

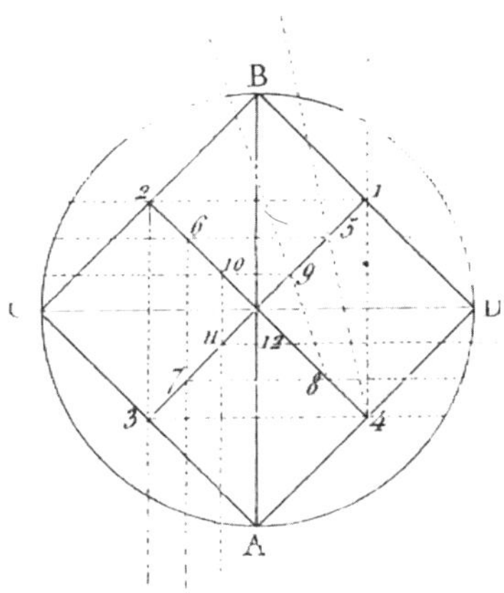

도 판 으 로 이 해 하 는

세계건축사

The Grammar of Architecture

Emily Cole General Editor / **유우상 · 장지을** 공역

Spacetime

LIST OF CONTRIBUTORS

PHILIPPA BAKER (Early Christian and Byzantine) studied History of Art and Architecture at the University of Manchester, England and works as a freelance editor specializing in art and architectural books.

SUSIE BARSON (Babylon, Assyria, Persia/Islamic) gained an M.A. in Architectural History at the Bartlett School of Architecture, University of London. She now works as a historian at English Heritage.

EMILY COLE (Preclassical/Early and Classical India/Ancient Greece) gained an M.A. at the Courtauld Institute, University of London, where she studied Architectural History; she now works as a historian for English Heritage.

MARIA FLEMINGTON (Neoclassical) has an M.A. in Architectural History from the Courtauld Institute, University of London. She now works as Collections Manager for the National Trust.

EMILY GEE (Classical Japan) has an M.A. in Architectural History from the University of Virginia, and works as an Inspector of Historic Buildings at English Heritage.

TESSA GIBSON (Romanesque) gained an M.A. in Architectural History at the Courtauld Institute, University of London, and now works for the National Trust.

EMMA LAUZE (Ancient Rome) has an Architectural History M.A. in Roman Urban Planning from the Courtauld Institute, University of London. Since completing her studies in 1994, she has worked at the Paul Mellon Centre for Studies in British Art on a variety of publishing and research projects.

MARY PESKETT-SMITH (Renaissance) has an M.A. in the Architectural History of Renaissance Rome from the Courtauld Institute, University of London. She is currently engaged in a research project at the Paul Mellon Centre for Studies in British Art.

EMILY RAWLINSON (Pre-Columbian/Baroque and Rococo/Palladianism) gained an M.A. in Architectural History at the Courtauld Institute, University of London, and now works with Pevsner Architectural Guides.

JAMES ROTHWELL (Gothic) gained an M.A. in Architectural History at the Courtauld Institute, University of London, and now works for the National Trust.

SARAH VIDLER (Ancient Egypt) obtained a B.A. (hons) degree in Archaeology of the Eastern Mediterranean, University of Liverpool. She works for English Heritage.

ALICE YATES (Picturesque) read Architectural History at the University of Edinburgh and gained an M.Sc. in Historic Conservation from Oxford Brookes University. She is currently Projects Assistant at the World Monuments Fund in Britain

XU YINONG (Early and Dynastic China) has a Ph. D. in Architectural and Urban History from the University of Edinburgh. He is Senior Lecturer in Architecture at the Faculty of the Built Environment, University of New South Wales, Australia.

Copyright © The Ivy Press

This translation of The Grammar of Architecture originally published in English in 2002 is published bt arrangement with THE IVY PRESS Limited

Korean Translation Copyright © 2008, Spacetime Publishers

Korean Translation edition published by arrangement with THE IVY PRESS Limited through PubHub Literary Agency.

이 책의 한국어판 저작권은 PubHub 에이전시를 통한 저작권자와의 독점 계약으로 도서출판 시공문화사에 있습니다. 저작권법에 의해 한국 내에서 보호를 받는 저작물이므로 무단 전재와 무단 복제를 금합니다.

도판으로 이해하는 세계건축사

:: 2008년 3월 5일 1쇄 발행
:: 유우상 · 장지을 공역
:: 발행인 | 김기현 | 발행처 Spacetime · 시공문화사
:: 등록 | 1993.3.12 제 1-1493
:: 표지 · 편집디자인 | 스페이스
:: 인쇄 | 예림인쇄사
:: 제본 | 세진문화사
:: 용지 | 대림지업사

:: 120-796 서울시 서대문구 현저동 200 극동상가 5층
:: 전화 02-3147-1212 · 2323 | 팩스 02-3147-2626
:: spacetime@korea.com | www.spacetime.co.kr
:: ISBN 89-5592-018-8
:: © 파본은 교환하여 드립니다.

정가 24,000원

목차

서문

이 책은 전 세계와 전 역사에 걸쳐 존재해 온 건물을 설명하는데 필요한 광범위한 건축의 전문용어를 건축을 전공하는 학생과 일반인에게 쉽게 소개하기 위해 쓰여 졌다. 본서는 이런 목적을 좀더 효과적으로 달성하기 위하여 알파벳순으로 된 관습적인 방식에서 벗어나 연대기 방식을 취했다. 각 장은 시대로 구분되며 아름답고 섬세한 동판화와 각 시대의 권위자들이 붙인 간략한 설명을 함께 배치했다.

이런 연대기적인 체제를 통해서 독자들은 건축요소, 형태, 기술, 양식 등을 각 시대의 문맥 속에서 파악할 수 있다. 각 장의 서두에 그 시대의 종교 · 사회 · 정치 · 경제적 배경을 소개하고 건물이 자리 잡은 대지, 건물의 기능, 건축재료 그리고 건축가의 역할에 대해 설명했다.

또한 책의 후반부에 거의 전 시대와 국가에서 공통적으로 발견되는 10개의 중요한 건축요소들 — 돔, 기둥, 탑, 아치와 아케이드, 출입문, 창문, 페디먼트와 박공, 지붕, 볼트, 계단 — 을 풍부한 그림과 함께 설명하였다. 그리고 본문에서 논의된 중요한 전문 건축용어를 간략하게 서술한 용어풀이를 권말에 수록했다.

본서는 이집트 건축으로부터 시작된다. 그 뒤를 이어 전 건축역사에 나타난 주요 양식들이 배치된다. 각 양식은 장으로 구분되며, 다시 건물

유형, 국가, 역사적 발전 등의 주제로 나누어 배치된다. 한 시대(양식)를 대표하는 건축물, 예를 들어 그리스 건축의 파르테논 신전이나 비잔틴 건축의 하기아 소피아 성당과 같은 건물들은 세부적인 내용까지 설명했다. 각 장의 길이는 선택된 건축용어의 범위에 비례한다. 특히 고전건축(그리스와 로마)이나 고딕건축과 같이 일찍부터 연구가 이루어져온 양식들은 매우 복잡하고 세분화된 건축용어들이 사용되고 있으므로 좀 더 자세하게 다루어졌다. 그 결과 이런 장들은 그 길이가 상대적으로 길어졌다. 이에 반해 에게 건축이나 신대륙발견 이전의 아메리카 건축과 같은 양식은 비전공자 수준의 건축적, 비건축적 정보가 풍부하지 못하므로 길게 다루어지지 못했다.

각 장은 양식을 특징짓는 건축요소와 형태적 특징들이 풍부한 그림과 도면으로 설명되었다. 건축에 효과적으로 통합되어 있는 장식 요소에 대해서도 충분한 설명을 붙였다.

본서에서 다룬 가장 최근의 양식은 18세기 말과 19세기 초에 걸쳐 일어난 픽쳐레스크 운동이다. 1800년대 말과 1900년대 초반에 나타난 건축언어는 그전 시기보다도 더 확연하게 과거의 건축적 모티브가 되풀이되었다. 따라서 이 시기의 건축용어는 대부분 전통적인 것과 겹치므로,

본서에서는 이 시기의 건축재료와 건설방법에 치중했다. 예를 들어, 고딕부흥양식을 서술하기 위해서는 단지 고딕건축의 용어를 이해하는 것으로 충분하며 이집트부흥양식을 위해서는 이집트건축을 이해하는 것으로 충분하기 때문이다. 이렇듯 일부 양식이 누락되었으므로 본서는 건축사를 완벽하게 보여준다고 주장하지 않는다. 건축사에 관한 저술은 이미 충분히 출간되어 왔고, 특히 배니스터 플레쳐 경이 저술한 History of Architecture(1896년에 처음 간행되었으며 오늘날까지도 대단한 가치를 지니고 있다)와 같은 좋은 역사서가 있다. 그럼에도 불구하고 본서는 지금까지 발간된 건축용어 해설서의 한계를 극복했다고 자부한다. 본서는 건축용어에 역사적 맥락을 접목하였으며, 이를 통해 많은 역사서에서 시도하는 복잡한 건축적 분석 없이도 기초적이고 근본적인 수준에서 건축을 더 잘 이해할 수 있다. 이런 접근방식은 건축을 처음 접하는 이들이 쉽게 이해할 수 있도록 해주며, 아울러 건축을 더 깊이 배우고자 하는 이들에게도 필요한 정보를 제공해 준다.

본서의 가장 큰 특징은 부분은 그림과 도면 자료이다. 이런 도판들은 18세기와 19세기에 발간된 수많은 건축 서적과 사전류 그리고 고고학 및 지형학 관련 도서에서 추출한 것으로 주로 동판과 강판을 사용한 판

화이다. 이 도판들을 본서에 사용한 것은 아래의 몇 가지 이유 때문이다. 먼저 도판들의 세밀한 묘사와 정확성이 본서의 목적과 내용에 부합한다. 두번째, 좀더 일반적인 의미에서 이 판화들은 전문가 뿐만 아니라 일반인들의 관심이 지역의 건축을 벗어나 전 세계의 건축으로 향하던 최초의 시기에 나타난 호기심과 열정을 간직하고 있다. 1800년대 이후로 출판과 판화기술이 발달하면서 그림이 들어간 책들이 점차 일반화되었고 더 많은 각계각층의 독자들이 이런 책들을 찾기 시작했다. 오늘날에 비해서 외국 여행이 훨씬 어렵고 비쌌던 시기에 지형학 도서들은 먼 이국땅의 풍경과 건물을 접할 수 있는 흔치 않은 기회였다. 본서에 수록된 많은 도판들은 이런 책들로부터 추출된 것이며, 이 책들은 본서와 비슷하게 그림 위주로 편집되었고 글은 단지 그림설명 정도에 그쳤다. 이런 그림들은 당시의 건축가, 건축애호가, 학자, 후원자들이 그림 속 건물로부터 받았을 매혹적인 영감을 상기시켜 주며, 예술과 과학 양자 모두를 탐구하던 빅토리아시대의 이상을 암시한다. 마지막으로 하지만 결코 사소하지 않은 이유는 이 그림들이 본서를 미학적으로 보기 좋게 만들며 소장하고 싶은 아름다운 물건으로 만들어주기 때문이다.

건축의 문법

The Grammar of Architecture

고대 이집트 BC 3200–BC 30
Ancient Egypt 3200–30 bce

마스타바
Mastabas

고대 이집트건축은 최초의 파라오인 메네스의 통치 아래 상이집트와 하이집트가 통일되면서 처음으로 번성했다. 고왕국시대(BC 3200-2680년)에 이집트 최초의 기념비적 건축이 나타났는데 바로 마스타바였다. 이집트의 종교는 육체적 삶은 단지 임시적일 뿐이며 영혼의 삶은 영구하다고 설파했다. 따라서 영원성에 바쳐진 기념비들은 오랜 세월을 견디어야 했다. 신전과 무덤은 이런 믿음의 결과였다. 무덤은 내세로 이르는 관문이며 신전은 신의 거주처였다. 이런 건물은 정성을 다해 계획되고 디자인되고 장식되었으며, 미학과 실용성이 하나로 결합되었다. 고대 이집트의 도시들과 궁전들은 모두 파괴되어 흙으로 돌아갔지만 그 정신적 유산은 여전히 현대건축에 영감을 주고 있다.

마스타바
Mastabas
마스타바('탁자형' 무덤)는 고대 이집트 주택의 평면을 모방하여 디자인되었다. 이 무덤양식은 정형화된 봉분 아래 죽은 자를 위한 묘실과 이승에서 필요한 물품을 저장하기 위한 공간인 몇 개의 작은 방이 있으며 이 방들은 넓은 구덩이로 연결되어 있었다. 먼저 나무기둥이나 거친 진흙벽돌 기둥으로 구조체를 세우고 그 위에 흙을 덮은 후 진흙벽돌로 바깥벽을 쌓았다.

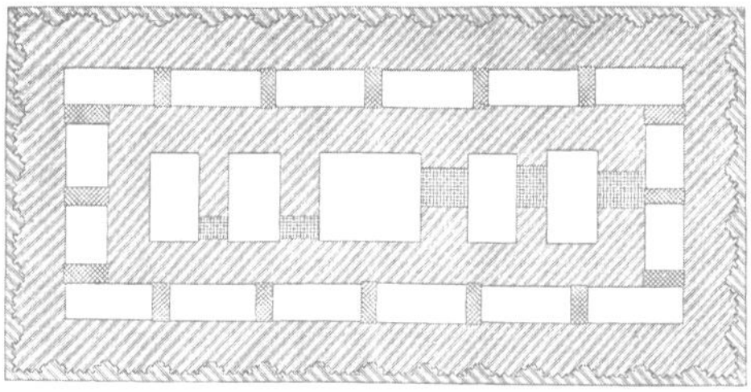

궁전 입면
Palace façade
왕의 마스타바는 많은 경우에 돌출된 부분과 오목한 부분이 교차되는 방법으로 입면이 축조되었다. 이는 목재 판자로 된 초기 궁전의 벽에서 유래했다고 생각된다. 무덤은 왕의 영혼이 지상에서 거주하는 곳이기 때문이다. 진흙벽돌로 축조된 것으로 보아 메소포타미아건축의 영향을 받은 것 같다. 대개 밝게 채색되었으며 다양한 색으로 채색된 장식문양의 흔적이 발견되었다.

묘실
Burial chamber
제 3, 4왕조 시기(BC 2780-2565년)에 무덤의 보안성에 주목하기 시작하여 건축적 기술혁신은 마스타바 내부로 집중되었다. 외부는 간소화된 반면, 주인의 최후의 휴식처인 묘실은 지하 깊숙이 암반 속으로 들어갔으며 묘실로 향하는 복도 중간중간에 낙하식 석문과 같은 도굴방지책들이 설치되었다.

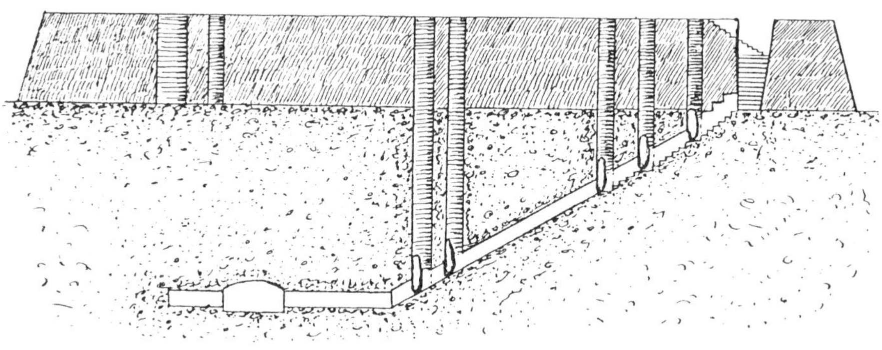

가문假門

False door

무덤은 죽은 자의 영생을 위한 시설이다. 가문(목재 문을 진흙벽돌이나 돌로 모방한 것으로 입면에 부착되어 있다)은 무덤 주인의 영혼인 카ka가 마음대로 무덤을 드나들도록 해주었다. 가문은 영혼이 나일강으로 쉽게 이동할 수 있도록 대개 나일강을 바라보는 무덤의 동측면에 설치되었다.

마스타바 묘지

Mastabas cemetery

제 4왕조(BC 2680-2565년)시기에 왕의 무덤 근처에 왕족이 아닌 사람들을 위한 마스타바 묘지가 발달했다. 이 무덤들의 주인은 고위관리였는데 아마도 파라오가 하사했을 것이다. 무덤에는 망자를 위한 봉헌테이블을 놓을 수 있는 단순한 벽감형식의 작은 예배실이 있었다.

진흙벽돌

Mud-brick

진흙과 짚을 섞어 만든 진흙벽돌은 고대 이집트에서 주거건물의 표준적인 재료였다. 진흙벽돌은 건조기후에 매우 적합했고, 메소포타미아인들에 의해 지구라트와 같은 대규모 건축물을 축조하는 데 성공적으로 사용되었다. 진흙벽돌은 일상의 평범한 기술이 기념비적 건축에 적용된 대표적인 사례이다.

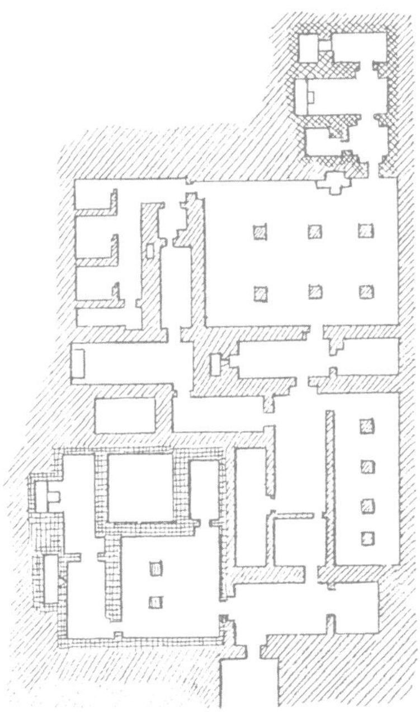

평면 형태

Plan form

가장 복잡한 마스타바들은 죽은 자를 위한 완벽한 주거시설과 영생에 이르는 관문을 제공하기 위해 수많은 방으로 이루어져 있다. 방들은 일상생활과 자연을 주제로 한 생생한 부조로 장식되었다. 이는 내세를 이상화된 이집트인의 생활로 묘사한 것이다. 이런 방들에는 저장고, 예배실, 휴게실, 식사공간들이 포함되었다.

고대 이집트
Ancient Egypt

피라미드
Pyramids

피라미드는 고대 이집트의 대표적인 건축물로서, 세계 7대 불가사의 중 유일하게 남아있는 기자에 위치한 쿠푸왕의 대피라미드를 통해 잘 알려져 있다. 피라미드는 제 3왕조(BC 2780-2680년) 때에 왕족의 무덤으로 처음 등장하여 제 4왕조시대에 완성되었다. 중왕국시대에 들어 피라미드가 일반인들의 무덤에 도입되면서 왕족의 무덤양식으로 선호도를 잃게 되어 더 이상 건설되지 않게 되었다. 왕족의 피라미드는 피라미드 텍스트라고 알려진, 사자死者를 위한 주문으로 내부를 화려하게 장식하여 죽은 파라오에게 안식처 뿐만 아니라 길잡이 역할을 했다. 이 거대한 구조물은 파라오가 태양신 레에 좀더 가까이 갈 수 있도록 해주는 것으로 여겨졌으며, 파라오는 주변의 마스타바에 묻힌 신하들을 동반하여 태양신과 함께 승천했다.

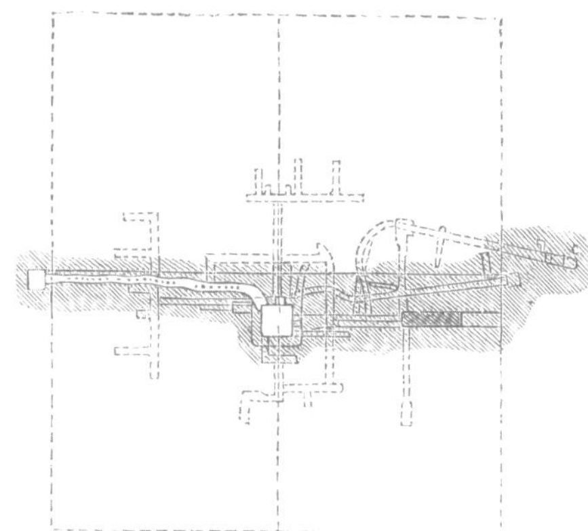

사카라의 계단식 피라미드(BC 2778년경)
Step Pyramid of Saqqara
사카라의 황량한 변두리에 위치한 최초의 피라미드와 그 주변 시설은 제 3왕조 조세르왕을 위한 것이었다. 여기에는 모조 궁전, 의식을 위한 건물, 그리고 신전이 있었다. 계단식 피라미드는 고왕국에서 가장 두드러지는 건축적 혁신으로, 그 건축가는 후세에 임호테프Imhotep인 것으로 밝혀졌다.

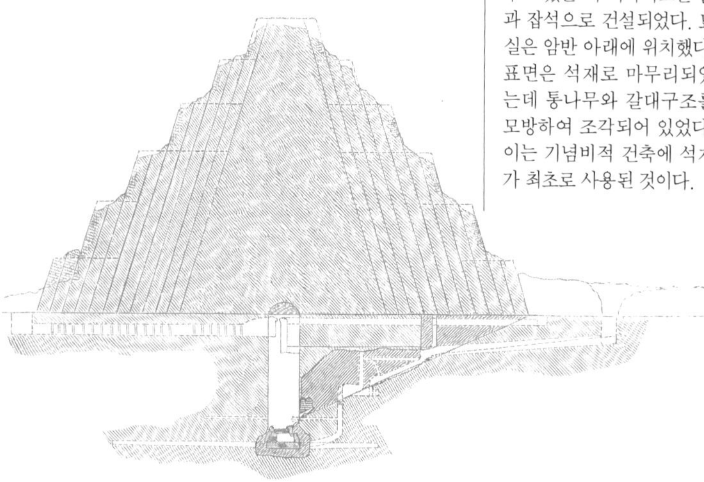

잡석 채움, 사카라의 계단식 피라미드
Rubble filling, Step Pyramid of Saqqara
6개의 마스타바가 계단식으로 싸여 거대한 구조물을 이루고 있는 이 피라미드는 흙과 잡석으로 건설되었다. 묘실은 암반 아래에 위치했다. 표면은 석재로 마무리되었는데 통나무와 갈대구조를 모방하여 조각되어 있었다. 이는 기념비적 건축에 석재가 최초로 사용된 것이다.

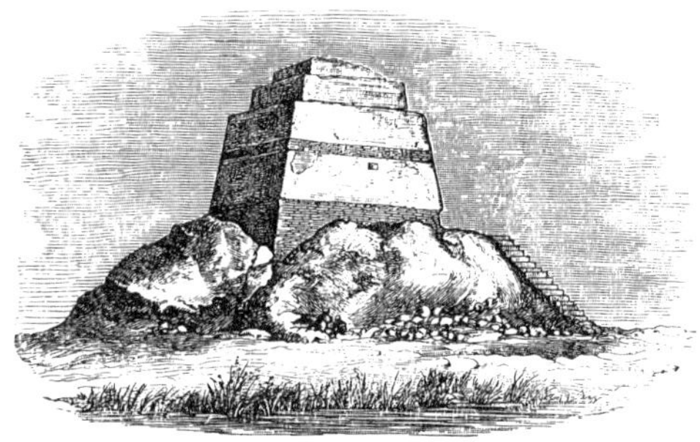

메이둠의 피라미드(제 3왕조)
Pyramid of Meidum
본래 7개의 단을 갖는 피라미드로 건축되었으며 남아있는 구조물에는 석재가 두꺼운 층을 이루고 있다. 후니왕이 그 치세동안 이 피라미드를 건설하기 시작한 것으로 여겨지며 스노프루왕 때에 경사진 면을 갖는 정통 피라미드를 완성했다.

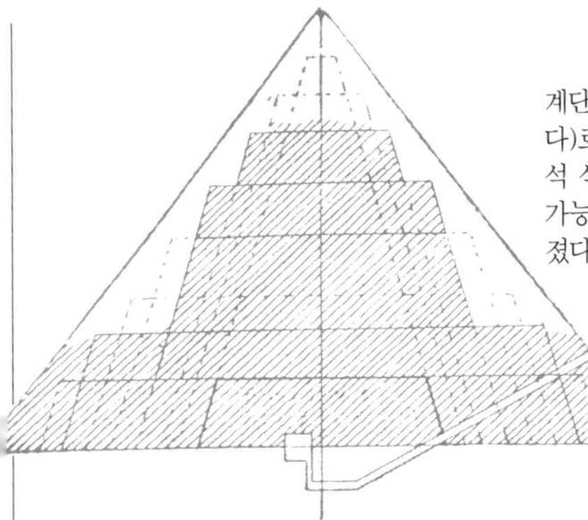

단면, 메이둠의 피라미드

Cross section, Pyramid of Meidum

계단식에서 정통 피라미드(지금은 남아있지 않다)로의 변형은 일정한 각도로 다듬어진 석회석 석재들로 내부 구조체 표면을 덮음으로써 가능했다. 묘실 위로 총 8개의 석재층이 세워졌다.

우나스의 피라미드, 사카라(제 6왕조)

Pyramid of Unas, Saqqara

왕의 무덤인 이 피라미드는 계단식 피라미드 근처에 위치하고 있으며 단순하고 조악하게 건설되었다. 여기서 가장 주목할 만한 특징은 상형문자와 그림으로 된 장식(피라미드 텍스트)으로서 죽은 이가 내세로 떠나는 여행에 대한 지침서 역할을 한다.

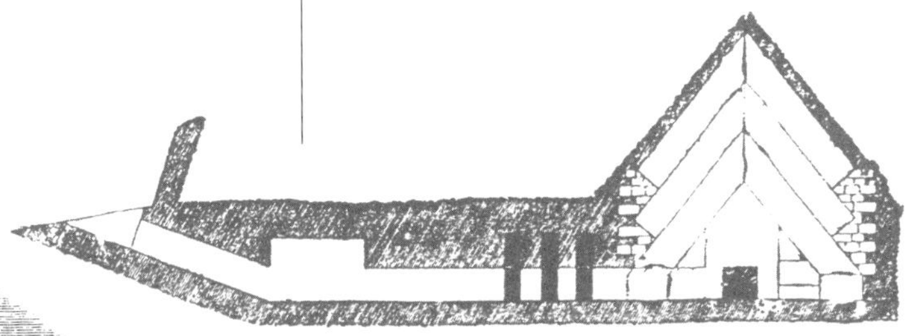

굴절 피라미드, 다슈르(BC 2723년경)

Bent Pyramid, Dashur

스노프루왕의 재임 중에 지어졌지만, 이 피라미드는 실제로 사용되지 않았다. 표면의 각도가 54°에서 43°로 갑자기 변하면서 '굴절된' 모습을 갖게 되었다. 이는 아마도 상부의 구조체를 지지하기 위한 고안이었을 것이다. 여기에는 내쌓기(코르벨)로 지어진 석실이 있으며 표면은 석회석으로 덮여 있었다.

아부시르 피라미드군(제 5왕조)

Abu Sir Pyramid complex

사카라 북쪽의 피라미드군은 3명의 파라오를 위한 피라미드와 강을 통해 이동한 망자를 맞이하는 계곡신전, 또한 피라미드 안에 매장하기 전에 마지막 봉헌이 이루어지는 장제신전과 그곳으로 가는 참배로를 포함하고 있었다.

낙하식 석문, 우나스의 피라미드

Portcullis, Pyramid of Unas

낙하식 석문은 묘실로 향하는 통로에 설치되어 도굴꾼들로부터 망자를 지키는 역할을 했다. 미이라가 제자리에 놓일 때까지 목재 버팀대가 화강암 판을 지지하고 있다가, 묘실을 나서면서 버팀대를 제거하면 석판이 떨어져 무덤을 봉인했다.

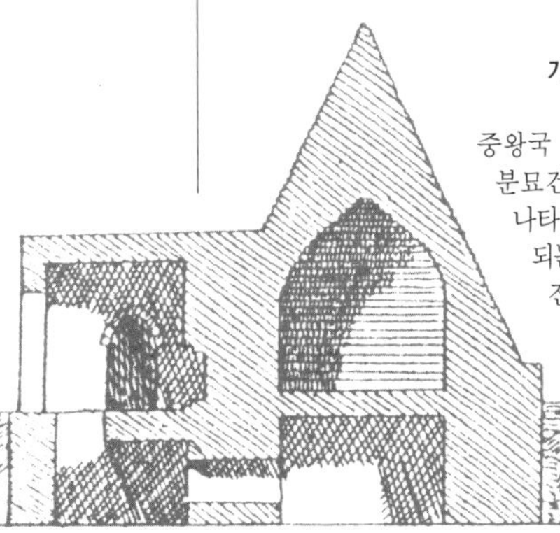

개인의 피라미드, 아비도스

Private pyramids, Abydos

중왕국 이후 왕족이 아닌 사람들의 분묘건축의 특징으로 피라미드가 나타났다. 왕족의 무덤에서 발견되는 기본적인 요소들로 이루어진 간단한 구조들(벽돌 피라미드를 얹은 예배당과 묘실)이 대중적인 무덤의 특색이 되어 심지어 암굴 분묘 입구에 설치되기도 했다.

고대 이집트
Ancient Egypt

기자의 대피라미드
The Great Pyramid, Giza

기자에 있는 제 4왕조의 피라미드군群은 고대 이집트건축에서 피라미드의 극치에 해당한다. 이는 3대에 걸친 파라오-쿠푸(조부), 카프레(부), 그리고 멘쿠레(자)-의 통치기간 중에 지었으며 왕족의 분묘와 관련된 모든 건축적 특징을 장대한 크기로 표현했다. 정통 피라미드를 짓기 위해 수천 개의 석재를 강을 통해 운반하여 썰매를 이용해 사막이 시작하는 지점까지 끌고 갔다. 피라미드와 그에 부속된 건물들의 거대한 크기는 당연하게도 그 시대 이집트 파라오 아래에서의 폭군적 잔인함에 대한 이야기를 자아냈지만, 건설과 작업방법의 실제 모습은 아직 밝혀지지 않았다. 쿠푸왕의 대피라미드는 건축에서 가장 순수한 기하학적 형태를 보여주고 있으며 아직까지도 현대건축에 영감을 주어 파리 루브르 궁의 피라미드와 같은 현대적 건물들이 그 형태를 반영하고 있다.

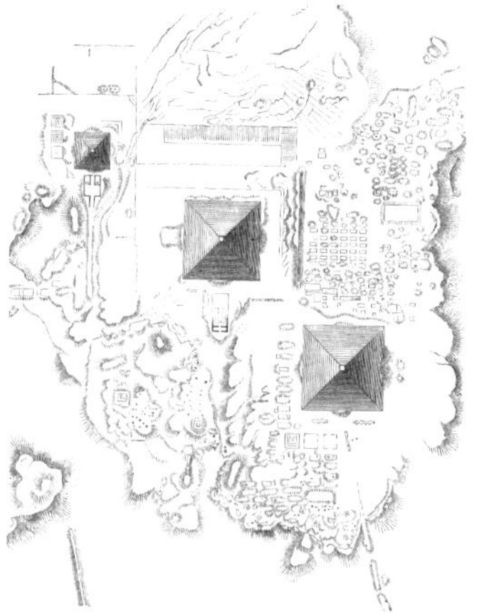

기자 분묘군
Giza necropolis
분묘군의 세 중심요소인 쿠푸, 카프레 그리고 멘쿠레 파라오의 피라미드는 대각선 축에 가깝게 배치되어 있다. 부속된 장제신전과 참배로는 나일강을 향해 있었고 서쪽에 있는 마스타바 묘지에는 고위관리들이 매장되었다.

스핑크스
Sphinx
카프레왕의 피라미드와 함께 지어진 스핑크스는 하나의 거대한 석회석 덩어리를 깎아내어 만들어졌다. 이것은 파라오의 머리, 머리장식, 그리고 가짜 수염을 단 사자를 묘사하고 있는 것 중 가장 오래된 예이다. 스핑크스는 왕실무덤의 수호자 역할을 했다.

회랑, 쿠푸왕의 대피라미드
Corridors, Great Pyramid of Cheops
피라미드의 상부구조 안에 지어진 왕과 왕비의 묘실 그리고 지하 묘실은 돌로 싸인 3개의 회랑(내려가는 것과 올라가는 것 모두)을 통해 접근 가능했다. 가장 긴 회랑은 길이가 100m가 넘었으며 장식되지 않은 이 회랑들은 망자를 위한 엄숙한 통로가 되었다.

쿠푸왕의 대피라미드
(BC 2680-2565년)
Great Pyramid of Cheops
세 피라미드 중 가장 큰 것으로 높이는 146m이고 한변의 길이가 231m로서 약 5.2ha의 면적을 덮는다. 건설에 이용된 석재에는 수입된 석회석이 포함되어 있었다. 각 변에는 구덩이를 파고 배를 띄워 파라오의 영혼이 자유롭게 여행할 수 있도록 했다.

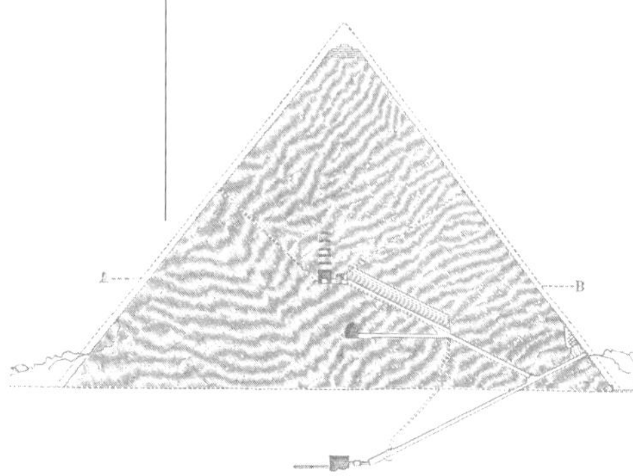

외부 피복, 쿠푸왕의 대피라미드
Outer casing, Great Pyramid of Cheops
피라미드는 원래 평탄하고 하얀 표면을 갖도록 석회석으로 덮여 있었고, 기도문이 새겨진 피라미드 형태의 돌에 금박을 입힌 피라미디온pyramidion이 꼭대기 부분에 있었다. 피라미드가 태양빛을 반사하는 것은 아마도 죽은 왕과 태양신 레Re를 연관시키고자 한 것으로 여겨지며 이 분묘군이 눈부시게 보이도록 했을 것이다.

묘실, 쿠푸왕의 대피라미드
Burial chamber, Great Pyramid of Cheops
낙하식 석문으로 보호되는 전실이 묘실과 회랑을 나누고 있다. 묘실의 지붕은 5개층으로 되어 있는데 9개의 석판으로 구성된 각 층은 위, 아래로 쌓여있다. 서로 기대어 있는 2개의 돌로 된 천장이 그 위에 얹힌다. 2개의 좁은 통로가 묘실에서 외부로 나있는데 그 정확한 용도는 아직 알려지지 않았다.

내부 충적체, 쿠푸왕의 대피라미드
Core, Great Pyramid of Cheops
피라미드의 내부는 근처에서 채석된 수천 개의 석재로 이루어져 있다. 각각의 무게가 평균 2.5톤에 이르는 이 석재들은 현장까지 사람의 힘으로 운반된 까닭에 막대한 노동력을 요구했다. 인부들은 묽은 석회반죽을 윤활제 삼아 석재를 제 위치로 옮겼다.

받침돌, 쿠푸왕의 대피라미드
Relieving stone, Great Pyramid of Cheops
4개의 받침돌이 피라미드의 입구 위에 놓여 위로부터의 하중을 대부분 지지했다. 입구는 봉인한 뒤 석회석으로 덮어 외부에서 보이지 않도록 하여 보안을 강화했다. 이러한 석재의 사용은 고대 이집트인들이 기념비적 건축물에 물리학을 적용했다는 것을 보여준다.

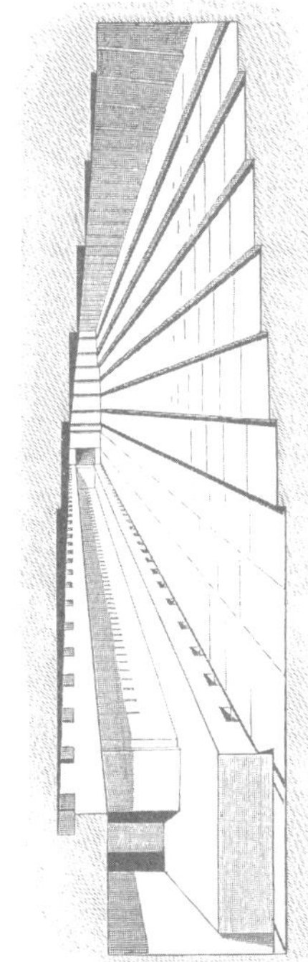

내쌓기한 회랑, 쿠푸왕의 대피라미드
Corbeled gallery, Great Pyramid of Cheops
화강암으로 치장된 왕의 묘실과 왕비의 묘실로 가는 대회랑은 7개의 내쌓기된 층으로 구성되어 있고 각각은 바로 위의 것을 받치고 있다. 회랑은 장식되지 않았으나 피라미드 내부 구조물임에도 거대한 크기의 석재를 사용함으로써 피라미드의 절제된 기념비성을 유지하고 있다.

고대 이집트
Ancient Egypt

암굴 분묘
Rock-cut Tombs

고왕국시대에 왕실 분묘건축의 기본이 피라미드였다면, 중왕국시대(BC 2134-1786년) 동안 일반인들의 무덤은 마스타바를 벗어나 나일강을 따라 있는 언덕을 직접 파서 만든 암굴 분묘로 이동했다. 곧이어 만연하는 도굴꾼들의 침범으로부터 왕실의 무덤을 보호하기 위해 파라오도 이러한 관례를 따르게 되었고, 신왕국시대(BC 1570-1085년)에 왕의 후원을 받은 장인들이 지은 화려한 무덤에 이르러 그 정점에 다다랐다. 왕들의 계곡이 테베강의 서쪽 기슭에 위치한 것은 서쪽의 산이 자연적인 피라미드의 형태를 띠고 있었기 때문으로 보인다. 이 무덤들은 주거건축을 모방하는 초기의 관습을 따라 망자를 매장하고 부장품을 저장하기 위하여 여러 개의 방을 갖고 있었다. 밝게 채색된 장식은 일상생활에서부터 종교의식, 신화 그리고 장례 그 자체에 대해서도 다루고 있었다.

열주현관, 베니하산(BC 2130-1785년)
Portico tomb entrance, Beni Hasan
제 11, 12왕조 동안 지어진 지방관리들을 위한 이 무덤들은 전체가 바위를 파내어 건설됐다. 현관은 태양이 떠오르는 동쪽을 향해 나있다. 포티코 현관은 부장품 중 하나인 중왕국시대 일반적인 주택의 모형에서 발견되는 것과 유사하다.

무덤의 평면과 입면, 베니하산
Plan and elevation of tomb, Beni Hasan
평면은 단순하다. 2개의 기둥이 받치고 있는 입구를 지나면 4개의 기둥이 지지하는 4각형의 방으로 이어지고, 후면 벽에는 벽감이 새겨져 있다. 천장은 평평하거나 살짝 곡면을 이루고 있었고, 입구에서만 빛이 들어왔다.

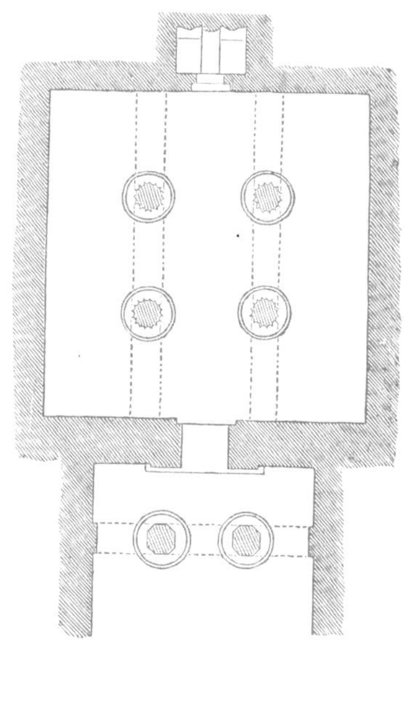

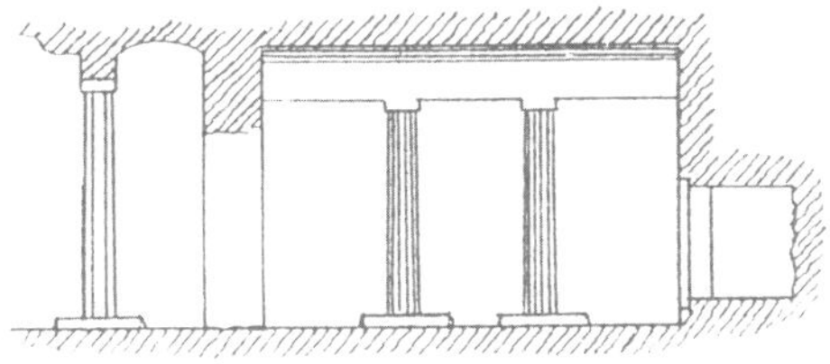

주초, 베니하산
Column base, Beni Hasan
크고 평평하며 둥근 주초 위에 기둥이 서있었다. 이 주초는 약간의 변형을 거쳐 이후 이집트건축에서 표준적인 주초 형태가 되었다.

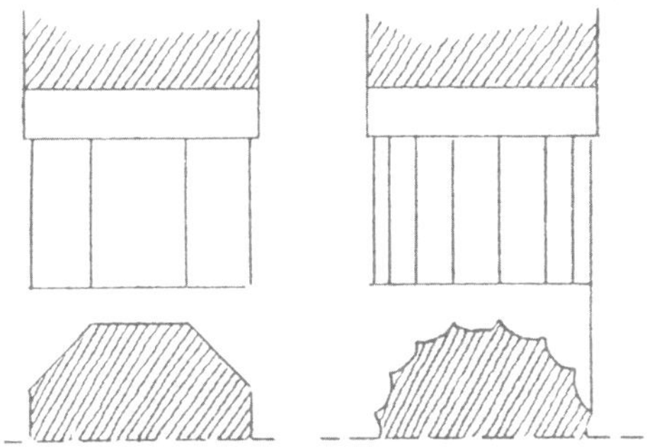

기둥, 베니하산
Columns, Beni Hasan
기둥은 평탄한 팔각 혹은 홈파기flute가 된 16면의 형태로 깎아 놓았다. 이는 전통적인 방형方形 구조체의 외양을 부드럽게 하려는, 순전히 심미적인 이유에서 비롯되었다고 여겨진다. 기둥은 아래에서 위로 올라가면서 약간 좁아지며 아바쿠스라 불리는 정4각형의 판만 있을 뿐 주두는 없다.

무덤 입구, 왕들의 계곡(BC 1570–1085년)
Tomb entrance, Valley of the Kings
파라오의 무덤은 도굴꾼들을 피하기 위해 자연스런 피라미드 모양의 서산 아래 왕들의 계곡의 암반을 파고 자리 잡았다. 이것은 고왕국 시대의 일반 피라미드의 기념비적인 모습과 대조된다. 후에 지어진 무덤들 아래 감추어져 있었던 투탕카멘의 무덤은 도굴을 피해 20세기까지 온전히 보존될 수 있었다.

석관
Sarcophagus
미이라가 모셔진 거대한 석재 관이 화려하게 치장된 묘실 안에 위치했다. 대개 화강암 덩어리를 깎아내어 만든 석관은 상형문자로 정교하게 장식되어 이집트 예술의 가장 훌륭한 견본이 되고 있다.

평면, 신왕국의 왕실 분묘, 테베
Plan, New Kingdom royal tomb, Thebes
왕실의 암굴 분묘는 상대적으로 단순한 형태로 출발했지만 제 19왕조의 람세스시대에 이르러 여러 개의 방이 복잡하게 얽혀있는 형태로 발전한다. 이 방들은 돋을새김으로 장식되었으며 데이르 엘 메디나 마을 출신의 전문적인 기술자들에 의해 건설된 복도와 계단으로 연결되어 있다.

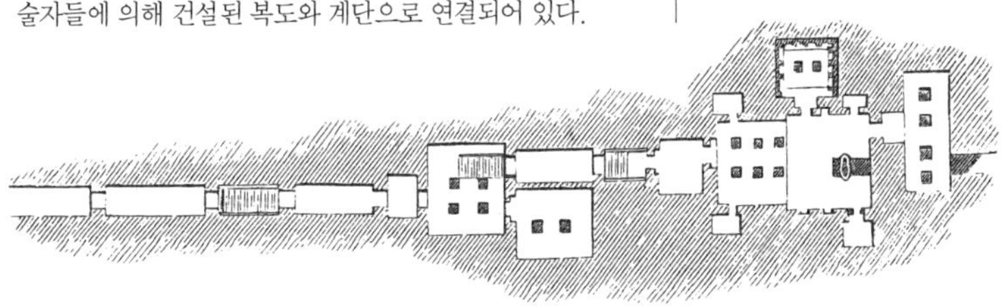

거짓 통로
False floor
함정, 거짓 통로, 거짓 묘실과 같은 요소들이 도굴꾼의 침입으로부터 무덤을 보호하기 위해 도입되었다. 실제 매장된 곳은 그 아래에 숨겨져 있었으며, 거짓 통로는 침입자를 텅 빈 거짓 묘실로 유도했다.

고대 이집트
Ancient Egypt

신전
Temples

무덤과 마찬가지로 신전도 영원히 남아있어야 했으므로 석재로 건설되었다. 신전은 신, 혹은 죽은 이의 영혼이 사는 집이었기에 일반적인 주거를 모방하는 기념비적 건축의 전통이 계속되었다. 이는 영적 세계가 현세와 유사할 것이라는 믿음에서 비롯한 것이다. 같은 자리에 후대의 신전이 지어진 까닭에 초기 신전의 모습은 거의 남아있지 않다. 하지만 신왕국시대와 그리스-로마식 신전들은 아직 주변의 현대 마을을 압도하고 있다. 신전은 파라오의 권능과 신과의 관계를 대중에게 드러내 보여주었다. 신전에서 대중에게 공개된 공간은 왕의 승전 장면과 왕의 신성을 보여주는 그림으로 장식되어 있었다. 또한, 신전은 사회적, 정치적 활동의 중심이었다. 신왕국시대에는 성직자들이 막강한 권력을 행사했으며, 신전은 신을 독자적으로 모실 수 있도록 경제적으로 독립해 있었다.

장제신전
Mortuary temple
장제신전은 무덤 근처에 지어져서 망자를 위한 봉헌을 할 수 있는 장소와 카가 쉬는 장소를 제공한다. 현관, 중정, 성소, 벽감 등 대부분의 신전이 갖고 있는 기본적인 요소들을 갖추고 있다.

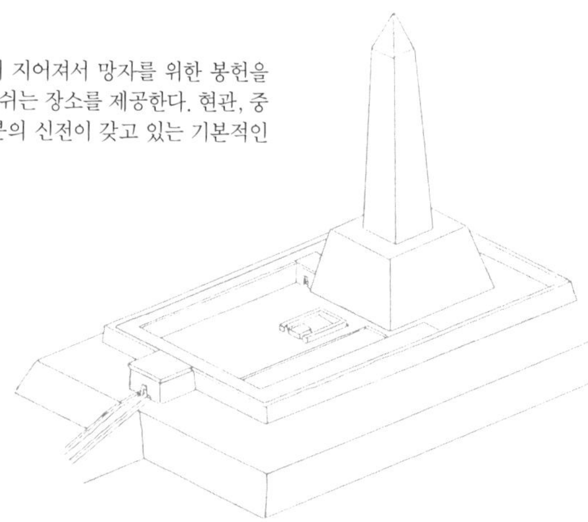

태양신전, 아부구로브
Sun temple, Abu Gurob
태양신전은 태양신 레에게 바쳐진 것으로서 가장 훌륭한 것은 제 5왕조 때에 지어졌다. 신전군은 계곡건물과 상부신전, 두 건물로 이루어져 있고 둘은 참배로로 연결되어 있다. 아부구로브신전에서 상부신전 주위는 담장이 둘러졌고, 중정에는 육중한 오벨리스크와 앨러배스터(설화석고)로 만든 거대한 제단이 있었다.

스핑크스신전, 기자
Sphinx temple, Giza
스핑크스와 인접해 자리한 이 신전은 카프레왕의 피라미드와 연결된 계곡신전이다. 계곡신전은 강을 통해 운반된 미이라가 도착해서, 봉헌과 장례식전에 임시로 모셔지는 곳이다.

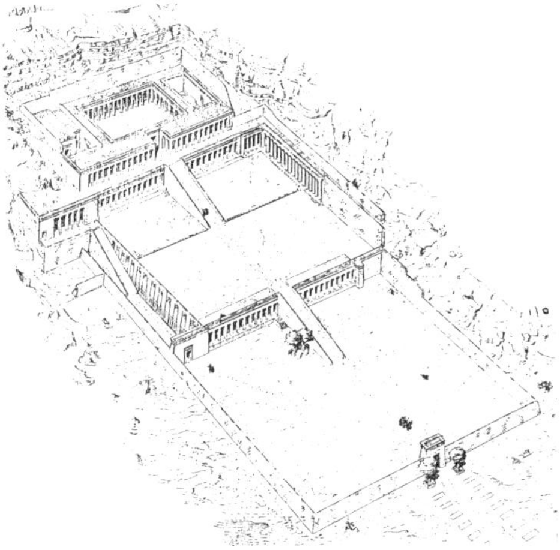

핫셉수트 여왕의 신전, 데이르엘바흐리(제 18왕조)
Temple of Hatshepsut, Deir el-Bahri

이 신전은 본래 장제신전이었지만, 아문(신 중에 으뜸임)신을 위해 바쳐진 지성소이기도 했다. 여기에는 테베 서쪽 지방의 수호신인 하토르와 저승의 신인 아누비스를 위한 사당이 함께 있었다. 이 신전은 인근에 위치한 좀더 일찍이 지어진 멘투호텝 2세의 장제신전의 영향을 받아 독특한 테라스 디자인이 적용되었다. 신전은 서산 기슭에 암석을 깎아낸 부분과 독립적으로 서있는 부분으로 이루어져 있다.

탑문
Pylon

탑문이라고 불리는, 높고 안쪽으로 경사져 있으며 코니스로 꼭대기가 마무리된 사다리꼴의 석재 탑이 신전의 출입구 양쪽에 자리했다. 그것들은 대개 전면에는 정치적 선전을, 후면에는 종교의식을 새긴 부조로 화려하게 장식되어 있었다. 앞부분에는 종종 거대한 석상이 서있었고, 깃발을 꽂기 위한 홈이 파여 있었다.

람세스신전 (BC 1279년경)
The Rameseum

람세스 2세의 장제신전은 탑문, 중정, 다주실(다음 쪽을 볼 것)과 지성소로 이루어지는 전통적인 형식으로의 회귀를 보여준다. 이 신전은 죽은 왕을 숭배하는 데에 초점을 맞추고 있었다.

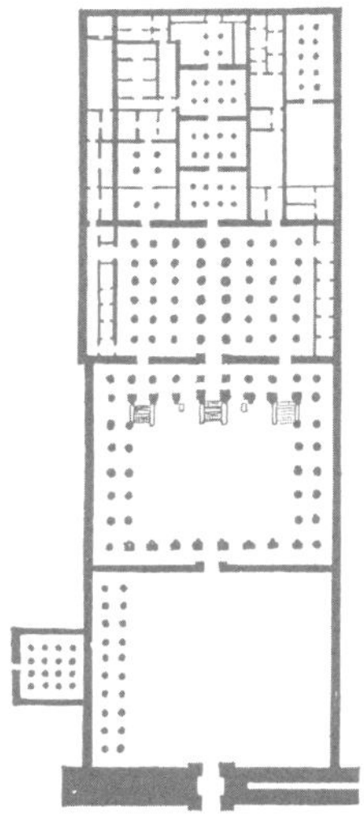

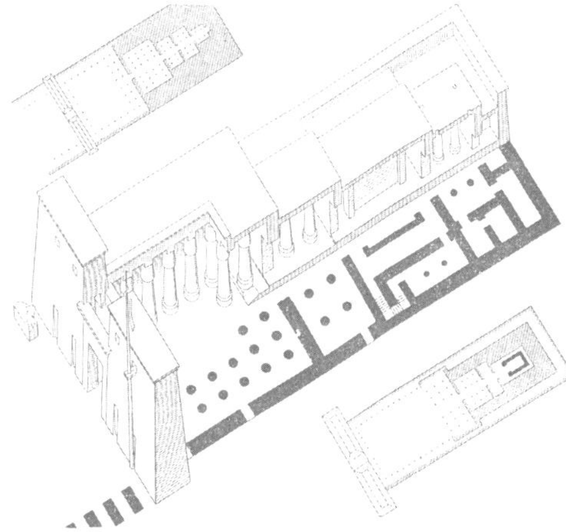

거상
Colossi

한 덩어리의 돌을 깎아 만든 거상들은 신격화된 파라오의 모습이었다. 이들은 서있거나 앉은 모습을 하고, 상·하 이집트의 왕관을 쓰고 있거나 왕실의 머리장식을 하고 있었다. 일반적으로 신왕국시대의 신전의 정면에 위치했고 무게가 1000톤까지 나가는 것도 있었다.

예배신전(신왕국시대)
Cult temple

신전은 이집트의 기원 신화를 건축적으로 해석한 것이었다. 외곽을 둘러싸는 담은 혼돈의 바다의 경계를 의미했으며, 이집트가 탄생한 태고의 언덕을 상징하는 들어올려진 바닥 위에 지성소가 지어졌다.

고대 이집트
Ancient Egypt

카르나크신전, 테베
Temple of Karnak, Thebes

나일강 동쪽 강기슭의 테베에 지어진 카르나크신전은 모든 신 중 최고의 신인 아문을 숭배하는 중심사원이었다. 이런 이유로 이 신전은 신왕국시대에 이집트의 종교적 초점이 되었다. 왕가의 묘지로 테베의 서쪽을 택한 것도 이와 연관있어 보인다. 고대세계에서 가장 큰 종교단지였던 카르나크는 신들의 은총에 대한 보답으로 파라오들이 오랜 세월 걸쳐 증축하여 장엄과 권위를 더해갔다. 아마르나 시대(BC 1570-1314년)에 수도를 중이집트로 옮기고 새로운 종교를 창립하여 성직자의 권력을 축소시키려는 시도가 있었다. 하지만 파라오 아케나텐이 서거하자 구질서가 빠르게 재정립되어 카르나크는 다시 번영했다. 신왕국시대에 신전은 규모가 커지고 더 웅장해졌지만 현재에는 일반인들이 전체 모습을 쉽게 알아보기 어렵다.

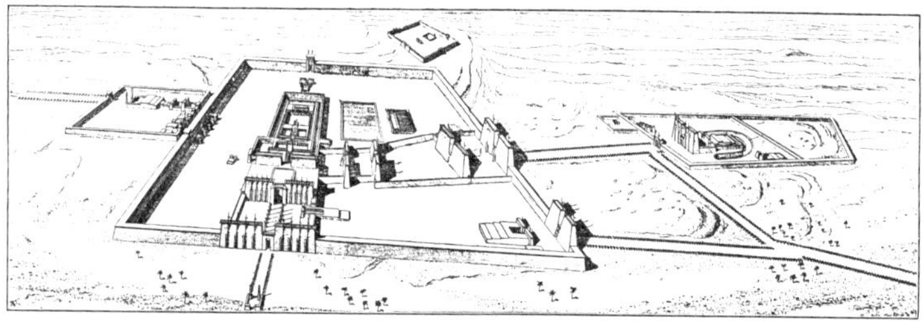

신전의 복합체
Temple complex
신전 복합체의 담장 안에는 주신전, 성스러운 호수, 부속신전, 주택, 교육시설, 기타 보조건물이 포함되어 있다. 이곳은 테베의 종교적, 사회적 중심이었다. 이제 신전이 피라미드를 대신하여 기념비적 건축의 초점이 되었고, 아문, 무트, 콘수 등 3명의 신을 모신 카르나크가 가장 큰 규모로 개발되었다.

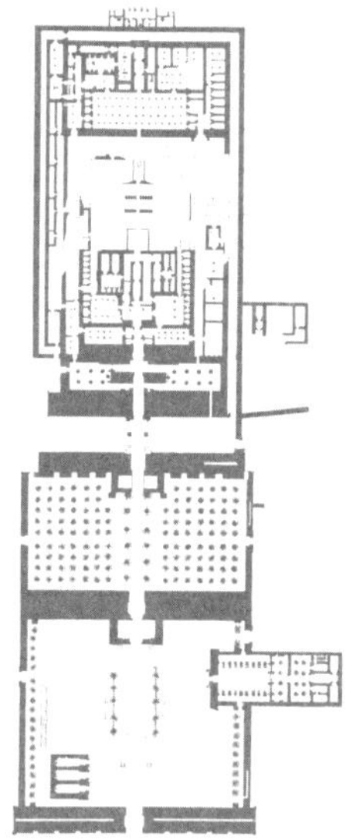

신전의 평면
Temple plan
거대한 규모의 카르나크신전에는 6개의 탑문이 있으며, 제 1중정은 남쪽에 소규모 신전이 파고들어도 충분할 만큼 거대했다. 또한 알려진 것 중 가장 거대한 다주실과 중왕국시대까지 거슬러 올라가는 지성소가 있었다. 신전은 주로 사암과 석회석으로 지어졌다. 화강암과 규암은 오벨리스크와 조상造像이 있는 신전을 꾸미는 데에 사용되었다.

진흙 경사로
Mud ramp
제 1탑문의 오른쪽 측면 뒤로 건설 당시에 사용되었던 진흙으로 만든 경사로가 남아있다. 경사로는 탑문을 축조할 때는 점점 높이 설치되고, 탑문에 건설된 이후에는 점차 무너뜨려가면서 예술가들이 위에서 아래로 탑문 표면에 장식을 하는 데 사용되었다.

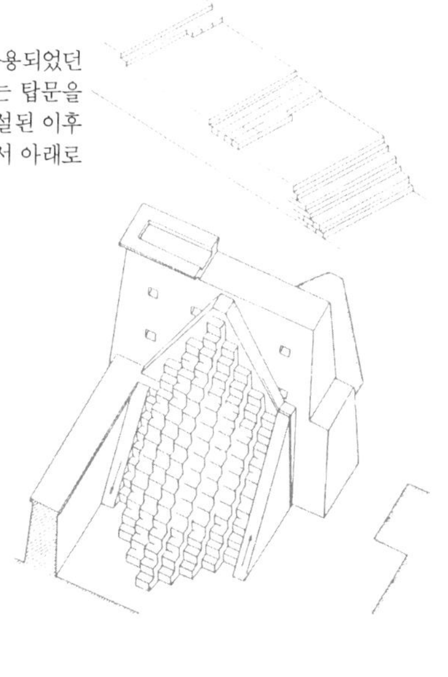

크리오 스핑크스
Crio-sphinx
돌로 만든 크리오 스핑크스(양머리를 한 스핑크스)의 의식행렬이 신전의 입구로 이어져 있다. 이는 신전으로 들어오는 사람들을 상징적으로 호위하면서 속세에서 영적인 세계로 들어오는 것을 허락하는 것이다. 이 스핑크스는 양머리를 한 사자의 앞발 사이에서 파라오가 보호받고 있는 모습을 나타냈다. 양은 아문 신의 표상이다.

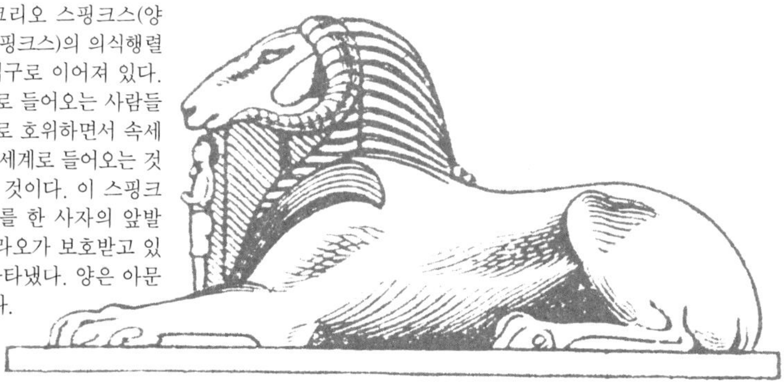

오벨리스크
Obelisk

오벨리스크는 신왕국시대의 기술적 업적을 보여준다. 한 덩어리의 석재로 된 사각기둥으로 끝부분이 뾰족하게 마무리되어 있다. 일반적으로 화강암으로 만들어졌으며 무게는 350톤에 이른다. 오벨리스크는 신전으로 운반되어 현장에서 장식되었다. 가장 훌륭한 제 18왕조의 것은 태양신 레를 찬양하는 상형문자가 황금으로 상감되어 있었다.

주두
Capitals

파피루스, 연꽃, 야자나무 등의 식물 형태를 본 뜬 주두가 기념비적 건축물 전반에 걸쳐 나타났다. 그 형태는 고대에 갈대로 지어진 사당에서 유래한 것으로 생각된다. 카르나크신전에 사용된 기둥들은 석재로 되어 있고, 상형문자, 의식 모습, 자연의 모티브 등을 그림이나 조각으로 장식했다.

다주실
Hypostyle hall

카르나크의 다주실(필라라고 불리는 큰 기둥들로 천장을 지지하는 실내공간)은 134개의 기둥이 거대한 석판으로 된 지붕을 지지하고 있다. 람세스 2세(BC 1279-1213년) 시절에 지어진 이 방에는 파피루스 형태의 높은 기둥이 중앙 복도에 있고, 좌우로 낮은 연꽃 형태의 기둥이 있다. 이는 중앙의 천장을 들어올려 높이가 차이 나는 두 지붕 사이로 창이 생길 수 있게 했다.

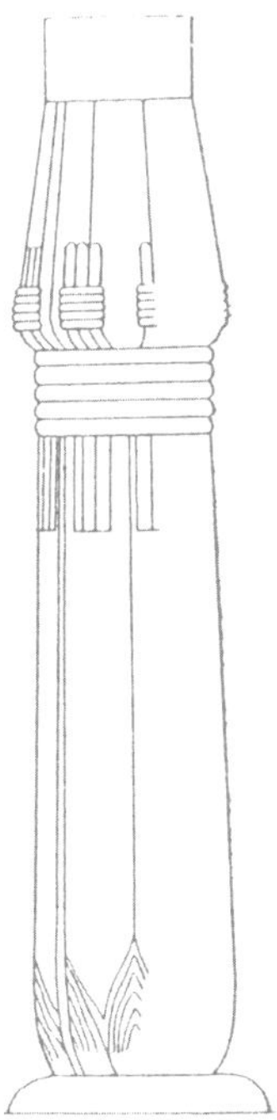

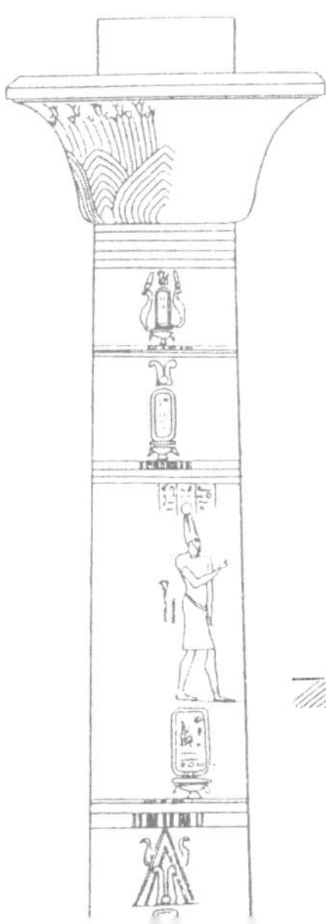

콘수신전(BC 1198년경)
Temple of Khonsu

아문과 무트의 아들인 콘수 신에게 봉헌된 이 신전은 신왕국시대의 예배신전의 형태를 따르고 있다. 지성소에 다다를 때까지 바닥면은 일련의 계단들로 높아지고, 천정은 점점 낮아진다. 이로 인해 지성소에 가까이 갈 수록 공간의 은밀한 느낌이 증가하며, 이는 접근이 제한되어 있음을 반영한다. 즉 성직자와 파라오만이 지성소 안으로 들어갈 수 있었다.

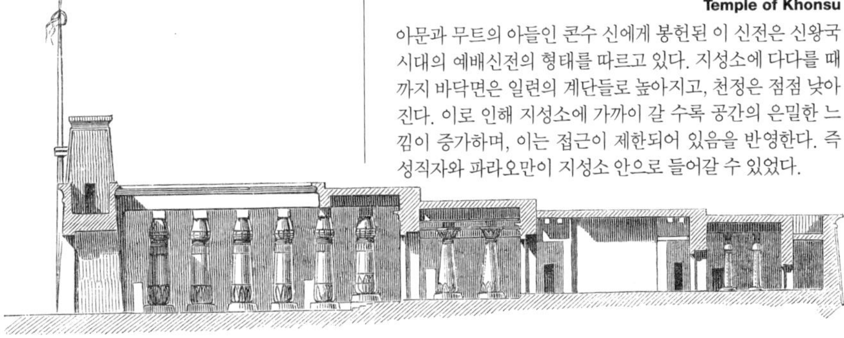

고대 이집트
Ancient Egypt

누비아 국경
Nubian Border

누비아와 접하고 있는 이집트의 남쪽 국경은 이집트의 부와 권력에 매우 중요한 곳이었다. 누비아에는 석재와 금이 풍부했고, 이집트가 이런 자원을 지배하면서 고대세계에서 주된 세력이 될 수 있었다. 중요한 화강암 채석장이 있던 아스완은 국경지방에 있었으며, 남쪽으로의 탐험은 이국적인 광물, 식물, 동물을 파라오에게 가져다 주었다. 이집트의 신전과 마을이 누비아에 세워졌으며, 이집트의 법령이 적용되었다는 증거가 있다. 중왕국시대에 이러한 수입품을 보호하기 위해 국경초소나 요새가 설치되었다. 신왕국시대에 누비아는 마침내 이집트 제국의 한개 주가 되었고, 무덤의 장식에서 검은 피부를 가진 누비아인을 묘사하기 시작했다.

아부심벨신전, 하 누비아(BC 약 1260년)
Temple of Abu Simbel, Lower Nubia
람세스 2세 재임 중에 지어진 이 추모신전은 아부심벨의 분홍색 사암 절벽을 파고 건설되었다. 자비로이 왕좌에 앉아있는 왕을 조각한 4개의 거대한 석상이 정면에 위치한다. 탑문 형식의 정면은 동쪽을 향하고 있으며, 중앙에는 매의 머리를 한 태양신 레의 석상이 일출을 찬양하는 원숭이 행렬 위에 올라있다.

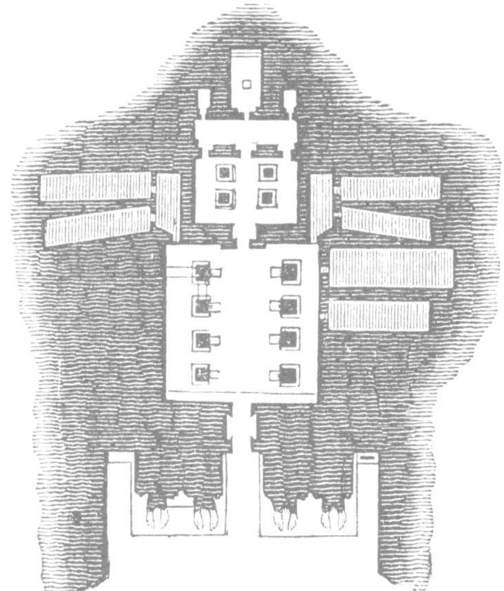

평면, 아부심벨
Plan, Abu Simbel
2개의 거대한 조상 사이로 난 좁은 출입구를 들어가면 넓은 다주실이 나타난다. 이어진 벽감으로 들어가면 이집트의 세 국신國神과 왕을 묘사한 석상이 동등하게 모셔져 있다. 람세스의 생일에 아문과 람세스의 상에 햇빛이 떨어지도록 방위를 맞추어 놓았으며, 다주실에는 저장공간으로 쓰였으리라 짐작되는 좁은 방들이 연결되어 있다.

단면, 아부심벨
Cross section, Abu Simbel
신전은 전통적인 테베의 신전 형태를 따라서 사암 절벽을 깊게 파고들었다. 그 규모와 거친 건설방식으로 보아 이 신전은 실용성 보다는 기념성을 강조하기 위해 디자인되었다. 신전의 장식은 카데시 전투와 왕과 신의 일체성에 초점을 맞추고 있다. 모든 요소들은 파라오의 군사력, 신성, 자연에 대한 우월함을 물리적으로 표현한 것이다.

오시리스의 모습을 한 기둥, 아부심벨
Osiride pillars, Abu Simbel

8개의 4각형 석재기둥이 람세스 2세를 오시리스로 묘사한 석상을 지지하고 있다. 오시리스는 원시 이집트에 문명을 가져다 주었으며 죽은 자들의 왕이다. 오시리스 신앙은 신왕국시대에 다시 부흥했으며 석상에는 죽은 신의 곱슬곱슬한 수염이 아닌 생명의 상징인 곧은 수염이 달려있다. 오시리스의 특징적인 경사진 왕관을 표현한 것은 왕 자신이 살아있는 동안 불사신으로 숭배되었음을 나타내는 것이다.

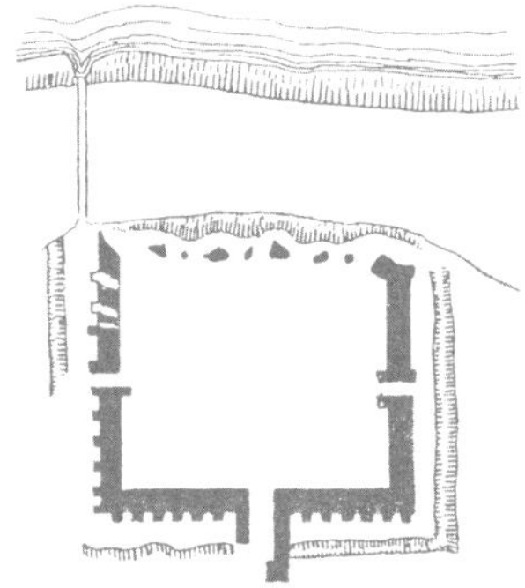

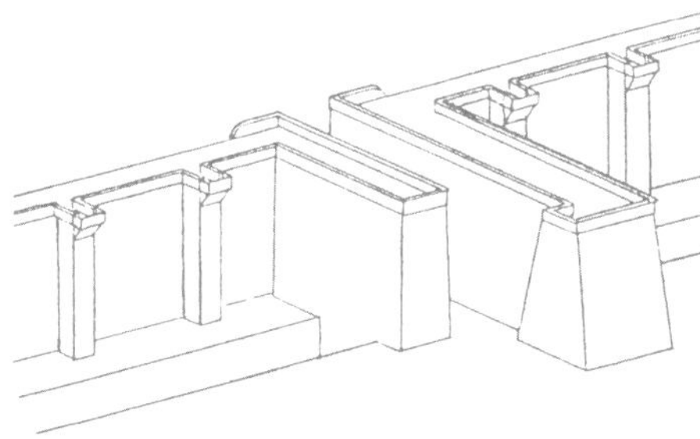

요새 성문, 부헨
Fort gateway, Buhen

성벽에서 요새 중앙부로 출입할 수 있는 서쪽 성문은 노출되어 있었다. 튀어나온 성문 머리부분의 돌출부는 흉벽에 더 많은 인원을 배치할 수 있게 하여 통행을 감시하고, 보안성을 높이는 데에 효과적이었다. 요새로 들어가는 좁은 출입구 자체가 대규모 공격을 막았다.

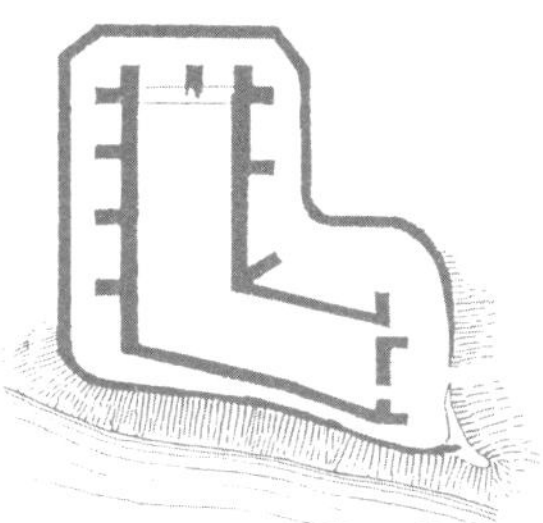

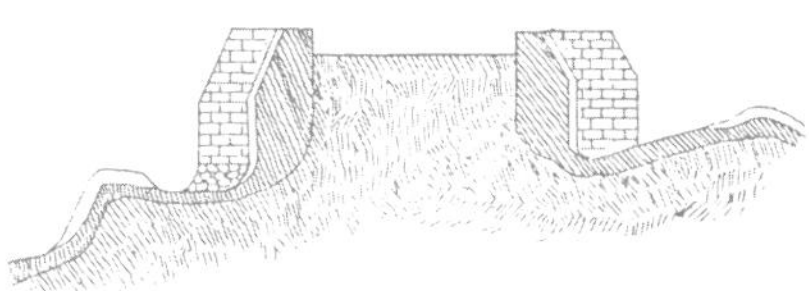

요새, 셈나(제12왕조)
Fort, Semna

제 2폭포 근처의 부헨에서 셈나까지 60킬로미터에 이르는 나일강변에는 적어도 8개의 요새가 진흙 벽돌과 석재로 건설되었다. 최남단에 진흙 벽돌로 안을 채우고 석재로 마감한 2개의 요새가 나일강 양편에 위치하여 이집트 영토의 경계를 지켰다. 담장은 주둔군을 위한 마을을 어느 정도 보호해 주었다.

총안
Crenellation

요새와 담장은 후대 유럽의 성을 예견하게 하는 특징을 보여준다. 궁수들을 위해 담장의 낮은 부분과 높은 부분이 교차하면서 벽 상부에 총안을 만들고 있다. 또한, 해자와 흉벽(난간)이 더해졌다. 요새는 중왕국시대 동안 누비아의 광물자원을 채굴하는 사람을 보호하며 남쪽 지방에 파라오의 존재를 강화했다.

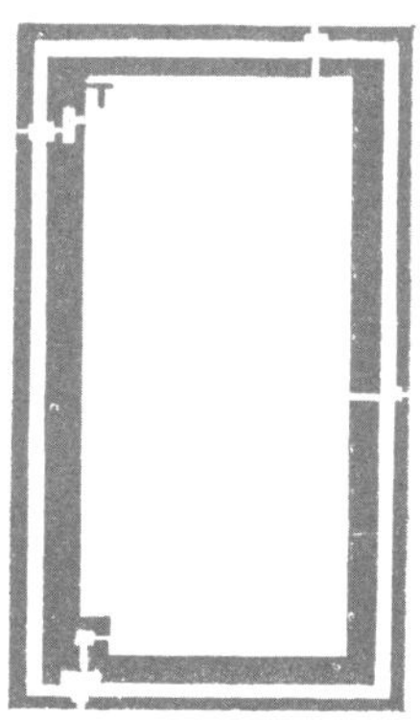

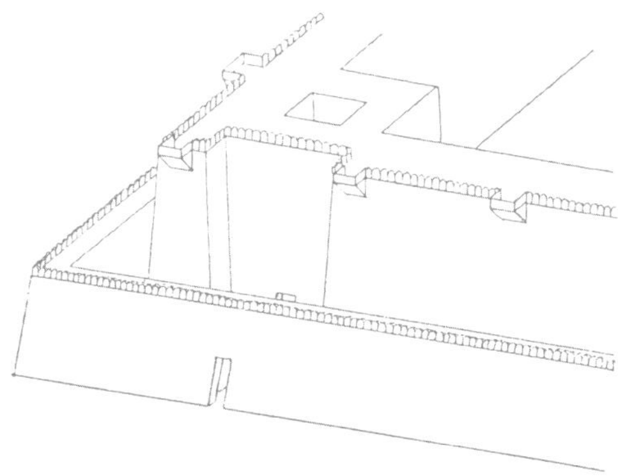

고대 이집트
Ancient Egypt

그리스-로마식 신전

Greco-Roman Temples

그리스-로마식의 건물은 이집트에서 프톨레마이오스 왕조(BC 305-30년)때에 정점에 이르렀다. 이방인의 지배 아래에서, 비록 근본적인 변화가 일어났으나 이집트적인 형태와 전통주의가 부활했다. 신왕국시대의 신전이 공개적으로 위엄있는 것과 비교하여 이 시기의 불명료한 이집트식 신전은 신비로운 장막 뒤로 감추어졌다. 그럼에도 불구하고 대규모의 건축계획이 시작되었고 신전은 재건되거나 증축되었다. 그리고 침략자 왕들은 자신들의 신앙과 더불어 이집트인의 종교와 신앙을 보존했다. 기본적인 건설방식과 방 배치의 요소들은 이어졌으며, 이런 요소들은 프로나오스와 중앙의 지성소에 의해 보강되었다. 후대 왕들의 지배 하에서도 신전은 마을의 중심이 되고 마을에 종교적, 행정적, 경제적 가치를 부여하면서 강력한 사회적 역할을 수행했다.

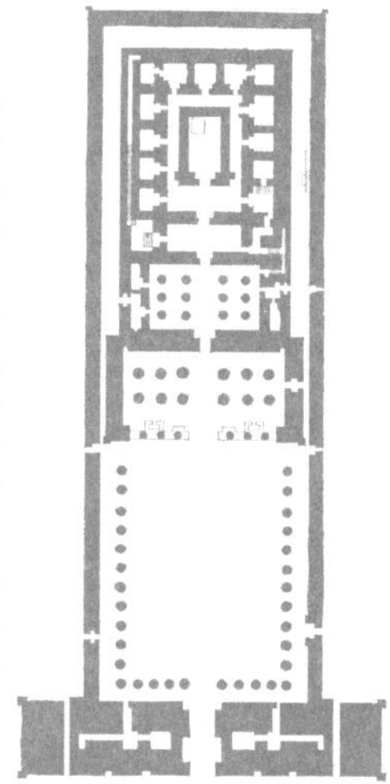

평면, 에드푸신전
Plan, Edfu Temple

사암으로 지어진 이 신전은 능률적이지만 동시에 복잡한 평면을 갖고 있다. 탑문은 지붕으로 출입할 수 있는 계단을 둘러싸고 있었고, 거대한 중정을 지나면 프로나오스, 다주실, 전실, 그리고 마지막으로 복도로 둘러싸여 독립적으로 서있는 지성소로 이어진다. 장식된 문자를 통해 이 신전이 고대의 이상에 따라 지어졌다는 것을 알 수 있고, 이로써 이 건물이 제례를 위해 봉헌된 것임을 확인할 수 있다.

중정
Courtyard

세계를 창조하고, 보호하는 신인 베데트를 상징하는 날개 달린 태양 원판 아래로 첫번째 탑문을 지나 들어가면 좌우에 열주현관이 있는 중정을 만나게 된다. 화려하고 밝게 채색된 주두와 매로 표현된 호루스 신의 거대한 석상으로 인해 중정은 대중들에게 인상적인 모습으로 전달된다.

단면, 에드푸신전(BC 130년경)
Cross section, Edfu Temple

그리스-로마식 신전 중 가장 완전하다는 에드푸신전은 매의 모습을 한 신인 호루스에게 봉헌되었다. 180년에 걸쳐 건설되었으나 전형적인 신전의 주요 요소들이 모두 발견된다. 상인방이 분절된 출입구, 화려하게 장식된 주두, 다주실을 가로지르는 장막벽, 그리고 의식에 사용되는 지붕 등이 적용되었다.

프로나오스, 에드푸
Pronaos, Edfu

'대좌 앞의 큰 방'인 프로나오스는 원형기둥으로 된 신전의 전면 현관이자 신의 거처로 들어가는 출입구였다. 에드푸신전에는 장막 벽 뒤에 6개의 기둥이 세줄로 배치되어 있었다. 유일한 빛은 지붕의 개구부로 들어와서 외부의 세속적 세계와 내부의 영적 세계 간의 전환을 만들어 내었다.

하토르의 머리모양을 한 기둥, 덴데라(BC 1세기)
Hathor-headed columns, Dendera

하토르는 가장 높은 사랑의 신으로서 그리스 신화의 아프로디테와 동일시된다. 주두의 4면에 하토르의 머리모양이 장식된 기둥이 신전의 다주실을 받치며 이 곳이 그녀를 위한 것임을 분명히 했다. 주두의 윗부분은 성스러운 혈통과 관계있는 건물인 마미시mammisi(출산실)의 모습을 나타냈다.

코니스
Cornices

신전 벽과 탑문의 상부를 따라 돌출된 장식몰딩인 코니스는 이집트건축의 장식에서 표준적인 요소였다. 그 디자인은 초기의 단순한 진흙벽돌과 갈대무늬에서 세밀한 제의적 상징(고개를 들고 있는 코브라와 태양 원판)까지 다양했다. 코니스는 기념비적 건축물에 우아함을 더해주었다.

장막벽
Screen wall

프로나오스로 들어오는 빛의 양을 제한하고 지성소로 다가가기에 앞서 마음을 정화하는 환경을 만들어 주기 위해 장막벽이 세워졌다. 이것은 얇은 석재로 만들어져 첫번째 기둥열 사이에 위치했다. 벽은 왕과 왕비의 모습, 제례와 신화적인 소재로 화려하게 장식되어 파라오의 종교적 역할을 강조했다.

바빌로니아, 아시리아, 페르시아 BC 2000–333년경

Babylon, Assyria, Persia c.2000–333 bce

바빌로니아건축

Babylonian Architecture

칼데아건축이라고도 불리는 바빌로니아 건축은 현재 이란 땅인 메소포타미아 지역의 고대건축이다. 얼마 남지 않은 이 시대의 유적들은 대부분 유프라테스 강과 티그리스 강 사이에서 발견된다. 우르와 우르크에서 BC 2235년에서 1520년 사이의 신전, 지구라트(계단식 신전) 그리고 무덤의 유적이 발굴되었다. 니네베, 님루드, 코윤지크, 코르사바드와 같은 고대 도시에는 BC 9세기에서 7세기에 이르는 아시리아시대의 왕궁과 신전 유적이 많이 남아있다. 고대 페르시아시대는 BC 538년부터 알렉산더 대왕에 정복당하는 BC 333년까지 이어진다. 파사르가다에와 수사에 유적이 남아있으며 가장 장관인 것은 페르세폴리스 유적이다. 이 시대의 건축은 이집트, 바빌로니아 그리고 그리스 문화의 영향을 받아 그들의 양식이 혼합되어 있다.

7행성신전, 비르스님루드(BC 2000년경)

Temple of Seven Spheres, Birs Nimrud

이 신전은 건조벽돌(햇빛에 노출시켜 굳힌 벽돌)과 나무로 지어진 신전 중 몇 개 남지 않은 유적의 하나로, 계단으로 연결된 7개의 층으로 구성되어 있다. 가장 낮은 층은 정4각형이고 위의 6층은 서로 중심을 맞추지 않은 채 올라가 있다. 가장 높은 층에 신전의 지성소인 셀라가 위치했다.

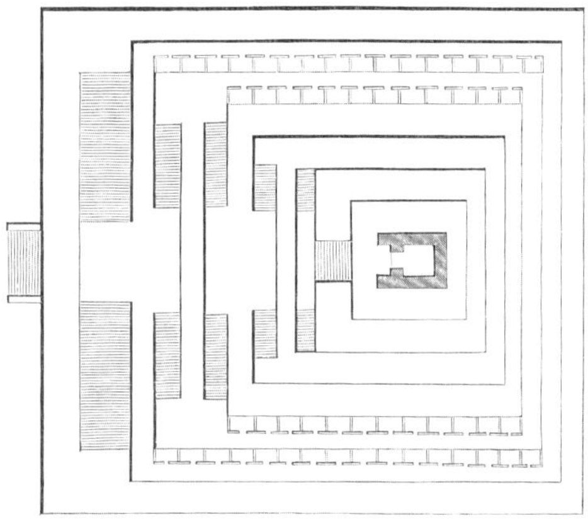

봉헌, 7행성신전

Dedication, Temple of Seven Spheres

이 신전은 7개의 행성에 봉헌된 것으로 각 층의 벽면은 다른 색의 유약을 바른 타일로 꾸몄다. 가장 낮은 층은 검은색(토성)이고, 그 위로 차례로 주황색(목성), 빨간색(화성), 황금색(태양), 녹색(금성), 파란색(수성)으로 되어 있으며 마지막 층은 흰색 혹은 은색(달)으로 되어있다.

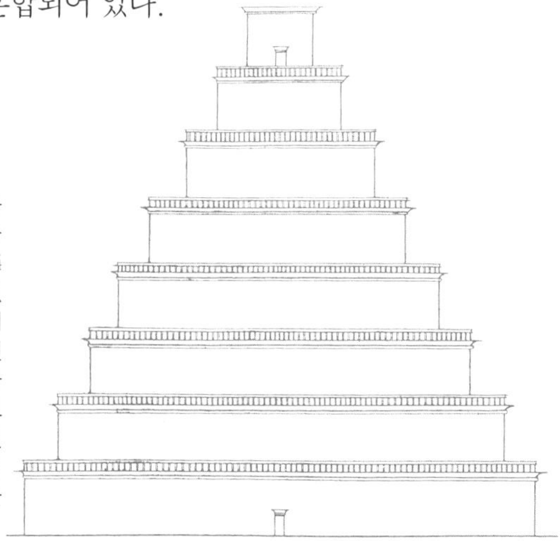

지구라트, 비르스님루드

Ziggurat, Birs Nimrud

지구라트는 '솟아오르는 파이니얼(용마루, 첨탑 등의 꼭대기장식)' 이라는 뜻으로 직4각형의 언덕이 단을 짓고 있다. 각 단은 위로 갈 수록 뒤로 물러나며 최상부에는 신전이 위치한다. 바빌로니아인들은 지구라트를 통해 천상으로 다가가고자 하는 갈망을 표현했다. 이 지구라트는 정4각형의 평면을 갖고 있으며 계단을 통해 오르내린다.

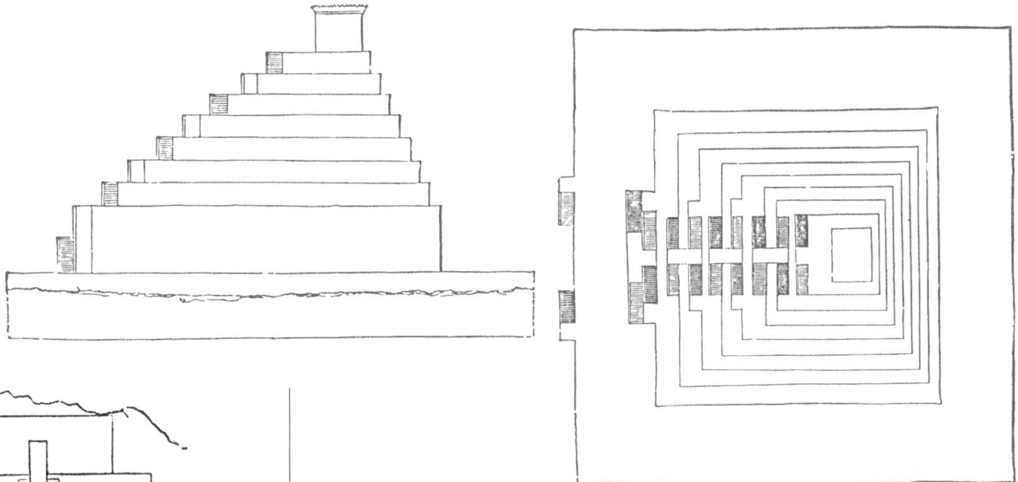

입면과 평면, 보르시파 신전(BC 2000년경)
Elevation and plan, Temple at Borsippa
이 계단식 피라미드는 정상부에 작은 신전이 있다. 단의 각 면은 네 방위를 가리키고 있으며 각 단의 같은 면에 계단이 위치한다.

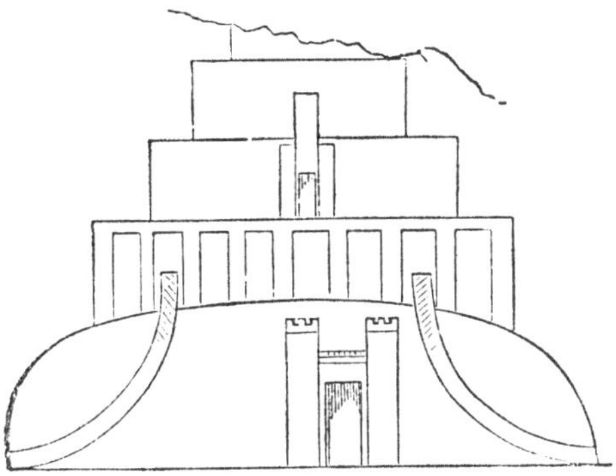

얕은 부조, 코윤지크
Bas-relief, Koyunjik
이것은 코윤지크의 어떤 4층짜리 사원에서 발견된 얕은 부조를 묘사한 것이다. 고대 이집트의 탑문과 유사한 출입구가 신전에 접해 있다. 출입구는 지상층에 있었으며 두번째 단은 버팀벽으로 보강되었다. 보이지 않는 최상층은 셀라를 위해 남겨졌다.

지구라트
Ziggurat
초기 메소포타미아의 신전은 진흙벽돌로 된 토대 위에 세워졌다. 지구라트는 4각형의 단을 층층이 쌓아 만든 인공의 산 위에 지어졌다. 원뿔형의 모자이크를 회반죽으로 붙이거나, 채색벽돌 또는 광택벽돌을 쓰는 등 다양한 장식기법이 지구라트의 벽면을 꾸미는 데 사용되었다.

공중정원, 세미라미스(BC 7세기경)
Hanging Gardens, Semiramis
고대 7대 불가사의 중 하나로 유명한 이 바빌로니아의 공중정원은 후기 칼데아-바빌로니아 왕국시대의 것이다. 여러 개의 단을 층을 이루도록 배열하여 각 단은 독립적인 정원이 되도록 구성했을 것이다.

바빌로니아, 아시리아, 페르시아
Babylon, Assyria, Persia

아시리아건축
Assyrian Architecture

아시리아인들은 힘과 권력을 과시하기 위해 성과 요새를 건축했다. 하지만 다양한 채색벽돌로 미장벽을 덧붙여 장식했다. 진흙벽돌로 지은 까닭에 건물의 형태와 배치를 알려주는 증거는 주요 구조체의 위치를 알려주는 무너진 유적과, 건물, 동물 그리고 사람들이 묘사되어 있는 석재 부조판 뿐이다. 코르사바드 궁전(BC 720년)은 완벽한 아시리아의 궁전 평면을 보여준다. 또한 볼트, 기둥, 문설주, 인방 등과 같은 석조술을 보여주는 유구들과 거대한 날개달린 황소나 기린같은 건축에 덧붙여졌던 조각들도 출토되었다.

성문, 사르곤왕의 궁전
Gateway, King Sargon's Palace

코르사바드에 있는 사르곤왕의 궁전으로 들어가는 성문은 두꺼운 벽으로 지어졌다. 평면 중앙에 있는 2개의 진한 부분은 황소 조각의 자리를 나타낸다. 황소 조각은 거대한 바깥쪽 옥외 중정으로 이어지는 중앙 포르탈 정문 좌우에 위치했다.

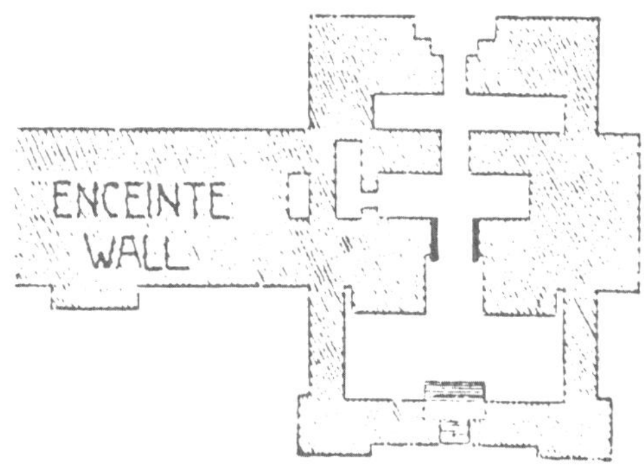

도시의 성문, 코르사바드
City gateways, Khorsabad

궁으로 향하는 계단을 오르자 마자 여러 개의 아치가 중첩된 성문을 마주하게 된다. 문의 좌우에는 사람의 머리를 한 날개달린 석재 황소 조각물이 있으며 황소의 등에서 아치가 시작된다. 푸른 유약을 바른 벽돌로 아치에 사람과 별무늬를 장식해 넣었다.

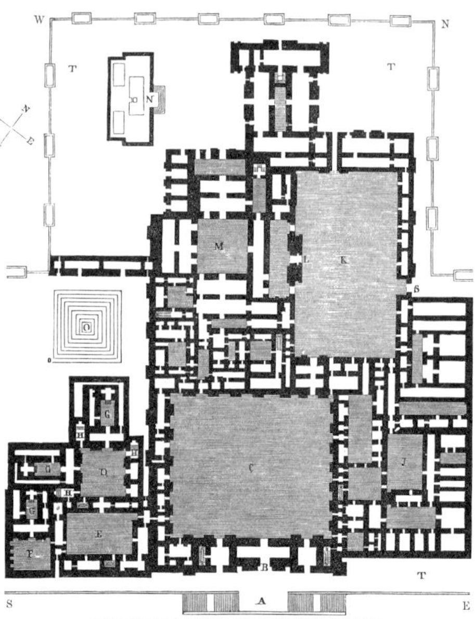

FIG. 32.—PALACE OF KHORSABAD. BUILT BY KING SARGON ABOUT 710 B.C.

A, Steps. B, Chief portal. C, Chief entrance-court. D—H, Women's apartments (Harem). J, Centre court of building. K, Chief court of royal residence. L, Portal with carved bulls as guards. M, Centre court of royal residence. N, Temple (?). O, Pyramid of steps. S, Entrance to chief court. T, Plan of terraces with wall and towers.

Scale 0 100 200 300 400 Feet

사르곤왕의 궁전 평면, 코르사바드(BC 720년)
Plan of King Sargon's Palace, Khorsabad

이 궁전은 요새화된 도시 근처에 평지보다 높게 만든 언덕에 위치한다. 계단을 통해 접근할 수 있으며 3개의 거대한 포르탈(여러 개의 아치가 중첩된 커다란 출입문) 정문을 통해 바깥쪽 중정으로 들어간다. 정문 안쪽에는 마구간과 창고가 있는 예닐곱 개의 작은 중정이 있었다. 주거와 관청은 단지의 내부 깊숙이 자리했다. 평면계획은 대칭이나 축을 갖지 않았지만 대각선을 따라 이루어졌다.

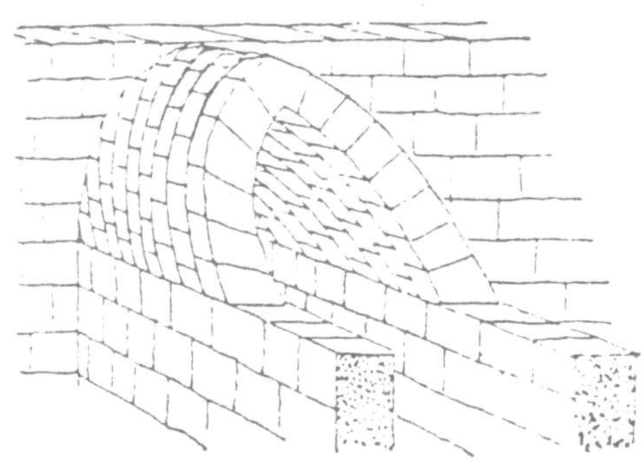

터널 볼트
Tunnel vault

이것은 아시리아인들이 초기에 볼트를 만들었던 방법이다. 여기에 나타난 볼트는 홍예틀(아치나 볼트를 축조하는 동안 받치는 목조 틀)없이 테두리가 기울어져 축조되었다. 이 방법은 지하 배수로에 사용된 것이 분명하며, 궁의 좁은 방 지붕을 만드는 데에도 사용되었을 것이다.

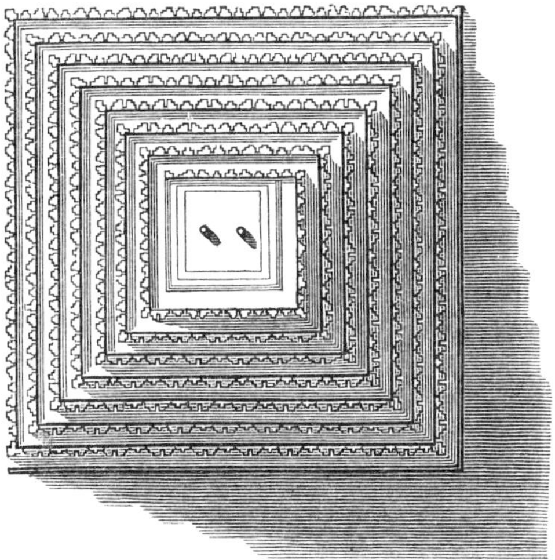

천문대, 코르사바드(BC 720년)
Observatory, Khorsabad
이전의 신전들과 같이 코르사바드에 있는 이 신전도 7층이다. 하지만 각 층은 한쪽으로 쏠리지 않고, 서로 아래층과 중심을 맞추어 놓였다. 각 층 테라스는 바빌론의 바벨탑과 유사하게 탑을 빙 둘러 경사로를 만들고 있다. 각 층은 비르스님루드의 신전과 같이 행성을 상징하도록 채색되었다.

궁전의 중정, 코르사바드
Palace court, Khorsabad
이것은 궁전의 모퉁이 중 한 곳의 모습을 추측하여 그린 복원도이다. 알현실의 벽에는 왕의 초상, 역사적 사건 그리고 자연주의적인 사람과 동물의 모습을 새긴 석고판을 일렬로 부착했다. 석고판 위의 벽에는 회칠을 하고 채색했다. 외벽에는 갈대문양의 필라스터와 패널로 장식되었다.

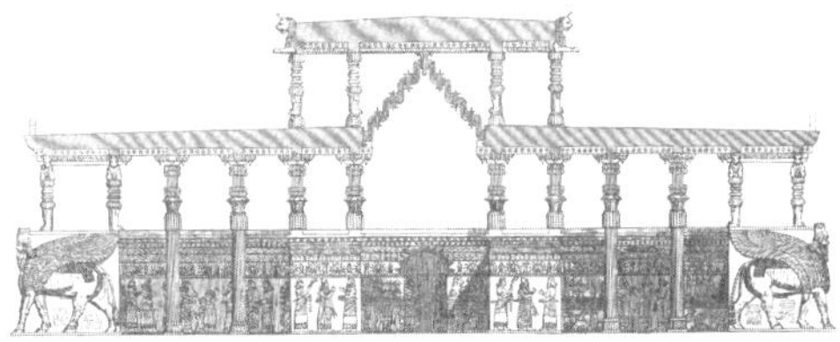

궁전의 방, 코르사바드
Palace room, Khorsabad
코르사바드의 주요한 방의 복원도이다. 이를 통해 아래쪽 벽에 석고판을 부착한 방식과 뚫려있는 벽의 윗부분을 통해 빛이 들어오게 한 것을 알 수 있다. 궁전에 있는 많은 수의 이보다 좁은 방과 복도들은 볼트천장을 갖고 있었지만, 왕이 사용하는 방에는 장식된 목재 천장이 있었을 것이다.

성문, 사르곤왕의 궁전
Gateway, King Sargon' s Palace
사르곤왕의 궁전으로 들어가는 주 성문에는 아치모양의 출입구가 있었다. 또한 흉벽(총안이 있는 성벽 위의 요철 같은 형태)은 아시리아식의 독특한 계단모양으로 장식되어 있었다. 이것은 성스러운 산을 상징화한 것이다.

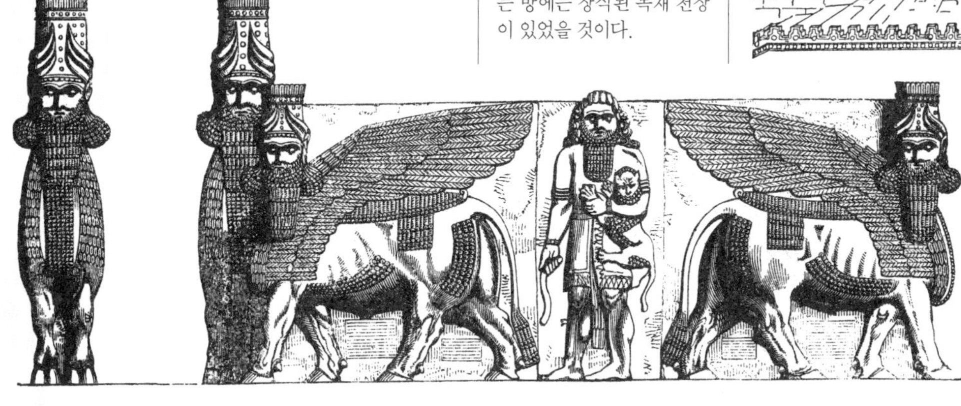

보행자를 위한 성문, 코르사바드
Pedestrian gateway, Khorsabad
사람의 머리를 한 날개달린 황소조각이 도보여행자를 위한 성문을 장식했다. 이 조각들 사이에는 사자의 목을 조르고 있는 거인조각이 서있다.

바빌로니아, 아시리아, 페르시아
Babylon, Assyria, Persia

니네베, 님루드, 그리고 코윤지크에 있는 아시리아 궁전
Assyrian Palaces at Nineveh, Nimrud, and Koyunjik

아시리아의 신전에는 지구라트가 있는 것도 있고, 없는 것도 있었다. 하지만 후기 아시리아시대로 들어서면서 전제군주의 역할이 강조됨에 따라 궁전이 훨씬 더 많아졌고 중요해졌다. 님루드는 BC 9세기 도성 내부에 왕궁이 건설되면서 부흥되고 확장되었다. 동쪽에는 작은 방들과 접한 거대한 중정이 있었고, 남쪽에는 커다란 연회실이 줄지어 있었다. 이는 아시리아 궁전의 전통적인 모습이 되었으며, 왕을 찬미하기 위해 궁전을 건설하고 장식했다. 니네베, 님루드 그리고 코윤지크에 있는 궁전의 유적(BC 8세기에서 BC 7세기)은 비슷한 평면 형태를 갖고, 테라스가 둘러진 높은 단 위에 지어졌다.

아시리아식 장식, 니네베
Assyrian ornament, Nineveh
니네베의 유적에서 발견된 장식용 테두리에는 날개달린 황소와 성스러운 나무를 나타낸 것으로 보이는 양식화된 식물의 모습이 조각되어 있다. 천장을 지지하는 보의 가장자리에는 꽃과 동물 모양이 그려졌을 것이다. 때로는 보석을 박아 넣거나 금박을 입혀 부를 과시하고, 디자인적으로 대조를 강조했다.

그리핀 조각, 니네베
Sculptured griffin, Nineveh
아시리아의 얕은 부조에는 사람과 동물이 힘있고 생생하게 묘사되어 있다. 이는 아시리아인들의 움직임과 해부학적 구조에 대한 관찰 결과이기도 하면서 그 대상을 건축적 장식을 위해 양식화한 것이기도 하다. 오소스태트orthostat라고 불리는 거대한 석판들을 높은 벽 위에 층층이 놓거나 긴 벽에 띠처럼 둘렀다. 일반적인 주제는 맹수, 황소, 사자, 그리핀(반은 사자이고 반은 새인 짐승)이었다. 때때로 왕이 맹수를 죽이는 모습을 나타내어 왕의 용맹함과 악에 대한 선의 승리를 상징적으로 보여주었다.

궁전 중앙의 포장용 석판, 코윤지크(BC 704년)
Pavement slab, Central Palace, Koyunjik
이 장식용 포장돌의 바깥쪽 경계부분에는 연꽃잎을 본뜬 문양이 있다. 이것은 고대 이집트의 장식과 흡사하며 좁은 장미꽃무늬의 띠가 안쪽의 다른 양식화된 꽃문양과 구분하고 있다.

북서쪽 궁전의 평면, 님루드(BC 884년)
Plan, North-West Palace, Nimrud

이 궁전은 님루드의 언덕에 지어진 최초의 건물들 가운데 하나이다. 주 출입구를 들어가면 궁전의 중심부에 정4각형 중정이 있었다. 이 중정은 날개달린 황소 조각이 지키는 계단의 정상에 위치했고, 거대한 홀로 이어졌다. 동쪽에는 여성의 공간인 하렘을 포함한 개인용 공동주거가 있었고 남쪽에는 연회실이 있었다.

아시리아궁의 복원도
Conjectural restoration of an Assyrian palace

건축역사학자들이 아시리아 궁전의 완전한 모습을 추측했다. 제임스 퍼거슨의 재현도에서 주요한 특징을 볼 수 있다. 들어올려지고 버팀벽으로 보강된 테라스와 왕에게 경의를 표하는 조각이 양쪽에 새겨진 훌륭한 계단, 빛이 들어오도록 열려있는 상층부 그리고 톱날 모양의 지붕을 볼 수 있다.

아시리아의 주두 형태
Assyrian capital forms

니네베의 왕궁 유적 가운데에서 건축역사학자들이 발견한 조각판은 아시리아(혹은 그리스)의 건축가가 사용한 건축적 디테일을 보여준다. 이러한 소용돌이 장식이 있는 주두에서 그리스의 이오니아식, 코린트식 형태와 유사성을 발견할 수 있다.

라무수
Lamussu

라무수(거대한 짐승의 조각)는 악의 침입으로부터 왕궁의 문을 지켰다. 사자의 용맹, 독수리의 미래를 내다보는 능력, 황소의 힘 그리고 인간의 지혜와 지능을 갖고 있다.

디바누바라 오벨리스크 (BC 800년경)
Obelisk of Divanubara

건조벽돌과 구운 벽돌로 만들어진 이 오벨리스크는 높고, 위가 좁다. 윗부분에는 계단식의 층이 있는데 여기에 이것이 무덤의 기능을 했음을 보여주는 비문과 조각이 있다.

바빌로니아, 아시리아, 페르시아
Babylon, Assyria, Persia

페르시아건축 : 페르세폴리스 궁전
Persian Architecture : The palaces of Persepolis

BC 6세기부터 4세기까지의 페르시아 건축에 대한 지식은 주로 파사르가다에, 수사, 페르세폴리스에 남아있는 궁전과 신전의 유적에서 얻었다. 페르시아건축에는 독특한 특징 뿐만 아니라 이집트와 그리스의 영향이 혼합되어 나타난다. 특히 건물을 기단 위에 건설한 점, 옆면에 동물과 왕의 수행원들을 새긴 거대한 계단 그리고 대규모로 장식된 부조와 밝은 색의 유약을 바른 벽돌을 사용하는 점에서 아시리아 건축의 전통이 이어져 옴을 알 수 있다. 페르세폴리스 궁전이 이전 시기와 다른 점은 거대한 규모와 석재의 대규모적인 사용이다. 궁전의 평면은 매우 복잡했으며, 수많은 기둥이 있는 거대한 정4각형의 아파다나(알현실)가 두드러졌다.

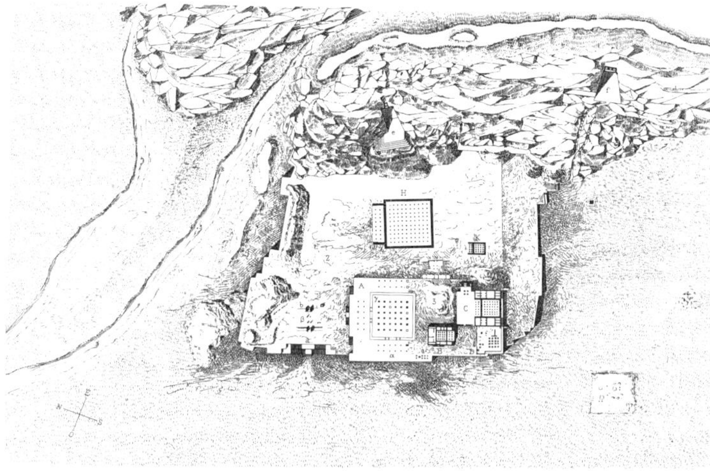

페르세폴리스의 평면 (BC 521-465년)
Plan of Persepolis
성벽이 3개의 거대한 테라스를 포함한 전체 대지를 에워싸고 있다. 중앙의 높은 테라스의 양옆에 낮은 단이 자리하고 있다. 이 곳에는 다리우스와 그의 아들 크세르크세스의 거대한 궁전 유적이 남아있다. 북쪽 테라스에 크세르크세스의 프로필레아(폐쇄된 공간으로 들어가는 입구 건물)가 있고, 나머지 건물은 중앙의 테라스에 위치한다.

날개달린 황소, 백주실
Winged bulls, Hall of 100 Columns
백주실 앞에 사람머리를 하고 날개가 달린 황소석상이 있는 출입구의 유적이 남아있다. 석상은 니네베와 님루드에서 발견된 아시리아의 날개가 달린 황소(라무수)와 유사하다. 이 거대한 피조물은 현관 위병소 좌우에 서있다. 위병소는 진흙벽돌로 벽을 쌓았으며 유약을 바른 다채로운 색의 벽돌을 붙여 장식했다.

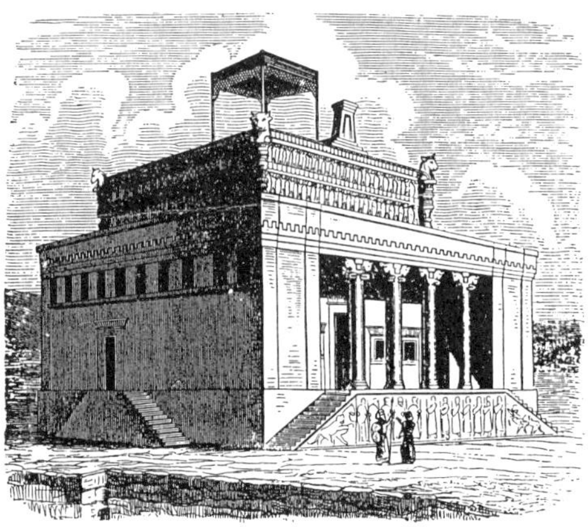

다리우스 궁전(BC 521년)
Palace of Darius
이 복원상상도는 개방된 로지아(개방된 아케이드나 열주랑을 측면에 갖는 회랑)로 다다르는 한쌍의 계단을 보여주고 있다. 로지아를 통과하면 중앙 홀로 들어가게 된다. 건물의 꼭대기에는 탈라르talar라고 하는 높은 단상이 있어 최고 성직자이기도 했던 왕이 종교적 의식을 거행했다. 이 복원도는 다리우스의 무덤에서 발견된 궁전을 조각한 유물에 기초했다.

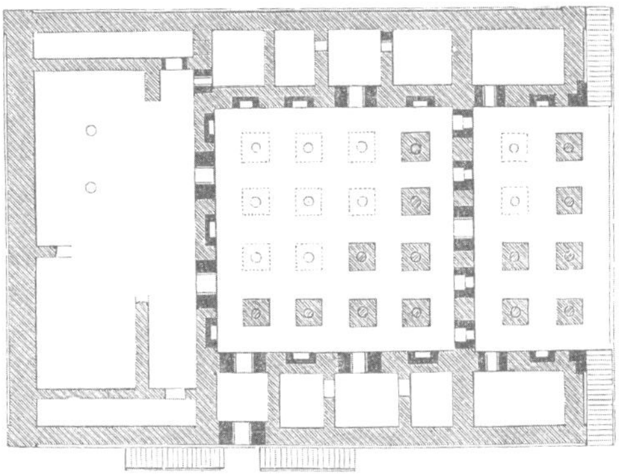

다리우스 궁전의 평면
Plan, Palace of Darius

아파다나라고 불리는 중앙 홀에는 16개의 기둥이 있고, 작은 방들이 홀을 둘러싸고 있다. 네 모퉁이의 탑에는 호위병을 위한 방과 계단이 있었을 것이다. 서쪽 열주현관에서 바라보면 전원의 풍경이 펼쳐졌을 것이다.

다리우스 궁전의 입면
Façade, Palace of Darius

테라스 양쪽에 있는 계단을 통해 궁전에 접근하면 열주현관(포티코)을 통해 입구로 들어가게 된다. 입구에는 갈대무늬장식이 된 곡면의 코니스가 있는데 이는 이집트의 신전으로 들어가는 입구에서 볼 수 있는 것과 비슷하다.

대계단의 정상에서 바라본 모습
View from the top of the Great stairs

좌측에 있는 것은 크세르크세스의 프로필레아이며 그 뒤로 우측에는 크세르크세스의 아파다나의 기둥들이 서있다. 멀리 다리우스와 크세르크세스 궁전의 작은 홀들이 보인다.

다리우스 궁전의 중앙 입구
Central doorway, Palace of Darius

이집트양식의 코니스를 다른 각도에서 바라본 모습으로 문설주의 석판에 있는 조각을 볼 수 있다. 조각에는 야외에서 왕이 차양을 든 하인의 호위를 받고 있는 모습을 그리고 있다.

돌난간이 있는 계단
Stairs with stone parapet

크세르크세스의 아파다나로 오르는 계단에는 행진하는 병사들이 조각된 판이 계단을 따라 자리했다. 여기에서는 2명의 창을 든 병사가 보인다. 인물 조각과 함께 양식화된 식물형태와 잎장식을 한 장미문양 혹은 연꽃잎무늬같은 건축적인 장식이 더해졌다.

바빌로니아, 아시리아, 페르시아
Babylon, Assyria, Persia

페르세폴리스 : 크세르크세스 궁전
Persepolis : Palace of Xerxes

다리우스(BC 552년부터 486년까지 통치)와 그의 아들 크세르크세스(BC 486년부터 465년까지 통치)의 궁전은 왕실의 주거와 신전의 두 가지 기능을 수행했다. 수많은 홀과 방의 복합체로 이루어진 궁전은 왕과 그 수행원들이 지낼 거처와 의식과 통치행위의 공간을 제공했다. 왕은 정부에서 가장 중요한 역할을 할 뿐만 아니라 최고 성직자였다. 따라서 궁전은 속세와 내세의 권력이 결합되어 있는 상징이었다. 목재로 된 무대와 캐노피로 구성되었으리라 생각되는 신전은 궁전의 옥상에 자리했다. 신전에서 페르시아 왕은 행성을 숭배했으며 그곳에서는 숭배의 대상인 행성에게 자신을 매우 잘 드러내 보일 수 있었다.

남쪽 홀의 석재기둥, 크세르크세스의 아파다나
Stone columns, south hall, Apadana of Xerxes

크세르크세스의 아파다나는 정4각형으로 기둥이 있는 홀이다. 각 모서리 부분에는 탑이 있고, 3면에는 열주현관이 위치했으며, 한쌍의 계단을 통하여 접근할 수 있었다. 키가 크고 홈파기가 되어 있는 기둥 위에는 황소 모양의 주두 2개가 놓여졌고, 주두는 평평한 목재지붕을 지지했다. 삼나무와 사이프러스 나무로 만든 보는 아랫부분에 화려한 장식이 있었을 것이다.

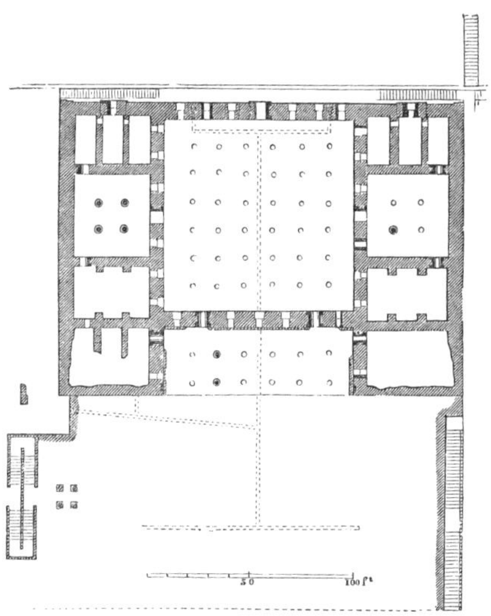

평면, 아파다나와 궁전의 방 (BC 485년경)
Plan, apadana and palace apartments

궁전은 기단 위에 지어졌으며 좌우에 있는 계단을 통해 접근할 수 있었다. 개방된 열주현관은 12개의 기둥으로 이루어졌으며 아파다나(알현실)로 들어갈 수 있는 2개의 출입구가 안쪽 벽에 있었다. 좌우로는 2열의 방들이 있었다. 각 열 중앙에 있는 방은 4개의 기둥이 있는 정4각형으로 한쪽에는 3개의 작은 방이 있었고 반대편에는 호위병을 위한 방이 있었다. 아파다나에는 36개의 기둥이 같은 간격으로 배열되어 있었고 6개의 창문을 통해 빛이 들어왔다. 뒤쪽에는 문이 있어 아래쪽 단으로 이어지는 좁은 테라스로 나갈 수 있었다.

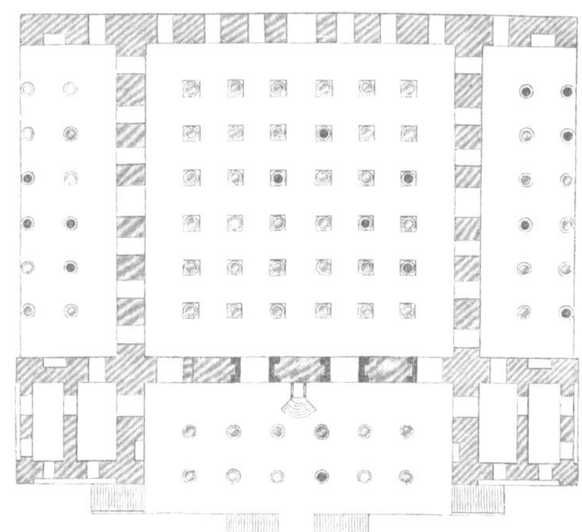

복원한 평면, 크세르크세스의 아파다나(BC 485년경)
Restored plan, Apadana of Xerxes

계단을 통하여 올라가면 3개의 열린 로지아 중 하나로 이어지며 여기서 크세르크세스의 아파다나로 들어가게 된다. 아파다나는 36개의 기둥이 지지하고 있으며 3면에 열주현관이 있었다.

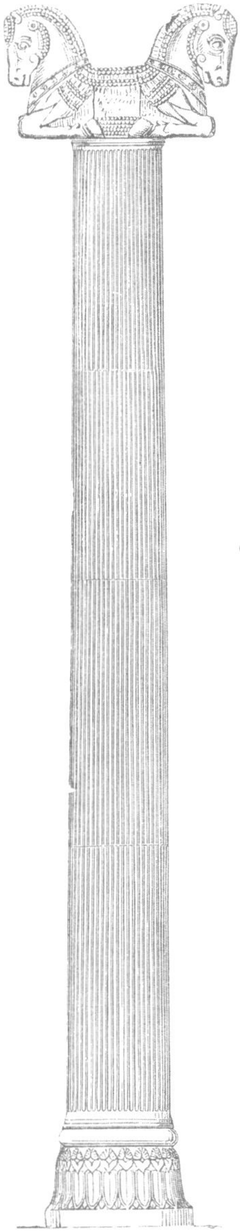

서측 열주현관의 기둥
Pillar of the western portico

페르세폴리스에서만 발견된 이 기둥에는 위로 갈 수록 점점 가늘어지며 섬세하게 홈이 파인 주신이 토러스(기둥 아래 불룩 나온 장식용 부재) 위에 놓여 있다. 기둥과 원형의 주초가 만나는 부분에는 좁은 띠장식이 둘러져 있다. 꼭대기에는 한쌍의 황소 머리부분을 돌에 조각한 멋진 주두가 놓여 있다.

이중계단
Double staircase

한쌍의 계단을 통해 크세르크세스 궁전으로 올라간다. 계단의 윗부분에는 병사와 기수가 행진하는 모습을, 그리고 아래쪽에는 야생동물이 싸우는 모습을 조각한 판이 붙어있다. 외벽에는 양식화된 식물형태가 새겨진 판을 덧대었다.

백주실
Hall of 100 Columns

이 광대한 정4각형의 홀은 페르시아 제국시대의 위대한 건축적 창조물이다. 출입구 벽 위에 위치한 7개의 석재 창을 통해 빛이 들어온다. 이 복원도는 내부가 어떻게 생겼는지 보여준다. 한쌍의 황소모양 주두가 있으며 회를 바르고 밝은 색으로 채색된 기둥들이 거대한 공간을 가득 채우고 있었다. 이 기둥들은 탈라르라고 불리는 무대 위에 놓인 평평한 지붕을 받치고 있었다.

북측 열주현관의 기둥
Pillar of northern portico

종모양의 주초를 갖는 이 기둥의 주신에는 서측 열주현관에 있는 것과 비슷하게 정교한 홈이 새겨져 있다. 하지만 주두가 매우 다르며 역시 페르세폴리스에서만 발견된다. 주두의 아랫부분은 연꽃모양이고 그 상부표면은 볼록한 윤곽을 갖고 있으며, 최상부는 I자모양이다. 중앙 몸통에는 홈이 파여 있으며, I자모양 부분의 아래 위에 이중으로 소용돌이무늬를 조각했다.

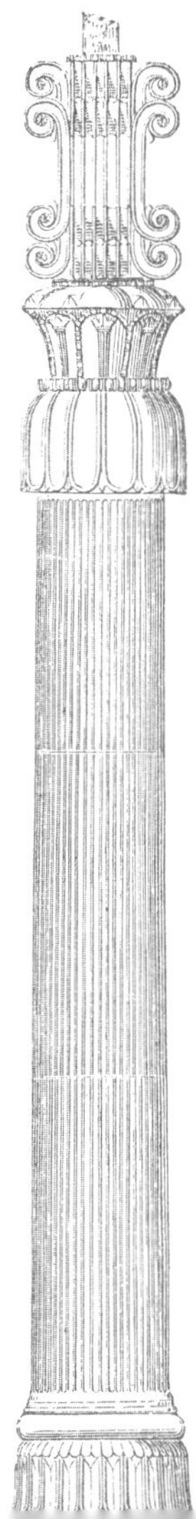

크세르크세스 홀
Hall of Xerxes

이 복원도는 홀의 외관을 보여준다. 홀은 멋진 계단, 열주현관 그리고 진흙벽돌로 쌓은 뒤 유약을 바른 타일로 마감한 벽으로 구성되어 있었을 것이다. 탈라르에는 황소나 그리핀의 모습을 한 아크로테리아(조각상을 놓는 대)가 있었을 것으로 추정된다.

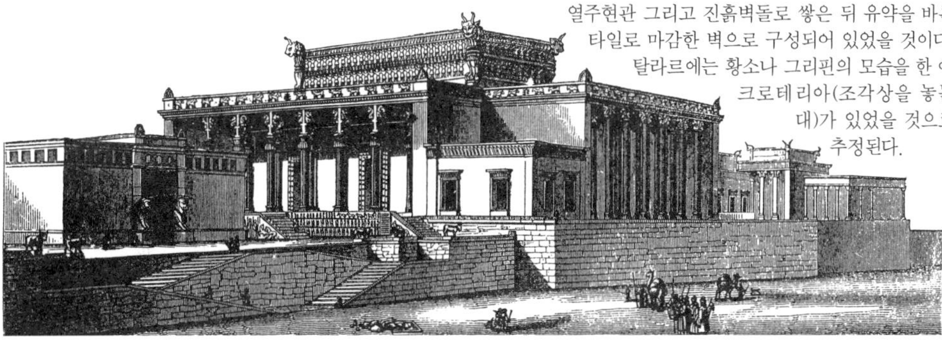

바빌로니아, 아시리아, 페르시아
Babylon, Assyria, Persia

페르시아 건축공예술
Persian Architectural Craftsmanship

페르세폴리스에는 페르시아 제국 곳곳에서 온 숙련된 장인들이 일하고 있었다. 고귀하고 신성한 대지에 걸맞게 건물 전체를 섬세하게 마감했다. 어떤 벽은 반짝거리도록 광택을 내었고, 석조물의 조각 디테일은 보석 세공용 도구로 가공한듯 모서리가 날카롭고 정교했다. 동시에 창문틀과 문틀 전체 그리고 몇단의 계단을 한 덩어리의 돌에서 깎아내어 크고 무거운 석재부재를 만들기도 했다. 거대한 목재보에는 정교한 몰딩을 조각했을 것이다. 때때로 목재를 귀금속 판으로 감싸기도 했다. 일부 목재는 금도금했고, 상아, 녹색의 사문석, 붉은 적철광으로 상감세공을 하기도 했다. 프리즈(기둥 위에 놓인 수평부재)는 조각한 뒤 청록색, 붉은색, 노란색으로 채색했고, 두꺼운 진흙벽돌 벽에도 회반죽 위에 갖은 색으로 채색했다.

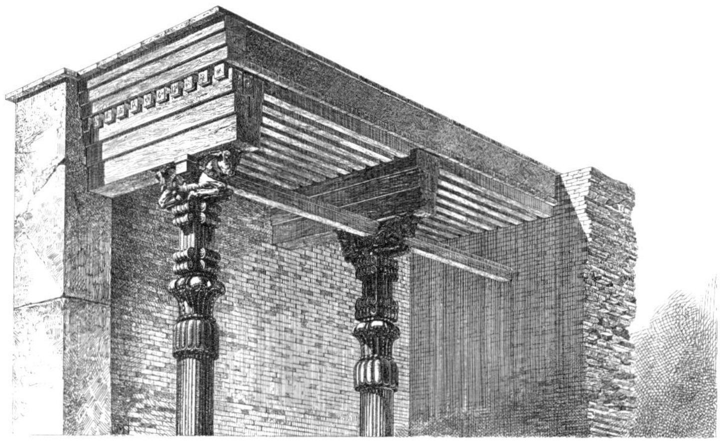

페르시아의 목공술
Persian carpentry
비스듬히 바라보고 그린 이 그림은 페르세폴리스 궁전 홀의 구조를 부분적으로 보여준다. 홀은 진흙벽돌로 된 벽, 몰딩된 삼나무 보와 그 위에 얹힌 평평한 목재지붕 그리고 한쌍의 황소가 있는 주두와 날씬하게 홈이 파인 기둥으로 이루어져 있다.

기둥
Column
열주현관과 다주실의 천장을 받치기 위하여 황소머리 모양의 주두가 있는 높은 기둥이 사용되었다. 이 기둥은 부분적으로 앞선 고대 이집트에서 영감을 얻은 것이다. 석재 대신 목재보가 기둥 위에 놓이는 까닭에 이집트의 기둥보다 더 높고 가늘며 기둥 사이의 간격도 더욱 넓어졌다.

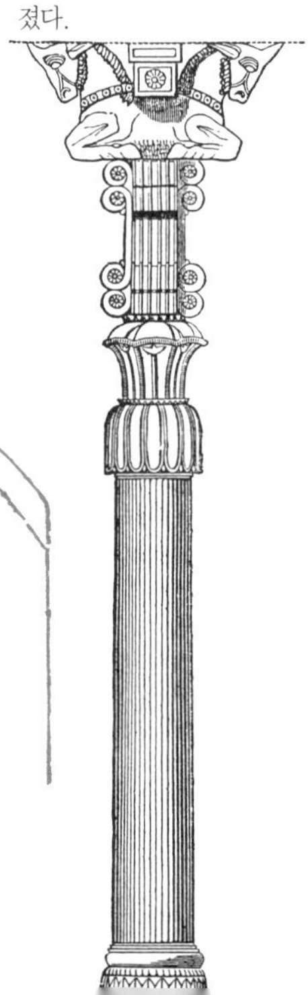

주두
Capital
볼록한 아랫부분 위로 야자수잎모양이 안쪽으로 약간 좁아진 뒤 바깥쪽으로 넓어지면서 홈이 파인 직4각형의 짧은 기둥을 받친다. 짧은 기둥의 아래 위로는 소용돌이무늬 한쌍이 자리했다.

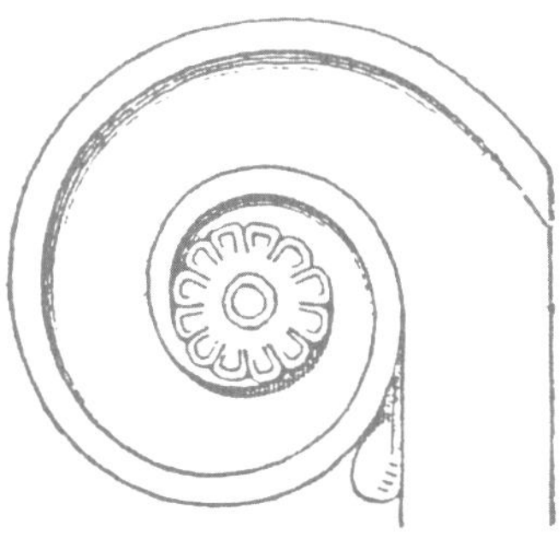

소용돌이와 장미문양
Volute and rosette
이오니아 출신의 그리스의 장인이 페르세폴리스에서 일하면서 그림에서 보이는 것과 같은 소용돌이문양을 전해준 것으로 알려져 있다. 중앙의 장미문양은 다산과 태양의 상징이었다.

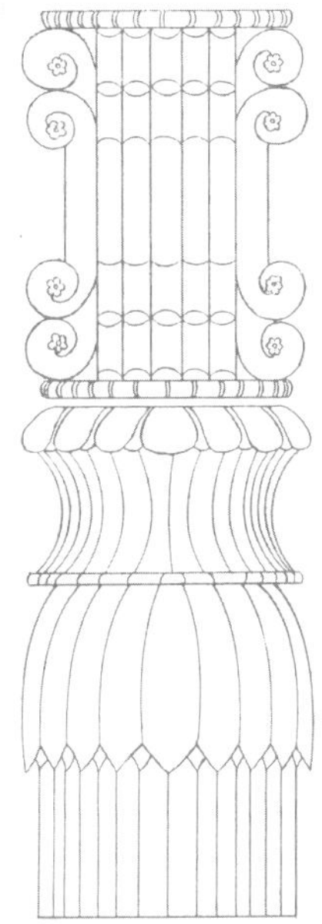

다리우스의 무덤
Tomb of Darius, Naksh -I-Rustam

이 무덤의 십자가모양 정면은 절벽면에 바로 새겨진 것이다. 중앙부분은 기둥과 황소모양 주두를 통해 궁전(아마도 페르세폴리스에 있는 다리우스 자신의 궁전)의 열주현관을 표현한 것이다. 중앙의 문을 통해 무덤 내부로 들어갈 수 있다. 정면의 위쪽에는 2줄의 하인이 높은 단을 받치고 있고, 그 위에서 왕은 불의 제단에 참배하고 있다. 날개가 달린 원판에 표현된 인물은 아마도 죽은 왕의 영혼이거나 아슈르 신으로 보인다.

섬세한 디테일
Fine detail

이 그림을 통해 페르시아식 주두의 다른 두 부분을 분명하게 확인할 수 있다. 홈이 파인 윗부분은 직4각형의 블록으로 각 면에는 4개의 소용돌이문양이 있다. 아랫부분은 원형이다. 이 두 부분의 높이만 5m에 이른다.

다양성
Range and variety

벽, 주초, 주두에 적용할 수 있는 다양한 조각방법이 아래에 제시되어 있다. 라무수는 아시리아의 조각에서 유래한 것이고, 나뭇잎장식과 종모양의 주초는 이집트에서, 홈이 파인 주신과 소용돌이문양은 그리스에서 비롯한 것이다. 단지 2개의 황소(혹은 말) 머리가 있는 주두만이 페르세폴리스의 독자적인 것이다.

석굴 분묘
Rock tomb

독립적으로 건립된 무덤 외에 페르시아인들은 왕을 위해 석굴분묘를 만들었다. 분묘는 절벽을 파고 지어졌으며 건축적인 입면과 특징이 조각되어 있었다. 페르세폴리스의 북쪽으로 몇마일 떨어진 곳의 산등성이에 있는 높은 절벽에 다리우스와 3명의 후계자를 위한 4개의 석굴분묘가 지어졌다.

초기 고대 인도 BC 300년경–서기 1750년대
Early and Classical India c.300 bce–c.1750s

스투파와 스탐바
Stupas and Stambhas

인도에 남아 있는 가장 오래된 건축물은 불교도들이 지은 것으로, 불교는 BC 7세기경에 창시된 종교이다. 불교도들은 주로 스투파를 건설했다. 스투파는 원래 무덤에서 비롯되었으나, 부처와 제자들의 화장한 유해가 스투파 안에 모셔지면서 부처와 그의 가르침을 기리는 유골사당이 되었다. 불상이 나타나기 전까지 경배의 중심은 스투파였다. 스투파는 또한, 성스러운 장소나 사건을 경배하기 위해서도 세워졌다. 스탐바는 스투파와 유사한 형태를 갖는 건축물로 독립해 서 있는 기념비적인 기둥이다. 모든 거대한 스투파 근처와 중요한 차이티아 석굴 앞에는 하나 혹은 2개의 스탐바가 놓여져 있다.

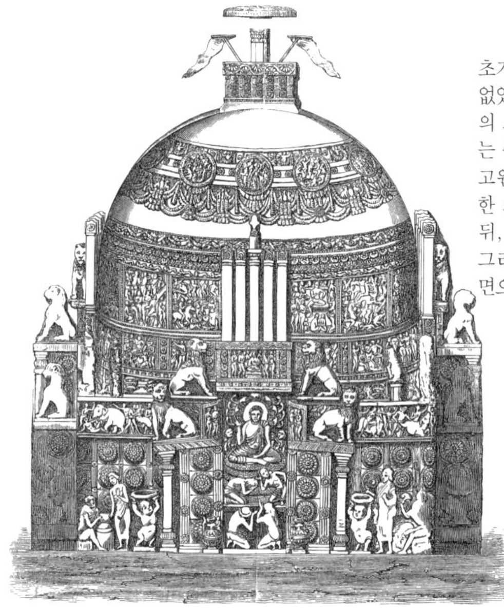

장식
Decoration

초기의 스투파에는 대부분 장식이 없었다. 하지만 후대, 특히 2-3세기의 스투파는 정교하게 장식되었다는 증거가 있다. 옆의 그림은 데칸고원의 아마라바티에 있었던 거대한 스투파다. 치장용 벽토로 덮은 뒤, 원형돋을새김, 소용돌이문양 그리고 부처의 생애를 묘사한 장면으로 장식되었다.

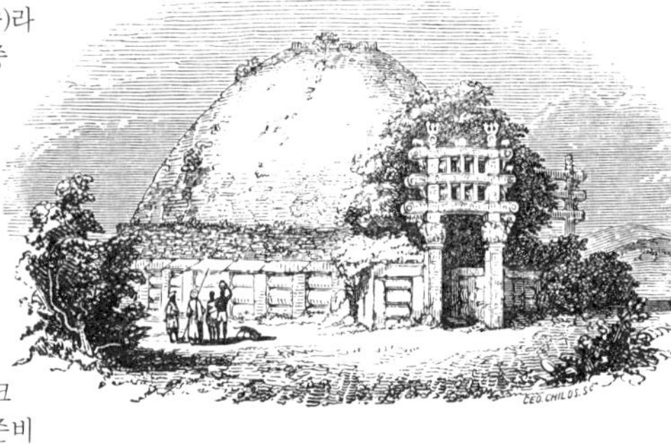

토라나
Toranas

스투파 둘레에는 베디카(난순)라는 난간이 있었고 그 중간 중간에 동서남북 방향으로 토라나라고 하는 문이 나 있다. 2개의 기둥이 평방으로 연결되어 있는 단순한 형태이지만 산치에 있는 이것과 같이 화려하게 조각되어 있었다. 토라나에 새겨진 조각을 찬찬히 감상하면서 예배자들은 프라다크시나(순례)를 위한 마음의 준비를 했다.

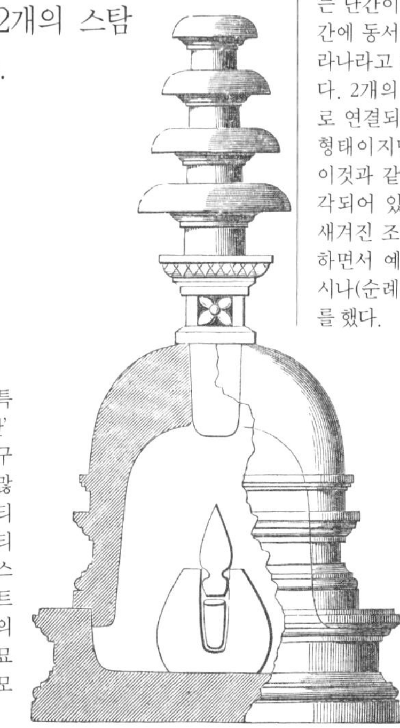

스투파의 구성요소
Elements of a stupa

스투파에서 가장 중요한 특징은 안다anda(복발 ; '계란'이라는 뜻)라고 불리는 반구형의 돔이다. 그 위에는 많은 경우 난간이 둘러진 티tee(평두)라는 것이 있다. 티 위에는 기둥의 일종인 야스티yasti(산간)가 올려져 차트라chhattra(산개; 우산모양의 층)를 받친다. 이 그림에 묘사된 유골함은 스투파의 모양을 본떠 만들어졌다.

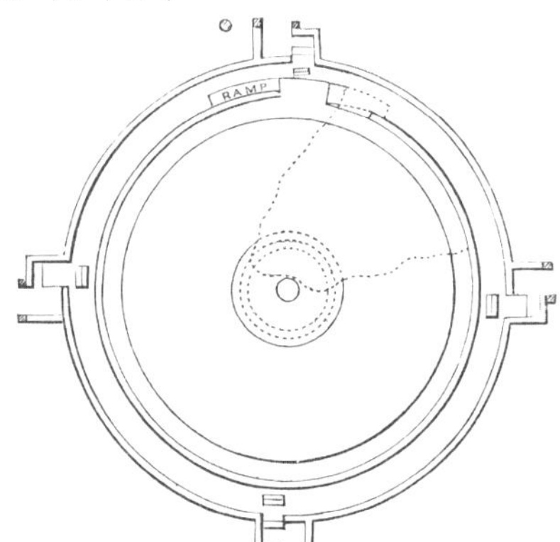

프라다크시나
Pradakshina

불교도들은 스투파 주위를 시계방향으로 돌면서 예배를 드렸는데 이 의식을 프라다크시나라고 했다. 베디카 난간(난순)으로 둘러싸인 포장된 길에서 이 의식을 행했다.

베디카
Vedika

스투파를 둘러싼 베디카(난순)는 그 자체로서 중요한 건축요소였다. 성스러운 영역의 경계에 베디카를 세웠으며, 대개 화려하게 장식했다. 장식에는 주로 새, 꽃, 동물 그리고 신화 속 인물을 새겨 넣은 원형돋을새김이 사용되었다.

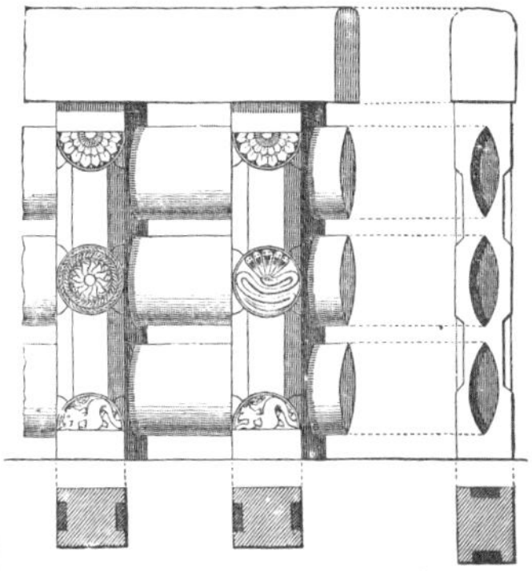

장식된 주두
Decorated capitals

기둥 상부에 위치하는 네킹necking 장식 위에 스탐바의 주두가 올라가 있다. 대부분은 페르시아양식, 더 정확히 말하자면 페르세폴리스양식이었다. 아래의 것은 1세기경에 만들어진 것으로 말과 코끼리 위에 사람이 타고 있는 모습을 조각했다.

후기의 스탐바
Later stambhas

스탐바는 17, 18세기에 들어서도 계속 사용되었다. 특히 자이나교도들이 자신들의 사원 앞에 많이 세웠다. 옆의 자이나교의 것은 마나스탐바manastambha라고 불리며 상부에 작은 누각이 있다. 힌두교에서도 스탐바를 등불을 받치는 기둥으로 사용했는데 이를 딥단dipdan이라 했다.

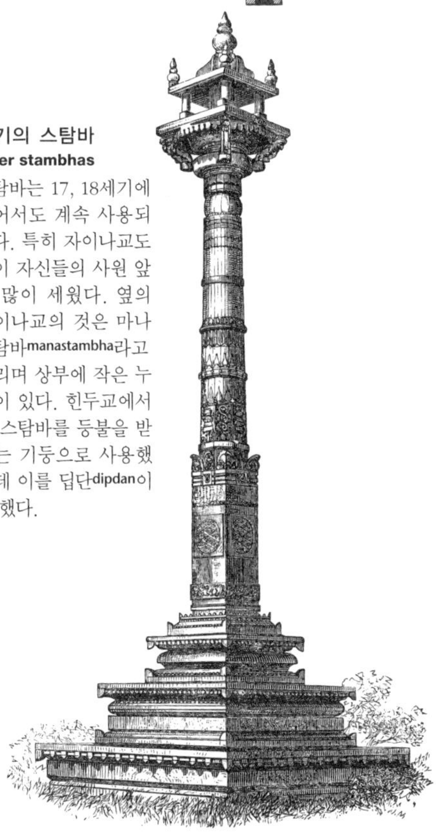

초기의 스탐바
Early stambha

남아있는 최초의 스탐바는 아소카왕(BC 269-232년경)이 세운 것이다. 이것은 지금은 사라진 목재 모형을 본뜬 것으로 보이며, 종교 교리와 역사 기록이 새겨져 있었다. 스탐바 상부에는 덩굴모양 장식이 있는데 이는 페르시아와 아시리아의 영향으로 보인다.

초기, 고대 인도
Early and Classical India

차이티아 석굴
chaitya Halls

인도의 불교건축물 중에서 가장 신성한 것은 바로 차이티아 석굴(탑원굴)이다. 예배를 위한 불당역할을 했으며, 평면과 기능에 있어서 로마네스크와 고딕 성당과 비교된다. 그러나 교회와 달리 차이티아 석굴은 대부분 자연의 암석을 깎아내어 만든 석굴이었다. 남아있는 최초의 차이티아 석굴은 BC 2세기의 것이며 페르시아와 소아시아의 영향을 받은 것으로 보인다. 차이티아 석굴은 거의 500년 동안 계속 지어졌다. 2열의 기둥이 중심공간을 네이브(교회에서 회중석이 위치하는 본당의 중앙부분)와 아일(네이브 양옆으로 열주에 의해 구분된 복도부분)로 나눈다. 바위를 조각해 만든 봉헌을 위한 스투파가 경배의 중심대상이었는데 이를 차이티아라고 불렀다. 원형의 스투파 주위로 프라다크시나를 위한 통로인 요로가 있었고, 이로 인해 차이티아 석굴의 끝부분이 반원형으로 되었다. 이 부분을 그리스도교의 성당과 마찬가지로 앱스(볼트를 얹은 반원형 혹은 다각형의 부분)라고 부른다.

전면 장막벽
Screen
암석을 깎아내 만든 차이티아 석굴의 앞에는 원래 나무로 된 장막벽이 있었다. 하단에 하나 이상의 문이 있었으며 상단에는 빛이 들어올 수 있도록 커다란 창이 나 있었다. 데칸고원의 바자에 있는 이 초기 차이티아 석굴에 장막벽은 남아있지 않지만 장막을 꽂았던 구멍이 남아있다. 장막벽은 나무 대신 돌을 사용하여 계속 설치되었다.

독립적으로 구축된 차이티아 석굴, 체잘라
Freestanding chaitya hall, Chezarla
최초의 차이티아 석굴은 나무로 지어졌으며 독립적으로 서있었을 것으로 여겨진다. 남아있는 것은 없지만 체나이에 드물게 남아있는 이 예처럼 벽돌과 석재로 된 모방품을 통하여 그 모습을 짐작할 수 있다. 2-3세기의 것으로 여겨지는 비슷한 건축물이 데칸고원의 테르 지방에 남아있다.

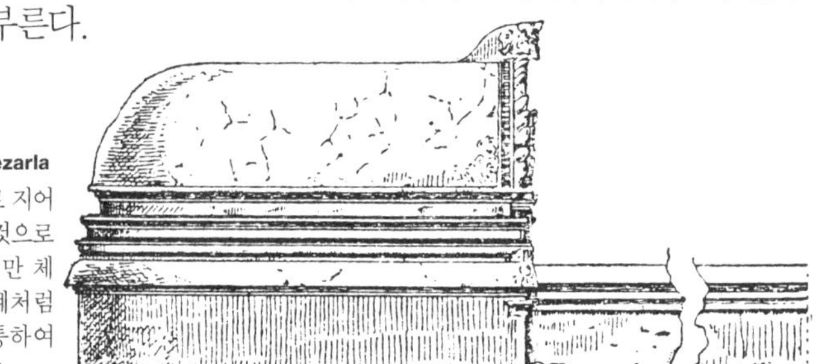

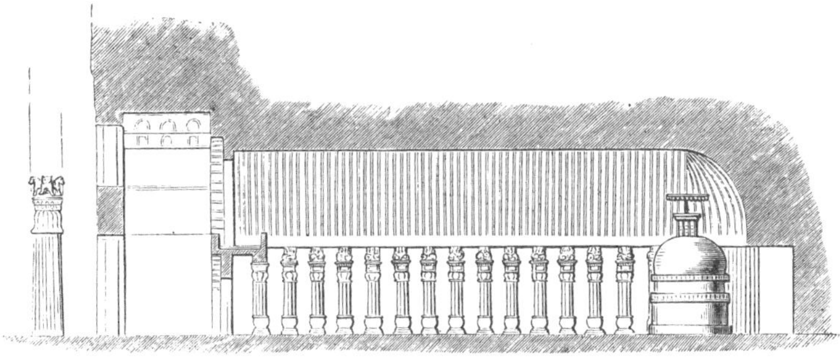

차이티아 석굴, 카를리(1세기)
Chaitya hall, Karli

초기 차이티아 석굴 중 가장 크고 보존이 잘 된 것은 데칸 고원의 카를리에 남아있다. 평면은 전형적인 형태를 따르고 있다. 2줄의 기둥이 석굴을 세 부분으로 나누고 있으며 스투파가 예배의 중심으로 자리한다. 여기에서는 기둥에 화려한 조각이 되어 있지만 일반적인 차이티아 석굴의 내부는 비교적 단순하다.

차이티아 석굴의 창
Chaitya window

커다란 일광용 창은 차이티아 석굴의 건축요소 중 핵심적인 것이며, 내부까지 햇빛이 들어올 수 있도록 했다. 차이티아 석굴의 외부정면에는 가바크샤 gavaksha 디자인이라고 알려진 말굽모양의 모티프가 반복해서 나타나며, 수백년 동안 계속하여 사원건축에 사용되었다.

스투파
Stupa

차이티아 석굴 내부에 있는 스투파는 원석을 깎아내어 만들었으며 대개 화려하게 장식되어 있다. 커다란 창을 통해 들어오는 빛은 정확히 스투파에 떨어졌다. 그리고 내부의 다른 부분은 상대적으로 어두운 채로 남겨졌다. 카를리에 있는 이 스투파는 난간으로 장식된 2층의 기단 위에 올려져 있으며, 정상부에는 티(평두)와 나무로 정교하게 만들어진 우산모양의 차트라(난개)가 있었다.

차이티아 석굴의 지붕
Chaitya roofs

일반적으로 차이티아 석굴의 중앙부분의 천장은 배럴 볼트로 되어있었고, 양 측면에는 반쪽의 볼트가 놓여 있었다. 2가지 모두에 리브(뼈대)가 있었다. 리브는 목재로 만들거나 암석을 뼈대 형태로 깎아내어 목조 천장 형태로 만들어졌다. 데칸고원의 아잔타에 위치하는 이 차이티아 석굴은 유난히 높은 트리포리움을 갖고 있다. 원래는 이곳은 회칠을 한 뒤 섬세하게 채색되어 있었다.

초기, 고대 인도
Early and Classical India

비하라 석굴
Viharas

초기 불교건축의 중요한 유형은 수도원인 비하라 석굴(승원굴)이었다. 비하라 석굴은 BC 2세기부터 지어졌다. 대부분은 단순한 석굴로 승려들이 만나고, 기도하며, 잠자는 곳이었다. 예배의 대상(스투파 또는 불상), 승려들의 방(침대로 쓰인 석판이 있었다), 그리고 초상肖像을 위한 사당이 필수적인 요소였다. 데칸 고원의 아잔타에 가장 유명한 석굴군이 남아있다. 이들은 BC 2세기에서 기원후 5세기 후반에 걸쳐 지어졌다. 후기 석굴들은 대부분 풍부하게 장식되어 있어 인도 예술의 백미를 이룬다. 자이나교는 불교와 함께 같은 시대에 생겨난 종파로서, 이들 역시 비하라 석굴을 지었다.

승방
Cells
일반적으로 비하라 석굴 내부의 승려들이 자는 방문간 위에는 차이티아 석굴의 창문을 모방한 말굽 모양의 아치가 있었다. 후기에 이르러 디자인이 발전하고 더 섬세해지면서 방의 지붕은 돔 형태가 되었으며, 외부 정면에 조각을 새기게 되었다.

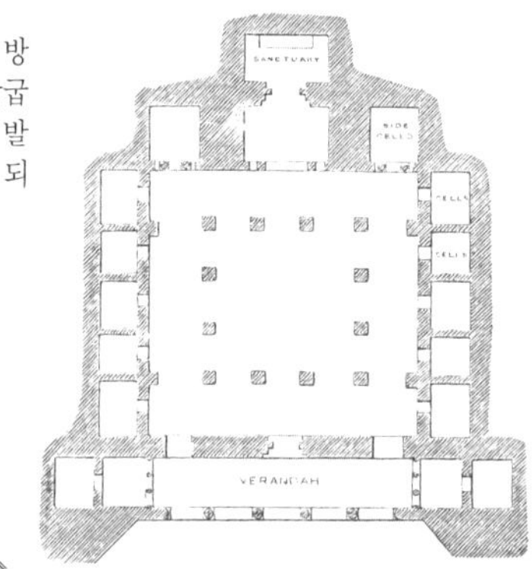

지성소와 예배실
Sanctuary and chapels
5세기에 이르러 예배실과 지성소가 비하라 석굴에 포함되었다. 이에 따라 차이티아 석굴과는 무관하게 따로 예배를 드릴 수 있게 되었다. 지성소는 입구에서 바로 맞은편에 위치했으며, 보통 스투파나 불상을 모시고 있었다.

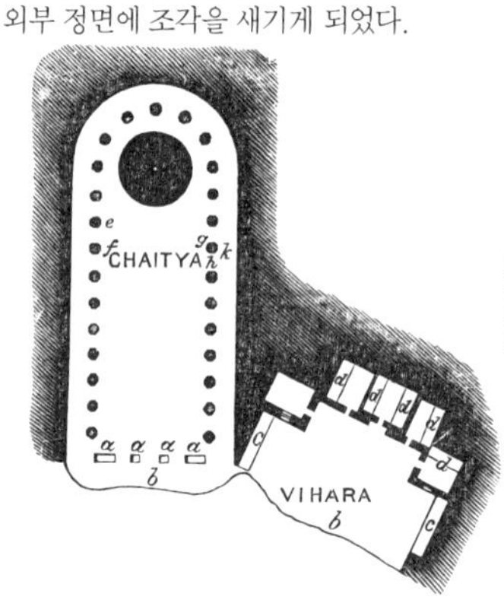

비하라 석굴, 차이티아 석굴
Viharas and chaitya halls
최초로 석굴형태로 지어진 비하라 석굴은 차이티아 석굴 옆에 있었으나 서로 분리되어 있었다. 비하라 석굴은 직4각형의 중정과 작은 방들로 이루어졌으며, 방들은 중심 공간인 마당을 향해 열려 있었다. 옆에 있는 차이티아 석굴에서 예배를 드렸기 때문에 최초에는 예배실이 필요 없었다.

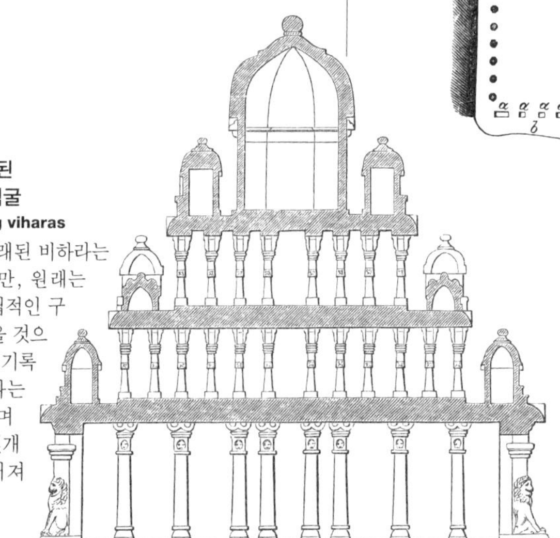

독립적으로 구축된 초기의 비하라 석굴
Early freestanding viharas
남아있는 가장 오래된 비하라는 석굴의 형태이지만, 원래는 차이티아처럼 독립적인 구조를 가지고 있었을 것으로 보인다. 당시의 기록에 따르면, 비하라는 피라미드형이었으며 나무 기둥 위에 몇개의 층으로 이루어져 있었다.

베란다
Verandas

대부분의 비하라 석굴 앞에는 큰 현관인 베란다가 있었다. 베란다는 외부 세계와 반쯤 어두운 석굴 사이의 전이공간이었으며, 장식에 많은 신경을 썼다. 기둥은 조각했으며, 이따금 벽과 천정에 프레스코화를 그리기도 했다.

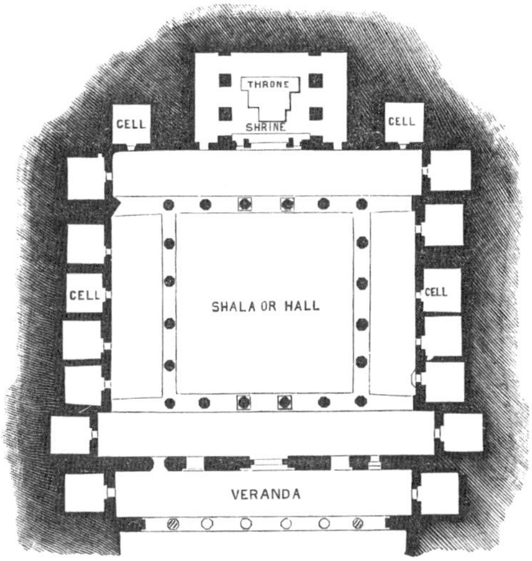

기둥이 있는 석굴
Pillared hall

비하라 석굴이 점점 커지고 화려해짐에 따라 홀의 내부에 기둥을 배치하기 시작했다. 이는 점차 커지는 지붕 스팬을 지지하기 위함이었다. 최초에는 4개의 기둥을 사용했고 점차 12개, 20개 혹은 그 이상의 기둥을 사용했다. 데칸고원의 아잔타에 있는 이 홀은 5세기의 것으로, 천장과 벽 뿐만 아니라 기둥도 채색하여 장식했다.

살라
Sala

후기의 비하라 석굴에는 살라라는 방들이 딸려 있었다. 살라는 주로 교실로 쓰였지만 식당(다르마살라dharmasala)이나 종교적 예배를 위한 공간으로도 사용되었을 것이다. 인도 중앙부의 바그에 있는 이 비하라 석굴은 5세기경의 것으로, 20개의 기둥이 있는 긴 베란다를 통해 중심 홀로 들어간다. 베란다의 내부 벽은 화려하게 장식되어 있었을 것이다.

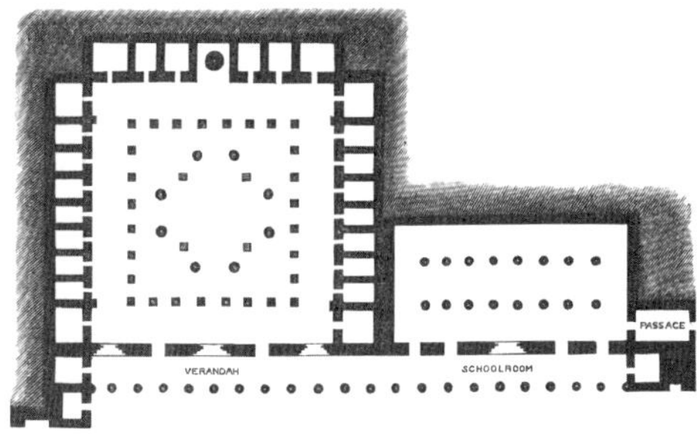

벽과 지붕으로 구축된 비하라 석굴
Structural Vihara

현재 북파키스탄에 위치한 간다라지방에 있는 비하라는 모두 독립적인 구조물로서 석재로 지어졌다. 탁트 이 바히에 있는 이 수도원은 3세기에 지어졌다. 정4각형의 중정에는 가운데에 스투파가 있고(A ; 주탑원) 석상을 배치한 벽감이 있는 중정(B ; 다탑원)과 산가라마sangharama라고 불리는 주거용 마당(C ; 승원) 그리고 우파스타나살라upasthanasala라는 예배당(D ; 회당)이 있었다.

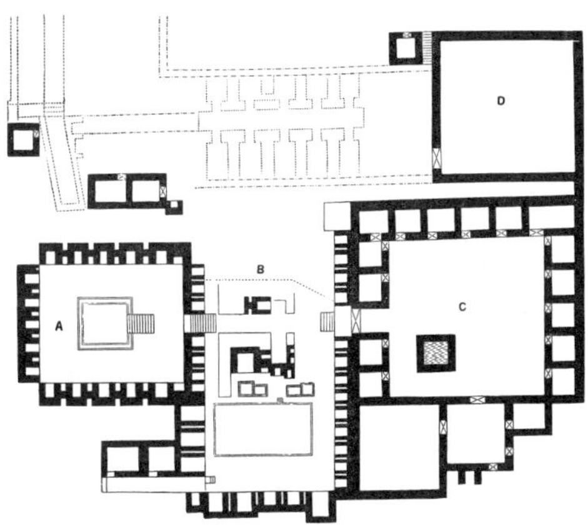

초기, 고대 인도
Early and Classical India

석굴 사원
Rock-cut Temples

6세기부터 인도 전역에서 불교가 퇴락하고, 힌두 왕조가 부활했다. 힌두교에서 사원을 절대자의 거처로 숭배하면서 사원은 특징적인 건축형태를 갖게 되었다. 모든 인도의 사원들은 힌두교의 것이든 자이나교의 것이든 본질적으로는 유사하다. 인도의 건축을 다룬 고전인 샤스트라에서는 사원을 3가지 양식으로 나누었는데 이는 종교에 의한 구분이 아니라 지리학적 위치에 따른 구분이었다. 2개의 주요 양식은 인도 남부지방의 드라비다양식과 인도 북부지방의 나가라(인도 아리아)양식이다. 세번째 양식인 베사라(찰루키아)양식은 앞의 두 양식이 혼합된 것으로 인도 중부의 데칸고원 지역에 위치하고 있다. 완성도 높은 초기의 사원 중 현재 남아있는 것은 대부분 드라비다양식이다.

드라비다식 탑의 형태
Dravidian tower forms
모든 라타에는 눈에 잘 띄는 일종의 다층탑인 비마나vimana가 있었다. 위로 갈수록 좁아지는 계단식 단(탈라tala)으로 이루어진 비마나 탑의 꼭대기에는 돔형태의 장식물인 시카라sikhara(관석; 북인도의 나가라양식 탑을 의미하는 같은 용어와 혼동하지 말 것)가 있다. 이런 비마나 탑의 형태가 드라비다양식의 가장 특징적인 요소가 되었다.

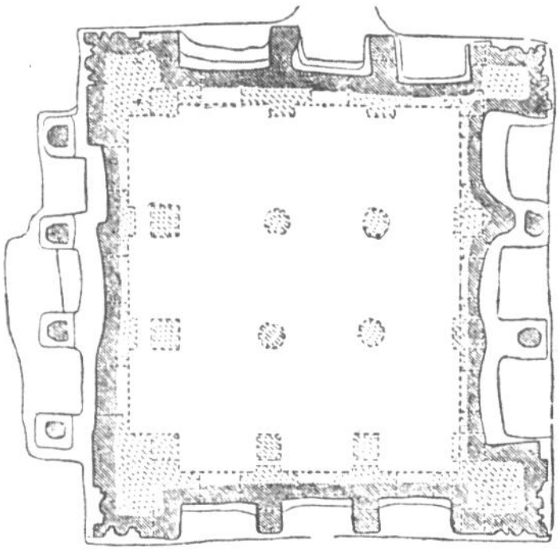

드라비다식 사원의 평면
Dravidian temple plan
드라비다식 사원은 평면상으로는 크게 발달하지 못했다. 단일 공간이었고 경우에 따라 내부에 기둥이 있었다.

라타 Rathas
7세기경 드라비다양식의 가장 단순한 초기 형태가 마말라푸람 지역에서 나타났다. 이것은 각각 하나의 거대한 바위를 깎아 만든 훌륭한 사원들의 집합체로서 라타라고 불렸는데 이는 '전사의 전차', 혹은 '힌두교 신상을 모시고 행렬하는 포장마차'라는 뜻이었다. 화강암으로 된 1개의 자연암산을 깎아서 만든 이 사당들은 대부분 미완성으로 남아있다. 라타는 아마도 초기의 독립적인 비하라(기둥, 지붕 등을 갖추고 스스로 서있는 비하라)를 모방하여 조각된 것으로 보인다.

인도라 사바 석굴, 엘로라
Indra Sabha cave, Ellora

엘로라에는 힌두교도들이 지은 사원 뿐만 아니라 자이나교도들이 지은 사원도 있었다. 이들은 아래의 카일라사 사원과 같은 드라비다식 사원에 필적할 만한 수준이었다. 여기 소개하는 인드라 사바 동굴이 가장 아름다운 사원으로 9세기 초의 작품이다. 기둥은 잎사귀모양으로 화려하게 조각하여 그리스건축의 아칸서스문양을 연상케 한다.

사자 기둥, 마말라푸람(7세기경)
Lion pillar, Mamallapuram

사자가 조각된 이 기둥은 드라비다양식을 대표하는 것으로서 마말라푸람에서 발견되는 전형적인 모습이다. 주초에는 지배세력인 팔라바 왕조의 문장인 앉아있는 사자가 있고, 곡면을 가진 쿠션모양의 주두(쿰바kumbha)가 있었다. 쿰바 위에는 연꽃모양으로 펼쳐진 부재(이달idal)가 있었고, 그 위에 팔라가이palagai라는 넓고 얇은 아바쿠스가 있었다.

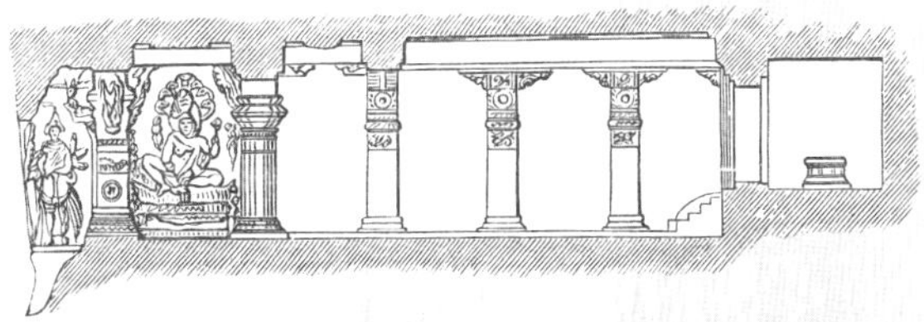

비슈누 조각
Vishnu sculpture

힌두교 사원에서는 힌두교에서 가장 신성한 신중 하나인 비슈누의 모습을 흔히 볼 수 있다. 위의 그림은 바다미에 있는 6세기 경의 초기 드라비다식 석굴 사원의 모습으로, 비슈누가 5개의 머리가 달린 뱀인 아난타에 올라타 있는 모습이 보인다.

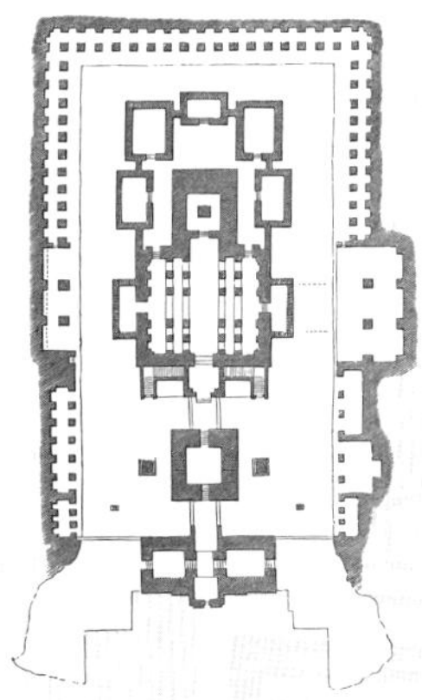

카일라사 사원, 엘로라
Kailasa temple, Ellora

8세기 중엽에 지어진 이 사원에서 석굴 사원이 절정에 이르렀으며, 드라비다식 사원의 평면이 완전하게 발전했다. 카일라사(먼 왼쪽 그림 ; 시바 신이 사는 힌두교의 성산)는 독립적인 구조물로서 자연암산을 외부와 내부에서 모두 깎아내었다.

초기, 고대 인도
Early and Classical India

사원 : 배치와 내부
Temples : Layout and Interiors

인도 사원의 평면은 섬세하게 조정되었다. 인도인들은 올바른 비례의 건물이 우주와 조화를 이루며 사회에 질서를 가져올 것이라 믿었다. 사원은 일출과 일몰에 맞춰 동서를 축으로 하여 지어졌으며, 만다라라는 기하학적인 다이어그램을 기초로 하고 있었다. 초기에는 모든 사원에 하나의 단순한 지성소가 있었고 대개 기둥이 있는 열주현관이 딸려 있었다. 시간이 지나면서 성실(가르바그리하)은 점점 더 화려해졌고, 탑은 더 두드러지게 되었으며, 열주현관은 지성소와 연결된 홀로 발전했다. 인도 북부, 중부, 남부의 사원들은 5-7세기에 걸쳐 다양한 양식으로 발전되었다. 이로 인해 3가지 주요한 양식인 나가라, 드라비다, 베사라양식이 나타났지만 건축적 전통은 지방마다 달랐다.

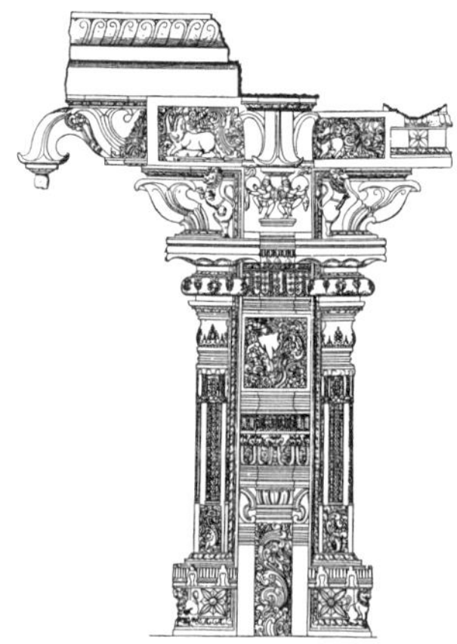

기둥
columns

인도의 사원 내부, 특히 만다파에 사용된 기둥양식은 수백년이 넘는 세월을 거치며 발전해왔다. 여기 제시된 기둥은 17세기의 것으로 매우 화려하고 다양한 조각을 보여주고 있다. 내쌓기한 부분에 매달려 있는 방울같은 장식은 드라비다양식에서 많이 사용되었으며 푸스포보디가이puspobodigai라고 불린다.

가르바그리하와 만다파
Garbhagriha and mandapa

가르바그리하라고 불리는 성실聖室은 인도 사원에서 가장 성스러운 부분으로서 신의 조상彫像이 모셔져 있는 작고 어두운 방이다. 성실 둘레에는 프라닥시나를 위한 순회로가 있으며, 지성소는 만다파라는 배례당을 지나 접근할 수 있다. 만다파와 가르바그리하 사이를 연결하는 작은 전실은 안타랄라antarala라고 불려졌다.

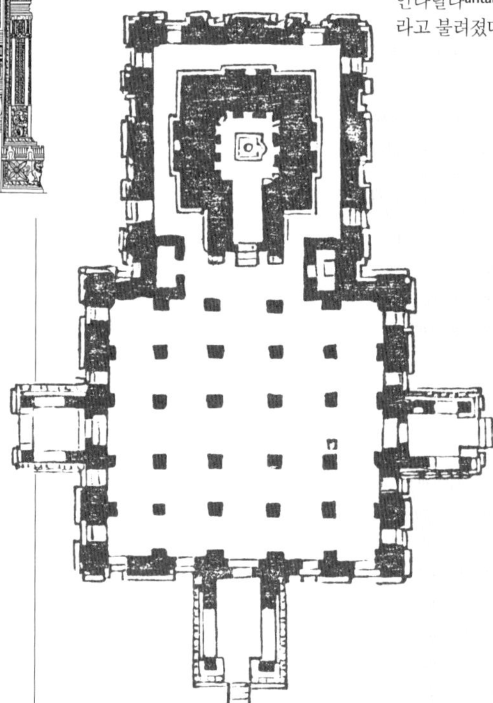

탑과 지붕
Towers and roofs

만다파의 지붕은 낮고 대개 피라미드 형태인 반면, 가르바그리하(성실)는 외부적으로는 탑의 형태로 두드러져 보인다. 이 예에 나타난 만다파는 피타pita 형태의 지붕을 갖고 있다. 이는 오릿사 지역의 특징으로 점점 작아지는 층계 모습이다.

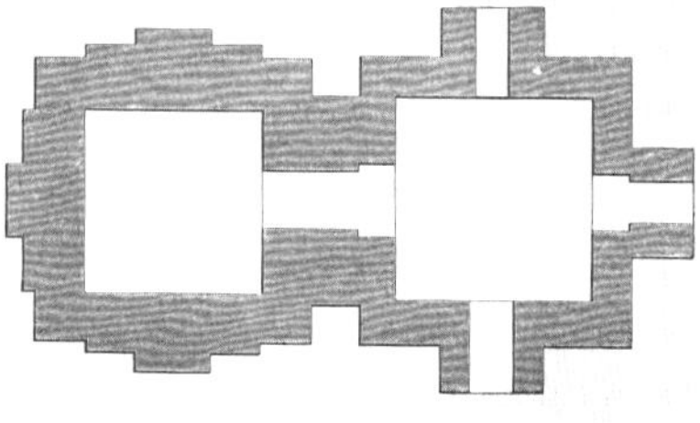

오릿사양식
Orissan style

인도 동부의 오릿사에는 한 무리의 특색 있는 사원이 남아있다. 이 사원들은 10, 11세기에 가장 발달했다. 평면은 북부지방의 양식을 따라 정방형이고, 두 공간으로 구성되어 있는 것이 일반적이었다. 성실(현지어로는 데울deul)과 만다파(현지어로 자르가모한jargamohan)으로 구성되어 있었다.

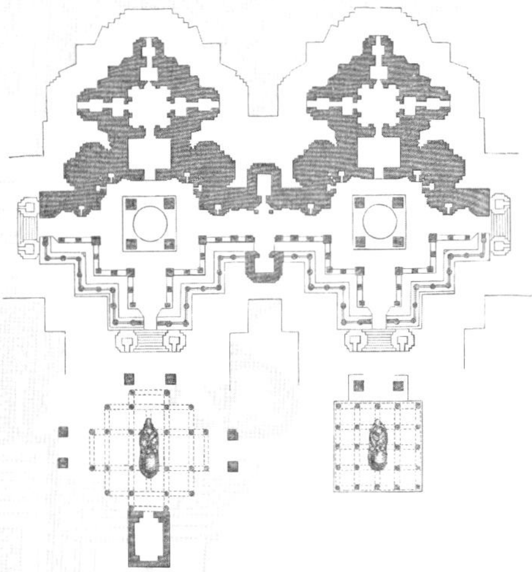

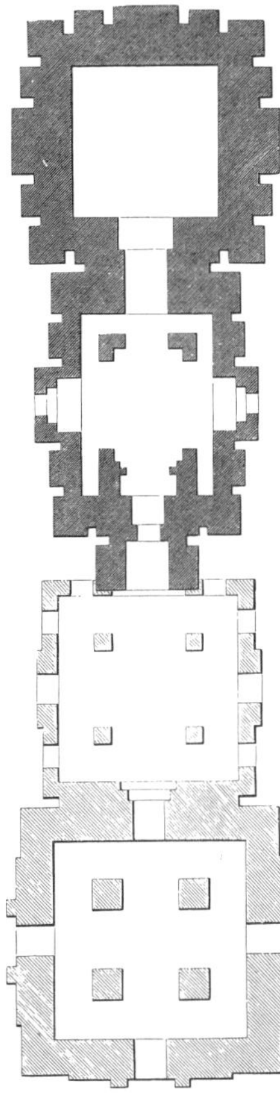

호이살라양식
Hoysala style

드라비다, 나가라 그리고 베사라의 3가지가 인도의 사원양식을 대표하지만 지역마다 다양한 변형이 존재했다. 이들의 이름은 대부분 지배 왕조의 이름을 따서 지어졌다. 위의 그림은 베사라양식의 하나인 호이살라양식의 사원으로 별모양의 지성소와 쌍으로 이루어진 평면이 특징이다.

복합 만다파
Multiple mandapas

좀더 복잡한 사원 평면에서는 여러 개의 만다파를 축을 따라 세우기도 했다. 각각의 만다파에는 춤을 추거나, 식사를 하거나, 예배를 드리는 등 고유의 기능이 있었다.

열주현관과 만다파장식
Decoration of porches and mandapas

밋밋하고 단순한 가르바그리하(성실)와는 대조적으로 사원의 현관과 만다파는 매우 화려하게 장식되어 있었다. 여기 제시된 남부 인도의 치담바람의 사원처럼 기둥에는 신, 성인, 천사들의 모습을 새겼다.

만다파 돔
Mandapa domes

만다파의 개방된 중심부분은 대개 내쌓기한 돔(코르벨 돔)이 지탱하고 있었다. 돔은 화려하게 조각되어 있었다. 옆의 사례는 인도 서부의 아부에 위치한 자이나교의 사원으로 1032년 이후에 지어졌다. 돔에는 16명의 비댜데비스(지식의 여신)가 새겨져 있고 중앙에는 펜던트형 장식이 조각되어 있었다.

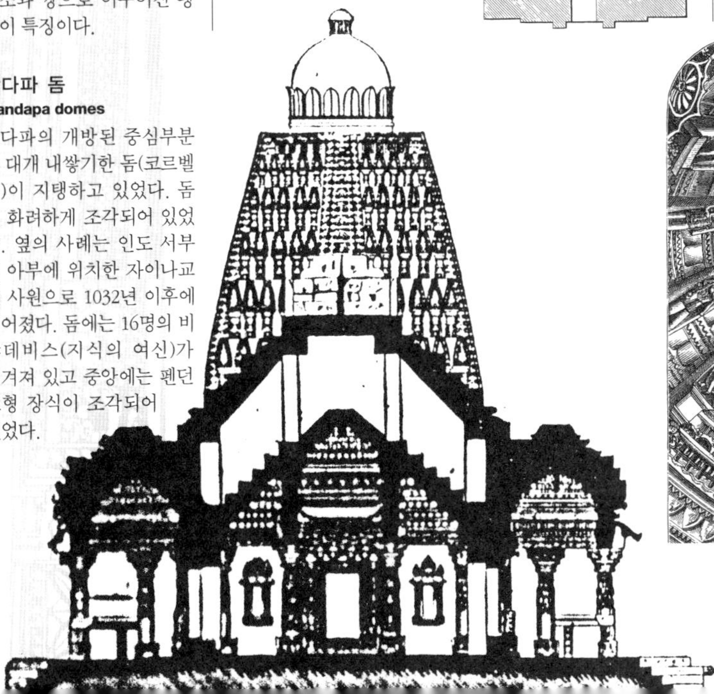

초기, 고대 인도
Early and Classical India

사원 : 외부
Temples : Exteriors

인도의 사원에서 건물의 위치와 단계별 건설 시기는 매우 신중하게 결정되었다. 이는 인도인들이 사원과 우주의 패턴이 관련 있다고 믿었기 때문이다. 돌로 쌓은 각각의 층은 모르타르를 쓰지 않고 상부의 하중을 이용해 지탱했다. 석재는 흙으로 쌓은 경사로를 통해 제자리에 놓여졌고, 어떤 건물에서는 건설하는 동안 모래나 흙으로 건물 전체를 채운 뒤, 나중에 입구를 통하여 제거하기도 했다. 건물의 공사는 주 건축가(수트라다라)와 감독관이 관리했지만, 여러 전문가의 공동노력으로 이루어졌다. 사원은 보통 강력한 왕의 후원 아래 건설되었다. 그 결과 왕조의 이름이 특정한 건축양식에 부여되었다.

아말라카
Amalaka

이 입면은 나가라양식의 변형인 오릿사양식의 전형적인 모습을 보여준다. 정4각형의 토대 위에 곡선을 이루는 형태로 된 탑(시카라)에는 브후미bhumi라는 수평몰딩이 있고 꼭대기에는 아말라카라는 장식물이 있다. 이것은 조롱박 혹은 멜론모양을 하고 있으며 그 위에 칼라샤kalasha라는 장식용 물병이 올려져 있다.

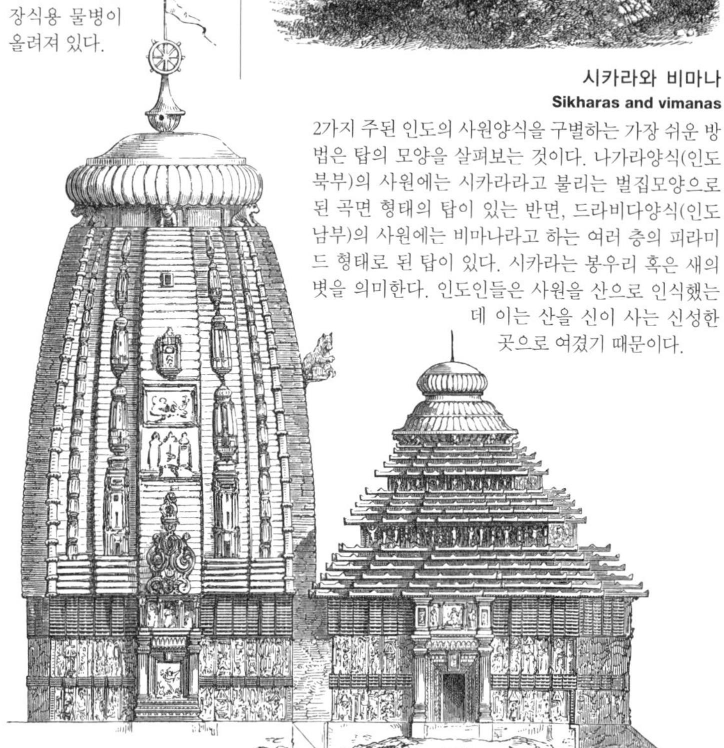

시카라와 비마나
Sikharas and vimanas

2가지 주된 인도의 사원양식을 구별하는 가장 쉬운 방법은 탑의 모양을 살펴보는 것이다. 나가라양식(인도 북부)의 사원에는 시카라라고 불리는 벌집모양으로 된 곡면 형태의 탑이 있는 반면, 드라비다양식(인도 남부)의 사원에는 비마나라고 하는 여러 층의 피라미드 형태로 된 탑이 있다. 시카라는 봉우리 혹은 새의 볏을 의미한다. 인도인들은 사원을 산으로 인식했는데 이는 산을 신이 사는 신성한 곳으로 여겼기 때문이다.

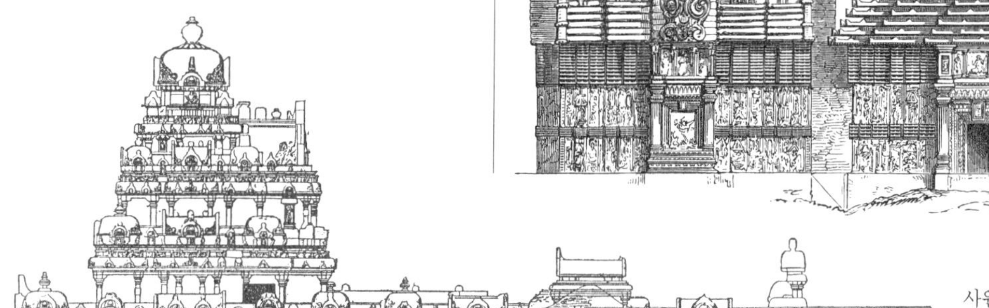

외부 장식
Exterior decoration

사원의 장식(알란카라alankara)은 필수적인 것으로 여겨졌다. 피타다카이에 있는 이 8세기 중반의 사원은 당시의 건물 중에서 가장 화려한 것에 속한다. 높은 벽기둥, 조각된 벽감, 그리고 말굽모양 아치(가바크사gavaksha)같은 드라비다양식의 모티프로 사원을 꾸며놓았다.

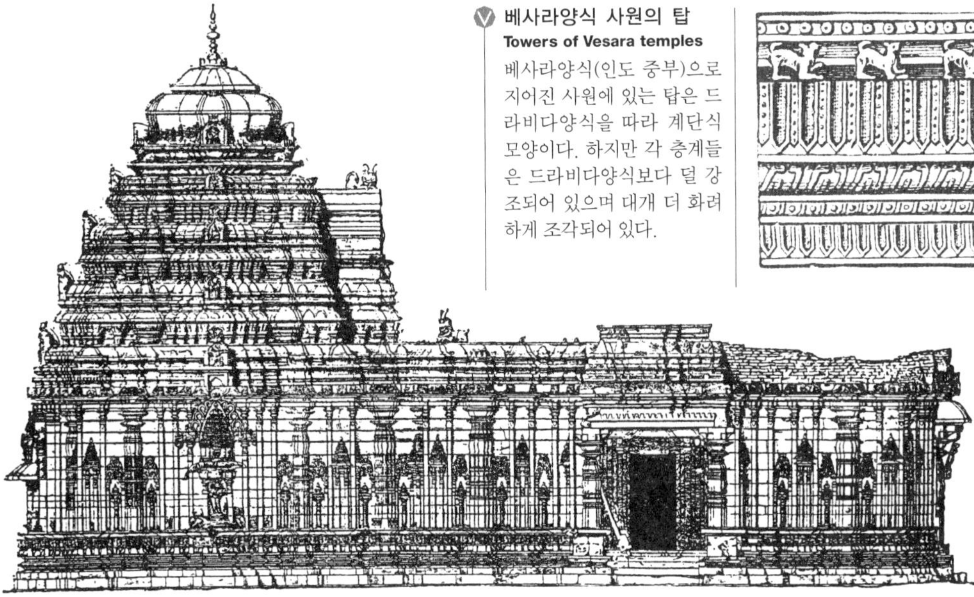

베사라양식 사원의 탑
Towers of Vesara temples

베사라양식(인도 중부)으로 지어진 사원에 있는 탑은 드라비다양식을 따라 계단식 모양이다. 하지만 각 층계들은 드라비다양식보다 덜 강조되어 있으며 대개 더 화려하게 조각되어 있다.

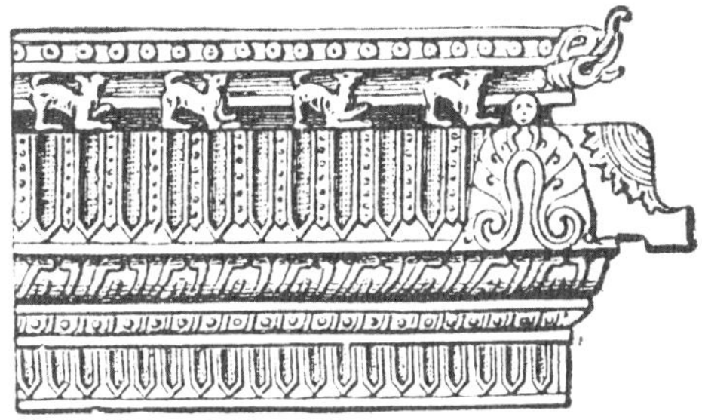

엔타블러쳐
Entablature

엔타블러쳐는 인도식 용어로 프라스타라prastara라고 했다. 모든 인도식 조각은 역동적으로 표현되어 있었고, 깊이 조각되어 면의 변화가 좀더 분명했다.

벽기둥
Pilasters

인도건축에 사용된 벽기둥은 그리스, 로마건축에서 사용된 것과 매우 비슷했다. 기둥이 벽에서 약간만 튀어나온 형태였다. 인도의 벽기둥은 주두와 까치발이 더해져 완성되었다.

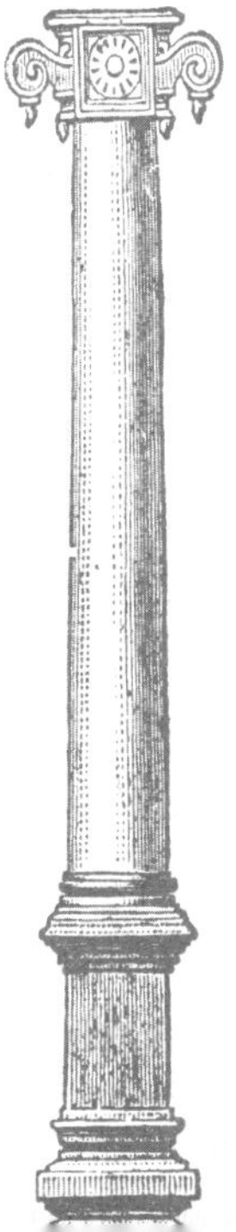

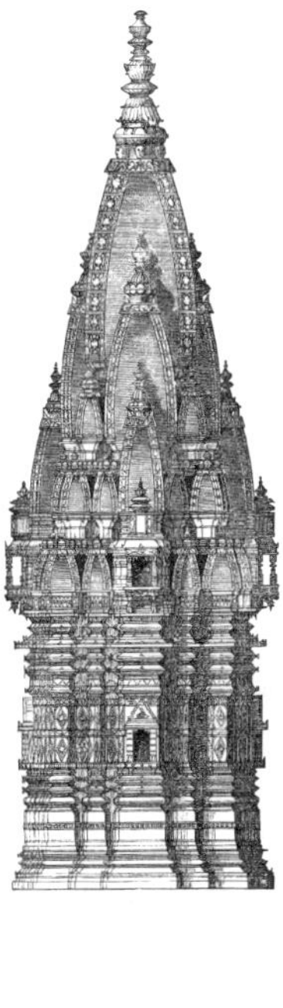

기단부
Basement

인도의 사원은 대부분 높은 초석(아디스트하나adhisthana) 위에 지어져서 외부의 조각이 눈높이에 오도록 했다. 특히 베사라양식의 사원이 이러했다.

사원 현관
Temple porches

현관은 장식물로 화려하게 꾸며져 있었고 불교건축에서의 난간과 같이 외부 세계와 성스러운 영역의 경계를 표시했다. 이 현관은 두꺼운 코니스, 콜로네트(작은 기둥 다발), 맹수조각 그리고 화려한 초석을 갖고 있는 전형적인 드라비다양식의 것이다.

시카라의 발달
Development of sikharas

나가라양식(북부양식)의 후기 시카라는 많은 경우 탑 자체를 축소시킨 모양으로 장식했는데 이를 우루스링가urusringa라고 불렀다.

초기, 고대 인도
Early and Classical India

사원 : 단지
temples : Complexes

인도 북부의 나가라양식 사원은 10세기에 마지막으로 대대적인 발전이 이루어졌지만 인도 남부의 드라비다양식은 수백년 동안 계속 발전했다. 드라비다양식은 1250년경 촐라 왕조 아래에서 가장 널리 퍼지게 되었다. 여러 개의 만다파(배례당)는 다양한 용도로 사용되었으며, 육중한 대문인 고푸람-높이가 52 미터에 이르는 것도 있다-은 화려한 성실을 감싸고 있는 중정에 시각적인 초점을 제공했다. 이런 고프람은 사원의 부와 권력을 나타내었으며 성실로 접근하는 길에 시각적 효과를 더해주었다. 많은 경우 18세기에 이를 때까지 사원 단지의 증축이 계속되었다. 이에 따라 힌두교양식과 1100년대부터 인도에 지어지기 시작한 이슬람양식이 많이 중첩되었다.

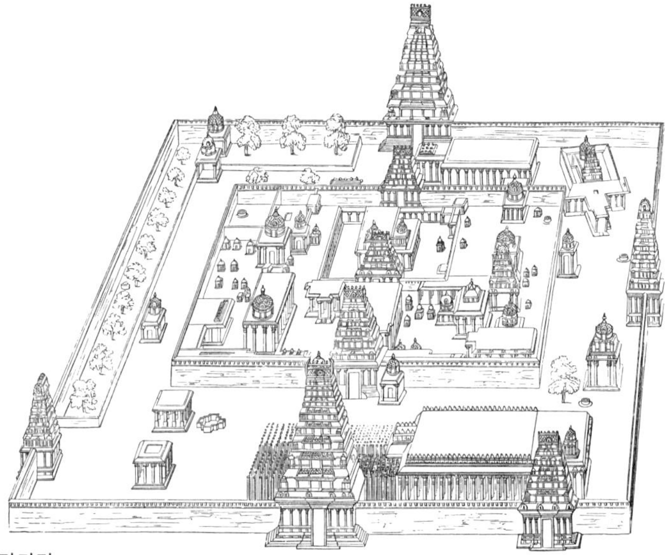

프라카라
Prakaras
인도 남부에서는 원래의 사원의 영역으로는 불충분한 경우가 종종 있었다. 이에 따라 원래 건물 주위에 마당, 즉 프라카라를 덧붙였다. 프라카라는 사당, 만다파를 비롯한 여러 건축물을 둘러싸고 있다.

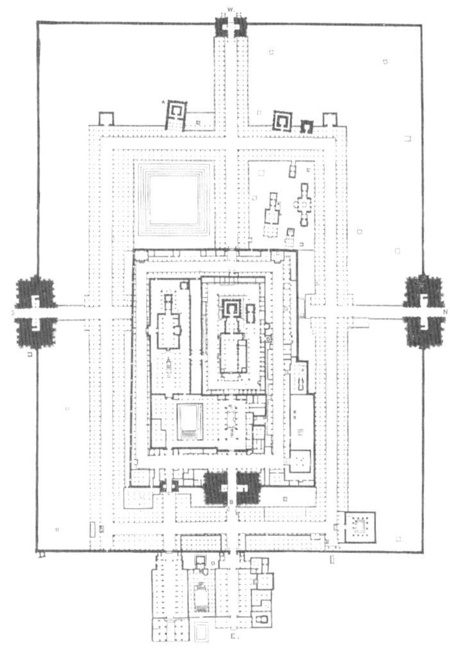

탈라르(17-18세기)
Talar
사원단지에서 중요한 요소는 탈라르였다. 탈라르는 물통이라는 뜻으로 예배와 성스러운 목욕을 위해 사용되었다. 빗물, 샘물 혹은 수로를 이용해 탈라르를 채웠고, 그 측면은 종종 계단모양을 하고 있었다. 평면의 왼쪽 위에 보이는 탈라르는 라메슈와람의 사원단지에 있는 것으로 세 모서리를 열주로 둘러쌌다.

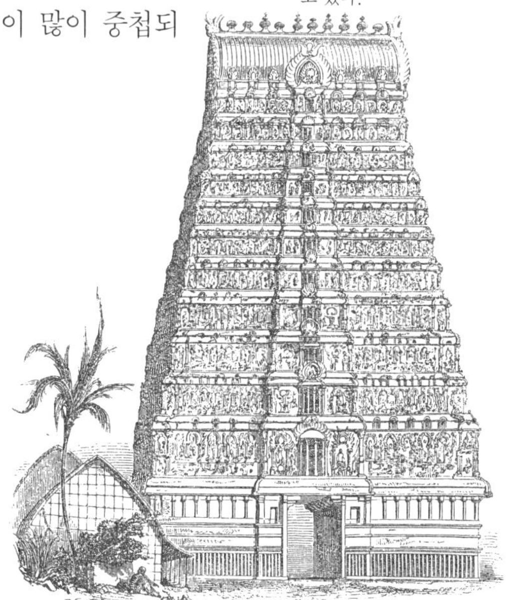

고푸람
Gopurams
고푸람은 거대한 탑문으로 인도건축물 중 가장 장엄한 것 가운데 하나이다. 석재로 된 기단부 위에 벽돌, 나무 그리고 석고로 된 층계로 이루어진 탑문을 통과해 신도들은 성스러운 사원의 영역으로 들어갔다. 꼭대기에는 스투피카stupika(축소한 스투파)로 장식했다.

푸두만다파의 차울트리, 마두라이(17세기)
Chaultri, Pudu Mandapa, Madurai

차울트리(기둥이 있는 홀)는 대개 드라비다양식 후기에 사원 단지의 일부로서 지어졌다. 홀은 현관에서 의식용 홀까지 그 용도가 다양했다. 이 홀은 지방 고유의 신을 모시기 위해 지은 것이다. 이 곳에는 128개의 기둥이 있는데 각각의 기둥은 모두 다른 모습으로 조각되어 있다.

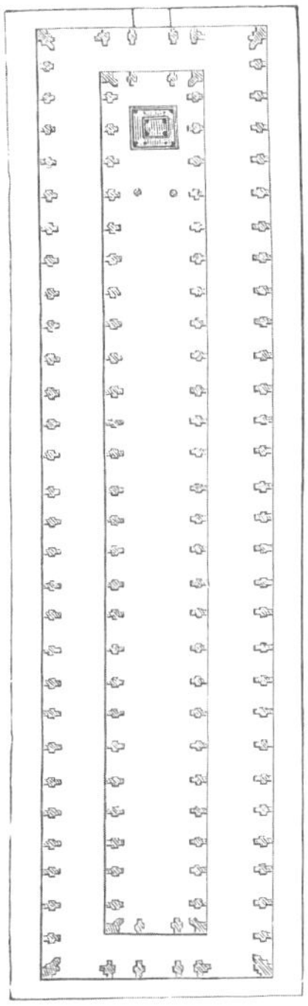

사당(12세기)
Shrine

사당은 좀더 중요하지 않은 신을 모신 곳으로 초기부터 사원 단지에 포함되어 있었다. 이것은 벨루르에 위치한 사원에 있는 사당 가운데 하나이며, 사원 자체의 모습을 모방한 지붕으로 장식했다.

부바네슈와르의 사원단지
Temple complex, Bhubaneshwar

인도 북부의 나가라양식 사원 단지에서는 남부와는 다르게 시카라가 있는 중심 사원이 가장 두드러지는 요소였다. 제시된 오릿사지방의 부바네슈와르에 있는 링가라자Lingaraja 사원의 경우처럼 고프람은 낮고 대부분 수수한 모습이었다.

자이나교의 사원단지(16세기)
Jain temple complex

자이나교에서는 힌두교와는 달리 많은 수의 사원을 모아서 단지로 만들곤 했다. 인도 서부의 사트룬자야라는 성산에는 500개가 넘는 사원과 사당이 요새화된 성벽 안에 자리했다. 이런 성벽을 투크tuk라고 불렀으며 잘 꾸며진 대문과 보루를 갖고 있었다.

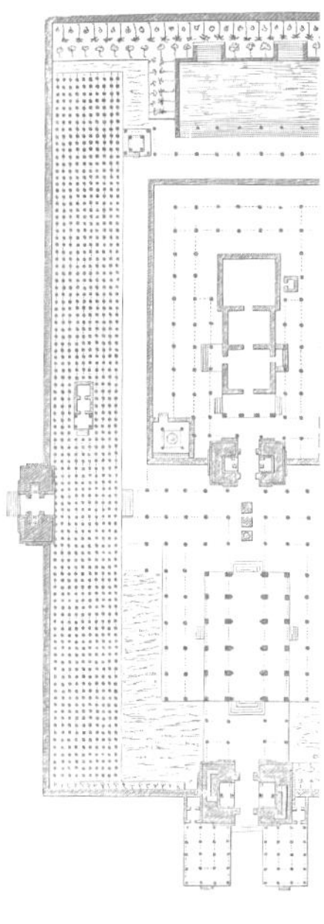

천주실
Thousand-pillared halls

17세기와 18세기에 지어진 드라비다양식의 사원단지에는 기둥이 있는 복도와 천주실이 있었다. 이는 이집트의 다주실과 비교된다.

초기 중국 및 중국 왕조 BC 1500년-19세기경
Early and Dynastic China 1500 bce–C.19th

목조건축 : 형태와 구조
Timber Halls : Form and Structure

근대 이전의 중국에 있던 거의 모든 건물은 목구조였다. 생활을 위한 주거공간 혹은 신을 경배하기 위한 공간으로서 목구조 건물은 언제나 적당한 것으로 받아들여졌다. 가장 일반적인 중국건물은 높은 단 위에 지은 직4각형의 건물이었다. 가구식 구조로 목재기둥은 장부맞춤으로 결구되었고, 벽은 하중을 지지하지 않았다. 7세기경에 이르러서 정교한 모듈 체계가 완벽히 발달하여 평면계획과 시공을 표준화시키며 널리 사용된 것으로 보인다. 그 결과 목조건축물이 다양한 용도로 사용될 수 있는 융통성을 갖게 되었다. 이는 장스팬을 통하여 단일 공간을 최대화할 수 있고, 문과 창문의 배치가 자유로우며, 기본적인 평면에서 모든 방향으로 확장할 수 있기 때문이다.

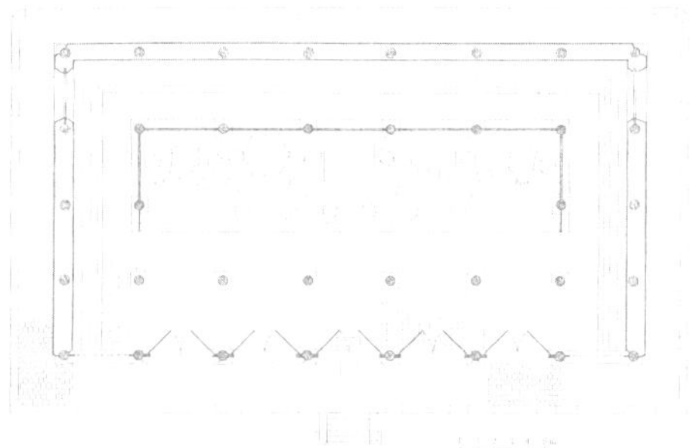

불광사의 평면
Floor Plan, Foguang Monastery
이 건물은 중국에 남아있는 목조건축물 중 가장 오래된 것에 속한다. 평면은 장변을 주 입면으로 하고 좌우대칭인 전형적인 모습을 하고 있다. 기둥 사이의 공간을 칸이라고 한다. 칸은 건물의 기본적인 구조단위를 이루며 중앙에서 측면으로 갈수록 약간씩 좁아진다.

불광사의 입면 Eleveation, Foguang Monastery
완만한 곡선과 거대한 처마가 지붕의 구조를 강조하고 있다. 또한 처마 아래의 공포(중국에선 두공斗拱이라 함)도 시각적으로 두드러진다. 공포는 기둥 바로 위에 놓이는 구조부재이다. 각각의 기둥은 어느 정도 배흘림entasis을 갖고 있으며 안쏠림(기둥이 입면의 중심을 향해 살짝 기울어진 것)과 귀솟음(중심칸에서 멀어질 수록 기둥이 점점 높아지는 것)을 보여준다.

대전의 구조, 불광사, 오대산(서기 857년)
Structure of the main hall, Foguang Monastery, Mt. Wutai
초석 위에 놓인 기둥은 마루 위 다양한 높이에서 창방으로 고정되어 있다. 공포栱包는 지붕과 기둥간의 결합을 강화하는 역할을 하며, 보와 서까래의 지지력을 보강하고, 기둥 양쪽에 가해지는 하중을 분배한다. 또한 종방향 부재를 고정시키고, 처마를 기둥 밖으로 길게 돌출시킨다. 지붕은 도리를 첨차나 포 또는 동자주로 받치고 이를 점점 길이가 감소하는 몇개의 보로 연결하여 지지했다. 대량식擡梁式이라고 불리는 이런 가구식 구조로 인해 지붕의 곡선이 만들어 진다.

평면, 자금성의 태화전, 베이징
Plan, Hall of Supreme Harmony, Forbidden City, Beijing

1420년에 처음 건설된 이 건물은 중국에 남아있는 목조건축물 중 가장 큰 것이다. 목조건물의 경우 개방된 열주 복도가 건물의 바깥쪽에 있는 경우가 많으며 여기서는 전면에 복도가 위치한다.

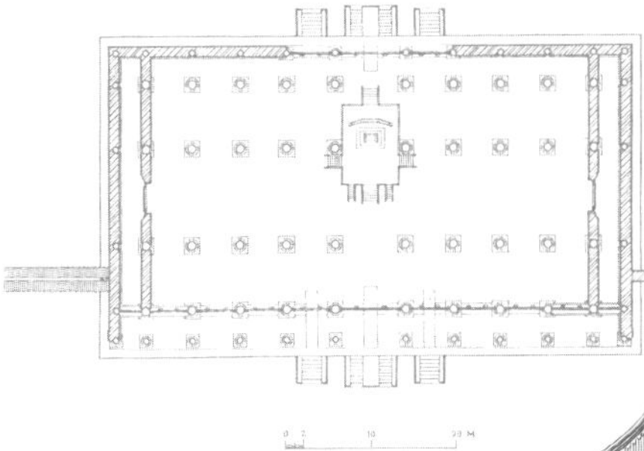

태화전의 입면
Elevation, Hall of Supreme Harmony

몇세기에 걸쳐 목조건축물의 형태와 양식 모두에 중대한 변화가 일어났다. 15세기에 들어 용마루와 처마선은 곧아지고 좀더 기계적인 모습을 보였으며 지붕은 더 높아지고 가파르게 되었다. 기둥에서는 배흘림이 사라졌으며 높이가 모두 일정해졌다. 처마의 돌출된 부분도 상당히 줄어들었다.

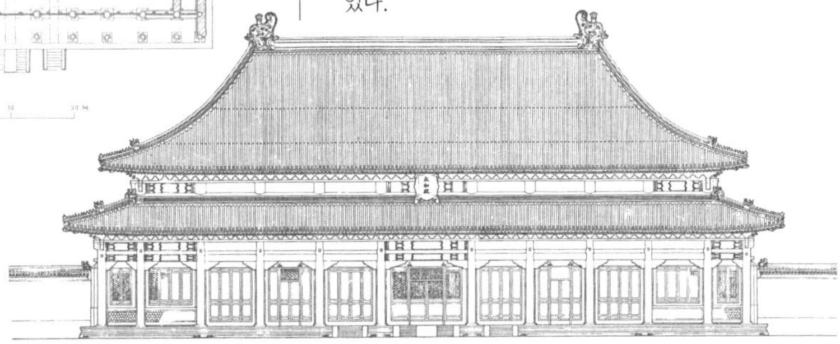

기년전의 평면, 천단, 베이징
Plan, Hall of Prayer for a Harvest Year, Temple of Heaven, Beijing

동일한 구조적 원칙이 다양한 평면에 적용될 수 있었다. 1540년에 처음 지어진 이 건물은 상징으로 가득하다. 원형의 평면은 하늘을 상징한다(중국인들은 하늘은 둥글고 땅은 네모나다고 생각했다). 기둥은 3겹으로 원을 이루며 지붕을 지지하는데 중앙의 큰 4개의 기둥은 사계절을, 중간의 12개는 12달을, 바깥쪽의 12개는 12시간(자시에서 해시까지)을 상징했다.

태화전의 구조
Structure, Hall of Supreme Harmony

기둥과 보의 크기가 거대해지면서 공포의 구조적 역할이 줄어들었다. 따라서 공포는 좀더 섬세해지고 알맞은 크기로 줄어들었고, 지붕과 기둥을 연결하는 구조적인 요소보다는 주요한 장식요소로 되면서 기둥과 평방 위에 연속적으로 놓였다.

자금성의 평면
Plan, Forbidden City

일반적으로 개별 건물이 단독으로 그 구성이 완성되는 경우는 드물다. 대신 특정한 사회적 신분에 따라 지정된 여러 건물 가운데 일부로 여겨졌다. 따라서 모든 개별 건물 주위에는 마당이 존재하며 마당과 건물은 일정한 틀에 맞춰 군을 이루고 뚜렷한 축을 형성했다. 건물군에서 중심 건물은 정면이 남쪽을 향하도록 짓는 것이 이상적이었다.

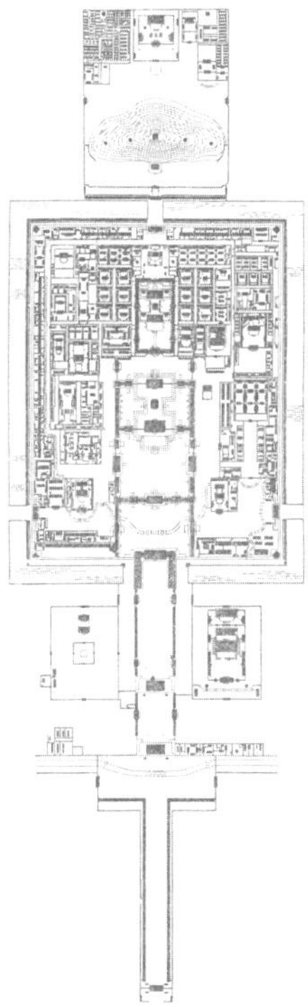

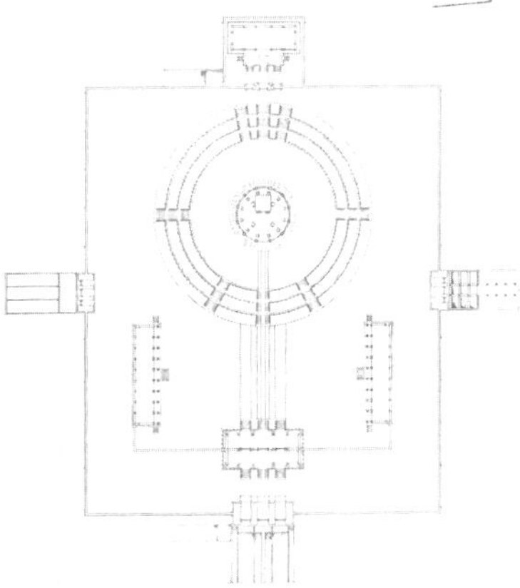

천단의 입면
Elevation, Temple of Heaven

이 건물은 세 단의 흰 대리석 기단 위에 자리한다. 건물의 지붕은 3층으로, 밝은 청색의 기와로 덮여 있으며 꼭대기에는 금박을 입힌 구가 올려져 있다.

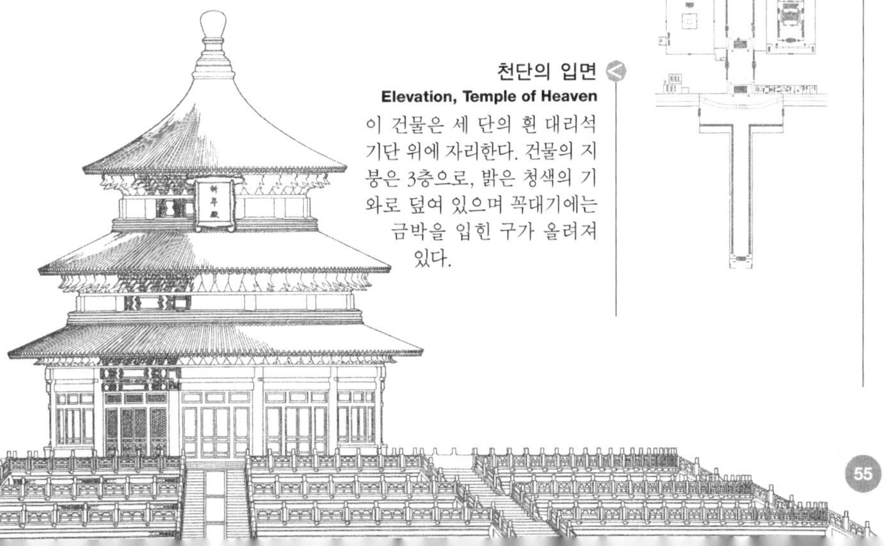

초기 중국 및 중국 왕조
Early and Dynastic China

목조건축 : 외부장식
Timber Halls : Exterior Ornament

중국의 목조건축물은 구조적 솔직함과 장식과 구조의 긴밀한 관련성으로 유명하다. 일반적으로 장식이 장식의 역할과 동시에 구조적 목적을 갖고 만들어지기 때문이다. 그 예로 단청을 들 수 있는데 목재의 부패를 막기 위해 구조체에 단청을 입히지만 동시에 장식적 기능을 수행하고 있다. 건물의 외부는 사용된 장식의 방식에 따라 네부분으로 나눌 수 있다. 건물을 비로부터 보호하기 위해 처마가 돌출한 지붕, 장식적이면서 동시에 구조적이기도 한 단청을 입힌 공포, 단청을 입힌 기둥 · 벽 · 문 · 창문으로 구성된 건물 자체, 그리고 목재 건물을 습기로부터 보호하기 위한 축대가 그것이다. 매 왕조마다 구체적인 규제 법령을 제정하여 건물의 장식, 형태 그리고 규모를 제한했다.

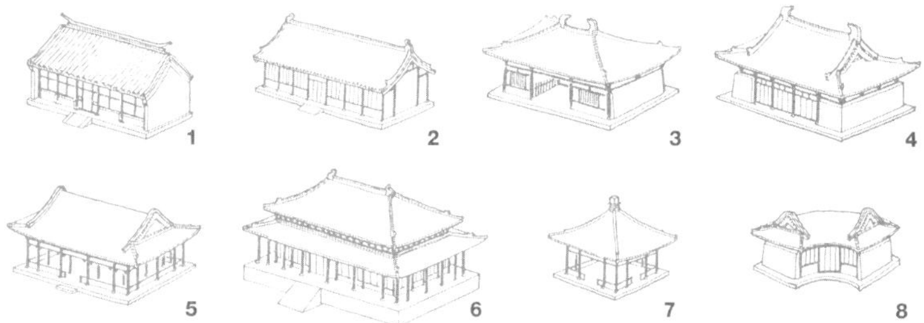

지붕의 형태
Roof forms
그 형태의 다양함을 볼 때 지붕을 시각적으로 강조한 것이 분명하다. 4가지의 기본적인 유형이 있고 이로부터 다양한 조합이 만들어진다. 맞배지붕(1, 2), 우진각지붕(3, 6), 팔작지붕(4, 5, 8) 그리고 모임지붕(7)이 기본유형이다. 이 중에서 우진각 지붕이 가장 위계가 높은 것이다.

북부와 남부양식
Northern and southern styles
중국 남부지방과 북부지방의 건축양식은 상당한 차이를 보인다. 북부의 건축양식(오른쪽 위)은 대개 좀더 거칠고 장식도 덜 섬세하다. 그러나 가장 뚜렷한 시각적인 차이는 남부에서 처마의 모서리가 더 극적으로 치켜져 올라가 있다는 점이다(왼쪽 위).

취두(치미, 망새)
Finials
용마루의 양쪽 끝에는 지붕면이 만나는 곳을 가리기 위한 취두가 있었다. 취두는 토기로 만들어졌으며 14세기에 이미 다양한 환상 속의 동물모습을 띠고 있었는데 이들은 불을 물리치는 힘을 상징했다. 이 용처럼 생긴 동물은 매우 잘 달아나기 때문에 검으로 용마루에 고정해두어야 한다고 생각했다.

잡상
Acroteria

추녀마루에 환상 속의 동물 모습을 하고 있는 잡상이 놓여있다. 잡상의 원래 기능은 추녀마루의 기와를 제자리에 고정시키는 철물을 보호하는 것이다.

난간
balustrade

목조건축물의 기단에서는 종종 난간을 사용하여 경계를 한정했다. 10세기까지는 대리석으로 된 난간이 더 일반적이었지만 개인의 정원에서는 목재 난간도 사용되었다. 여기 제시된 것은 태화전의 기단 중 일부로서 배수를 위한 홈통이 달려있다.

단청
Decorative painting

건물의 외부로 드러난 모든 목재에 단청을 칠했다. 14세기 후반 무렵부터 중국 북부 지방에서는 기둥, 문, 창문에 따뜻한 색(특히 붉은색)을 칠했고, 공포, 평방 및 처마 아래 그늘진 곳에는 차가운 색을 사용했다. 여기 제시된 것은 단청의 2가지 주요 양식으로 헤시hexi양식(아래)과 쑤저우Suzhou양식(위)이다.

난간동자
Balusters

중국인들은 난간동자(난간에 일정한 간격으로 세운 작은 기둥)의 윗부분에 특히 신경을 썼다. 바로 아래의 2개는 구름 속을 나는 용과 봉황의 모습을 나타내고 있으며 이는 중요한 궁궐 건물에 사용되었다. 연꽃부터 석류에 이르기까지 다양한 모티프를 갖는 다른 난간동자는 정원에서 발견된다.

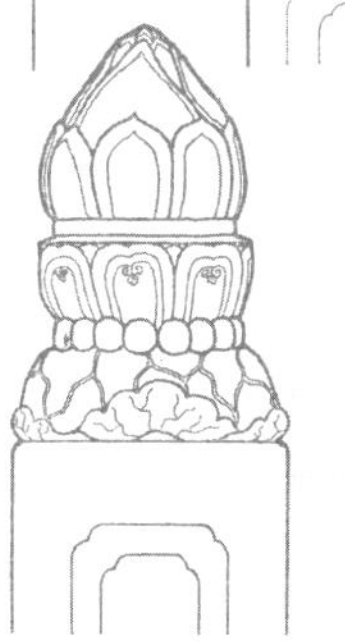

초기 중국 및 중국 왕조
Early and Dynastic China

도시
Cities

중국 왕조시대에 도시는 주로 황실의 행정 중심지 기능을 수행했다. 자급자족적인 통합체라기보다는 도시가 자리한 지역(농촌지역을 포함한)의 정치적 중심이었다. '도시'로 여겨지기 위해서는 성곽이 둘러져 있어야했다. 이는 '도시', '성곽', '도시를 성곽으로 두르다'라는 뜻을 모두 가진 중국어 쳉城을 통해 알 수 있다. 14세기 이후 도시 성곽은 그 실용적인 기능을 넘어서 황실과 사회 질서의 상징으로서 존재했다. 많은 도시들은 먼저 계획된 뒤 건설되었기에 질서정연한 형태를 갖는다. 계획되지 않은 정착지에 일정한 틀을 부여하려는 시도도 있었지만 완벽하게 될 수는 없었다.

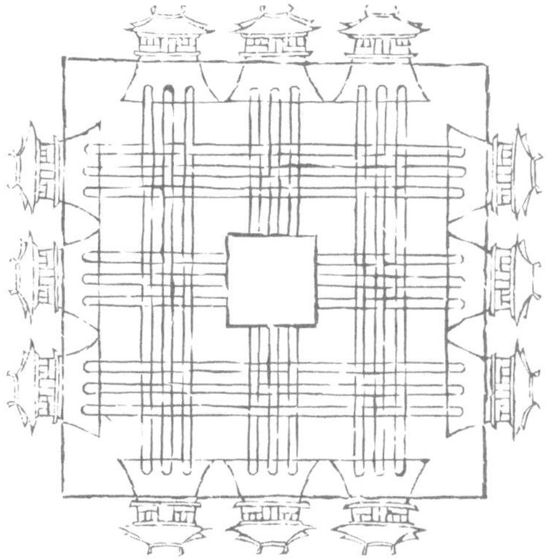

규범적인 도시계획, 황도
Canonical plan, Imperial City
이 다이어그램은 BC 100년경에 체계화된 이상적인 도시의 개념을 표현한 것이다. 동서남북을 향한 네 면에는 각각 3개의 대문이 존재하고 남북 축을 강조하며, 도시에서 황궁의 중심성을 강조하고 있다. 역사적이라기보다 규범적이었지만 이 후 2000년간 도시계획에 있어 가장 큰 영향력을 미쳤다.

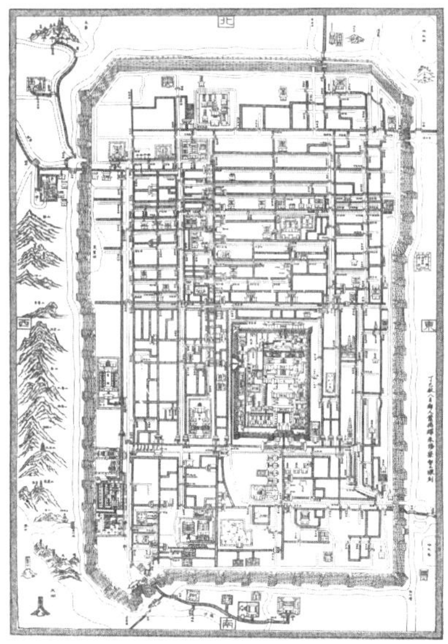

쑤저우의 지도
Picture map, city of Suzhou
이 유서 깊은 도시의 지도는 1229년에 돌에 새겨진 것이다. 8세기부터 10세기에 이르는 시기 동안 경제적으로 발달한 지역에 위치한 도시들의 내부 구조가 급격히 변화했다. 담을 두른 구역체계가 점차적으로 무너졌고, 교역과 상업을 위해 훨씬 더 자유로운 가로체계가 나타났다. 지방관아는 성곽이 둘러진 구역을 차지했고, 수상 및 육상 교통체계가 동시에 발달했다.

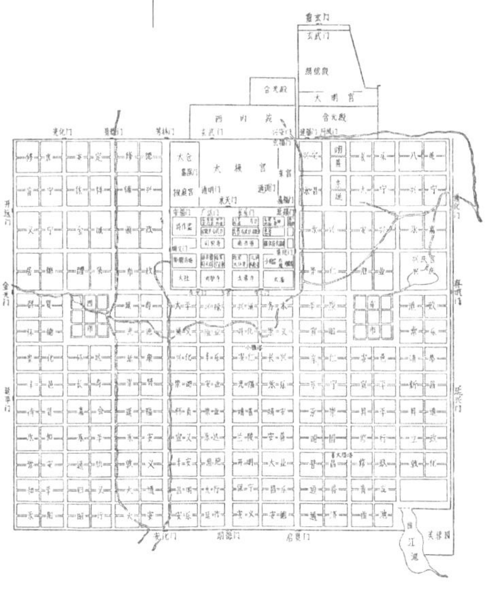

장안(당나라 수도)의 평면
Plan, Tang Dynasty of Chang'an
6세기 후반 무렵에 건설된 이 도시는 당시 세계에서 가장 큰 도시였다. 황궁은 해자와 성곽으로 둘러진 성의 중심영역으로 도시의 북쪽 중앙에 위치했다. 따라서 남쪽에는 관청들이 자리잡게 되었다. 도시의 나머지 부분은 108개의 주거구역으로 나누어 담을 둘러 철저히 관리했고, 동쪽과 서쪽에 대칭이 되도록 담을 두른 시장이 2개 존재했다.

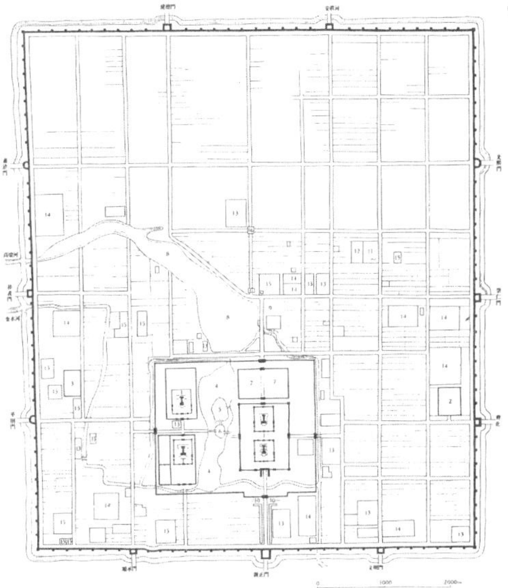

샤오싱의 평면
Plan, city of Shaoxing
도시의 평면 형태로 정4각형 또는 직4각형을 선호하는 것은 대부분 중국 북부의 평원지역에서 가능했다. 지형학적 조건이 복잡한 남부의 도시는 그 형태가 좀더 불규칙적이었다. 이 도면은 운하와 다리로 유명한 소도시인 샤오싱으로 1893년에 제작된 것이다.

대도(원나라 수도)의 평면
Plan, Yuan Dynasty capital of Dadu
대도는 1267년에서 1284년에 걸쳐 현재의 베이징 자리에 지어졌다. 3겹의 성곽으로 둘러진 이 도시는 거의 완벽한 기하학적 형태를 갖고 있다. 궁성이 도시의 중심축에 위치했고 이를 둘러싸는 황성이 있었다. 도시의 외부 성벽(나성)에는 북측에 출입구가 2개 있고 나머지 면에는 모두 3개씩 있었다.

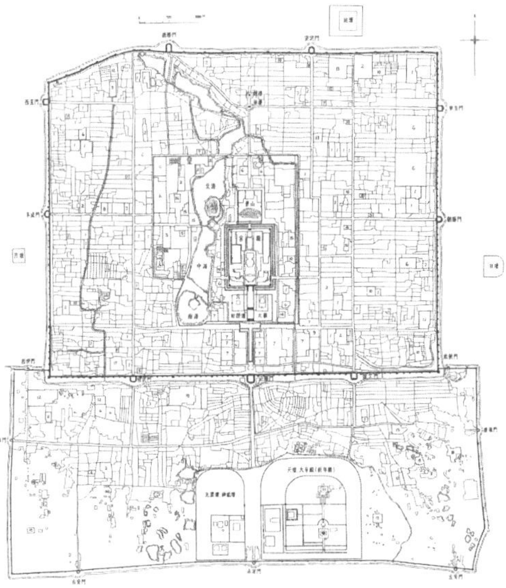

베이징(명, 청나라 시대의 수도)의 평면
Plan, Ming and Qing Dynasties capital of Beijing
이 도시는 원나라 수도였던 대도의 폐허 위에 지어진 것으로 1403년 황도로 지정된 뒤 왕조시대의 마지막 세기까지 수도로 쓰였다. 나성은 1553년 번영하는 남쪽 구역을 보호하기 위해 건설되었다. 이에 따라 나성 남쪽의 중앙 출입구에 서북쪽의 고루鼓樓와 종루鐘樓까지 길이가 8km에 이르는 축이 생겨났다.

대동의 평면
Plan, city of Datong
북부지방의 이 도시에는 지방관아, 곡물창고, 지방 군사본부와 병영, 향교, 불교 및 도교 사원 그리고 고루와 종루가 포함되어 있었다. 또한 이 도시에는 곡식과 채소를 키울 수 있는 여유공간이 있는 전형적인 모습을 띠었다. 후에 성문 밖의 부유한 지역을 보호하기 위해 성곽을 추가로 둘렀다.

초기 중국 및 중국 왕조
Early and Dynastic China

탑
Pagodas

중국의 탑에는 2가지 주요한 기원이 있다. 하나는 1세기경 불교가 전래되기 이전부터 만들어졌던 여러 층으로 된 목조탑이 주된 형태를 이루었고, 나머지 하나는 인도에서 전래된 불교식 탑인 스투파로 첨탑 혹은 꼭대기 장식으로 쓰였다. 왕조에 따라 기본 평면형태에 대한 선호도가 다양했다. 10세기경 이전까지는 정4각형의 평면이 주종이었으나 이후 다각형 평면이 유행했다. 탑의 형태와 양식 또한 계속해서 변화했는데 이는 부분적으로 서역에서 전해진 새로운 형태의 스투파의 영향과 신앙의 변화에 기인하고, 한편으로는 양식적 발전에 따른 것이다. 대부분의 탑은 나무나 벽돌 또는 2가지를 같이 사용해 건설되었으며, 그 위치는 불교시설에 한정된 것이 아니라 때때로 하나의 독립적인 경관구조물로서 또는 풍수적인 이유에 의해 정해지기도 했다.

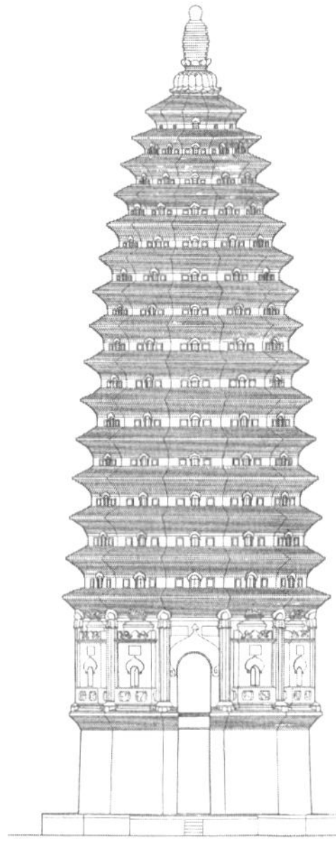

탑, 숭악사, 숭산(523년)
Pagoda, Songyue Monastery, Mt. Song
이 탑은 중국에 남아있는 탑 중 가장 오래된 전탑(벽돌탑)이자 유일하게 12각형의 평면을 갖는 탑이다. 내부는 팔각형으로 좁게 뚫려있고 외부는 이중으로 된 초석 위에 15개의 기본 유닛이 연속적으로 반복해 이루어져 있다. 각각의 층에는 모두 지붕이 있으며 상층부로 갈 수록 점점 크기가 줄어든다. 꼭대기는 기둥과 원반 모양의 장식으로 마무리했다.

사리탑, 서하사, 난징(937–975년) Sarira Pagoda, Qixia Monastery, Nanjing
이 5층 석탑은 규모가 작은 편이며 팔각형의 평면을 갖고 있다. 기단부와 상륜부에 연꽃장식이 풍부하게 사용된 것이 특징이다. 연꽃은 불교에서 정토를 상징하는 것 중 하나이다.

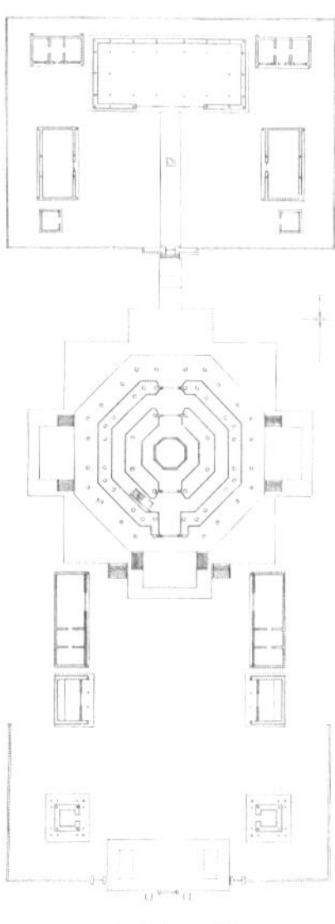

평면, 석가탑, 불궁사, 잉시안, 1056년
Plan, Shaka Pagoda, Fogong Monastery, Yingxian
이 목탑은 6각형의 평면을 가지고 있으며 사찰의 주된 남북축의 중앙에 자리했다. 이러한 배치는 중국에서 8세기 이전에 널리 유행했지만 이후에는 거의 찾아보기 힘들다.

입면, 석가탑
Elevation, Shaka Pagoda
높이가 67.3m에 이르는 이 탑은 중국에서 가장 큰 목조구조물이다. 54가지 다른 종류의 공포가 처마를 받치고 있지만 수많은 공포들은 탑을 멀리서 보았을 때에는 드러나지 않는다. 이는 탑이 고도의 조화와 구조적 통일성을 이루고 있기 때문이다.

단면, 석가탑
cross section, Shaka Pagoda

이 탑은 외부에서 보기에는 6층 구조물이지만 1층의 지붕은 탑을 감싸는 마루부분만 덮고 있다. 그러나 커다란 구조 부재를 위한 공간을 만들기 위해 내부에 4개의 중층이 추가되었기 때문에 이 탑은 사실 9층짜리 구조물이라 할 수 있다.

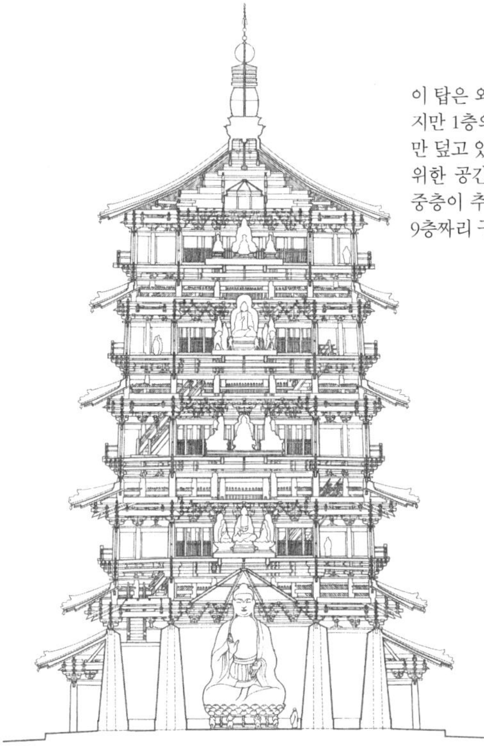

단면투시도, 보은사탑, 쑤저우
Anatomical perspective, Pagoda of Bao' en Buddhist Temple, Suzhou

이 9층탑은 1153년에 처음 지어졌으나 1898년에 크게 개축된 것으로 목재와 벽돌을 혼합하여 사용한 예 중 하나이다. 벽돌로 된 중심부는 목재로 감싸 목조건축물인 것처럼 보이게 했다.

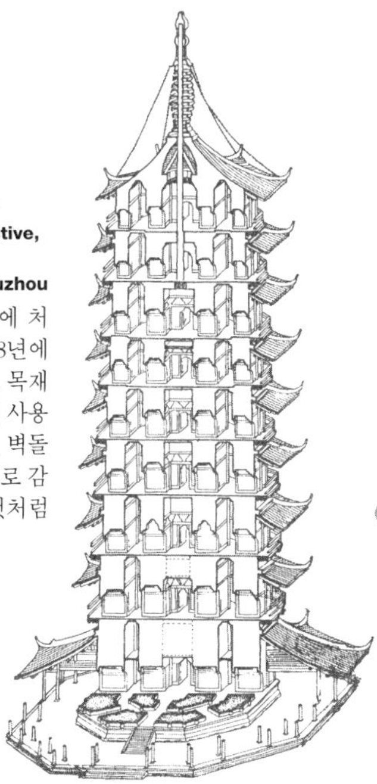

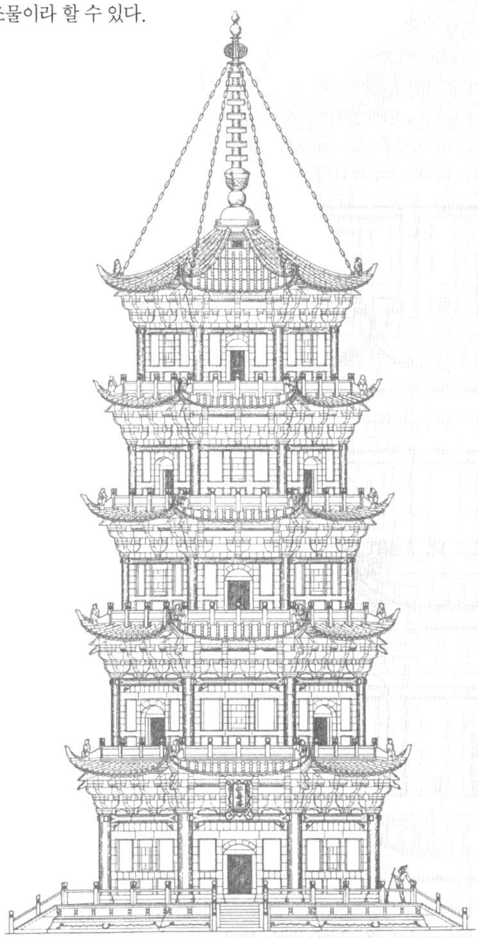

인수탑, 개원사, 취안저우(1228-1237년)
Renshou Pagoda, Kaiyuan Monastery, Quanzhou

이 탑은 개원사에 있는 쌍탑 중 하나로 나머지 하나는 진국탑Zhenguo Pagoda이다. 탑은 1237년과 1250년에 각각 완성되었으며, 모두 8각탑이다. 목구조의 공포를 모방하여 화려한 공포가 있고 처마 끝부분이 남부의 양식처럼 치켜 올라가 있다.

탑, 묘응사, 베이징
Pagoda, Miaoying Monastery, Beijing

이 탑은 네팔의 건축가가 몽골 황제를 위해 1271년에 대도(지금의 베이징)에 지은 것이다. 이 백색의 전탑을 통해 스투파의 기원이 티베트의 차이티아를 거쳐온 것임을 알 수 있다.

초기 중국 및 중국 왕조
Early and Dynastic China

주택
Houses

광활한 중국에서 지역의 환경적, 역사적, 문화적 그리고 민족적 차이에 의해 주택의 형태와 양식에 있어 놀라울 정도의 다양성이 나타났다. 이러한 다양성은 '관제양식'의 통일성과 대조된다. 관제양식이 도입됨에 따라 사회적으로 중요한 시설일 수록 지역적 특징이 보이지 않았다. 한편으로 여러 지역의 주택에서 뚜렷한 통합성이 나타났다. 이런 과정을 통해 중국의 토속건축을 특징짓는 공통요소가 나타났는데 기본적인 구조원칙 뿐만 아니라 좌향, 대칭성, 축 그리고 배치에까지 원칙을 공유했다.

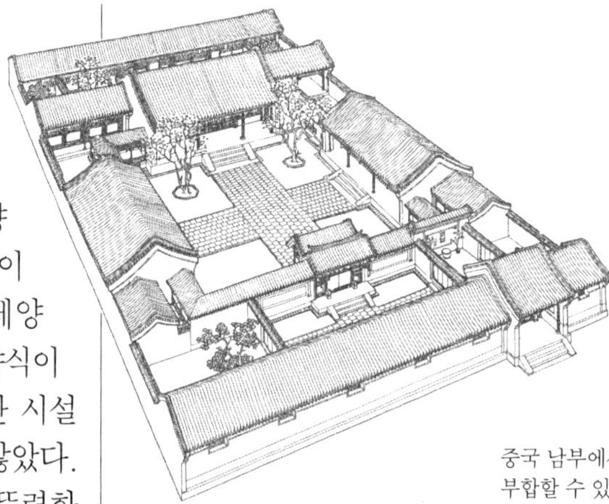

전형적인 중정식 주택(사합원), 베이징
Typical courtyard house, Beijing
이 주택의 주 출입구는 대지의 남동쪽 모서리 부분에 위치한다. 각 대문은 방문자가 다른 영역의 경계 밖에서 들어온다는 것을 상징하는데 이는 각각의 대문을 통과하는 것이 그 가족의 사적인 영역으로 더 깊이 들어선다는 것을 의미하기 때문이다. 가족 내에서 각 개인의 사생활보다 외부 세계에 대한 공동의 프라이버시가 더 중시되었다.

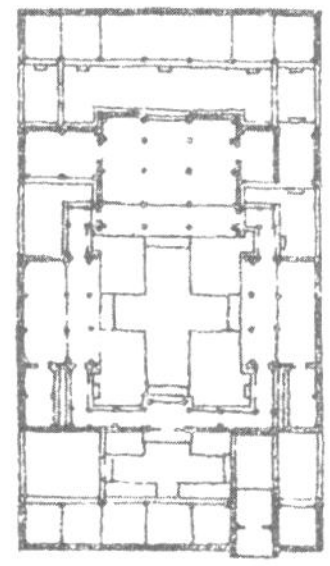

주택의 평면, 절강성
House plan, Zhejiang Province
중국 남부에서 교외지역 주택의 경우 지형조건에 부합할 수 있도록 평면구성이 상당히 자유로웠다. 부모와 결혼한 자녀들이 대가족으로 함께 사는 이 주택에는 작은 단위가족을 위한 건물이 통합되어 있는데 화로가 각각의 건물을 상징했다.

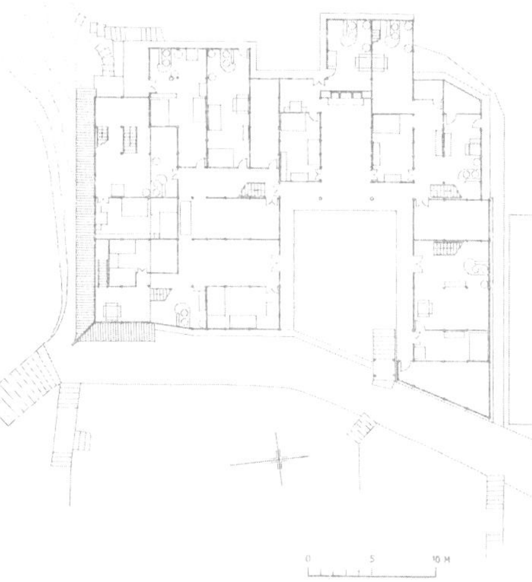

주택의 투시도, 절강성
Perspective of a house, Zhejiang Province
치켜 올라간 처마 뿐만 아니라 천두식穿斗式이라고 하는 가구식 구조의 사용이 남부지방 주택의 특징이었다. 이 구조는 지붕마루로 갈수록 점점 높아지는 기둥이 도리를 받치고, 지붕의 하중을 직접 지탱한다는 점에서 좀더 공식적인 대량식 구조와 다르다.

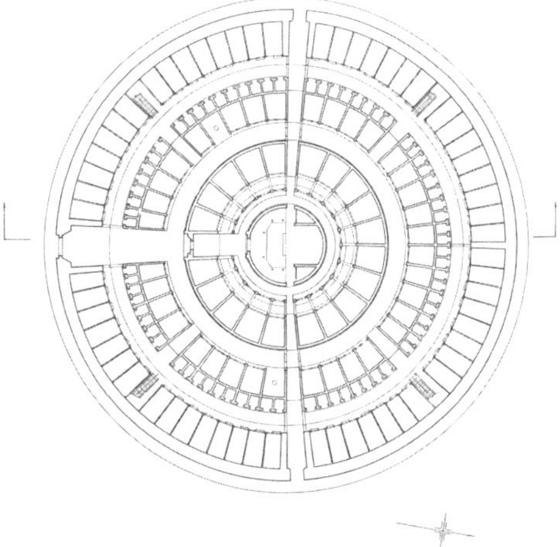

평면, 공동주택(토루), 복건성
Plan, communal residence, Fujian Province

BC 3세기경부터 객가족客家族(하카족Hakka으로 알려진 중국 56개 소수민족 중 한 민족)이 중국 중부에서 남쪽의 복건성, 광동성, 광서성 등지로 이주하기 시작했다. 적대적인 토착주민으로부터 자신을 방어하기 위하여 원형 혹은 직4각형의 형태를 가진 거대하고 벽으로 두른 다층의 공동주택에서 씨족이 모여 사는 전통이 발달했다.

단면투시도, 공동주택(토루), 복건성
Anatomical perspective, communal residence, Fujian Province

단지 중앙에는 조상을 모시는 사당이 있었다. 안쪽 2개의 고리부분은 손님을 위한 방 및 가축과 우물을 위한 공간이 있었다. 바깥쪽 고리의 1층에는 부엌, 화장실 그리고 다용도실이 위치했고 2층은 곡식창고로, 3층과 4층은 주거용으로 사용되었다.

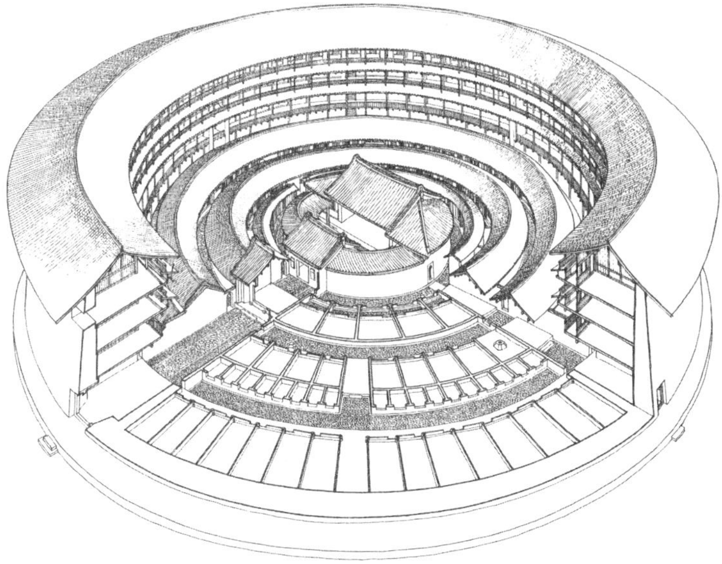

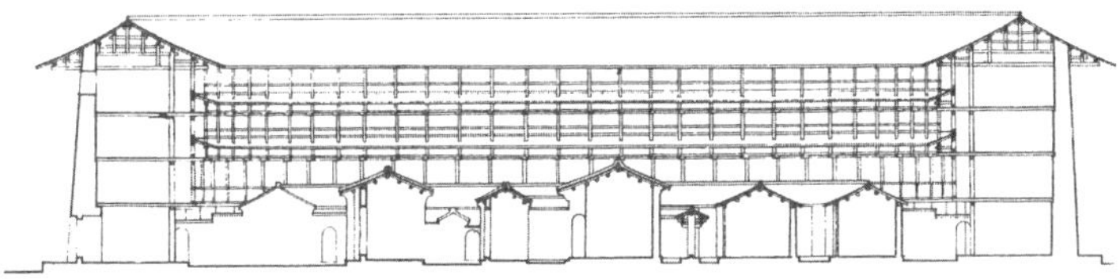

단면, 공동주택(토루), 복건성
Cross section, communal residence, Fujian Province

두께가 1m에 이르는 이 4층 건물의 외벽은 목재 프레임에 다진 흙을 사용하여 만들어졌다. 발코니는 안쪽을 향했으며 1층 위에만 작은 창이 바깥쪽을 향해 나 있었다.

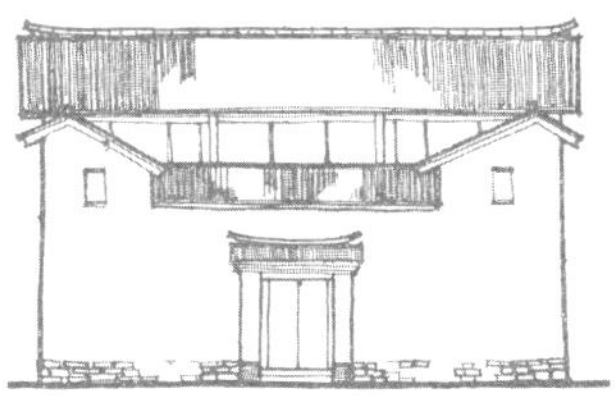

도장주택, 운남성
Seal-form house, Yunnan Province

남부의 안휘성 등지의 주택과 마찬가지로 이 정4각형의 2층주택은 내부 지향적이며 극단적인 프라이버시를 추구하고 있다. 방들은 서로 단단히 결합되어 있으며 환기와 채광을 위한 중정은 '천정'이라고 불리는 작은 수직개구부로 줄어들었다. 건물 전체의 모습이 중국의 도장과 닮은 까닭에 도장주택이라는 이름을 갖게 되었다.

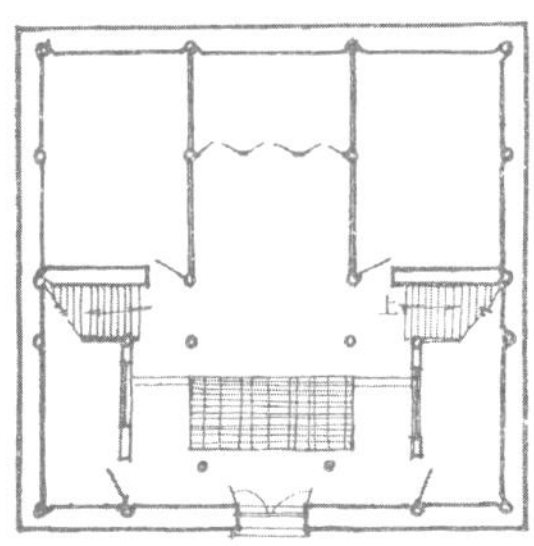

초기 중국 및 중국 왕조
Early and Dynastic China

정원
Gardens

현재 중국에 남아있는 고전양식의 정원은 그 물리적 형태로 보아 거의 모두 19세기 이후의 것이다. 하지만 정원을 만드는 문화는 3000년 이상 발전되어 왔다. 황족의 공원과 식자층의 개인적인 정원의 2가지 주된 전통은 3세기 무렵부터 그 구분이 뚜렷해졌다. 이후 1500년간 이들은 서로 영향을 주고받았다. 산수화와 마찬가지로 정원은 이상적인 자연의 정수를 추출하고자 했으며 상상 속의 풍경을 재현하고자 한 것이었다. 정원에 있어 또 하나 중요한 요소는 바로 문학이었다. 정원에 은유적인 이름을 붙여 문학적인 의미를 부여했으며 정원은 시문의 주제와 배경을 제공했다.

이화원의 평면, 베이징
Plan, Summer Palace, Beijing
1750년에 처음 지어진 이곳은 베이징의 서쪽 교외 지역에 있으며, 5개의 황실 정원 가운데 하나였다. 전체적으로 항주에 있는 서호의 구성을 따르고 있으나 근경을 너머 서쪽의 산까지 포함하는 전망을 확보했다. '차경' 이라고 알려진 이러한 기법은 정원 디자인에서 종종 사용되었다.

서원西園의 평면, 베이징
Plan, West Garden, Beijing
이 황실 정원의 배치는 1450년대에서 60년대 사이에 시작되었다. 자금성 서측으로 황성 내부에 위치하는 이 정원은 3개의 연못으로 구성되어 있다. 이화원의 연못과 마찬가지로 안쪽에는 작은 섬들이 있었는데 이는 산동반도의 해안 멀리 떨어져 있을 것으로 믿었던 불로불사의 전설 속 연못을 표현한 것이다. 또한 벽으로 둘러싸인 작은 정원이 정원 안에 포함되어 있어 '정원 내 정원' 을 만들었다.

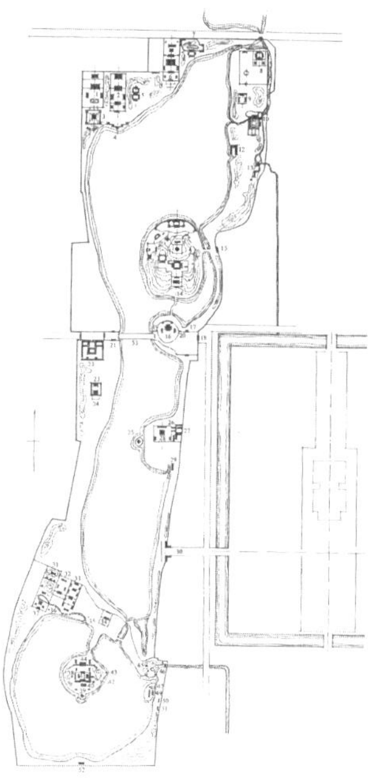

쑤저우에 있는 망사원의 조감도
Bird' s-eye-view, Garden of the Master of Fishing Net, Suzhou
이 정원은 방문자가 돌아다니는 것을 염두에 두고 조성한 것이다. 연못가에서는 "매 발걸음 마다 다른 풍경이 펼쳐진다." 또한, 누각, 회랑, 정자 등 중요한 지점에서는 특별히 의도된 풍경이 펼쳐진다. 이러한 원칙은 산수화의 이론에서 비롯했다.

망사원의 평면
Plan, Garden of the Master of the Fishing Net
이 정원의 현재 배치는 1795년에 재건한 결과이다. 이 정원은 주택의 확장으로서 지어진 개인정원의 고전적인 예를 보여준다. 주택은 장인의 솜씨에 의한 것으로 개인의 사상이 드러나지 않는 반면, 정원의 배치는 한시와 문인화처럼 선비의 작품으로서 성격이 더 강했다.

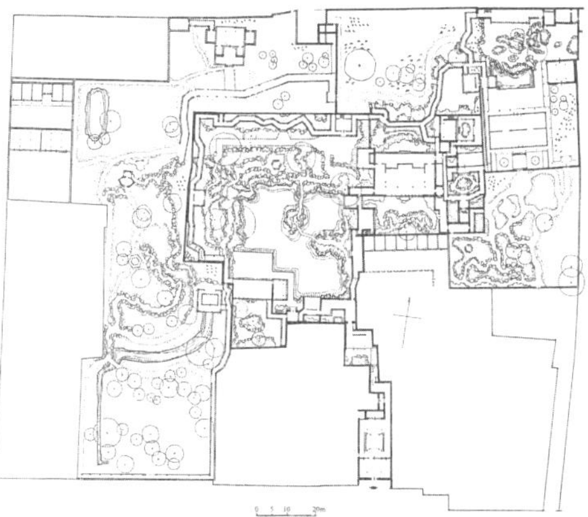

유원의 평면, 쑤저우
Plan, Lingering Garden, Suzhou
이 개인정원은 19세기 후반에 확장된 것으로, 다양하고 풍부한 경치를 만들기 위해 전형적인 방법을 사용했다. 정원을 서로 다른 크기의 작은 부분으로 나누고, 각 부분에는 고유의 특징적인 주제와 성격을 부여했다. 이를 위해 벽, 담장, 마루, 건물, 석가산, 작은 숲 그리고 다리가 도입되었다.

옹취산장의 평면, 쑤저우
Plan, Mountain Villa of Embracing the Emerald Green, Suzhou
이 산장은 1884년, 호구의 남사면에 지어졌다. 이곳은 도시에서 북서쪽으로 3km 떨어져있는 곳으로 대지의 지형 조건에 정원을 적응시킨 좋은 예이다.

옹취산장의 조감도
Bird' s-eye view, Mountain Villa of Embracing the Emerald Green
각각의 건물은 경사면의 등고선을 따라 자리한 계단식 대지에 놓여있다. 정원 전체는 주변의 풍경과 잘 어우러지며 건물들에는 꾸미지 않은 단순함이 느껴진다.

유원의 단면
Cross section, Lingering Garden
중국 정원에서는 돌출된 부분을 강조하거나 영원한 변화와 절대적인 조화 등을 암시하기 위해 음양 개념을 사용했다. 서로 대조적이지만 상보적인 요소를 사용했는데 이러한 속성을 갖는 것으로는 큰 것과 작은 것, 음지와 양지, 비움과 채움 등이 있다.

고대 일본 BC 6세기 이전–19세기까지
Classical Japan pre-C.6th bce–C.19th

신사
Shinto Shrines

신도神道는 '신의 길'이라는 뜻으로 6세기경 불교가 전래될 때까지 초기 일본의 전통 종교였다. 처음에는 자연경관이 수려한 곳에 돌무더기같은 자연물로 경계를 짓고 행해졌다. 후에 토리이라고 하는 출입구나 작은 사원같은 단순한 구조물을 세웠다. 주로 나무를 사용하여 프레임을 세우고 지붕은 풀로 덮었다. 신사건축의 특징인 바닥을 높인 사당과 농업용 창고에서 따온 박공지붕 형태는 일본적인 풍경으로 자리 잡았다. 하지만 신도는 본질적으로 토속적인 종교로 다양한 종류의 건축물을 남기지 않았고 자연의 요소를 조심스럽게 확장하여 예배장소를 마련했다. 예배방식에 맞춰 공간을 구성했고 개별 건물 못지않게 건물의 배치도 중요했다.

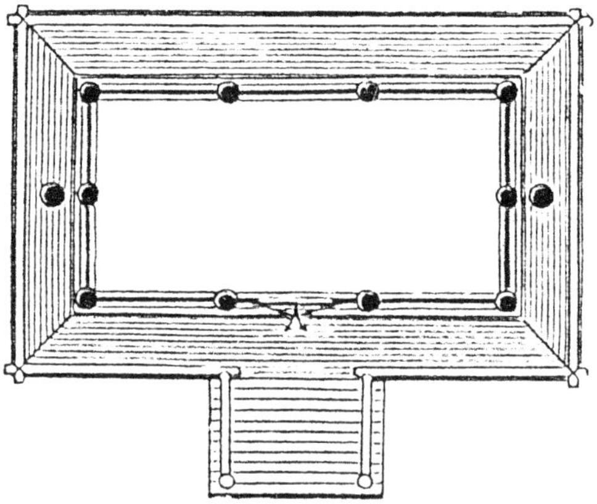

평면
Plan
신사건물은 지표면에서 들려있으며, 목판벽의 중앙에 있는 유일한 출입구로 계단이 나있다. 마루가 주실 주위에 빙 둘러져 있으며, 독립적인 기둥이 양쪽 박공 중심에서 지붕마루를 받치고 있다.

건설
Construction
이세 신궁의 신사건물은 일본 삼나무로 지어졌다. 초기의 다른 신사에서는 초석 위에 기둥을 올렸으나 여기서는 바로 땅에 올려 건물을 지지하도록 했다.

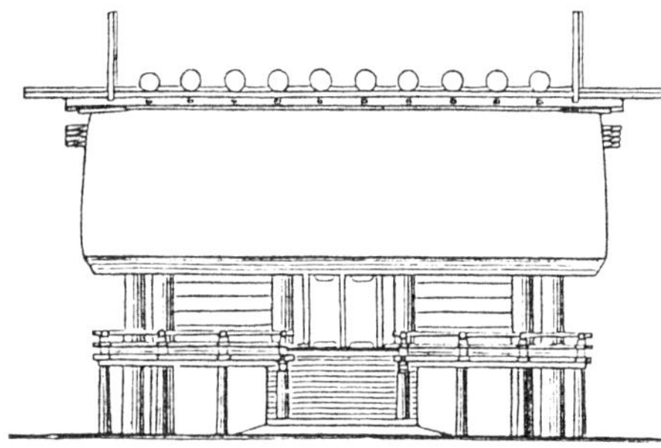

토리이
Torii
토리이는 신사의 초기 건축 형태 중 하나이자 중심요소이다. 토리이는 가구식 구조로서 수직 목재기둥이 대개 땅에 직접 고정되어 2개의 보를 지지한다. 이러한 구성은 토리이 밑으로 참배자들이 통과할 수 있게 한다.

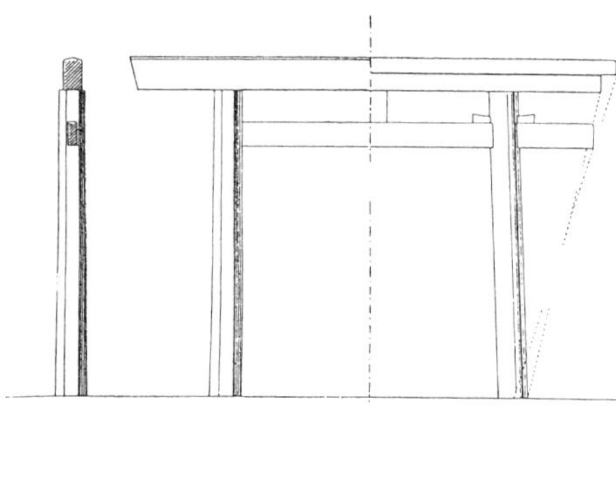

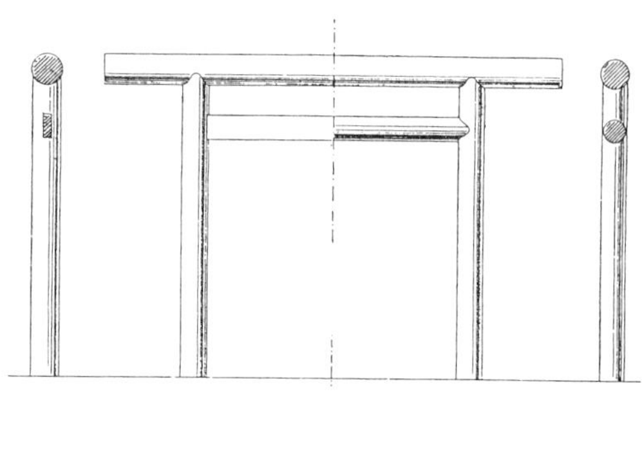

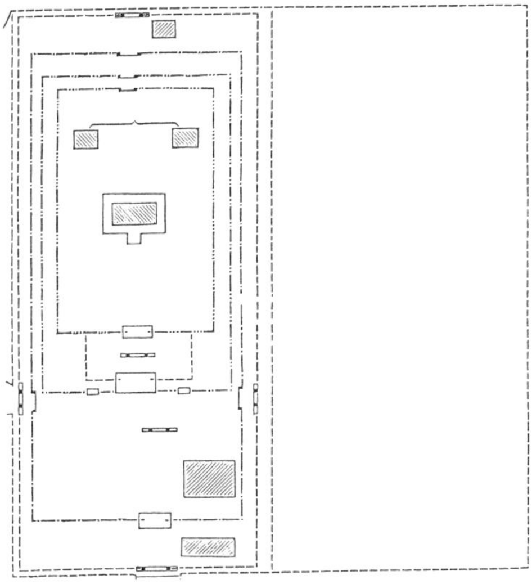

타마가키
Tamagaki

신사를 둘러싸는 타마가키는 초기 신사에서 중요한 건축요소 중에 하나였다. 이는 수직기둥에 수평판재를 붙여 만든 목재담장이었다.

위치
Setting

일본 동부연안의 이세 신궁은 4세기에 최초로 지어졌다. 이곳은 자연경관이 매우 수려한 곳으로 신사참배를 위해 몇백년간 사용되었던 곳이다.

배치도
Site plan

8세기 이후 전국적으로 축제가 조직되었으며, 몇개의 사원이 모인 것을 이세 신사라 부르기 시작했다. 나이쿠(내궁)는 황족의 조상(천조대신)을 모신 곳이며, 게쿠(외궁)는 지역의 신을 모신 곳이다.

이세 신사
Ise shrine

이세 신궁은 황족의 조상을 모시는 신사이자 국가의 신사였다. 지붕은 맞배지붕의 형태로 갈대를 두껍게 이어 덮었다. 박공널은 용마루 위로 튀어나와서 치기라고 하는 2쌍의 갈퀴모양 장식을 만들었고, 그 위에 카츠오기(10개의 짧은 목재장식)를 얹었다. 이 두 장식으로 인해 신사는 특징적인 윤곽을 갖게 되었다.

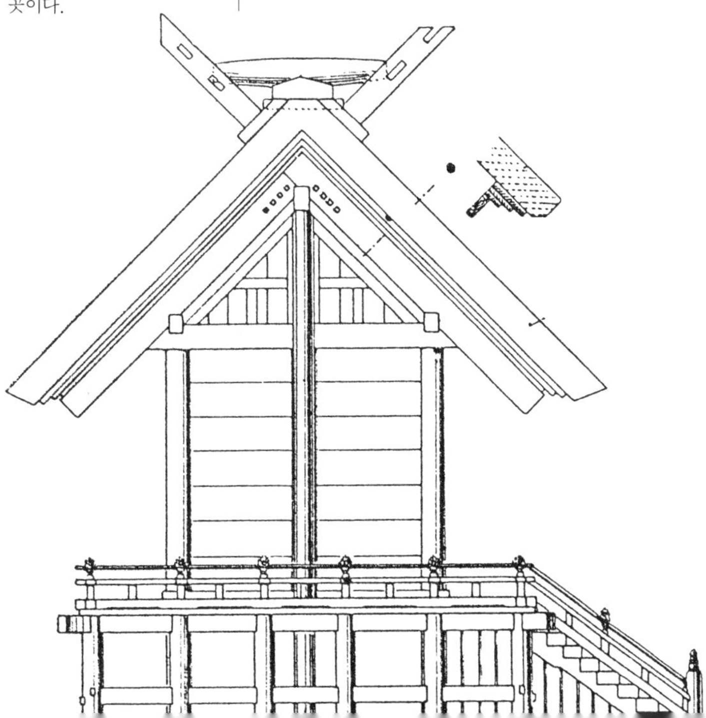

건축의 전통
The building tradition

건축의 전통은 시키넨 센구라는 풍습을 통해 세대를 거쳐 전해질 수 있었다. 이는 매 20년 마다 신사를 똑같은 모습으로 다시 짓는 것을 일컫는다.

고대 일본
Classical Japan

사찰
Buddhist Temples

6세기에 한국과 중국을 통해 불교가 전래되면서 규범화된 교리와 종교의식, 그리고 건축 형태가 함께 전해졌다. 건축물의 장식은 급격히 화려해져서 표면을 조각하고, 채색하고, 옻칠을 하기도 하며 금박을 입히기도 했다. 지붕 아래의 화려한 공포, 단청, 테두리를 조각한 초가지붕, 기둥장식 등의 디테일이 전래되었다. 일본 최초의 사찰은 나라에 있는 호코지(법흥사)로 588년에 건설되었다. 고대 신사의 경우 건물배치에 엄격한 원칙이 있었지만 일본의 초기 사찰들은 규정된 배치를 따르지 않았다. 하지만 금당이나 성물을 모시기 위한 탑, 종각, 강당, 그리고 승당 등의 건물을 갖추고 있었다.

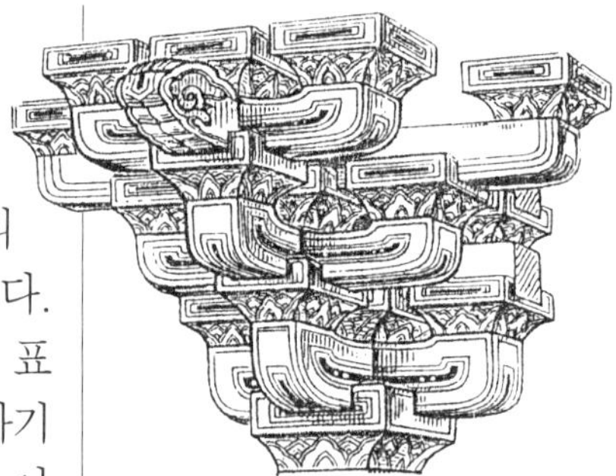

공포
Brackets
공포는 일본 사찰의 지붕에서 중요한 요소로 마루의 아랫면을 장식하거나 돌출된 처마를 지지하는 노출된 부재이다. 보통 곡선을 이루는 첨차와 소로와 같은 여러 개의 목재 조각으로 이루어진다.

기둥의 디테일
Column details
이 기둥의 아랫부분과, 기둥과 보의 연결부위를 보면 사찰의 실내 기둥이 자수에서 따온 유기적인 패턴으로 어떻게 꾸며지고 칠해졌는지 알 수 있다. 가장 깊숙한 지성소의 경우 이러한 무늬가 기둥과 보에 금박으로 입혀져 있다.

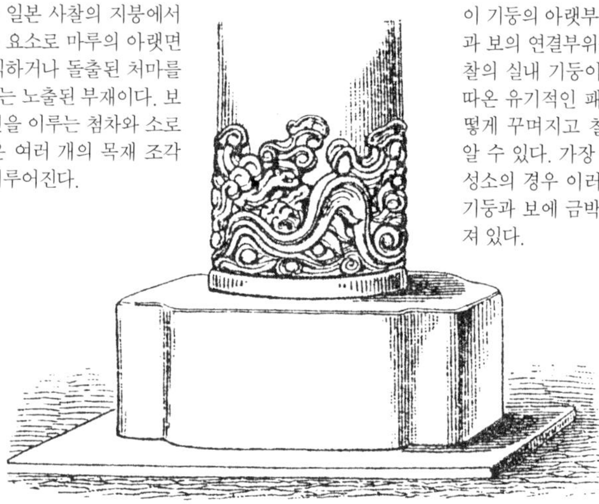

탑의 평면, 호류지(법륭사)
Pagoda plan, Horiuji
이 탑은 중국에서 일본으로 전래된 초기 양식의 예이다. 이런 탑들은 대개 아래층에는 불화와 사당이 있고 위에는 동종을 달았다. 탑의 평면은 일반적으로 정4각형 형태이며 각 변의 중앙에 계단이 있다. 돌출된 지붕 아래에는 탑의 둘레를 따라 마루가 있었다.

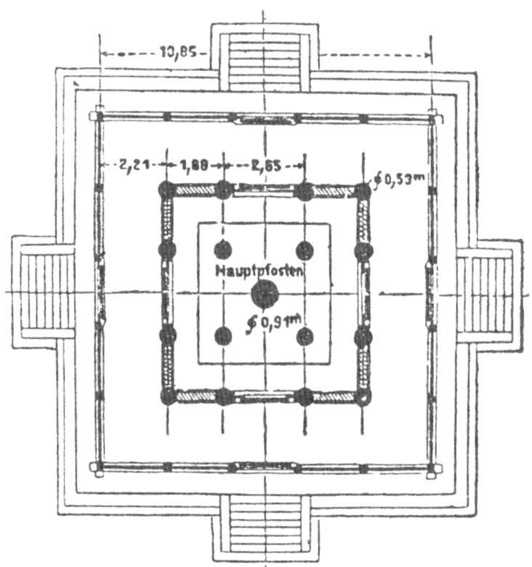

요코하마의 사찰(19세기)
Yokohama temple complex

요코하마에 있는 한 사찰을 담은 이 장면에는 초가지붕으로 된 사당의 입구를 표시하는 한쌍의 석물과 토리이가 숲 속에 자리하고 있다. 이는 이러한 요소를 어떻게 사용하는지 보여주는 좋은 예로서 외부 공간도 사당 자체만큼이나 중요하다는 것을 알려준다.

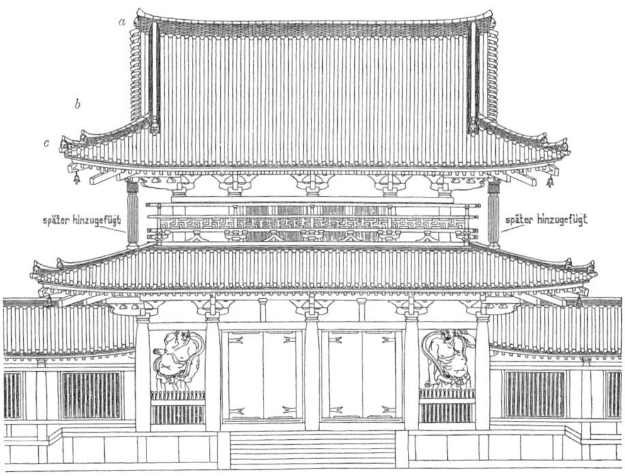

호류지의 금당(7세기)
Hondo, Horiuji

호류지의 금당은 세계에서 가장 오래된 목조건축물 중 하나이다. 금당은 장부맞춤 기법으로 짜여졌으며 높이 1.2-1.8m인 석축 위에 바닥이 위치하여 계단을 통해 오를 수 있다. 건물은 가로 7칸, 세로 9칸으로 구성되어 있다. 회랑을 지지하는 기둥보다 더 높은 기둥을 사용하여 내부의 실을 만들어서 2층처럼 보이도록 했다.

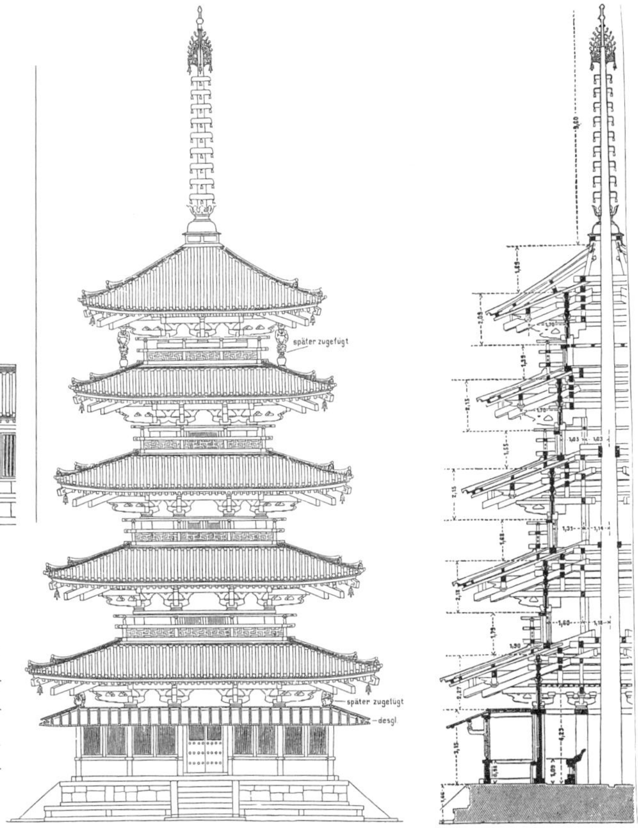

탑의 입면과 단면
Pagoda elevation and section

탑은 일반적으로 3층이나 5층이며 톱니처럼 튀어나온 지붕과 함께 각 층이 위로 갈수록 약간씩 줄어들어 독특한 외양을 만들어 내고 있다. 지진의 위협이 상존하는 일본에서, 이와 같은 높은 건물들은 가볍고 유연한 목구조로 건설되었다.

고대 일본
Classical Japan

사찰의 발전
Buddhist Temples : development

일본 사찰건축의 발달은 6세기에 전래된 이래 몇시기로 나누어진다. 첫번째 시기는 사찰건축의 "초기 역사"시대로서 아스카, 나라, 헤이안시대를 포함한다. 일본 중세 불교는 12기 이후 카마쿠라시대와 남북조와 무로마치시대로 나누어진다. 16세기 이후에는 모모야마와 에도시대가 19세기까지 이어졌다. 신사와 초기 사찰이 재료와 구조의 완벽함에 의존하고 있었다면, 후기 불교건축은 모든 면과 구조재에 화려한 장식을 했다. 그 예로, 닛코에 있는 17세기 사찰의 대문에서는 수평부재에서 장부가 돌출된 단순한 방식 대신, 공포의 끝부분에 용의 머리와 유니콘을 조각했다.

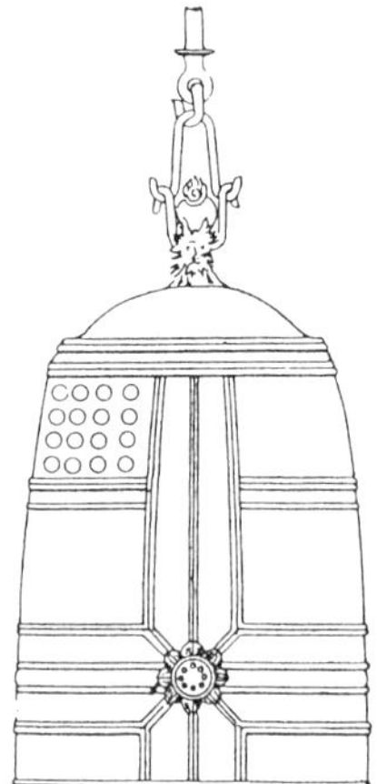

종
Bell
종은 불교에서 종교적 행위를 시·청각적으로 인도하는 건축요소이다. 불교로 인해 일본 종교의식에 염불, 북, 징, 종 등이 도입되었다.

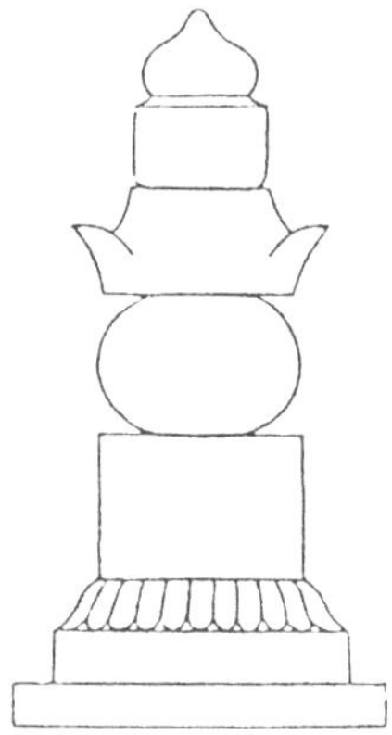

기념물
Monument
불교건축에서 조각품의 역할은 중요했다. 사찰까지의 접근로에는 목재 조각과 석등이 외부 공간을 차지하고 있으며, 이들은 주택의 정원에서도 발견된다. 위의 석재 유물은 신성한 숲에서 다른 유물 천여 개와 함께 서있다. 유물들은 모두 높이 3-6m로 각 부분은 기초부분의 연꽃무늬 새김, 상부의 양파 모양의 돔같이 각각 다른 모양의 석재로 구성되어있다.

닛코에 있는 탑(17세기)
Pagoda, Nikko
이 5층탑의 꼭대기에는 가는 기둥(상륜부)이 있어 탑에 높이를 더하고 주변의 나무와 어울리게 했다. 석재 기초 위에 세밀하게 조각된 목판으로 지붕이 있는 담장을 만들어 탑과 주변 건물을 둘러쌌다.

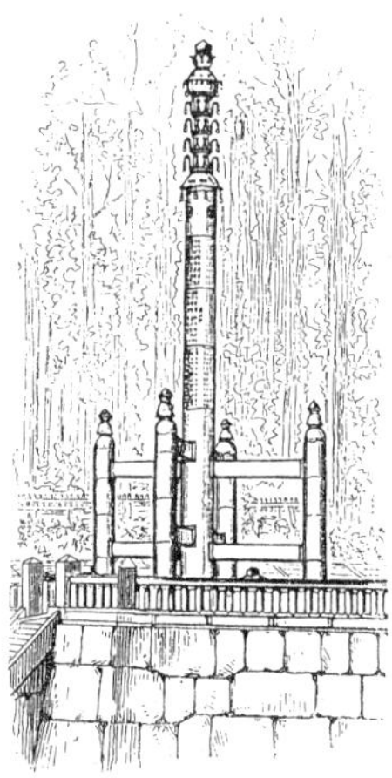

구리기둥, 닛코
Bronze column, Nikko
석축 위에 놓인 이 구리기둥에는 불경의 내용이 조각되어 있다. 꼭대기 부분에는 불경의 제목이 금으로 새겨져 있다.

사원 내부
Temple interior

12세기 이후 금당은 단지 불상을 모시는 건물이 아니라 들어가 기도하는 사원으로 바뀌었다. 따라서 내부의 크기도 예배객들을 수용할 수 있도록 확대되었다. 아래의 그림은 사원 내부를 보여주는 드문 장면으로 금당의 거대한 규모를 확인할 수 있게 한다. 지붕은 들보를 장식적으로 엮어 만들었다.

천장
Ceiling

사찰의 천장은 대부분 화려하게 장식되어 있다. 아래의 천장은 17세기에 지어진 사원의 것이다. 금속 틀에 정4각형의 나무판을 격자로 배치한 뒤 각종 문양을 조각하고 금박을 입혔다.

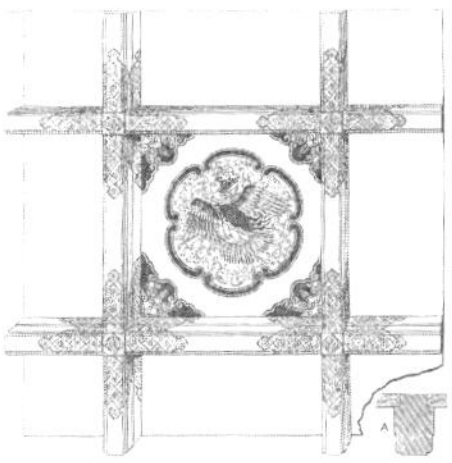

니시 홍간지(서본원사)의 출입구
Gateway, Nishi Honwan-ji

사찰의 모습을 본 딴 화려한 출입구가 사찰의 경계를 알리며 지키고 있다. 이 예는 교토의 니시 홍간지의 동쪽 출입구로서 출입구와 그 안의 대문을 보여주고 있다. 둘 모두 화려하게 꾸며져 있어 사찰의 중요성과 부를 짐작케 하며 신에게 봉헌된 많은 제물을 암시한다.

닛코에 있는 사찰의 출입구(17세기)
Gateway, Nikko

이 사찰의 출입구에는 육중한 지붕이 올려져 있다. 출입구 주위를 회랑이 두르고 있으며, 입구에는 용, 강, 구름의 모습과 주름무늬가 목재조각, 옻칠, 금박, 채색한 부조 등으로 표현되어 있다. 이를 통해 사찰 건설을 의뢰한 쇼군가문의 지위를 엿볼 수 있다.

고대 일본
Classical Japan

주거건축
Domestic Architecture

일본의 전통 주거건축의 디자인은 섬나라 특유의 기후와 지형에 영향을 받았다. 주택은 대부분 남향으로 지어졌으며 돌출된 처마, 마당의 높은 담장, 이동가능한 창문과 칸막이벽이 있어 해풍을 최대한 활용하도록 했다. 풍부한 산림자원을 활용하여 유연한 1층짜리 목조 건물을 지어 지속적인 지진의 위협에도 대비했다. 19세게 후반에 서구 건축가들이 300년 정도 된 것으로 기록한 오래된 주택들과 당시에 새로 지어졌다고 기록한 주택들은 거의 다르지 않았다. 이는 일본 주거건축의 전통이 오랫동안 유지되어 왔음을 보여준다.

마루
Veranda

일본의 전통주택에서 지붕이 있는 마루부분은 중요한 공간으로, 내부와 외부 사이의 전이공간이다. 히사시라고 하는 좁은 보조지붕을 넓고 얇은 판으로 만들어 처마 아래에 기둥이나 까치발로 고정했다.

초가지붕
Thatched roof

일본 농촌지역에서 가장 일반적인 지붕 형태는 박공 형태의 두꺼운 초가지붕으로 이는 사찰건축에 사용된 것과 같다. 지붕마루의 모습은 지역에 따라 다양했다. 이 19세기의 주택은 도쿄 외곽에 위치한 상인의 집으로 삼각형 창이 있는 박공이 더해졌으며 처마와 박공 끝의 지붕이엉을 대칭으로 다듬어 세심한 주의를 기울였음을 강조하고 있다.

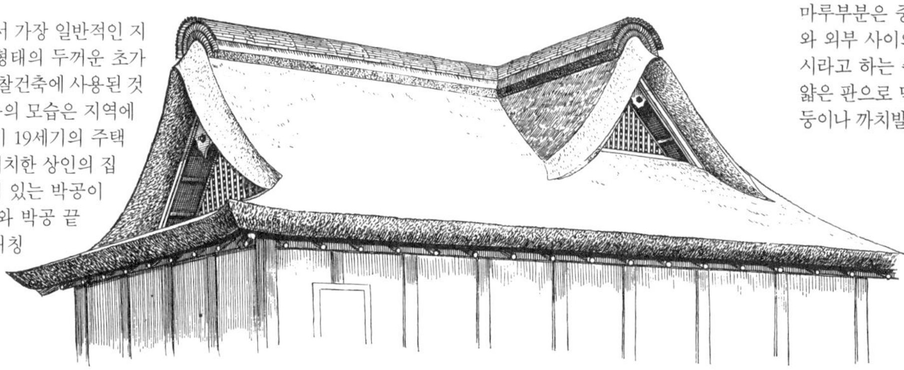

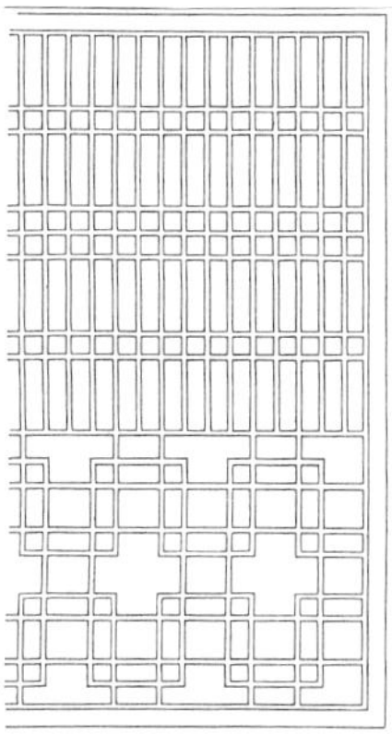

입구
Entrance

토리이가 신사의 입구를 나타내고 화려한 대문을 통해 사찰로 들어가듯 전통적인 일본주택에는 마루 혹은 현관이 있어 진입과 통과의 의식을 종교적 상황에서 일상생활로 끌어들였다. 현관과 내부의 방 사이를 구분하는 미닫이문을 쇼지라고 한다.

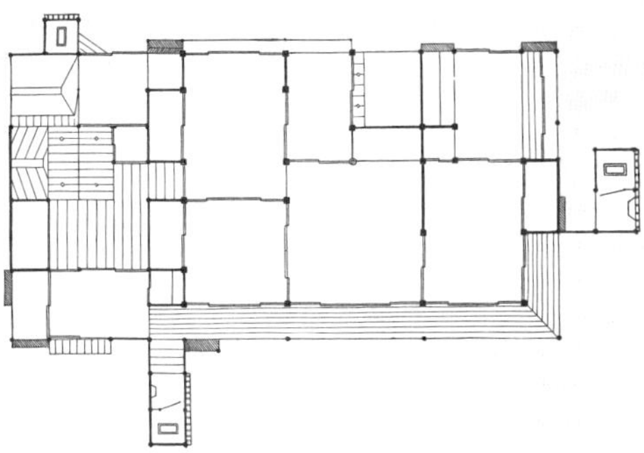

창
Windows

전통 일본건축에서는 은은한 빛이 집 안으로 들어오도록 유리 대신 불투명한 종이를 창에 사용했다. 보안을 위해 틀이 짜여 있으며 목재 혹은 대나무로 창살을 만들었다. 실내의 미닫이창(왼쪽 위)은 얇은 나무살로 격자를 짜서 더 화려하게 꾸몄다.

도쿄에 있는 주택 평면
Tokyo house plan

이 일본 전통주택은 미닫이문으로 구분된 방이 서로 연결되어 있으며, 약간의 동선 공간을 포함하고 있다. 가구가 방을 차지하고 있지 않은 것을 보아 방은 융통성있게 분할될 수 있다는 것을 알 수 있다.

도쿄의 거리풍경
Tokyo streetscape

19세기 후반 이후부터 도시 주민들의 모습은 다양해졌다. 평범한 기와지붕 아래 줄지어 있는 주택들의 경우 각각의 입구가 거리와 직접 접하고 있었으며, 부유층의 주택들에는 굴뚝이 있는 화려한 초가지붕과 거리를 내려다 볼 수 있도록 넓은 창과 마루가 있었다.

입구 평면
Entrance plan

이 평면은 사무라이 주택의 입구를 나타낸 것으로 방으로 들어가는 쇼지 앞까지 계단이 있는 것을 볼 수 있다. 이 방은 삼첩방(다다미 3장을 깐 방)이라 불리며 유일한 가구는 츠이타테라고 불리는 낮은 가림막뿐이다.

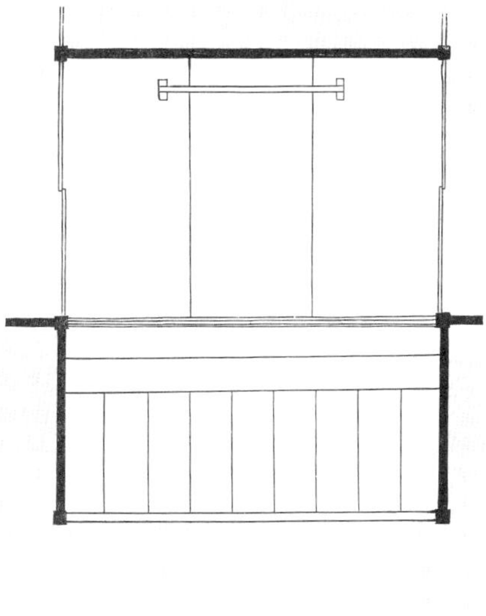

고대 일본
Classical Japan

관청과 상업시설
Government and Business Buildings

7세기 이후부터 도시의 배치와 중요한 건물의 위치에 관한 중국의 건축방식이 일본 도시건축에도 소개되었다. 8세기경 나라와 교토는 그 모델인 중국의 베이징과 유사한 구성을 갖고 있었다. 직4각형의 격자 형태로 가로를 배치하고, 중앙에 황궁이 위치하며, 귀족들의 집, 궁전 그리고 관청을 남북 축에 따라 대칭으로 배치했다. 사찰이나 주거건축에서는 기념비성을 찾아볼 수 없는 반면에 귀족이나 왕실의 건물은 풍경에 좀더 극적인 영향을 미친다. 17세기 초의 히메지와 같은 화려한 성에서는 전통적인 지붕 형태를 이용하여 높은 대지 위에 웅장한 외관을 만들었다.

궁전의 담장
Palace Wall
궁전을 둘러싸는 이 담장은 아랫부분이 넓게 벌어져 있으며 거대한 규모의 축조물이었다(때때로 외곽을 따라 해자를 두르기도 했다). 이는 지진과 적의 공격에 대한 방어가 매우 중요했음을 알려준다. 끝부분의 벽은 검은 돌로 된 주초 위에 놓여있으며 노란색으로 회칠을 하고 수평으로 5개의 흰 줄을 그었다. 이것은 황족이 이 궁전을 소유하고 있음을 나타냈다.

도쿄의 궁전 Palace, Tokyo
16세기 후반부터 일본의 풍경 속에 지배계급의 건축물이 두드러지게 나타났다. 단층 건물을 요새화 하거나 작은 절벽 위에 지었다. 도쿄에 있는 이 작은 궁전은 건물과 그 주위의 정원 간의 관계를 보여주고 있다.

관청
Government building
이 장면은 일본 궁정에서 대사를 맞이하는 모습이다. 나무와 가구의 배치는 건물의 구조만큼이나 필수적인 구성요소였다. 천황은 지붕 아래 가장 높은 곳에 위치한 마루에 앉아 있었다.

차 공장
Tea manufactory

이 건물군은 그 형태가 신사 건축이나 주거건축과 유사하다. 지붕은 맞배지붕 형태로 기와를 올렸고 처마가 밖으로 튀어나와 있다. 그 아래에는 노출된 공포가 지붕을 지지하고 있고 위에는 돌출된 용마루가 얹어져 있다.

직조실
Weavery

비단을 짓는 이 직조실은 주거용 건물과 크게 다르지 않다. 격자무늬 창문에 바닥에는 다다미를 깔았으며, 직조기 이외에는 아무 가구도 없다. 도시의 건축대지는 대부분 좁으로 길어서 거리에 접한 좁은 부분에 상점을 두곤 했다.

다실
Teahouse

일본에서 차를 마시는 것은 전통생활에서 하나의 의식이자 예술활동이었다. 이런 까닭에 16세기부터는 다실이 하나의 건축형식으로 등장했다. 이는 후에 주택디자인에 영향을 미치게 되었다. 다실은 대개 거칠게 마감하여 소박한 모습을 띄었다. 연속된 몇개의 조용한 통로를 지나면 다다미 개수에 맞춰 공간의 크기가 정해진 다실로 들어서게 된다. 아래의 그림은 창살로 된 덧문이 만드는 개구부와 깊은 마루를 통해 차를 마실 때, 도시 속에서 어떻게 외부의 환경과 호흡하는지를 보여준다.

도시풍경, 도쿄(19세기)
City view, Tokyo

일련의 목조다리에서 확연히 드러나는 이들의 공학적 기술은 물과 지진이 많은 일본에서 이에 대한 지역적 대응을 보여주고 있다. 낮은 건물과 지붕의 형태 또한 언덕이 많은 지형에 알맞다.

천황의 궁전(19세기)
Mikado's court

이 궁전의 내부를 보면 일련의 층계를 통과하는 진행이 어떻게 천황의 지위를 강조하고 방문자의 경험을 통제하는지 알 수 있다. 스케일에 있어서의 대조와 천황이 있는 높은 방까지 개방되어 있는 것 역시 이러한 역할을 하고 있다.

콜럼버스 이전의 아메리카 BC 900년–기원후 1532년

Pre-Columbian 900 bce–1532 ce

초기 중앙아메리카지역

Early Mesoamerican Sites

열대우림 속에 몇몇은 반쯤 묻혀있었지만, 수백개의 석조유물이 있는 도시 전체가 살아남아 중앙아메리카지역에 발전된 문명이 존재했음을 알려주고 있다. 멕시코 전체와 과테말라, 벨리즈, 온두라스의 일부분에 자리하는 이 문명은 BC 900년경부터 존재하여 스페인이 이 지역을 점령한 1519년까지 남아있었다. 거대한 피라미드, 기단, 사원, 광장, 경기장, 접근로 그리고 제물을 바치는 제단을 무대삼아 종교적 의식행사를 거행했으며 이는 일상생활의 중요한 일부였다. 통치자들이 점점 건축을 이용하여 자신의 지위를 높이고 불멸을 보장하려 함에 따라, 거대한 궁전단지는 여러 도시에서 엄격한 사회적 위계를 반영하게 되었다. 남아있는 대부분의 유적은 서기 300년에서 900년 사이에 번성했던 마야 문명의 것이지만, 올멕과 톨텍문명(테오티와칸같은 개별 도시도 포함된다)과 같은 다른 중앙아메리카 문명도 중요한 건축적 유산을 남겨놓았다.

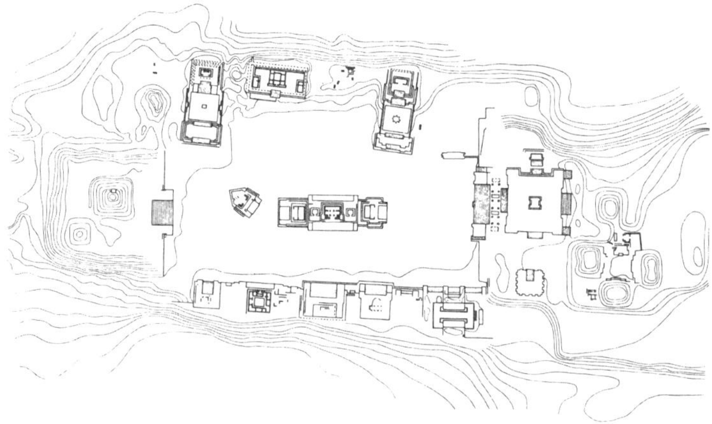

몬테알반의 의식지구

Ceremonial precinct, Monte Alban

몬테알반에 있는 사포텍족의 유적은 오악사카 지역의 계곡에 위치한다. 이들은 BC 500년부터 기원후 700년까지 4단계에 걸쳐 발전해 나갔다. 유적은 독특한 의식용 영역 둘레에 자리했다. 2개의 석축이 남북에 각각 자리하고 그 사이에는 거대한 광장이 있었다. 광장 둘레에는 사원, 피라미드, 무덤 그리고 경기장이 건설되었다. 모든 건물은 광장보다 높은 곳에 위치해 커다란 계단을 통해 접근하도록 되어 있었다.

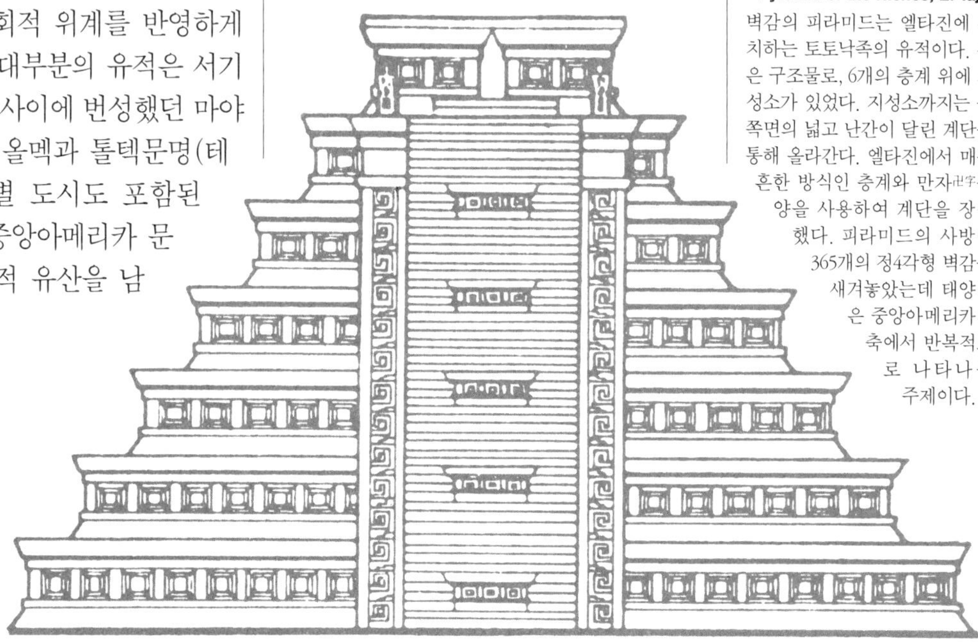

벽감의 피라미드, 엘타진

Pyramid of the Niches, El Tajin

벽감의 피라미드는 엘타진에 위치하는 토토낙족의 유적이다. 작은 구조물로, 6개의 층계 위에 지성소가 있었다. 지성소까지는 동쪽면의 넓고 난간이 달린 계단을 통해 올라간다. 엘타진에서 매우 흔한 방식인 층계와 만자卍字문양을 사용하여 계단을 장식했다. 피라미드의 사방에 365개의 정4각형 벽감을 새겨놓았는데 태양력은 중앙아메리카건축에서 반복적으로 나타나는 주제이다.

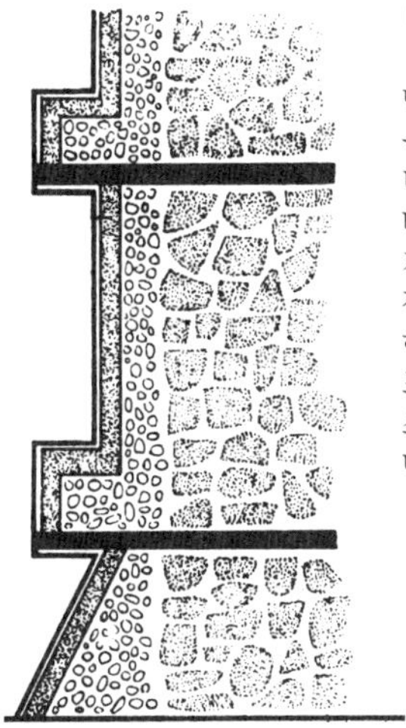

탈루드-타블레로식 단면
Talud-tablero profile

탈루드-타블레로(사면과 판을 일컬음)식의 단면은 테오티와칸의 건물에서 처음 나타났다. 이 기법은 안쪽으로 기울어진 면(탈루드)이 직4각형 형태의 수직판을 지지하도록 한 것이다. 수직판은 프리즈처럼 취급되어 대개 조각을 새기고 밝게 채색했다.

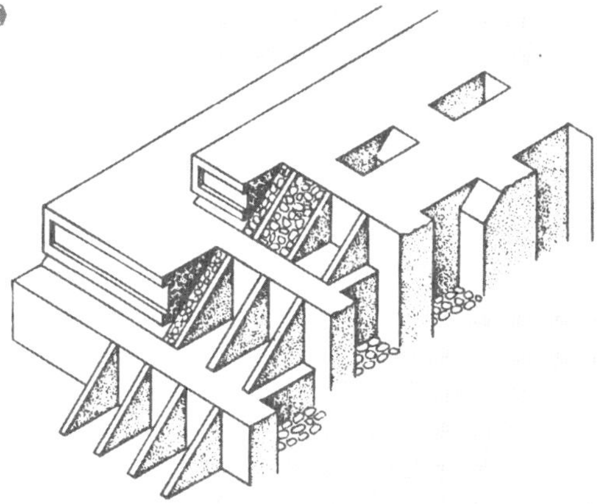

탈루드-타블레로식 테라스
Talud-tablero terracing

테오티와칸의 몇몇 건물에서는 탈루드-타블레로식의 단면이 피라미드 꼭대기까지 반복적으로 사용되었다. 이러한 형태로 입면의 테라스를 구성하는 방식은 지역에 따라 일부 변형된 형태로 중앙아메리카 전체에 걸쳐서 나타난다. 이 방식은 시각적으로 효과적이면서도 경제적이었다. 자갈로 된 중심부와 결합된 얇은 판을 사용해서 테라스를 만드는 우아한 부재들을 결합했다.

테오티와칸의 격자형 평면(150-650년경)
Grid plan, Teotihuacan

톨멕족의 도시인 테오티와칸은 격자형 평면을 갖고 있었다. 중앙에는 태양피라미드가 자리했고, 달피라미드의 중심축상에 3.2km에 달하는 길이의 죽은 자의 길이 있었다. 이는 성곽이 이루는 2번째 축과 교차했다. 그 결과 도시는 4부분으로 분할되었으며 후에 아즈텍족이 이러한 평면을 모방했다.

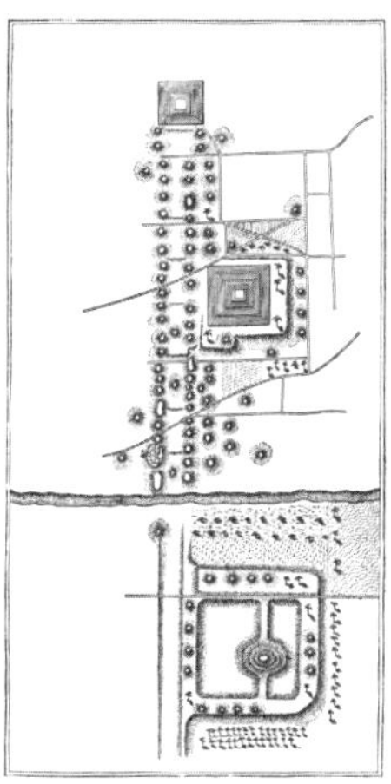

달의 피라미드, 테오티와칸(200년경)
Pyramid of the Moon, Teotihuacan

테오티와칸의 중심축의 북쪽 끝에 위치하는 이 거대한 구조물은 달의 신에게 봉헌된 피라미드이다. 탈루드-타블레로 기법으로 지어진 4층의 기단을 가로 지르는 석재계단을 올라가면 정상부에는 나무와 짚으로 지은 지성소가 있었다.

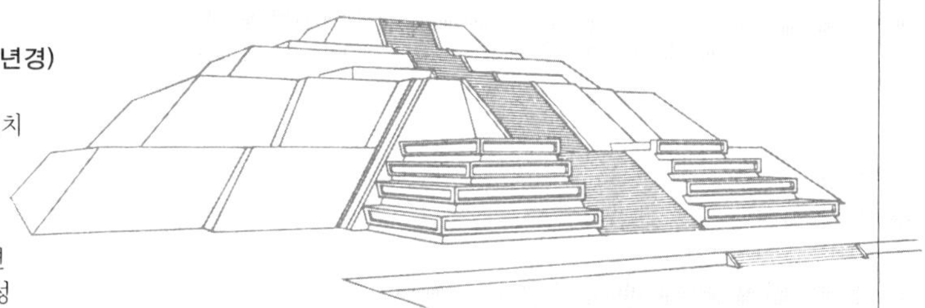

테오티와칸의 봉헌석
Stelae, Teotihuacan

테오티와칸에서 발견된 초기의 봉헌석은 순수하게 종교적인 기능을 수행했다. 여기에 케찰코아틀이라고 하는 깃털달린 뱀을 비롯하여 여러 신의 모습을 추상화하여 조각했다. 후에 마야문명의 봉헌석에는 왕들의 모습을 현실적으로 조각하여 좀 더 세속적인 기념비로서 사용되었다.

콜럼버스 이전의 아메리카
Pre-Columbian

고대 마야 Classic Maya

서기 500년에서 900년 사이에 황금기를 맞았던 마야문명은 콜럼버스 이전의 중앙아메리카에서 가장 중요한 기념물들을 남겼다. 최근 마야문명의 상형문자를 해독할 수 있게 됨에 따라 계단, 프리즈, 기둥, 비석 그리고 제단 등에 새겨진 내용을 바탕으로 각 건물의 건축시기를 추정하고, 통치자의 이름을 알게 되었으며, 이로써 마야건축을 이해하는 돌파구를 마련하게 되었다. 고대 마야에서는 기존의 오래된 피라미드 위에 새로운 피라미드를 덧대어 짓는 경우가 많았다. 이는 마야문명의 전통으로서 새로운 건축물로 높이를 높임과 동시에 조상의 권위를 새 건물로 전하는 방법이었다. 마야의 종교건축에서는 높이를 추구하는 것을 매우 중요하게 여긴 까닭에 신으로 다가가는 아찔하게 가파른 경사의 계단을 만들었다. 다른 특징으로는 내쌓기로 지은 코르벨 볼트의 혁신적 사용과 화려한 조각을 들 수 있다.

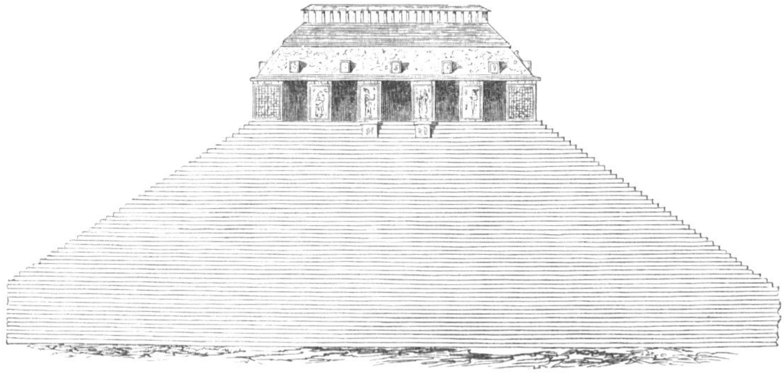

비문의 신전, 팔렝케(675년)
Temple of the Inscriptions, Palenque
가파른 계단을 따라 중앙아메리카의 사후세계를 상징하는 9개의 층을 올라가면 지성소가 나타난다. 지성소에는 콘크리트로 만든 맨사드양식(상부는 완만한 경사로, 하부는 급경사로 만들어진 지붕)의 지붕이 있는데 이는 팔렝케지역 건물의 특징 중 하나이다. 볼트로 덮인 계단이 숨겨져 있어 피라미드 지하에 있는 파칼왕(616-683)의 묘실까지 내려갈 수 있다. 내부의 계단을 따라 돌로 만든 파이프를 두어 죽은 왕이 산 자들과 소통할 수 있도록 했다.

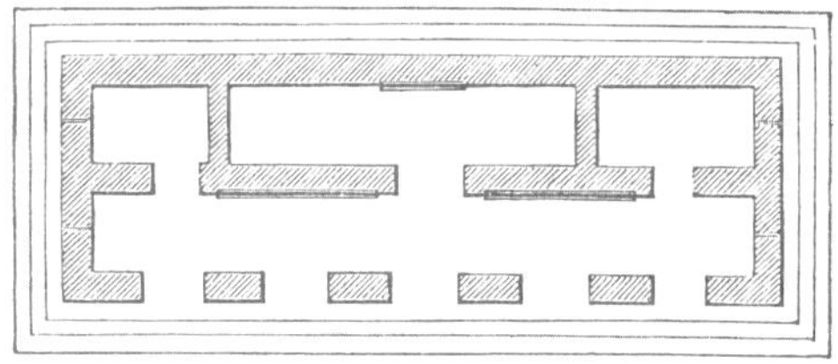

지성소 평면, 팔렝케
Sanctuary plan, Palenque
비문의 신전에서는 볼트로 덮인 5칸의 열주현관이 내부 성소를 보호하고 있다. 회칠한 조각상과 함께 팔렝케의 통치자에 대한 이야기가 담긴 620개의 상형문자로 성소를 치장했다.

지붕무덤
Roof combs
대부분의 고대 마야 피라미드의 꼭대기에는 지붕무덤이 올려져 있었다. 이것은 구멍이 뚫린 2개의 격자모양의 벽이 서로 기대고 있는 것으로 신과 통치자를 묘사한 부조가 부착되어 있었다.

팔렝케의 제물용 포로
Sacrificial captives, Palenque
팔렝케에 위치한 궁전의 동쪽 중정의 회랑은 조각을 새긴 석회석판으로 꾸며져 있었다. 조각에는 포로로 붙잡힌 족장들이 공포에 떨며 무릎꿇고 있는 모습을 생생히 묘사해 놓았다. 이 회랑은 왕실의 행사때 사용했으며 조각들은 통치자에 대한 충성을 상기시켰다.

코르벨 볼트
Corbel vaulting

고대 마야가 이룩한 주요 기술적 업적 중 하나로 내쌓기 방식의 코르벨 볼트를 발명한 것을 들 수 있다. 초기에는 석재를 열을 맞추어 약간씩 튀어나오게 놓아서 좁은 방을 가로질렀다. 후기에는 계단식으로 튀어나오게 하는 대신 벽의 두께를 조정하여 모르타르와 자갈을 섞은 것으로 고정시켰다. 그 결과 방에서 보이는 내부 면들을 매끄럽게 만들어 회칠과 채색을 할 수 있도록 했다.

이중코르벨 볼트
Double corbel vaulting, Palenque

팔렝케에서 마야인들은 볼트로 덮을 수 있는 방의 폭의 한계를 극복했다. 2개의 코르벨 볼트를 나란히 구축하여 중심의 안정된 내력벽을 공유하도록 했다. 그 결과 측벽에 가해지는 하중이 줄어들었고 더 넓은 방을 만들 수 있었다.

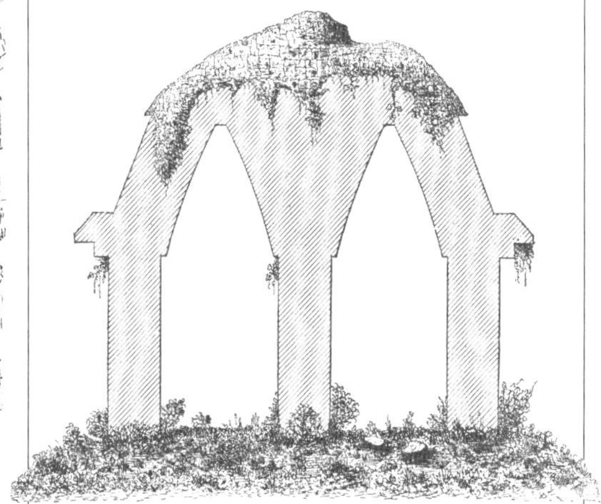

코판에 있는 봉헌석
Stelae, Copan

온두라스에 있는 고대 마야의 도시인 코판은 정교하고 입체적인 조각으로 유명하다. 광장에 있는 하나의 돌로 된 봉헌석들도 그 중 하나이다. 고대의 이 거대한 석상들에는 의식용 복장을 한 통치자의 모습을 조각하고 채색해 놓았다. 통치자는 정교한 머리장식을 한 채 발을 바깥쪽으로 돌린 모습으로, 주위에는 그의 승리를 서술하는 상형문자를 새겼다.

코판에 있는 제단
Altar, Copan

코판에 있는 제단은 낮은 원통형의 돌덩이로 봉헌석 앞에 함께 놓였다. 대부분의 제단에는 봉헌석을 세워 통치자에게 항복한 제물용 포로들의 모습을 새겨놓았다. 이러한 주제가 점점 초기 제단에 쓰인 주제를 대치했다. 초기의 제단에는 좀더 경건한 주제로 꾸며져 있었는데 때때로 신성한 괴물이나 신의 모습을 하고 있었다.

콜럼버스 이전의 아메리카
Pre-Columbian

마야의 푸우크양식
Maya 'Puuc' Style

고대 마야시대가 끝나갈 무렵인 8세기와 9세기에 들어 건축적 관심이 거대한 종교적 건물 위주의 도시에서 통치자의 궁전이 있는 도시로 옮겨갔다. 궁전은 높은 기단 위에 위치했으며 점점 복잡해져서 수많은 방과 여러 개의 거대한 중정을 갖고 있었다. 독립적인 왕국들 간의 점령과 동맹 뿐만 아니라 지리적 차이로 인해 독특한 지역적 양식이 생겨났다. 유카탄지역에 있는 한 무리의 도시들은 '푸우크' 양식을 공유했다. 이 양식의 특징으로는 더욱더 기하학적인 조각 장식, 거대한 벽 표면 전체에 거의 편집증적일 만큼 반복적으로 사용된 동일한 모티프 그리고 마야의 우주관에서 비롯한 상징적인 장식물의 사용을 들 수 있다.

사일에 있는 궁전
Palace, Sayil
이 궁전의 2층 부분은 개방된 열주현관 형태의 입면을 갖고 있으며 하나의 돌로 된 기둥과 아바쿠스로 이루어져 있다. 프리즈의 장식은 전형적인 푸우크양식으로 고리모양의 난간동자 사이에 신과 뱀의 조각이 있다. 이것은 석재로 재현된 목재 원시오두막의 모습으로서 통치자와 그의 백성들 간에 상징적인 관계를 형성했다.

입면, 마법사의 피라미드, 우슈말(569년)
Façade, Pyramid of the Magician, Uxmal
마법사의 피라미드 정상부에 있는 지성소에는 신성한 천계의 괴물의 얼굴을 크게 조각해 놓았다. 괴물의 입을 통해 들어가도록 한 입구는 저승으로의 여행을 상징하는 것이다. 이러한 우주론적 출입구는 이웃한 체네스지방에서도 보편적인 것이었다.

우슈말의 수녀원
Nunnery, Uxmal
푸우크양식의 도시인 우슈말에는 중정을 둘러싸는 4개의 길고 독립적인 궁전이 있다. 후에 스페인인들이 이를 '수녀원' 이라고 불렀다. 북쪽의 건물은 높은 기단 위에 지어졌으며 측면의 두 건물도 남쪽 출입구 부분보다 높은 곳에 위치했다. 입구는 바깥쪽 광장에서부터 계단을 올라와서 들어가도록 되어있어 결과적으로 궁전 전체가 연속적으로 상승하는 경험을 느낄 수 있다.

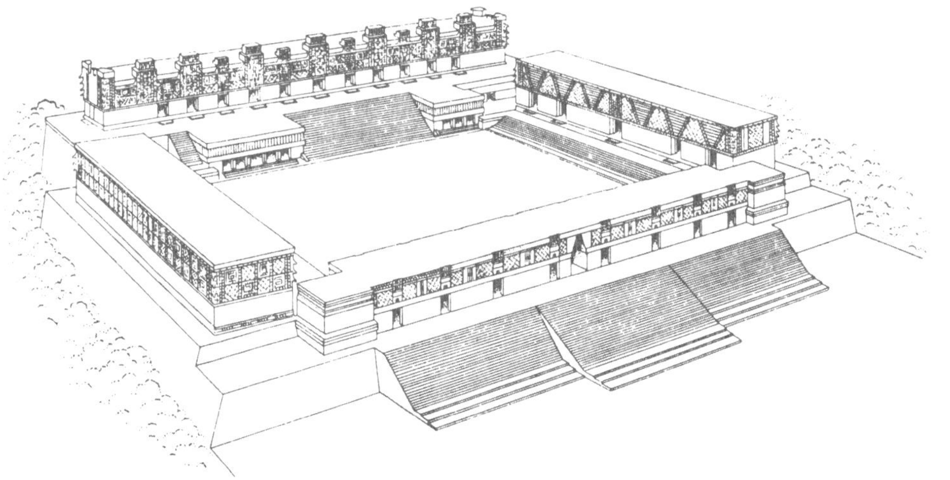

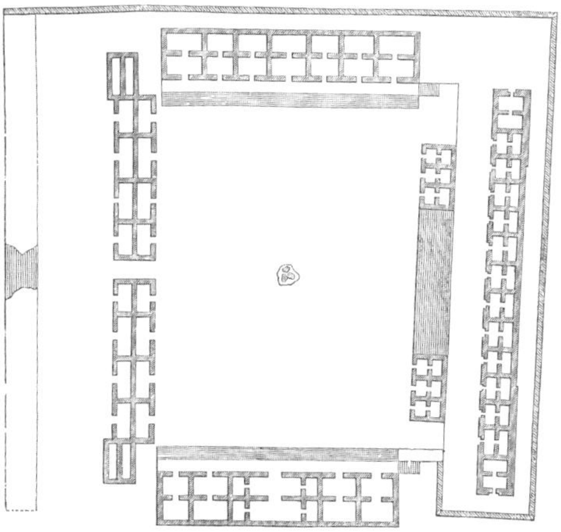

수녀원 평면, 우슈말
Nunnery plan, Uxmal

고대 후기의 궁전들은 복잡했다. 수녀원에는 40개 이상의 이중 방과 6칸짜리 의식용 방이 있었다. 이러한 규모의 건물은 석판으로 싼 내부에 자갈을 채워 만드는 푸우크식 건설방법을 이용해 지은 것이다.

모자이크 프리즈, 우슈말
Mosaic frieze, Uxmal

긴 모자이크 프리즈가 우슈말에 있는 왕의 궁전을 장식하고 있다. 만자문양과 차크Chac의 얼굴 - 전자는 태양을 후자는 비를 상징했다 - 을 왕의 조각상을 중심으로 입면 전체에 기하학적인 모양으로 배치했다.

가면의 궁전, 카바(700–900년경)
Palace of Masks, Kabah

카바에 위치한 가면의 궁전에 강박적으로 반복되어 나타나는 비의 신 차크Chac의 가면은 푸우크식 건축의 가장 중요한 장식 모티브 중의 하나이다. 농업사회인 마야에서 다른 어떤 것보다도 비와 태양신을 숭배한 것은 당연했다.

계단과 만자문양, 미틀라
Step-and-fret motif, Mitla

오악사나 계곡에 있는 사포텍족의 거주지인 미틀라는 후기 마야시기의 것이다. 하지만 푸우크양식 중 하나인 모자이크 프리즈의 발달을 볼 수 있는 좋은 예이다. 미틀라의 모든 궁전은 복잡하게 얽힌 기하학적 무늬가 새겨진 판들을 병치하여 꾸며져 있었다. 이 무늬들은 계단과 만자문양에서 파생된 것이다.

콜럼버스 이전의 아메리카
Pre-Columbian

후기 마야 유적
Post-Classical Sites

10세기경 후기 마야시기가 시작될 무렵, 대부분의 마야 도시들은 쇠퇴하고 건축 활동의 중심은 멕시코 중부지역으로 옮겨 갔다. 이 곳에는 마야문명의 영향을 받은 톨텍족이 건설한 2개의 중요한 톨텍 마야 도시인 툴라와 치첸 이차가 있었다. 마야 후기의 도시는 점점 전쟁에 몰두해 갔고, 이는 툴라와 치첸 이차의 전사의 사원같은 엄숙한 건축물에 반영되었다. 치첸 이차에 있는 돌로 만든 경기장과 차크물(제단)을 통해 고대 후기 시대에 인간을 제물로 바치는 것이 얼마나 중요했는지를 확인할 수 있다. 이러한 풍습은 후에 아즈텍족에게 전해졌다. 아즈텍의 수도인 테노치티틀란에는 중앙아메리카건축의 가장 훌륭한 건물들이 남아 있다.

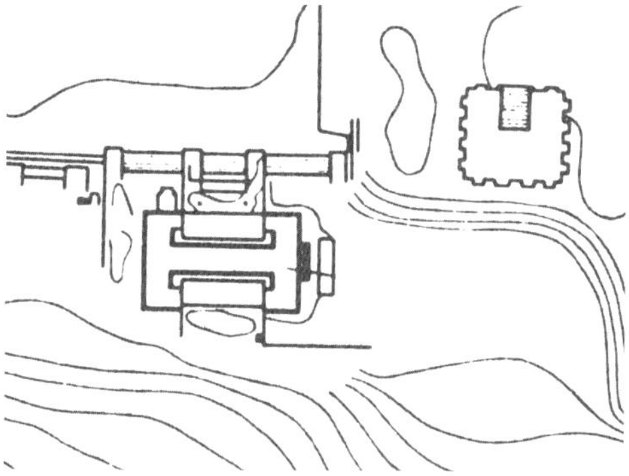

경기장, 치첸 이차
Ball-court, Chichen Itza
일반적으로 I자 형태의 경기장 주위에는 관중을 위한 자리가 있는 높은 벽이 둘러싸고 있었다. 치첸 이차의 경기장 내부 벽에는 진 팀이 신에게 제물로 바쳐지는 모습이 얕은 부조로 화려하게 조각되어 있었다. 희생된 이들의 머리는 근처에 있는 촘판틀리(해골 제단)에 보관했다.

경기장의 링, 툴라
Ball-court ring, Tula
이 신성한 경기는 단단한 공을 가지고 하는 것으로 경기장 양쪽에 놓인 2개의 거대한 석재고리 사이로 공을 통과시키는 게임이었다. 툴라에 있는 고리는 깃털달린 뱀인 케찰코아틀에게 바쳐진 것으로 방울뱀이 새겨져 있었다.

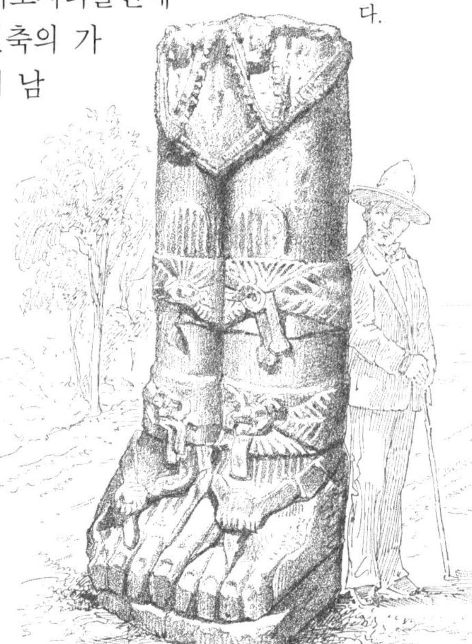

남상주, 툴라
Atlantes, Tula
툴라의 피라미드 B의 정상에는 톨텍족의 전사 모습을 한 4개의 거대한 조각 기둥이 지성소 입구 현관의 지붕을 받치고 있었다. 전사의 모습은 사원 내부의 얕은 부조와 피라미드 기초부분의 열주랑에서 다시 반복되어 나타났다.

기둥, 툴라
Column, Tula
마야 후기의 유적에서는 일반적으로 기둥이 더 많이 발견된다. 툴라에 있는 기둥들은 4개 이상의 석재로 만들어진 것으로 장부와 장붓구멍을 깎아 서로 연결할 수 있게 했다. 유적지의 다른 기둥은 목재로 된 심 주위에 쇄석을 쌓아 만들기도 했다.

푸우크양식, 치첸 이차
Puuc style, Chichen Itza
유적지의 남쪽 끝부분에 있는 "수녀원"은 작은 건물들로 이루어져 있다. 이 건물로는 사크베sacbe라고 하는 백색의 평평한 의식 행렬용 도로를 통해 접근할 수 있다. 건물들은 고대 마야의 푸우크양식으로 꾸며져 있었다. 여기에는 비의 신인 차크의 얼굴과 거대한 모자이크 프리즈 그리고 만자문양이 포함되어 있다. 조각의 밀도나 호전적인 모습은 후기 마야시대의 특징에 더 가깝다.

차크물 조각상, 툴라와 치첸 이차
Chacmool sculptures, Tula and Chichen Itza
누워있는 인간의 모습을 조각한 차크물은 툴라와 치첸 이차의 종교적 건물 및 일상의 건물에서도 찾을 수 있다. 머리를 수직으로 한 채 배에 원반형의 접시를 올리고 있는 이것은 제물을 바치는 제단으로 사용되었다. 제물로는 대개 인간의 심장이 쓰였다.

조각된 아바쿠스, 치첸 이차
Sculptured abacus, Chichen Itza
카스틸로Castillo라고 불리는 대피라미드의 상부 지성소에서 우리는 기둥과 목재 인방을 사용하여 지지하는 새로운 지붕을 만드는 기법을 볼 수 있다. 입구 현관의 두 기둥에는 깃털달린 뱀이 주신을 감싸고 있었으며 드물게도 조각된 아바쿠스가 있었다.

티족의 돌, 테노치티틀란
Stone of Tizoc, Tenochtitlan
아즈텍문명에는 숙련된 조각공이 많았다. 이들은 건물에 깊고, 때로는 무서운 장면을 조각하는 책임을 맡았다. 티족의 돌로 알려진 이 제단에는 황제가 포로를 끌고 가는 장면 15개가 조각되어 있다. 상부의 표면은 태양판solar disk(태양을 형상화한 상징적 문양판)이 조각되어 있다.

콜럼버스 이전의 아메리카
Pre-Columbian

잉카건축
Inca Architecture

콜럼버스가 아메리카대륙을 발견하기 이전의 잉카문명은 1100년경에서 스페인이 점령한 1532년까지 페루, 볼리비아, 에콰도르지역에 기념비적인 건축물을 건설했다. 대부분의 건물은 의식용으로 태양신과 그의 속세에서의 모습인 '잉카'를 모시는 데에 사용됐다. 잉카인들은 안데스산맥의 바위투성이 땅을 이용하는 데에 천부적인 재능을 갖고 있었다. 도시를 전략적으로 중요한 높은 지역에 올려놓고, 정교한 계단식 대지의 체계를 갖추었으며, 우쉬누같은 제물을 바치는 종교적인 구조물을 샘과 암석 주위에 지었다. 전사이기 보다는 외교관에 가까웠던 잉카인들은 수도인 쿠스코를 드나드는 복잡한 도로망을 건설했다. 이들의 축성술은 금의 사용과 함께 15세기 잉카문명의 궁전과 사원에서 그 절정에 달했다.

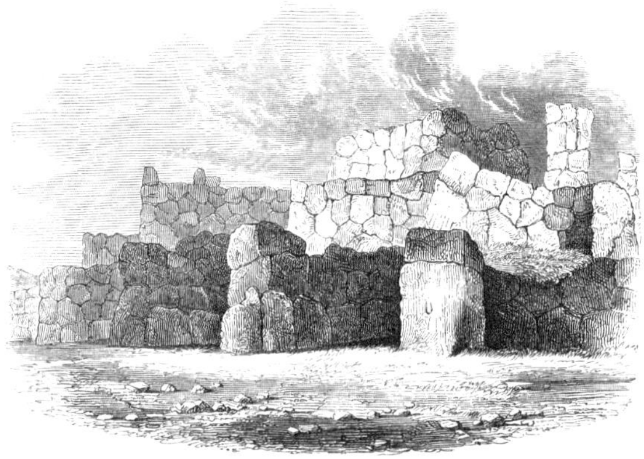

잉카의 조적술
Inca masonry
잉카의 이름난 건물들의 벽은 거칠게 쪼갠 다각형의 석재를 서로 맞아들어 갈 때까지 갈아내어 쌓아 올린 것이다. 이 기법은 정교한 벽돌 건물은 물론 위에 보이는 쿠스코에 있는 삭사이후아만의 요새와 같은 대규모 공사에도 사용되었다.

탐보
Tambos
탐보는 잉카의 도로 옆에 지어진 여관같은 건물로 사자使者의 휴식처였다. 이는 낮고 창이 없는 직4각형의 건물로서 정교하게 만든 사다리꼴 입구로만 빛이 들어오는 전형적인 잉카식이다. 열을 맞춘 사다리꼴 벽감이 내·외부 벽에 가장 중요한 장식요소였다.

출파, 티티카카 호수
Chullpas, Lake Titicaca
티티카카 호수 주위에서 발견되는 출파는 잉카문명 이전에 무덤처럼 쓰였던 탑으로서 죽은 자를 그의 소지품과 함께 매장하기 위해 세워졌다. 이 창문없는 집들은 원형 평면 속에 여러 개의 방이 있어 죽은 뒤에도 가족들이 영원히 함께 살 수 있도록 한 것이다. 원형탑과 죽은 자를 연관시키는 것은 후에 잉카 문명에 전해져 마추피추의 토레온에서도 나타났다.

마추 피추(15세기)
Machu Picchu

해발 2,430m의 산꼭대기에 위치한 마추피추는 잉카 건축이 자연에 적응한 것을 보여주는 가장 훌륭한 예이다. 비옥한 계단형 대지가 가파른 절벽 위에 걸쳐 있었다. 경사면에 자연의 화강석을 벽 삼아 지어진 세 사원은 정교한 조적술을 보여주며, 이 건물들이 의식용 영역을 형성했다.

태양 부인의 집, 티티카카 호수
House of the Virgins of the Sun, Lake Titicaca

이 거대한 주택은 '선택된 여자의 집' 이라고도 하며, 일종의 교육용 수도원으로 대개 왕의 부인들을 위한 것이었다. 그들은 태양의 부인으로 여겨졌기에 금으로 그들의 집을 씌웠다. 겹 문설주를 가진 사다리꼴 모양의 입구는 이런 고귀한 건물에서만 쓰였다.

망코 카팍의 집, 티티카카 호수
House of Manco Capac, Lake Titicaca

망코 카팍은 12세기 잉카왕조를 창건한 전설 속의 인물이다. 티티카카 호수의 한 섬에 세워진 그의 집은 남아 있는 잉카문명의 건물 중 가장 오래된 것 중에 하나이다. 상부의 각 방은 한 덩어리로 된 1층 위에 탑처럼 튀어나와 있다. 이는 2층 건물을 짓기 위한 잉카문명의 기술적 해결책이었다(십자가는 후에 더해졌다).

토레온, 마추피추
Torreon, Machu Picchu

토레온은 폐허가 된 잉카의 도시인 마추피추 중심부에 있는 작은 사원이다. 신성한 건물에만 쓰이는 반원형의 벽은 회반죽없이 돌을 쌓는 최고의 기술을 보여주며 사다리꼴 벽감으로 장식했다. 제단으로 쓸 수 있는 자연 암반을 우쉬누라고 하는데 사원의 벽은 이 우쉬누가 있는 동굴을 둘러싸고 있었다. 우쉬느는 라마의 목을 바칠 수 있도록 조각되어 있었다.

고대 이전 시기. BC 7세기경–1세기경까지
Preclassical C.7th–C.1st bce

미케네건축 : 요새
Mycenean : Citadels

BC 1650년경에서 1450년경 사이에 전성기를 누렸던 에게해문명은 처음에는 크레타 섬의 미노스인의 지배 하에 있었다. 하지만 그 영향력이 절정에 달할 무렵 미노스문명은 쇠락했고 그 빈 자리에 미케네인이 들어오게 되었다. 이들은 BC 1600년에서 1200년 사이에 그리스에서 번성했던 전사의 민족이었다. 이 시대는 '영웅시대' 혹은 '호머시대'라고 일컬어졌는데 이는 미케네문명의 생활과 건물이 호머의 서사시인 일리아드와 오디세이에 나오는 모습과 일치하기 때문이었다. 미케네 성채를 재건할 때 미노스문명의 중심지인 크레타 섬의 장인을 많이 썼지만 두 양식은 여전히 각자의 독특함을 유지했다. 미케네의 건물이 세심한 계획 아래 메가론(중심공간)에 초점을 맞춘 반면 미노스의 건물은 복잡하고 미로같은 형태를 띠었다.

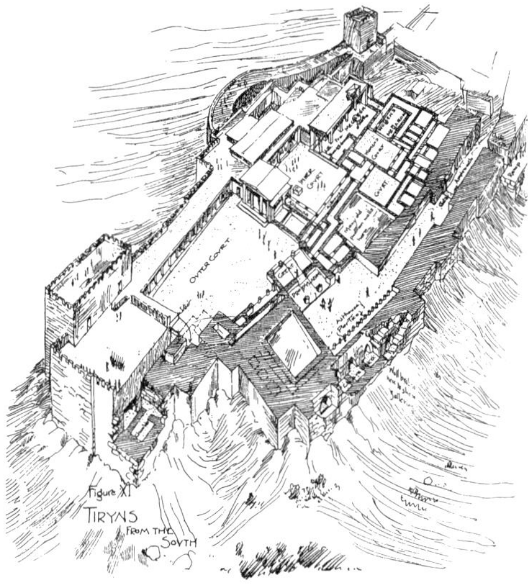

궁전의 배치
Arrangement of palaces
요새와 마찬가지로 그 내부에 자리하고 있는 궁전도 역시 잘 방어되어 있었다. 미케네 근방에 있는 티린스 궁전은 BC 13세기 후반에 지어진 것으로, 일련의 중정과 2개의 H자모양의 입구(프로필레아Propylaea)를 지나면 중심 건물인 메가론의 현관에 도달하게 된다. 메가론 둘레로는 침실과 화장실 등의 방이 있었다(아래 평면 참조).

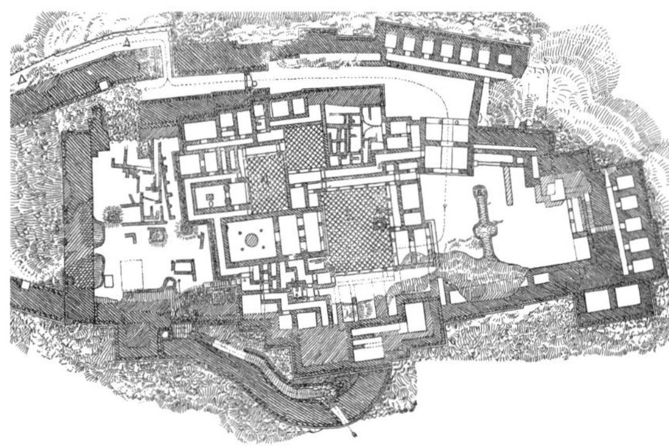

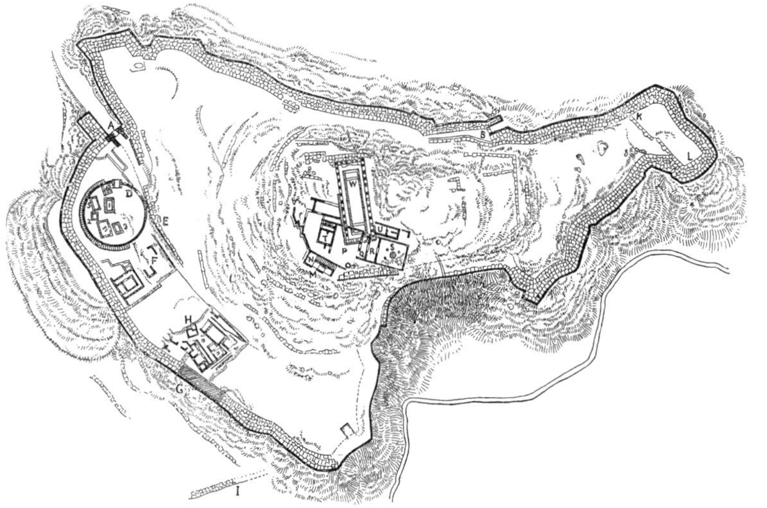

미케네 성채(BC 1340년경)
Citadel of Mycenae
성채는 적이 침입하기 힘든 언덕과 같은 전략적 요충지에 지어졌으며 그 둘레를 튼튼한 성벽이 둘러싸고 있었다. 유적의 가장 높은 부분에는 왕과 그 가족이 기거하는 궁전이 있었다. 군사령관같이 중요한 인물의 주거지는 성채 내부에 있었지만 대부분의 주민들은 성벽 바깥쪽에 거주했다.

미케네의 사자문 (BC 1250년경)
Lion Gate, Mycenae

성채 안으로는 미케네의 사자문처럼 거대한 성문을 통해 들어갈 수 있었다. 사자문은 커다란 인방과 그를 받치는 2개의 돌기둥으로 이루어져 있었다. 그 위에는 삼각형의 빈 공간Relieving triangle(다음 쪽 참고)이 있고 그 안에 2마리의 사자부조가 새겨진 석회석 판이 끼워져 있다. 왼쪽의 성벽과 오른쪽의 직4각형 망루(옆의 평면 참조)가 성문에 있는 경계병을 보호해 주었다.

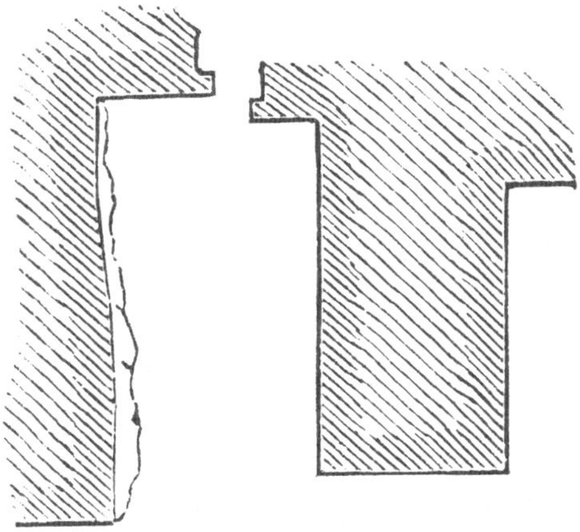

키클롭스식 돌쌓기
Cyclopean stonework

미케네의 웅장한 성벽은 불규칙하게 잘라낸 거대한 돌덩이로 이루어져 있었다. 고대 그리스인들은 이를 신화 속의 거인종족인 키클롭스의 것으로 생각했다. 따라서 이러한 벽을 키클롭스식이라 부르게 되었다. 이런 벽은 성채를 방어하는 데에 사용되었으며 때때로 윗부분에 방어용 울타리palisade를 치기도 했다.

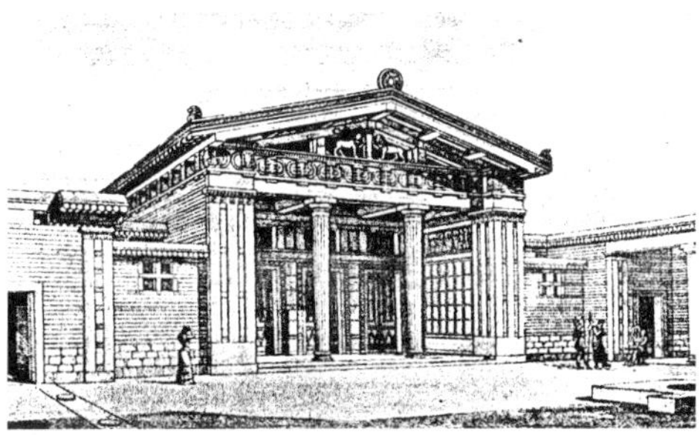

트리글리프 프리즈
Triglyph frieze

미노스와 미케네의 궁전에서 공통적으로 발견되는 장식요소 중 하나로 트리글리프 프리즈(트리글리프 문양)가 있다. 이는 수직 띠에 의해 나누어진 장미문양을 반복적으로 이어서 만든 것이다. 고대 그리스의 도리스 오더의 메토프metope와 트리글리프가 이의 영향을 받은 것으로 보이나 확실한 증거는 없다.

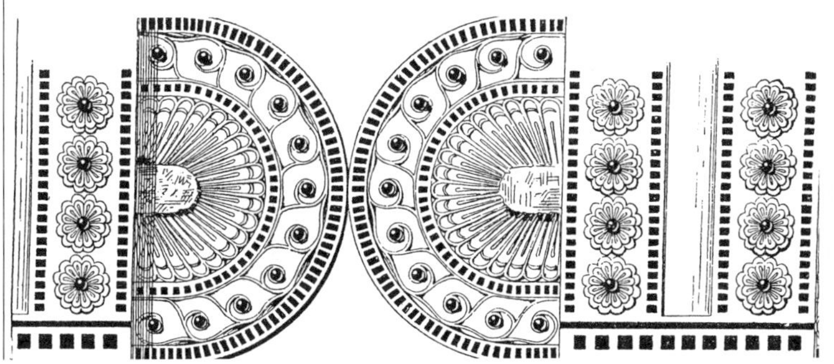

메가론
Megaron

메가론은 궁전의 중심 건물이었으며, 주요한 주거용 건물이었다. 이 건물은 열주현관(호머는 이를 아이토우사aithousa라고 불렀다), 전실prodomus, 메가론 본실로 구성된 좁고 긴 형태였다. 이 그림은 BC 13세기 후반에 지어진 티린스 메가론의 복구한 모습을 보여주고 있다. 열주현관은 남향이었으며 안쪽 중정을 통해 들어갈 수 있었다.

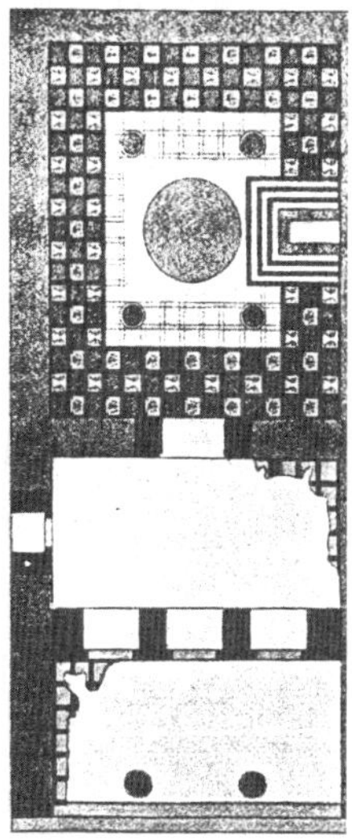

원형 화덕
Circular hearth

메가론 본실에는 높은 곳에 왕좌가 놓여있었고 중앙에는 원형 화덕이 있었다. 화덕은 4개의 목재기둥이 지붕을 받치는 중앙에 자리했다. 메가론의 바닥은 바둑판 무늬로 채색했고 벽은 프레스코화로 치장했다.

고대 이전
Preclassical

미케네건축 : 무덤
Mycenaean : Tombs

미케네문명의 유적 가운데에 가장 화려한 것 중 하나로 톨로스(벌집모양의 무덤)가 있다. BC 1510년경부터 1220년경까지 점차 발전해 온 톨로스는 왕과 왕족을 위한 무덤으로 쓰였던 것이 분명해 보이며 일반 백성들이 사용한 석굴 분묘와 확연히 다르다. 두 분묘 모두 지하에 세운 건물인데 톨로스는 언덕의 중턱에 위치했다. 2개의 주요한 톨로스로는 아트레우스(혹은 아가멤논)의 보고(BC 1250년경)와 클리템네스트라의 보고(BC 1220년경)가 있으며 이들은 1876년 하인리히 슐리만이 발견했다. 이들은 처음에는 내부의 화려한 부장품 때문에 중앙 그리스의 도리스인들이 만든 '보물창고'로 여겨졌다. 코르벨 돔이 이들 건물의 가장 인상적인 특징인데 아트레우스의 보고의 돔은 높이가 13.2미터에 달해 로마시대 이전의 돔형 건축물 중에서 가장 높은 것으로 알려져 있다.

속이 빈 삼각형
Relieving triangle
벽에 설치되는 속이 빈 삼각형은 미케네건축의 독특한 요소로서 때때로 조각한 판을 끼워놓기도 했다. 삼각형 형태가 문 위에 가해지는 압력을 흡수하여 인방의 부담을 줄여주었다. 톨로스의 출입구 위에는 인방과 속이 빈 삼각형이 자리했다.

평면 요소
Plan elements
톨로스에는 3개의 주요한 요소가 있다. (1) 드로모스dromos(연도) : 가로로 긴 복도, (2) 스토미온stomion : 문이 있는 깊은 출입구, (3) 톨로스 : 중심의 원형 방. 알려진 2개의 무덤의 경우 톨로스 옆으로 별도의 묘실이 존재했다(4).

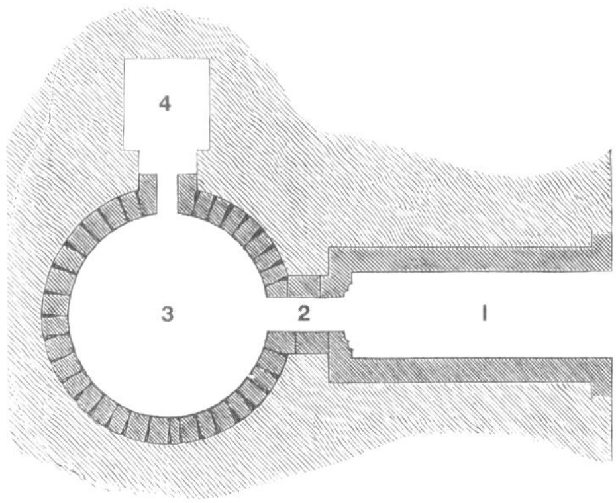

코르벨 돔
Corbeled dome
톨로스의 코르벨 돔은 벌집 모양을 닮았으며, 각석角石을 쌓아서 만들었다. 코르벨 방식은 각 층이 아래층보다 안쪽으로 튀어나오도록 하여 꼭대기에서 만나도록 쌓은 것을 말한다. 돔을 지은 후 주위에 흙을 덮어 구조를 좀 더 안정화했다. 그리고 마지막으로 전체를 봉분 형태로 만들었다.

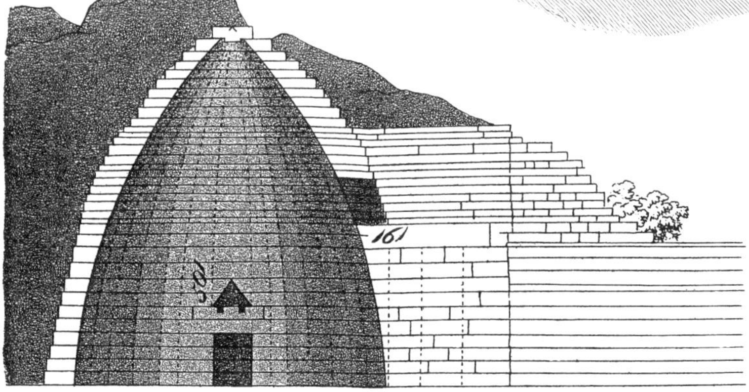

주출입구
Main entrance

몇몇 톨로스의 경우 장식되고 색이 칠해진 입면을 갖고 있었다. 아마도 아트레우스의 보고의 입면이 그 중에서 가장 화려할 것이다. 이중문으로 막혀있는 입구 좌우에는 벽기둥이 있었으며, 상부에는 붉은 반암으로 만든 프리즈가 둘러져 있었다.

돔의 장식
Decoration of the dome

원래 몇몇 톨로스의 돔 내부는 화려하게 장식되어 있었던 것으로 보인다. 돔의 층 사이사이에 청동 못의 흔적이 발견되었는데 여기에 아마도 청동제 장미문양이나 별문양이 달려있었을 것이다. 이는 톨로스가 천구를 묘사한 것임을 알려준다. 또한 돔의 아래쪽 부분에는 금속제 프리즈가 장식용으로 둘러져 있었다.

드로모스
Dromos

무덤으로 접근하기 위해서는 여기에 예시된 클리템네스트라의 보고(BC 1220년경)에서 볼 수 있는 것처럼, 석재로 만든 가로로 긴 복도(드로모스)를 지나야 했다. 스토미온 내부의 봉인과 마찬가지로 드로모스 입구에 있는 벽의 존재는 매장 후 무덤을 봉인하고 드로모스를 메꾸었음을 알려준다. 이는 다른 모든 톨로스와 묘실 분묘에서도 마찬가지였다.

기둥
Columns

미케네의 기둥은 미노스의 것과 마찬가지로 가늘었으며 아래쪽으로 갈 수록 좁아졌다. 아트레우스의 보고의 출입구를 장식하는 기둥의 경우, 녹색 마노로 된 주신(기둥 몸체)에 소용돌이와 V자문양이 새겨져 있었다.

표면장식
Surface decoration

오르코메노스에 위치한 미니아스의 보고(BC 1220년경)에서는 측면 묘실의 벽과 천정이 장식이 있는 판으로 덮여 있었다. 판에는 소용돌이, 장미 등의 일반적인 문양이 새겨져 있었고 채색의 흔적도 볼 수 있다.

고대 이전
Preclassical

에트루리아건축 : 무덤
Etruscan : Tombs

미케네건축이 고대 그리스에 영향을 끼쳤듯이 에트루리아건축은 로마건축의 발전에 중요한 역할을 했다. 에트루리아인들은 소아시아에서 기원한 것으로 보이며 이탈리아 중서부지방(에트루리아지방)의 아르노강과 티베르강 사이에 자리 잡았다. BC 7세기경부터 이들의 세력이 커지기 시작하여 한때는 로마도 에트루리아왕의 지배 하에 있었다. 하지만 BC 509년 공화국을 설립하면서 에트루리아문명은 쇠락하기 시작하여 많은 에트루리아의 도시국가들이 점령당하게 되었다. 그럼에도 불구하고 에트루리아인들은 건축활동을 멈추지 않아 BC 1세기까지 그 독특한 특징을 유지했다. 에트루리아의 건축물 중 현재 남아있는 것은 거의 없지만 특정한 분묘구역에서 주로 발견되는 무덤과 같은 남아있는 유적들은 매우 섬세했다. 초기의 무덤은 봉분 형태였지만 BC 400년경부터 입면이 화려하고 외부에서 곧바로 진입할 수 있는 분묘들이 건설되기 시작했다.

봉분
Tumuli
초기부터 에트루리아인들은 죽은 자의 안식처를 흙언덕(봉분)으로 표시했다. 많은 수의 봉분이 함께 건설되었으며, 카이레에서처럼 열을 맞추어 배치해 놓았다. 카이레는 에트루리아의 도시들 중 하나의 이름이며 현재에는 로마형식의 이름인 체르베테리로 알려져 있다.

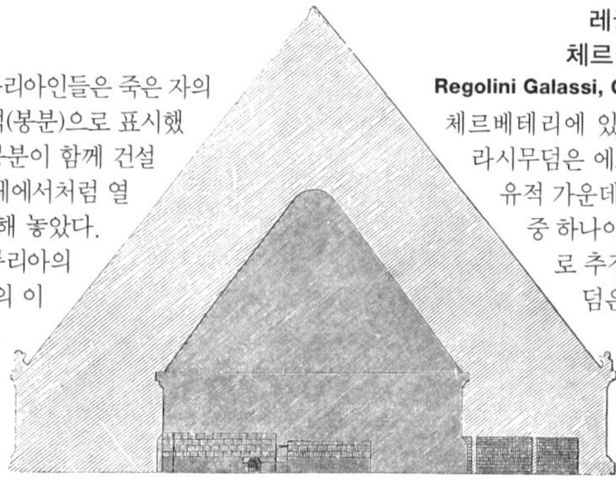

레골리니 갈라시, 체르베테리(카이레)
Regolini Galassi, Cervereri(Caere)
체르베테리에 있는 레골리니 갈라시무덤은 에트루리아의 분묘 유적 가운데 가장 거대한 것 중 하나이다. 왕족의 것으로 추정되는 원래의 무덤은 BC 650년경에 건설되었으며 2개의 석재묘실이 있는 봉분형태이다.

주거형 무덤
House tomb
에트루리아인들은 죽은 자들도 그들이 살아있을 때와 똑같은 주거지가 필요하다고 생각했다. 따라서 많은 무덤이 주택의 모습을 따라 지어졌으며 심지어는 포장된 가로를 따라 배치하기도 했다. 무덤은 암석을 깎아서 만들었으며 정면에는 문이 새겨져 있었고 때로는 창문도 있었다. 이런 무덤 안에는 대개 침대(이 위에 시신을 눕혔다), 침대틀 그리고 배게 등과 같은 가구를 돌을 깎아 만들어 놓았다. 회칠을 하고 채색한 벽에는 가정용 기구들이 걸려있었다.

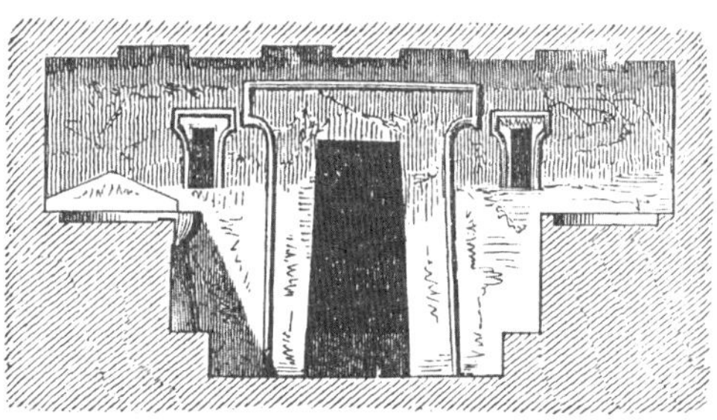

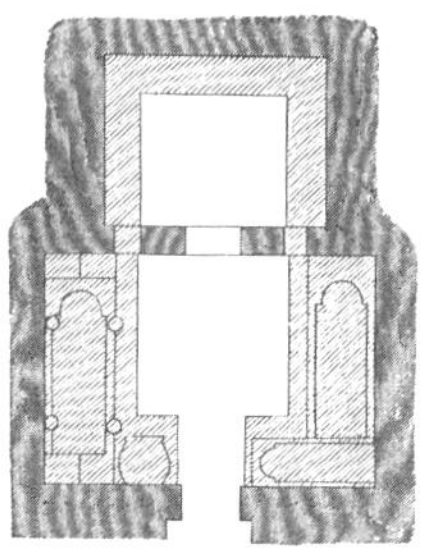

레골리니 갈라시의 코르벨 묘실
Corbeled chambers, Regolini Galassi
레골리니 갈라시의 묘실은 직4각형 형태였으며 미케네의 톨로스의 돔처럼 코르벨 기법으로 지은 지붕이 독특했다. 측면에 방이 있는 긴 드로모스를 지나면 묘실로 들어갈 수 있었다.

포르세나 분묘, 큐지(클루시움)
Tomb of Porsenna, Chiusi(Clusium)

포르세나 분묘는 BC 6세기 에트루리아왕의 것으로 분묘유적 가운데에 독특한 사례이다. 로마의 학자 바로는 이를 보고 직4각형의 단상 위에 5개의 원뿔 - 모서리에 각각 하나씩 그리고 중앙에 하나 - 이 놓여 있으며 비슷한 모습이 반복되어 두 층을 이룬다고 했다. 낮은 쪽의 중심기둥에는 원형으로 차양이 둘러져 있고 그 끝에 사슬로 종을 달아두었다.

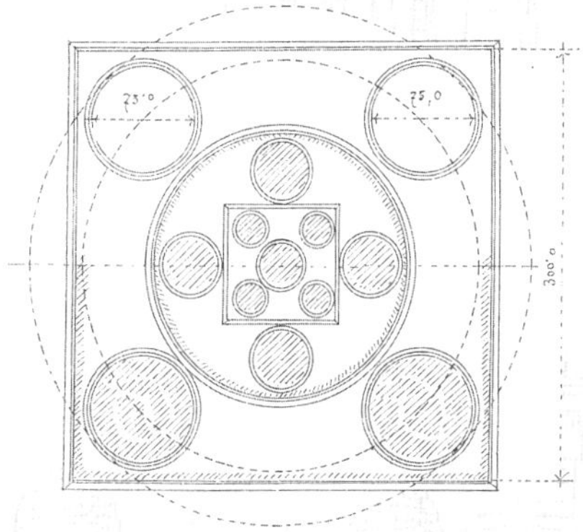

입방체모양의 무덤
Cube tombs

무덤 중 일부는 바위에서 바로 깎아내서 독립적으로 구축되기도 했다. 입방체모양의 무덤이라고 불리는 이 무덤들은 원래 지붕을 갖고 있었던 것으로 보인다. 위의 예는 피라미드 형태로 재현되었지만 대부분의 경우 곡면으로 이루어져 있었으리라 여겨진다. 화려한 몰딩이 입방체모양 무덤의 두드러지는 특징이다. 일반적으로 입구 둘레에 우아한 테두리를 둘러놓았는데 위로 점점 좁아지는 문기둥부분과 좌우로 튀어나와있는 인방으로 구성되어 있다.

고대 이전
Preclassical

에트루리아건축 : 다른 건물들
Etruscan : Other Buildings

BC 1세기 로마의 건축가이자 공학자였던 비트루비우스의 글에 따르면, 비록 그리스와 동양의 건물에서 영감을 얻긴 했지만 에트루리아인들은 그들 고유의 독특한 신전양식을 발전시켰다. 이들은 비트루비우스가 투스카니양식이라고 일컬은 일정한 규칙을 따랐다. 신전은 대개 진흙벽돌과 나무를 사용하여 남향으로 지어졌다(후에 석재를 사용하기도 했다). 신전들은 마을의 중심에 위치했고 전면에는 제단이 있는 광장이 있었다. 에트루리아인들은 또한 유능한 기술자로서 수많은 다리와 상수도를 건설했다. 4세기 이후 점점 방어의 필요성이 증대하여 거대한 도시성벽을 세우게 되었다. 성벽에는 멋진 성문이 뚫려있었으며 남아있는 유명한 유적으로는 페루자(BC 300년경), 볼테라(BC 300년경) 그리고 팔레리움 노붐(BC 250년경)에 있는 것을 들 수 있다.

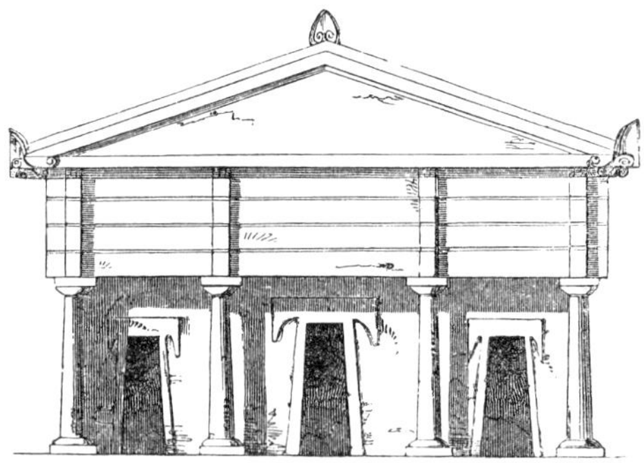

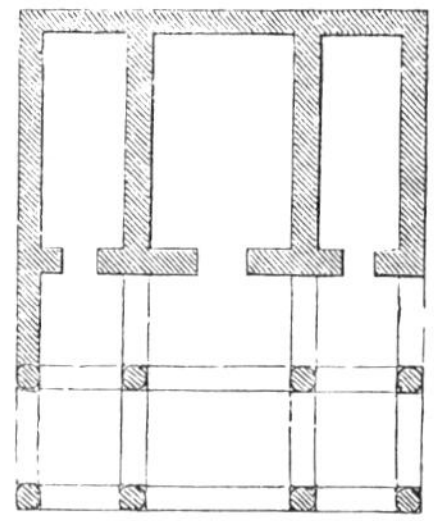

3실 평면
Three-cella plans

많은 에트루리아의 신전들은 3개의 셀라(신상 안치실)로 나누어져 있었으며, 그 중 가운데 셀라가 가장 중요했고 대개 가장 컸다. 이는 티니아(주피터), 우니(주노), 민브라(미네르바)의 세 신을 모시는 신앙을 반영한 것이다. 셀라 앞에는 넓고 열주가 있는 프로나오스가 있다. 이는 열주현관이 있는 전실을 이르는 말이다. 측면이나 후면에 입구가 없는 까닭에 전면이 매우 강조되고 있다. 여기 보이는 목재 아키트레이브는 전형적인 에트루리아식으로 층층이 쌓아 엔타블러처를 형성했다.

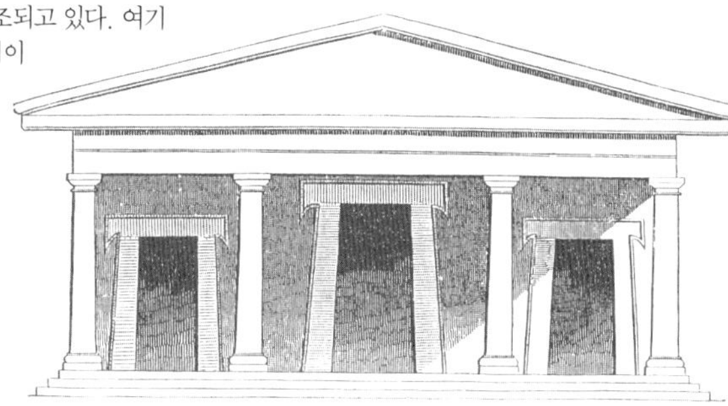

신전 입면
Temple elevation

모든 신전은 각석을 쌓아 만든 높은 기단 위에 자리했다. 전면의 계단은 종교 지도자가 예배를 올리는 장소인 프로나오스 높이까지 설치되었다. 페디먼트는 측면 경사가 낮았으며 처마처럼 기둥 너머까지 돌출되어 있었다. 에트루리아의 기둥은 그리스의 도리스양식을 간소화한 것처럼 보였다. 기둥에는 세로 홈flute이 없었고 주초와 장식없는 주두를 사용했다. 이 형태는 로마로 전해져 투스카니 오더로 나타났다.

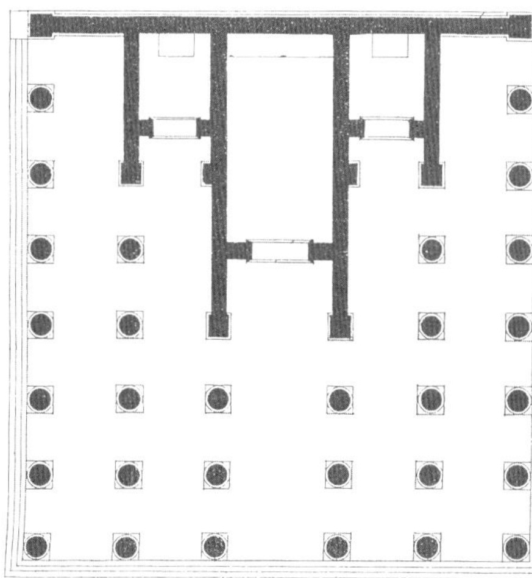

에일리
Alae

3실 평면에는 변형들이 존재했다. 바깥쪽의 두 셀라를 개방하여 익부처럼 만들고 그 옆을 따라 기둥을 배열하기도 했다. 또한 에일리를 신전의 측면을 따라 벽으로 막아서 복도처럼 만들 수도 있었다. 유명한 예로, 로마의 주피터 카피톨리누스신전(BC 509년에 봉헌되었으며 BC 69년에 재건하여 다시 봉헌되었다)의 경우 3개의 셀라 양옆에 에일리가 있었다.

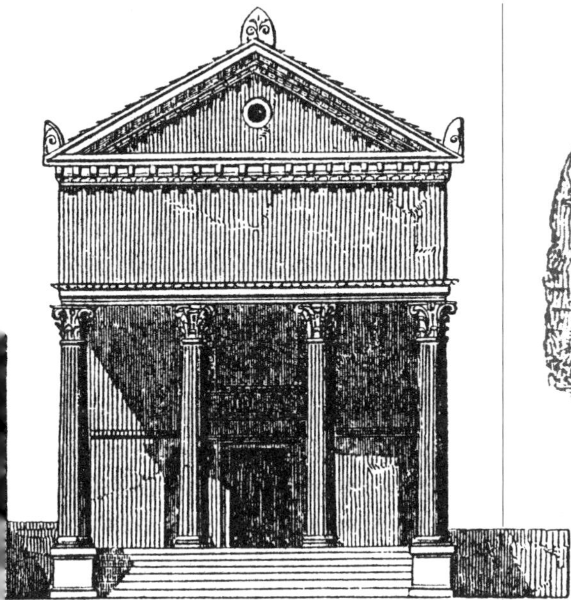

신전 장식
Temple decoration

채색한 테라코타를 사용해 신전을 화려하게 꾸몄다. 테라코타는 건축물의 목재부분을 보호하는 기능을 갖기도 했다. 이 예에는 지붕의 양 측면에 막새antefix(기와를 놓은 끝부분을 막기 위한 판)가 있었으며, 페디먼트 위와 프로나오스 안쪽에 조각상이 있었다. 이것은 로마의 코린트식 신전으로 에트루리아양식을 모방한 것으로 보인다.

첨두아치
Pointed arches

에트루리아인들은 무덤방을 만드는 코르벨 기법을 이용해 첨두아치를 건설할 수 있었다. 석재를 수평으로 쌓은 뒤에 안쪽을 내밀어 아치 형태가 되도록 했다.

홍예석아치
Voussoir arches

그리스인들과 달리 에트루리아인들은 성문, 다리 등의 공공시설물 뿐만 아니라 주거용 건물에까지도 아치를 즐겨 사용했다. 로마인들도 어쩌면 동시대에 아치를 발전시켰을 수도 있으나, 아마도 에트루리아인들이 이탈리아에 처음으로 아치를 도입했을 것이다. 아치의 기본 형태는 바깥쪽은 넓고 안쪽은 좁은 쐐기 형태의 돌(홍예석)로 이루어진다.

고대 그리스 BC 7세기 중반–BC 1세기
Ancient Greece mid-C.7th–C.1st bce

초기 건축
Early Architecture

BC 12세기 미케네문명이 멸망한 이후 시작된 소위 그리스의 '암흑시대'는 BC 7-8세기경에 끝나고 예술의 부흥이 일어났다. 이런 부흥을 주도한 것은 신전이었다. 신전은 지역민들이 선호하고 지방에서 전통적으로 모시는 다양한 신들의 거주지였다. 초기에 신전은 햇볕에 말린 벽돌로 벽을 두른 방 하나로 된 오두막의 형태였고 외부에 동물을 제물로 바치던 제단이 있었다. 점차 기둥이 신전 건물 내부에 도입되기 시작했고 머지않아 입면에도 자리하게 되었다. 결국 BC 7세기 후반에 들어 지성소 중심부의 주위로 1열의 기둥이 둘러싸게 되었고 이를 페리스타일이라 불렀다. 페리스타일은 그리스건축 고유의 것으로 후에도 가장 특징적인 요소로 남게 되었다.

크소아논
Xoanon
크소아논이라고 하는 원시적인 목조 신상神像을 보호하기 위해 지은 원시 오두막에서 그리스 신전이 비롯되었을 것이라 여겨진다. 거의 대부분의 신전은 동서 방향으로 놓여있어 떠오르는 태양이 크소아논을 비출 수 있도록 했다.

지붕의 건설
Roof construction
그리스건축에서 목재인방(수평보)이 무거운 대들보를 받치고 있었고, 그 위로 버팀목과 경사진 서까래가 놓였다. 내부에 기둥을 더 두지 않는 이상 경간을 넓히기는 힘들었다. 후에 이러한 목조건축의 요소들은 석재로 전환되었다.

기둥배치(기둥간격)

Intercolumniation

BC 1세기의 건축가인 비트루비우스는 5가지 기둥배치의 주요 방법을 확립했다. 기둥이 서로 가깝게 붙어있는 밀주식pycnostyle(기둥지름의 1.5배), 기둥 사이가 약간 더 넓은 집주식systyle(기둥지름의 2배), 좀더 넓은 정주식eustyle(기둥지름의 2.25배), 광주식diastyle(기둥지름의 3배), 그리고 '떨어져 있어야 할 정도보다 더 멀리 떨어져 있는' 아레오식araeostyle(기둥지름의 4배)이 그것이다.

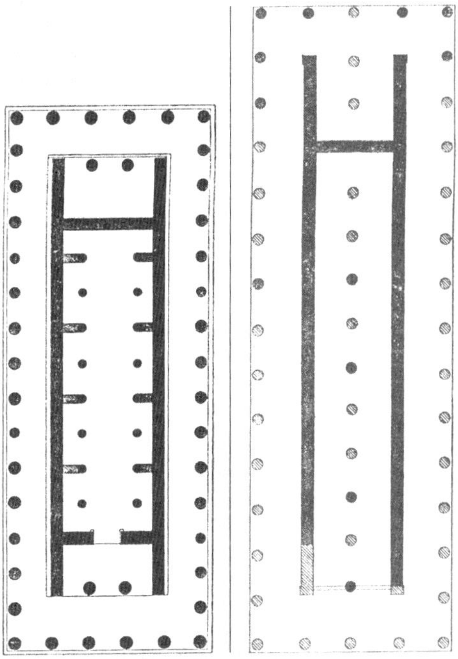

내부의 열주

Internal colonnade

초기의 사원은 내부에 열주가 있는 것을 통해 쉽게 확인할 수 있다. 하나의 대들보를 사용하기 힘들 정도로 벽의 간격이 넓을 때에 내부 기둥들을 사용해 천장과 지붕을 지지했다. 초기 신전을 구별하게 하는 또 하나의 특징은 넓은 기둥간격과 긴 비례이다. 이는 아키트레이브를 나무로 만들어 넓은 간격을 지지할 수 있었기 때문이다. 이 그림은 7세기경에 지은 테르뭄의 아폴로신전으로 페리스타일을 본격적으로 사용한 초기의 건물 중 하나이다.

가구식 구조

Trabeated system

그리스건축의 기본적인 원리는 가구식 구조post-and-lintel system였다. 이러한 구조에서는 기둥이 수평보의 하중을 받친다. 그리스인들은 아치나 볼트같은 구조는 사용하지 않았다.

트리글리프의 기원

Origins of triglyphs

그리스 고전건축을 특징짓는 대부분의 세부형태는 목조건축에서 비롯된 것이다. 도리스 오더에서 두드러지는 트리글리프가 그 좋은 예이다. 비트루비우스에 따르면, 초기에는 벽 너머로 돌출된 보의 끝부분을 잘라내고 푸른 왁스를 칠한 판자로 장식했다.

석조기단

Crepidoma

신전은 크레피도마라고 하는 석조기단 위에 지어졌다. 대부분 3단으로 이루어져 있으며 기둥이 바로 놓이는 가장 윗부분의 층계를 스타일로베이트stylobate라 하고 아래쪽 층계를 스테레오베이트stereobate라고 한다.

고대 그리스
Ancient Greece

신전 : 형태와 요소
The temple : Forms and Elements

BC 7세기 후반에 기본적인 신전평면이 나타난 이후 그 형태와 구성요소들은 거의 바뀌지 않았다. 그리스인들의 목표는 신전건물을 모든 면에서 가능한한 완벽하게 만드는 것이었지만, 페리스타일, 열주현관, 프로나오스, 나오스 그리고 오피스토도무스와 같은 핵심적인 부분은 바꾸지 않은 채 신전건축을 천천히 변화시켜 갔다. 그리스건축은 수학에 기초를 둔 예술로서 이는 이오니아의 철학자 피타고라스(BC 580-500년경)가 발견한 수학원리를 바탕으로 했다. 그는 숫자가 신과 인간을 연결시켜주는 기본적인 언어라고 생각했다. 그리스인들은 입면과 평면 모두의 비례가 적절할 때, 그 결과물이 아름답고 완벽하며 균제미(일반적인 대칭이 아니라 부분의 완벽한 조화를 일컫는 말)를 가진다고 생각했다. 균제미를 이루기 위한 기본 단위로는 주신 아래 부분의 지름이나 반지름을 기준으로 사용했다.

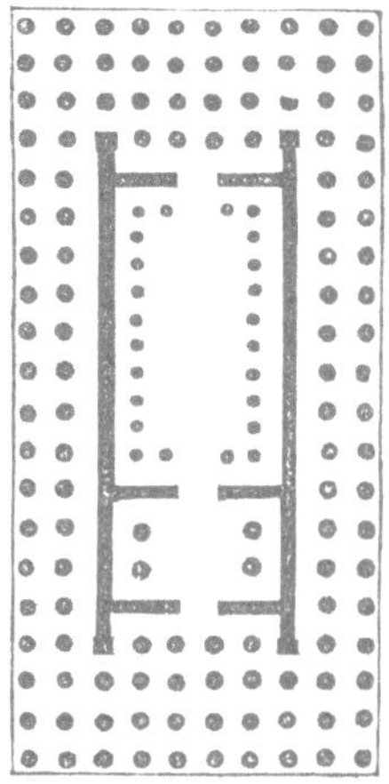

이중주랑
Dipteral

이중주랑은 신전의 모든 면을 두 열의 기둥이 둘러싸고 있는 것을 말하는 것으로 이중 페리스타일이라고 할 수 있다.

페디먼트
Pediment

페디먼트는 지붕 끝의 경사가 낮은 박공부분을 일컫는 말이며 대부분 열주현관 위에 자리했다. 엔타블러처의 수평 코니스와 경사진 코니스로 둘러싸인 삼각형의 벽은 팀파눔tympanum이라고 한다.

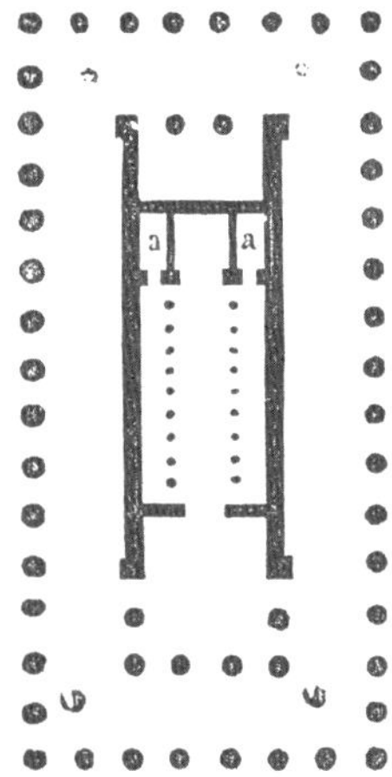

의사이중주랑
Pseudodipteral

의사이중주랑이란 이중주랑식 평면발전의 후기의 것을 일컫는 말로서 내부의 기둥열이 생략된 것이다. 이러한 형태는 특히 BC 2세기경 그리스건축 후기에 들어 널리 사용되었다. 비트루비우스에 따르면 이 형식은 건축가 헤르모게네스가 처음 사용한 것이라고 한다.

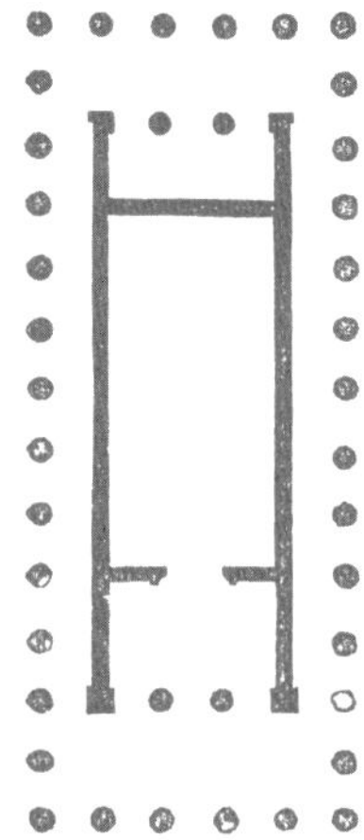

신전의 기본 평면
Basic temple plan

그리스 신전의 대부분은 직4각형모양이었으며 일정한 요소를 가지고 있었다. 우선 건물 외곽을 따라 기둥을 배치했는데 이를 페리스타일 또는 프테론pteron이라고 한다. 기둥 안쪽으로 복도가 공간을 나누고 있었으며 그 내부가 지성소였다. 지성소는 대개 세부분 - 전실(프로나오스), 제단(셀라 혹은 나오스) 그리고 후실(오피스토도무스opisthodomus) - 으로 이루어졌다.

신전 내부
Temple interior

신전 내부는 외부보다 훨씬 단순했으리라 짐작된다. 이는 신전이 애초에 지어진 목적을 반영한 것으로 신전은 예배자들을 모아 집회를 여는 곳이 아니라 소수의 성직자만이 출입할 수 있는 곳이었기 때문이다. 예배자들은 건물의 앞과 주위에 모여 있었을 것이다.

셀라
Cella

셀라 혹은 나오스라고 불리는 신전 중앙의 방에는 신상이 안치되어 있었다. 전실인 프로나오스와 셀라는 아마 여러 공물과 제물들로 가득했을 것이다. 뒤쪽에 위치한 방인 오피스토도무스는 때때로 청동 대문으로 막아서 보물 창고로 사용했다.

인 안티스
In antis

앞쪽 벽을 따라 기둥들이 정렬해 있었고 그 뒤로 공간이 확보되어 있는 열주현관을 의미한다. 이 부분을 인 안티스라고 한다. 이는 안타anta의 사이라는 뜻이다. 안타는 열주현관의 바깥쪽 모서리에 있는 벽기둥 혹은 기둥을 일컫는 것으로 약간 돌출되어 있었다.

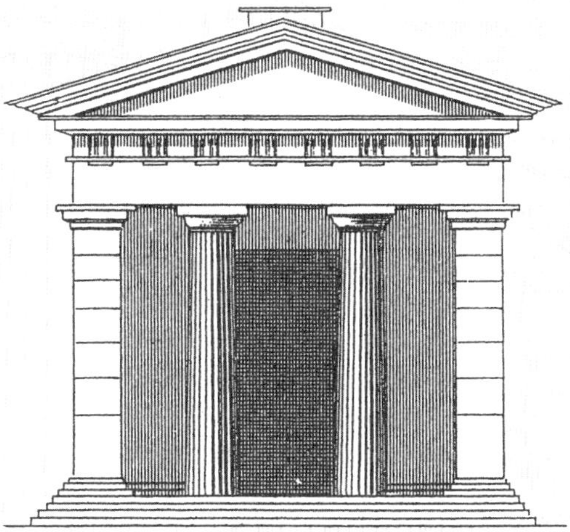

열주현관
Portico

열주현관은 신전의 중심 출입구였으며 지붕이 있었으며 양옆은 개방되어 있었다. 현관을 이루는 기둥의 개수에 따라 그 이름을 정했다. 4주식tetrastyle, 6주식hexastyle(가장 일반적인 형태였다), 10주식decastyle 등이 있다.

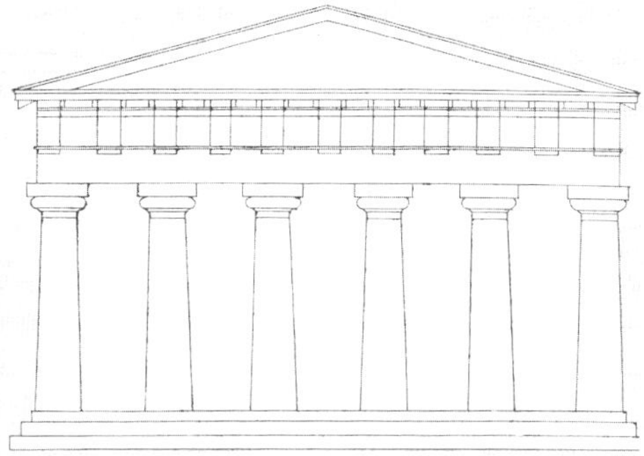

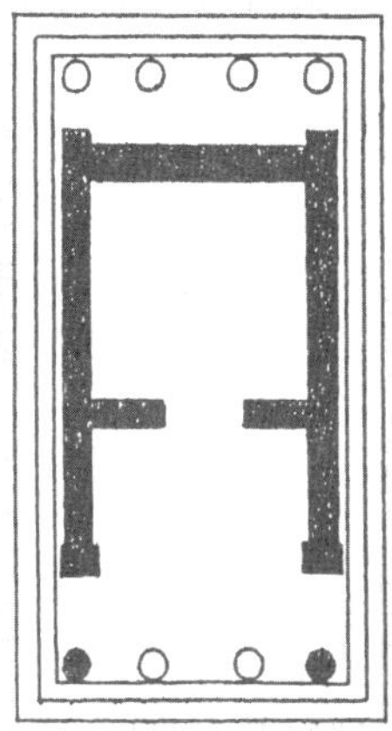

전주식
Prostyle

전주식前柱式은 인 안타스의 반대로 건물의 앞쪽으로 돌출된 열주현관을 일컫는다. 한편으로, 신전의 반대편에는 비슷한 형태의 두번째 열주현관이 있고 양 옆에는 기둥이 없는 방식을 전후주랑식amphiprostyle이라고 한다.

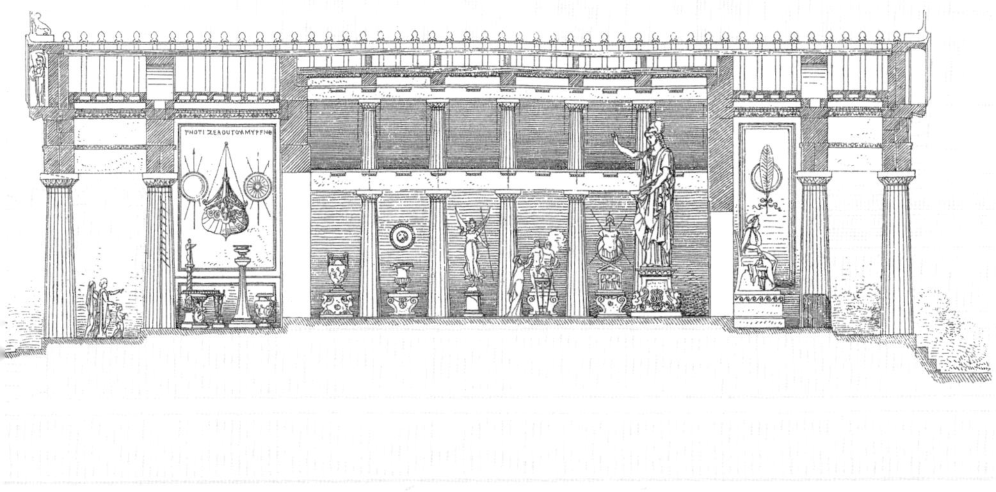

고대 그리스
Ancient Greece

도리스 오더
The Orders : Doric

오더는 부분요소들을 구성하는 구조적 체계를 말하는 것으로 그리스인들이 건축에서 완벽한 비례를 찾는 데에 핵심적인 역할을 했다. 기둥, 주신, 주두, 그리고 엔타블러처는 도리스, 이오니아, 코린트 오더의 3가지 가운데 하나를 따라 만들어졌다. 도리스 오더는 도리스인들이 지배한 지역에서 발전한 것으로 도리스인은 그리스 민족의 주요한 두 파 중에 하나였다. 이 오더는 그리스 본토와 마그나 그라이키아라고 불리는 서쪽 식민지(이탈리아 남부와 시실리)에서 널리 사용되었다. BC 5세기 중엽에 도리스 오더는 발전의 정점에 이르렀고 로마인들이 받아들인 오더 가운데 하나였다. 도리스 오더의 특징은 남성성, 힘 그리고 견고함이었다.

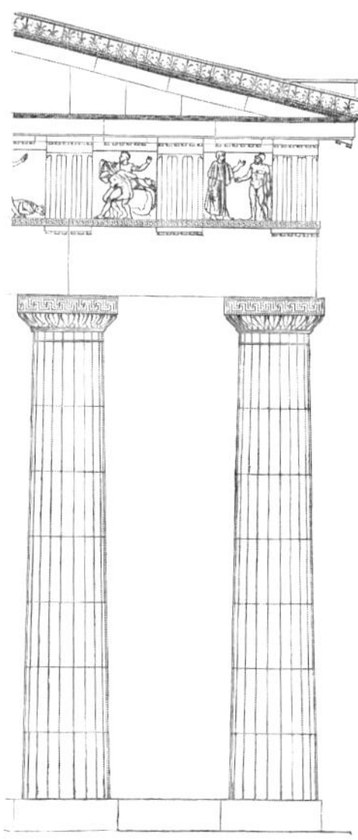

특징적인 요소
characteristic features

도리스식 기둥은 모두 주초가 없으며 대부분 세로 홈이 새겨져 있고, 단순하고 납작한 주두가 올라가 있다. 주두를 포함한 높이는 주신 아래 지름의 4배에서 6배 사이이다. 도리스식 엔타블러처는 민무늬 아키트레이브, 트리글리프와 메토프가 교대로 쓰인 프리즈 그리고 무늬없는 코니스로 구성된다.

트리글리프와 메토프
Triglyphs and metopes

도리스 오더의 가장 두드러지는 특징 중 하나는 바로 트리글리프와 메토프로 이루어진 프리즈frieze이다. 트리글리프는 수직 블록으로, 기둥 바로 위와 기둥과 기둥 중간에 놓인다. 2개의 수직 홈(글리프glyph)과 그 양 옆으로 반쪽의 홈이 있다. 따라서 3개의 글리프를 뜻하는 트리글리프라 부르게 되었다. 메토프는 트리글리프 사이의 정4각형 판으로 대개 화려하게 장식되어있다.

도리스식 주두
Doric capital

주두는 기둥의 윗부분을 말하는 것으로 도리스식 주두는 에키누스echinus(쿠션 모양의 볼록한 조각)와 아바쿠스abacus(에키누스 위의 4각형 판)으로 구성되어 있다. 에키누스와 주신을 잇는 부분에는 고리 모양의 띠 annulet를 새겨 이음부위를 감추었다. 비슷한 조각 띠가 조금 아래쪽에도 있었는데 히포트라첼리움hypotrachelium이라 했다.

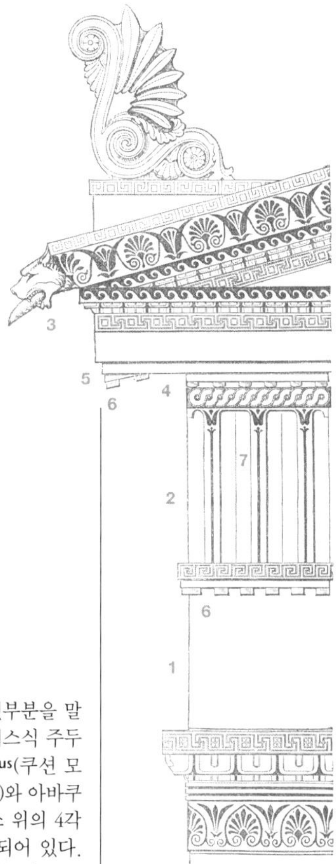

엔타블러처
Entablature

엔타블러처는 기둥과 주두 위에 놓인 부분으로 아키트레이브(1), 프리즈(2), 코니스(3)의 3개의 수평요소로 구성된다. 도리스식 코니스의 처마 안쪽(4)은 기울어져 있으며 뮤튤mutule이라는 4각형 블록(5)이 튀어나와 있다. 원래 이 블록이 경사진 서까래의 끝부분을 구성하고 있었다. 뮤튤에는 일반적으로 구타guttae라는 각뿔형 장식이 달려있었고 트리글리프의 중심 위에 놓여있었다. 구타는 트리글리프 아래에 쓰이기도 했다.

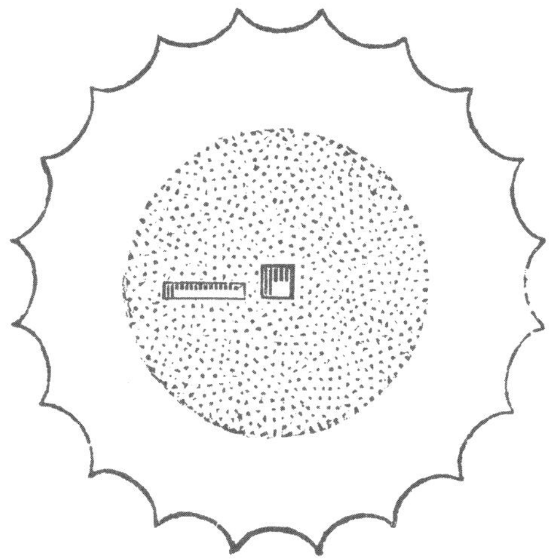

세로홈과 아리스
Flutes and arrises

도리스식 기둥에는 일반적으로 수직선을 따라 평행한 홈을 조각해 두었는데 이를 세로홈이라고 하며 정확히 말하자면 그 개수는 20개이어야 한다. 세로홈이 서로 만나는 부분은 날카로운 모서리를 이루는데 이를 아리스arris라고 한다.

시마
Sima

시마 혹은 시마티움cymatium은 지붕의 박공 부분과 건물 측면을 따라 배치된 홈통을 일컫는 말이다. 도리스식과 이오니아식 신전 모두에는 대개 빗물이 나오는 낙수구멍이 있는데 사자머리모양을 하고 있다.

막새
Antefixae

지붕 모서리의 기와 끝부분은 막새라고 하는 장식기와로 마감했다. 수직으로 서 있는 이것에는 안테미온anthemion(인동덩굴을 의미함)무늬가 새겨져 있었다(오른쪽 아래). 도리스식과는 달리 이오니아식 신전에는 측면에 막새가 없었다. 아래의 그림에는 조각된 시마몰딩과 그리핀(독수리의 머리 · 날개에 사자의 몸통을 한 괴수)모양을 한 아크로테리온acroterion(107쪽 참조)이 보인다.

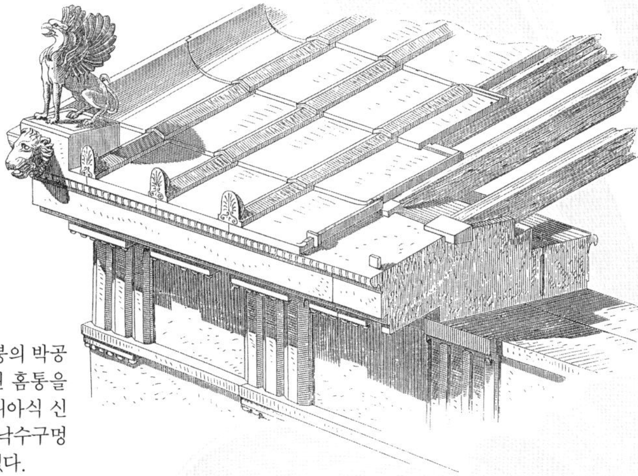

만자문양
Key pattern

도리스식 신전에서 널리 사용된 장식은 만자卍字문양이다. 그리스식 만자문양은 뇌문雷文의 모티프, 혹은 여기서 보이는 것과 같은 미로의 모티프로 구성된다.

고대 그리스
Ancient Greece

이오니아 오더
The Order : Ionic

이오니아 오더는 도리스 오더와 비슷한 시대에 함께 발전한 것으로 보인다. 하지만 일반적으로 사용되지는 않았고 BC 5세기 중엽에 이르러 그 형태가 완성되었다. 이 양식은 소아시아 연안과 에게해의 섬들을 중심으로 하는 이오니아 지방에서 유행했다. 이오니아 오더는 도리스 오더에 비해 덜 규정되어 있어 수십년 동안 지역마다 변형이 존재했다. 이오니아 오더가 좀더 체계를 갖춘 뒤에도 이런 변형들은 대안으로서 용인되었다. 처음에 도리스 오더와 이오니아 오더는 각자의 지역에서만 국한되어 나타났지만 점차 두 양식은 혼합되어 아테네의 프로필레아(BC 437-431년)처럼 한 건물에 같이 쓰였다. 한세기 정도 뒤에 이오니아 오더가 정립되면서 프리에네의 아테나 폴리아스신전(BC 340년경)같은 걸작을 남겼다. 비트루비우스에 따르면 이오니아 오더의 중심 특징은 여성성, 날씬함 그리고 아름다움으로, 이는 이오니아 오더가 여성의 신체 비례를 바탕으로 했기 때문이다.

난촉무늬
Egg-and-dart

이오니아 오더는 대개 조각한 쇠시리를 사용해 꾸며져 있었다. 가장 흔한 것으로 난촉무늬가 있는데 달걀모양 사이에 창을 끼워 넣은 장식이다. 창 대신에 닻 혹은 혀모양의 무늬를 새기기도 했다.

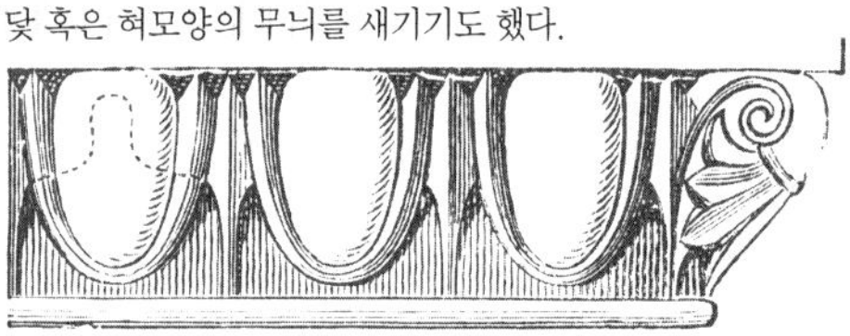

특징적인 요소
Characteristc features

도리스식 기둥과 다르게 이오니아식 기둥은 모두 주초(주신과 기단 사이에 놓인 부재) 위에 놓여 있었다. 이 양식에서 가장 특징적인 모습은 주두로 2개의 소용돌이문양이 새겨져 있다. 기둥 위의 엔타블러처는 도리스 오더보다 훨씬 날씬했다.

구슬장식
Bead-and-reel

이오니아 오더에 쓰인 조각 쇠시리 중 또 다른 대표적인 것으로 구슬장식이 있다. 이 무늬는 일반적으로 반원형의 아스트라갈astragal 부분에 새겨져 있었다. 이것은 주두와 주신 사이를 구분하는 역할을 했다.

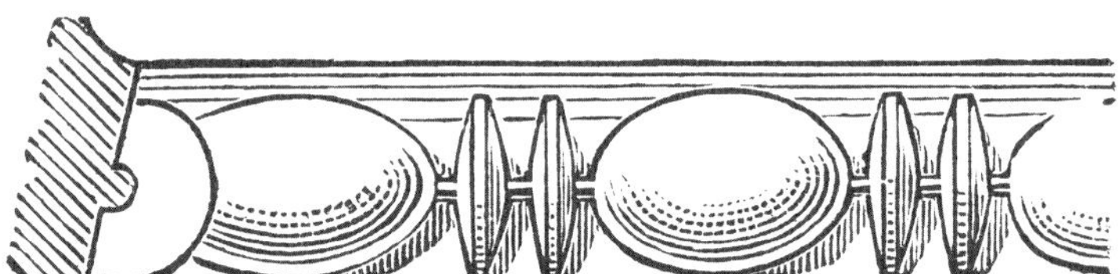

엔타블러처
Entablature

이오니아식 엔타블러처는 여러 단계에 거쳐 발전했다. 그러나 BC 4세기 이후 가장 특징적인 형태는 파시아fascia라고 하는 3개의 넓은 띠로 나누어진 아키트레이브, 연속되는 프리즈(조각이 있기도 하고 없기도 했다), 이빨모양의 장식(덴틸dentil)이 있는 화려한 코니스로 구성되어 있었다.

주두
Capital

이오니아식 주두에 있는 소용돌이장식은 난축무늬로 장식된 에키누스 위에 놓여 있다. 소용돌이장식 위에는 아바쿠스가 있는데 도리스 오더의 것보다 얇았고 역시 난축무늬로 꾸며져 있었다.

안테미온과 종려잎무늬
Anthemion and palmette

이오니아식 기둥의 목부분을 따라 종려잎무늬와 안테미온으로 구성한 장식이 조각되어 있었다. 안테미온은 따로 그것만으로도 굉장히 널리 쓰인 문양이어서 그리스 신전에서 일반적으로 발견할 수 있다.

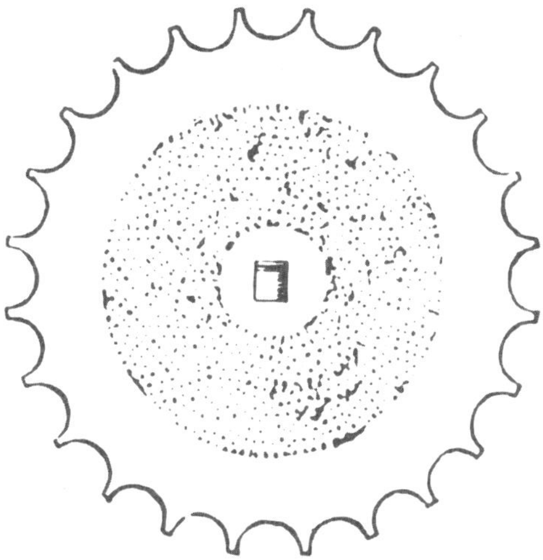

아티카식 주초
Attic base

아티카 지방에서 완성되었기 때문에 아티카식 주초라고 불리는 이것은 BC 5세기와 6세기에 널리 사용되었다. 아래쪽 것의 지름이 더 큰 2개의 볼록 쇠시리(토러스torus)와 그 둘을 연결하는 오목한 부재(스코시아scotia)로 이루어진다.

세로홈과 필릿
Flutes and fillets

이오니아식 기둥에도 세로홈이 있었으며 일반적으로 24개가 새겨져 있었다. 도리스식 기둥의 세로홈보다 더 깊었으며 홈 사이는 필릿이라고 하는 좁은 면으로 된 두둑으로 나누어져 있었다.

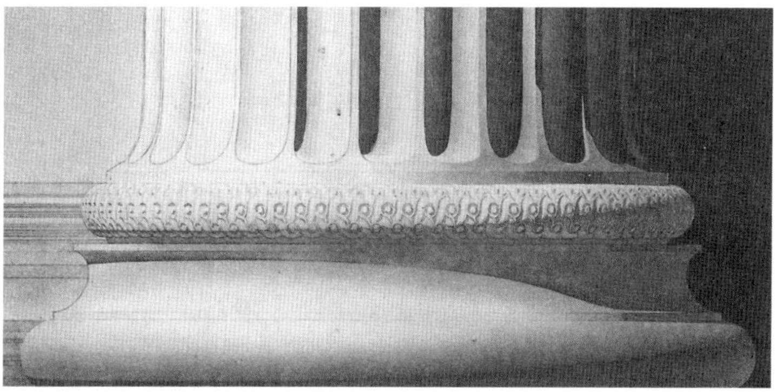

소용돌이장식
Volute

이오니아식 주두에는 소용돌이장식(볼류트volute)이 있다. 이는 자연에 있는 앵무조개 혹은 양치류의 형태를 따온 것으로 보이며 아이올리스식Aeolic의 주두에서 처음 나타났다. 소용돌이 중앙의 둥근 부분을 눈이라고 한다.

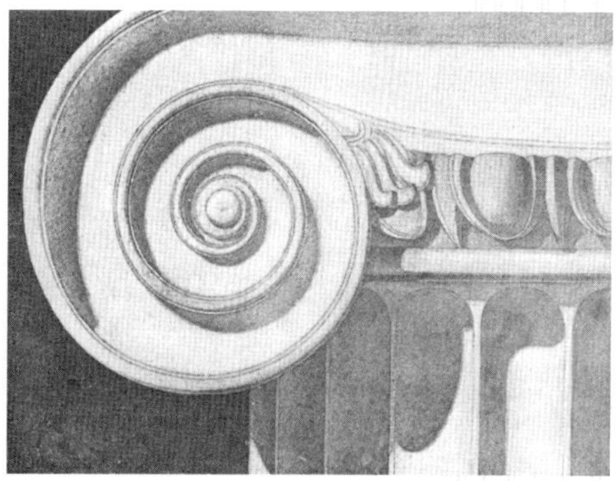

고대 그리스
Ancient Greece

코린트 오더
The Orders : Corinthian

그리스의 세번째 오더는 가장 마지막에 발전한 것이다. 코린트 오더를 내부에 처음 사용한 곳은 바사에의 아폴로 에피쿠리우스신전(BC 429-390년)이며, 외부에 쓰인 예는 리시크라테스 코라고스 대좌(BC 335-334년)이다. 코린트 오더는 도리스식이나 이오니아식과 달리 구조적 체계가 아니었다. 이는 순수한 장식용이었으며 이러한 효과는 화려한 꽃무늬 주두에서 비롯한 것이라 할 수 있다. 비트루비우스에 따르면 꽃무늬 주두는 아테네의 조각가 칼리마코스가 고안한 것으로 원래 많은 부분이 청동으로 만들어져 있었다고 한다. 주두를 제외한 다른 모든 부분은 이오니아 오더의 것을 그대로 따와서 사용했다. 코린트 오더는 헬레니즘 시대에 들어서면서 점차 발전하기 시작했지만 구성요소들을 잘 조화시켜 완벽하게 만드는 것은 로마인의 몫으로 남겨졌다. 비트루비우스는 코린트 오더가 가냘픈 소녀의 모습을 나타낸 것이라 했으며, 전반적으로 우아함과 아름다움을 느낄 수 있다.

코린트식 주두 디자인의 기원
Origins of Corinthian capital design

비트루비우스에 따르면 칼리마코스는 아칸서스잎이 무성하게 자란 바구니를 보고 코린트식 주두를 디자인했다고 한다. 바구니는 어린 소녀의 무덤 앞에 그의 보모가 놓아둔 것으로 여겨지며 안에는 소녀가 아끼던 물건들이 담겨 있었다. 봄이면 아칸서스가 싹이 터 바구니 주위에서 자라났다. 바구니 위에 올려진 석판은 바깥쪽 모서리에서 자라는 잎이 소용돌이모양으로 구부러지도록 눌러주었다.

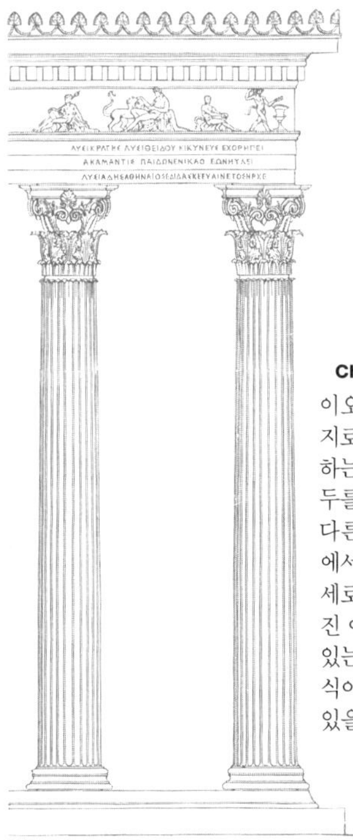

특징적인 요소
Characteristic features

이오니아 오더와 마찬가지로 코린트 오더를 구별하는 가장 좋은 방법은 주두를 보는 것이다. 오더의 다른 부분은 이오니아식에서 따온 것이므로 주초, 세로홈, 파시아로 나누어진 아키트레이브, 조각이 있는 프리즈, 이빨모양장식이 있는 코니스를 볼 수 있을 것이다.

주두
Capital

완성된 코린트식 주두에는 8개의 아칸서스잎이 2겹으로 사용되었다. 위쪽 줄기의 가장 높은 부분은 소용돌이모양으로 마무리했으며 대개 4면이 오목하게 패인 아바쿠스를 받치고 있었다. 각 면의 중심부에는 안테미온이 새겨져 있었다.

주두의 초기 형태
Early form of capital

이 것은 코린트식 주두가 처음으로 외부에 쓰였던 BC 4세기경의 리시크라테스 코라고스 대좌에 있는 주두의 모습이다. 아칸서스잎은 한 겹이며 아래쪽의 아칸서스잎은 유리당초잎으로 대체되었다. 주두는 일반적으로 높이가 높았다. 초기에는 기둥 지름의 1.5배 정도였으며 후기에는 1.17(1과1/6)배로 줄어들었다.

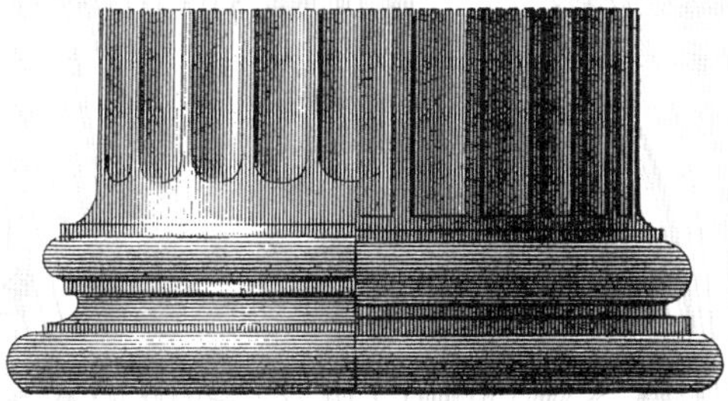

아칸서스
Acanthus

코린트식 주두의 주요 장식요소는 아칸서스의 잎이었다. 아칸서스는 지중해 연안에서 자생하는 질긴 쥐꼬리망초과의 다년생 초본이다. 그리스인들은 아칸서스 스피노서스 acanthus spinosus(도깨비망초)의 뾰족한 잎에서 영감을 얻은 반면 로마인들은 넓은 윤곽을 가진 아칸서스 몰리스acanthus mollis를 선호했다.

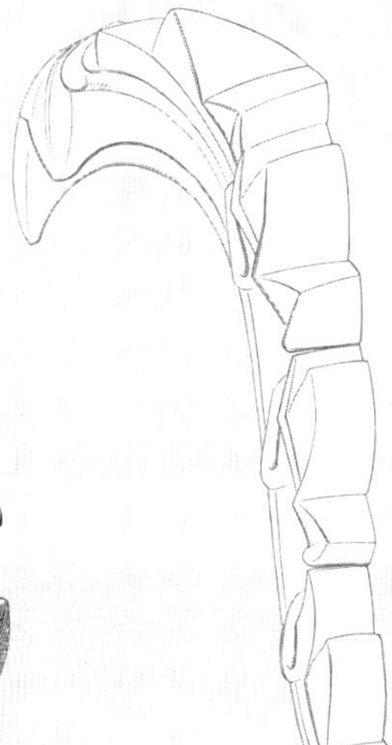

주초
Base

코린트식 기둥의 주초는 이오니아 오더의 형태를 따랐다. 대개 아티카양식으로 2개의 토러스 사이에 스코시아가 있는 형태였다. 필릿이라는 좁은 띠로 각 요소의 사이를 구분했다. 또 다른 일반적인 형태인 아시아틱 Asiatic 주초에는 2개의 스코시아의 사이를 아스트라갈 astragal로 구분했고 수평으로 홈이 파진 토러스가 그 위에 자리했다.

고대 그리스
Ancient Greece

도리스 오더의 발달
The Rise of the Doric

아케익시대와 초기 고전시대로 알려진 BC 6세기부터 5세기 초에 이르는 기간 동안 그리스건축은 도리스 오더를 중심으로 꾸준히 발전했다. 석화石化과정을 통해 목재가 석재로 대체되었지만, 목조의 형태가 그대로 계승되었다. 이 시기의 건물 중 현존하는 것은 대부분 마그나 그라이키아(남부 이탈리아와 시실리 지방)에서 발견할 수 있다. 다른 지역은 BC 490년에서 480년까지 진행된 페르시아 전쟁으로 인해 크게 파괴되었지만 이 지역은 살아남아 그리스 신전의 흥미로운 초기형태가 고스란히 보존될 수 있었다. 오늘날 이러한 초기 신전은 단순하고 소박해 보일지 모르겠으나 다른 모든 그리스의 건물이 그러하듯이 이들도 원래 화려한 채색과 섬세한 조각이 있었을 것이다. 도리스 오더와 그리스 신전의 형태가 마지막으로 발전한 것이 이 시기로 BC 500년 이후에는 큰 폭의 개선은 없었다.

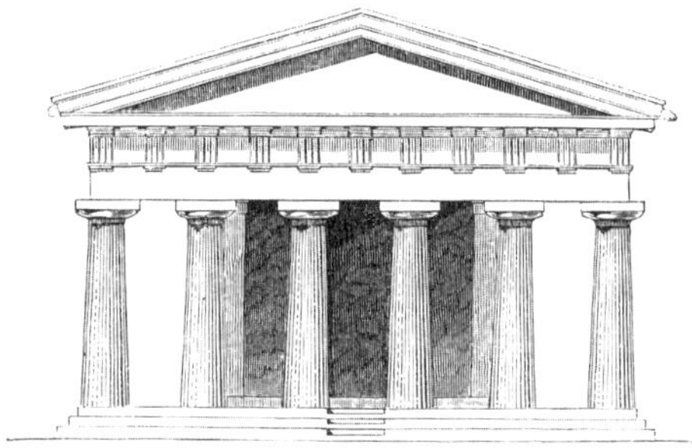

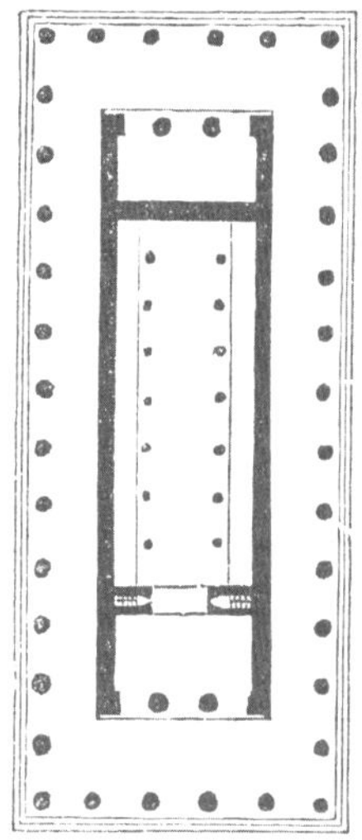

파에스툼, 남부 이탈리아(BC 6–5세기)
Paestum, southern Italy

그리스시대에 포세이도니아라고 불렸던 파에스툼에는 상당수의 신전이 남아있다. 이 중 가장 초기의 것은 바실리카**Basilica**(가장 위)라고 하며 BC 540년경에 지어진 것이다. 이 사원은 특이하게도 정면에 9개의 기둥이 있는 9주식으로 홀수의 기둥은 중심축 상에 열주가 있음을 암시한다. 포세이돈신전(BC 460-440년, 바로 위와 오른쪽)은 6주식으로 역시 내부에 열주가 있었다. 여기서는 기둥을 2열로 배치했는데 이는 신상을 가리지 않고 바라볼 수 있도록 하는 좀더 발전된 방법이었다.

배흘림
Entasis

초기부터 그리스인들은 신전에 의도적인 왜곡을 통해 세부적인 조정을 가했다. 가장 기본이 되는 것 중 하나는 배흘림으로 기둥의 가운데 부분이 볼록하도록 주신을 곡면으로 다듬은 것이다. 이는 특히 BC 6세기 경에 두드러지게 나타났다. 배흘림은 착시를 보정하는 수단이었다. 곧은 직선으로 된 기둥은 가운데가 오목한 것처럼 보이기 때문이다.

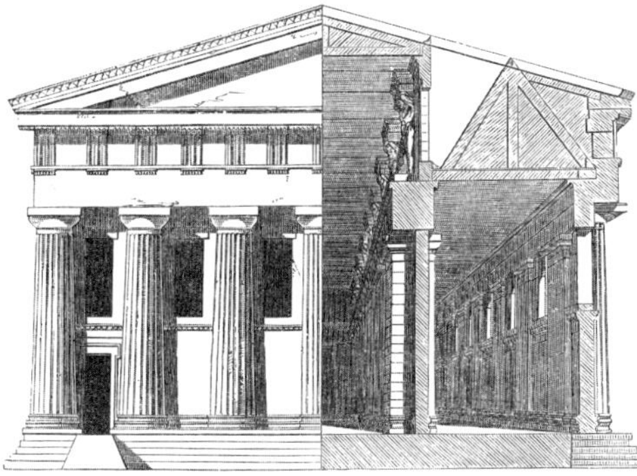

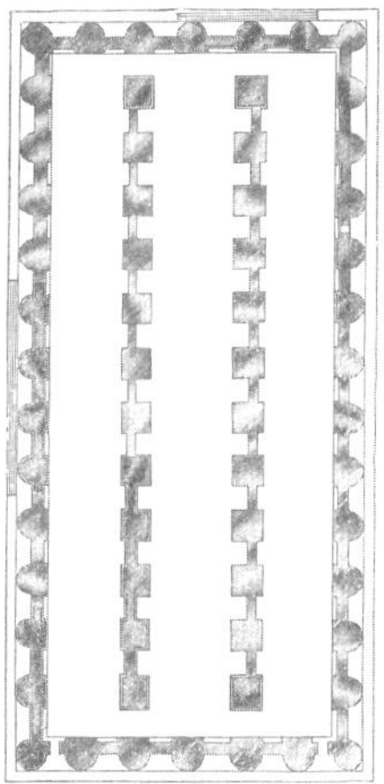

의사주주랑식 신전
Pseudoperipteral temple

시실리의 아크라가스(지금의 아그리겐툼)에 있는 제우스 올림피우스신전(BC 480년경)은 도리스식 신전 중 가장 큰 것 중에 하나이다. 이 신전은 또한, 가장 혁신적인 것이었다. 주주랑식 peripteral이란 건물 주위를 기둥이 빙 둘러 배치된 것을 말하는데 이 건물은 이런 기둥들이 독립적으로 서있는 것이 아니라 벽에 부착되어 있으므로 의사주주랑식이라고 한다. 이 기둥들은 자이언트 오더giant order로서 2층 이상의 높이로 솟아 있었으며 도리스 오더이지만 특이하게도 주초가 있었다.

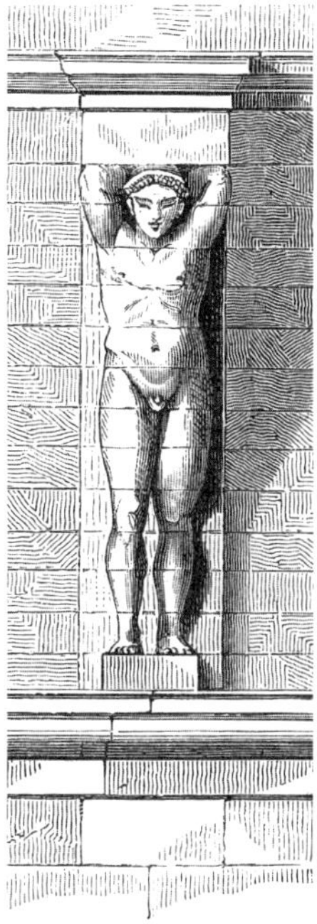

남상주(男像柱)
Atlantes

아틀란티스로 불리는 남상주는 남성의 모습을 조각한 지지용 기둥으로 로마인들은 텔라몬telamon이라고 불렀다. 아그리겐툼의 제우스 올림피우스신전(BC 510-409년경)에서처럼 무게를 떠받치느라 힘을 쓰는 모습이었다. 여기서 남상주는 건물 내부에 쓰였을 것으로 추측되어왔지만, 외부 엔타블러처를 받치고 남상주 뒤편의 조적조 하중을 경감시켜주는 역할을 한 것으로 생각된다. 여성의 모습을 한 것은 여상주 또는 카리아티드caryatid라고 한다.

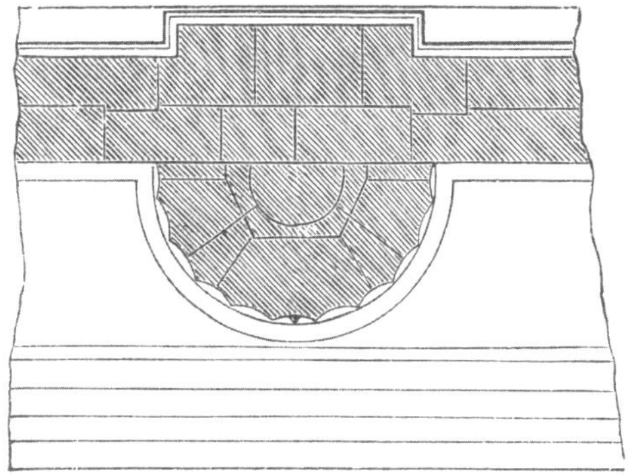

부착기둥
Engaged column

벽 표면에서 바로 튀어나와 있는 기둥을 벽기둥 혹은 부착기둥이라고 한다. 주신지름의 1/2에서 3/4 정도가 튀어 나와 있다면 반기둥이라고도 한다.

중첩오더
Superimposed order

중첩오더는 1열의 기둥 위에 다시 기둥을 놓아 2층으로 만드는 것을 일컫는다. 도리스 오더 위에 도리스 오더를 얹은 중첩오더는 이 시기에 지붕을 받치기 위해 많이 사용되었다. 후대인 로마시대에는 일정한 순서로 오더가 중첩되었다. 밑에서부터 도리스, 이오니아 그리고 코린트 오더 순이었다.

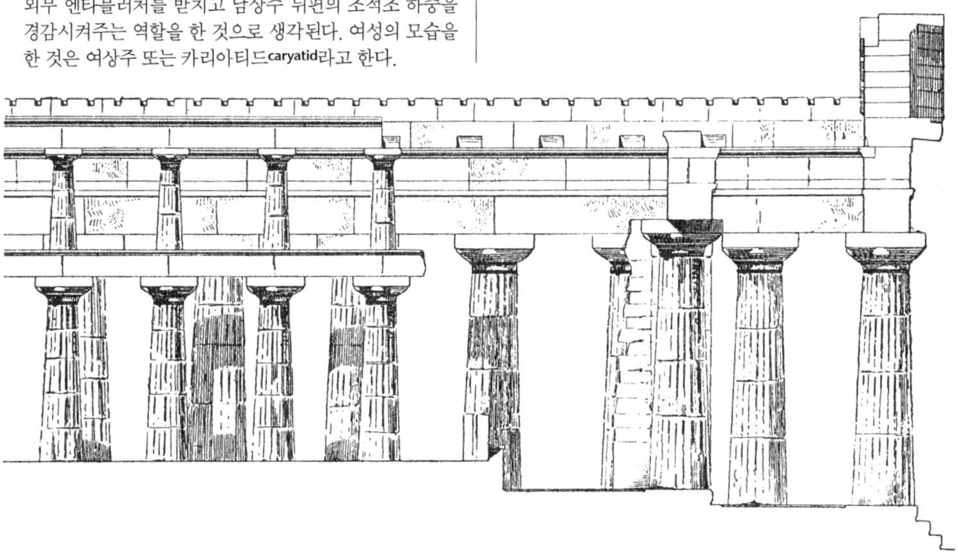

고대 그리스
Ancient Greece

페리클레스시대
The Age of Pericles

그리스건축은 BC 5세기 무렵에 그 정점에 이르러 "성기 고전"시대라고 불렸다. 이 시기에 세계 최고의 건물들이 완성되었다. 이는 그 시대의 정치적, 경제적 배경때문에 가능한 것이었다. 그리스인들은 마침내 침략해 오는 페르시아인들을 무찌르는 데에 성공했지만 그들이 지나간 곳은 폐허로 남았다. 그리스인들은 승리의 기쁨으로 환희에 차 있었으며, 자신감과 애국심을 새로이 되찾았다. 전리품들은 화려한 새로운 신전을 만드는 데에 사용되었으며 이러한 건축의 열기는 페리클레스의 시대에 들어 최고조에 달했다. 페리클레스는 BC 444년부터 429년까지 그리스를 이끈 아테네의 정치인으로서 이 시기는 그의 이름을 딴 것이다.

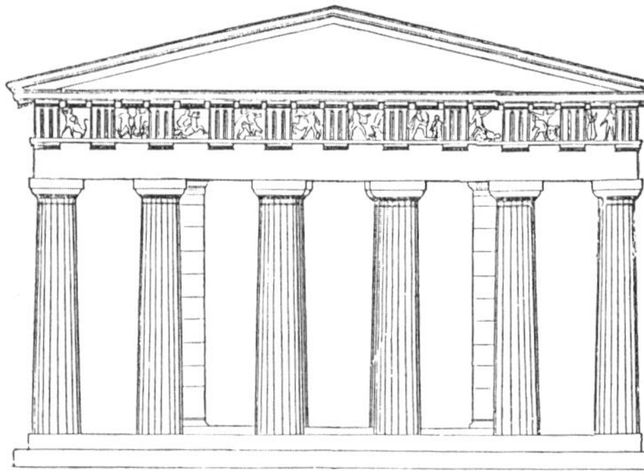

헤카톰페돈
Hecatompedon

헤카톰페돈은 길이가 그리스식으로 100피트인 신전을 일컫는 말이다. 그 예로 아테네에 있는 헵파에스툼 Hephaesteum(혹은 테세움 Theseum, BC 449-444년)이 있다.

특징
Characteristics

BC 5세기의 도리스식 신전에는 두드러지는 특징이 있었다. 기둥은 아케익 시대보다 더 높고 가늘었으며, 프리즈는 더 화려하게 장식되었고, 기둥간격 또한 넓어졌다. 이러한 변화는 이오니아 양식의 영향을 받았음을 보여준다.

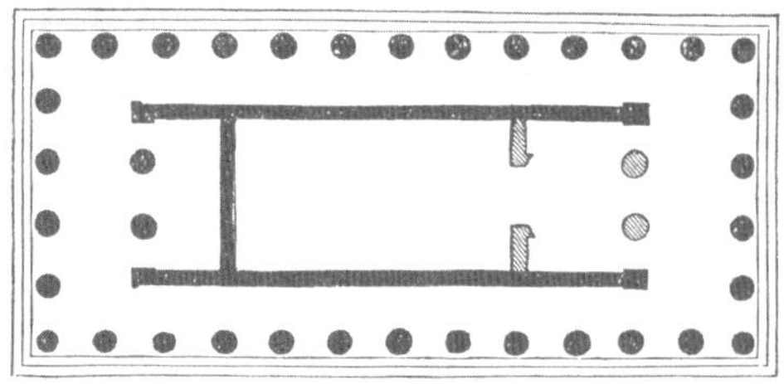

신전의 축조
Temple construction

이 시기에 신전은 안쪽부터 바깥쪽으로 건설해 나가는 방식으로 건설되었다. 지성소 본체를 먼저 지은 후 그 둘레에 주랑을 둘렀다. 아래의 헵파에스툼은 비잔틴제국 때에 교회로 바뀌었기에 놀라울 정도로 보존이 잘 되어 있다.

아테네의 일리수스신전 (BC 449년)

Temple on the Illisus, Athens

완성된 모습의 이오니아식 신전이 최초로 나타난 것은 BC 5세기였다. 아테네에 있는 이 신전은 날씬함과 우아함이라는 이오니아 오더의 2가지 특징을 분명하게 보여준다. 이 신전은 4주식(전면의 현관이 기둥 4개로 이루어짐)이었다.

아크로테리온

Acroteria

아크로테리온은 페디먼트의 꼭대기와 양쪽 모서리 부분에 올려져 있는 대좌같은 것을 말한다. 또는 페디먼트에 놓여있는 조각상이나 장식품을 일컫기도 한다. 올림피아의 제우스신전(BC 470년경)에 있는 아크로테리온은 청동으로 만들어져 있었다. 다른 신전에 있는 것들은 좀 더 간소한 형태였지만 화려하게 조각되어 있었다.

아폴로 에피쿠리우스 신전, 바사에

Apollo Epicurius, Bassae

이 신전은 건물이 놓인 방향 때문에 특이한 평면을 갖게 되었다. 신전의 일반적인 방향인 동서방향이 아닌 남북방향으로 놓여있는 까닭에 특별히 동쪽 벽에 문을 두었다. 신상은 문 건너편의 아디툼adytum, 나이코스naikos, 혹은 세코스sekos라고 불리는 공간에 모셨을 것이다.

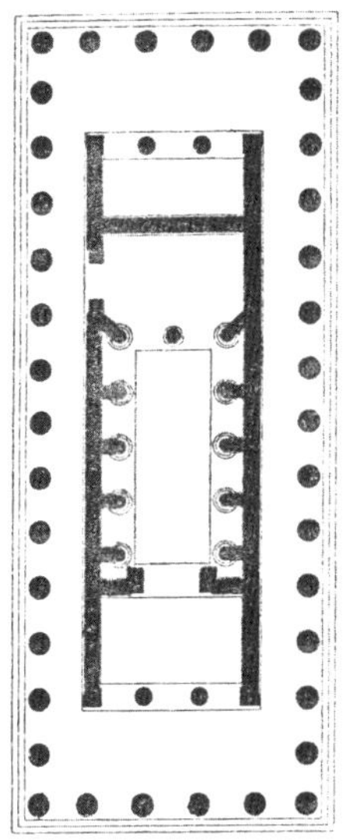

3가지 오더

The three orders

BC 5세기의 건축물은 전통적이고 보수적이었다. 하지만 그 중에도 예외가 있었다. 아르카디아의 바사에에 위치한 아폴로 에피쿠리우스Apollo Epicurius신전은 익티누스의 작품으로 그는 파르테논을 설계하기도 했다. 여기서 그리스 건축 최초로 세 오더 모두가 한 건물에 나타난다. 외곽 기둥(페리스타일)에는 도리스식을, 내부에는 이오니아식을, 그리고 중심축의 기둥 한 열은 코린트 오더를 적용했다.

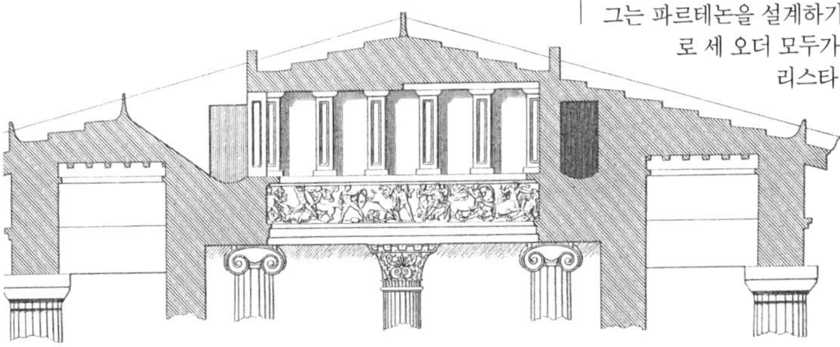

고대 그리스
Ancient Greece

페리클레스시대 : 아크로폴리스
The Age of Pericles : The Acropolis

BC 480년 패배한 페르시아인이 퇴각한 이후, 아테네의 아크로폴리스는 폐허로 남아있었다. 파르테논의 전신을 비롯해 그 곳에 있던 다른 모든 건물은 완전히 파괴되었다. 아테네의 종교적 중심인 이곳을 복구하고자 하는 계획은 있었지만 BC 447년 페리클레스가 집권하기 전까지 아무 일도 일어나지 않았다. 점점 강해지는 아테네의 지배력과 그리스의 번영을 표현하고자 했던 그는 야심찬 계획을 세웠다. 익티누스와 칼리크라테스가 중심신전의 건축을 맡았고, 피디아스가 수석 조각가였다. 중심신전은 도시의 수호여신인 아테나 폴리아스에게 봉헌된 신전(BC 438년)으로 파르테논이라고 알려져 있다. 아크로폴리스에 있는 페리클레스시대의 건물 2개(파르테논과 프로필레아)는 도리스식 건축의 절정을 보여주는 것으로 익티누스와 칼리크라테스는 전무후무한 완벽한 비례를 실현시켰다.

아크로폴리스
Acropolis
아크로폴리스라는 말은 그리스 도시의 성채 혹은 위쪽 마을을 뜻하는 말이었다. 대부분의 그리스 도시는 언덕에 지어져 있었으며 정상에 있는 아크로폴리스는 도시의 정치적, 종교적 중심지였다.

아테네 축제
Panathenaean festival
다른 모든 그리스의 신전이 그러하듯이 파르테논 역시 신의 거처로서의 기능 뿐만 아니라 사회적, 의식적 기능도 갖고 있었다. 1년에 한번씩 아테네인들은 아테나 여신의 생일을 축하하는 아테네 축제를 개최했다. 도시 전체에 걸쳐 진행되는 행사는 신에게 화려한 튜닉(허리까지 오는 웃옷)을 바치면서 절정에 이르렀다.

크리셀레판틴
Chryselephantine
파르테논 안쪽의 셀라에는 유명한 조각가 피디아스가 만든 아테나 여신의 조각상이 서있었다. 이러한 거대한 조각상들은 크리셀레판틴 기법이 적용됐는데, 목재로 된 몸체 위에 금과 상아를 입혀 만든 것을 의미한다.

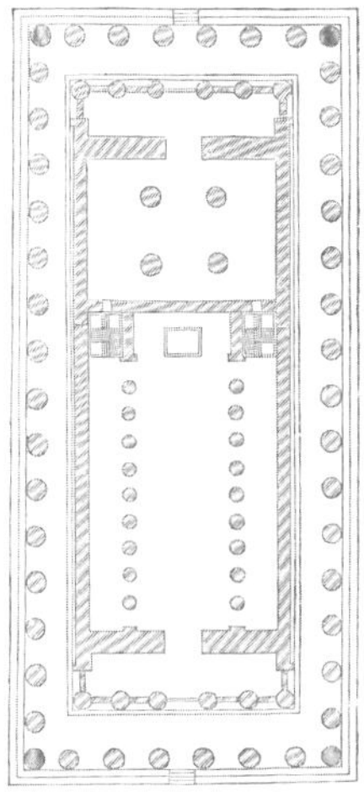

파르테논의 조각
Sculpture, Parthenon

파르테논에는 훌륭한 조각이 가득했다. BC 438년에서 432년 사이에 조각된 건물 전후면의 화려한 페디먼트도 그 중의 하나로 여기 소개된 서쪽 페디먼트에는 아테나 여신과 포세이돈이 맞서고 있는 모습이 담겨졌다.

프로필레아
Propylaea

프로필레아는 아크로폴리스 입구의 거대한 대문을 가리키며 신성한 영역으로 입장함을 표시한다. 아테네의 프로필레아는 아크로폴리스 아래의 평지에서 가파른 경사로를 따라 올라가야 하는 곳에 있었다. 이 건물에는 앞뒤로 6주식의 현관이 있다. 측면의 익부는 하나만 완성되었는데 펠로폰네소스 전쟁이 발발하면서 건설을 중단했기 때문이다.

색채장식
Polychromy

아크로폴리스에 있는 모든 건물은 흰색의 펜텔리콘산 대리석으로 만들어졌다. 그리고 다양한 색채장식으로 꾸며졌다. 파르테논에서는 주두, 메토프 그리고 페디멘트에 있는 팀파눔 등이 화려하게 채색되었을 것이다.

프로필레아의 이오니아식 기둥
Ionic columns, Propylaea

프로필레아의 중앙에는 수레와 희생용 동물을 위한 길이 나있었다. 서쪽을 향하는 이 길의 양쪽에는 이오니아식 기둥이 줄지어 있었다. 이는 이 시대의 전형적인 방법으로 실제적인 필요에 의한 것이기도 했다. 이오니아식 기둥은 키가 커서 바닥면 높이가 변하는 것을 가려주었으며, 지름이 가늘어 바닥 면적을 적게 차지했다.

파르테논의 평면
Plan, Parthenon

현재 남아있는 파르테논은 그 전신이 위치하던 자리에 있으며 동일한 평면을 갖고 있다. 이전의 신전이 6주식이었던 것이 지금의 10주식으로 바뀐 것 이외에 구조는 동일했다. 후실인 오피스토도무스에는 이오니아식 기둥 4개가 있었으며 이 곳이 원래 파르테논(처녀신인 아테나를 모신 방을 의미함)이라고 불렸다. 후에 파르테논은 전체 건물을 일컫는 말이 되었다.

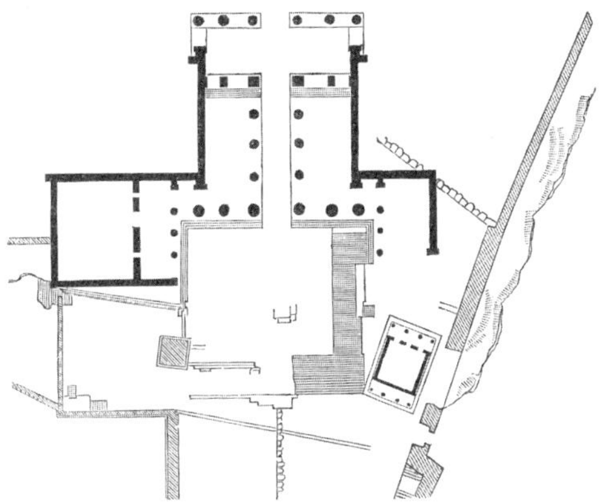

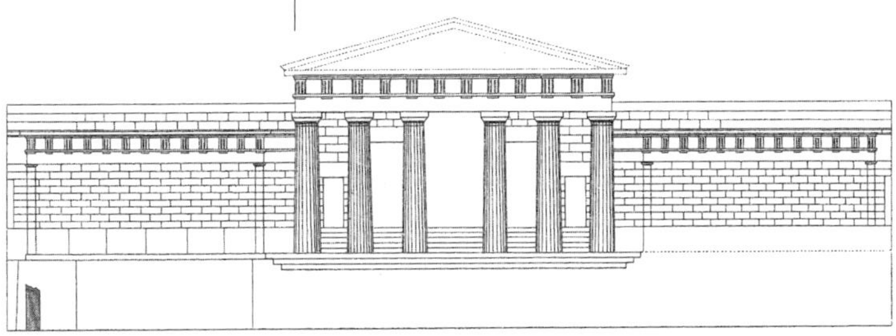

고대 그리스
Ancient Greece

페리클레스 시대 : 아크로폴리스 II
The Age of Pericles : The Acropolis II

페리클레스의 야심찬 아크로폴리스계획은 BC 431년에 갑작스럽게 중지되었다. 그 해에 점점 세력을 키워오던 스파르타인들이 아테네에 대한 반항으로 봉기해 펠로폰네소스 전쟁이 시작되었기 때문이다. 이 전쟁은 BC 404년까지 계속되었으나 BC 421년에서 413년까지 짧은 휴식기가 있었다. 이 때에 아크로폴리스에 있는 기념물들을 완성할 수 있었고, 2채의 훌륭한 이오니아식 신전인 에렉테움(BC 421-406년)과 아테나 니케(혹은 니케 아프테로스)신전(BC 421년)의 건축이 시작되었다. 아테네 니케 신전은 파르테논을 건설한 칼리크라테스가 맡았으며, 에렉테움은 프로필레아를 건축한 므네시클레스가 건설했다. 두 건축가는 이전의 건물과는 전혀 다른 양식을 시용했다. 즉 이오니아 오더의 유연한 형태를 선호하는 방향으로 기호가 바뀌었던 것이다. 도리스 오더는 파르테논에서 보여준 것과 같은 완벽함에 다시는 이르지 못했다.

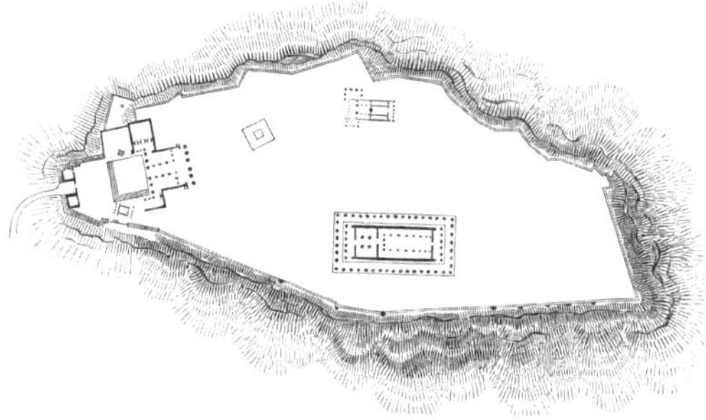

테메노스, 아크로폴리스
Temenos, Acropolis
신전 주위의 성스러운 지역을 테메노스라고 한다. 그림은 BC 5세기부터 건설된 4개의 건물이 있는 아테네의 아크로폴리스와 그 주변을 묘사하고 있다.

여상주
Caryatid
여상주(카리아키드)는 기둥 대신 엔타블러처를 받치던 여성의 조각상이다. 비트루비우스에 따르면 카리아키드라는 용어는 페르시아의 편에 섰다가 그 벌로 노예가 된 카리아의 여인들에게서 유래한 것이다. 머리 위에 바구니가 올려져 있는 비슷한 모양의 조각상은 카네포라canephorae라고 한다.

여상주, 에렉테움
Caryarids, Erechtheum
여상주 가운데 가장 유명한 예로는 에렉테움의 남쪽 현관에 있는 것을 들 수 있다. 이 섬세한 구조물은 현관이라기 보다는 연단에 가까웠는데 외부에서 이곳을 통해 들어올 수 없었기 때문이다.

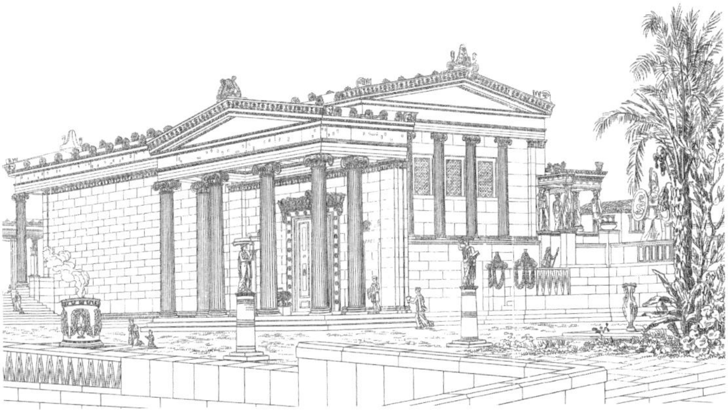

에렉테움(BC 421–406년)

Erechtheum

에렉테움은 아테나 폴리아스와 에렉테우스를 포함한 여러 신에게 바쳐진 신전이었다. 이 건물은 2층으로 지어졌는데 아마도 대지에 이미 자리하고 있던 건물에 대응하기 위한 것으로 보인다. 건물에는 3개의 열주현관이 있으며 서쪽에는 기둥이 벽에 부착되어 있다. 이 건물은 고전시기의 직4각형 신전 평면을 전혀 닮지 않았으며 이러한 독특함이 이 시대의 특징이었다.

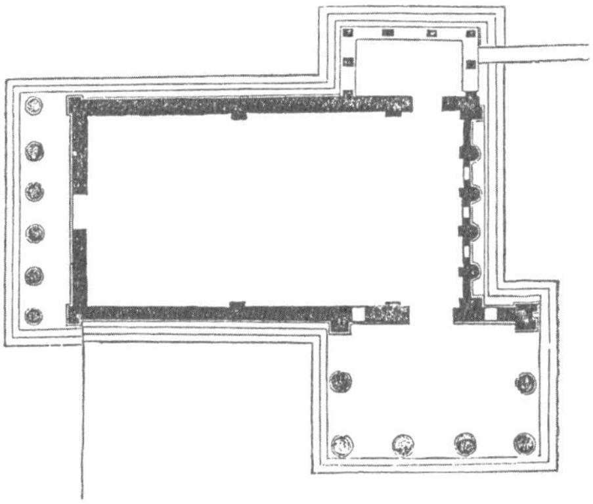

아테나 니케신전

Temple of Athena Nike

이 작은 이오니아식 신전은 프로필레아보다 먼저 계획되었지만 실제로는 BC 421년에 이르러서야 건설되기 시작했고 아크로폴리스에 있는 자연적인 둔덕 위에 지어졌다. 평면을 살펴보면 신전 양면주랑(동쪽과 서쪽)에 4주식의 열주현관이 있다. 에렉테움과 같이 아테나 니케(날개없는 승리의 여신)신전은 이오니아식의 절정을 보여준다. 아테나와 다른 신들을 포함한 전투장면을 묘사하고 있는 연속된 프리즈는 이 건물의 가장 큰 특징이다.

소용돌이모양 까치발, 에렉테움

Consoles, Erechtheum

에렉테움에는 아름다운 북쪽 열주현관의 출입구가 잘 보존되어 있다. 출입구 양쪽에는 코니스를 받치는 S자 모양의 까치발 2개가 있다. 까치발은 그 높이가 측면으로 튀어나와 있는 부분보다 길었다. 출입구의 둘레에 아키트레이브와 같은 형태로 쇠시리molding가 되어 있는 것을 안테파그멘타antepagmenta라고 한다.

에렉테움의 장식

Decoration, Erechtheum

에렉테움에는 이오니아 오더의 가장 화려한 모습이 나타나 있다. 건물의 엔타블러처를 자세히 보여주는 이 그림에서 난촉무늬, 구슬장식 그리고 안테미온같은 이오니아식의 고전적인 문양을 볼 수 있다. 프리즈는 검은 석회석이었으며 흰 대리석으로 만든 조각상을 꺾쇠로 고정시켜 놓았다.

고대 그리스
Ancient Greece

쇠락의 시작
The Beginning of Decadence

아테네의 영화는 화려했지만 오래가지 못했다. 펠로폰네소스 전쟁이 BC 404년에 이르러 아테네의 함락과 함께 끝났다. 이때부터 그리스건축은 서서히 쇠락하기 시작한다. 스파르타, 테베, 마케도니아같은 덜 세련된 국가가 전면에 등장했기 때문이다. 후기 고전시대라고 불리는 이 시기에는 끊임없는 전쟁때문에 거대한 건축물을 구상할 수 없었다. 그리스 본토에서는 신전보다는 다른 건물을 짓는 데에 힘을 쏟았고 하나의 건물에 세 오더가 모두 합쳐져 나타나기 시작했다. 하지만 소아시아지방은 전쟁의 영향을 적게 받았을 뿐만 아니라 페르시아의 사트라프(지방총독)의 후원과 이 지역을 BC 334년에서 333년 사이에 점령한 알렉산더 대왕의 원조를 받은 까닭에 이오니아 오더가 다시 부활했다.

꼭대기장식, 리시크라테스 기념비
Finial, Choragic Monument

꼭대기장식(피니얼finial)은 지붕 꼭대기나 페디먼트 등의 돌출된 끝부분에 놓인 장식물을 일컫는다. 리시크라테스 기념비의 꼭대기에 올려져 있는 이 장식은 화려했으며 청동 삼각대를 올려놓기 위해 디자인되었다. 아칸서스 잎과 소용돌이문양으로 꾸며져 있었다.

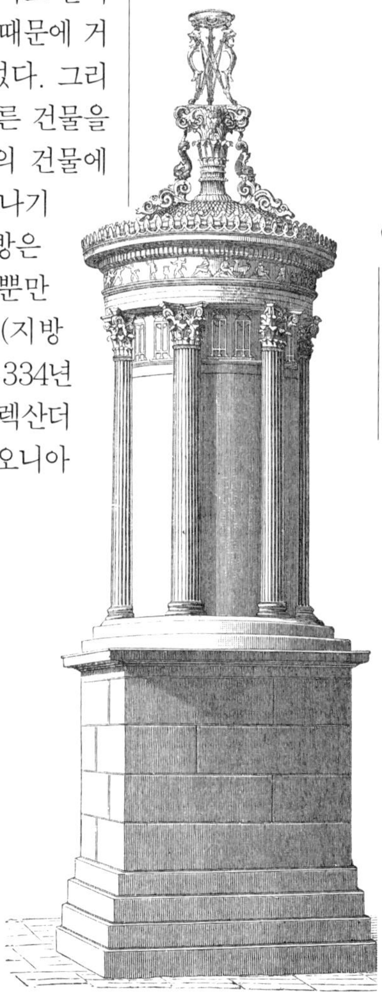

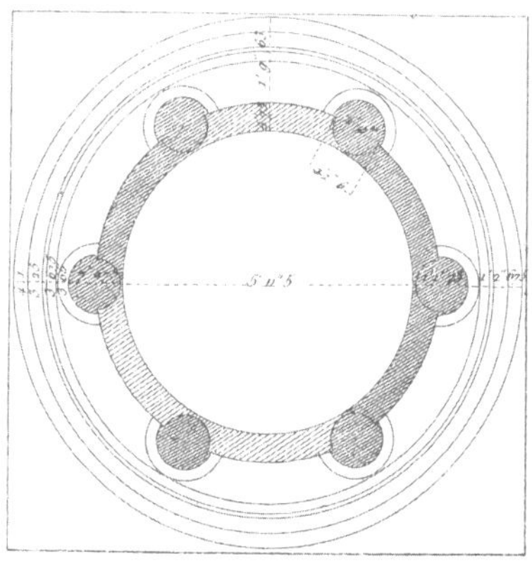

리시크라테스 기념비(BC 335-334년)
Choragic Monument of Lysicrates

톨로스라고 하는 원형의 구조물이 이 시기에 그리스에서 유행했다. 그 목적은 불분명하지만 대부분 신전의 모습을 띠고 있었으며 조각상이 놓여있기도 했다. 아마 가장 유명한 톨로스는 아크로폴리스의 기슭에 자리한 리시크라테스 기념비일 것이다. 이 건물은 안이 비어 있는 작은 사당으로 리시크라테스가 합창단의 우승을 통해 받은 청동 삼각대(세 발 위에 올려져 있는 둥근 그릇)를 올려놓기 위한 것이었다. 이것은 매우 화려했으며, 무엇보다도 코린트 오더를 외부에 사용한 첫번째 예였다

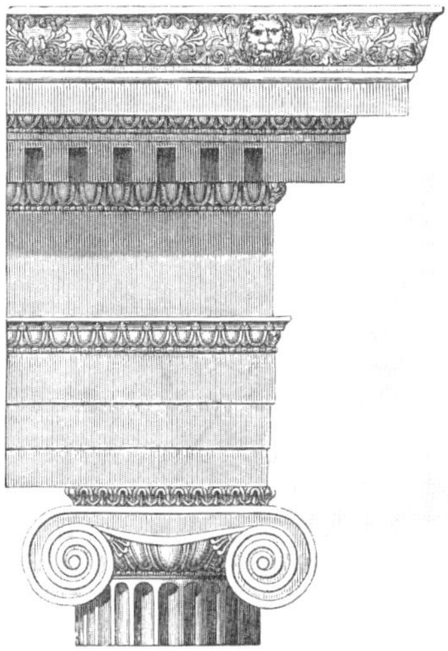

덴틸, 리시크라테스 기념비
Dentils, Choragic Monument

이오니아 오더의 코니스는 소아시아에서 발전하여 덴틸이 조각되었다. 덴틸은 작은 4각형이 연속적으로 돌출한 모양으로 델틸 사이에 일정한 간격이 있었다. 코린트 오더의 코니스에서도 덴틸이 사용되었지만 리시크라테스 기념비에서처럼 그 형태가 약간 작아졌다. 옆의 그림에는 보이지만, 전통적으로 소아시아에서는 이오니아 오더에 프리즈가 생략되었다.

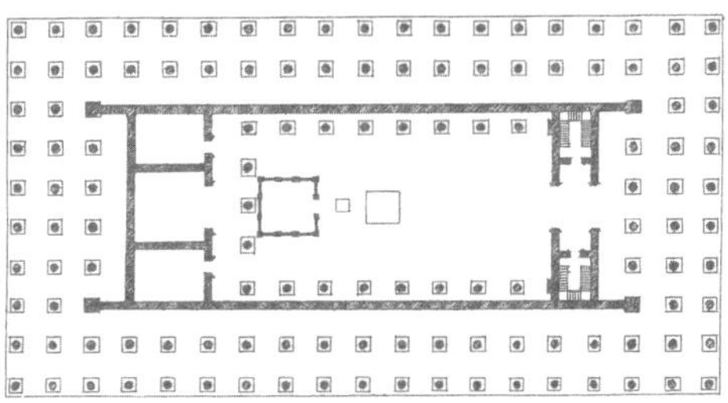

아르테미스신전, 에페수스 (BC 330년에 건설 시작)
Temple of Artemis, Ephesus

에페수스에 있는 아르테미스 신전은 이오니아식으로 소아시아에 있는 건물 중 가장 중요하고 신성한 건물이었다. 또한 이 건물은 파르테논과 함께 고대세계의 7대 불가사의에 속했다. 이 자리에는 여러 신전이 이전에 존재했으며 BC 6세기에 지어진 이 신전의 전신은 BC 356년에 화재로 소실되었다. 신전의 유물이 거의 남아있지 않은 까닭에 평면 형태도 불분명하다. 전면의 형식도 이 그림처럼 10주식이 아니라 8주식이었던 것으로 추측된다. 하지만 이중 주랑을 갖고 있었던 것은 확실하며 조각된 장식으로 유명하다. 특히 조각기둥columnae caelatae이 뛰어났다.

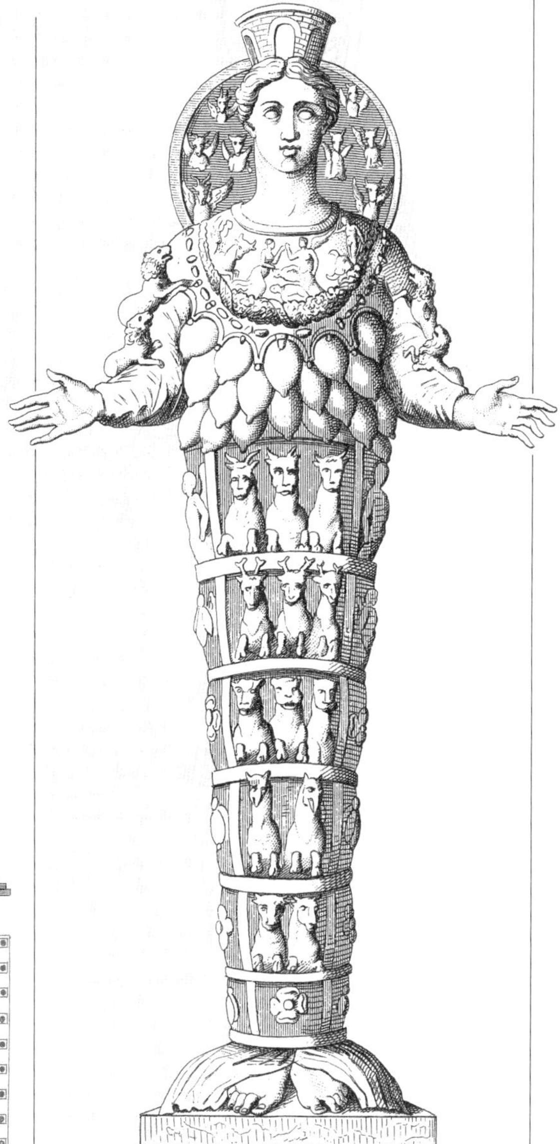

아르테미스
Artemis

에페수스의 대신전은 순결, 달, 그리고 사냥의 여신인 아르테미스에게 봉헌된 신전이었다. 로마인들은 이 여신을 디아나라고 불렀다. 전해지는 바에 따르면 이 신전에는 여러 개의 유방을 가진 아르테미스의 조각상이 있었다고 한다. 이 모습은 다산과 모성을 상징하는 여신의 역할을 나타내는 것과 관계있을 것이다.

고대 그리스
Ancient Greece

헬레니즘시대
The Hellenistic Phrase

BC 323년 알렉산더 대왕이 죽으면서 BC 650년경에 시작된 그리스시대가 끝나고 헬레니즘시대가 시작되었다는 것이 일반적인 정설이다. 알렉산더 대왕의 지배 아래 그리스제국은 그 영토를 인도와 누비아까지 확장했지만 전통적인 그리스문화의 영향력은 여전히 강했다. 알렉산더 대왕의 사후 이 넓은 영토는 여러 개의 독립적인 왕국으로 분리되었으며 이들의 문화와 생활양식을 헬레니즘Hellenistic이라 부른다. 이는 진정한 그리스 문화Hellenic의 원칙을 모방한 것이기 때문이다. 헬레니즘에서는 대체로 초기의 형태에서 멀어지는 경향을 볼 수 있다. 도리스 오더는 거의 쓰이지 않게 되었고 대신 이오니아 오더와 코린트 오더가 일반적으로 사용되었다. 그리고 다양한 종류의 건물들이 건설되었다. 그리스건축의 마지막 시기인 헬레니즘은 BC 30년에 그리스를 점령한 로마인에게 지대한 영향을 끼쳤다.

바람의 탑, 아테네 (BC 1세기 중엽)
Tower of the Winds, Athens
바람의 탑이라 불린 이 건물은 시계탑horologium으로 지어진 것이다. 안쪽에서는 물시계로 시간을 쟀으며, 외부에서는 해시계를 이용했다. 건물의 8면에는 서풍을 의미하는 제피루스 등의 바람을 나타내는 부조가 조각되어 있었다. 그리고 풍향계가 있어 바람이 불어오는 방향을 가리키고 있었다.

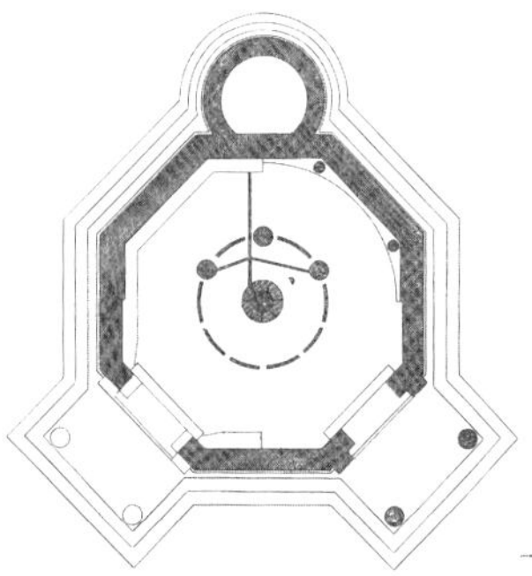

코린트식 코니스, 변형
Corinthian capital, variant form
헬레니즘시대에 이르러 오더는 그 형식적 엄격성을 잃어버리고 좀더 실험적인 형태를 추구하게 되었다. 그 예로 바람의 탑에서는 코린트식 주두의 변형을 찾아볼 수 있다. 1겹의 아칸서스잎만이 있으며 소용돌이문양은 없고 정4각형 아바쿠스를 갖고 있다.

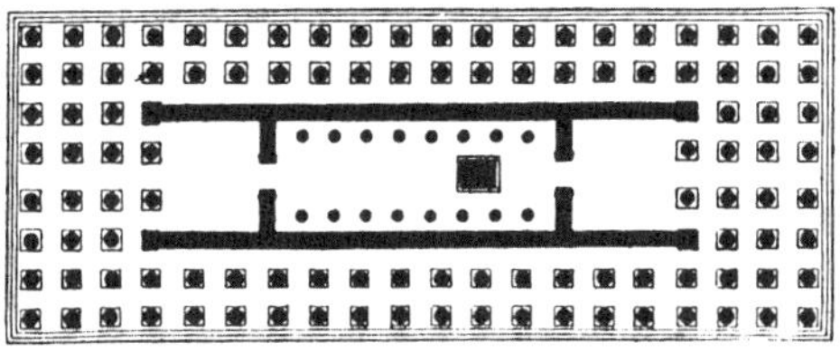

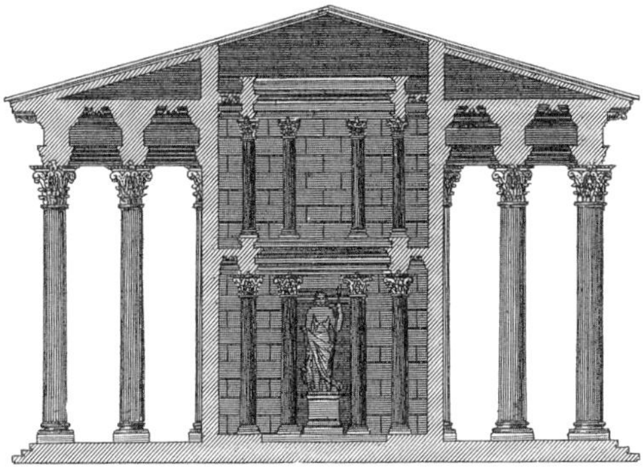

이중주랑식 신전
Dipteral temple
BC 4세기 이후 이중주랑으로 둘러싸인 신전이 일반화되었다. 이중주랑의 주된 장점은 신전이 웅장해 보인다는 것이다. 때때로 여기서 보는 것과 같이 전면과 후면에 기둥 1열을 더해 삼중주랑으로 만들어 그 웅장함을 강화시키기도 했다. 이 예는 BC 174년에 건설되기 시작한 아테네의 제우스 올림피우스신전이다.

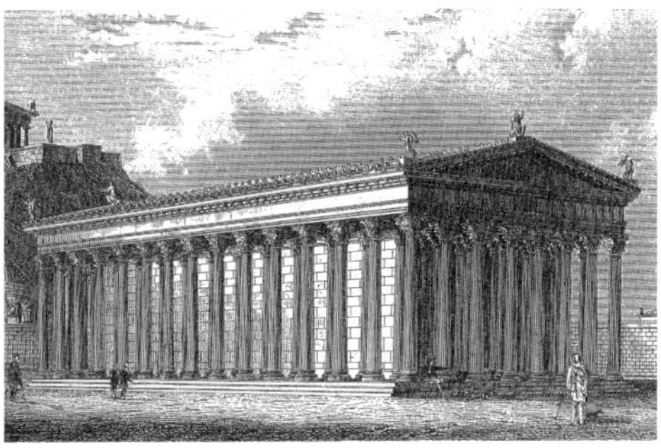

제우스 올림피우스신전의 코린트 오더
Corinthian order, Temple of Zeus Olympius
온전히 코린트식으로만 지어진 신전은 그리스에도 몇 채 없었다. 이 양식을 발전시킨 것은 로마인이었다. 그러나 제우스 올림피우스신전(올림피에이온Olympieion)은 주목할만 하다. 여기에서 코린트 오더는 육중한 비례를 가지게 되었고, 엔타블러처의 높이가 높아지면서 전체 건물의 높이가 매우 높아졌다.

이오니아 오더, 디오니소스신전, 테오스
Ionic order, Temple of Dionysus, Teos
이오니아식 신전은 헬레니즘시대 전반에 걸쳐 꾸준히 유행했지만 새로운 형태가 개발되었다. BC 2세기의 유명한 건축가인 헤르모게네스는 그의 책에 오더의 새로운 규칙을 기술해 놓았다. 테오스에 있는 디오니소스신전은 그가 직접 디자인한 이오니아식 건물이다.

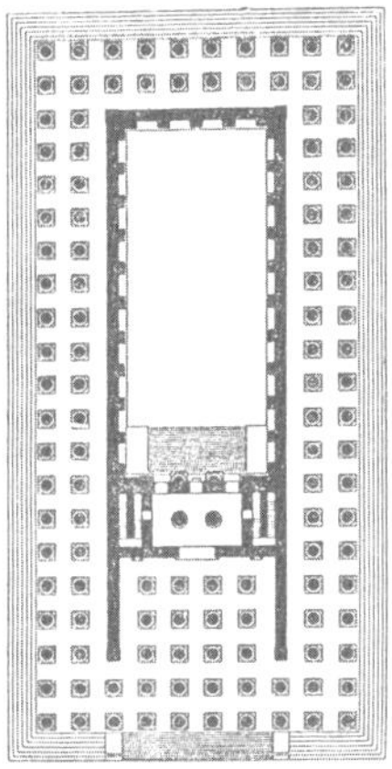

지붕없는 신전
Hypaethral
건물의 중심공간 전체 혹은 일부의 지붕이 없는 것을 히파트랄이라 한다. 밀레투스 근처의 디디마에 위치한 아폴로신전이 그 예로 BC 313년부터 41년까지 300년 가까운 기간에 걸쳐 지어진 건물이다. 이 신전의 개방된 중정에는 사당과 월계수 나무가 있었고 이를 둘러싸는 벽은 회반죽으로 마감되어 있었다.

황소의 제단 (BC 3세기)
Sanctuary of the Bulls, Delos
대개 무릎을 꿇고 있는 모습으로 그려진 황소는 헬레니즘시대에 장식물로 널리 쓰인 형태였다. 그 예로 델로스의 이 제단에서는 황소의 모습이 기둥의 주두부분과 트리글리프에 쓰였다.

고대 그리스
Ancient Greece

분묘
Tombs

망자를 매장하는 것은 그리스인들에게 매우 중요한 일이었다. 매장지를 나타내는 가장 일반적인 방법은 스텔레라고 하는 비석을 세우는 것이었다. 하지만 헬레니즘시대에 들어 특히 소아시아지역에서 분묘건축의 규모가 급격히 커졌는데 소아시아지역의 외국인 총독들은 그리스인 건축가와 장인을 고용해 분묘를 축조했다. 이런 분묘들은 대부분 신전의 평면과 디자인을 모방해 페디먼트와 페리스타일을 갖고 있었다. 무덤건축의 걸작이자 고대 세계의 7대 불가사의 중 하나인 할리카르나수스의 마우솔레움은 BC 353년경에 카리아의 왕 마우솔로스와 그의 왕비이자 동생인 아르테미시아가 건설하기 시작한 것이다.

사자무덤, 크니도스
Lion Tomb, Cnidus
할리카르나수스 근교의 크니도스에 위치하고 있는 이 사자 무덤은 해전 중에 사망한 이를 추도하기 위한 것으로 보인다. 이 무덤의 이름은 꼭대기에 올려져 있는 거대한 사자조각상에서 비롯했다. 사자는 용맹함, 자부심, 강인함, 승리를 상징했다. 무덤에는 도리스식 기둥이 사용되었으며 상부에는 계단식 피라미드가 올려져 있었다.

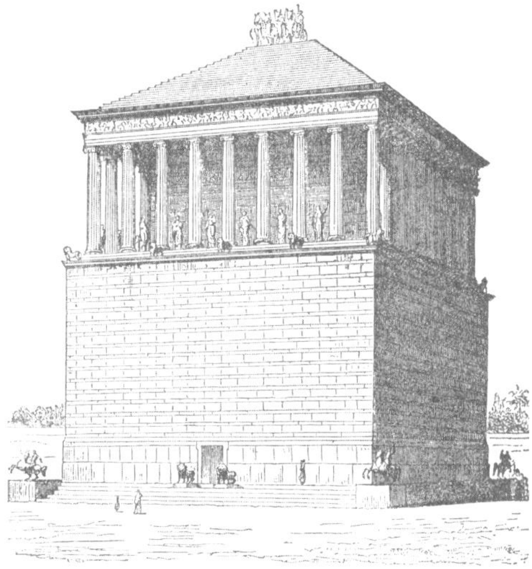

할리카르나수스의 마우솔레움(BC 353년에 건설 시작)
Mausoleum, Halicarnassus
마우솔레움이라는 말은 할리카르나수스의 왕 마우솔로스의 이름에서 따온 것으로 지금은 웅장하고 거대한 분묘건축물을 일컫는 단어가 되었다. 피티우스와 사티루스가 설계한 이 건물은 16세기에 파괴된 이후 아무 것도 남아있지 않는 까닭에 그 형태와 장식에 대해 끊임없이 격렬한 토론이 이루어지고 있다. 여기서는 무덤의 포디움이 매우 높은 것으로 묘사되어 있다.

포디움, 네레이드 기념비, 산투스(BC 420년경)
Podium, Nereid Monument, Xanthus
포디움은 기둥을 받치고 있는 낮은 벽 혹은 연속된 기초나 좌대를 말한다. 위에 보이는 것처럼 때때로 전체 구조물이 장식된 높은 포디움 위에 놓이기도 했다. 산투스의 네레이드 기념비는 이오니아식 신전의 형식을 본따 건설되었다.

마우솔레움의 평면과 디자인, 할리카르나수스
Mausoleum plan and design, Halicarnassus
할리카르나수스에 있는 마우솔레움을 복원하고자 하는 시도는 수없이 있어 왔으며, 그 중 일부는 주목할 만하다. 플리니우스에 따르면 36개의 이오니아식 기둥이 페리스타일로 묘실을 둘러싸고 있었으며 상부에는 24단으로 된 거대한 피라미드가 올려져 있었다고 한다. 전체 건물의 높이는 포디움을 포함하여 41미터나 되었다고 한다. 평면은 직4각형, 정4각형 또는 십자가모양 등으로 다양하게 그려졌다.

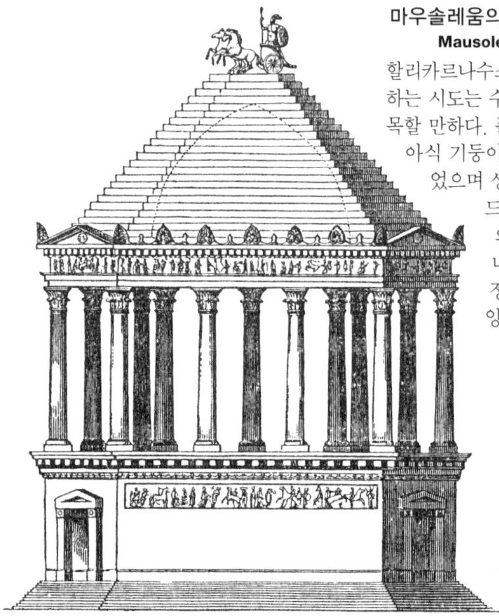

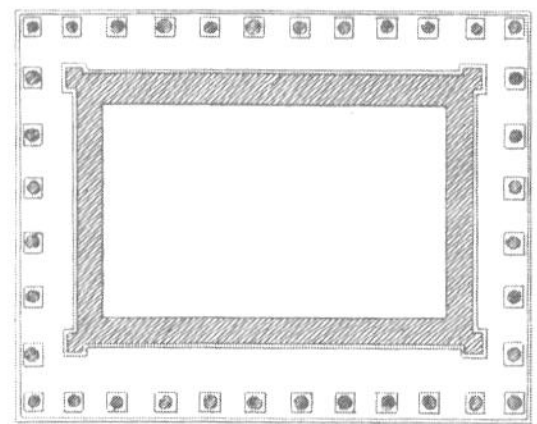

마우솔레움의 장식, 할리카르나수스
Mausoleum decoration, Halicarnassus

할리카르나수스의 마우솔레움에서 가장 놀라운 특징은 장식에 있었으며, 이는 마우솔레움이 세계의 불가사의로 꼽히게 된 주된 이유라 할 수 있다. 건물의 내외부에는 사람, 사자, 말 등을 비롯한 여러 동물의 조각상이 가득했는데 이들은 4명의 조각가, 브리악시스, 레오카레스, 스코파스 및 티모테우스가 만든 것이다.

코퍼링(우물천장)
Coffering

그리스 건축물의 평평한 천장은 안쪽으로 약간 꺼진 4각형 혹은 다각형의 판(코퍼coffer)으로 장식했다. 이 형태는 목조건축의 맞춤 형식을 모방한 것으로 보인다. 이 그림은 마우솔레움의 페리스타일 내부의 코퍼링을 복원한 것이다.

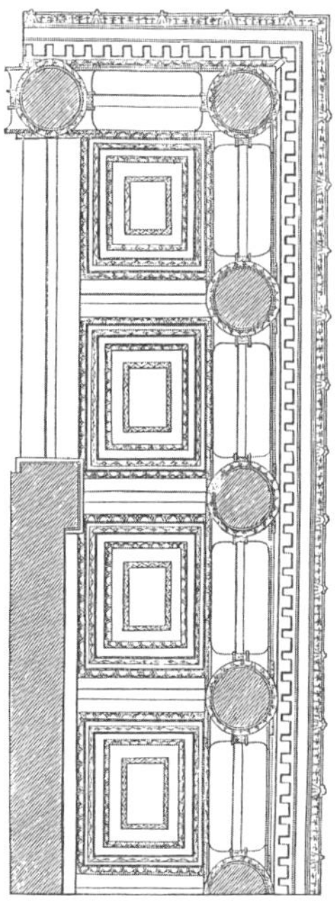

마우솔레움의 4두2륜전차, 할리카르나수스
Mausoleum quadriga, Halicarnassus

마우솔레움의 최정상부에는 말 4마리가 끄는 2륜전차와 그 운전수의 조각상이 올려져 있었다. 이 조각상의 일부가 대영박물관에 전시되어 있다.

고대 그리스
Ancient Greece

극장과 오데온
Theater and Odea

극장은 BC 6세기 혹은 5세기경에 생겨난 것으로 보이며 원래는 디오니소스 축제 때에 춤과 노래를 공연하기 위해 지어졌다. 후에 이들은 그리스 희곡의 두 장르인 희극과 비극을 공연하는 데에 쓰였으며, 페리클레스시대에 들어 전성기를 맞이했다. 극장은 주로 언덕에 위치했고 객석을 비탈에 지어서 무대를 향해 시선이 집중될 수 있도록 했다. 객석은 처음에는 나무로 만들었으나 나중에는 석재로 만들었다. 모든 극장은 노천극장이었으며 아테네의 디오니소스 극장(BC 500년경에 건립)과 에피다우로스에 있는 극장(BC 350년경)이 가장 유명하다. 오데온(또는 오데움)이라고 하는 음악당은 대부분 극장 근처에 지어졌다. 오데온은 극장보다 작은 규모였으며 약간 뒤에 발전한 것이다. 최초의 오데온은 BC 435년경에 페리클레스가 아테네에 지은 것이 있다.

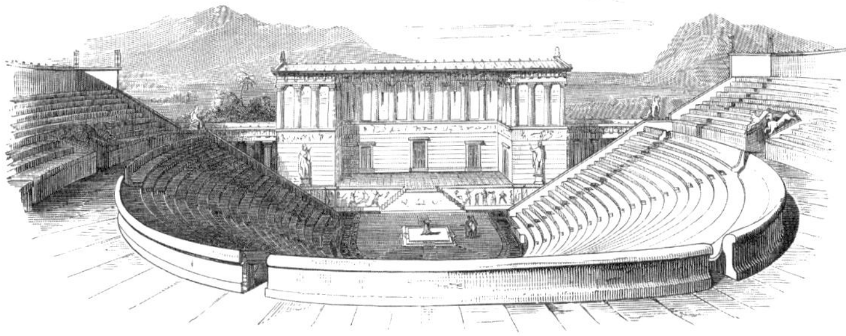

프로시니엄(프로스케니온)
Proscenium

헬레니즘시대에 들어 연기가 이뤄지는 곳이 무대 앞의 원형 무대(오케스트라orchestra)에서 프로시니엄으로 옮겨졌다. 프로시니엄은 무대건물 앞을 따라 자리한 열주건물을 가리킨다. 프로시니엄의 지붕은 높은 무대 혹은 연단(로게이온logeion)을 만들어 관객들이 연기자들을 좀더 쉽게 볼 수 있도록 했다. 이 시기에 뒤쪽의 무대건물은 2층으로 높아졌으며 위쪽 입면이 무대배경인 에피시니움(에피스케니온episcenium)으로 쓰였다. 로마시대에 이르러 무대는 아주 낮아졌으며 에피시니움은 이전보다 더 화려해졌다.

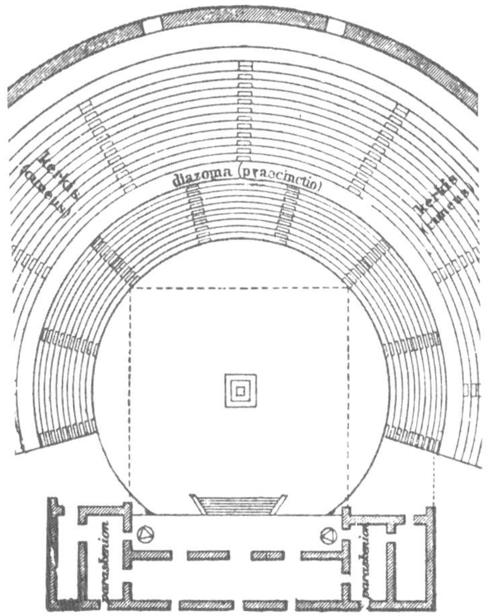

오케스트라
Orchestra

카베아 아래쪽에 원형의 평평한 공간을 오케스트라라고 불렀다. 이는 '춤추는 장소'라는 뜻으로 이름이 말해주듯이 연기자들은 이곳에서 춤추고 노래했다. 때때로 중심에 디오니소스를 위한 제단을 세우기도 했다. 배우들은 파로도스parodos라고 하는 통로를 통해 오케스트라로 들어왔다.

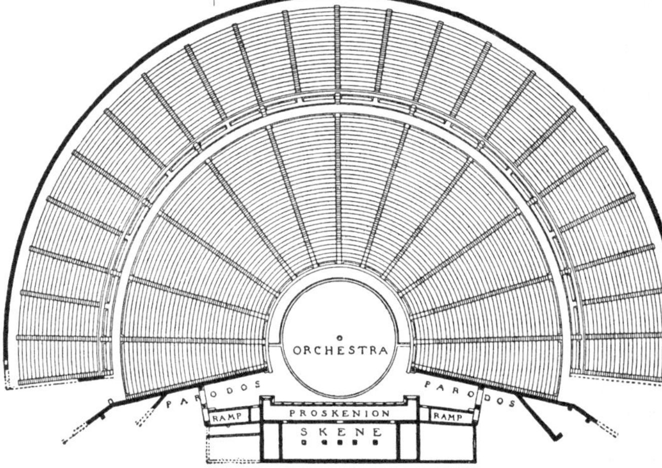

카베아
Cavea

극장의 거대한 반원형 객석 부분은 카베아라고 불렀다. 여러 층으로 된 객석의 가장 앞부분은 성직자, 관리를 비롯한 고위 인사를 위해 남겨졌다. 객석은 방사형의 계단식이었고 쐐기모양으로 구분되었는데 이를 쿠네이cunei라고 한다. 쿠네이와 수평으로 난 복도를 통해 객석으로 접근할 수 있었다.

무대건물
Scene building

원래 무대건물은 스케네skene라고 불렸으며 그 안에서 배우들이 준비하던 단순한 건물이었다. 얼마 지나지 않아 분장실, 창고 등을 갖추면서 좀더 영구적인 건물로 바뀌었다. 카베아에 있는 관객과 마주하는 앞면은 나무판에 채색해 만든 배경을 설치하는 데에 쓰였다. 건물의 양쪽 끝에는 파라스케니온parascenion이라고 하는 날개가 앞쪽으로 뻗어 나와 있어 오케스트라 부분의 경계를 지어주고 있다.

오데온의 평면
Odea plans

오랫동안 모든 오데온의 평면이 원형일 것이라고 여겨져 왔다. 아래 그림은 아테네에 있는 헤로데스 아티쿠스 오데온Odeon of Herodes Atticus(BC 161년경)으로 극장과 매우 닮은 모습이다. 하지만 페리클레스가 아테네에 지은 오데온(BC 435년경)은 정4각형 평면을 가졌던 것으로 보인다.

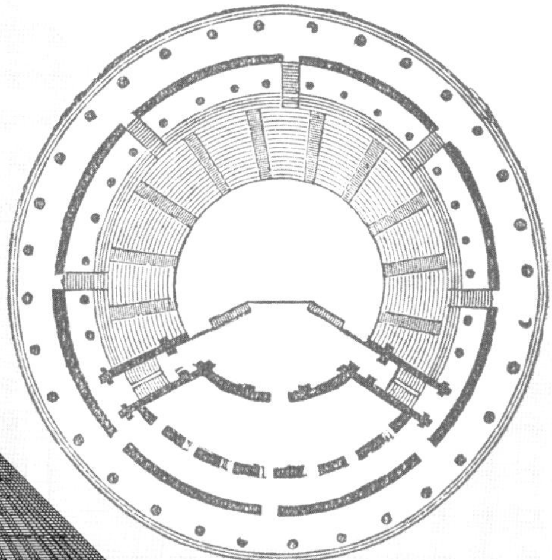

오데온의 지붕
Odea roofs

오데온은 극장과는 달리 일부 혹은 전부가 지붕으로 덮여 있었다. 아테네에 있는 페리클레스의 오데온에서는 81개의 기둥이 지붕을 받치고 있었으며 이를 두고 플루타르크는 "기울어져 한 점으로 모인 모양으로 페르시아 왕의 천막을 닮았다"고 했다.

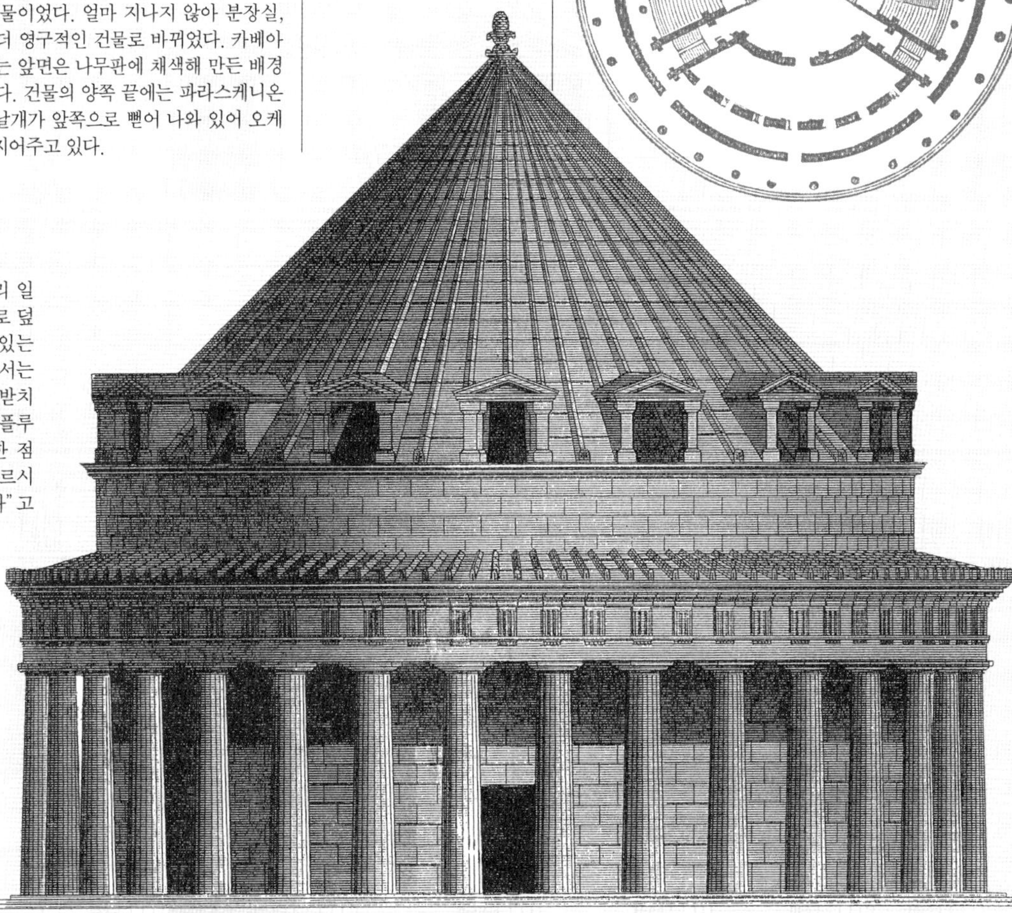

고대 그리스
Ancient Greece

기타 일반 건축물
Other Secular Structures

앞서 살펴본 바와 같이 헬레니즘시대에는 종교적 건축이 덜 강조되었으며 현실 속의 건축물이 더 주목을 받았다. 도시 내부에 있는 야외시장인 아고라가 경제적, 사회적 생활의 중심이었으며 이 곳에는 스토아(열주가 있는 건물), 불레테리온(공민회관), 프리타네이온(관청), 발라네이아(공공욕장)가 있었다. 도시의 아고라 바깥쪽은 완전히 주거지였으며 주택은 전반적으로 소박한 모습이었다. 사람들은 대부분의 시간을 외부나 집회 장소에서 보냈다. 운동과 관계된 건물(짐나지아, 스타디아 등)이 특히 두드러졌다. 운동경기는 대개 종교적 축제의 일부였으며 올림피아, 델파이, 코린트, 네메아 경기로 구성된 범그리스 경기가 4년마다 열렸다. 이를 올림피아드라고 했다. 여성은 일반적으로 참가할 수 없었고 관객조차도 모두 남성이었다.

2층의 스토아
Double-storeyed stoas
스토아는 열주에 지붕을 덮어놓은 건물로 비바람을 막아주고 산책하며 이야기할 수 있는 공간을 마련해 주었다. 스토아는 거대한 건축물인 까닭에 많은 경우 2층 열주를 갖고 있었다. 아테네에 있는 아탈로스 2세의 스토아Stoa of Attalus II(BC 150년경)의 경우 아래쪽은 도리스 오더, 위쪽은 이오니아 오더를 사용했다.

스토아의 지붕
Stoa roofs
스토아의 지붕은 골이 져있으며 일반적으로 건물의 중앙을 따라 놓인 이오니아식 기둥열 위에 놓였다. 스토아는 아고라의 측면을 따라 있거나 신전이 있는 성역에 위치했다.

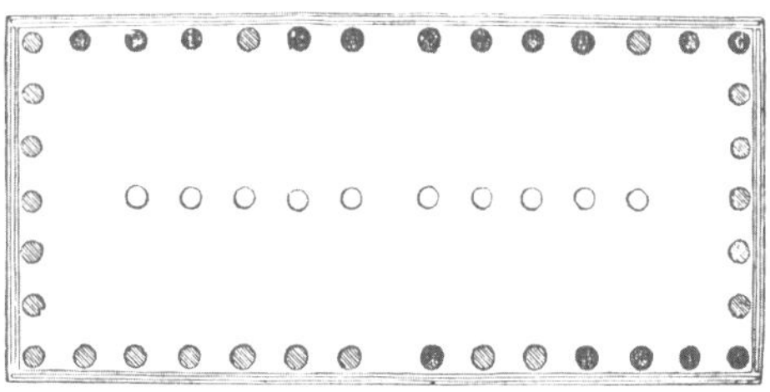

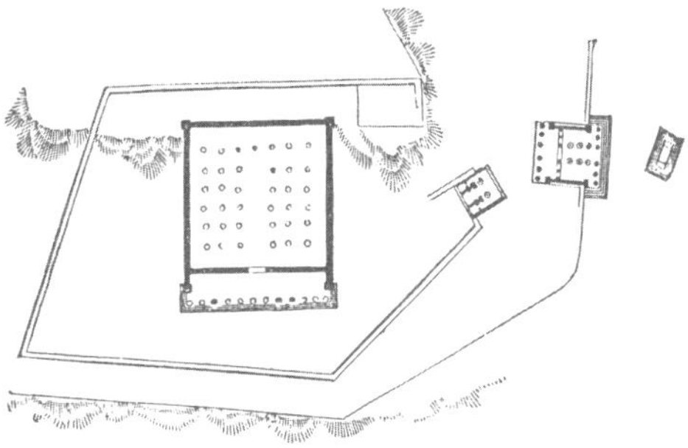

스타디온
Stadia

스타디온은 달리기 경주를 위한 트랙이었다. 트랙 자체는 직선이었으며 평평했고 그 길이는 평균적으로 183미터였다. 선수들은 대개 양쪽 끝부분의 기둥에서 민첩하게 돌아야 했다. 측면은 둑으로 둘러쌌으며 후에 한쪽 면에 관람석을 만들었다.

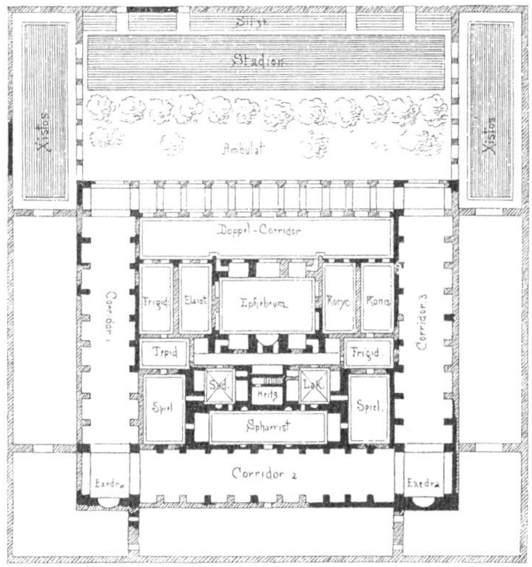

연회장
Meeting halls

그리스인들은 이집트의 다주실과 유사한 연회장을 갖고 있었다. 지붕이 덮여 있는 건물의 가장자리 부분에는 의자가 있었고 수많은 기둥이 내부에 있었다. 가장 잘 알려진 예로는 엘레우시스의 텔레스테리온Telesterion이다. 이 건물은 BC 5세기와 4세기에 지어진 것이다.

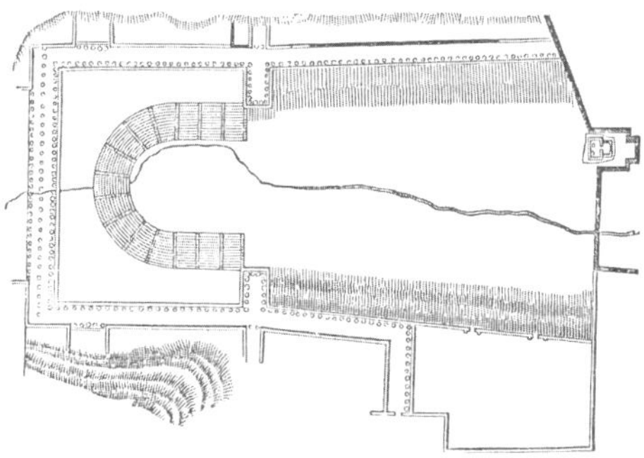

짐나지움
Gymnasia

본래 짐나지움은 남자들이 모든 종류의 운동을 할 수 있던 거대한 외부공간을 의미했다. 대개 그 주위에는 열주랑이 둘러져 있었다. 하지만 짐나지움이라는 단어는 외부 마당과 그를 둘러싸는 건물을 일컫기도 했다. 건물에는 목욕탕, 탈의실, 강의실이 있었다.

팔라에스트라
Palaestrae

팔라에스트라는 짐나지움과 흡사했으며 두 단어는 구분없이 쓰이기도 했다. 하지만 엄밀히 말하자면 팔라에스트라는 그리스의 사립 레슬링학교였다. 올림피아에 있는 이 팔라에스트라는 가운데 야외중정 주위로 열주랑이 있고 그 뒤로 탈의실과 목욕탕이 있는 모습이다.

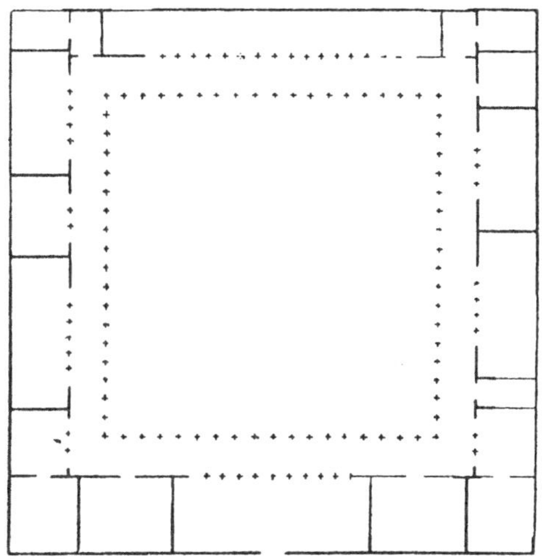

히포드롬
Hippodromes

히포드롬은 경마와 전차경주가 벌어지던 곳이다. 전차경주는 그리스의 각종 경기 중 최고급 경기였다. 그리스의 히포드롬 중 남아있는 것은 없지만 로마의 원형경기장circus처럼 U자모양이었을 것으로 생각된다. 경기는 U자 끝의 직선부분에서 시작하여 중앙의 울타리 주위를 돌며 진행되었을 것이다. 올림피아에 있는 히포드롬에서는 경마는 일반적으로 한바퀴, 전차경주는 12바퀴를 돌았다.

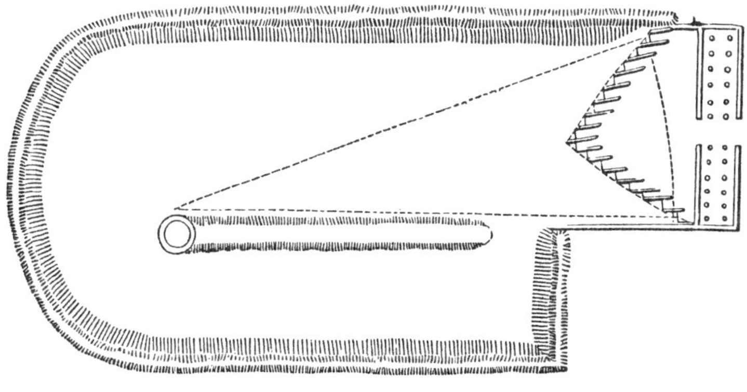

고대 로마 BC 3세기경–서기 340년경까지
Ancient Rome C.3th bce–c.340 ce

로마 공화국
Republican Rome

BC 3세기와 2세기 동안 로마는 주변의 적들을 정복하고 이탈리아 안팎으로 제국의 영토를 확장하는 데에 온 힘을 쏟았다. 공화정시기에 로마는 원로원과 민회를 지배한 소수의 원로원 의원에 의한 과두정치를 취하고 있었다. 공화정은 카이사르가 암살당하고 BC 27년 아우구스투스 황제가 즉위하면서 끝나게 되었다. 로마 공화국시대에 새로운 건축형태가 나타났다. 에트루리아와 이탈리아의 전통 위에 고대 그리스 양식과 로마의 건설기술이 더해진 것이다. 이때의 건물 중 아주 소수만이 남아있지만 그것들을 보면 새로운 건축재료, 건물형태 그리고 장식요소를 혁신적으로 추구했다는 것을 알 수 있다. 이러한 탐구를 통해 로마인들은 그들만의 새로운 건축양식을 만들어낼 수 있었다.

코린트식 주두
Corinthian capital

초기 로마시대의 코린트식 주두는 후대의 것보다 납작했고 아칸서스잎은 더 두꺼웠으며 아바쿠스에 있는 꽃은 더 컸다. 이런 예는 로마의 베스타신전에서 발견되는데 이 건물에는 세로홈이 있는 20개의 기둥에 이러한 주두가 올려져 있었다.

바실리카 에밀리아(BC 179년경)
Basilica Aemilia

아래와 같은 단편을 제외하고는 바실리카 에밀리아의 유적은 거의 남아 있지 않다. 당시의 기념메달장식과 발굴을 통해 이 건물의 긴 쪽이 포럼을 향했던 것을 알 수 있으나 상점이 들어찬 2층 높이의 열주랑에 의해 외관이 상당히 가려졌을 것으로 추측된다. 아마도 클리어스토리clerestory(고측창)를 통해 위로부터 채광했을 것이다.

오푸스 인케르툼
Opus incertum

공화정 초기의 건물은 일반적으로 작은 쇄석과 콘크리트를 섞어 축조했으며 어떤 경우에는 벽돌이 중간중간 가로질러 놓이기도 했다. 이러한 축조술을 오푸스 인케르툼(부정형 쌓기)이라고 하며 BC 2세기부터 BC 1세기 초까지 쓰였다.

원형 대경기장(4세기)
Circus Maximus

원형 경기장(키르쿠스 막시무스)은 경마와 검투사의 경기를 위해 쓰였다. 로마에 있는 원형 대경기장은 4세기 초에 처음 축조되었고 후대에 개축된 것이다. 평평한 대지에 지어진 이 건물은 길이가 600미터였으며, 출발문caracares이 있는 직선 주로의 끝부분을 제외한 모든 부분을 따라 관람석이 있었다. 경기장 중앙에 길이방향으로 세워진 스피나spina라고 불리는 낮은 벽과 그 양쪽 끝에 있는 기둥인 메타meta 주위를 트랙처럼 돌았다.

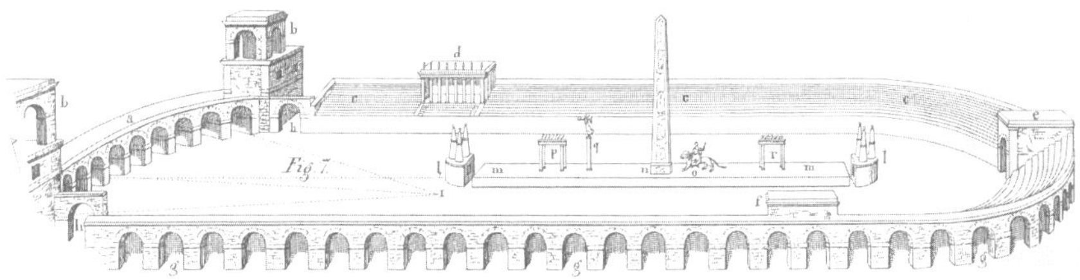

베스타사원(BC 1세기)
Temple of Vesta

BC 1세기 전반에 지어진 이 원형 사원의 평면은 에트루리아의 원형 오두막에서 기원한 것이다. 하지만 입면의 모습은 그리스식이었다. 기둥과 벽은 그리스에서 가져온 펜텔리콘산 대리석으로 만들어졌다. 건물 전체를 두르고 있는 계단, 고전적인 장식 그리고 재료를 볼 때 그리스인 건축가가 지은 것으로 보인다. 엔타블러처가 소실되었기에 여기에 보이는 돔의 모습은 전적으로 추측에 의한 것이다.

포르투나 비릴리스신전
Temple of Fortuna Virilis

이 건물은 이오니아식의 4주식 신전이다. 기단부는 이 지역의 화산석인 투파tufa로 만든 콘크리트로 되어 있으며 티볼리 근처에서 채굴된 석회암인 트래버틴으로 마감했다. 벽 역시 투파로 만들었으나 겉면을 스터코(회반죽)로 마감했다.

포르투나 비릴리스 신전의 평면
Plan, Temple of Fortuna Virilis

이 평면은 신전 건물의 축에 따른 방향성을 강하게 보여주는데 이는 에트루리아로부터 전해진 것이다. 이 건물은 초기의 의사주주랑식 신전으로 기둥이 건물을 둘러싸고 있지만 일부가 셀라 벽에 붙어있다.

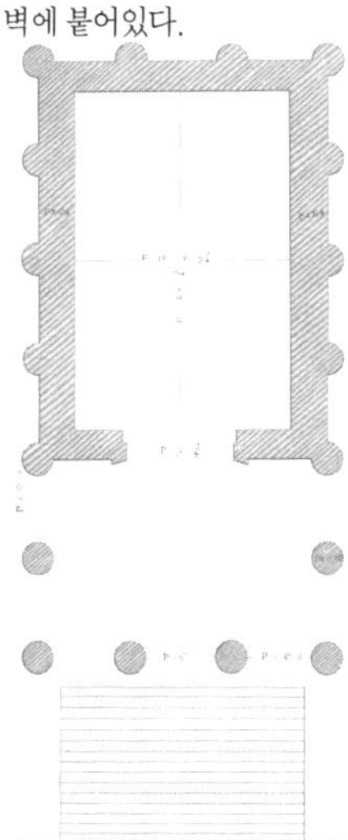

부크라니움 프리즈, 포르투나 비릴리스신전
Bucranium frieze, Temple of Fortuna Virilis

부크라니움은 소의 두개골 모양장식을 일컫는 말이며, 이것과 함께 화환, 어린아이상으로 화려하게 장식된 이 프리즈는 BC 1세기에 지어진 포르투나 비릴리스신전의 것이다.

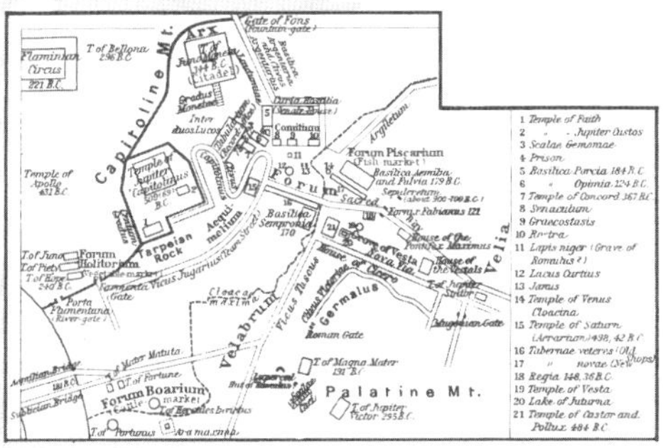

포럼
The forum

로마의 도시에는 데쿠마누스 막시무스와 카르도라고 하는 2개의 중심 도로가 있었다. 이 도로가 만나는 곳에 포럼이 있는데 이는 로마 도시의 정치, 경제, 사회, 종교적 중심지로서 건물들이 불규칙하게 모여 있었다. 포럼에는 에트루리아식의 축을 이루는 시장과 그리스식 열주랑이 있는 아고라가 결합되어 있었다.

고대 로마
Ancient Rome

폼페이
Pompeii

폼페이는 BC 3세기 이후 나폴리 남쪽에 생겨난 도시로 서기 63년 지진으로 인해 피해를 입었으며 그 후 79년 베수비우스 화산이 폭발하면서 두꺼운 화산재층에 파묻혀 보존되었다. 18세기 후반에 발굴이 시작되어 초기 로마 거주지에 관한 풍부한 건축자료를 드러내게 되었다. 가로 체계, 주택 그리고 공공건물 등 모두가 온전한 상태였으며 그 중에는 공화정 시대의 건물도 여럿 있었다. 남아있는 건물은 대개 바실리카나 공공욕장 등으로 로마의 건물유형 중에 가장 초기의 것들이다. 이탈리아 남부지방은 이전에 그리스인 개척자들로부터 지대한 영향을 받았기에 폼페이에는 그리스식으로 꾸며진 저택이 많으며 이는 이 도시의 독특한 특징이다.

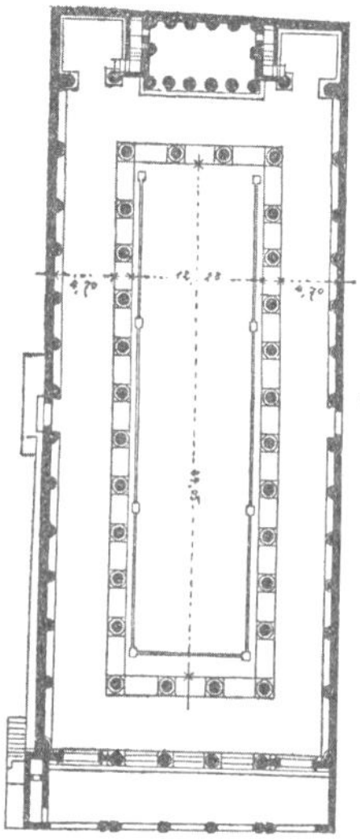

바실리카
Basilica

바실리카는 그리스의 열주랑이 있는 아고라에서 비롯한 것으로 보이며 점차 지붕을 덮게 되었다. 이 건물은 상업과 재판을 위한 장소로 사용되었다. 폼페이에서 발견된 이 예는 짧은 면을 통해 내부로 들어가며 재판관이나 연설자를 위한 연단이 튀어나와 있다.

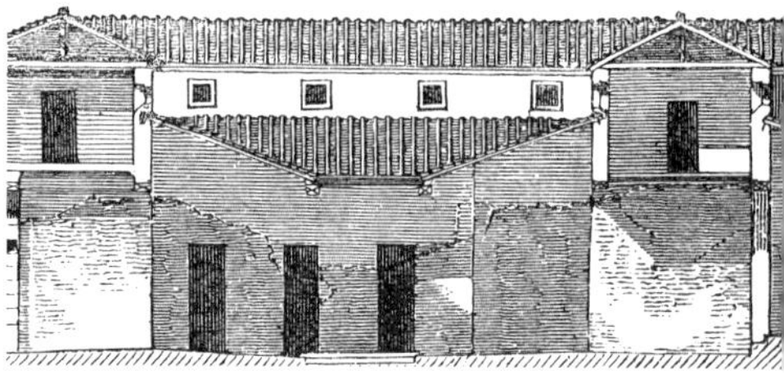

도무스(BC 2세기)
Domus

도무스는 로마의 초기 주거로 에트루리아에서 기원했으며 중정과 그 주위의 여러 개의 방으로 구성되어 있었다. 그리스의 영향으로 아트리움 안쪽으로 페리스타일로 된 두번째 중정이 생겨났으며 그 주위로 방이 더 있었다. 위의 그림은 그러한 예 중 하나로 판사의 주택House of Pansa이다. 일부 도무스는 2층을 올리기도 했으며 도로와 면한 부분은 상가로 임대했다.

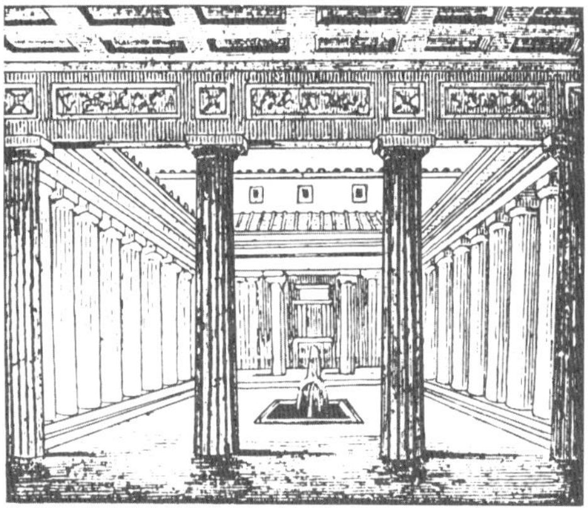

아트리움
Atrium

아트리움은 천장이 없이 개방되어 있어서 바닥에 있는 연못에 빗물이 모이도록 했다. 점차적으로 헬레니즘식의 기둥이 여러 경로로 소개되었다. 이 건물에는 연속적인 열주가 연못을 둘러싸고 있으며 이를 코린트식 아트리움이라고 부른다.

토스카나식 아트리움
Atrium Tuscanium

이 토스카나식 아트리움에는 기둥이 없으며, 화려한 장식을 통해 이곳에 살던 주인의 부를 짐작할 수 있었다. 벽과 천장에는 프레스코화가 그려져 있었고, 타블리눔tablinium(로마 주택에서 가족 기록과 조상의 상을 모시는 일종의 응접실)과 아트리움(중정)을 구분하는 커튼이 드리워져 있었다. 바닥은 대개 모자이크로 꾸며 놓았다.

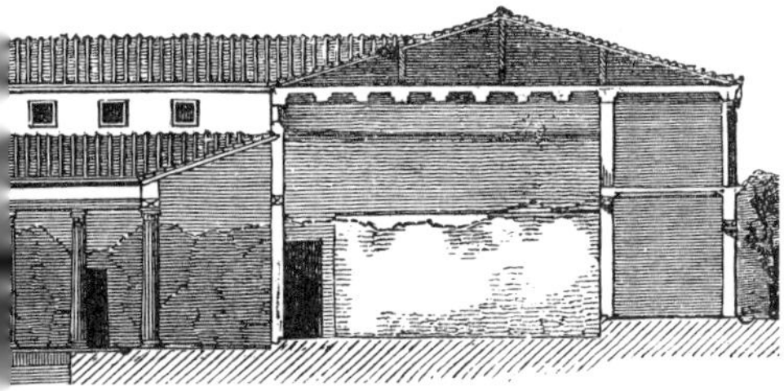

벽 장식
Wall decoration

초기의 주택은 벽면을 4각형으로 구획하고 프레스코로 다양한 문양을 넣어 장식했다. 벽을 채색하는 풍습은 초기 폼페이양식(BC 200-90년경)으로 이어졌다. 위의 사례에서 볼 수 있는 것처럼 건축적 요소를 프레스코화로 그려 넣어 벽을 분할하고 장식했다. 후기 폼페이양식(BC 90-15년경)에는 벽면에 열주를 그리고 그 너머 풍경을 묘사했다.

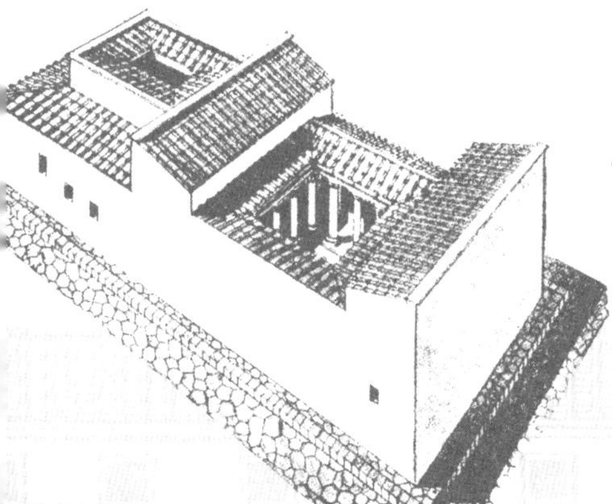

페리스타일
Peristyle

페리스타일은 정원을 둘러싸고 있는 열주로 대개 분수와 조각상으로 꾸며져 있었다. 건물 외부에는 창문이 거의 없었고 페리스타일과 아트리움으로만 채광이 가능했다. 점차 페리스타일의 한쪽 혹은 그 이상의 면에서 건물벽을 제거함으로써 거주인이 열주 너머의 풍경을 바라볼 수 있도록 했다.

주택 평면
House plan

로마의 주택은 대칭적인 평면을 갖고 있었다. 가장 중요한 방은 타블리눔으로 아트리움과 페리스타일 사이에서 공적인 영역과 사적인 영역을 구분해 주었다. 그 양쪽으로 알라ala라는 복도가 있었다. 침실, 식당, 부엌은 안쪽에 자리했다.

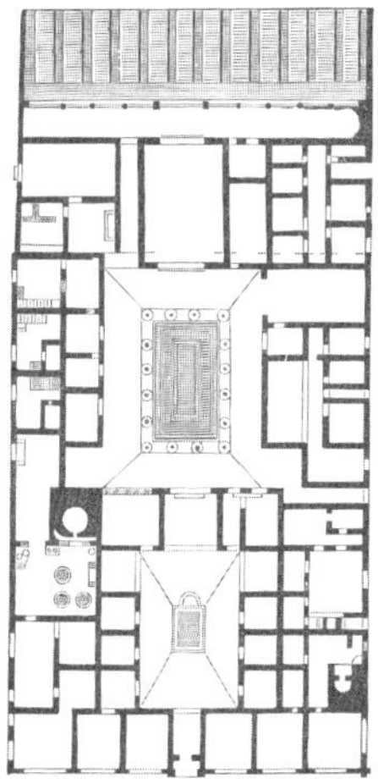

프레스코화와 볼트지붕
Frescoes and vaulting

폼페이 공공욕장(BC 100년경)의 이 온탕은 내부 장식의 수준을 보여준다. 벽에는 프레스코화가 그려져 있었으며 천장은 원통형 볼트barrel vault의 초기 모습을 보여준다.

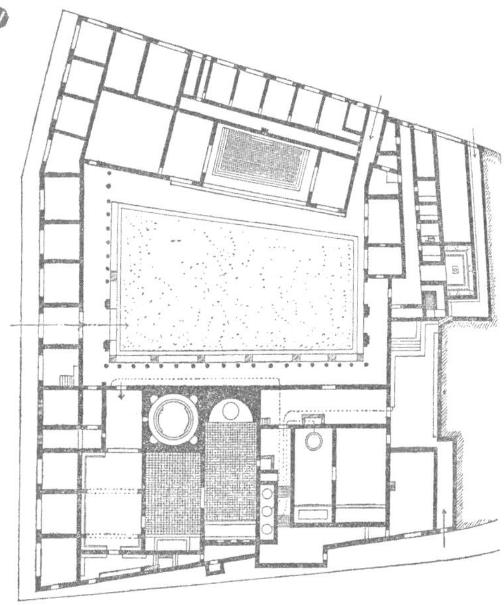

스타비안 공공욕장 (BC 2세기)
Stabian Baths

이것은 남아있는 목욕탕 유적 중 가장 오래된 것이다. 평면은 비정형적이었지만 팔레스트라(운동장)와 수영장같은 후대의 공공욕장에서 보이는 기본적인 요소를 갖고 있었다. 남녀 욕탕은 분리되어 있었으며 각각 탈의실, 온탕, 열탕을 갖추고 있었다. 욕탕을 데우는 데에는 난로를 사용했다. 남탕이 좀더 화려했으며 가장 초기 형태의 콘크리트 돔이 냉탕을 덮고 있었다.

고대 로마
Ancient Rome

로마 밖의 공화정시대 건물
Republican Buildings beyond Rome

공화정시대(BC 3세기에서 BC 1세기)에는 로마 이외 지역에서도 로마와 동일한 건물유형과 재료가 사용되었다. 로마에는 그리스인들이 사용하던 대리석이 충분치 않았기 때문에 그들 지역에서 구할 수 있는 투파, 트래버틴, 페페리노 등을 사용했다. 또한 이 시기에 로마인들은 구운 벽돌을 발전시켜 표준화했다. 반영구적인 콘크리트의 개발은 이전부터 있었던 건물유형과 새로 탄생된 건물유형 모두를 건설하는 데에 영향을 끼쳤다. 콘크리트는 어느 경우에도 외부로 노출되지 않고 벽돌이나 채색한 회칠로 덮었다. 이 시대에 지어진 로마 밖의 신전들은 에트루리아-이탈리아 전통과 헬레니즘의 고전 오더를 융합하여 사용했다.

티볼리의 베스타신전 (BC 1세기 초)
Temple of Vesta, Tivoli
원형 신전인 베스타신전은 티볼리의 계곡에 자리했으며 부엌(화로)의 여신에게 받쳐진 것이다. 이 시기의 신전들은 대부분 극적인 위치에 자리하여 주위를 둘러싼 전원의 풍경을 감상할 수 있게 했다.

그리스와 로마의 융합, 베스타신전
Greek and Roman fusion, Temple of Vesta
티볼리의 베스타신전의 장식은 본질적으로 그리스식이다. 코린트식 주두(바로 위)와 황소머리 장식이 달린 프리즈가 있기 때문이다. 하지만 로마 특유의 투파와 트래버틴을 사용한 것과 오푸스 인케르툼(부정형 쌓기)은 전형적인 로마식이다. 기단, 입구, 창문(위의 그림) 그리고 셀라의 입구 반대편에 축을 이루는 계단 역시 로마의 양식이다.

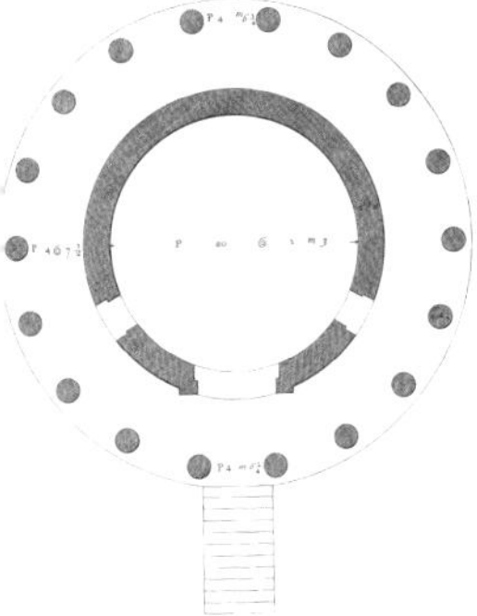

베스타신전의 평면
Plan, Temple of Vesta

이 평면은 로마에 있는 베스타사원에서 유래한 것이다. 두 신전의 가장 큰 차이점은 로마에서는 계단이 셀라 둘레 전체에 있는 반면, 이곳에는 입구 앞에만 설치되어 축을 강조한다는 것이다.

포르투나 프리미게니아 성역, 프레네스테(BC 80년경)
Sanctuary of Fortuna Primigenia, Praeneste

로마 외곽의 이 성역은 포르투나 여신(행운의 여신)에게 봉헌된 것이다. 아래쪽의 포럼과 위쪽의 성역은 7개의 단 위에 배치되어 있고 대칭으로 놓인 계단과 경사로로 연결되었다. 장소의 특성상 시각적 효과를 위해 콘크리트를 사용하여 볼트 천장을 만들었다.

파노의 바실리카
Basilica, Fano

비트루비우스는 고대 로마의 건축에 대해 유일하게 남아있는 책인 「건축론」을 저술했다. 그가 설계한 것으로 알려진 유일한 건물로 아드리아해 연안의 파노에 바실리카가 남아있다. 평면은 직4각형이었으며 긴 변에 포럼에서 들어오는 입구가 있었고 그 건너편에 재판소가 있어 집정관들이 판결을 내렸다. 그는 바실리카는 방문자의 편의를 위해 따뜻한 곳에 건설되어야 한다고 규정했다.

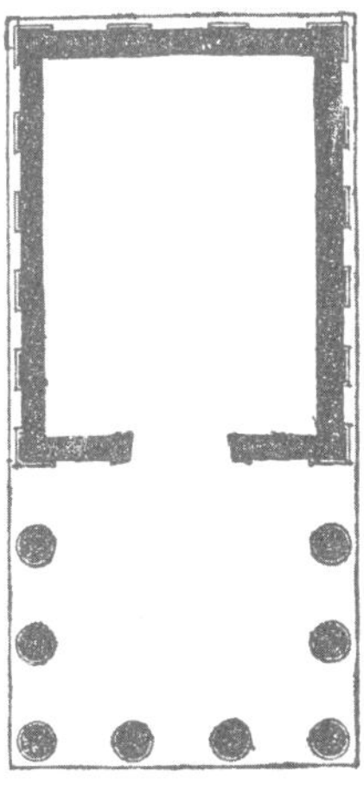

코리의 헤라클레스신전 (BC 2세기 후반)
Temple of Hercules, Cori

이 의사주주랑식 신전(105쪽을 참고하라)은 로마 남부의 코리에 있는 것으로 셀라 주위에 코린트 오더의 기둥이 벽에 부착되어 있었다. 깊은 열주현관에는 기둥을 빽빽하게 배열하여 건물 앞 공간을 의도적으로 강조했다. 뒷부분은 대조적으로 장식을 하지 않았다.

로마식 아치
The Roman arch

로마인들은 석재 홍예석 아치를 개발했으며 이를 고정하기 위해서 독립적인 기둥을 사용했다. 이와 같은 기본적인 형태에서 원통형 볼트와 교차 볼트 그리고 돔이 생겨났다.

수로교, 세고비아(BC 10년경)
Aqueduct, Segovia

수로교는 도시 외곽의 시골에서 도시로 물을 수송하기 위해 만들어졌다. 일반적으로 지하의 수로를 이용했지만 지형적인 필요에 따라 거대한 다리가 세워지기도 했다. 이러한 예는 스페인의 세고비아에 있는 수로교의 세부모습이 있다. 거친 석재로 128개의 아치를 2층으로 쌓아 30미터 높이의 다리를 만들었다.

고대 로마
Ancient Rome

아우구스투스시대 건물
Augustan Buildings

카이사르의 암살 이후 BC 27년 아우구스투스 황제가 집권하면서, 약 200년간 지속된 팍스 로마나라고 하는 평화와 번영의 시대가 열렸다. 그는 로마와 제국 전체의 기반시설을 재정비하기 시작하여 도로, 다리, 수로교를 건설했다. 그리고 부유층으로 하여금 도시를 위한 공공건물을 짓도록 했다. 불행히도 이러한 공공건물은 많이 남아 있지 않다. 아우구스투스는 많은 부분에서 그의 양아버지인 율리우스 카이사르의 정책을 따랐다. 포럼을 다시 지었고, 아치와 오더가 결합된 가장 초기의 로마건물인 마르셀루스 극장을 완성했다. 시멘트를 사용하는 데에도 발전이 있었는데 포졸라나(화산회)가 좀더 널리 쓰이기 시작했으며 시멘트가 천천히 마르게 하는 방법이 개발되었다. 하지만 아우구스투스시대에도 그 취향은 본질적으로 전통적이었다.

로마의 마르셀루스 극장
Theater of marcellus, Rome
마르셀루스 극장은 BC 13년 아우구스투스 황제의 손자인 마르셀루스를 기리기 위해 봉헌된 것이다. 외부는 반원형으로 두 층의 아치가 객석을 지지하는 부축벽 buttress 역할을 했다. 구조적 역할을 하는 아치와 장식용 오더의 조합은 전형적인 로마식이었다.

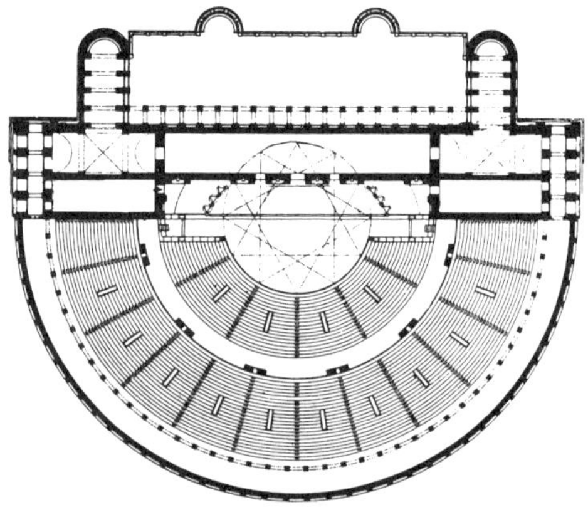

로마식 극장
Roman theaters
로마식 극장은 그리스의 것과 달랐다. 로마식 극장은 원형이 아니라 반원형이었으며 자연에 노출되어 있지 않고 스케나 프론스scaena frons라고 하는 벽으로 둘러싸여 있었다. 카베아cavea(객석)는 방사상의 경사로와 통로를 통해 접근하도록 했고 아치모양의 하부구조 위에 지어졌다. 따라서 극장은 산기슭이 아닌 평지에 자리할 수 있었다.

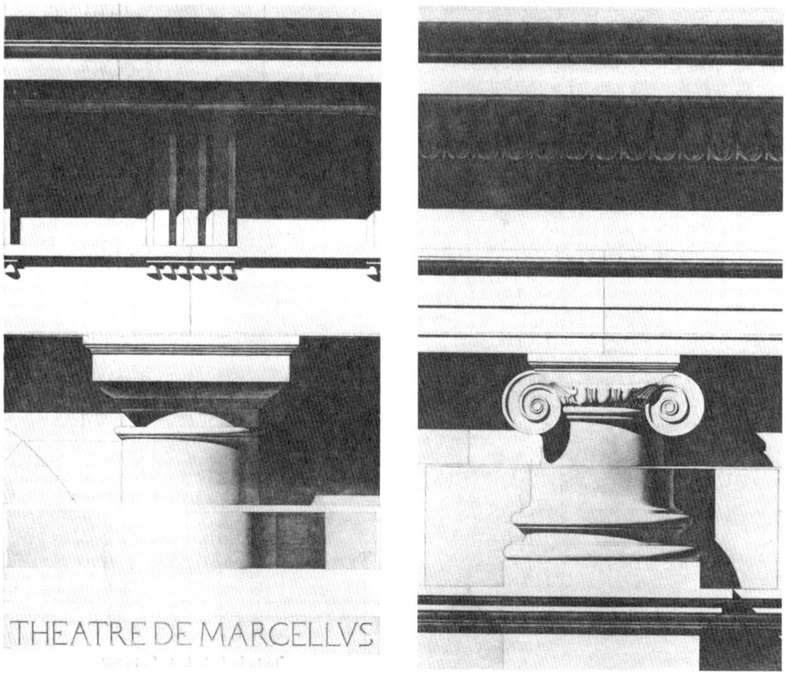

마르셀루스 극장의 중첩 오더
Superimposed orders, Theater of marcellus
마르셀루스 극장은 두 층만이 남아있으며 아치 위에 이오니아 오더와 도리스 오더가 중첩되어 있다. 그 위에 3층이 코린트 오더로 되어 있었는지, 단순하게 지붕층이 있었는지는 알려지지 않고 있다. 로마에서 도리스 오더에는 항상 주초가 있었다.

세스티우스 피라미드, 로마
Pyramid of Cestius, Rome

세스티우스 피라미드는 아우구스투스의 마우솔레움보다 더 오래된 분묘 형태를 보여준다. 시멘트로 지은 이 건물은 대리석으로 마감했으며 내부에 채색된 묘실이 있었다.

티베리우스 개선문, 오랑쥬, 프랑스
Arch of Tiberius, Orange, France

개선문은 속성상 기능은 중요하지 않으며 순전히 상징적인 것이었다. 남아 있는 가장 오래된 것은 아우구스투스시대의 것들로 오랑쥬에 있는 티베리우스 개선문도 그 중 하나이다.

로마의 마우솔레움
mausoleum, Rome

아우구스투스는 로마 시내에 매장을 금하는 법칙을 깨고 도시의 성곽 안에 가족묘를 지었다. 이 건물은 전통적인 에트루리아 분묘의 원통형태를 따랐으며 꼭대기에는 사이프러스 나무로 덮인 언덕을 만들고 황제의 거대한 조각상을 세웠다.

아우구스투스 다리, 리미니(1세기)
Bridge of Augustus, Rimini

로마인들은 물속에서 경화되는 콘크리트의 특성을 이용하여 튼튼하고 미적으로 아름다운 다리를 만들 수 있었다. 아드리아해 연안의 리미니에 있는 이 다리는 그 예로 다양한 크기의 아치 5개와 거대한 기둥으로 이루어져 있다.

고대 로마
Ancient Rome

아우구스투스시대 신전
Augustan Temples

아우구스투스는 벽돌의 도시 로마로 시작하여 대리석의 도시 로마를 남겼다고 한다. 무엇보다도 그가 건설했거나 재건한 많은 신전들을 보면 이 말이 사실임을 알 수 있다. 그의 전기인 「아우구스투스 업적록」을 따르면 그는 로마에서만 일년에 82개의 신전을 개축했다고 한다. 이 시기의 신전들은 보수적인 모습으로 에트루리아식 평면과 고대 그리스의 오더를 혼합하는 공화정시대의 전통에 따라 지어졌다. 아우구스투스시대에 신전의 평면은 다양했지만 전반적으로 건물의 길이나 폭 보다는 높이를 중시하는 경향이 있었다. 신전에 자주 쓰이는 높은 포디움(기단부)은 단지 이러한 면을 강조하기 위한 것이었다. 이 시대 신전의 대다수는 코린트식으로 화려한 세부 장식과 풍부한 대리석을 사용하는 경향과 맞아 떨어졌다.

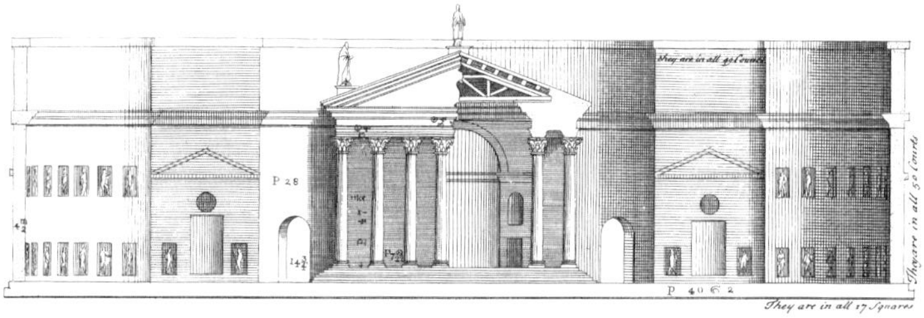

로마의 마르스 울토르신전(2세기에 봉헌됨)
Temple of Mars Ultor, Rome
로마인들은 끊임없이 건축을 정치적인 목적으로 사용했다. BC 42년 필리피 전투에서 아우구스투스 황제는 율리우스 카이사르의 죽음을 복수하고 그를 기리는 신전을 짓겠다고 맹세했다. 마르스 울토르(복수의 신)신전은 아우구스투스 포럼 안에 있었으며 로마에 선물로서 증여된 것이다.

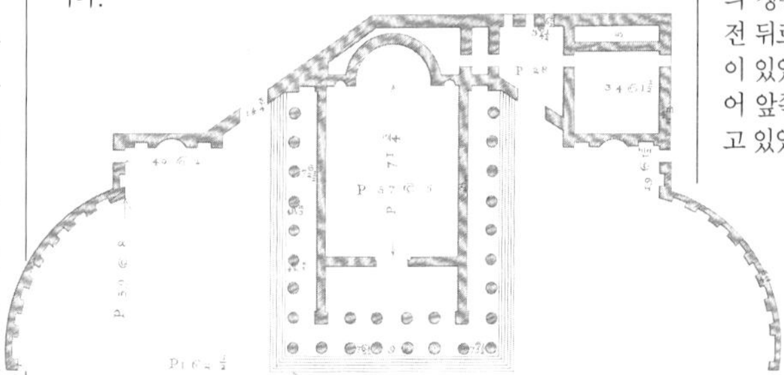

마르스 울토르신전 평면
Plan, Mars Ultor
마르스 울토르신전의 평면은 정면을 강조하고 대칭적이며 축을 따라 접근하게 한 것을 보아 전형적인 로마식이었다. 8주식 신전으로 거의 정4각형에 가까웠다. 신전 뒤로는 47미터 길이의 벽이 있었으며 높은 기단이 있어 앞쪽의 구역을 내려다보고 있었다.

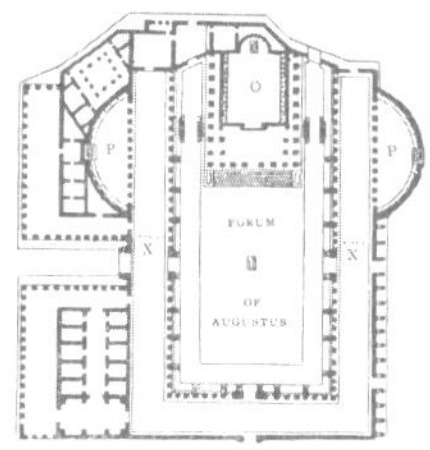

아우구스투스 포럼, 로마
Forum of Augustus, Rome
아우구스투스는 율리우스 카이사르가 만든 포럼의 오른쪽을 확장했다. 카이사르의 포럼처럼 신전은 열주가 있는 중정의 끝부분에 자리했으며 반원형의 정원이 그 양쪽으로 가로질러 놓였다. 그리스의 건축가라면 비대칭적인 대지를 있는 그대로 활용했을 테지만 포럼을 지은 건축가는 축을 가진 대칭 평면으로 불규칙한 모양의 대지를 감추었다.

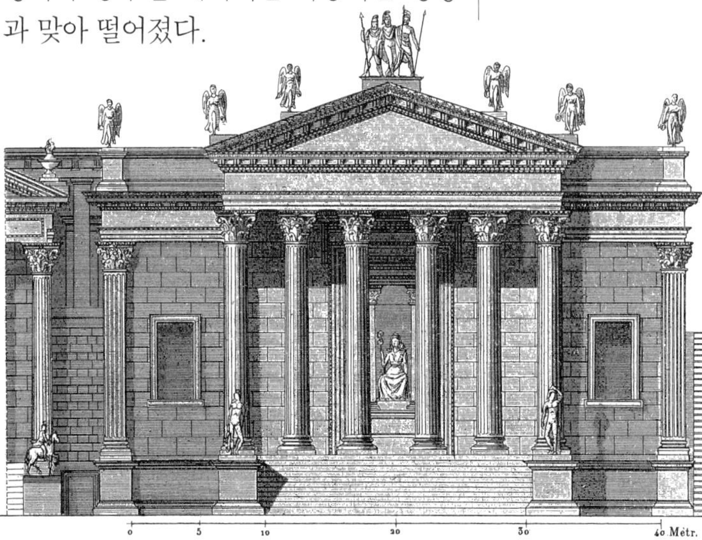

대리석의 사용
Use of marble
BC 20년 루나에 채석장이 생기기 전까지 대리석은 비싼 건축 재료였다. 아우구스투스시대에 이르러 루나에서 채굴한 대리석이 광범위하게 쓰이게 되었으며 그 새하얀 색은 수입된 색깔 있는 대리석과 대조적으로 사용되었다. 서기 10년에 봉헌된 콩코드신전은 전체에 걸쳐 대리석을 풍부하게 사용했다.

카스토르와 폴룩스신전, 로마(서기 6년에 봉헌됨)
Temple of Castor and Pollux, Rome
아우구스투스의 통치 하에 오더의 사용, 특히 코린트 오더가 점점 표준화되었다. 카스토르와 폴룩스신전에 쓰인 코린트식 주두는 화려하게 조각된 아키트레이브와 크게 돌출된 모딜리온modillion(처마 까치발)과 함께 표준적인 형태가 되었다.

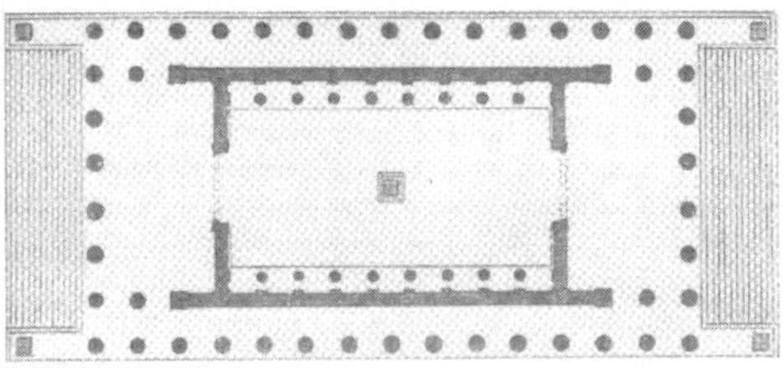

카스토르와 폴룩스신전의 평면
Plan, Temple of Castor and Pollux
다른 많은 아우구스투스 시대의 신전과 마찬가지로 이 신전 역시 오래된 다른 신전의 자리 위에 지어졌으며 독특한 평면은 아마도 이 때문인 것으로 보인다. 신전은 이중포디움 위에 페리스타일의 8주식 평면이었다. 포디움은 포럼의 지반에서 깎아지른 듯이 솟아 있었으며 이 위에서 대중연설이 이루어졌다.

카스토르와 폴룩스신전의 아키트레이브의 세부모습
Detail of architrave, Temple of Castor and Pollux
아우구스투스시대건축의 특징인 대리석을 다루기 위해서는 그리스인 석공의 기술이 필요했다. 그들의 영향은 많은 신전에서 화려하고 또렷한 고전적인 세부장식으로 남아있다. 이 아키트레이브도 그리스인 석공이 조각했을 것이다.

메종 카레, 님, 프랑스(서기 1-10년)
Maison Carrée, Nimes, France
메종 카레에서는 긴 벽이 건물을 지지하고 있다. 벽을 따라 있는 기둥들은 단지 그리스의 가구식 구조의 흔적에 불과하다. 그리스에서는 기둥들이 지붕을 지지했겠지만 여기서는 부수적인 장식의 역할만을 하고 있다.

메종 카레의 계단
Stairs, Maison Carrée
신전에서 계단은 축방향의 접근을 유도하는 장치였다. 메종 카레에서는 양쪽의 낮은 옹벽이 다른 방향에서의 접근을 막음과 동시에 조각장식을 할 수 있는 면을 제공했다. 아라ara라고 하는 제단은 건물 외부의 계단 위나 아래쪽에 놓였다.

고대 로마
Ancient Rome

플라비아누스 왕조
The Flavians

베스파시아누스 황제(서기 69-79년 재임)는 고대 로마제국에서 유일한 왕조인 플라비아누스 왕조를 창건했다. 이 왕조는 앞선 황제들(율리우스-클라우디우스)처럼 공화정이나 아우구스투스시대의 건축적 검소함을 거부했다. 그들이 남긴 유물은 평화와 번영의 시대에서나 나올 수 있는 사치스러운 것들이었다. 주거건축과 궁궐건축에서 실험적인 새로운 방과 볼트형태를 사용했지만 로마인들의 이런 발전을 목격할 수 있었던 곳은 공공욕장이었다. 콘크리트와 볼트공법의 발달로 지지물없이 경간을 더 길게 할 수 있게 되어 네로 황제의 황금저택에 있는 8각형의 채광용 방과 같은 구조물을 만들 수 있었다. 서기 64년 화재로 도시의 대부분이 파괴되자 네로 황제는 도시재건을 위한 법안을 통과시켰다. 목재의 사용을 금하고 시멘트로 바닥과 천정을 만들 것을 권장하며 아래층에는 아케이드(회랑)를 만들도록 했다.

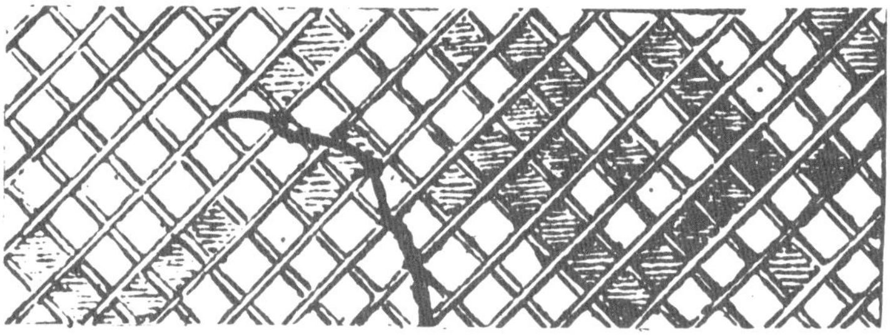

오푸스 레티쿨라툼
Opus reticulatum

이 시기부터 많은 콘크리트 건물들이 피라미드(쐐기)모양의 투파를 대각선으로 쌓아 구조체를 형성했다. 이런 방식을 오푸스 레티쿨라툼(그물눈쌓기)라고 했다. 건물의 구조체를 만들기 위해서 그물눈쌓기를 한 뒤 그 안에 시멘트를 부었다. 이 과정이 끝나면 그물눈쌓기는 더이상의 구조적인 기능을 하지 않지만 대리석을 붙이거나 회칠을 할 수 있는 평평한 표면을 제공해 주었다.

토스카나 오더
The Tuscan order

토스카나 오더는 에트루리아인들로부터 비롯된 것으로 그들의 무덤에서 그 기원을 찾을 수 있다. 로마인들은 이 오더를 특히 이탈리아적인 것으로 생각했지만 로마의 건축물에서 볼 수 있는 토스카나 오더는 다른 어떤 에트루리아의 것보다도 그리스의 도리스 오더와 유사했다. 도리스 오더와 달리 토스카나 오더에서는 프리즈에 조각을 하지 않았으며 코니스에는 무틀mutule이 없었다. 전체적으로 이 오더는 기둥간격이 더 넓었으며 다른 오더에 비해 덜 세련된 것으로 인식되었다.

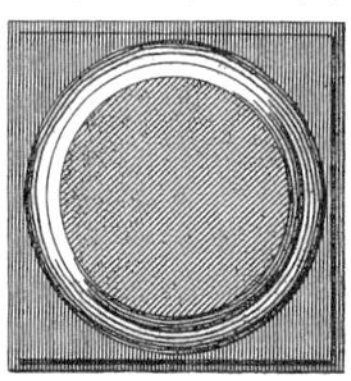

하이퍼코스툼
Hypocaustum

로마인들은 바닥 난방을 개발했다. 이는 중앙의 난로에서부터 바닥 아래와 벽의 연도를 통해 열이 전달되게 하는 방식이었다. 이것은 몇 남지 않은 이 시대의 목욕탕 유적에서 일반적으로 발견할 수 있다. 도미티아누스의 궁전에 이러한 난방시스템이 있었으며 이를 하이퍼코스툼이라고 했다.

로마의 티투스 개선문
Arch of Titus, Rome

이것은 도미티아누스의 집권시기(서기 81-96년)에 완성되었다. 이 개선문의 아치는 하나로 되어 있으며 주위에는 부착기둥이 둘러싸고 있고, 상부의 지붕층에는 티투스 황제의 예루살렘 정복을 기리는 헌사가 새겨져 있다. 최상부에는 쿼드리가(4두 2륜 전차)의 조각상이 올려져 있다.

티투스 개선문의 복합 오더
Composite order, Arch of Titus

로마인들은 코린트 오더에 이오니아식 주두를 사용하여 복합 오더를 만들었다. 이것이 만들어진 것은 아우구스투스 시대로 보인다. 티투스 개선문은 공공건물에 쓰인 가장 초기의 사례 중 하나이다. 이 오더는 널리 쓰였는데 특히 로마에서 빈번히 사용되었다.

도미티아누스황제 궁전 (서기 92년에 준공)
Emperor Dominitian' s palace

로마의 팔라티노 언덕에 도미티아누스 황제의 궁전이 자리했다. 로마의 건축가 중 알려진 몇 안 되는 사람 중에 하나인 라비루스가 이 건물을 건설했다. 이 궁전은 이후 3세기 동안 황제의 관저로 사용되었다. 공적인 공간과 사적인 공간이 중정 정원 둘레에 섞여 있었는데 비정형적인 대지 위에 이들을 대칭적으로 배치했다.

오케스트라
Orchestra

로마의 극장에서 반원형의 평평한 공간을 오케스트라라고 하는데 그 용도는 그리스의 원형 오케스트라와는 달랐다. 무대로 쓰이기보다는 많은 경우에 사회 고위층의 객석으로 사용되었다.

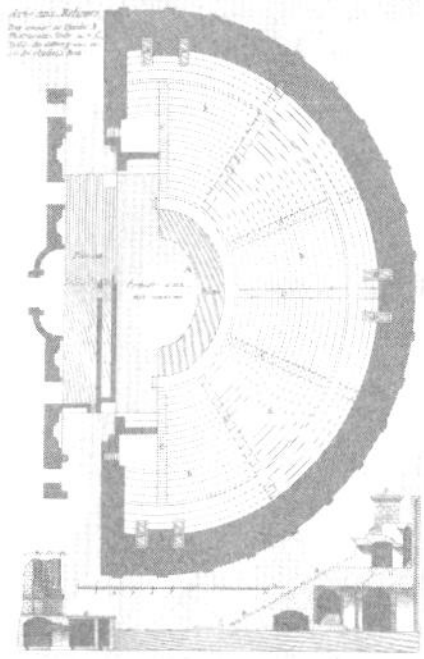

스케나 프론스
Scaena frons

로마식 극장을 둘러싸는 벽인 스케나 프론스는 로마식 극장의 가장 두드러진 특징 중 하나이다. 이 벽은 벽감과 조각상들로 꾸며졌을 것이다. 이 벽의 뒤쪽은 스케네라고 하는 무대건물이며 그 앞에 프로스케니움proscaenium이라고 하는 무대가 있다.

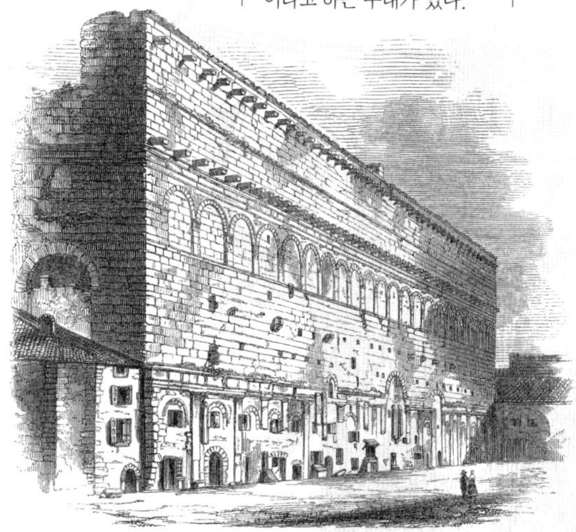

고대 로마
Ancient Rome

콜로세움, 로마
The Colosseum, Rome

플라비아누스의 원형 경기장이라고도 불리던 콜로세움은 서기 70년 베스피아누스 시대에 로마에 대한 선물의 하나로 건설되기 시작했다. 건물은 그의 아들인 티투스 황제가 서기 80년에 개관했으며 이후 도미티아누스 황제에 의해 완성되었다. 이 건물은 네로의 황금저택 주위의 장식용 정원에 있던 인공호수가 있던 자리에 세워졌다. 점토로 된 지반은 육중한 건물이 놓이기에 안성맞춤이었다. 가까이 있던 네로의 거상(콜로서스)에서 이 원형 경기장의 이름을 따왔으리라 생각된다. 자기 멋대로 방종을 일삼던 네로와는 달리 베스피아누스는 영민하게도 원형 경기장을 로마인들이 검투경기를 볼 수 있도록 개방했으며 그를 위해 로마 최초의 상설 원형 경기장을 만들었다. 평면과 장식은 본질적으로 전통적이었지만 188×156m나 되는 거대한 크기와 이러한 대규모 건물에 사용한 세부계획이 건물을 독특하게 했다.

아치모양의 하부구조
Arcuated substructure
객석을 지지하기 위해 3층으로 구성된 아치모양의 하부 구조가 사용되었다. 관객들은 방사상의 계단을 통해 자신의 객석을 찾아갔으며 쐐기모양의 각 객석부분은 쿠니우스cuneus라고 했다. 바깥쪽을 두르는 복도는 군중의 이동을 위한 기능 이외에 바깥쪽으로 벌어지려는 힘을 지탱하는 부축벽 역할을 했다.

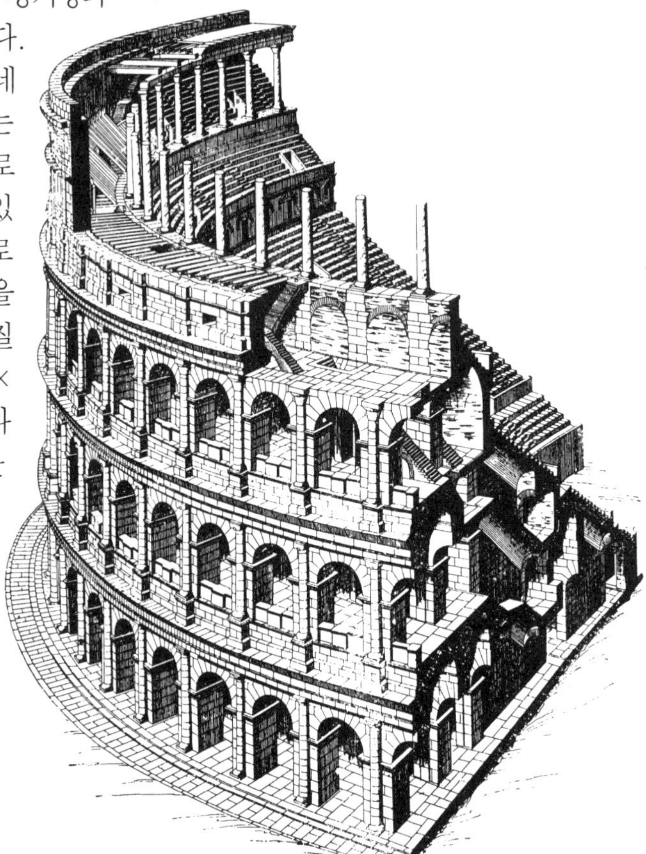

차양
Velarium
최상층에는 구멍들이 남아있었는데 이는 벨라리움이라고 하는 차양을 받치던 기둥이 꽂혀 있던 자리이다. 차양은 원형 경기장의 전체 혹은 부분에 걸쳐 펼쳐져 햇빛을 가려주었다. 도르래 장치로 벨라리움을 지지했으며 도르래는 건물 외부의 지면에 고정되어 있었다.

재료
materials
건물의 중량과 규모에 맞추어 재료들은 신중하게 선택되었다. 기초는 콘크리트로 만들었으며 방사상의 벽들은 투파로 만들고 그 상부는 벽돌로 마무리한 콘크리트로 되어 있었다. 그리고 외부는 트래버틴으로 마감했다.

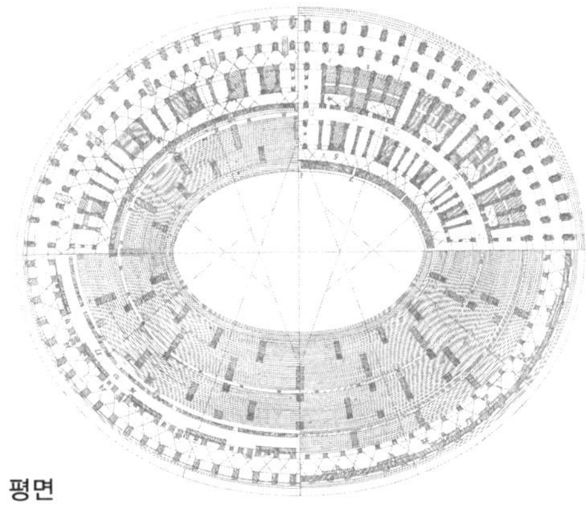

평면
Plan

이 건물의 설계에서 핵심과제는 최고 5만명의 통제하기 힘든 관객들의 움직임을 어떻게 해결할 것인가였다. 콜로세움의 평면은 타원형으로 80개의 방사상의 벽과 구역별로 번호가 붙여진 76개의 출입구가 있었다. 4개의 열주현관은 황제를 위한 특별석으로 들어가는 입구였다.

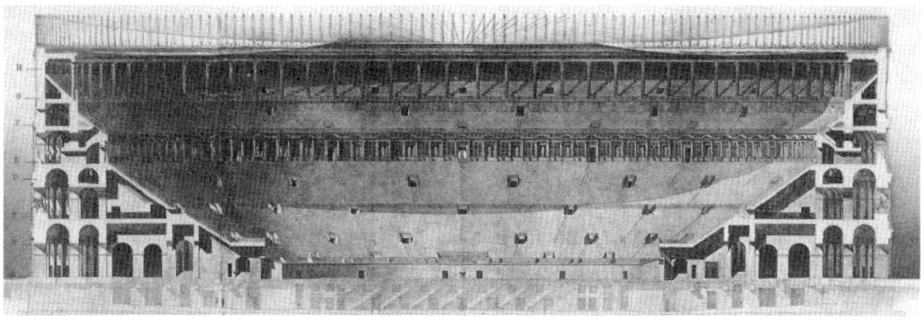

좌석
Seating

1층에서 3층까지의 좌석은 대리석으로 만들어져 부유층을 위한 것이었으며 최상층의 목재 좌석은 빈민층을 위한 것이었다. 이런 구조는 최상층에서 밖으로 향하는 추력을 받쳐주는 구조체가 지붕층의 벽 뿐인 까닭에 그 추력을 최소화하기 위한 방법이기도 했다. 콜로세움의 바닥 아래에는 복도와 통로가 있었다. 이곳에 동물과 검투사가 경기장에 입장하기 전까지 대기했고 무대장치를 보관했다.

외부장식
Exterior decoration

아치와 중첩 오더를 사용한 외부는 마르셀루스 극장의 영향을 받은 것이었다. 최상층에는 한칸씩 번갈아 가며 창문이 있어 좌석 최상부에 빛이 들도록 했다. 창문 사이에는 청동방패가 걸려 있었다.

오더의 위계
hierarchy of orders

외관을 이루는 반기둥(일부가 벽에 묻혀 있는 기둥)은 토스카나식, 이오니아식 그리고 코린트식의 순서로 쌓여 있었고 최상층에는 코린트식 필라스터(벽기둥)가 부착되어 있었다. 이 '위계'는 르네상스시대 건축가에 큰 영향을 미쳤다.

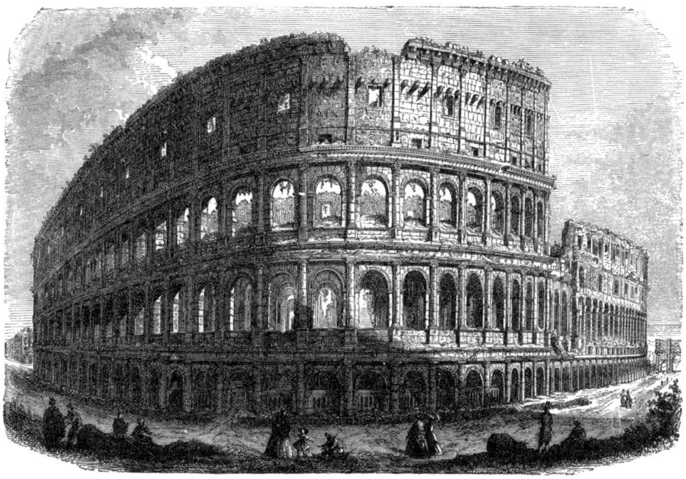

이후의 역사
Later history

서기 6세기에 이르러 이 경기장에서 더 이상 검투시합이 개최되지 않았다. 중세에는 콜로세움은 요새화되어 성으로 사용되었다. 그 후 이 건물에 쓰인 양질의 트래버틴은 뜯겨져 로마의 다른 여러 건물에 사용되었다. 18세기에 콜로세움은 예수의 수난을 상징하게 되었으며 그리스도교가 공인받기 전에 이곳에서 죽은 순교자들에게 헌정되었다.

고대 로마
Ancient Rome

트라야누스
Trajan

스페인의 군인인 트라야누스가 서기 98년에 황제로 등극했다. 그는 훌륭한 건축물을 많이 지은 황제 가운데 하나로 알려졌지만 애석하게도 그의 건물 중 트라야누스시장 이외에는 남아있는 것이 거의 없다. 벽돌과 콘크리트로 만든 상점가는 트라야누스 포럼 위쪽의 퀴리날레 언덕으로 뻗어있었다. 그는 네로의 황금저택 자리에 공공욕장을 지었다. 이는 티투스의 공공욕장 평면을 대부분 따랐으며 부속건물을 더 발전시켰다. 또한 그는 포르투스 항과 로마의 부두들을 건설했다. 하지만 그가 가장 중요하게 여긴 대규모 계획은 포럼 로마눔이었다. 일반적으로 이 시대의 건물들은 보수적인 모습이었고, 포럼 로마눔은 아우구스투스 포럼의 장식을 모방했기에 복고적이라고 할 정도였다.

로마의 트라야누스 기념주(서기 112년경)
Trajan' s Column, Rome
높이 45미터에 이르는 이 거대한 기둥은 루나지역에서 채굴한 대리석으로 만든 것으로 다키아 전쟁에서 트라야누스 황제가 승리한 것을 기리기 위해 지어졌다. 더 오래된 기념주들도 있지만 이 유적의 독창적인 면은 바로 기단부터 주두까지 하나로 이어진 소용돌이모양으로 조각된 프리즈였다.

도서관, 로마
Libraries, Rome
트라야누스신전의 건너편 트라야누스 기념주 양쪽에 2개의 도서관이 있었다. 하나에는 그리스 서적, 다른 하나에는 라틴어 서적이 있었다. 내부에는 벽장 안에 두루말이 책이 들어있었다. 콘크리트에 벽돌로 마감한 것은 화재의 위험을 최소화하기 위함으로 보인다.

동상, 트라야누스 기념주
Statue, Trajan' s Column
트라야누스 기념주의 기단부에는 황제의 묘실이 있었다. 상부에 놓인 트라야누스의 금도금한 청동 동상까지는 내부의 나선계단을 통해 올라갈 수 있었다. 동상은 후에 성 베드로의 동상으로 교체되었다.

베네벤토의 트라야누스 개선문(서기 115년경)
Trajan' s Arch, Benevento
이탈리아 중부 베네벤토에 있는 트라야누스 개선문은 로마의 티투스 개선문을 견본으로 삼았다. 하나의 아치 주위로 복합오더가 부착되었으며 지붕층이 그 위에 자리했다. 이 유적의 주요 특징은 전체를 덮고 있는 수많은 조각들이다.

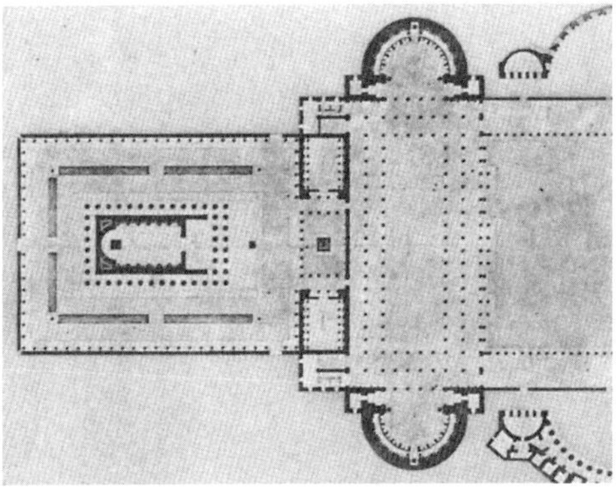

로마의 트라야누스 포럼(서기 100-112년경)
Forum of Trajan, Rome
포럼 로마눔의 마지막 증축부분인 이것은 증축된 부분 중 가장 컸다. 세부적인 모습과 장식은 아우구스투스 포럼을 따랐지만 평면은 전통을 벗어난 모습이다. 보통 포럼을 압도하는 신전이 있기 마련이지만 여기서는 축을 따라 바실리카 울피아가 포럼의 폭 전체를 가로지르며 자리하고 있다.

로마의 바실리카 울피아(서기 100-112년경)
Basilica Ulpia, Rome
이 그림은 포럼을 찾은 방문객들이 보았던 이 건물의 기념비적인 측면 모습이다. 클리어스토리(고측창) 층에 있는 작은 창문을 통해 건물 전체를 채광했다.

바실리카 울피아의 단면
Cross section, Basilica Ulpia
중앙의 네이브nave는 이중 아케이드로 둘러싸여 있었으며 그 양쪽 끝에 앱스apse가 있었다. 아케이드 위는 아마도 갤러리gallery(회랑)였을 것이다. 고대에도 이 바실리카는 그 규모와 아름다움으로 유명했으며 최초의 그리스도교 교회의 원형이었을 것이다.

로마의 트라야누스신전
Trajan's Temple, Rome
트라야누스의 사후 그 후계자인 하드리아누스는 신격화된 황제와 그 부인을 위한 신전을 만들었다. 이는 포럼의 서쪽 끝에 자리해 포럼을 완결시켰다.

트라야누스신전의 조각장식
Sculptural decoration, Trajan's Temple
이 그림은 조각의 세부모습으로 트라야누스신전의 것이다. 이 시대에 지어진 많은 유적에서 볼 수 있는 극도로 섬세한 조각을 보여주는 하나의 실례이다.

고대 로마
Ancient Rome

하드리아누스
Hadrian

하드리아누스의 재임기간(서기 117년부터 138년)에 후기 로마제국의 건축적 흐름 중 몇 가지가 최고조에 도달했다. 특히 티볼리에 있는 그의 별장에서 볼 수 있듯이 콘크리트와 벽돌을 사용한 건축이 완성되었다. 그의 테아트로 마리티모(수상극장) 등의 공간에서 볼 수 있는 하나의 곡선과 그 반대되는 곡을 가진 다른 곡선의 상호작용은 그 유연함과 동세에 있어 바로크적이라 할 수 있었다. 그리고 이러한 내부의 모습이 외부에 최초로 표현된 것은 피아차 도로(황금광장)의 파빌리온에서였다. 그리스문명에 대한 하드리아누스의 깊은 애정은 그와 관계된 건축물에서 잘 드러난다. 그는 번영하던 그리스시대를 그리워하여 아테네에 머물면서 건축물들을 남겼다. 그는 건축의 든든한 후원자였을 뿐만 아니라 비너스와 로마신전을 비롯한 여러 건물을 직접 설계하기도 했다.

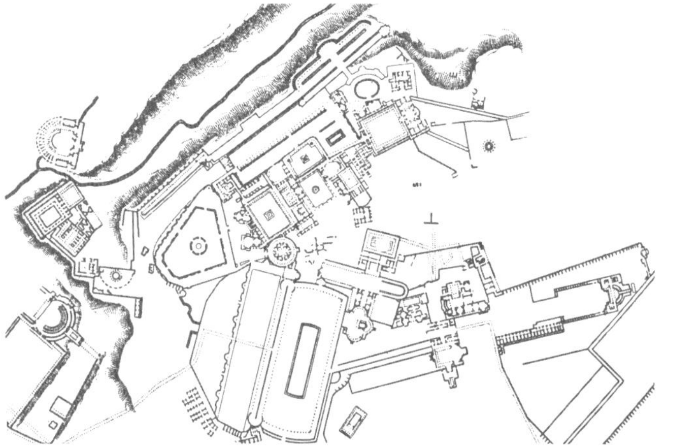

전원의 휴양처 : 하드리아누스 별장, 티볼리
A country retreat : Hadrian' s Villa, Tivoli
하드리아누스 별장이라는 이름은 사실 별궁인 이 곳을 잘못 지칭하는 말이다. 티볼리 근교의 전원지역에 있는 이곳에는 여러 채의 건물과 공간이 서로 연결되어 있다. 건축적 특징으로는 콘크리트와 벽돌을 건축재료로 사용함으로서 얻어진 곡선과 그 반대의 곡을 갖는 곡선의 조합을 들 수 있다. 대지 전체에 걸쳐 연못과 조각상이 아름답게 배치되어 있었으며 그 뒤로는 초목으로 뒤덮인 전원의 풍경이 펼쳐져 있었다.

로마의 비너스와 로마신전
Temple of Venus and Rome, Rome
이 이중주주랑식 신전은 서로 등을 맞대고 있는 2채의 거대한 10주식의 신전으로 이루어진 것이다. 건물은 프로콘네수스산의 푸른 줄무늬가 있는 대리석을 사용하여 소아시아의 장인들이 건설했다.

비너스와 로마신전의 입면
Façade, Temple of Venus and Rome
이 건물은 하드리아누스가 직접 설계한 것으로 알려져 있다. 건축가 아폴로도루스가 용감하게도 건물을 비판했다가(아마도 보기 흉할 정도인 건물의 규모를 지칭했을 것이다) 목숨을 잃었다는 이야기가 전해져 온다. 그리스 신전처럼 낮은 기단 위에 건물을 세웠으며 연속되는 열주랑이 둘러져 있었는데 긴 변에는 각각 기둥이 20개씩 있었다.

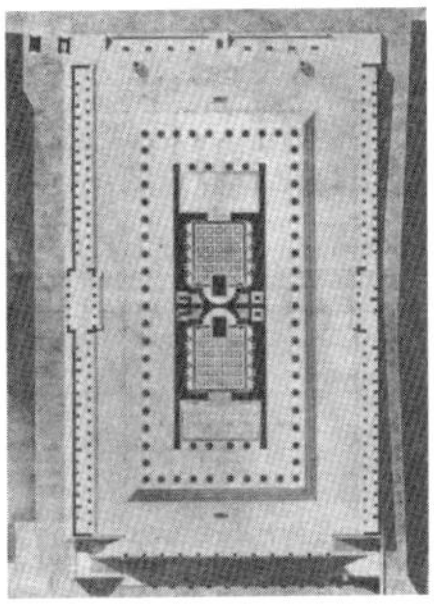

평면, 비너스와 로마신전
Plan, Temple of Venus and Rome
신전의 긴 변을 따라 양쪽에 열주랑이 있었고 짧은 쪽은 개방되어 있었다.

디아나신전, 님 (서기 130년경)
Temple of Diana, Nimes
프랑스의 님에 있는 이 신전은 디아나신전이라 불리며 전체가 정4각형 석재로 건설됐다. 원통형 볼트의 하중을 지탱하기 위해 리브가 도입되어서 하중을 아래쪽으로 전달한 뒤 측면 복도의 외벽으로 전달했다.

마름모꼴 코퍼링 천장, 비너스와 로마신전
Lozenge coffering, Temple of Venus and Rome
이 신전은 서기 283년 화재 이후 막센티우스 황제 때에 다시 지어졌다. 화재로 하드리아누스의 본 설계에 있던 지붕과 셀라부분이 소실되었다. 현재 남아있는 신전 앱스부분의 마름모꼴 코퍼링 천장이 후대에 큰 영향을 미쳤다.

로마의 아일리우스 다리 (서기 134년)
Pons Aelius, Rome
이 다리는 하드리아누스 황제가 자신의 무덤과 로마의 캄푸스 마르티우스지역을 연결하기 위해 건설한 다리로서 7개의 아치로 구성되어 있다.

하드리아누스의 마우솔레움, 로마(서기 140년 준공)
Hadrian' s mausoleum, Rome
하드리아누스의 마우솔레움는 아우구스투스의 마우솔레움을 거의 그대로 모방했다. 가장 두드러지는 차이점은 정4각형의 기단부와 좀더 풍부한 조각상과 금박을 입힌 장식을 사용한 것이었다.

고대 로마
Ancient Rome

판테온, 로마
The Pantheon, Rome

집정관 마르쿠스 아그리파가 건설한 신전이 있던 자리에 하드리아누스 황제가 판테온을 건설했다(서기 118-128년경). 표면상으로 이 신전은 모든 신에게 바쳐진 것이었지만 하드리아누스가 이 신전을 지은 이유와 아그리파의 신전에 있던 비문을 포함한 점은 아직까지 흥미로운 수수께끼로 남아있다. 이 건물은 남아있는 고대의 건물 중 가장 훌륭한 것 가운데 하나이다. 이는 609년 교황 보니파시오 4세가 이 건물을 교회로 바꾸면서 거의 온전하게 보존되었기 때문이다. 하지만 남아있다는 그 자체만으로 이 건물이 건축사 전반에 걸쳐 끼친 막대한 영향을 모두 설명할 수 없다. 이는 기술적으로 장엄한 내부와 거대한 규모, 그리고 혁신적인 설계에서 비롯한 것이다.

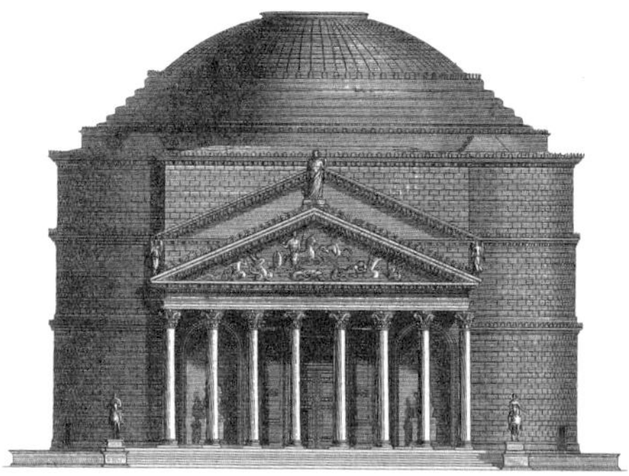

외부
Exterior
신전은 3층으로 구성된 드럼drum(원통형 벽체부) 위에 낮은 돔이 얹혀 있고 전면부에는 폭방향으로 기둥이 8개, 깊이방향으로 기둥이 3개인 열주현관이 붙어 있다. 아마도 원래 외부에 회칠이 되어 있었던 것으로 보이나 현재에는 벽돌을 붙인 콘크리트이다.

내부
Interior
내부에는 돔 아래쪽이 3개가 아닌 2개의 층만으로 이루어져 있다. 돔의 최상부에는 오쿨루스oculus라고 하는 원형 개구부가 있다. 오로지 이를 통해 건물에 빛이 들어올 수 있다.

로마식 장식
Roman decoration
판테온은 내부공간과 장식을 강조한 로마인만의 독창적이고도 새로운 특징을 잘 보여준다. 이러한 특징은 장식된 콘크리트를 사용함으로서 설계가 자유로워졌기 때문으로, 이로써 건물의 유형마다 평면과 규모가 다양해졌다.

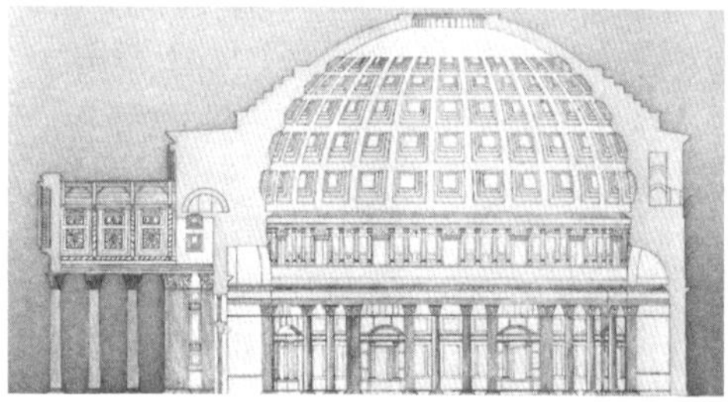

규모와 비례
Scale and proportion
판테온의 돔은 르네상스시대 이전까지 가장 큰 규모였다. 바닥에서 오쿨루스까지의 높이는 돔의 폭과 동일한 43미터로 구가 내접하는 비례를 갖고 있으며, 건물은 구의 아래쪽 부분을 늘려 원통형으로 만든 형태이다.

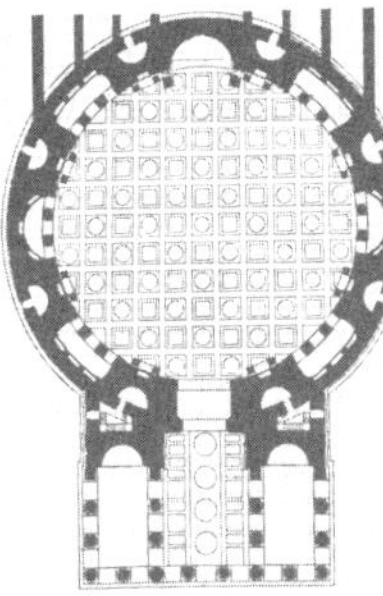

평면
Plan

원형의 셀라를 재래의 신전 입면과 함께 놓는 것은 부자연스러운 모습이다. 본래 판테온은 열주로 둘러싸인 구역 안에 있었기 때문에 건물이 상이한 두 부분으로 나누어져 있는 모습이 기둥열 뒤에 가려져 두드러지지 않았을 것이다.

색조대리석으로 꾸민 내부
Colored marble interior

벽은 색조대리석으로 화려하게 꾸며져 있다. 이는 프레스코나 모자이크장식 대신 제국 곳곳에서 구한 값비싼 대리석을 점점 선호한 것을 반영한다. 여기 보이는 고전적인 장식은 구조와 전혀 무관하다.

구조
Structure

건물의 본체는 콘크리트로 만들어졌다. 콘크리트에 쓰인 골재는 다양해서 기초부의 굵은 현무암, 중간부의 투파 그리고 돔에는 가장 가벼운 부석을 사용했다. 건물 전체에 걸쳐 보이는 곳과 보이지 않는 곳 모두에 벽과 돔의 하중을 줄이기 위한 공허부가 있었다.

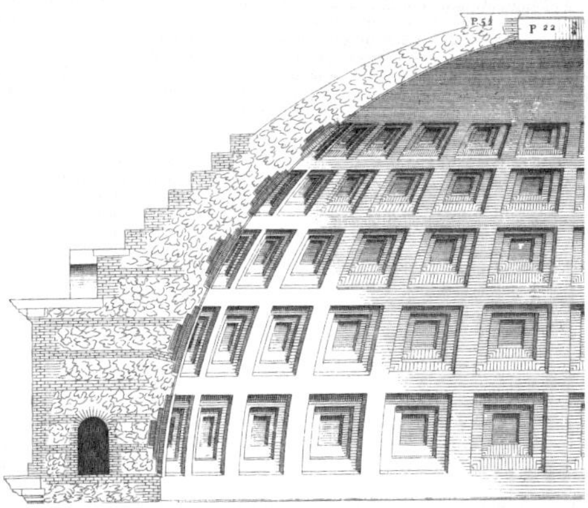

코퍼링
Coffering

돔은 5층으로 되어있으며 각 층에는 28개의 코퍼coffer(4각형 칸)가 있었다. 오쿨루스로 올라갈 수록 그 크기를 줄여서 더 높아 보이고 돔의 무게를 줄일 수 있었다.

엑세드라
Exedra

출입구 맞은편에 건물의 유일한 축의 끝부분에는 앱스가 있다. 그리고 양쪽에는 엑세드라라고 하는 벽감이 있다. 엑세드라 앞쪽에는 정4각형과 반원형의 기둥들이 번갈아가며 서있다.

고대 로마
Ancient Rome

세베루스시대의 로마
The Severan Age in Rome

내란기를 거친 후 서기 193년 세베루스 황제들이 왕위에 등극했다. 그들은 제국의 다른 도시들과는 대조적으로 점점 쇠퇴하는 로마의 위용을 되찾고자 더욱더 장엄한 건물을 건설했다. 이 시대에 지어진 로마의 대표적인 건축물은 거대한 공공욕장이었다. 제국 후기의 공공욕장은 사실 그 디자인의 뿌리를 서기 1세기의 티투스와 트라야누스의 공공욕장에 두고 있다. 따라서 욕장의 기본적인 균형미와 방 배치는 이미 완성되어 있었다. 세베루스 황제가 지은 건물에서 새로운 점은 그 규모였다. 카라칼라 공공욕장은 20헥타르의 대지 위에 지어졌으며 1,600명이 한꺼번에 들어갈 수 있을 정도였다. 콘크리트 돔과 볼트를 사용하여 이러한 거대한 공간을 중간 지지체없이 만들 수 있었다.

셉티무스 세베루스 개선문
The Arch of Septimus Severus
포럼 로마눔에 있는 이 개선문은 비교적 관습적인 모습이다. 일련의 계단 위에 올려져 있어 그 기념비적인 기능을 더욱 강조하고 있다. 하지만 독립된 기둥을 문의 둘레에 사용한 것은 개선문의 디자인에서 새로운 시도였다.

코퍼링, 셉티무스 세베루스 개선문
Coffering, Arch of Septimus Severus
이 개선문에는 매우 뛰어난 조각장식이 있다. 각각의 아치 위의 원통형 볼트는 화려한 코퍼링으로 꾸며져 있고, 각 코퍼에는 꽃 주위로 아칸서스잎과 난촉문양이 새겨져 있다.

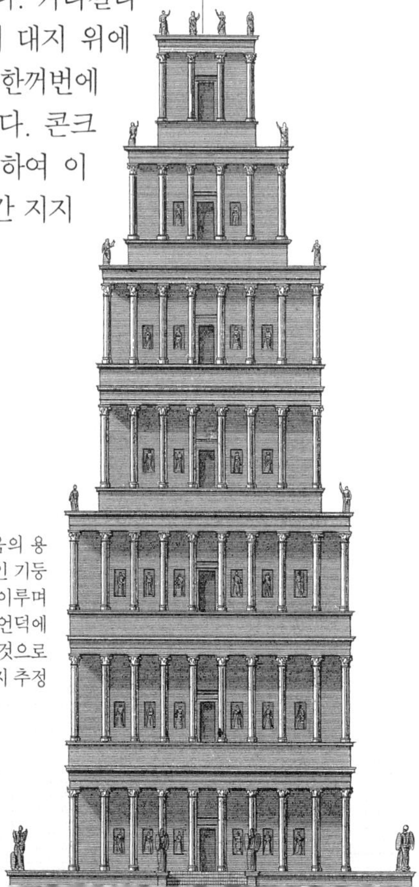

셉티조디움(서기 203년)
Septizodium
1588년 파괴되기 전까지 셉티조디움의 용도는 불분명했다. 이 건물은 독립적인 기둥들로 이루어진 3개의 층이 위계를 이루며 쌓여 있었다. 이것은 단지 팔라티노 언덕에 있는 궁전을 가려주는 역할만을 한 것으로 보인다. 이 그림은 건물이 어떠했을지 추정하여 후대에 그린 것이다.

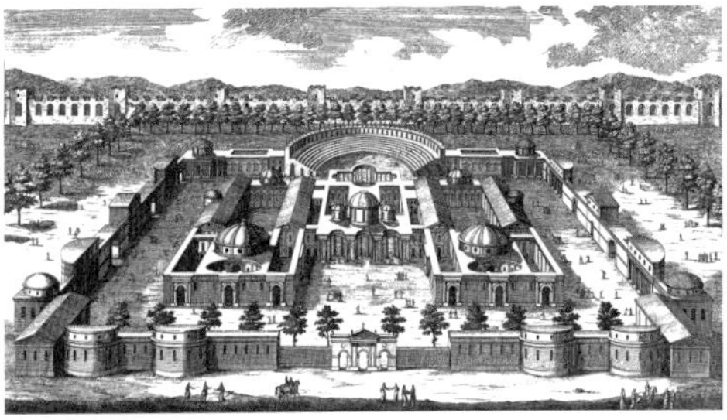

디오클레티아누스 공공욕장(서기 298-305년)
Baths of Diocletian

카라칼라 공공욕장(서기 216년)은 중심의 욕탕건물 주위에 넓은 정원을 둔 최초의 공공욕장이었다. 여기 보이는 디오클레티아누스 공공욕장에서는 둘레를 따라 도서관, 극장, 강의실같은 부속건물이 고르게 배치되어 있다. 욕탕 자체는 조경된 정원을 바라보고 있다.

공공욕장 장식
Bath decoration

제국 후기의 공공욕장은 콘크리트 건축물의 정수였다. 다양한 크기와 형태의 돔과 아치로 덮인 공간으로 구성되어 있었기 때문이다. 욕탕의 내부는 대리석, 모자이크, 프레스코로 화려하게 꾸며져 있었다. 방문객들은 아마도 이런 장식들과 빛, 공간의 상호작용에 경탄했을 것이다.

카라칼라 공공욕장 평면 (서기 216년에 헌정됨)
Plan, Baths of Caracalla

제국 후기 공공욕장의 특징은 그 대칭성이다. 카라칼라 공공욕장에는 2개의 축이 있다. 하나는 수영장과 욕탕을 잇는 축이고 다른 하나는 운동장과 양측에 똑같이 있는 부속시설을 잇는 것이다. 건물을 콘크리트와 벽돌로 지은 까닭에 원형의 열탕처럼 방의 모양이 좀더 유연해질 수 있었다. 열탕은 중앙 건물에서 돌출되어 있어 오후의 햇살을 받을 수 있도록 했다.

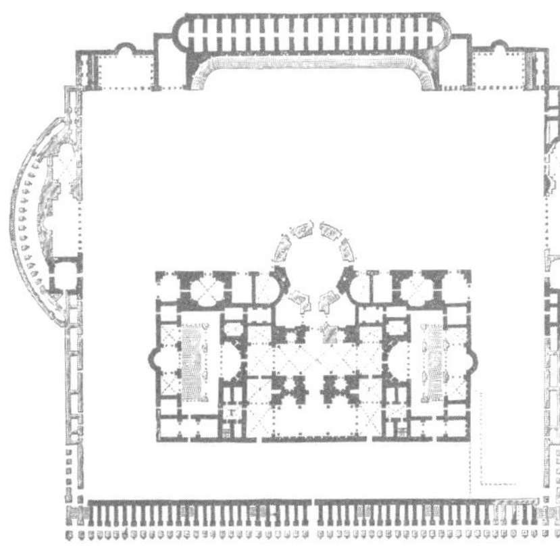

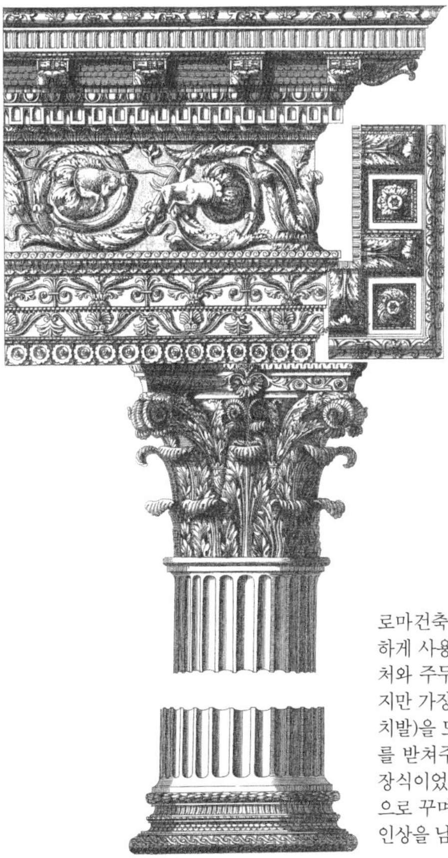

코린트 오더
Corinthian order

로마건축에서 코린트 오더가 가장 광범위하게 사용되었다. 훨씬 더 화려한 엔타블러처와 주두가 그리스의 코린트 오더와 달랐지만 가장 큰 차이점은 모딜리온(장식용 까치발)을 도입한 것이다. 이는 돌출된 코니스를 받쳐주는 수평으로 된 소용돌이모양의 장식이었다. 때때로 코니스 아래를 코퍼링으로 꾸며 지면에서 바라보았을 때 더 강한 인상을 남기도록 했다.

고대 로마
Ancient Rome

세베루스시대의 제국
The Severan Empire

로마가 쇠락의 길을 걷고 있는 동안 세베루스시대의 제국(서기 193-305년) 외곽에서 새로운 건물유형과 양식이 나타났다. 로마인들은 자신의 건축을 제국의 각 지방으로 전파했지만 각 지역에서는 그들의 풍습과 자원에 맞게 변형시켰다. 로마 이외의 지역에서는 시멘트는 거의 쓰이지 않았고 이에 따라 많은 제약이 생겼다. 스플리트(현재의 크로아티아에 있음)에 있는 디오클레티아누스 마우솔레움의 경우 돔 전체를 벽돌을 쌓아 복잡한 부채모양으로 만들어서 전체 크기가 제한적이었다. 로마에서 석재를 쓰지 않은지 한참 뒤까지도 지방에서는 석재를 계속해서 사용했으나 지방에서도 외국의 대리석이 유행했다. 고전 오더를 사용하는데 있어 새로이 자유로운 모습이 나타났는데 특히 엔타블러처를 변형해서 새로운 형태를 만들어 냈다.

내부장식, 바커스신전
Interior decoration, Temple of Bacchus

바커스신전의 내부는 남아있는 유적 가운데 가장 화려한 것 중 하나이다. 석회석 벽의 모든 부분은 고전적인 장식으로 꾸며져 있다. 건물의 천장까지 닿는 거대한 기둥들이 벽을 분할하고 있다. 기둥 사이 벽은 2줄의 벽감으로 나누어졌다. 하나에는 페디먼트가 있고 다른 하나는 둥근 모습이다.

베스타신전, 바알벡(서기 3세기)
Temple of Vesta, Baalbek

이 놀라운 신전은 둥근 셀라 위에 조적조로 만든 돔이 올려져 있다. 돔을 지지할 필요성 때문에 건축가는 건물 둘레에 5개의 코린트식 기둥을 배치했을 것이다. 기둥들은 곡선의 아키트레이브로 연결되어 있어 바로크적인 곡선과 반대곡선의 상호작용을 만들어냈다.

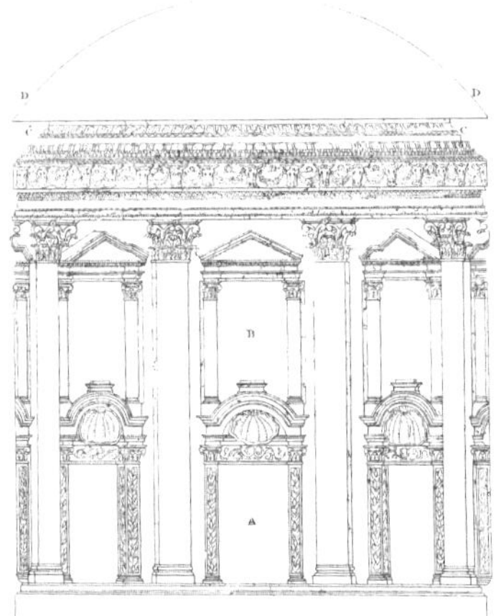

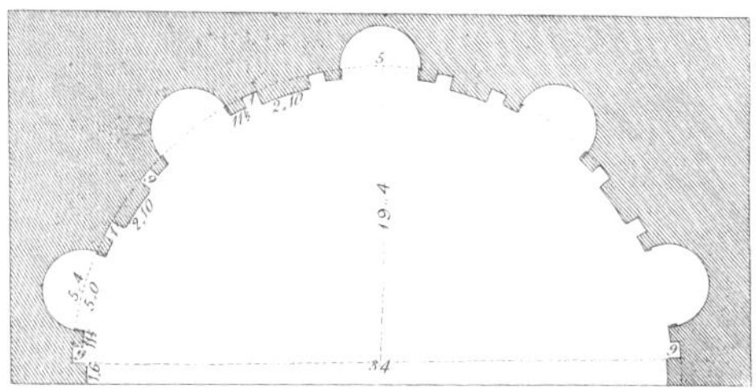

벽감, 바알벡 성역
Niches, sanctuary of Baalbek

바알벡 성역의 정원 둘레에는 4각형과 반원형 벽감이 번갈아가며 나타난다. 벽 표면의 모든 부분은 벽기둥과 엔타블러처 혹은 두 층의 벽감으로 장식되어 있다.

바커스신전, 바알벡
Temple of Bacchus, Baalbek

이 신전은 바알벡(지금의 레바논에 위치) 성역 근처에 있다. 깊은 현관과 큰 셀라가 높은 기단 위에 있는 이 입면은 전형적인 로마식이다. 하지만 높이가 특히 높아 고대 그리스적인 모습을 보인다. 이 신전은 가장 잘 보존된 건물 중 하나이다.

내쌓기한 기둥, 디오클레티아누스의 궁전, 스플리트
Corbeled columns, Deocletian's Palace, Split
궁전 출입구의 위쪽에 있는 기둥들은 까치발 위에 놓인 것으로 아마도 유럽에서 볼 수 있는 가장 오래된 예일 것이다. 하지만 더 오래된 건물을 시리아에서 찾아볼 수 있다.

요새건축, 디오클레티아누스 궁전
Fortress architecture, Diocletian's Palace
이 궁전은 군대건축의 영향을 받은 것이다. 엄청나게 두꺼운 성벽과 궁전을 보호할 수 있도록 각 코너에 놓인 4각형의 망루가 있다.

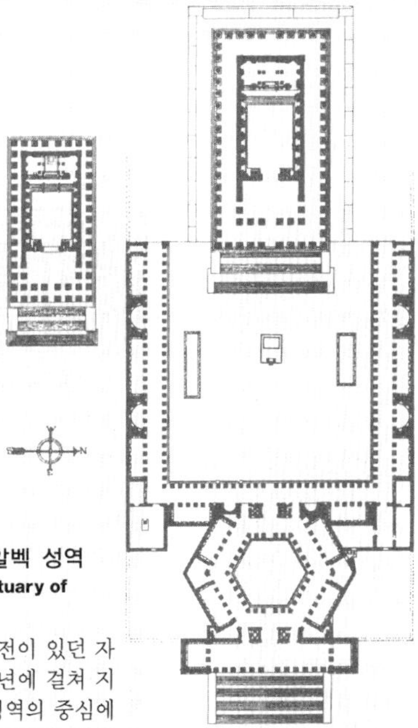

평면, 바알벡 성역
Plan, sanctuary of Baalbek
기존에 신전이 있던 자리에 수백년에 걸쳐 지어진 이 성역의 중심에는 주피터신전이 있었다. 주피터신전은 육각형의 앞마당을 지나 직4각형의 중정에 자리했다. 그 근처에 바커스신전이 있었다.

열주 위 아치, 디오클레티아누스 궁전
Springing arches, Diocletian's Palace
궁전의 입구부분 중정에는 열주가 있는 아케이드가 있다. 이곳에는 코린트식 주두 위로 아치가 연속되어 있다. 또한 이 중정에는 휘어진 코니스를 볼 수 있는데 이는 바다쪽 입면에서 반복적으로 나타나며 디오클레티아누스식 창문이라고 알려지게 되었다.

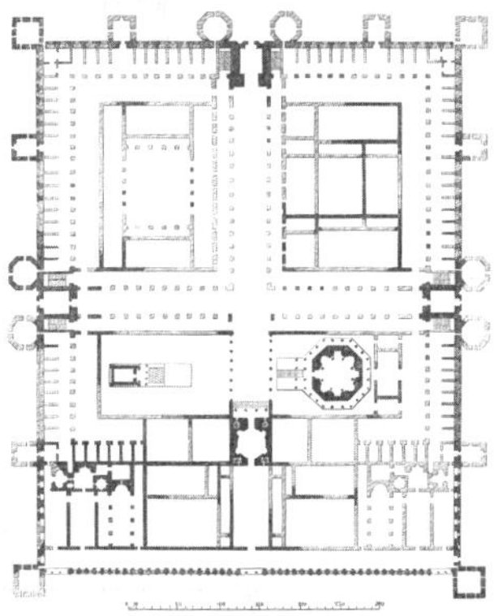

방 평면, 디오클레티아누스 궁전
Room plan, Diocletian's Palace
궁전의 평면은 로마의 카스트룸castrum(요새화된 마을)을 닮았다. 궁전을 가로질러 열주가 있는 2개의 길이 놓여 있었다. 4등분된 부분 중 바다와 가까운 두 부분에 황제의 무덤, 사원과 거주지가 있었으며 나머지 두 부분에는 수비대가 머물렀을 것으로 여겨진다.

고대 로마
Ancient Rome

후기 로마제국
The Late Empire

콘스탄티누스 황제는 재임기간 중에 로마건축에 영구적인 영향을 끼친 2가지 중대한 변화를 일으켰다. 하나는 서기 313년 그리스도교를 공인하고 스스로 기독교인이 된 것이고, 다른 하나는 330년에 콘스탄티노플을 수도로 제정한 것이다. 북쪽의 부족들이 점점 제국을 위협하고 로마가 정치적으로 불안정했기에 기존 건물에 사용되었다. 재료가 새 건물에 재활용되었고 돌을 조각하는 기술을 포함한 일부 기술은 단순하고 조잡해졌다. 하지만 로마 주위의 아우렐리우스 성벽을 비롯한 많은 건물이 지어졌다. 막센티우스 황제는 새로운 별장을 짓고 아피아 가도 근처에 경주장도 만들었다. 후기 제국시대(서기 306-340년경)는 고대와 비잔틴 세계의 전환점으로 돔, 드럼, 돌출된 앱스 등으로 구성된 미네르바 메디카신전 등의 건물에서 이런 변화를 볼 수 있다.

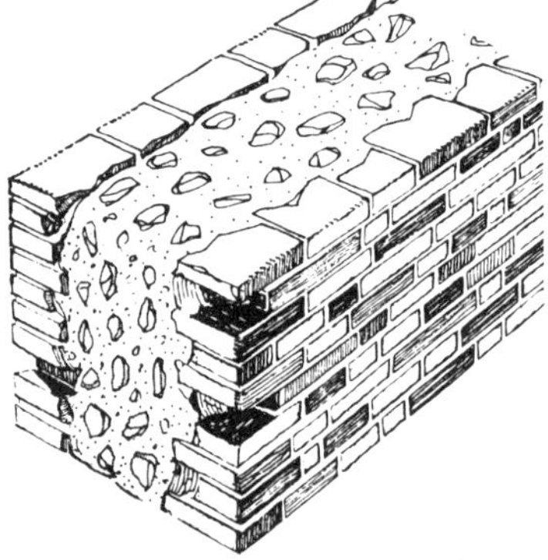

오푸스 테스타케움
Opus testaceum
아우구스투스시대부터 쓰이긴 했지만 오푸스 테스타케움(옆줄쌓기)한 벽돌로 콘크리트를 마감하는 것이 후기 제국시대의 주된 건축재료였다. 개선문을 제외한 일반 건물에는 석재를 거의 쓰지 않을 정도였다.

측면 베이, 막센티우스 바실리카
Side bays, Basilica of Maxentius
네이브 양쪽에 있는 측면의 3칸은 구조적인 역할을 수행했다. 이것들이 거대한 콘크리트 볼트의 추력을 지지했고, 비잔틴과 중세건축을 예상하게 하는 것이었다.

교차 볼트, 막센티우스 바실리카
Cross vaulting, Basilica of Maxentius
여기 나타난 교차 볼트는 높이 35미터에 폭 25미터이다. 경간을 좁히기 위해 건축가는 프로콘네수스산 대리석으로 된 거대한 기둥을 아치를 지지하는 각기둥pier에 부착시켰다.

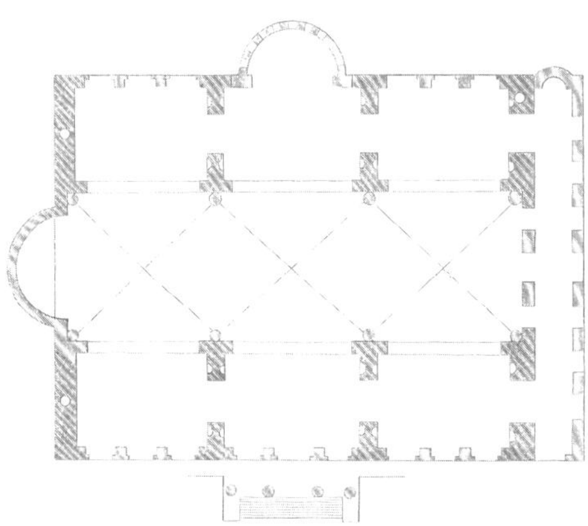

막센티우스 바실리카, 로마(서기 307-312년)
Basilica of Maxentius, Rome
이 바실리카는 실제로는 콘스탄티누스 황제 때에 완성되었으며 그가 건물의 축을 바꾸고 새로운 입구와 긴 변에 앱스를 추가했다. 이 디자인은 제국시대 공공욕장의 냉탕에서 유래한 것이다.

부조조각, 로마
Relief sculpture, Rome

콘스탄티누스 개선문에 있는 이 부조조각은 서기 1세기와 2세기의 유적에서 떼어온 옛 것과 새 것이 섞여 있는 모습이다. 당시 조각은 대개 예전의 것들보다 조악했다. 이는 기술이 사라졌기 때문으로 보이는데 석재가 더 이상 널리 쓰이지 않았기 때문이다.

로마의 캄포 델 바키노
Campo del Vaccino, Rome

서기 330년 콘스탄티누스 황제가 수도를 콘스탄티노플로 이전하자 로마는 폐허로 남겨졌다. 영화롭던 기념물들은 흙 속에 묻혔으며 후대에 소를 방목하던 중에 건물의 윗부분이 드러나곤 했다. 이에 따라 로마는 캄포 델 바키노, 즉 소의 벌판이라고 불리게 되었다.

콘스탄티누스 마우솔레움
A Constantinian mausoleum

황제는 로마에 그의 딸 코스탄차의 무덤을 건설했다. 돔은 창문이 있는 드럼 위에 놓였으며 두겹의 기둥이 건물을 지지하고 앰뷸러토리ambulatory(보회랑)가 그 주위를 둘러싸고 있다.

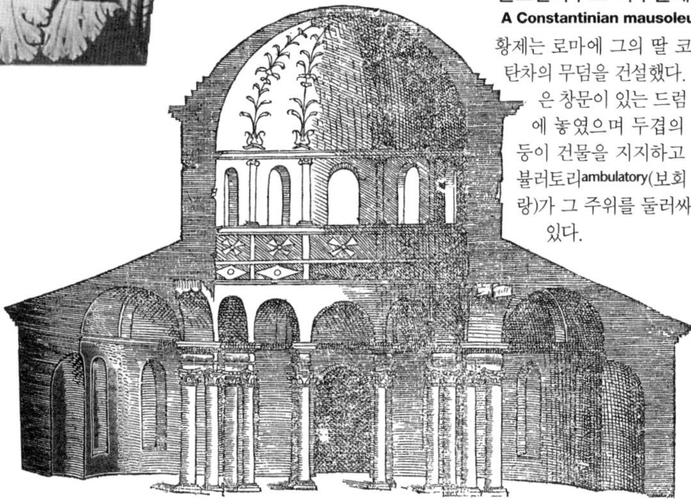

콘스탄티누스 개선문 : 마지막 개선문
Arch of Constantine : the last triumphal arch

이 개선문은 서기 312년 밀비안 다리에서 그의 적수인 막센티우스를 물리친 것을 기념하기 위해 건설되었다. 이것은 로마에 지어진 마지막 개선문으로 또한 가장 큰 것이기도 하다. 그 형태는 셉티무스 세베루스의 개선문에서 따온 것이지만 지붕층이 좀더 명확하게 세 부분으로 분절되어 있다.

포르타 니그라, 트리어
Porta Nigra, Trier

독일 트리어에 있는 포르타 니그라(검은 문)는 도시의 거대한 출입구이다. 전통적인 아치와 장식적인 오더의 배열에도 불구하고 다음 세대를 예고하는 빛과 그림자, 공허부와 건물간의 상호작용이 보인다.

초기 그리스도교와 비잔틴 313–1453년
Early Christian and Byzantine c.313–1453

바실리카
The Basilica

313년 로마의 황제 콘스탄티누스 1세가 그리스도교를 공인하고 밀라노칙령을 공포했다. 326년에 이르러 그리스도교는 로마제국의 국교가 되었다. 제국은 새로운 수도인 비잔티움(예전의 콘스탄티노플, 현재는 이스탄불)을 기점으로 서쪽으로는 밀라노와 쾰른까지, 동쪽으로는 시리아, 남쪽으로는 그리스와 이집트까지 뻗어나갔다. 신생 종교인 그리스도교는 새로운 건축물이 필요했고 로마의 가장 특징적인 건축을 채용했다. 바로 바실리카였다. 4각형의 강당이 있어 시장부터 법원까지 모든 역할을 할 수 있는 건물이었기 때문이다. 바실리카는 관청으로 사용되었던 공공건물이었으므로 이교도와의 연관성이 없었으며 큰 실내공간을 갖고 있어 그리스도교가 사용하기에 적합했다. 바실리카는 제국 전체에 걸쳐 지역적 전통에 따라 다양한 변형이 있었다.

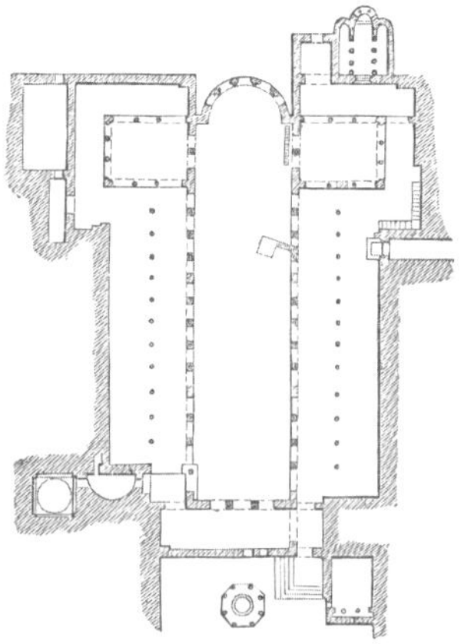

트랜셉트, 성 데메트리우스 성당, 테살로니카(5세기 후반)
Transept, St. Demetrius, Thessalonika
몇몇 바실리카 교회에는 앱스와 네이브 사이의 측면을 확장하여 십자가 모양의 평면을 만들었다. 그리스에 있는 성 데메트리우스 성당의 트랜셉트는 교회 본체와 마찬가지로 네이브와 아일로 나뉘어져 있어 크로스 트랜셉트cross-transept라고 했다.

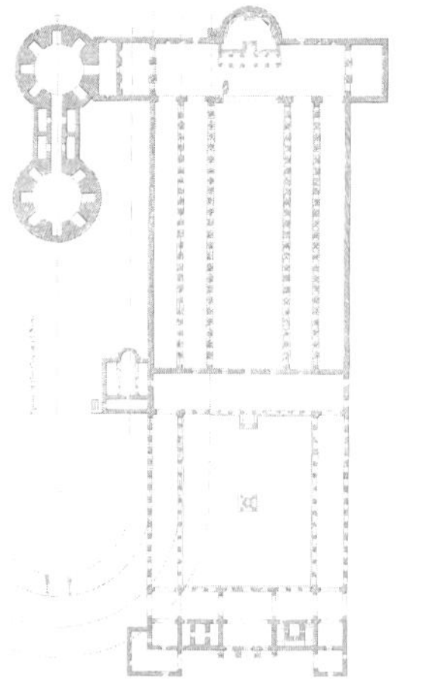

평면, 로마의 구 성 베드로 성당
Plan, St. Peter's, Rome
콘스탄티누스가 건설한 구 성 베드로 성당에는 연속된 트랜셉트가 있었다. 여기에는 사도들의 유물이 있었다. 이 성당은 앱스가 동쪽에 있지 않고 서쪽에 있는 특이한 구조였다. 반대편 끝에는 나르텍스narthex라고 하는 전실이 네이브와 아일을 가로질러 자리했으며 이는 아트리움으로 이어졌다.

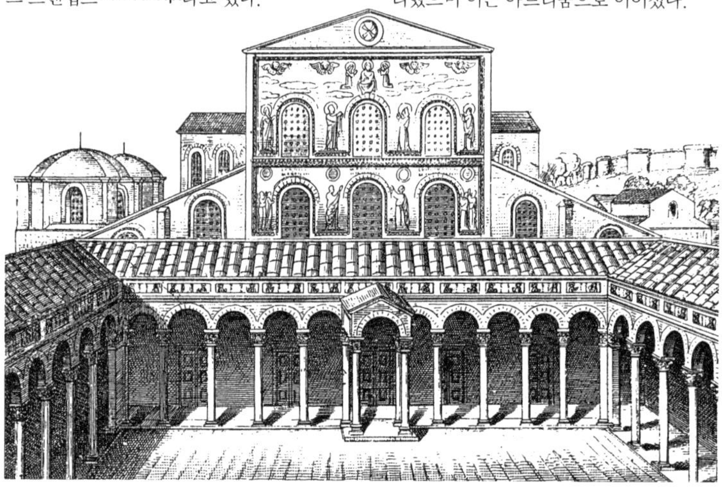

아트리움과 입면, 로마의 구 성 베드로 성당
Atrium and façade, St. Peter's, Rome
아트리움은 나르텍스의 앞쪽에 위치하는 앞마당으로 열주현관으로 둘러싸여 있었다. 이는 미사의 앞부분에는 참여할 수 있지만 뒷부분의 신자를 위한 미사에는 참여할 수 없는 세례를 받지 않은 예배자들이 물러나올 수 있도록 하는 공간이다.

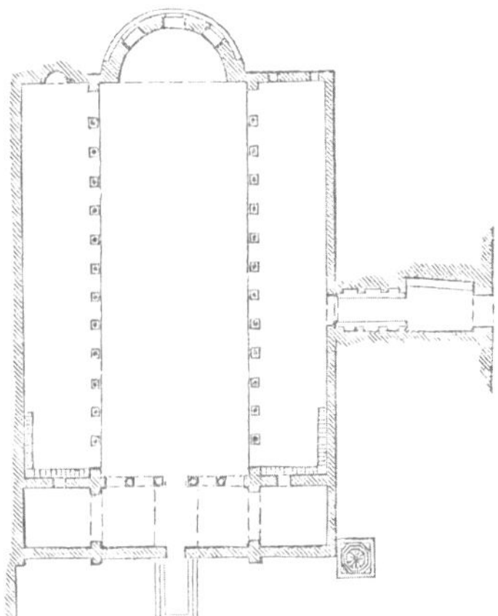

바실리카 평면
Basilica plan
바실리카는 직4각형의 건물로 내부는 세로로 나뉘어져 중앙의 네이브 양 옆에 2개 혹은 4개의 아일이 있었다. 건물의 한쪽 끝에는 반구형의 앱스가 돌출되어 있었다. 앱스는 대개 동쪽에 있었으며 로마시대에는 재판소로 사용되었지만 그리스도교의 성당에서는 이곳에 성소를 두었다.

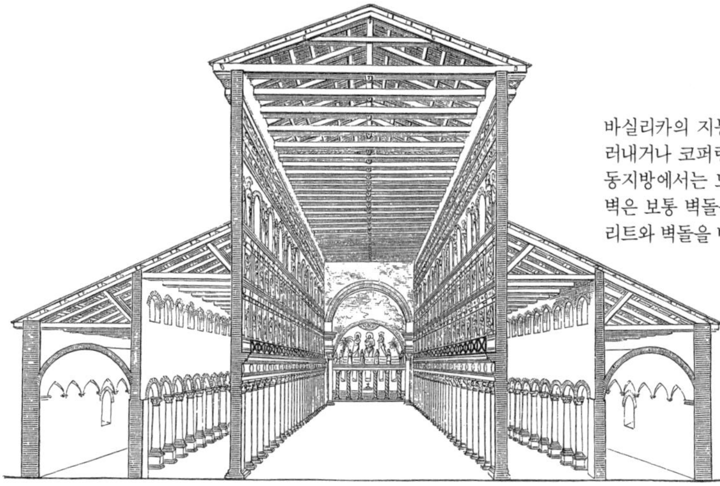

재료
Materials

바실리카의 지붕은 일반적으로 목재 구조를 드러내거나 코퍼링(우물천장)으로 마무리했다. 근동지방에서는 드물지만 볼트로 만들기도 했다. 벽은 보통 벽돌을 쓰거나 석재로 마무리한 콘크리트와 벽돌을 번갈아 가며 사용하기도 했다.

외부
Exteriors

구 성 베드로 성당(아래 왼쪽)에서 볼 수 있는 것처럼 초기 그리스도교의 바실리카의 입면은 지극히 단순했다. 입면이 단순하기로는 근동지역도 마찬가지였다. 이곳에서도 마름돌**ashlar**(작게 자른 석재)을 건축재료로 사용했기 때문이다. 투르마닌에 있는 이 5세기에 지어진 성당(아래)은 전형적인 시리아식으로 열주가 있는 현관**propylaeum** 양 옆으로 2개의 탑이 있었다.

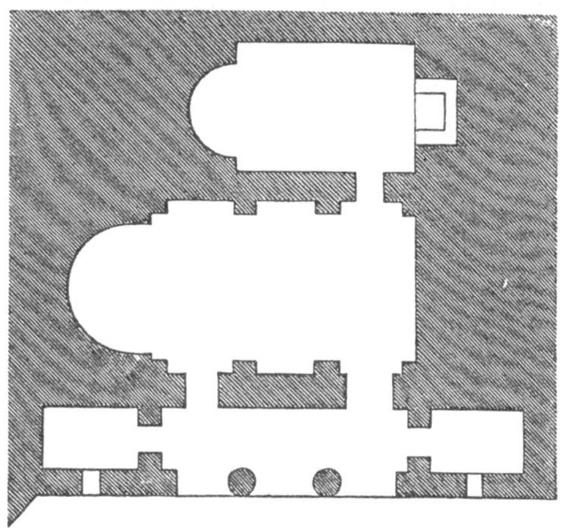

후대의 바실리카 Later basilicas

바실리카의 형태는 교회건축으로 쓰이기에 놀라울 정도로 지속성이 있고 유연했기에 초기 그리스도교와 비잔틴시기 전반에 걸쳐 사용되었다. 그 예로 터키의 카파도키아에 있는 석굴교회조차도 아일이 없는 바실리카의 모습으로 암반을 깎아놓았다.

초기 그리스도교와 비잔틴
Early Christian and Byzantine

초기 그리스도교 건물의 내부
Early Christian Interiors

초기 그리스도교의 교회(3-5세기)는 평범한 외부와는 대조적으로 그 내부는 화려한 색과 빛, 그리고 값비싼 재료들의 조합으로 빛나고 있었다. 모든 표면은 화려한 장식으로 뒤덮여 있었는데 벽에는 대리석과 프레스코화, 모자이크로 기하학적 문양과 구체적 형상이 묘사되어 있었으며 기둥과 아케이드의 각기둥들 역시 대리석으로 만들어져 있었고 주두는 금박을 입혀 놓았다. 목조구조가 드러나 있거나 혹은 코퍼링 천장도 금박을 입혔고, 바닥은 대개 대리석 모자이크로 되어 있었다. 또한, 아키트레이브, 엔타블러처, 가림벽은 기하학 문양과 잎모양 조각으로 장식했다. 제단은 금과 은으로 만들어졌으며 각종 보석이 박혀 있었다. 앱스부분의 반구형 돔에는 거대한 프레스코화 혹은 모자이크가 있었는데 대개 예수와 예언자들의 모습이었다. 특히, 서로마제국에서는 주두, 기둥, 엔타블러처에 과거 로마건물의 부재를 사용했다.

클리어스토리
Clerestory
아일의 지붕은 네이브쪽보다 낮아서 네이브의 위쪽 벽에 창을 둘 수 있었다. 이를 클리어스토리(고측창)라고 하며 내부에 빛이 들어오게 하는 역할을 했다.

갤러리
Gallery
때때로 아일 상부에 갤러리라고 하는 층이 하나 더 있기도 했다. 이곳은 대개 여성들을 위한 공간으로 지네시움 gynaecea이라고 했다. 이러한 갤러리가 없을 경우 남녀는 네이브의 양쪽에 따로 앉았을 것이다.

아케이드
Arcade
네이브와 아일은 열주로 구분되어 있었고 그 위에는 수평석재인 엔타블러처가 올려져 있거나 또는 아치를 연속으로 배열하여 아케이드를 만들었다.

앱스
Apse
아케이드의 끝부분인 앱스는 대개 돔이 올려져 있었고 승리의 문(네이브와 제단 사이의 아치형 벽)이 그 공간을 구분하고 있었다. 앱스에는 성소와 사제의 좌석이 있었다. 앱스 안이나 그 앞에 높은 제단이 있었고 그 위로 발다치노 baldacchino(닫집)라고 하는 화려한 덮개가 있었다.

주두와 부주두
Capitals and dosserets
테살로니카에 있는 성 데메트리우스 성당의 네이브는 다른 건물의 부재를 옮겨와 사용했으므로 다양한 주두의 모습을 볼 수 있다. 그림의 주두는 2층으로 조각이 되었는데 아칸서스잎 위에 독수리모습이 있다. 주두 위에 놓인 부주두는 둥근 주두에서 4각형의 아치받이 블록으로 전이하는 모습을 보인다.

근동지방 건물의 내부
Near Eastern interiors

서쪽과 중부지방 건물의 내부와는 대조적으로 근동지방의 건물 내부는 간결한 편이었으며 육중하고 납작한 아케이드가 낮고 간격이 넓은 각기둥 위에 올려져 있었다.

창문
Windows

초기 그리스도교의 바실리카에 있는 창문은 건물에 신비함을 더해주었다. 장식적인 구멍이 뚫린 석판, 채색된 유리(혹은 운모) 혹은 앨러배스터(설화 석고)를 통해서 영묘하고 흐릿한 빛이 들어왔다. 밤에는 성당을 가득 채운 금, 은, 대리석, 유리가 아른거리는 촛불 빛을 반사해 반짝이곤 했다.

예배용 가구
Liturgical furniture

성소는 사제를 위한 공간으로 때때로 베마bema라고 하는 단 위에 위치했다. 이 공간은 대개 성상칸막이Iconostasis라고 하는 낮은 가림판으로 구분되어 있었다. 이 곳으로부터 바닥이 높은 통로가 네이브 쪽으로 설교단(강론대)까지 튀어나와 있었다. 사제는 이 통로를 따라 움직였다.

앰보
Ambo

앰보(강론대)는 단 위에 올려진 연단의 일종으로 이 곳에서 복음서나 사도서한을 읽었다. 다른 예배용 가구와 마찬가지로 석재로 만들어져 있으며 장식용 판으로 화려하게 꾸며져 있었다.

오푸스 섹틸레
Opus sectile

많은 성당건물의 벽과 바닥 표면은 오푸스 섹틸레라는 화려한 장식으로 꾸며져 있었다. 이는 대리석을 잘라 기하학적인 문양을 만든 것이다. 바닥을 덮는 데는 판석과 대리석을 사용하기도 했다.

초기 그리스도교와 비잔틴
Early Christian and Byzantine

중앙집중식 평면
Centralized Plans

초기 그리스도교의 건축물은 바실리카 외에도 원, 십자가 혹은 다각형을 기초로 한 중앙집중식 평면을 취함으로서 로마건축의 전통을 계승했다. 이러한 형태는 로마의 분묘건축에서 가장 두드러졌으며 이 전통은 초기 그리스도교의 분묘건축, 특히 죽은 이를 기리기 위한 기념비적인 무덤에 큰 영향을 끼쳤다. 처음에는 로마의 성 베드로 성당처럼 무덤을 교회 내부에 두었지만 점차 묘부분을 독립시켜 따로 납골당을 만들었다. 납골당은 대개 중앙집중식 평면을 갖고 있었다. 이어서 중앙집중식 평면은 점차 성당건물에도 쓰이게 되었다. 특히 지방실권자들의 예배당건축에서 원형, 8각형 그리고 테트라콘치(4엽)형태의 평면을 사용하기 시작했다.

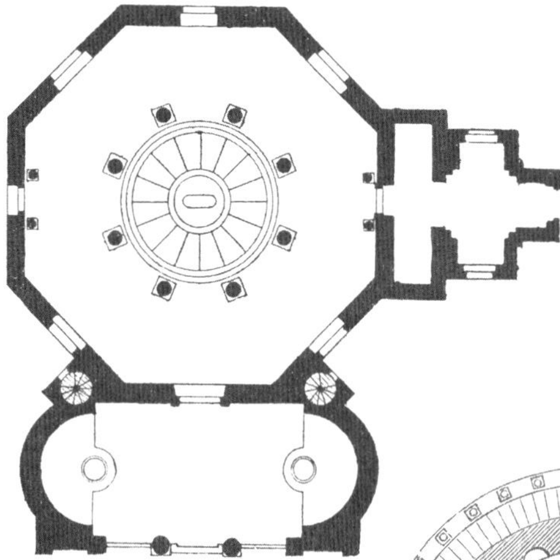

라테라노 궁전의 세례당, 로마(315년경)
Lateran baptistery, Rome
초기 그리스도교시대에 세례를 위한 독립된 건물이 나타나기 시작했다. 이러한 건물들은 처음엔 로마 공공욕장의 중앙집중식 평면을 갖고 있었다. 세례당은 대개 8각형으로, 8은 재생을 상징하는 숫자이다. 이는 천지창조 이후 8일째 되는 날에 세계가 시작되었기 때문이다.

마우솔레움
Mausoleum
초기 그리스도교시대의 분묘는 중앙집중식 평면을 갖고 있던 로마 마우솔레움의 전통을 그대로 따랐다. 하지만 묘지 바실리카cemetery basilica 근처에 지어졌다는 점에서 로마의 것과 달랐다. 거의 대부분의 분묘에서 중앙공간은 기둥으로 구획되어 있었고 둘레로 앰뷸러토리가 있었다.

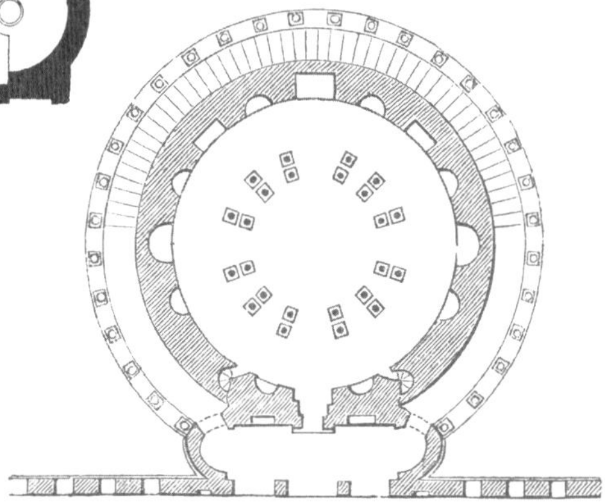

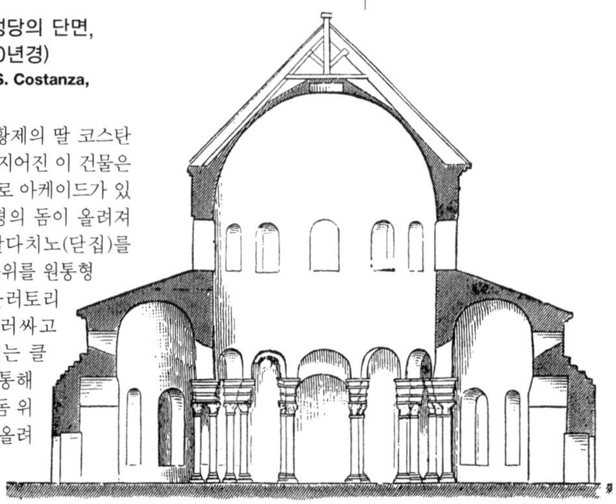

성 코스탄차 성당의 단면, 로마(서기 350년경)
Cross section, S. Costanza, Rome
콘스탄티누스 황제의 딸 코스탄차의 무덤으로 지어진 이 건물은 12쌍의 기둥 위로 아케이드가 있고 그 위에 원형의 돔이 올려져 있어 일종의 발다치노(닫집)를 형성한다. 그 주위를 원통형 볼트로 된 앰뷸러토리(보회랑)가 둘러싸고 있다. 중앙부에는 클리어스토리를 통해 빛이 들어오고 돔 위로 목재지붕이 올려져 있다.

성 코스탄차 성당의 내부
Interior, S. Costanza
분묘의 내부는 여기서 보이는 성 코스탄차 성당의 내부모습처럼 사치스럽게 꾸며져 있었다. 이곳에서 벽을 덮는 모자이크장식은 기하학적인 문양에서 시작하여 점차 넝쿨과 어린 천사의 모습으로 옮아간다. 그리고 입구 반대편의 석관 위에는 황금으로 만든 천국의 돔이 있어 구약에 나오는 장면을 묘사해 놓았다.

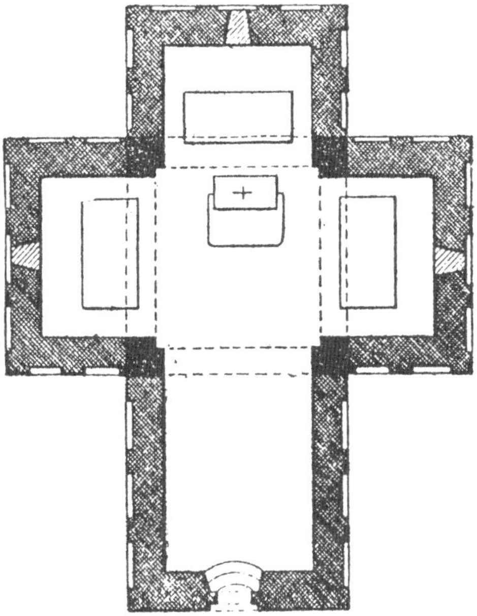

십자가형 평면, 갈라 플라치디아 분묘, 라벤나(425년경)
Cruciform plan, Mausoleum of Galla Placidia, Ravenna

십자가형 평면은 순교성당과 분묘건축에서 인기있는 형태였다. 갈라 플라치디아의 분묘는 그 초기 건물 중 하나로 한쪽이 약간 길어서 라틴 십자가(보통의 십자가) 형태로 되어 있다.

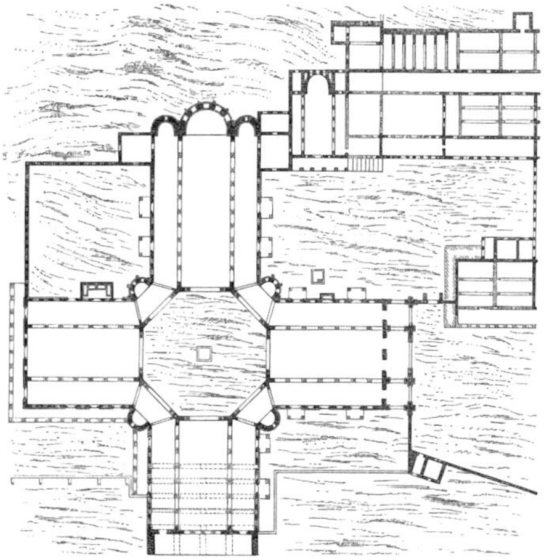

칼라트시만의 납골당, 시리아(480-490년)
Martyrium, Qal' at Si' man, Syria

순교자와 성지를 숭배하기 위한 건물 역시 중앙집중식 평면을 갖고 있었다. 칼라트시만에 있는 거대한 십자가형의 순교성당은 고행자 성 시미온이 죽을 때까지 올라서 있던 기둥을 기념하여 세워졌다. 기둥 주위로 4개의 바실리카가 십자가의 팔 부분을 만든다. 이 거대한 건물은 다수의 순례자를 수용할 수 있도록 설계된 것이다.

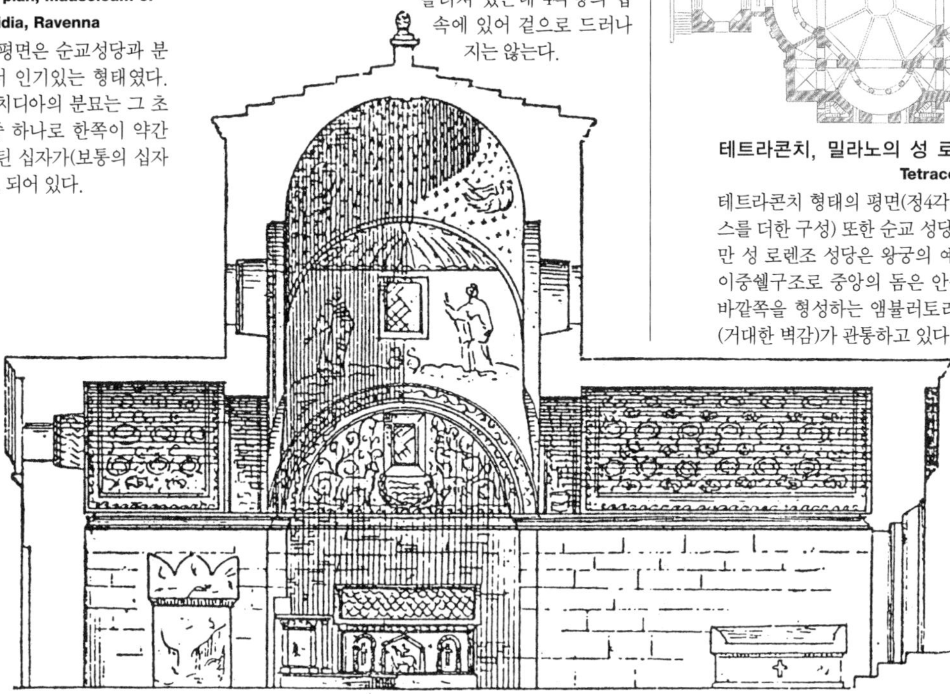

갈라 플라치디아 분묘의 내부모습, 라벤나
Interior, Mausoleum of Galla Placidia, Ravenna

분묘 내부에는 십자가의 각 팔부분이 원통형 볼트로 덮여 있다. 중심부에는 돔이 올려져 있는데 4각형의 탑 속에 있어 겉으로 드러나지는 않는다.

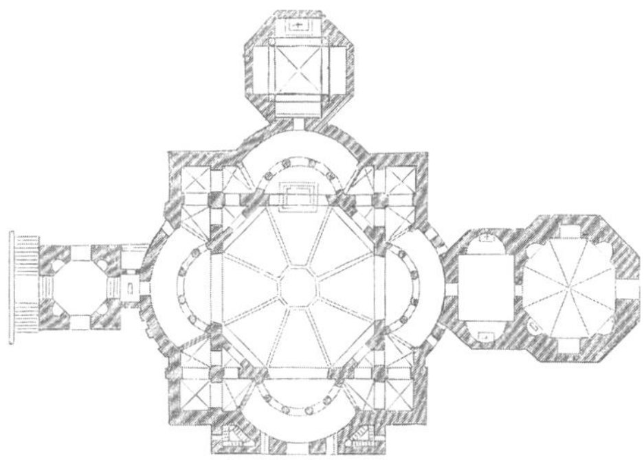

테트라콘치, 밀라노의 성 로렌조 성당(378년경)
Tetraconch, S. Lorenzo, Milan

테트라콘치 형태의 평면(정4각형의 네 변에 반구형 앱스를 더한 구성) 또한 순교 성당에서 널리 쓰였다. 하지만 성 로렌조 성당은 왕궁의 예배당이었다. 이 건물은 이중쉘구조로 중앙의 돔은 안쪽 지붕을 구성하고 그 바깥쪽을 형성하는 앰뷸러토리와 갤러리를 엑세드라(거대한 벽감)가 관통하고 있다.

초기 그리스도교와 비잔틴
Early Christian and Byzantine

라벤나
Ravenna

395년 로마제국은 다시 나뉘어졌다. 동쪽에서는 새로 독립한 비잔틴제국(동로마제국)이 번영하는 동안 서로마제국은 끊임없는 침략을 겪고 있었다. 이에 따라 이탈리아의 동부 연안지방인 라벤나의 중요성이 커졌다. 402년 서로마제국의 수도가 밀라노에서 라벤나로 옮겨졌고, 5세기 말에 동고트족의 테오도리쿠스왕이 이곳에 궁전을 건설하면서 콘스탄티노플과 밀접한 관계를 유지했다. 유스티아누스 황제가 6세기에 이탈리아를 다시 정복하면서 라벤나는 비잔틴 총독의 주교구가 되었다. 따라서 이곳은 정치적, 지리적으로 동서를 이어주고 있었으며 통치자가 지은 건물들은 비잔틴양식의 초기 모습을 보여주고 있다.

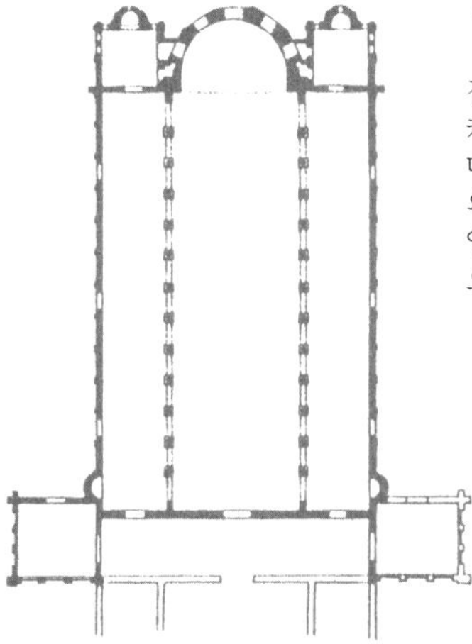

클라세의 성 아폴리나레 성당(532–549년)
S. Apollinare in Classe
겉보기에 이 성당은 아일이 하나인 단순한 바실리카지만 동로마제국의 건축요소 몇 가지를 갖고 있다. 2개의 낮은 탑이 옆으로 튀어나온 나르텍스, 외부에서 볼 때 반구형보다는 다각형에 가까운 중앙앱스가 있고 곡면의 부속 앱스가 중앙의 앱스 옆으로 돌출되어 있다.

모자이크
Mosaics
모자이크는 테세라라고 하는 작은 돌 혹은 유리조각으로 만들어졌다. 투명한 유리는 대개 그 뒷면에 금박을 입혀 화려하고 아른거리는 효과를 자아냈다. 모자이크는 점점 몰딩과 코니스를 대신해 모든 면을 덮기 시작했고 벽, 아치 그리고 돔까지 연속적으로 그림이 이어졌다. 이 모자이크는 유스티아누스 황제의 모습을 그리고 있다.

성 아폴리나레 누오보(490년경)
S. Apollinare Nuovo
이 성당은 성경에 나온 장면만을 묘사하는 서로마제국의 전통을 깨고 네이브를 따라 행진하는 행렬의 모습을 나타낸 모자이크 그림으로 유명하다. 북쪽 벽에는 22명의 여성 성인이, 남쪽에는 26명의 남성 순교자가 묘사되어 있다.

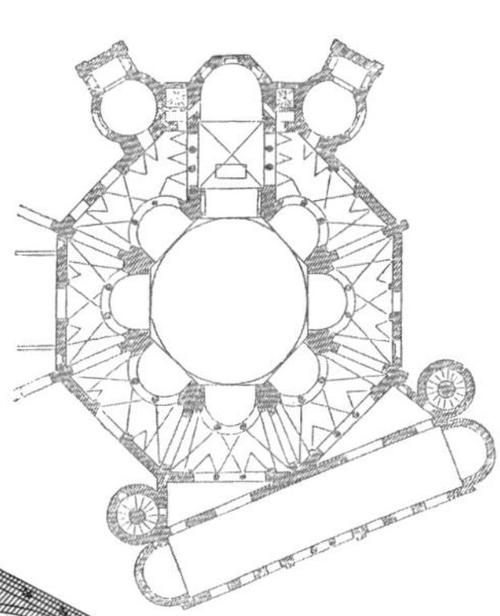

성 비탈레 성당(526-547년)
S. Vitale

성 비탈레 성당은 이중쉘구조로 2개의 8각형이 같은 중심 위에 놓여있는 형태이다. 중심부에는 8개의 기둥 사이로 7개의 벽감이 둘레의 앰뷸러토리(회랑이나 성당의 앱스를 따라 있는 지붕덮인 복도)를 향해 튀어나와 있다. 중심부에서 나머지 한변을 통해서 챈슬(제단 주변의 사제석)과 돌출된 앱스로 바로 접근할 수 있다. 앱스 좌우로는 원형의 예배당이 있다.

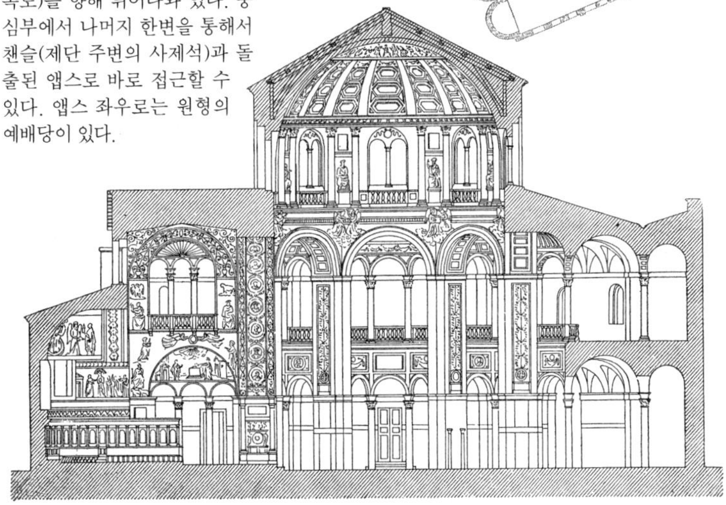

클라세의 성 아폴리나레 성당의 내부
Interior, S. Apollinare in Classe

이 성당의 내부는 동로마제국의 영향을 보여준다. '바람에 날린 듯한' 모양의 주두와 대리석 판은 콘스탄티노플 근처의 황실 작업장에서 만들어진 것이 거의 틀림없어 보인다.

클라세의 성 아폴리나레 성당의 종탑
Campanile, S. Apollinare in Classe

성당 외부에는 원형으로 된 종탑의 초기 형태가 있다. 위로 올라가면서 창문의 개수가 하나에서 둘, 셋으로 늘어나고 있다. 라벤나지역에서 전통적으로 사용하던 높이가 높은 벽돌 대신에 이 성당에는 길고 얇은 벽돌을 사용했다. 이는 콘스탄티노플지역의 전통이었다.

레이스와 바구니무늬
Lacework and basketwork

5세기부터 6세기 사이에 라벤나에 지어진 많은 성당에는 비잔틴양식의 주두가 사용되었다. 자연스러운 코린트식 주두의 아칸서스잎은 덜 자연스러운 '레이스무늬' 혹은 '바구니무늬'로 대치되었다. 이 무늬는 양식화된 잎모양과 끈이 얽혀있는 모습을 양각한 것이다. 비잔틴양식의 주두에서는 반구에 가까운 '쿠션' 혹은 '바구니' 모양같은 새로운 형태가 나타나기 시작했다.

성 비탈레 성당의 돔
Dome, S. Vitale

성 비탈레 성당의 중심 8각형 위에 놓인 돔은 벽돌이나 석재로 만든 것이 아니라 토기 항아리를 서로 겹쳐 만든 것이다. 서로마제국의 이러한 기술은 구조물을 가볍게 하여 돔을 지지하는 버트레스나 아치가 필요하지 않았다. 전체 돔은 목재지붕으로 덮여 있었다.

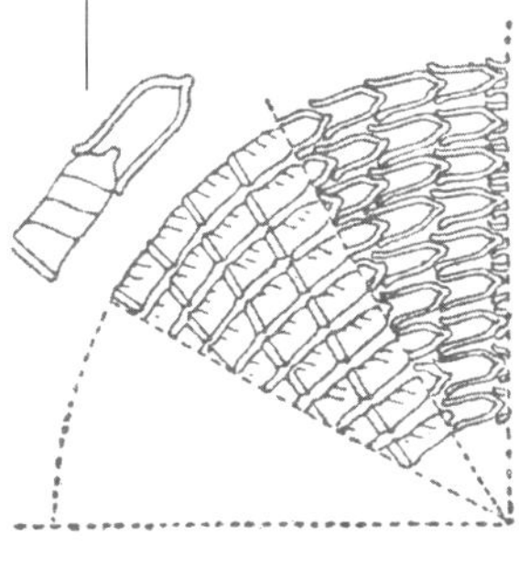

초기 그리스도교와 비잔틴
Early Christian and Byzantine

초기 비잔틴시대의 건축
Early Byzantine Architecture

6세기는 비잔틴제국의 절정기였다. 유스티니아누스 황제(527-562년)의 집권 시기에 유래없는 확장과 번영을 누렸다. 서로마제국이 위기를 맞는 동안 콘스탄티노플은 종교적 중심지는 아닐지라도 정치, 문화의 중심지로서 군림했다. 거대한 선전용 건축물의 공사가 진행되면서 건축적인 혁신의 시대가 도래하게 되었다. 이 때에 초기 그리스도교의 건축형태가 비잔틴양식으로 발전했다. 서로마제국에서는 여전히 바실리카가 지배적이었지만 동로마제국에서는 좀더 복잡하고 무엇보다 중앙집중성을 추구하는 경향이 점점 커졌다. 이에 따라 직4각형의 바실리카 평면에 돔이 올려진 정4각형의 베이가 도입되었다. 이러한 경향은 미사 중간에 성직자가 행렬을 이루어 입장하는 것을 강조하는 동로마제국의 예배와 관련이 있다. 그 결과 새로운 중앙집중형 평면에서는 입장행렬의 무대가 되는 네이브를 강조했다. 신도들은 아일과 갤러리 그리고 나르텍스에서 네이브를 따라 이루어지는 성직자들의 행진을 바라보았다.

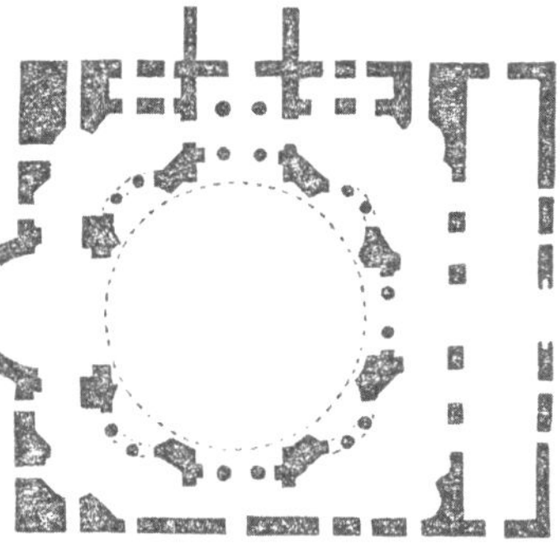

성 세르기오스 & 바코스 성당, 콘스탄티노플
SS. Sergius and Bacchus, Constantinople
유스티니아누스 황제가 건설한 이 성당은 성 비탈레 성당과 유사했다. 중앙부는 8각형, 그 바깥쪽으로 4각형이 있는 이중쉘구조로 이루어져 있다. 하지만 이 건물은 고도로 복잡한 구성을 보이고 있다. 안쪽 중심의 벽감에는 원형과 4각형이 번갈아가며 쓰였으며 바깥쪽 벽에도 되풀이되어 있다.

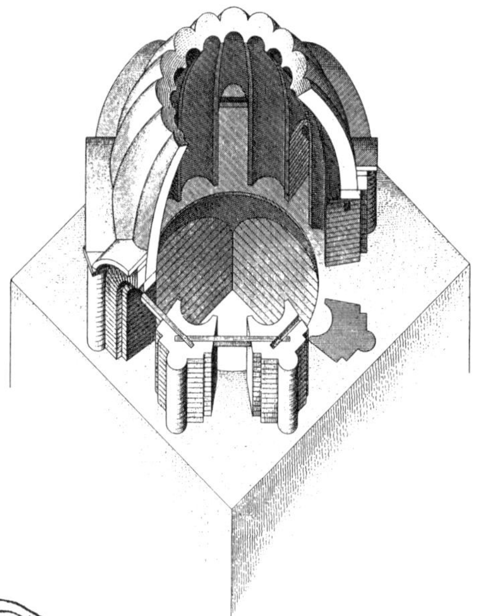

호박모양의 돔, 성 세르기오스 & 바코스 성당
Pumpkin dome, SS. Sergius and Bacchus
지름 16미터의 이 돔은 호박모양으로 16개의 볼록한 면 사이로 골이 져 있다. 이 돔은 목조지붕 아래 숨겨져 있지 않고 외부에서 볼 수 있도록 노출되어 있다.

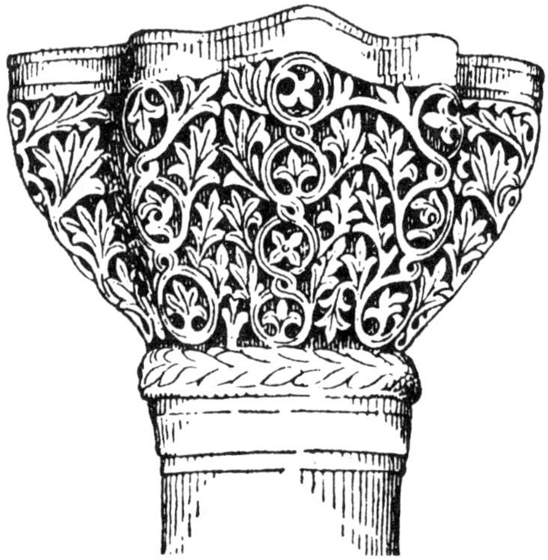

성 세르기오스 & 바코스 성당의 주름식 주두
Fold capitals, SS. Sergius and Bacchus
성 세르기오스 & 바코스 성당의 1층에 있는 주두들은 '주름이 접혀' 있다. 여기에는 뾰족한 덩굴손이 깊게 양각되어 있어 어두운 배경과 강한 대조를 이루며 두드러져 보인다.

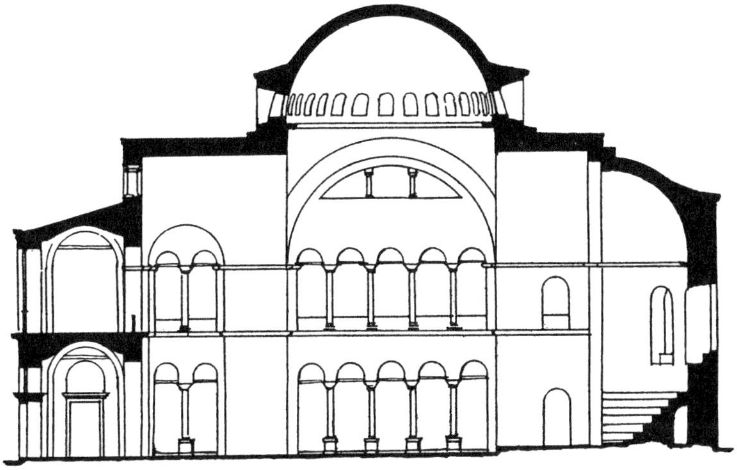

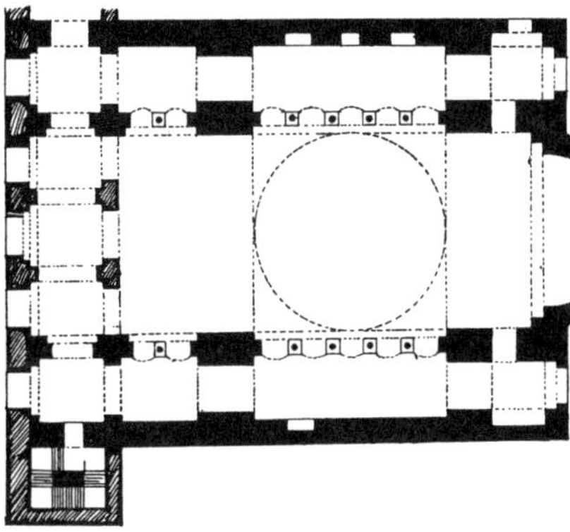

성 이레네 성당의 돔식 바실리카, 콘스탄티노플

Domed basilica : S. Irene, Constantinople

정4각형의 돔이 있는 베이가 바실리카의 평면에 더해져 콘스탄티노플에 있는 성 이레네 성당과 같은 돔식 바실리카가 만들어졌다. 이 성당은 유스티니아누스 황제가 532년에 지은 것으로 거대한 각기둥 4개가 4개의 아치와 그 위의 돔을 지지하고 있다. 동서방향의 네이브의 지붕은 원통형 볼트로 되어 있으며 양옆으로 볼트로 덮은 아일과 갤러리가 있다.

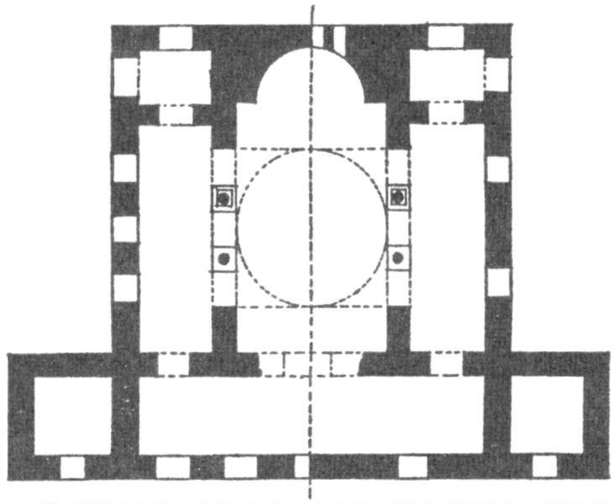

축약된 돔식 바실리카, 카스르 이븐 와르단, 시리아

Condensed domed basilica, Qasr Ibn Warden, Syria

이 성당에서는 돔이 있는 중앙 베이를 둘러싸는 네이브가 짧은 원통형 볼트로 축소되어 있다. 복층 나르텍스가 2층으로 된 아일과 갤러리를 연결하며 3면을 둘러싸고 있다. 돔식 바실리카의 축소형인 이 성당은 네이브에 모든 초점이 맞추어져 있다.

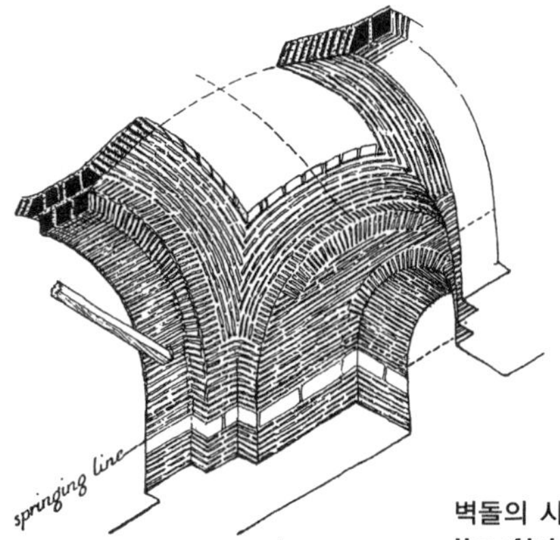

벽돌의 사용

Use of bricks

돔의 도입에 영향을 미친 또 하나의 중요한 요소로 건설에 벽돌을 사용한 것을 들 수 있다. 두꺼운 모르타르층 위에 얇은 벽돌을 차곡차곡 쌓아놓은 형식이었다. 콘크리트와 석재로 만든 볼트로는 작은 공간 밖에 덮지 못하지만 벽돌로는 얇고 가벼운 볼트를 만들 수 있기에 좀더 융통성이 있었고 따라서 더 넓은 공간을 적은 각기둥을 사용하면서 덮을 수 있었다.

펜덴티브

Pendentive

돔이 있는 중앙집중형 평면은 펜덴티브의 발명이 있었기에 가능했다. 이는 아치와 아치 사이를 잇는 곡면으로 된 삼각형 부분을 일컫는 말이다. 로마인들은 원형 공간 위에서만 돔을 지을 수 있었지만 비잔틴시대에는 펜덴티브를 도입함으로써 4각형 평면 위에 돔을 건설할 수 있게 되었다. 이 형태는 아마도 에게해 건축과 시리아 건축에서 비롯한 것으로 보인다.

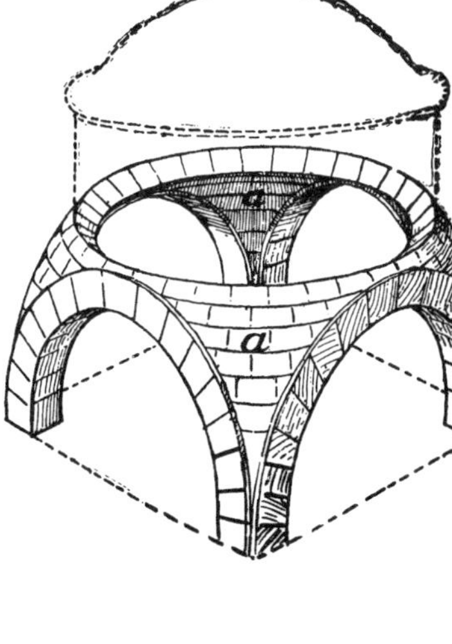

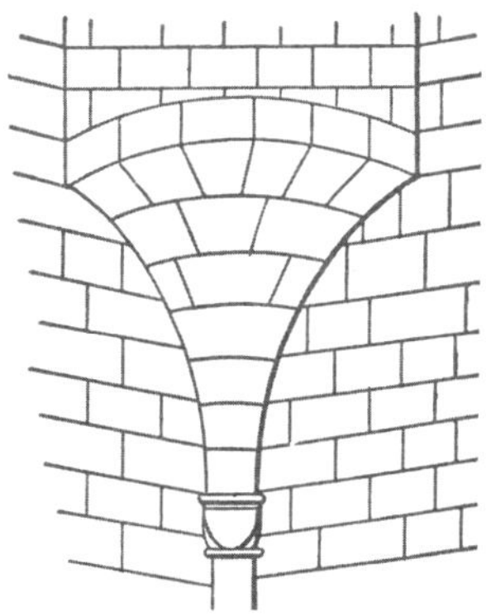

초기 그리스도교와 비잔틴
Early Christian and Byzantine

하기아 소피아, 콘스탄티노플(532–537년)
Hagia Sophia, Constantinople

"신성한 지혜"를 뜻하는 하기아 소피아는 비잔틴건축 중 가장 뛰어난 건축물로 알려져 있다. 하지만 이 건물은 매우 독특한 것으로 유사한 건물이 전혀 지어지지 않았다. 이 건물은 유스티니아누스 황제의 지휘 아래에 같은 이름의 바실리카가 있던 자리에 세워졌다. 이전의 건물들과 마찬가지로 하기아 소피아를 건설한 이들은 전문 건축가가 아니었다. 트랄레스의 안테미우스와 밀레투스의 이시도루스는 건축가라기보다는 과학자로서 수학과 물리에 정통한 사람들이었다. 이들이 내놓은 결과물은 이중 쉘형태의 돔이 있는 성당과 돔을 올린 바실리카, 두 양식의 융합물로, 성 세르기오스 앤 바코스 성당을 반으로 잘라 그 사이에 거대한 돔이 있는 베이를 삽입한 형태였다. 이러한 혁신적인 형태는 마름돌로 지은 8개의 거대한 각기둥 이외의 부분에 얇은 벽돌을 주재료로 사용했기에 가능한 것이었다. 완공 후 20년 뒤인 558년 돔이 붕괴되었는데 이는 당시 기술의 한계를 시험해 보고자 했던 교회가 얼마나 대범했는지를 보여준다. 돔은 563년 재건되었다.

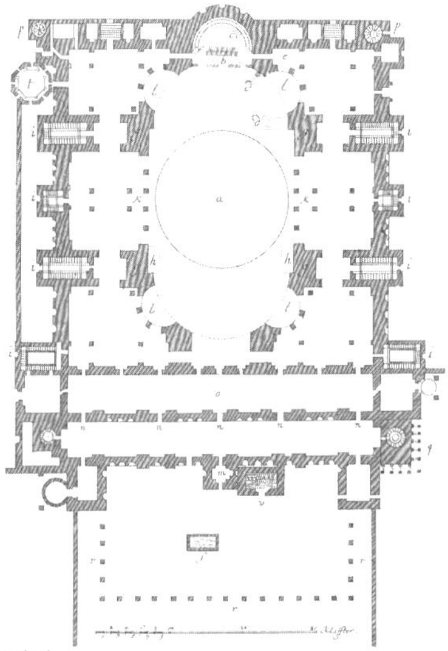

평면
Plan

하기아 소피아에는 바실리카의 네이브와 아일이 계속 쓰였다. 하지만 안쪽의 아케이드는 양 끝이 휘어져서 타원형을 이룬다. 타원형 공간에는 지름 32.6미터의 돔이 4개의 아치 위에 올려져 있고 아치를 받치는 4개의 거대한 각기둥이 있다. 각기둥들은 외벽에 걸쳐 있으며 아일과 갤러리를 만들기 위해 가운데가 파여 있다.

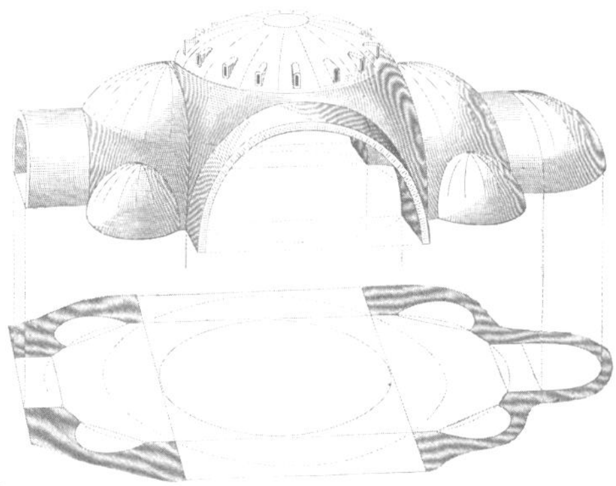

중심
Core

중앙 돔은 동서 양쪽의 반원형 돔이 지지하고 있다. 반원형 돔 양쪽으로는 역시 반원형 돔이 있는 벽감이 있으며 그 끝부분에서 원통형 볼트가 동쪽으로는 앱스를, 서쪽으로는 나르텍스를 연결하고 있다. 이 돔을 올린 중심부분 둘레로 2층짜리 아일, 갤러리, 나르텍스가 배치되어 있어 대략적인 정4각형 평면을 만든다.

외부
Exterior

다양한 돔과 반원형 돔은 목재지붕으로 가려지지 않고 납으로 덮여 있다. 이러한 방법을 통해 돔이 외부로 확연히 드러나게 되었으며 그 윤곽을 따라 시선이 중앙 돔의 정상까지 이르게 된다. 벽돌로 지은 거대한 외부는 단순하고 꾸밈이 없다.

아케이드
Arcades

하기아 소피아 성당의 아케이드는 3, 5, 7의 리듬을 만들고 있다. 네이브의 아케이드는 1층은 5베이, 갤러리는 7베이로 되어 있고, 위쪽의 클리어스토리에는 창이 7개 뚫려 있다. 양쪽 끝의 벽감의 경우 1층은 3베이, 갤러리층은 7베이로 되어 있다.

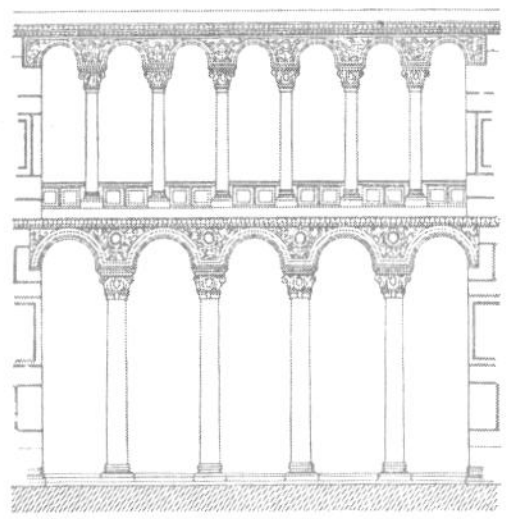

단면 Cross section

돔의 내부는 붉은색, 녹색, 청색, 흰색, 황색 그리고 검은색의 대리석 판으로 씌워져 있었다. 돔 아랫부분에 있는 40개의 창문을 통해 건물 내부로 빛줄기가 들어왔다. 반원형 돔과 벽감 그리고 네이브와 아일의 측면에도 창이 더 있었다.

내부 Interior

광대한 내부에는 올록볼록한 공간이 복잡하게 서로 조화를 이루고 있다. 거대한 돔이 머리 위에 솟아 있고 아케이드와 벽감이 네이브와 아일 사이를 구분하고 있다. 이로 인해 중심 부분이 위쪽과 바깥쪽으로 확장하는 것처럼 보이게 된다.

모자이크 Mosaic

벽, 돔, 반원형 돔, 볼트 그리고 천장 아랫면은 모자이크로 덮여 있었다. 모자이크는 십자가와 나뭇잎같은 단순하고 추상적인 문양으로 꾸며져 있었다. 중앙의 돔에는 무늬없이 황금 모자이크를 씌웠다.

입방체모양 주두
Cubiform capitals

중심 아케이드에 있는 주두는 입방체모양으로 정6면체와 반구를 서로 겹쳐놓은 형태이다. 이오니아식의 소용돌이문양이 깊게 양각된 양식화된 잎사귀 문양과 함께 새겨져 있다.

초기 그리스도교와 비잔틴
Early Christian and Byzantine

유스티니아누스 황제 이후의 건축
Post-Justinian Architecture

초기 비잔틴건축은 하기아 소피아 이후 다시는 그 정도로 복잡하고 웅장한 건물을 만들어내지 못했다. 562년 유스티니아누스 황제의 서거 이후 그리스, 시리아, 팔레스타인 그리고 아프리카 북부 등지의 지역이 제국의 지배에서 벗어났다. 8세기에 서로마제국에서 프랑크족이 점차 세력을 확장하면서 교황과 연합한 뒤 800년 샤를마뉴 대제를 서로마제국의 황제로 등극시켰다. 비잔틴제국의 쇠퇴가 우상숭배에 대한 신의 분노 탓이라고 생각한 레오 3세는 성상파괴운동을 시작했다. 성당에 있던 각종 형상의 모자이크는 십자가, 나뭇잎 그리고 기하학적인 문양으로 대체되었다. 이 시기의 금욕적 생활은 소규모 성당을 추구하는 경향으로 나타났다. 하지만 유스티니아누스시대의 주요 건물을 볼 때 중앙집중성을 추구하는 경향을 확인할 수 있으며 돔을 올린 바실리카와 돔을 올린 십자형 성당이 두드러졌다.

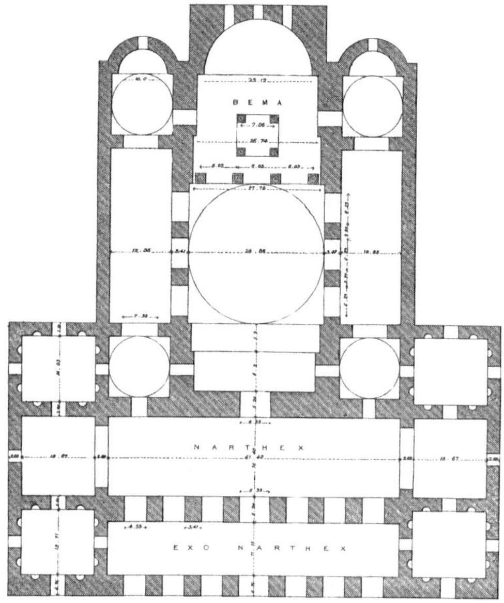

미라의 성 니콜라스 성당
St. Nicholas, Myra
콘스탄티노플의 성 이레네 성당과 마찬가지로 이 성당 역시 돔을 올린 바실리카 형식이다. 세로방향의 축을 중시하던 로마식 바실리카의 특징은 더 약해져서 네이브는 중앙의 돔이 있는 베이만으로 이루어져 있다. 폭이 넓은 아치가 동서로 놓여 돔을 받치고 있으며 갤러리가 있는 아일이 남쪽과 북쪽 뿐만 아니라 서쪽에도 자리했다.

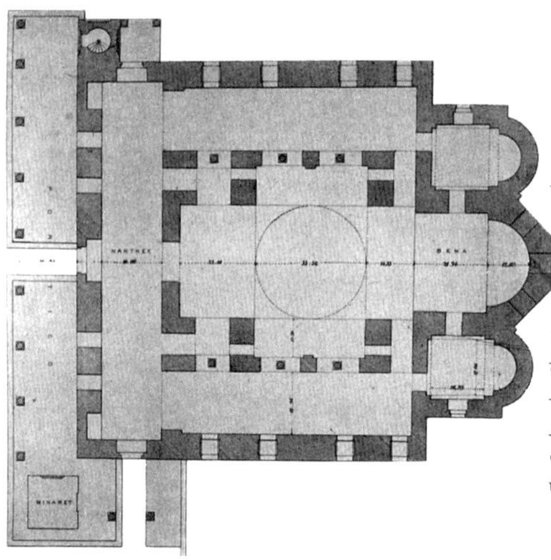

돔을 갖는 십자형 성당, 테살로니카의 성 소피아 성당
Cross-domed church, St. Sophia, Thessalonika
유스티니아누스 황제가 서거한 지 250년 뒤에 돔을 갖는 십자형 성당이 크게 유행했다. 거의 같은 폭으로 이루어진 4개의 원통형 볼트가 십자형을 이루며 중앙 베이의 돔을 지지하고 있었다. 이 십자형의 중심부 둘레로는 갤러리가 있는 나르텍스와 아일로 3면의 둘러싸여 있어 정4각형의 외부 형태를 만들고 있었다.

평면, 성 소피아 성당
Plan, St. Sophia
이 성당은 전형적인 돔식 십자형 성당으로 십자가 형태의 네이브는 기둥과 각기둥이 번갈아가며 쓰인 아케이드를 사이에 두고 원통형 볼트로 덮인 아일과 연결되어 있다. 아일, 나르텍스, 갤러리가 서로 연결되어 U자 형태의 2층짜리 앰뷸러토리를 만든다. 중앙 돔의 동쪽 팔부분은 챈슬이며 그 끝에 앱스가 있다. 그 양옆으로 부속 앱스가 있는 측실이 있다.

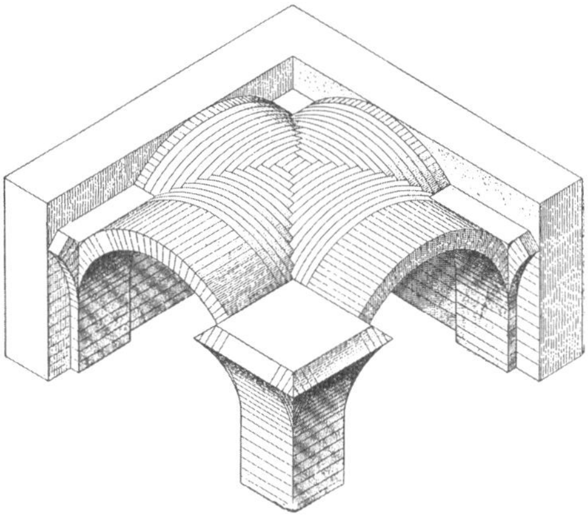

성 소피아 성당의 교차 볼트
Groin vault, St. Sophia
테살로니카의 성 소피아 성당에서 돔을 지지하는 서쪽 각기둥들은 일부분이 뚫려 있어 교차 볼트로 덮인 작은 베이가 있다. 교차 볼트는 비잔틴시대에 발명된 것은 아니었다. 이는 주로 정4각형의 베이를 덮을 때에 사용되었으며 원통형 볼트 2개가 만나므로 대각선으로 교차하는 선이 생긴다.

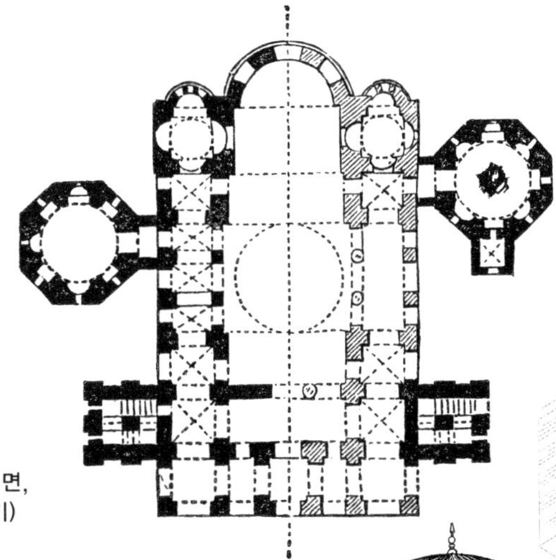

성소가 3개 있는 성당 평면, 데레아그치, 리키아(8세기)
Triple sanctuary plan, Dere Agzi, Lycia
비잔틴양식의 예배가 7세기와 8세기에 걸쳐 완성되면서 점차 앱스 양옆에 측실이 나타나기 시작했다. 남쪽 방(집사실)에는 복음서를 보관했으며 북쪽의 성찬 준비실에서는 성체를 준비하고 미사 때에 의식행렬이 입장하는데 사용되었다.

벽돌과 마름돌
Brick and ashlar
이 시기의 조적술은 대개 벽돌로만 이루어지지는 않았고 벽돌과 마름돌층을 번갈아가며 쌓곤 했다. 이러한 기법은 콘스탄티노플과 에게해지역에서 5세기부터 널리 쓰였다. 때때로 벽돌로 쌓은 부분을 마름돌로 쌓은 층으로 보강하기도 했다.

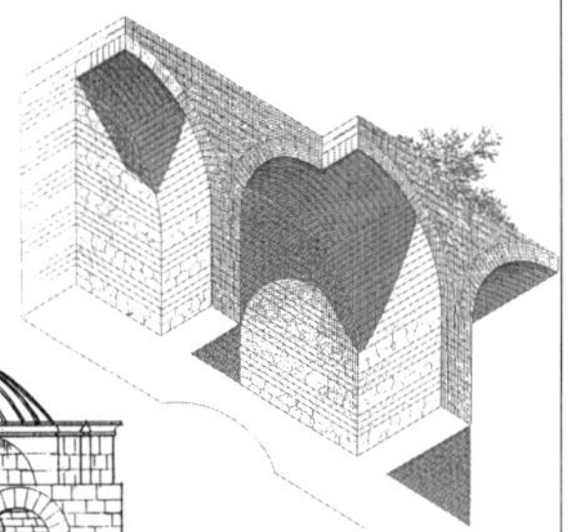

유스티니아누스 황제 이후 건축의 외부
Post-Justinian exteriors
성 소피아 성당의 외부는 유스티니아누스 황제 때의 성당과 마찬가지로 장식이 거의 없이 단순했다. 하지만 좀더 납작한 모습이었다. 단순한 정6면체 위에 올려진 창문이 있는 낮은 드럼이 돔을 가리고 있다. 앱스의 내부는 반원형이었지만 외부로 드러난 모습은 다각형이다. 이는 전형적인 그리스 비잔틴건축의 특징이다.

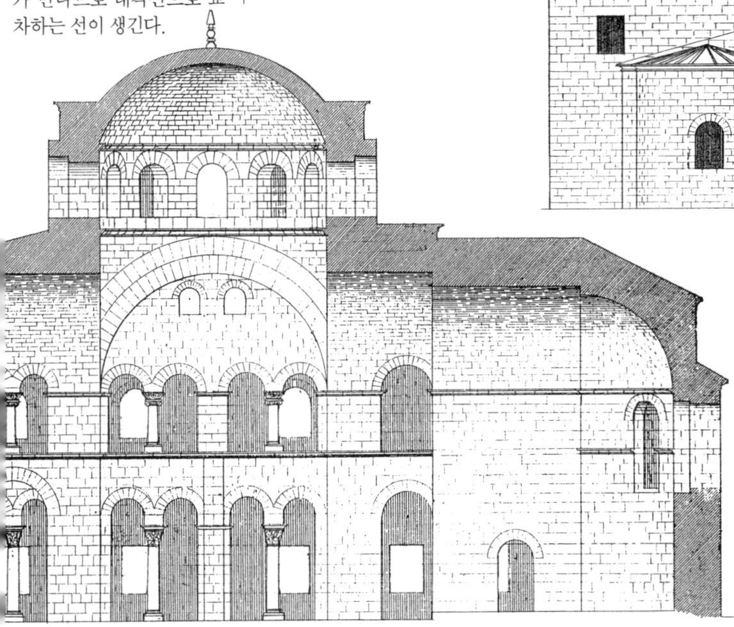

유스티니아누스 황제 이후 건축의 내부
Post-Justinian interiors
이 당시의 경건하고 금욕적인 분위기를 반영하여, 성 소피아 성당의 단면은 6세기의 성당과 비교하여 매우 단순하고 견고한 모습이었다. 벽과 각기둥은 육중했고 아케이드의 개구부와 창문은 작았다. 그리고 명확하게 경계가 지어진 공간이 복잡하게 서로 관통하던 내부를 대체했다.

초기 그리스도교와 비잔틴
Early Christian and Byzantine

중기 비잔틴시대의 건축
Middle Byzantine Architecure

성상파괴운동이 끝난 843년부터 로마인들이 콘스탄티노플을 점령한 1204년까지가 중기 비잔틴시대로 알려져 있다. 마케도니아 왕조 치세의 초기 180년이 제국의 황금기였다. 이 시기에 그리스와 이탈리아의 영토를 회복했고 동쪽으로 새로운 영토를 확보했으며 문화적 부흥이 일어나 다수의 새로운 성당건축의 유형이 나타났다. 1025년 마케도니아 왕조가 쇠퇴하고 1057년 콤네누스 왕조가 권력을 잡으면서 안정기에 접어들었고 건축적으로 통합이 이루어졌다. 이 시기에는 또한 1054년 동서 교회의 분열로 그리스 정교회와 로마 가톨릭의 분리가 확고해졌다. 동시에 동방교회는 세르비아, 불가리아 그리고 러시아까지 그 영향력을 확장했다.

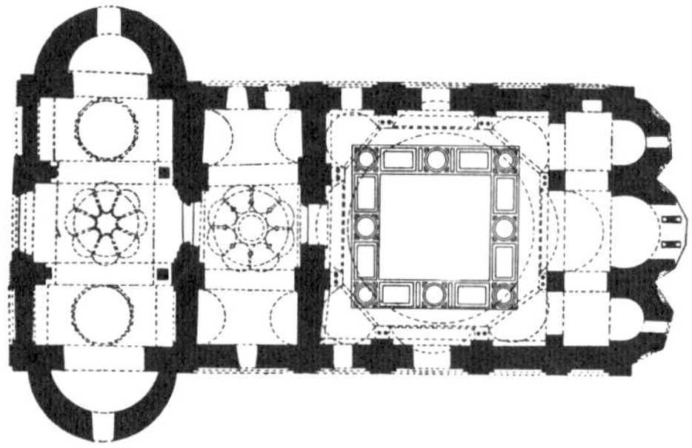

돔을 올린 8각형 평면, 네아모니, 키오스
Domed octagon, Nea Moni, Chios
이 시기의 새로운 성당 유형 중 특히 그리스에서 유행한 양식은 키오스의 네아모니에서 사용된 것과 같은 돔을 올린 8각형 형태였다. 이 양식에서 네이브는 정4각형이었으며 아일이 없다. 네이브의 각 모서리에 걸쳐진 스퀸치가 8각형을 이루며 원형의 돔을 지지하고 있다.

스퀸치
Squinch
스퀸치는 7세기부터 아르메니아의 성당건축에 사용되어온 요소였으며 10세기부터 이슬람건축에서도 널리 쓰이게 되었다. 이는 4각형 베이의 모서리부분에 작은 아치 혹은 벽감을 둔 것으로 돔이 올라갈 기초가 된다.

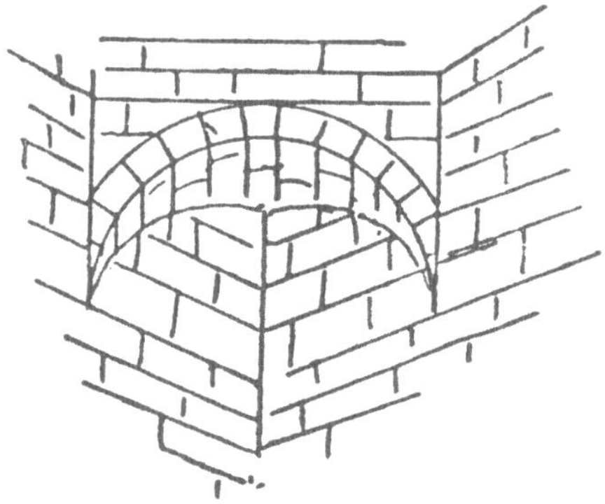

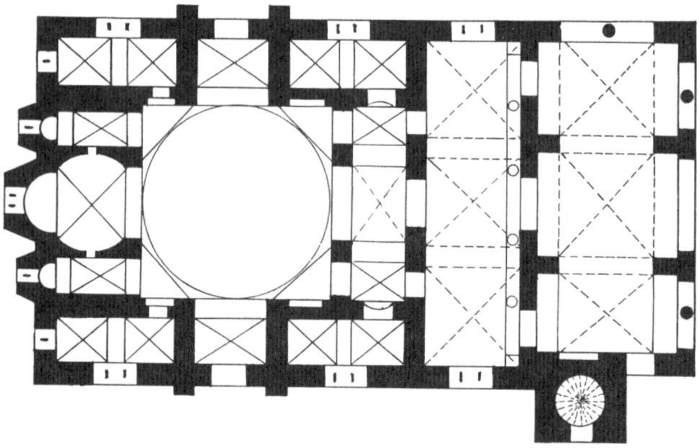

그리스식 십자가로 된 8각형 평면, 다프네의 성당(1080년경)
Greek-cross octagon, Church at Daphne
그리스식 십자가로 된 8각형 평면은 스퀸치를 사용한 또 다른 새로운 형태로서 역시 그리스에서 주로 발견된다. 돔을 올린 8각형의 중앙부에서 4개의 원통형 볼트가 십자가 형태로 돌출되어 있다. 전체 건물은 직4각형 형태로 각 모서리는 볼트로 덮인 몇개의 베이들로 구성되어 있다.

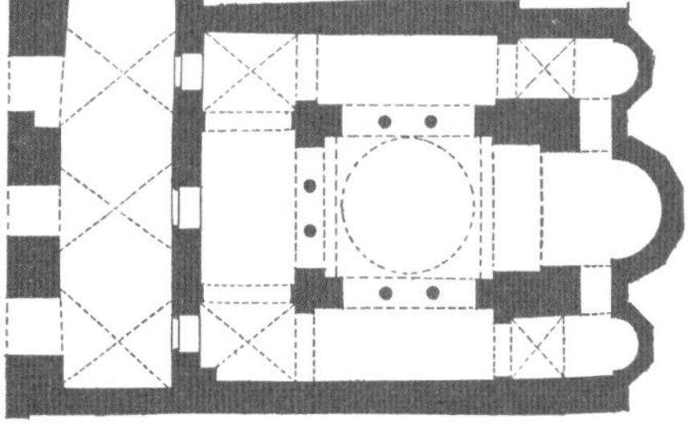

앰뷸러토리 성당, 페티예 카르비 / 성 마리 파마카리스토스, 콘스탄티노플(11세기)
Ambulatory church, Fetiyeh Carvii / St. Mary Pammakaristos, Constantinople
앰뷸러토리 성당은 초기의 돔이 있는 십자형 성당과 유사했지만 네이브가 더 작았고 십자가의 팔부분이 벽의 아치로 줄어들었다. 중앙을 둘러싸는 공간 역시 더 넓어졌으며 동일한 폭으로 이루어져 있다. 반면 갤러리 부분은 사라져서 돔을 올린 중심부 주위로 단순한 앰뷸러토리를 구성하고 있다.

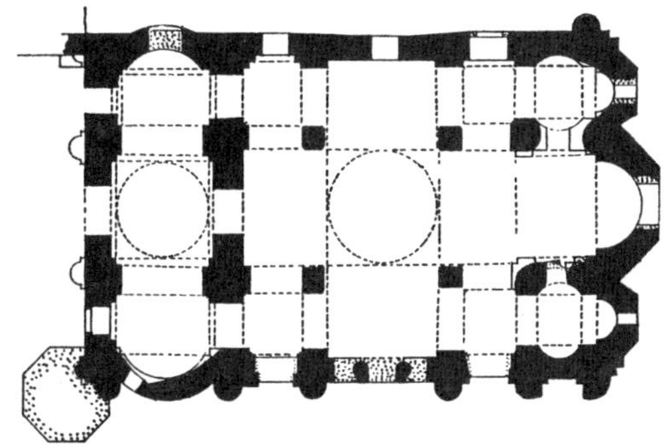

정4각형 안에 십자가가 있는 형태, 미라의 성당, 콘스탄티노플(920–921년)
Cross-in-square, Myrelaion Church, Constantinople

중기 비잔틴시대의 성당 평면 중 가장 대중적이고 오랫동안 사용된 형태는 바로 5엽배열형quincunx이라고 하는 십자가 형태였다. 돔이 올려진 정4각형 베이와 볼트로 덮인 4개의 베이가 그리스 십자가 형태를 이루고, 네 모서리에 다시 돔이 있는 베이가 위치했다. 건물의 외관을 보면 중앙 돔이 올려져 있는 드럼이 가장 높고 십자가 팔부분이 모서리 베이보다 약간 높게 솟아있는 경우가 가장 흔했다.

중기 비잔틴시대 건물의 외부모습
Mid-Byzantine exteriors

중기 비잔틴시대에는 성당 외부에 장식이 더 많아졌다. 삼나무잎무늬, 갈매기무늬, 만자卍字무늬, 송곳니무늬 등의 패턴을 만들며 벽돌을 쌓았다. 그리스에서는 가는 벽돌이 석재블록의 테두리를 두르고 있는 클로아소네cloisonne라는 양식도 있었다. 또한 장식용 벽감, 뒤로 물러난 아치형 창문, 콜로네트(작은 장식용 기둥) 그리고 벽기둥 등의 요소도 도입되었다.

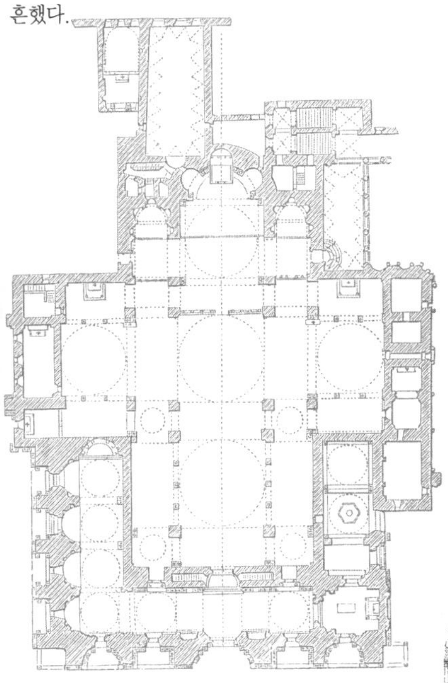

산마르코 성당의 평면
Plan, St. Mark's

산마르코 성당은 원래 바실리카식 성당이었지만 트랜셉트를 더해 십자가형 평면을 만들고 중심 베이와 십자가의 각 팔 부분에 돔을 얹었다. 또한 U자모양의 나르텍스가 서쪽 팔부분 둘레로 확장되었다. 내부는 대리석과 모자이크가 모든 표면을 덮고 있어 매우 화려하다.

베네치아의 산마르코 성당(1063년)
St. Mark's, Venice

동서 교회의 분열에도 불구하고, 비잔틴문화의 영향은 콘스탄티노플과 외교적으로 가까운 관계를 유지하고 무역거래를 계속했던 이탈리아에 강하게 남았다. 베네치아의 산마르코 성당에서처럼 그리스 정교회의 건축요소가 로마 가톨릭 성당에 흡수되었고 샤를마뉴 대제시대에 부활한 초기 그리스도교건축의 전통과 혼합되어 로마네스크양식으로 나타났다.

초기 그리스도교와 비잔틴
Early Christian and Byzantine

후기 비잔틴시대의 건축
Late Byzantine Architecture

1204년 프랑크족이 콘스탄티노플을 약탈하기 시작했고 제국은 점점 영토를 주변 부족에게 뺏기면서 쇠락하기 시작했다. 하지만 니케아, 트라브존, 아르타 그리고 테살로니카에 비잔틴제국의 성채가 유지되었으며 콘스탄티노플은 1261년 팔라이올로구스 왕조의 미카엘 8세에 의해 복구되었다. 이로 인해 이 다음시기(1261-1453년)를 팔라이올로구스시기라고 하게 되었다. 끝내 1453년 오스만 투르크족이 콘스탄티노플을 점령하면서 제국은 멸망했다. 그렇지만 비잔틴제국의 문화는 강하게 남아 있었다. 새로운 형태가 나타나지는 않았지만 예전의 형식을 변형시켜 외부는 훨씬 더 화려해졌고 비례는 더욱 길쭉해졌다. 가장 주목할만한 점으로는 장례의식을 위한 독립적인 공간이 필요해지면서 기존 성당에 보조건물이 증축되어 거대하고 불규칙적인 건물군이 만들어졌다는 것이다.

트라브존의 성 소피아 성당
St. Sophia, Trebizond

이 5엽배열형 십자가양식의 성당에는 북쪽, 남쪽 그리고 동쪽에 현관이 돌출되어 있었다. 이는 아마도 그루지아건축에서 비롯한 요소로 보인다. 확장된 서쪽 베이는 세로방향을 강조하는 것으로 이 때에 초기 비잔틴양식이 부활했음을 반영한다. 이로 인해 중앙집중형 평면과 바실리카식 평면이 혼합되었다.

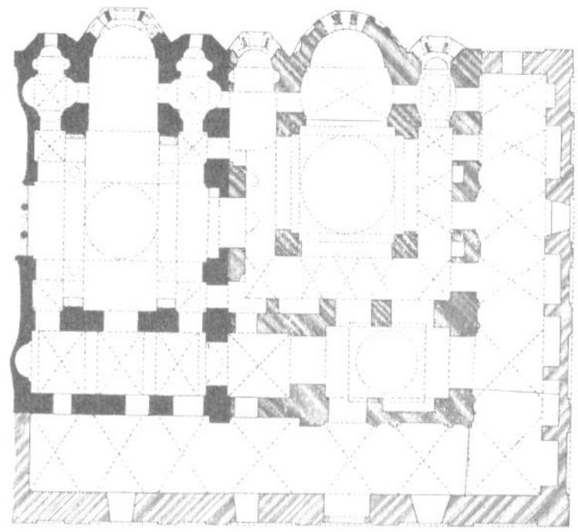

장례예배당, 콘스탄티노플의 성 마리 콘스탄틴 립스
Parakklesion, St. Mary Constantine Lips, Constantinople

1282년부터 1304년에 걸쳐 세례자 성 요한에게 봉헌된 작은 앰뷸러토리 성당이 5엽배열형 십자가양식으로 된 성 마리 콘스탄틴 립스(907년)의 남쪽에 덧붙여졌다. 두 건물은 각각의 서쪽을 따라 연장된 바깥나르텍스로 연결되어 있었고 남쪽에는 장례예배당이 이어져 있었다.

킬리세 성당 / 성 테오도르 성당, 콘스탄티노플
Kilise Camii / St. Theodore, Constantinople

11세기에 지어진 이 5엽배열형 십자가양식의 성당에 1320년경 돔이 3개 있는 5베이짜리 바깥나르텍스가 추가되었다. 이는 테살로니카에서 전통적인 형태였다. 바깥나르텍스의 입면은 매우 화려했다. 3개의 아치로 이루어진 아케이드와 난간 뒤로 높은 벽감이 있고 그 위에는 조금씩 다른 5개의 반원형 블라인드아치(벽면에 부착되어 있는 아치)가 올려져 있었다.

코라의 성 사비어 성당 / 카리예 성당, 콘스탄티노플
Kariye Camii/St. Savior in the Chora, Constantinople

이 성당은 1315년부터 1320년에 걸쳐 복원되었다. 중앙 돔을 중심으로 북쪽에는 별관, 서쪽에는 돔이 있는 나르텍스가, 그리고 서쪽면 전체를 가로질러 바깥나르텍스가 덧붙여져 남쪽의 장례예배당과 이어지고 있다. 장례예배당은 점점 복잡해져 돔과 원통형 볼트가 있기도 했고 심지어 5엽배열형 십자가 평면을 갖기도 했다.

외벽의 색채, 킬리세 성당
Colorism, Kilise Camii
킬리세 성당에서는 붉은 벽돌과 흰 마름돌을 번갈아 쌓는 등 색채를 새롭게 강조하고 있다. 콘스탄티노플의 많은 건물은 이 기법을 교외 지역(아마도 마케도니아 지역)에서 차용해왔는데 이는 콘스탄티노플의 지위가 낮아졌음을 보여주는 것이다. 다른 지역에서는 색이 있는 석재도 사용되었다.

성 사도 성당, 테살로니카 (1310-1314년)
Holy Apostles, Thessalonika
이 성당 역시 5엽배열형 십자가 형식으로 U자 형태의 바깥나르텍스가 건물의 경계를 이루며 각 모서리마다 돔이 있다. 외부는 화려하게 꾸며져 있었으며 다각형으로 된 앱스에는 좁은 벽감이 파여 있고 벽돌을 이용하여 두겹의 지그재그문양을 만들었다.

성 사도 성당의 입체적 윤곽
Silhouette, Holy Apostles
성 사도 성당의 5개 돔을 받치는 드럼들은 높고 폭이 좁아서 극적인 입체적 윤곽을 만들어 내고 있으며 성당의 다른 여러 부분도 더 높아보이게 한다. 돔의 지붕은 기와를 씌웠으며 드럼에 있는 아치 형태의 창문을 따라 기와를 덮어 물결모양의 처마선을 만들었다. 이런 형태는 특히 그리스에서 널리 쓰였다.

양파모양의 돔, 노브고로드의 성 소피아 성당(1052년)
Onoin domes, St. Sophia, Novgorod
노브고로드의 성 소피아 성당에는 중후기 비잔틴건축의 요소인 길쭉한 비례와 동구건축의 요소인 양파모양의 돔을 함께 사용하고 있다. 비잔틴제국이 멸망한 이후 러시아와 발칸반도의 그리스 정교회에서 이 문화를 받아들여 그 후 몇세기동안 그 영향력이 계속 되었다.

이슬람건축 632–1800년

Islamic 632–1800 ce

중동 : 초기 이슬람건축

The Middle East : Early Islamic Architecture

세계 3대 종교의 하나인 이슬람교는 메카(현재의 사우디아라비아)에서 태어난 예언자 마호메트(570년경-632년)가 창시했다. 중동지역에서 이슬람건축은 7세기경에 시작되었다. 이슬람교가 이웃하는 국가-페르시아(현재의 이란), 이집트, 서쪽으로는 북아프리카와 스페인, 북쪽으로는 아시아까지-로 퍼지면서 지역별로 조금씩 다른 양식으로 발전했지만 모두 이슬람건축의 특징을 공유한다. 이슬람건축의 독특한 양식적 특징은 모스크라고 하는 이슬람교의 예배당에서 쉽게 찾아볼 수 있다. 이슬람건축의 주요 특징으로는 첨두아치, 돔, 미나레트(이슬람 사원의 뾰족탑), 대문, 폐쇄적인 중정 그리고 화려한 표면 장식을 들 수 있다.

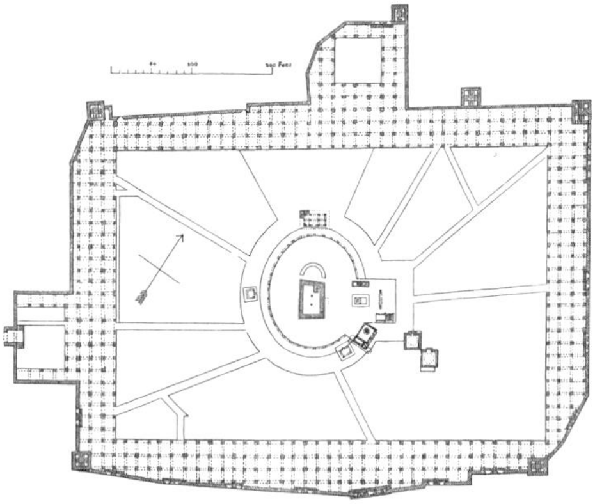

메카의 카바신전

Ka' ba, Mecca

예언자 마호메트의 모스크는 그의 서거 후 평평한 천장을 6개의 지붕이 지지하는 텐트모양의 건물로 재건되었다. 이슬람교의 가장 중요한 장소인 카바신전은 검은 천으로 덮여 있고 7세기경에 지어진 성벽으로 둘러싸인 모스크 한 가운데 위치하고 있다.

예루살렘의 아크사 모스크

Aksah Mosque, Jerusalem

이 모스크는 칼리프 오마르가 637년에 세운 것이다. 이는 예루살렘의 바위의 돔(마호메트가 승천한 바위 위에 세운 모스크, 691년 완공)과 같은 시대의 것으로 이슬람 사원 중 가장 초기의 것에 속한다. 건물은 단순하고 볼트로 덮인 방(후즈라hujra)으로 이루어져 있다. 691년 이 건물은 알왈리드에 의해 복도가 있는 거대한 정4각형 홀로 확장되었다. 홀에는 대리석과 석재기둥들이 있었다.

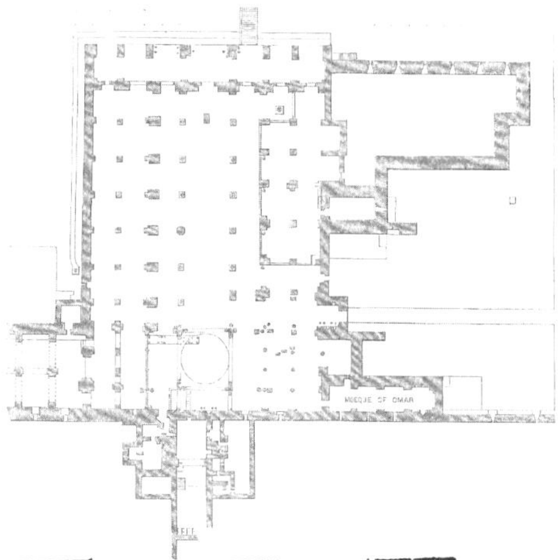

아크사 모스크의 첨두아치

Pointed arch, Aksah Mosque

이 모스크에서 기둥들은 보로 연결되어 있다. 각기둥 위의 아치들은 모두 뾰족했는데 이것이 첨두아치의 초기 모습이다. 하지만 그 위쪽으로는 둥근 아치들이 줄지어 있다.

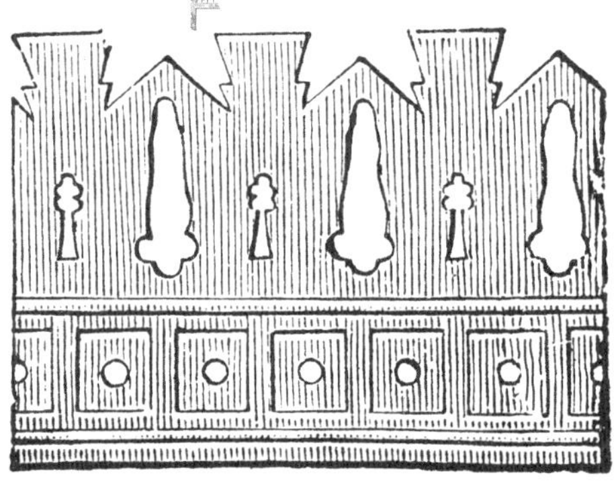

외부 흉벽 **External battlement**

기하학적인 외부 흉벽의 세부모습을 보면 분할된 요소들을 조립했다기보다는 한 덩어리를 뚫은 것 같은 모양을 하고 있다.

잘리
Jali

잘리라고 하는 구멍뚫린 가리개가 외부의 창문에 설치되어 빛과 먼지가 덜 들어오도록 했다. 대리석을 조각해 만든 창살은 화려하고 기하학적인 문양을 갖고 있는데, 이는 초기 모스크의 특징이었다. 또한 목재로 만든 창살인 마샤라비야masharabiyya도 이슬람국가의 주택에서 널리 사용된다.

이븐툴룬 모스크의 중정 모습, 카이로
View into courtard, Ibn Tulun Mosque, Cairo

모든 이슬람건축에서 가장 인상적인 특징으로는 외부와 입면보다는 내부의 둘러싸인 공간에 초점을 맞춘다는 것이다. 서구의 건물과는 달리 이슬람건축물의 경우 외부에서 그 내부의 형태와 기능을 짐작하기 어렵다.

초기 이슬람식 아치 : 각기둥의 세부모습
Early Islamic arch : detail of piers

이 시기의 아치는 아치굽 부분에서 안쪽으로 휘어있는데 이는 전적으로 이슬람건축의 특징이다. 주두에는 조각이 있으며 아치에는 양식화시킨 꽃문양이 새겨져 있다. 벽의 평평한 면은 아라베스크 무늬로 꾸며져 있는데 직선과 곡선으로 유기적인 형태를 만들었다.

이븐툴룬 모스크의 평면
Plan, Ibn Tulun Mosque

카이로에 있는 이 모스크는 초기의 것으로 완성된 모스크의 특징을 보인다. 여기에는 이후의 모스크에 나타나는 모든 건축요소가 포함되어 있다. 아케이드로 둘러싸인 정4각형의 중정, 추가로 더해진 복도와 지붕이 있는 5열의 아일로 이루어진 예배당 그리고 외벽을 등지고 성소와 설교단이 자리했다. 중정의 중앙에는 돔이 올려진 세정용 분수가 있었다.

아케이드 Arcades

이 아케이드의 단면을 보면 좌측에 예배당이 있다. 첨두아치로 이루어진 아케이드는 기둥이 부착된 거대한 각기둥 위에 놓여있다. 이 아치들은 건축사에 등장한 최초의 첨두아치 중 일부로서 원시적인 가구식 구조로부터 발전한 모습을 보여준다.

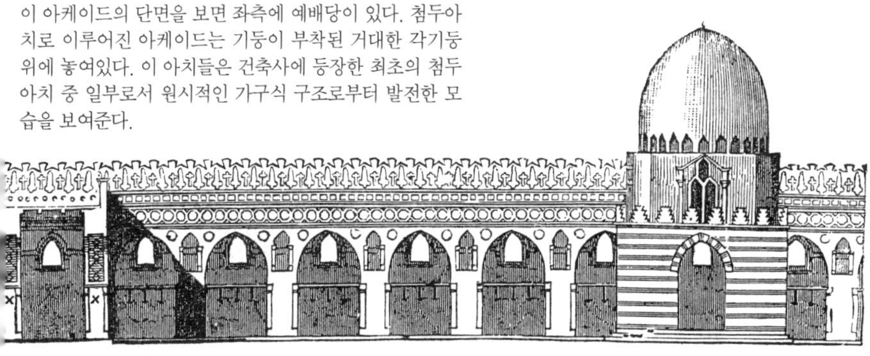

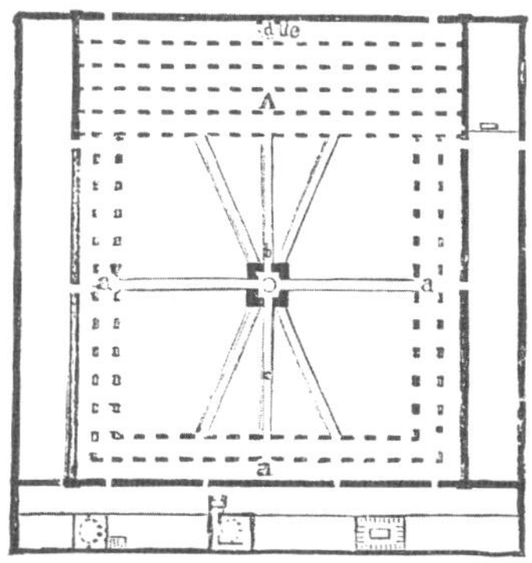

이슬람건축
Islamic

도시
The City

초기 이슬람건축에는 일정한 양식이 없었으나 이집트의 파티마 왕조(969-1171년) 시대에 종교적, 세속적 건물 모두에서 일정한 건축적 어휘가 나타나기 시작했다. 돔, 용골모양 아치, 그리고 석재 조적조가 그것이다. 카이로로 들어가는 2개의 인상적인 성문은 11세기에 지어진 것으로 훌륭한 축성기술을 보여준다. 도시의 성벽 내부에는 저택과 궁전이 있었고 그 뒤로 무덤과 공동묘지가 자리했다. 솔타니에에 있는 페르시아의 무덤은 돔을 얹은 묘실행태로 매우 정교했고, 카이로 성곽 외부에 자리한 맘루크의 분묘는 이슬람건축의 정수인 우아한 실루엣을 잘 보여주고 있다. 맘루크 왕조는 1250년부터 오스만제국이 이집트를 점령한 1516년까지 이집트를 통치했으며 훌륭한 모스크, 마드라사(신학교) 그리고 무덤을 건설했다.

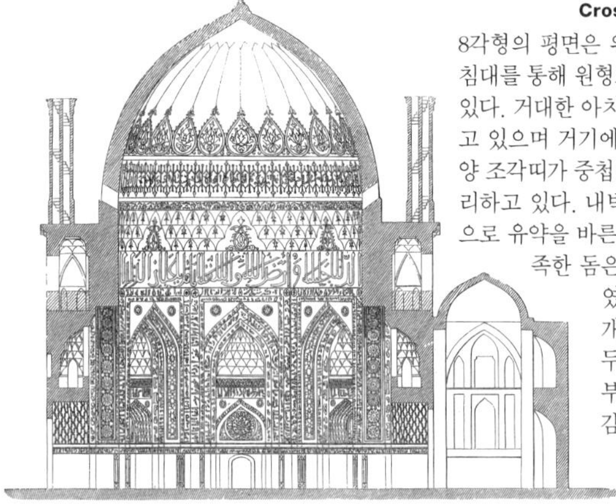

올제이투 분묘의 단면, 솔타니예, 이란
Cross section, Tomb of Oljeitu
8각형의 평면은 위로 올라가면서 일련의 받침대를 통해 원형으로 바뀌어 돔을 지지하고 있다. 거대한 아치 8개가 엔타블러처를 받치고 있으며 거기에 8각형과 원형의 종유석모양 조각띠가 중첩되어 이루어진 코니스가 자리하고 있다. 내벽은 푸른색과 대조되는 색으로 유약을 바른 벽돌로 장식되어 있다. 뾰족한 돔은 좁은 8각형 드럼 위에 놓였고 갤러리 위에 올라선 8개의 미나레트가 돔 주위를 두르고 있다. 돔의 내부와 외부는 유약을 바른 타일로 마감했다.

올제이투 분묘의 다르가
Dargah, Tomb of Oljeitu
이 그림은 다르가라고 하는 아치로 꾸며진 우아한 입구와 그 양쪽에 있던 계단의 유적을 보여주고 있다. 이러한 아치형 입구는 14세기 초반부터 더 두드러지게 사용되었다.

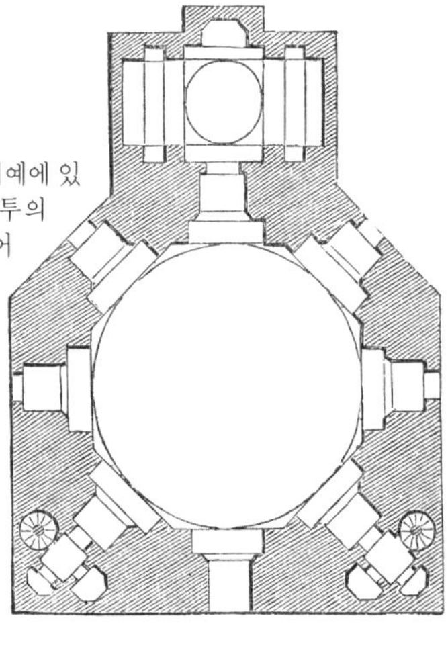

올제이투 분묘의 8각형 평면
Octagonal plan, Tomb of Oljeitu
이란 북부 솔타니예에 있는 술탄 올제이투의 분묘는 매우 뛰어난 이슬람 분묘 건축 중 하나이다. 평면은 8각형이며 입구 양쪽으로 계단이 있다. 그리고 평면의 가장 윗부분에 보이는 작은 예배당에 시체를 안치했다.

승리의 문, 카이로
Gateway of Bab an-Nasr, Cairo
이 화려하고 웅장한 성문은 '승리의 문'으로 옆의 탑과 함께 재상 파티마가 카이로에 있는 그의 궁전 주위에 건설한 것이다. 원래 진흙벽돌로 지어진 성채는 현재 석재로 대체되었다. 거대한 정4각형 석재와 성벽 내부의 넓은 복도를 덮은 높은 볼트형 천장은 섬세하고 정교했다.

정복의 문, 카이로(1087년)
Gateway of Bab al-Futuh, Cairo
'정복의 문'은 파티마 성곽의 북쪽에 있는 또 다른 성문으로 궁전과 도시의 나머지 부분을 구분시키는 역할을 한다. 이러한 둥근 탑은 4각형 탑에 비해 방어에 좀더 효과적인 형태였다. 탑에는 적에게 끓는 기름을 퍼붓기 위한 수직 갱도와 활을 쏠 수 있는 홈이 있었다.

술탄 이날의 분묘 시설군, 카이로(1451-1456년)
Funerary complex of Sultan Inal, Cairo
죽음에 대한 이집트인들의 집착은 맘루크 왕조 때에 새로운 모습으로 부활했다. 모스크, 분묘, 마드라사, 수도원으로 이루어진 분묘 시설군은 맘루크 권력가들의 지배력을 공고히 하기 위해 지어진 것이다. 맘루크 왕조의 건축적 세부 특징으로는 색에 대한 강렬한 감각과 아블락ablaq(대조적인 색의 대리석 띠를 번갈아가며 쌓는 방식)의 사용을 들 수 있다.

초기의 맘루크 분묘, 카이로(14세기)
Early Mamluk tomb, Cairo
초기 맘루크 왕조의 분묘는 리브 돔(뼈대가 있는 돔)을 높은 드럼 위에 올려놓아 키가 큰 입면을 구성하는 것이 특징이었다. 미나레트는 서로 다른 모양의 층으로 이루어져 있고 개방된 복도loggia와 망루가 있었다. 이와 대조적으로 무덤의 하부 벽은 의도적으로 단순하고 절벽처럼 만들어 놓았다.

맘루크 분묘의 돔, 카이로(14세기)
Domes, Mamluk tomb, Cairo
아래의 그림은 묘비를 덮는 맘루크 왕조의 작은 돔들로 원형, 계란형, 피라미드형의 다양한 형태의 돔과 지그재그, 기하학적인 별문양, 꽃모양 등 다양한 장식이 보인다.

이슬람건축
Islamic

중동의 이슬람 모스크, 분묘, 마드라사
Middle Eastern Islamic Mosques, Mausolea, and Madrasas

624년 마호메트는 메카를 향해 기도하는 법칙을 정립했다. 이후 지어진 모스크에서는 미라브라고 하는 작은 벽감을 만들어 메카방향을 향하도록 했고 이는 모든 모스크의 특징적 요소로 남아있다. 그외 모스크의 또다른 특징적 요소는 밈바라는 설교단으로서 그곳은 층계를 통해 차양이 있는 옥좌로 이르게 하는데 이곳은 부재하는 절대자 마호메트를 위한 자리이다. 예배를 주관하는 성직자인 이맘은 층계의 가장 윗부분에 자리했다. 이 요소들은 7세기부터 도입되기 시작했으며 후에 넓은 중정과 미나레트를 포함하도록 확장되었다. 이맘은 미나레트에서 '알라는 위대하며 마호메트는 그의 예언자이다' 라는 말로서 이슬람교도들에게 기도하도록 선포한다. 모스크에는 사람들이 모일 수 있는 중정과 기도 전에 몸을 씻는 장소 그리고 예배를 위한 큰 공간이 필요하다. 금요일 정오에는 모든 사람들이 모여 집단예배를 드리므로 '금요모스크' 라는 말이 생겼다. 모스크는 이슬람교도의 삶에서 종교적, 사회적 그리고 정치적 생활의 중심지이다.

입면과 단면, 술탄 하산의 모스크-마드라사
Elevation and cross section, Mosque-madrasa of Sultan Hassan
술탄의 분묘는 돔을 올린 정4각형의 묘실로 좌우에 높은 미나레트 2개가 자리했다. 개방된 중정 양쪽으로는 9층짜리 마드라사에 포함된 강의실들이 있고 우측에는 아치형 출입구가 있다. 단면을 보면 왼쪽에는 높은 묘실이 보이고 중앙에는 돔을 올린 분수가 있는 개방된 중정이 보인다.

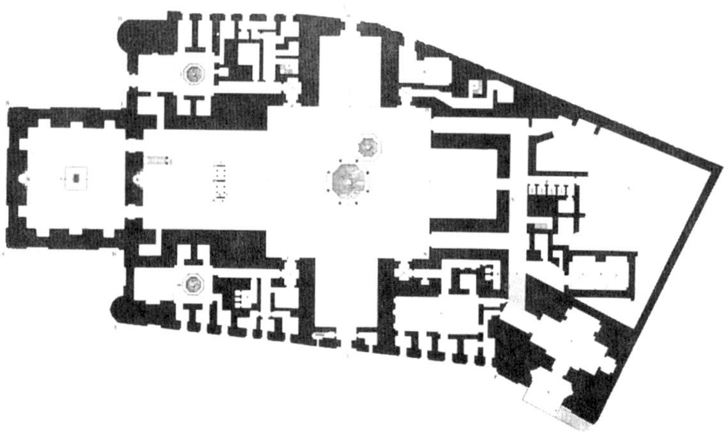

이완, 술탄 하산의 모스크-마드라사, 카이로
Iwan, Mosque-madrasa of Sultan Hassan, Cairo
이 평면을 보면 모스크가 어떻게 분묘와 신학교(마드라사)와 결합하여 건물군을 이루는지를 알 수 있다. 이 건물군에는 다수의 이완(한 면이 중정으로 열린 볼트로 덮인 홀)이 보인다. 이완 홀은 이전의 모스크에서 쓰였던 다주식 홀을 대체했다. 특히, 이 간물은 이슬람건축의 4-이완식 배치의 모습을 잘 보여준다.

무카르나
Muqarna

왕실의 분묘 겸 마드라스는 화려한 표면 처리가 가장 큰 특징이었다. 아치형 출입구 안쪽을 장식한 정교한 무카르나(종유석 혹은 벌집모양의 볼트), 대조적인 색조의 대리석으로 치장된 벽면, 쿠픽체(고대 아라비아 문자)가 새겨진 프리즈가 모두 이런 노력의 결과이다.

단면, 술탄 하산의 모스크 -마드라사
Cross section, Mosque-madrasa of Sultan Hassan

중앙의 정원은 개방되어 있으며 둘러싼 벽의 각 면마다 거대한 벽감이 있다. 그 중 메카를 향하는 벽감이 가장 컸다. 그 너머로 술탄의 묘가 있고 그 위를 덮는 돔이 펜덴티브 위에 올려져 있다.

세정용 분수
Ablution fountain

중정 가운데에 위치한 이 거대한 세정용 분수(피스키야 fisqiya, 하니피야hannifiya, 하우드haud)는 이슬람교도들이 예배당으로 들어가기 전에 몸을 씻는 곳이다. 본래 실용적 목적을 두고 만들어진 것이지만 모스크를 완성하는 건축적 요소이기도 했다.

이슬람건축
Islamic

이집트와 페르시아의 모스크
Mosque Complexes of Egypt and Persia

이집트에서는 12세기 후반부터 이완이 건물에 도입되기 시작했다. 이완은 볼트로 덮인 홀로 3면은 벽으로 둘러싸여 있고 한면은 개방된 모습이었다. 이런 형태는 특히 18세기까지 카이로에 건설되었던 모스크-마드라사 복합시설에 적합했다. 다른 한편으로 페르시아의 이슬람 건축은 11세기 셀주크족의 침입으로 큰 영향을 받았다. 원통형의 미나레트, 모스크-마드라사 건물군의 4-이완식 평면, 돔을 올린 거대한 공간, 그리고 복잡한 벽돌문양이 셀주크족과 함께 전래된 것이다. 17세기 사파비드시대에 들어 유약을 바른 타일로 모자이크를 만들어 장식하는 것이 특히 사파비드 왕국의 수도인 이스파한에서 크게 유행했다. 이 시대의 건물은 푸른색 돔과 다채로운 색의 입면으로 다른 시대, 다른 장소의 건물과 쉽게 구분된다.

샤 술탄 후세인의 마드라사, 이스파한
Madrasa of Shah Sultan Hussein, Isfahan
이스파한에 위치한 술탄 후세인의 마드라사는 양파모양의 돔과 입구의 현관 양쪽으로 이중아케이드가 있었다. 이 건물은 이전의 마이단 샤Maidan Shah(이스파한에 있는 거대한 광장)의 마드라사 중정과 유사했다. 이 건물들은 페르시아에서 가장 훌륭한 공공건축물 중 일부였다.

카이트베이 모스크, 카이로(1472–1474년)
Mosque of Qa'itbay, Cairo
이 장례복합시설은 뛰어난 수준의 장식과 아블락(줄무늬 대리석 띠)으로 인해 매우 화려하다. 술탄의 분묘를 덮고 있는 석재 돔은 서로 얽혀 있는 아라베스크와 별문양이 조각되어 있으며 아치형 입구의 장식과 미나레트도 이 건물군의 특징적인 요소이다. 이 분묘는 술탄 카이트베이의 부와 지위를 상징적으로 나타낸 것이다.

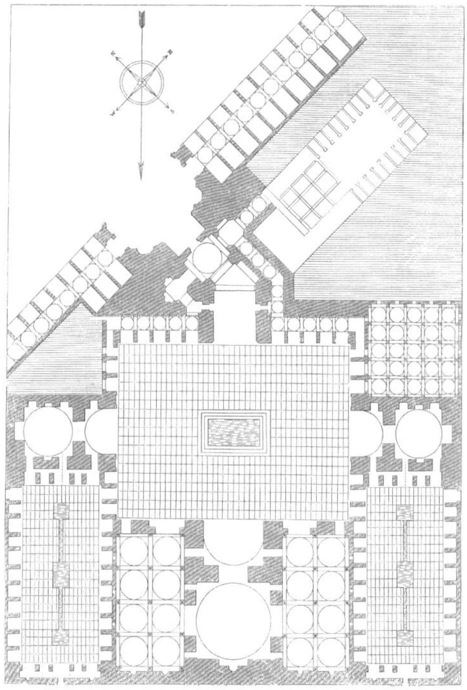

마이단, 이스파한 모스크, 페르시아(1612–1637년)
Maidan, Mosque of Isfahan, Persia
이 모스크는 입구를 사선으로 틀어 건물이 정확히 메카를 향하도록 건설되었다. 지붕이 없는 마이단(중정)에는 분수와 작은 연못이 있었다. 예배당은 돔을 올린 중앙 구획과 좌우의 마드라사로 구획되었다.

사슴뿔모양의 탑, 이스파한(17세기 초)
Antler tower, Isfahan
페르시아에서 사냥은 중요한 스포츠였다. 이에 성공적인 사냥을 축하하기 위해 이러한 탑을 만들고 그 아래에서 연회와 잔치를 열곤 했다. 대개 사냥한 동물의 뿔로 탑을 장식했다.

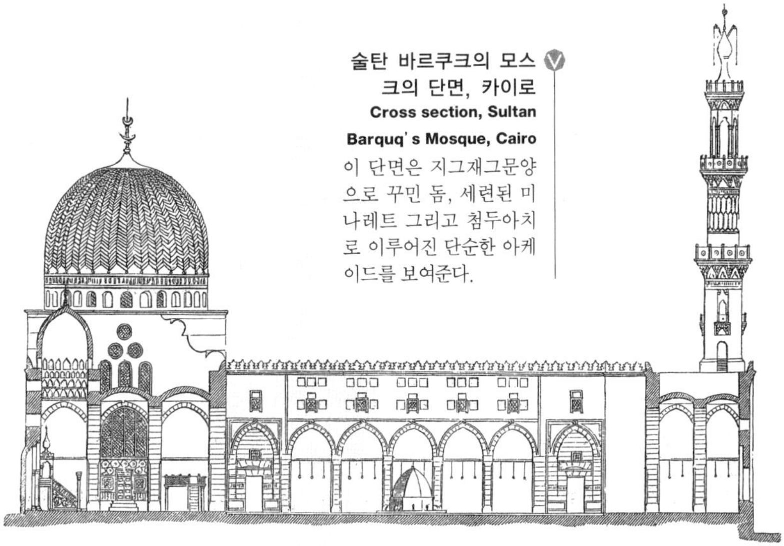

술탄 바르쿠크의 모스크의 단면, 카이로
Cross section, Sultan Barquq's Mosque, Cairo
이 단면은 지그재그문양으로 꾸민 돔, 세련된 미나레트 그리고 첨두아치로 이루어진 단순한 아케이드를 보여준다.

바킬 모스크, 페르시아
Mosque of Vakil, Persia
이 2-이완식 모스크에 있는 예배실은 5열의 뒤틀린 석재기둥 위에 자리했다. 피스타크pishtaq(거대한 아치형 출입구)와 모자이크 타일 및 분홍색 벽으로 유명했다.

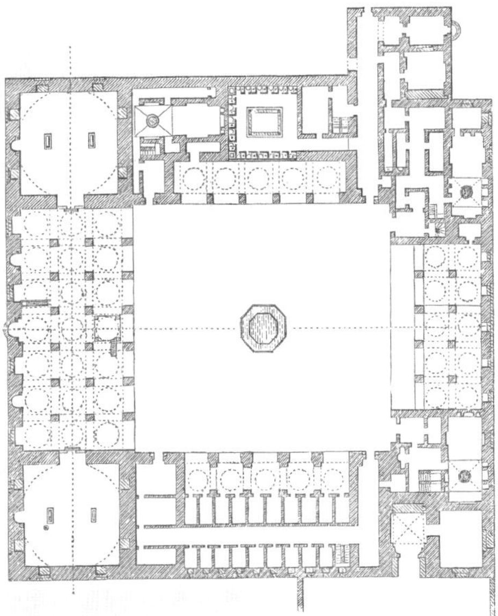

평면, 술탄 바르쿠크의 모스크
Plan, Sultan Barquq's Mosque
술탄 바르쿠크의 모스크, 묘실 그리고 수도원이 합쳐져 거대한 건물군을 구성하고 있다. 이 건물은 카이로 외곽에 위치한 것으로 15세기 초에 지어졌다. 건물에는 중정 중위로 2개의 분묘, 수도원, 모스크 그리고 분수들이 배치되어 있다. 네이브 3개로 구성된 예배당의 한쪽에는 분묘가 있었으며 반대편에는 수도승들의 방이 있다.

이슬람건축
Islamic

스페인의 이슬람건축 : 무어식 모스크
Islamic Architecture in Spain : The Moorish Mosque

이베리아반도는 711년에 아랍인들에게 점령당했다. 755년 압델 라흐만이 코르도바를 수도로 하는 독립적인 아라비아제국을 창건했다. 그리고 수도에 거대한 모스크를 건설했는데 이는 스페인에 처음으로 지어진 이슬람건축물이었다. 건설은 786년에 시작되어 796년에 완공되었다. 이후 965년에 한 동을 증축했고 엘 만사르가 987년부터 990년 사이에 완성됐다. 10세기에 유럽에서 가장 번영하고 거대한 도시였던 코르도바의 영화를 반영한 이 모스크는 유럽에서 가장 신성한 순례지였다. 이슬람제국은 이전의 서고트족과 로마인의 전통 뿐만 아니라 북아프리카 이슬람양식까지 받아들이며 1492년까지 이베리아반도를 지배했다.

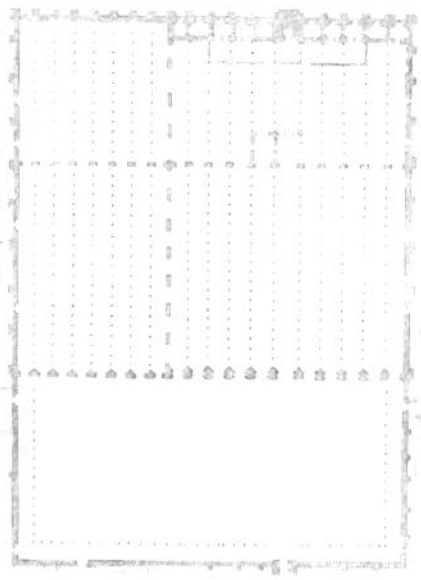

코르도바 모스크의 평면
Plan, Mosque of Cordoba
모스크의 기존부분은 11열의 아일로 구성된 직4각형 모양이었다. 965년 알 하캄 2세가 기둥 14열과 새로운 미라브를 추가했다. 10세기 후반, 동쪽에 7열의 기둥이 더 증축되었다.

목재리브 돔, 코르도바 모스크
Wooden rib dome support, Mosque of Cordoba
성소의 출입구는 말굽 형태의 아치로 이루어져 있었다. 그 위로 3개의 돔이 복잡한 리브(뼈대) 위에 자리했다. 리브는 화려하게 조각하고 채색한 목재로 만들어졌다.

스크린 벽, 빌라 비키오사, 코르도바(1200년경)
Screen, Villa Viciosa, Cordoba
이 스크린 벽은 로마식 기둥위에 아치를 서로 교차시켜 놓았다. 아치는 끝부분이 뾰족하지 않고 둥글었다. 이는 로마와 비잔틴식 아치가 계속해서 영향을 미치고 있음을 보여준다.

코르도바 모스크
Mosque of Cordoba
이 단면에는 대리석 기둥이 석재와 벽돌로 만든 이중아케이드가 보인다. 10세기에 증축된 부분에서는 미라브(작은 벽감)가 있는 다각형의 방 앞에 위치한 돔을 올린 성소를 볼 수 있다. 서로 교차하는 엽상아치lobed arch가 돔을 지지하고 있다.

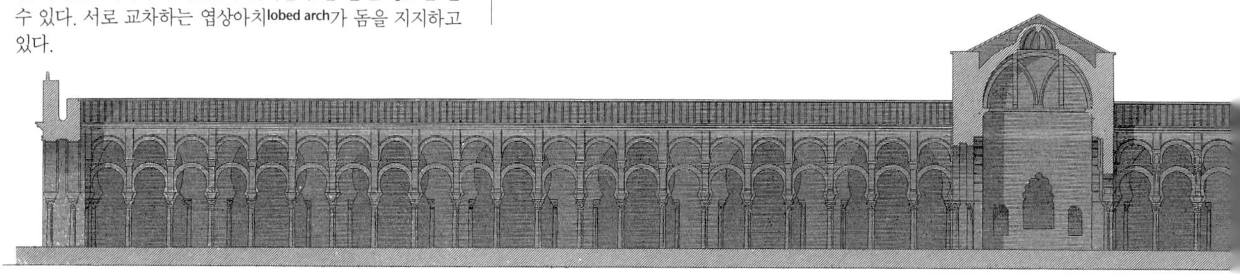

코르도바 모스크의 내부
Interior, Mosque of Cordoba

이 모습은 키블라qibla 벽(카바가 있는 메카를 향한 벽) 앞쪽에 자리한 교차하는 엽상아치들을 보여주고 있다. 중앙의 미라브는 깊게 파인 다각형의 방으로 꽃무늬와 코란의 글귀를 대리석에 새겨놓았고, 미라브 주위의 4각형 테두리에는 금과 유리로 만든 모자이크가 있다.

스퀸치
Squinch

스퀸치(시르답sirdab)는 직각 모서리에 만든 작은 볼트같은 구조물로, 여러 개를 겹쳐서 다른 형태를 만들 수 있었다. 예를 들어 정4각형을 원 혹은 8각형으로 바꿀 수 있었다.

단면, 톨레도의 성 크리스토 데라루즈(11세기)
Section view, San Christo de la Luz, Toledo

이 건물은 스페인에 있는 무어양식 건물 중 가장 오래된 것에 속한다. 작은 정4각형의 이 건물에는 바닥에 4개의 짧고 굵은 기둥이 있어 공간을 9개의 균일한 구획으로 분할하고 있다. 중심구획은 높게 만들고 돔을 올려 마무리했다.

톨레도 시나고그의 말굽아치(13세기)
Horseshoe arch, Toledo Synagogue

톨레도의 이 유대교 회당의 내부는 모스크와 유사했다. 8각형의 기둥과 회반죽으로 모양을 잡은 말굽아치로 이루어진 아케이드는 벽돌로 쌓은 후 회반죽으로 마감했다. 아치 사이의 부분은 아라베스크 문양으로 장식되었다.

코르도바 모스크의 말굽아치
Horseshoe arch, Mosque of Cordoba

이 성소는 역시 965년에 건설된 것이며 스페인에 남아있는 이슬람건축의 훌륭한 사례이다. 기둥은 로마건물의 것을 재활용한 것으로 튼튼했지만 높이가 낮았다. 따라서 낮은 기둥의 윗부분에 4각형 기둥을 추가했다. 강도를 더하기 위해 낮은 기둥 위로 말굽아치를 축조했다. 아치에는 벽돌과 석재를 번갈아가며 사용해 특유의 붉은색과 흰색의 줄무늬를 만들었다.

이슬람건축
Islamic

스페인의 이슬람건축 : 알함브라 궁전
Islamic Architecture in Spain : The Alhambra

그라나다 지방에 1248년부터 1300년까지 걸쳐 성채 하나가 건설되었다. 성곽 내부에는 나스리드 왕조의 궁전인 알함브라 궁전(2채의 궁전으로 이루어짐)이 있다. 이 건물들은 14세기에 크게 두 단계에 걸쳐 지어졌다. 두 궁전은 분수, 연못, 정원이 있는 중정, 중정을 바라볼 수 있는 내밀한 방이 있는 개인용 주거 그리고 술탄을 위한 거대한 접견실로 이루어져 있다. 전반적으로 빛과 공간을 매우 훌륭하게 사용한 건물이지만 건물 자체는 본질적으로 아케이드와 천장을 꾸미고 있는 화려하고 복잡한 장식을 드러내기 위한 수단이었다. 가볍고 화려하게 장식한 구조는 스페인의 이슬람건축 고유의 특징이었다. 회벽과 타일에는 코란의 글귀 뿐만 아니라 복잡한 기하학적 무늬와 꽃무늬가 장식되어 있다. 밝고 어두운 색의 뚜렷한 대조로 인해 하나의 면이 서로 다른 면으로 이루어져 있는 것 같은 착각을 일으킨다. 이는 모든 이슬람예술이 2차원에 한정된 것이 아님을 보여주는 것이다.

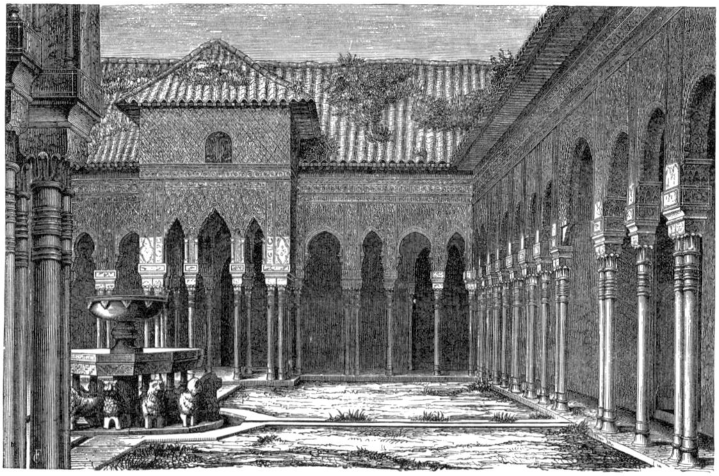

사자의 중정
View of the Court of Lions
이 중정은 천국을 상징하는 십자가 형태이다. 십자가의 끝에는 건물이 돌출되어 있다. 중정은 관목과 향초로 꾸며졌으며 중앙의 대리석 분수를 12마리의 석재 사자상이 받치고 있다.

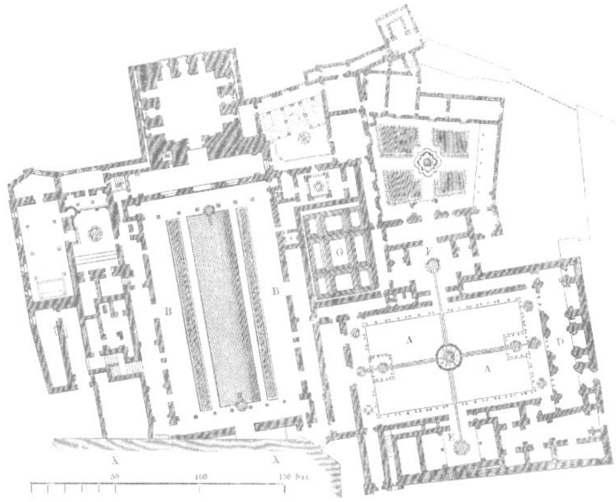

평면
Plan
알함브라는 2개의 궁전으로 이루어져 있으며 각각 직4각형의 정원이 있다. 14세기 초에 지어진 도금양(향기가 있는 남유럽산 상록관목)의 중정(B)이 먼저 건설된 것으로 북쪽 끝에 알현실과 연회실이 있다. 다른 하나는 사자의 중정(A)으로 14세기 중, 후반에 걸쳐 지어졌으며 둘레로 넓은 방들이 있다.

사자의 중정에 있는 아케이드
Arcade, the Court of Lions
그림에서 보이는 건물의 상세부는 가는 기둥 위에 올려진 아케이드의 아름다움을 잘 보여준다. 기둥은 1개 혹은 2개가 짝을 이뤄 번갈아가며 사용되었다. 주두는 정6면체 형태로 모서리부분은 둥글게 깎여 있고 서로 얽힌 식물의 모습으로 꾸며져 있다. 아치는 각주 위에 놓여 있다. 아치의 아랫면은 필기체로 쓴 글귀를 회반죽에 선線세공으로 화려하게 장식했으며 글씨를 길게 늘여 복잡한 문양을 만들었다.

무어식 벽장식
Moorish wall decoration
이슬람건축의 장식은 평면을 꾸미는 것이었다. 이는 코란에서 3차원적이거나 재현적인 장식물을 금하고 있기 때문이다. 아라비아풍의 장식을 의미하는 아라베스크는 양식화된 식물이나 기하학적 무늬로 이루어진 복잡한 문양으로 회벽에 새기거나 그려놓았다.

장식
Ornament
이 세부모습에 나타나는 장식용 회칠은 양식화된 아칸서스꽃문양이지만 그리스풍의 야자수잎, 파인애플, 조개껍데기문양도 찾아볼 수 있다. 쿠픽체(글자체가 정4각형에 가깝다)와 필기체(더 유연하고 곡선으로 이루어져 있다)로 쓴 문자도 장식으로 사용되었다. 글귀는 코란의 일부거나 잠언이었다. 알함브라 궁전에 많이 새겨진 글귀는 "신 이외에 정복자는 없도다 Wala ghaliba illa-Llah"라는 문구이다.

회칠
Plasterwork
이들은 벽장식, 아치, 종유석모양의 코니스, 주두 그리고 벌집모양 볼트까지 모든 부분을 회칠로 장식했다. 젖은 회반죽 위를 조각하거나 틀을 사용하여 장식물을 만들었다.

도금양의 중정
View of the Court of Alberca
이 중정은 대사들과 귀빈들을 위한 공간으로 궁전에서 가장 먼저 지어진 부분 중 하나이다. 방은 대리석 기둥으로 이루어진 아케이드를 따라 중정을 향해 열려 있다. 중앙에는 작은 연못이 있고 그 양옆을 따라 도금양 덤불이 있다. 북쪽 끝으로는 '외국사절실'이라고 하는 거대한 정4각형의 알현실이 있었다. 천장은 무카르나(벌집모양 장식)로 꾸며져 있었고 여러 가지 색으로 칠하거나 도금해 놓았다.

이슬람건축
Islamic

인도의 이슬람건축 : 힌두교와 이슬람교 요소의 결합
Islamic Architecture in India : Combining Hindu and Islamic Features

7세기 아라비아에서 기원한 이슬람교는 이란, 중앙아시아, 아프가니스탄을 거쳐 8세기 초에 인도에 상륙했지만 12세기가 되어서야 북부 인도까지 전파되었다. 이슬람교도들은 구조역학에 대한 발전된 이론과 첨두아치, 볼트, 스퀸치, 돔 그리고 문자와 기하학적인 문양을 바탕으로 한 장식을 전해 주었다. 원래 힌두교건축은 가구식 구조를 바탕으로 한 석조 건축이었고 목재를 조각하여 장식했다. 힌두교와 이슬람교의 전통적인 건축이 상호작용하여 16세기에서 18세기에 걸쳐 델리 술탄국(이슬람계 파탄 왕국)의 훌륭한 건물들과 무굴제국의 모스크와 분묘를 탄생시켰다.

미나르(탑), 쿼트브(12세기 후반)
Minar, Qutb
이 높은 미나레트는 승전탑이었다. 4층짜리 탑의 상부 2층은 원형이며 백색 대리석으로 만들어졌다. 그 위에는 기둥이 있는 작은 정자가 올려져 있었다. 하부는 붉은 사암 재질이며 세로로 홈이 파여 있고 아라비아어 글귀가 탑을 가로질러 띠처럼 새겨져 있다.

랄두르와자 모스크, 장포르(1400-1450년)
Lall Durwaza Mosque, Jaunpore
이 모스크의 입구는 대담하고 육중한 모습으로 미나레트가 필요없을 정도로 높았다. 여기에는 첨두아치와 같은 이슬람의 형태와 키가 작은 기둥같은 힌두교의 요소가 혼합되어 나타난다.

파타야 분묘, 쉬프리(16세기 중엽)
Patah Tomb, Shepree
짧고 굵은 자이나교식 기둥이 지지하는 4각형 기초 위에 8각형의 드럼이 놓이고 그 위에 돔이 올려져 있다.

칸 이지한 트랑가니의 분묘(1368-1369년)
Tomb of Khan-I Jihan Tilangani, Delhi
이는 파탄 왕국 분묘의 한 예로 이슬람적인 특징을 보여준다. 8각형의 묘실은 개방된 베란다로 둘러싸여 있으며 8각형의 각 면은 사각기둥 위에 자리한 3개의 첨두아치로 개방되어 있다. 8각형 평면, 아케이드가 있는 베란다, 처맛돌 그리고 큐폴라cupola(지붕 위의 작은 돔)를 혼합한 이런 형태는 이후 분묘건축의 모범이 되었다.

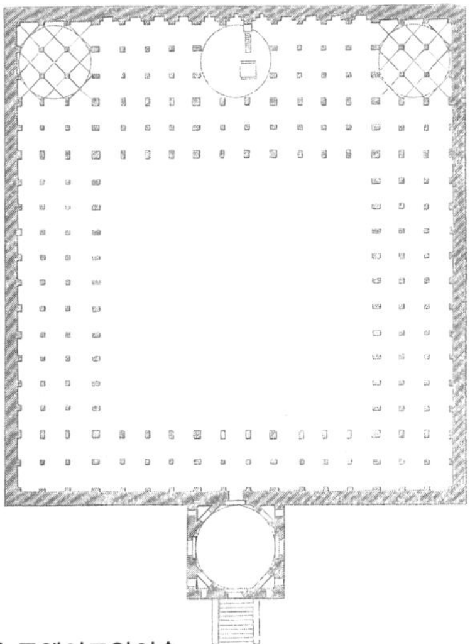

만두의 파탄 모스크 (1305–1432년)
Pathan Mosque, Mandu

이 평면에서 보이는 정4각형 중정은 메카를 향하고 있으며 양쪽에 3열, 아래쪽에 2열 그리고 위쪽에 5열의 아일이 있다. 중정 둘레는 11개의 아치가 있는 아케이드로 둘러싸여 있다. 3개의 돔은 각각 균등한 간격으로 배치된 12개의 각 기둥 위에 자리한다.

외부, 파탄 모스크, 만두
Exterior, Pathan Mosque, Mandu

이 모습은 메카를 향한 쪽이다. 아일 위의 작은 돔들과 3개의 거대한 돔이 특징적이다.

미나르, 가즈니(11세기 초)
Minar, Ghazni

이 미나르는 정복자가 전쟁터에 세운 많은 승전탑 중 하나로, 새로운 종교인 이슬람교의 우월함을 과시하기 위한 것이다. 벽돌로 건설한 후 테라코타로 표면을 마무리했다. 단면을 살펴보면 아랫부분은 별모양이고 윗부분은 원형이다.

델리의 쿠웨이트알이슬람 모스크(1199년)
Quwwat al Islam Mosque, Delhi

이 모스크는 인도에 세워진 최초의 모스크로서, 힌두교 성채를 점령하여 그 안에 건설했다. 중정 주위로 힌두교와 자이나교의 기둥을 재조립하여 만든 아케이드가 둘러져 있었다. 하지만 모든 벽 부분은 이슬람식으로, 첨두아치와 아라비아식으로 장식되었다. 아케이드는 3개의 큰 아치와 8개의 작은 아치로 이루어졌다.

펜덴티브, 구 델리 모스크
Pendendtive, Old Delhi Mosque

구 델리 모스크에 있는 이 펜덴티브에서 인도식의 무카르나로 된 볼트천정을 볼 수 있다. 이는 전통적인 힌두식 펜덴티브 축조법이었다.

이슬람건축
Islamic

인도의 이슬람건축 : 무굴제국의 모스크, 무덤, 궁전
Islamic Architecture in India : Mughal Mosques, Tombs, and Palaces

인도의 이슬람건축에서 가장 번영했던 시기는 16세기부터 19세기까지 이어진 무굴제국시기였다. 아마도 무굴건축의 궁극적인 위업은 아그라에 있는 타지 마할일 것이다. 이 건물은 이슬람세계 전역에서 모인 장인들의 작품으로 최고의 건축술, 조각술 그리고 상감기술로 이루어진 것이다. 인도 중남부의 비자푸르는 인도에 있는 이슬람 왕조의 수도 중 하나였으며 무하마드 아딜 샤는 이곳에 17세기 중엽의 기념비적 건축물 하나를 건설했다. 바로 돔을 올린 거대한 자신의 무덤으로 로마의 판테온보다도 컸다. 아그라, 만두, 비자푸르, 델리, 알라하바드에 위치한 인도의 황궁에도 누각, 홀, 베란다, 중정, 정원 등에 이슬람식 요소가 사용되었다.

무하마드 아딜 샤의 무덤, 비자푸르(1626–1656년)
Tomb of Muhhamad Adil Shah, Bijapur
서로 교차하는 아치구조를 사용해 묘실의 정4각형을 원형의 드럼으로 변형시키고 그 위에 돔을 얹었다. 원형의 기단부가 돔의 시작부분을 가려 돔이 묘실 위에 떠있는 것 같은 착각을 불러일으킨다. 탑은 8층 높이로 위에 작은 돔이 올려져 있고 벽에는 코니스가 크게 돌출되어 있다.

평면, 무하마드 아딜 샤의 무덤
Plan, Tomb of Muhhamad Adil Shah
이 무덤은 거대한 정육면체 형태로 모서리에 8각형의 작은 탑이 부착되어 있고 위에는 거대한 반원형의 돔이 올려져 있다. 조적조 구조가 돔의 하중을 지지하고 있다. 이는 아치를 교차시켜 만들어진 별모양의 펜덴티브를 통해 가능했으며 가장 중요한 공학적 업적이다.

금요 모스크, 뉴델리(1644–1658년)
Friday Mosque, New Delhi
거대한 중앙 출입구에는 넓은 용골모양 아치 1개와 3개의 양파모양 돔 그리고 대칭으로 배치된 아케이드가 있다. 단 위에 자리한 예배당 양 옆으로는 미나레트 한쌍이 있다. 중정에는 탁 트인 열주랑이 있었고 연결부에는 정자가 놓였다. 건물의 재료로는 양질의 붉은 사암과 띠를 이루는 흰 대리석이 사용되었다.

평면, 타지 마할
Plan, Taj Mahal
이 건물은 정4각형의 평면에 원형중심을 갖고 있다. 중심부에는 왕과 왕비의 무덤이 있고 그 위를 돔이 덮고 있다. 네 모서리는 비스듬하게 각이 져 있고 각 모서리마다 작은 돔이 올려져 있다. 각 부분은 통로를 통해 서로 연결되어 있고 중앙으로도 연결된다.

타지 마할, 아그라 (1632–1654년)
Taj Mahal, Agra
샤 자한 황제가 그의 부인을 위해 건설한 이 화려한 분묘는 뭄타지 마할**Mumtaz Mahal** 이라고도 하며 거대한 대지의 중심에 자리하고 있다. 흰색 대리석으로 건설한 이 건물은 아라베스크문양의 조각으로 장식되어 있으며 계단식 단 위에 올려져 있다. 각 모서리마다 높은 미나레트가 있어 망루 역할을 했다. 외부의 중정은 아케이드로 둘러싸여 있으며 4개의 출입구가 있고 중앙의 출입구가 중정을 정원과 연결한다.

왕궁, 알라하바드
Palace Hall, Allahabad
이 정4각형의 홀은 가로세로 8열로 배치된 기둥이 지지하고 있으며, 이중 기둥이 만드는 깊은 베란다가 건물을 두르고 있다. 기둥에는 화려하게 조각된 까치발 모양의 주두가 있다.

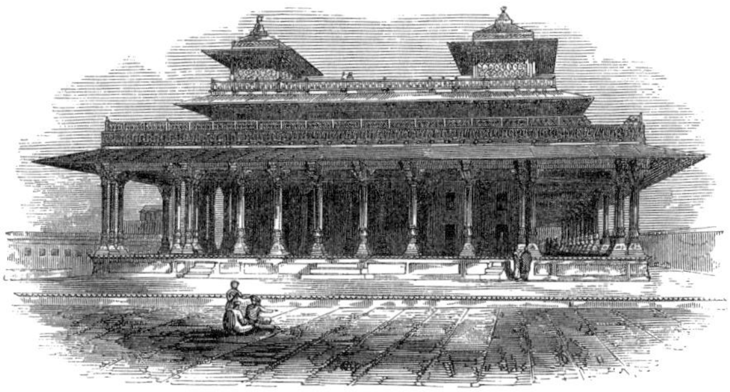

단면, 타지 마할
Cross section, Taj Mahal
이 단면에는 중심 건물 지하에 위치한 묘실이 보인다. 이곳에 왕과 왕비의 시신이 안치되었다. 돔은 높은 드럼 위에 내부 돔과 외부 돔으로 구성되어 있다. 내부 돔과 묘실 사이는 흰색 대리석으로 격자 판을 만들어 구분했으며 그 사이로 빛이 스며들 수 있다. 벽면 또한 흰 대리석으로 덮여 있고 보석들이 상감되어 있다.

이슬람건축
Islamic

터키와 북아프리카의 이슬람건축
Islamic Architecture in Turkey and North Africa

페르시아에서 온 셀주크족은 11세기 아나톨리아에 강력한 국가를 건설했다. 이들은 벽돌로 만든 미나레트와 화려한 타일 기법을 건축에 사용했다. 하지만 오스만제국이 1453년 콘스탄티노플(현재의 이스탄불)을 점령하면서 셀주크족은 오스만제국에 항복했고, 오스만제국은 20세기 초까지 중앙아시아를 지배했다. 이들의 건축에서 이슬람양식의 마지막 모습을 볼 수 있다. 초기에 오스만제국에서는 하기아 소피아 성당과 같은 그리스도교 건물을 모스크로 개조했다. 오스만제국의 건축가들은 비잔틴양식을 발판삼아 중앙집중형 모스크를 발전시켰다. 여기에는 정육면체 위에 올린 특유의 반원형 둥근 지붕, 작은 돔 그리고 높고 가는 미나레트로 둘러싼 커다란 열주현관이 있었다. 벽면은 정교하고 다양한 색으로 만든 이즈니크 타일로 꾸몄다. 북아프리카에서는 마그리브양식이 발전했다.

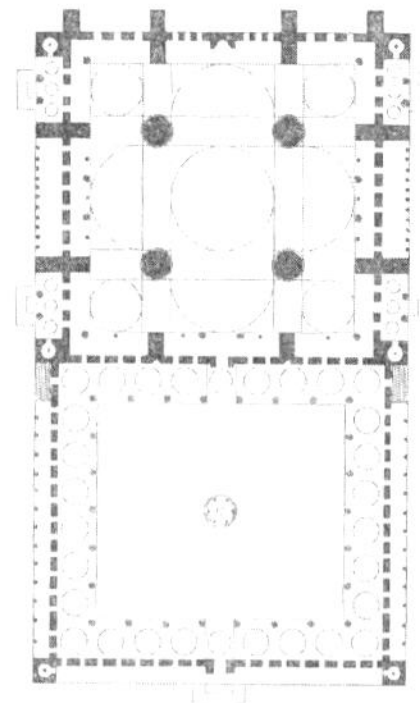

이스탄불의 술탄 아흐메트 사원(블루 모스크)
Sultan Ahmed (Blue) Mosque, Istanbul
이 건물에는 무덤, 마드라사 그리고 이마레트imaret(무료 급식소)가 있다. 정4각형 평면으로, 거대한 각기둥 위에 놓인 커다란 중앙 돔을 4면의 벽이 지지하고 있다. 반원형 돔 4개가 중앙 돔을 둘러싸고 더 작은 4개의 돔이 모서리마다 자리한다.

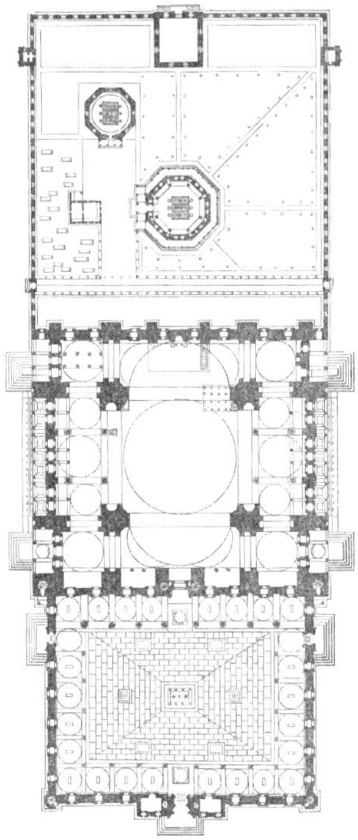

이스탄불의 슐레이마니에 모스크(1550-1557년)
Suleymaniye Mosque complex, Istanbul
건축가 시난이 건설한 이 모스크는 정4각형의 평면을 갖고 있다. 건물의 앞마당에는 분수가 있으며 각 면이 아케이드로 둘러싸여 있다. 정원식 묘지에는 슐레이마니에와 그의 부인의 묘가 있다.

술탄 아흐메트 사원의 입면
Façade, Sultan Ahmed Mosque
모스크는 분수가 있는 중정과 정원 사이의 중앙영역을 차지하고 있다. 주출입구를 들어서면서부터 완벽한 대칭을 보여주며 미나레트가 외곽 프레임을 이루는 사이로 분수가 있는 중정의 작은 돔부터 중앙의 가장 높고 가장 큰 돔까지 점점 커지는 모습을 보여준다.

알제리의 드자마 모스크(1660년)
Djama Mosque, Algiers

이 십자가형 건물은 오스만제국시기에 알제리에 지어진 모스크의 전형적인 모습을 보여준다. 성소는 원통형 볼트로 덮여 있으며 중앙에는 계란 형태의 돔이 있다. 오스만양식의 펜덴티브와 반원형 아치가 돔을 지지한다. 돔의 하부인 드럼은 회반죽에 벽감을 새긴 띠로 꾸며졌는데 이는 알제리 장인들의 솜씨였다. 정4각형의 미나레트는 오스만양식에서 보다는 마그리브(리비아 · 튀니지 · 알제리 · 모로코 등 아프리카 북서부 일대)양식에서 더 일반적이었다.

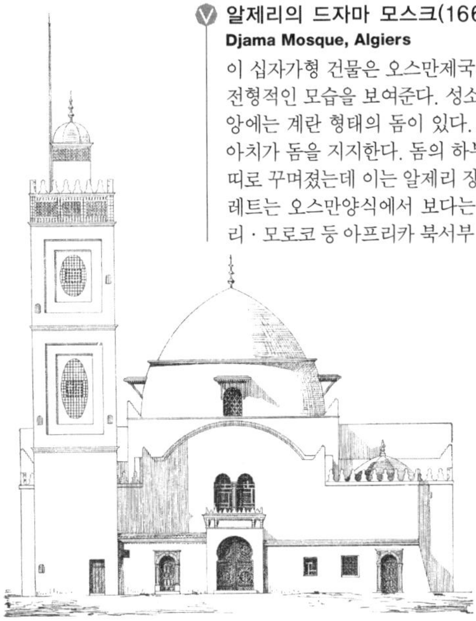

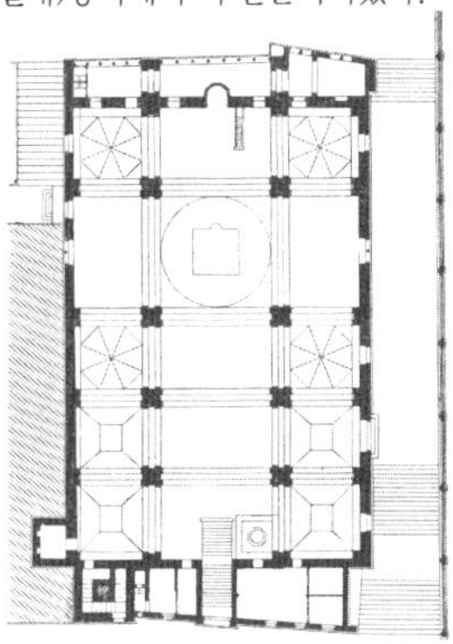

슐레이마니에 모스크의 원경
Perspective, Suleymaniye Mosque

오스만양식의 대표적인 모스크인 이곳에는 7개의 학교, 병원, 목욕탕, 분수, 위로 갈수록 좁아지는 미나레트 4개가 있는 모스크 그리고 묘지를 포함하고 있다. 분수가 있는 중정에는 반암과 대리석 그리고 분홍색 화강암으로 만든 기둥이 열주현관을 지탱하고 있다. 중앙의 거대한 돔을 받치는 반원형 돔 앞에는 3개의 돔이 추가로 붙어 있다. 나무로 만든 모스크의 문은 흑단, 자개, 상아를 상감으로 장식했다.

슐레이마니에 모스크의 단면모습
Cross section, Suleymaniye Mosque

내부를 보면 건물은 4개의 거대한 각기둥 위에 놓여있는 구조이다. 각 면에 있는 창이 있는 벽은 각각 4개의 반암 기둥이 자리하고 있다. 중앙의 돔은 이 건물에 있는 500여개의 돔 중에 가장 크며 하기아 소피아의 돔과 비견할만 하다. 왼쪽에는 밈바(설교단)와 미라브(작은 벽감)가 있었다. 미라브의 벽은 스테인드글라스와 이즈니크 타일로 꾸며져 있다.

미나레트, 튀니스
Minaret, Tunis

이 미나레트는 마그리브 이슬람건축의 전형적인 모습이다. 다각형의 벽돌로 지은 탑신은 단순했고 발코니가 하나뿐이다. 이는 단순함으로 위대함을 표현한 기념물이다.

로마네스크 1000년경–13세기 초
Romanesque c.1000–early C.13th

프랑스의 로마네스크 : 기원
French Romanesque : Origins

"로마네스크(로마풍)"라는 용어는 로마인들이 확립한 고전건축이 부활한 11세기와 12세기의 건축물을 지칭하기 위해 19세기 초부터 쓰이기 시작했다. 로마식 고전건축의 가장 큰 특징 중 하나는 원통형 볼트로 이는 역사상 가장 넓은 공간을 석재로 덮고자 하는 로마인들의 열망을 보여주었으나 이런 볼트기술은 로마의 몰락과 함께 잊혀졌다. 하지만 로마식 축성술의 부활로 1200년대 초반 영국에서 리브 볼트가 등장했으며 리브 볼트는 노르망디에 전해진 후 13세기 초에는 대륙 전체에 퍼지게 되었다. 이 시기의 프랑스는 통일된 국가가 아니라 여러 개의 작은 영토로 나누어져 있었기 때문에 "프랑스적"이라고 분명히 이야기할 수 있는 하나의 양식은 없었지만 로마네스크의 주요 요소인 반원형 아치, 볼트, 풍부한 표면장식, 탑 등을 사용해 다양한 효과를 낸 여러 개의 지역적인 양식들이 발전되었다. 프랑스를 지나 스페인의 산티아고데콤포스텔라까지 이어지는 4개의 주요 순례길 주변에 툴루즈의 생세르냉 성당과 같은 순례성당이 생겨났다.

장식, 생트로핌 성당의 현관, 아를
Ornament, Porch of St. Trophime, Arles
지방에 위치한 많은 성당에는 11세기 후반에 포치(현관)가 덧붙여졌다. 이 화려한 예는 조각술의 절정을 보여주며 기괴한 가면, 상상의 동물, 인물의 모습 등 풍부한 문양이 사용됐다.

방사상의 채플, 생세르냉 성당
Radiating chapel, St. Sernin
채플은 성인을 숭배하기 위해 봉헌된 곳으로 앱스(챈슬chancel의 끝부분에 자리한 볼트로 덮인 다각형 혹은 반원형 공간)와 트랜셉트에서 방사상으로 돌출되어 인상적인 외부 입면을 만든다. 특히, 생세르넹 성당(1080-1096년)의 동쪽 끝부분은 매우 극적인 건축적 구성을 보여준다.

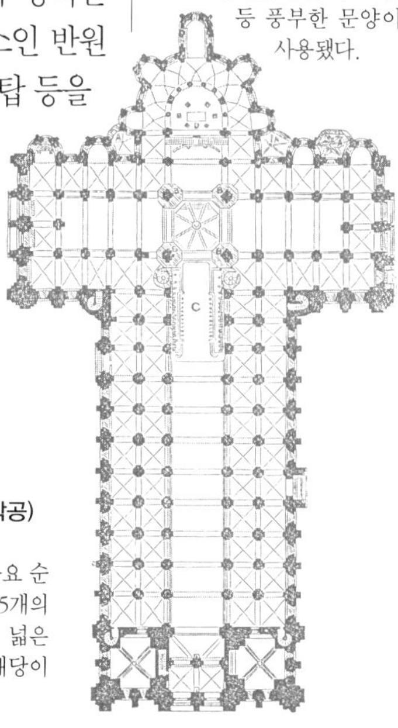

평면, 툴루즈의 생세르냉 성당(1080년에 착공)
Plan, St. Sernin, Toulouse
11세기 후반에 건설된 이 성당의 넓은 평면은 주요 순례길에 자리했기 때문이다. 거대한 성당 내부는 5개의 아일을 기본으로, 아일과 4개의 예배당이 있는 넓은 트랜셉트 그리고 엠뷸러토리와 5개의 부속 예배당이 있는 앱스로 구성되어 있다.

생세르냉 성당의 갤러리
Galleries, St. Sernin
네이브의 아일 위쪽에 위치한 갤러리에서는 네이브와 성가대석에서 벌어지는 행사를 볼 수 있었다. 갤러리는 신도가 많거나 순례길에 자리한 대규모 성당에 보편적으로 사용된 요소이다.

생므누 성당의 벽기둥
Pilaster, St. Menoux
지방건축의 특징은 간소화된 고전적 장식이었다. 11세기 부르고뉴 지방에서는 지역의 석공들이 고전건축을 재구성하면서 지역 특유의 양식을 낳았다. 성당의 동쪽 앱스를 감싸고 있는 벽기둥의 주두는 고전양식이 애매하게 처리되어 있는데 이는 고전양식이 지역양식으로 전환되는 과도기적 모습을 보여준다.

노트르담 드 퓌 대성당의 모자이크장식
Mosaic decoration, Notre Dame de Puy
모자이크장식 하면 일반적으로 이탈리아를 연상하지만 프랑스에서, 특히 장식적인 특징을 갖고 있는 석재의 산지에서 모자이크장식이 독자적으로 발전한 예를 찾아볼 수 있다. 모자이크는 일반적으로 기하학적인 형태였다. 이 성당에서는 처마 아래에 깊게 파인 띠부분 그리고 벽기둥과 창의 아치로 구획된 채플 벽에 쓰였다.

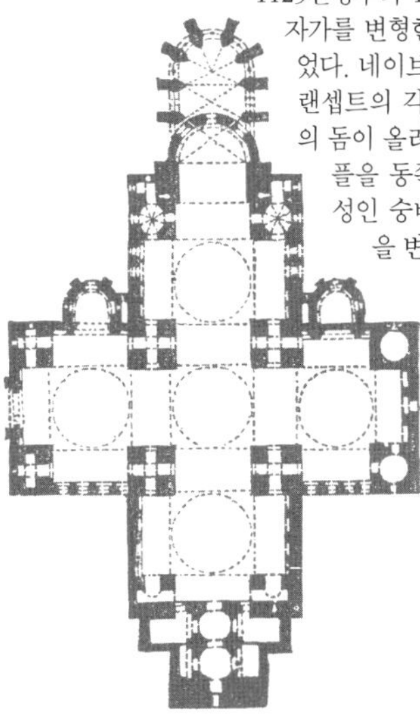

생프롱 성당의 그리스식 십자가형 평면, 페리괴
Greek-cross plan, St. Front, Périgueux
1125년경부터 1150년까지 그리스 십자가를 변형한 평면이 널리 사용되었다. 네이브, 성가대석 그리고 트랜셉트의 각 부분은 동일한 형태의 돔이 올려져 있다. 반원형의 채플을 동쪽 끝부분에 추가하여 성인 숭배가 가능하도록 평면을 변형했다.

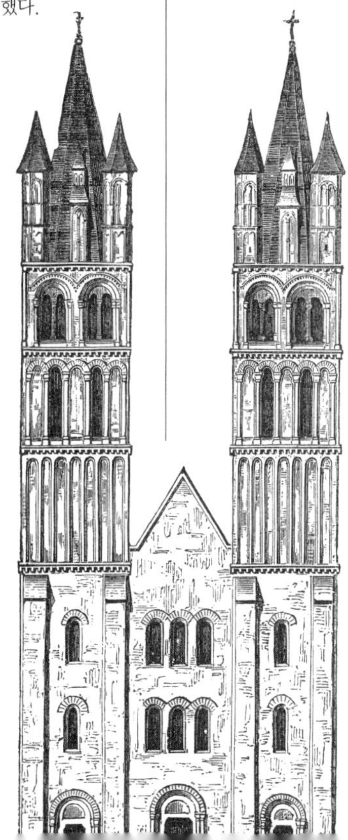

성 트리니티(삼위일체) 성당의 서쪽 정면, 칸
West front, Church of the Holy Trinity, Caen
12세기 노르망디지역에 위치한 성당들의 서쪽 입면은 대개 대칭적이었다. 본체에서 솟아오른 2개의 4각형의 탑이 상징적인 초점역할을 했다.

생므누 성당의 슈베
Chevet, St. Menoux
슈베chevet는 성당의 동쪽 끝부분을 가리키는 말로 특히 원형 혹은 다각형의 앱스 주위로 앰뷸러토리와 방사상의 채플(예배당)로 이루어진다. 그림은 앰뷸러토리가 돌아 감싸는 안쪽 중심에 자리한 제단을 보여주고 있다.

로마네스크
Romanesque

프랑스의 로마네스크 : 순례자의 영향
French Romanesque : The influence of Pilgrims

순례자들은 유럽대륙 전체를 여행하며 새로운 건축양식을 전파하는 데에 기여했다. 또한, 성당의 설계에도 영향을 미쳤는데 행렬용 통로를 따라 입장하는 성직자와 많은 수의 순례자를 동시에 수용할 수 있어야 했기 때문이다. 대부분의 프랑스 성당에서는 동쪽 끝을 방사형 혹은 제형으로 설계했다. 전자의 경우 엠뷸러토리를 앱스 주위에 추가해 성당 본체에서 확장되어 나온 보조 예배당(채플)을 이용할 수 있도록 했다. 제형 평면에서는 트랜셉트의 동쪽 면에 예배당을 도입했다. 이러한 공간 구성의 발전으로 신도와 사제 사이, 성인들의 제단과 하나님의 제단 사이의 구분을 유지할 수 있었다.

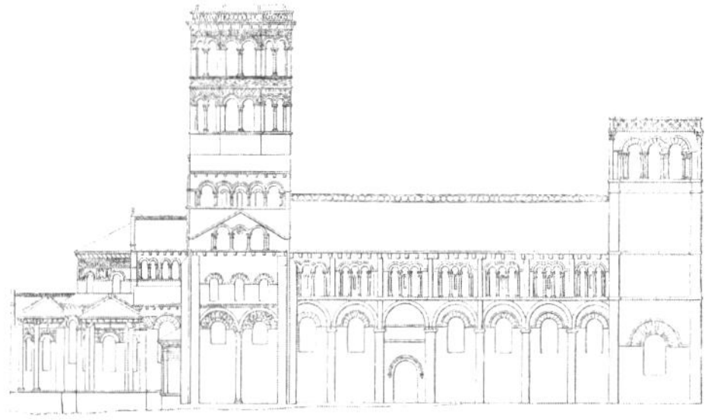

이수와르의 탑
Towers, Issoire
서쪽 입면에 점차 탑을 세우기 시작했다. 탑은 또한 트랜셉트가 교차하는 중앙부(크로싱)와 트랜셉트 남북의 끝부분에서도 두드러졌다. 이 사례는 12세기의 건물로 서쪽 끝에 윗부분이 4각형인 낮은 탑을, 중앙의 크로싱 상부에 비슷한 형태이지만 더 높은 탑을 배치했다.

원통형 볼트, 이수와르
Barrel (or Tunnel) vaults, Issoire
가장 단순한 형태의 볼트인 원통형 볼트는 반원형 단면을 연속적으로 이어 만든 것이다. 이 단면에서 볼 수 있듯이 아일 위쪽의 사분원모양 볼트half vault가 네이브 위의 중앙 볼트를 지탱하고 있어 볼트가 옆으로 벌어지려는 힘에 대응한다.

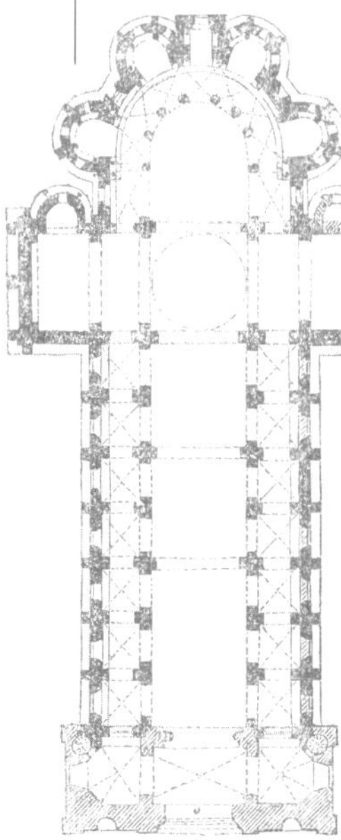

이수와르의 제형 평면(11세기)
Staggered (or echelon) plan, Issoire
앱스와 트랜셉트 모두에 예배당이 돌출되어 있는 제형(사다리꼴)echelon 평면은 급속히 프랑스 전역으로 퍼져나갔다. 이는 프랑스에 국한된 현상으로 유럽의 다른 지역에서는 잘 쓰이지 않았다.

1랑식 네이브, 퐁트브로(11세기)
Single-aisle nave, Fontevrault
네이브 하나와 그 양 옆으로 아일이 있는 보편적인 평면 형태는 점차 다양하게 변형되어 11세기와 12세기에는 아일과 네이브가 하나로 결합된 1랑식 형태가 작은 성당에 쓰이게 되었다. 네이브의 내벽에는 벽면에서 돌출된 다발기둥이 벽면을 분할했다. 아일이 없는 네이브는 아키텐지역 건축의 독특한 특징이었다.

블라인드 아케이드, 퐁트브로
Blind arcading, Fontevrault
외부장식의 형태는 매우 다양했다. 가장 일반적인 방법은 반원형 아치와 아치모양 창문을 반복해 사용하고 벽의 나머지 부분을 블라인드 아케이드로 장식하는 것이었다.

첨두아치, 퐁트브로 **Pointed arch, Fontevrault**
첨두아치는 이후 고딕건축의 특징으로 고딕과 로마네스크를 구분하는 중심요소지만 로마네스크 시기에도 때때로 사용되었다. 보통 뾰족부분이 얕게 파여 있어 다음 시대의 핵심적인 건축언어가 되는 본격적인 첨두아치를 최소한으로 시사하고 있으며 항상 일반적인 반원형 아치와 함께 쓰였다.

외부의 장식, 루피악
Exterior ornament, Loupiac
선이 굵은 조각장식은 12세기 로마네스크 성당에서 빈번하게 쓰였으며 대개 특정한 장면을 묘사하고 있었다. 이러한 움직임과 함께 좀더 수수하고 절제된 기하학적 장식도 널리 사용됐다. 이는 반복과 비례를 통해 통일감을 얻을 수 있기 때문이었다.

성 삼위일체(트리니티) 성당의 베이, 칸
Bay, Church of the Holy Trinity, Caen
커다란 네이브의 벽체는 전통적으로 일련의 베이를 통해 분절되었다. 지면에서 천장의 볼트까지 수직방향으로 그리고 동에서 서로 수평방향으로 반복적인 패턴을 사용해 내부공간의 직선성을 강조했다. 지면에서 볼트까지 쭉 이어지는 높은 기둥이 볼트를 지지하며 여러 개의 작은 기둥으로 구성된 복합지주가 베이의 개구부 위치를 규정한다. 트리포리움은 1면이 아케이드로 이루어진 통로를 말하는 것으로 베이의 아치 위에 수평으로 자리하고 아케이드모양의 클리어스토리에 있는 창을 통해 네이브에 빛이 들어온다.

로마네스크
Romanesque

독일의 로마네스크
The Romanesque in Germany

11세기와 12세기의 독일건축은 샤를마뉴 대제와 오스만제국 때에 확립된 형태를 바탕으로 하고 있었으며 이를 수용해 최초로 진정한 로마네스크양식이라 할 수 있는 건물을 건설했다. 독일의 슈파이어 대성당(1030-1106년경)은 유럽 건축에서 하나의 전환점이 되었다. 독일 황제를 위한 판테온(만신전)으로 건설된 이 성당은 과거의 고전건축에서 영감을 얻은 것으로 북유럽의 다른 성당들이 왜소해 보일 정도로 거대했으며 4세기의 초기 그리스도교의 웅장한 바실리카를 떠올리게 했다. 이 건물은 완공되었을 때 서구에서 가장 큰 성당이었으며 네이브의 내부 벽면을 분절한 최초의 건물이었다. 그 영향력은 라인지방과 쾰른을 넘어 프랑스에까지 미쳤다. 또한 슈파이어, 마인츠, 보름스, 라흐 등지의 성당에서 볼 수 있듯이 서쪽 입면에 한쌍의 탑을 세우는 것도 독일에서 비롯했다고 볼 수 있다.

조각장식
Carved decoration
고도로 양식화된 소용돌이 모양의 나뭇잎장식은 로마네스크건축에서 보편적으로 쓰인 언어로 독일 혹은 한 지역이나 한 나라에 한정된 것이 아니었다. 로마네스크양식이 발전하면서 점차 자연스러운 형태를 강조하게 되었고, 이에 따라 자연물의 형태를 원래 모습에 충실하게 묘사하는 것을 중요하게 여겼다.

슈파이어 대성당의 주두
Capital, Speyer Cathedral
독일건축에는 다양한 양식의 주두가 수없이 존재했다. 단순한 블록으로 이루어진 주두는 더 독창적이고 화려한 형태의 주두에 자리를 내줬다. 그림의 주두는 12세기 초의 것으로 백조 2마리의 목이 얽혀있는 주위로 양식화된 잎이 펼쳐져 있다. 이는 조각기술에 대한 자신감의 표현이며 점점 화려해지는 장식의 전형적인 모습이다.

밧줄모양 몰딩
Cable molding
꼰 밧줄모양으로 조각한 몰딩은 이 시기의 특징적인 형태이다. 이러한 조각은 이전의 건물에서는 보이지 않으며 로마네스크시대 조각가들이 고안한 것으로 보인다. 가장 일반적인 용도는 문과 창의 개구부를 강조하는 것이었다.

바르트부르크 성(12세기 후반)
Castle of Wartburg

많은 부분이 개축되었지만 이 성은 유럽에 남아 있는 몇 안 되는 로마네스크시대의 궁전 중 하나이다. 이 시기의 종교건축에서와 마찬가지로 세속적인 건물에 쓰인 주된 장식 기법은 반원형 아치로 된 아케이드, 창문, 출입구 및 내쌓기 선반Corbel table(195쪽을 보라)을 반복적으로 사용하는 것이다.

세례당, 본(11세기)
Baptistery, Bonn

독립된 세례당은 독일에서만 이따금 발견할 수 있다. 본에 있는 이 세례당에는 키가 큰 벽기둥이 외부 입면을 분할했고 처마부분의 장식은 이탈리아의 롬바르디아 지방에서 유래한 것이다.

게른하우센의 서사적 장식
Narrative decoration, Gelnhausen

성경의 가르침을 신도에게 효과적으로 전달하기 위해 많은 교회의 벽면에 설교적인 장면이 나타났다. 주로 출입구, 서쪽 정면 그리고 설교단에 이러한 장식을 많이 사용했다. 게른하우센 교회의 아케이드를 덮고 있는 순차적인 이야기의 일부인 이 장면은 이 장식이 위치하는 스팬드럴의 형태적 제약을 면밀하게 고려하여 디자인되었다.

보름스 대성당의 탑(1171년 착공)
Towers, Worms Cathedral

동쪽과 서쪽 끝에 있는 계단탑은 성당의 입면에서 지배적인 요소였다. 보름스 대성당에는 다양한 높이의 탑이 6개 있다. 모든 탑에는 창이 뚫린 블라인드 아케이드를 포함하는 비슷한 장식기법을 사용했다.

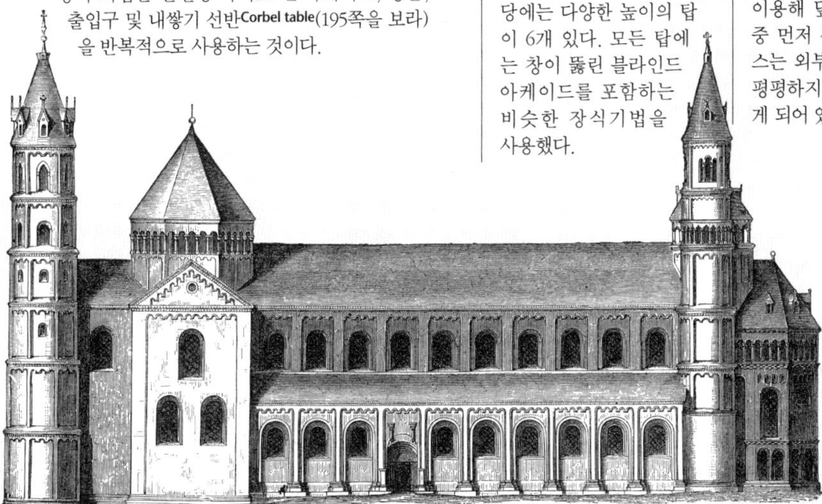

보름스 대성당의 평면
Plan, Worms Cathedral

이 성당의 평면은 전통적인 구성으로, 매우 긴 네이브와 양쪽의 아일을 리브 볼트와 거대한 지주를 이용해 덮었다. 두 앱스 중 먼저 생긴 동쪽의 앱스는 외부 입면상으로는 평평하지만 내부는 둥글게 되어 있다.

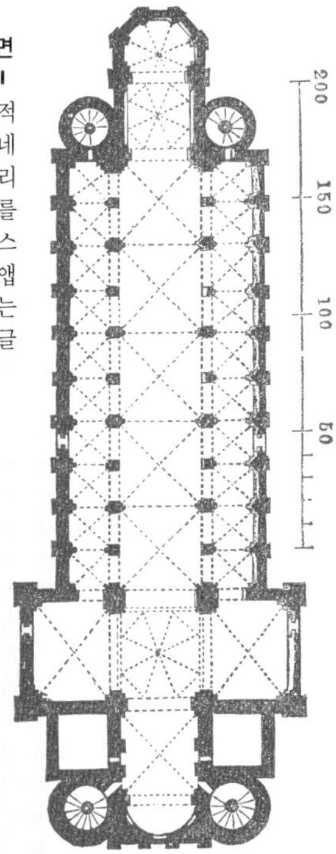

로마네스크
Romanesque

스페인의 로마네스크
The Romanesque in Spain

스페인의 로마네스크건축은 서로 다른 여러 전통이 융합되어 나타난 것이다. 오랫동안 무어인의 지배를 받은 까닭에 모사라베양식과 무데하르양식이라고 하는 매우 독특한 그리스도교-이슬람양식이 생겨났다. 이 양식의 요소들은 11세기와 12세기에 프랑스로부터 전파되는 유럽의 영향력있는 건축적 언어와 결합했다. 이는 프랑스양식을 기초로 하지만 여전히 이슬람식 장식을 사용하는 혼성양식을 낳았다. 스페인의 로마네스크양식은 산티아고데콤포스텔라까지 이어지는 순례길을 따라 자리한 성당들에서 가장 잘 드러나며 산티아고데콤포스텔라 대성당(1075-1120년경)이 그 건축적 절정에 서 있다. 섬세하게 세공된 조각상은 대개 매우 사실적이며 스페인 전역의 성당에서 널리 쓰였다.

서쪽 정면, 산파블로 성당, 바르셀로나(11세기)
West front, S. Pablo, Barcelona
지역의 장인들은 때때로 매우 독특한 건축적 구성을 만들곤 했다. 이 초기 건물의 입면에는 블라인드 아케이드가 벽의 꼭대기를 따라 있는데 이는 이탈리아 롬바르디아 지방의 특징이다. 그리고 출입구 부분이 조적조로 돌출되어 있고 여기에 포르탈(여러 개의 아치가 중첩된 커다란 출입문)이 설치되었으며 또한 상징적인 조각상이 있는 정4각형의 명판들이 걸려 있다.

4분 볼트, 타라고나
Quadripartite vaulting, Tarragona
이것은 하나의 베이가 2개의 대각선 리브에 의해 4부분으로 나누어지는 리브 볼트의 한 형식이다. 클로이스터 외벽에 있는 원형창의 트레이서리는 무어건축의 영향이 분명한 장식이 조각되어 있다.

지붕이 있는 아케이드, 세고비아의 산미얀 성당
Covered arcade, S. Millán, Segovia
세고비아와 같은 지방도시의 로마네스크건축에는 지붕이 있는 아케이드가 건설되었다. 이는 클로이스터(회랑)와 같은 형태로 성당 본채에 붙어 지어졌다. 산미얀 성당의 서쪽 입면에서 볼 수 있는 들어올려진 아케이드는 이러한 지역적 전통을 보여준다.

산티아고데콤포스텔라 대성당의 인물 조각상
Figure sculpture, Santiago de Compostela Cathedral
원래 성당의 서쪽 출입문이었던 영광의 문은 살아있는 듯이 아름다운 조각상으로 유명하다. 이는 장식적 조각을 건물의 건축적 형태와 통합한 조각가의 훌륭한 솜씨를 보여주는 것이다.

입면, 라 코루냐의 산티아고 성당
Façade, Church of Santiago, La Coruña
육중하고 선이 굵은 건물 구성과 그에 조화되는 단순한 입면으로 교회당은 조각적이 느낌이 강하게 풍긴다. 벽면은 버트레스와 벽기둥 몇개가 만드는 강력한 수직선으로 분할되었으나 장식은 최소한으로 했다.

산티아고데콤포스텔라 대성당의 장식된 주신
Decorated shafts, Santiago de Compostela Cathedral
성당의 문을 이루는 기둥에는 고도로 복잡한 추상적인 장식과 서사적인 장식이 서로 나란히 새겨져 있다. 하나의 기둥은 서로 얽힌 유선형의 잎사귀를 새긴 꼬인 몰딩으로 꾸며져 있었다. 다른 한쪽에는 종교적 인물과 반원형 아치를 올린 화려하게 장식된 벽감과 이를 받치는 기둥으로 구성된 축소된 건축적 골조를 조각했다. 이는 이 성당의 건축적 구성을 반영한다.

살라망카 구 대성당의 채광탑
Lantern, Salamanca Old Cathedral
침보리오cimborio라고 하는 채광탑lantern이 성당의 십자형 중앙부 위에 솟아 있다. 둥근 채광탑에는 블라인드 아치와 창문이 번갈아가며 2열을 이루고 있다. 위쪽열의 아치부분은 둥근 3엽형으로 이루어져 있다.

살라망카 구 대성당의 채광탑
Lantern tower, Salamanca Old Cathedral
채광탑 외부는 무어건축의 영향을 잘 보여준다. 인상적으로 분할된 팔각뿔 형태의 리브가 있는 돔은 비늘 같은 석판으로 덮여 있으며 2줄의 연속된 아치 위에 올려져 있다. 이는 인근의 사모라에 있는 대성당(1174년경)과 양식적으로 유사하다. 사모라 대성당의 경우 둥근 돔에 16개의 리브가 있었고 살라망카와 동일한 지역 고유의 재료로 덮여 있다.

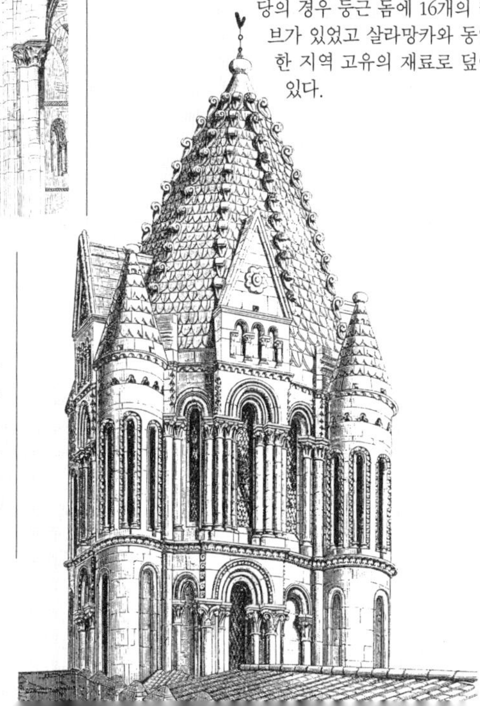

로마네스크
Romanesque

영국의 노르만양식 : 성당
English Norman Style : Churches

영국에서는 로마네스크양식을 노르만양식이라고 하며 11세기와 12세기에 번성했다. 1066년 정복자 윌리엄이 헤이스팅스에서 승리하면서 영국에 새로운 양식의 건축과 예술이 전파되었다. 노르만족은 그들의 군사력과 종교적 열정을 영국에 알리고자 했기에 성과 성당, 2가지 건물유형이 이 시기를 주도했다. 전무후무한 종교적 건물 건설의 홍수 속에 거의 모든 대성당과 수도원 교회가 새로 지어졌다. 켄터베리, 링컨, 로체스터 그리고 윈체스터의 대성당과 베리세인트 에드먼드 수도원은 모두 1070년대 건설 붐의 일부였다. 이들의 특징은 거대한 규모로 이전에 영국에서 볼 수 있었던 모든 건물을 압도하며 동시대 유럽대륙의 건물들과 비견할 만 했다.

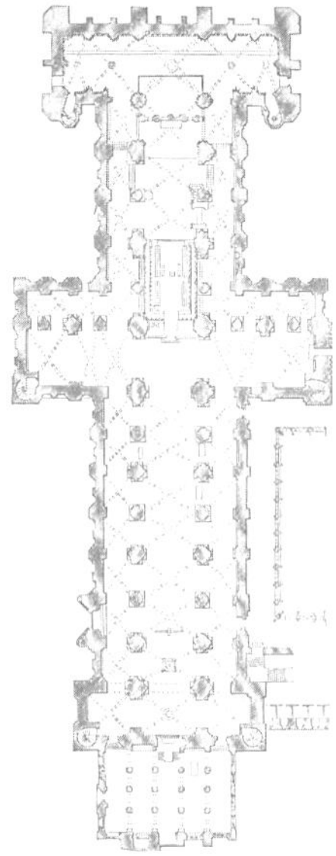

여신도용 예배당, 더람 대성당
Lady Chapel, Durham Cathedral
이 평면은 1170년경부터 1175년 사이에 이례적으로 성당의 서쪽 단부에 추가된 여신도용 예배당을 보여준다. 성모 마리아에 봉헌된 이 예배당은 전통적으로는 동쪽 단부에 자리해야 한다.

성 베드로 성당의 베이장식, 노샘프턴
Bay decoration, St. Peter's Church, Northampton
지그재그문양을 위시하여 기하학적 장식이 노르만식 내부장식의 특징이었다. 여기 보이는 다발 기둥은 장식이 없는 주신에 잎사귀모양 장식으로 덮인 주두가 화려하게 꾸며진 아치를 지탱하고 있다.

4각형 탑, 노샘프턴의 성 베드로 성당(12세기 중엽)
Square tower, St. Peter's Church, Northampton
대부분의 노르만식 성당은 네이브, 성가대석 그리고 아일이 있는 중앙 공간과 서쪽 단부에 있는 종탑으로 구성된다. 탑은 주로 4각형 평면을 갖고 있지만 지역별로 원형 탑이 존재하기도 했다.

피터버러 대성당의 네이브
Nave, Peterborough Cathedral
서쪽 정면에서 이 네이브로 들어서면 리듬감과 질서를 느낄 수 있다. 이는 일정한 간격으로 배치한 반원형 아치가 있는 베이와 바닥에서 트리포리움을 지나 고측창까지 이어지는 반복적인 세부장식 덕분이다. 현재의 돌로 된 사면 볼트beveled vault가 1220년경에 지어지기 전에는 원래 평평한 목재천장이 있었을 것으로 여겨진다.

성 베드로 성당의 지주
Pier, St. Peter's Church
내부 모습은 1150년경의 것으로 지주pier의 존재를 통해 다른 성당과 구별된다. 4엽형과 넓은 띠가 있는 원형 기둥이 번갈아가며 쓰였다. 이렇게 화려하게 꾸며진 공간은 교구 성당에서는 드물었다.

성 베드로 성당의 버트레스
Buttress, St. Peter's Church

버트레스는 벽에서 돌출되거나 벽에 덧댄 조적조부분을 일컫는다. 이는 벽체가 바깥으로 벌어지려는 추력을 상쇄시키고 지지력을 추가하기 위한 것이다. 이 모서리의 버트레스는 3개의 반원형 기둥으로 이루어져 있다.

외부 장식, 드비즈의 성 요한 성당(12세기)
Exterior decoration, St, John's Church, Devizes

이 입면은 노르만양식의 특징적 요소로 구성되었다. 버트레스, 장식된 아치가 있는 막힌 창문 한쌍 그리고 정교하게 꾸며진 아치가 있는 작은 위쪽 창문으로 이루어져 있다.

성 요한 성당의 중앙탑
Crossing tower, St. John's Church

이 탑은 네이브와 챈슬 그리고 트랜셉트가 교차하는 부분 위에 자리한다. 교구 성당의 탑은 주로 성곽모양으로 총안으로 장식되어 있고 꼭대기에는 크로켓crocket이라고 하는 당초문양의 장식물이 붙어있는 소첨탑이 올려져 있다.

성 요한 성당의 중첩아치
Interlaced arches, St. John's Church

반복적인 장식으로 내벽의 표면을 꾸며 내부를 활기차게 보이게 하는 방식이 널리 사용되었다. 그림은 이런 방식의 전형적인 모습으로서 일정한 간격으로 배치된 기둥이 서로 교차하는 아치를 지지하고 있다. 아치는 오로지 장식용이며 기능적인 역할은 전혀 없다.

성 요한 성당의 창문
Window, St. John's Church

부채꼴 주두가 있는 기둥이 깊게 파인 지그재그모양의 조각장식을 받치고 있다. 이를 쉐브론chevron문양이라고 한다. 몰딩의 위쪽 열은 둥근 꽃송이문양으로 꾸며져 있다.

성 요한 성당의 주두
Capitals, St. John's Church

쿠션모양과 블록모양을 비롯한 다양한 형태의 주두가 성당에 사용되었다. 주두는 많은 경우에 화려한 장식의 핵심요소였으며 자연에서 따온 양식화된 문양을 사용하여 꾸몄다. 나뭇잎, 새, 짐승, 기하학적인 장식 그리고 서사적인 장면까지 모두 표현되었다.

로마네스크
Romanesque

영국의 노르만양식 : 장식과 혁신
English Norman Style : Ornament and Innovation

영국의 건축은 유럽대륙의 영향을 받았지만 가까운 과거였던 앵글로 색슨족과 바이킹족 건축의 특징을 이용하기도 했다. 특히 세부장식을 이용했는데 더람 대성당(1093년 착공)의 네이브에서 발견할 수 있는 쉐브론문양이나 지그재그 장식이 그것이다. 건물의 내 · 외부 모두를 화려하게 꾸민 장식은 이 시기 건축의 고유한 특징이다. 12세기가 시작되면서 영국에서도 중대한 기술적 혁신이 이루어지게 되었다. 이때까지 성당의 벽은 석재였지만 지붕은 나무로 만들었다. 나무를 사용하면 석재를 사용하지 않고 네이브의 넓은 공간을 덮을 수 있었기 때문이다. 하지만 1130년경에 더람 대성당의 네이브의 천정을 석재 리브 볼트로 구축했다. 이로써 내부의 벽과 볼트가 모두 석재로 만들어져 최초로 시각적으로 결합되었으며 높이 치솟는 공간감을 자아냈다. 더람 대성당은 유럽에서 최초로 이 기술적 업적을 사용한 성당으로 알려져 있다.

챕터 하우스, 브리스톨
Chapter house, Bristol
챕터 하우스는 성직자를 위한 공간으로 성당의 본당에 부속되어 있으며 대개 클로이스터(회랑)를 통해 접근하도록 되어 있었다. 브리스톨에 있는 이 볼트로 덮인 건물에는 여러 층의 블라인드 아케이드(수평으로 연속된 아치)와 마름모꼴을 반복적으로 사용한 표면장식으로 사치스럽게 꾸며져 있다. 마름모꼴장식은 4각형, 양식화된 나뭇잎 혹은 비늘모양으로 대체되기도 한다.

새부리장식
Beakhead
원형 돌림띠의 끝을 장식하는 새, 짐승, 때로는 인간의 머리를 양식화된 장식물로서 12세기 건축에서 빈번히 사용되었다. 스칸디나비아건축에서 유래되었다고 생각된다.

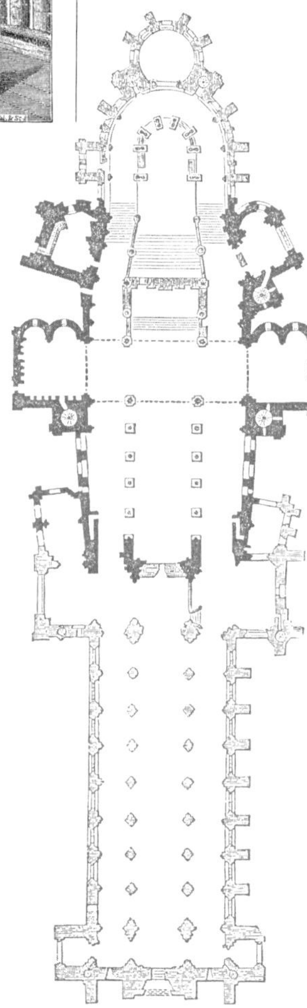

평면형태, 캔터베리 대성당
Plan form, Canterbury Cathedral
성당의 평면은 고도로 통제된 용도에 따라 결정되었다. 본당은 일반적으로 서에서 동으로 네이브, 아일, 성가대석 그리고 성가대석 아일로 구성되어 있으며 트랜셉트의 남북으로는 성모 마리아와 다른 성인들을 모시는 작은 예배당이 있다.

이플리 성당의 출입구
Doorway, Iffley Church

풍부한 조각장식이 12세기 후반의 특징이었다. 이 시기에는 문양의 모든 요소를 찾아 볼 수 있는데 반원형 아치의 지그재그와 톱날무늬장식, 마름모꼴 장식이 있는 주신, 장미꽃문양과 사엽문양이 포함된다. 그리고 삼손과 사자의 모습 뿐만 아니라 마상 전투장면같은 종교적이거나 세속적인 서사적 장면들이 묘사된 주두도 있었다.

글로스터 성당의 교차 볼트
Groin vault, Glouscester Cathedral

성당의 지하에 위치한 방을 크립트crypt(납골당)라고 한다. 글로스터 성당에 있는 이 크립트에는 석재 교차 볼트가 쓰였다. 교차 볼트는 2개의 원통형 볼트를 직교하도록 겹쳐놓은 형태이다. 이중쉐브론장식이 아치 아랫면에 표현되었다. 크립트는 주로 성당의 동쪽 단부 아래에서 발견된다.

나뭇잎장식 주두, 옥스퍼드의 블록섬 성당
Stiff-leaf capital, Bloxham, Oxford

나뭇잎조각이 있는 주두는 로마네스크와 고딕 모두에서 쓰였던 장식요소였다. 주신 꼭대기의 원형 돌림띠를 롤 몰딩roll molding이라고 한다. 양식화된 나뭇잎장식은 매우 고전건축의 모티프인 아칸서스잎에서 유래한 것으로 크게 유행했다.

롬시 성당의 내쌓기 선반(12세기)
Corbel table, Romsey Church

내쌓기 선반은 조적벽 일부가 수평적으로 튀어나와 있는 것으로 대개 처마 바로 아래에서 석재블록 위에 자리했다. 건물의 내·외부 모두에서 발견되는데 간혹 그자체로 존재하기도 하지만 주로 장식을 하는 장소로 활용되었다. 기괴한 동물과 찡그린 표정의 사람 얼굴이 특히 널리 쓰인 소재였다.

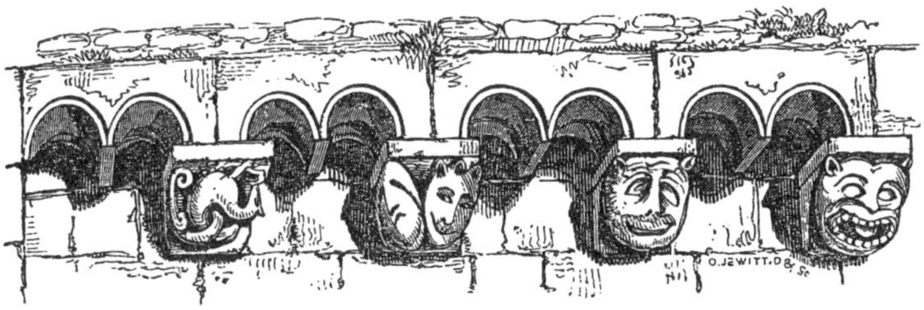

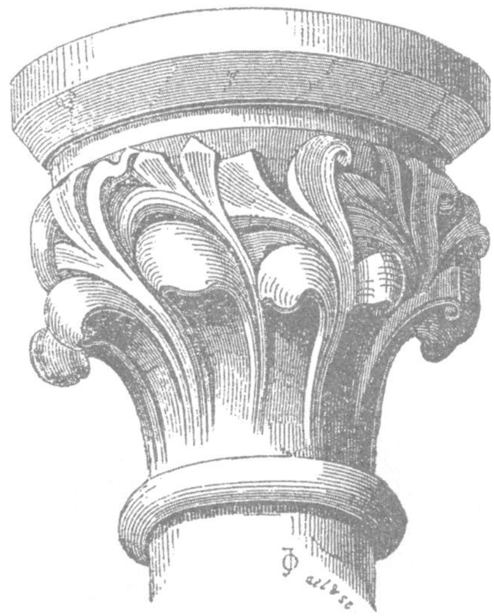

빌릿 몰딩
Billet molding

살짝 돌출된 4각형 또는 원통형 모양이 일정한 간격으로 배치되어 있는 장식을 빌릿 몰딩이라고 한다.

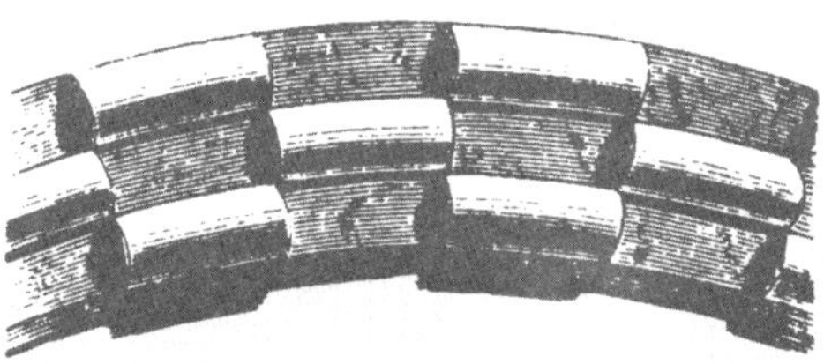

로마네스크
Romanesque

이탈리아의 로마네스크 : 다양성
Italian Romanesque : Diversity

이 시기 이탈리아에서는 신성로마제국과 교황령 사이에 주권 다툼이 벌어지고 있었다. 프랑스와 마찬가지로 이탈리아는 각기 다른 건축양식을 가진 여러 지방으로 이루어져 있었으며 각 양식은 서유럽에서 탄생한 새로운 양식들과 닮아 있었다. 롬바르디아 등지의 북부지역에서는 새로운 성당 건설이 활발하게 이루어졌지만 이탈리아 전역을 살펴보면 상대적으로 보수적이었으며 프랑스, 영국 그리고 스페인에서 나타났던 대규모의 건설활동도 볼 수 없었다. 이탈리아는 고대, 비잔틴 그리고 이슬람의 영향으로 풍부한 양식적 유산을 갖고 있었으며 로마네스크시대의 건축가들은 이를 계승해 다양한 요소를 사용했다. 높은 돔 위의 큐폴라, 바실리카식 평면, 독립하여 세워진 종탑과 세례당 그리고 외부 입면의 대리석마감 등이 그 예이다. 이러한 이탈리아의 양식적 특징은 고립된 몇몇 예를 제외하고는 유럽의 다른 곳에서 발견되지 않는다.

산미니아토알몬테 성당의 평면
Plan, S. Miniato al Monte
로마시대의 모습을 거의 변형하지 않은 바실리카식 평면은 여전히 다수의 성당에서 사용되었다. 이 성당은 중앙의 넓은 네이브 양옆으로 좁은 아일이 있는 전통적인 배치를 따랐으며 그 결과 넓은 크립트와 그 위에 위치한 이례적으로 거대한 성가대석을 낳았다.

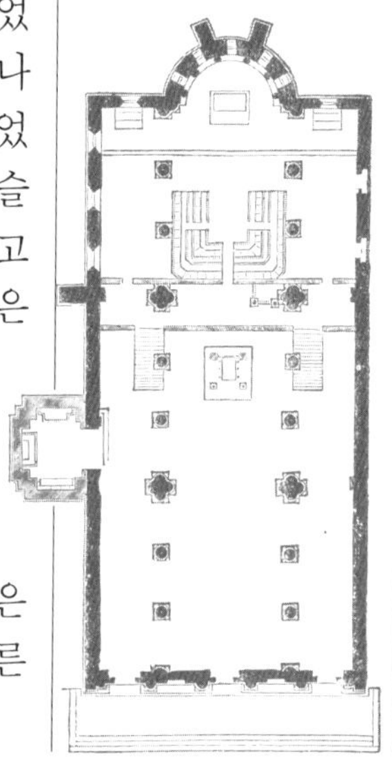

산미니아토알몬테 성당의 서쪽 정면
West front, S. Miniato al Monte
피렌체의 로마네스크양식의 주된 특징 중 하나는 색깔이 있는 대리석을 사용해 놀라운 시각적 효과를 만든 것이다. 재료의 매끈한 표면에 떨어지는 빛의 움직임을 활용하여 조화로운 기하학적 문양을 만들었다. 이러한 호화롭고 섬세한 기법은 북부 유럽의 조각적인 입면과 대조적인 모습을 보인다.

산마르코 성당의 서쪽 정면, 베네치아
West front, St. Mark's, Venice
아치로 이루어진 거대한 서쪽 정면은 11세기에 건설되었지만 19세기 초가 될 때까지 장식이 완전히 끝나지 않았다. 이 중요한 대지에 건설된 세번째 성당인 이 건물은 로마네스크식의 십자가형 평면을 갖고 있지만 베네치아의 비잔틴역사에서 크게 영감을 받았다.

산미니아토알몬테 성당의 단면, 피렌체(1018년경부터)
Cross section, S. Miniato al Monte, Florence
이 성당의 주 성가대석 아래에 자리한 성가대용 크립트는 상대적으로 흔치 않은 요소이다. 이는 성직자들이 일반적인 미사의 진행절차상에서 평신도가 사용하던 성가대석과 분리된 성가대를 요구하는 경우에 때때로 발견할 수 있다.

리브 볼트, 파비아의 산미켈레 성당
Rib vault, S. Michele, Pavia
리브 볼트는 아치 형태의 리브가 볼트 부분을 가로, 세로, 대각선으로 가로질러 놓임으로써 골격을 이룬다. 볼트가 지붕재료를 지지하는 역할을 했다. 이는 롬바르디아 성당의 전형적인 요소이다.

피아첸차 대성당의 롬바르디아 띠 Lombard bands, Piacenza Cathedral
블라인드 아케이드 형태의 아치가 있는 열주랑이 스크린 벽의 처마선 아래를 따라 자리했다. 이는 롬바르디아 라인양식에서 두드러진 특징이다.

산미켈레 성당의 동쪽 단부, 파비아
East end, S. Michele, Pavia
이탈리아의 성당 대부분은 끝부분에 앱스로 이루어진 성가대석이 있었으며 이는 외부 입면에 곡면으로 분명하게 드러난다. 화려하게 장식된 서쪽 입면과 대조적으로 동쪽 입면의 장식은 대개 수수한 모습이었다. 서쪽 정면은 일반인을 위한 출입구로 쓰였으며 동시에 신에 대한 찬양을 표현하는 강력한 건축적 방법이었다.

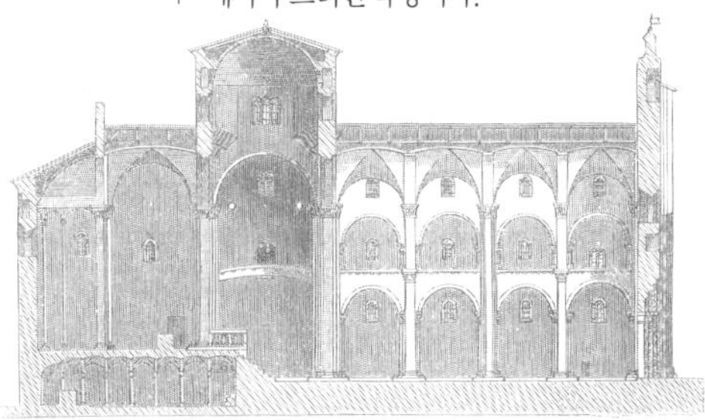

단면, 파비아의 산미켈레 성당(1100년경-1160년)
Cross section, S. Michele, Pavia
베이, 설교단 그리고 고측창의 3층으로 이루어진 내부입면은 이 성당의 수직성을 강력하게 표현하고 있다. 석재 볼트를 사용했지만 조금 무거운 느낌이며 동시대 프랑스에 지어진 최고의 성당들에서 볼 수 있는 높이 치솟는듯한 특징도 나타나지 않는다. 이 성당 또한, 산미니아토알몬테 성당의 평면배치와 유사하게 성가대용 크립트와 그 위에 자리한 성가대석이 있다.

바퀴모양의 창, 토스카넬라의 산타 마리아 성당
Wheel window, S. Maria, Toscanella
바퀴모양의 둥근 창은 이탈리아의 성당의 서쪽 정면에서 발견할 수 있는 것으로 12세기와 13세기 초의 건물에 나타났다. 섬세하고 화려하게 꾸며진 이 창은 네이브에 빛이 들어올 수 있도록 했다. 고측창을 보완하거나 그 대신에 사용된 것으로 보인다.

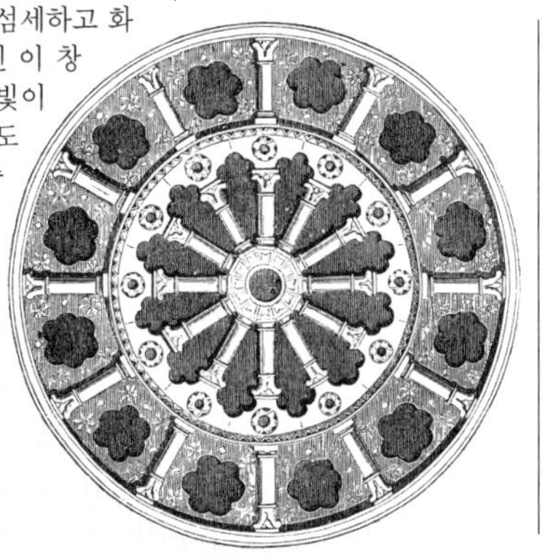

종탑, 코스메딘의 산타 마리아 성당
Belfry tower, S. Maria in Cosmedin
성당에 부속된 세련된 형태의 4각형 종탑은 롬바르디아지역에서 보편적인 요소였다. 로마 외곽 남부지방에서 발견된 이 예는 많은 롬바르디아지역의 탑에 비하면 그리 높지는 않다. 단면은 각 변이 약 4.5미터인 정4각형이고 높이는 34미터이다. 하지만 아치를 얹은 벽감이 띠모양으로 탑을 여러 층으로 나누는 수법과 하부와 상부의 폭이 일정한 형태는 매우 전형적인 것이다.

로마네스크
Romanesque

이탈리아의 로마네스크 : 지역적 특색
Italian Romanesque : Local Features

롬바르디아지역에서 프랑스와 독일의 로마네스크건축의 영향이 가장 강하게 나타났다. 성당에는 넓은 네이브와 석재 볼트가 있었고 대개 본당에서 솟아오르는 높은 탑을 받치고 있었다. 이 시기에 로마에서의 교회건설은 제한적이었는데 그 보수성은 로마에 남아있던 많은 고대의 건물들 때문이었다. 대조적으로 피렌체, 루카 그리고 피사 등 토스카나의 도시에서는 매우 독특한 지역적 양식이 발전했다. 이들은 로마시대의 모델을 약간 변형한 평면에 비잔틴양식으로 모자이크와 대리석을 결합하여 사용했다. 번성하던 지역적 로마네스크양식의 대표적인 사례는 피사에 있는 대리석으로 마감한 교회건물군이다. 이곳에는 두오모(이탈리아의 대성당), 종탑, 세례당이 독립되어 있으면서도 풀밭 위에 조화롭게 모여있다. 단지의 경계부분에는 같은 시대의 공동묘지가 있다.

라죠네 팔라초의 대문, 만투아
Gateway, Palazzo della Ragione, Mantua
세속적인 건물과 종교적인 건물에 모두 동일한 양식적 어휘, 예를 들어 반원형 아치를 이용하여 장식을 하는 방식이 사용됐다. 성당에 적합한 양식과 대문과 같은 공공건물에 적합한 양식 사이에 뚜렷한 구분이 없었다.

스크린 벽
Screen façade
서쪽 정면에서 넓은 하나의 박공벽과 함께 거대한 입면을 구성하는 스크린 벽은 12세기와 13세기 초 이탈리아 북부의 성당에서 쓰이던 요소이다. 이것은 이 지역에서 입면을 처리하는 주된 기법 2가지 중 하나로 다른 하나는 롬바르디아 지역 성당에서 서쪽 정면에 한쌍의 탑을 세우는 것이었다.

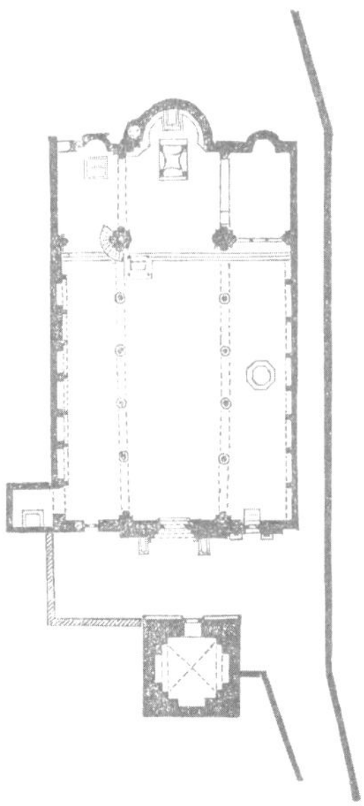

산타 마리아 성당의 평면, 토스카넬라
Plan, S. Maria, Toscanella
이 바실리카식 평면에서는 독립적으로 건설된 종탑이 성당의 서측 단부 앞에 자리하고 있는 것을 볼 수 있다. 종탑은 매우 다양한 형태로 건설되었다. 로마에 남아있는 기록상 가장 최초의 것은 8세기에 지어진 것으로 이 그림의 종탑과 같이 정4각형이었다. 하지만 피사에 건설된 것과 같은 원형 종탑(1173년부터 건설)도 발견할 수 있다.

산타 마리아 성당의 주두, 토스카넬라
Capitals, S. Maria, Toscanella
고대건축에 대한 로마네스크건축의 고고학적 관심은 주요한 양식적 모티프를 통해 잘 드러난다. 이들은 대개 이전의 양식을 모방하거나 변형한 것이었다. 여기 묘사된 13세기의 주두에 쓰인 안테미온잎모양장식은 그리스의 코린트 오더에서 기원한 것이다. 이는 가장 오랫동안 사용된 잎모양장식 가운데 하나이다.

모자이크장식, 로마의 성 바오로 대성당
Mosaic decoration, S. Paolo, Rome

모자이크가 새겨진 몰딩은 로마, 베네치아 그리고 이탈리아 남부지방 건축의 특징이었다. 기하학적인 문양이 가장 일반적인 형태였지만 추상적이거나 자연을 묘사한 문양도 사용되었다. 그림은 13세기 초의 사례로 장인의 솜씨와 함께 보석과 같은 화려한 효과를 보여준다.

성 바오로 대성당의 기둥, 로마
Columns, S. Paolo, Rome

비잔티움의 영향을 받아 꼬이거나 홈이 파여 있거나 기하학적인 문양이 있는 주신이 13세기 초까지 이어졌다. 반원형 아치로 이루어진 이 클로이스터의 한쪽 벽에 비잔틴양식과 로마네스크양식의 요소가 융합되어 매우 화려하고 시각적으로 흥미로운 특징을 만들어 내고 있다. 한쌍씩 짝지어진 기둥들은 모자이크로 덮여 있었으며 하나의 장식적 전통이 되어 로마에서 크게 번성했고, 13세기 후반에는 '코스마티 기술(화장술)' 이라고 불리게 되었다.

피사 대성당의 십자가형 평면(1063년부터 건설)
Cruciform plan, Pisa Cathedral

이 전통적인 십자가형 평면은 때때로 이탈리아 성당 고유의 평면 형태로 발전하기도 했다. 피사 대성당에서 힘차게 돌출된 트랜셉트의 단부는 앱스로 마무리되며 네이브와 성가대석 모두 이중아일로 이루어져 있다. 십자가의 교차부에는 이슬람의 영향을 받아 타원형 돔을 올렸다.

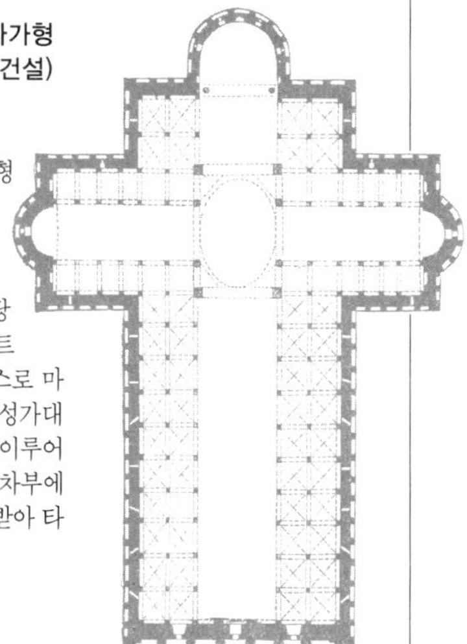

산제노 성당의 현관, 베로나 (1123년경부터 건설)
Porch, S. Zeno, Verona

반원형 아치로 이루어진 현관을 독립되어 서 있는 기둥이 지지하고 있다. 기둥은 누워있는 동물상 위에 올려져 있으며 이러한 현관은 12세기 북부 이탈리아 성당의 특징이다. 이 건물의 거대한 현관은 가장 뛰어난 예 중 하나로 화려하게 조각되어 있다. 한쌍의 사자상이 입구를 지키고 있고 인방에는 1년 12달을 묘사한 부조가 있었다. 팀파눔(현관 위 페디먼트로 둘러싸인 삼각형의 부분, 대개 부조로 화려하게 꾸며져 있었다)에는 성인 제노가 악마를 짓밟고 있는 설교적인 조각상이 있다.

분절, 피사 대성당
Articulation, Pisa Cathedral

피사 대성당의 서쪽 정면에 사용된 장식적 수법은 4층으로 구성된 다양한 형태의 열주랑과 대리석의 음영을 교묘히 활용한 것이다. 이는 피사의 로마네스크양식의 모범이었다. 이러한 고도로 분절된 수법은 경쾌하면서 리듬감이 있어 남부 이탈리아와 유럽에 걸쳐 수많은 모방작을 만들어냈다.

고딕 12세기 중엽–1530년경
Gothic mid C.12th–c.1530

프랑스 : 초기 고딕
France : Early Gothic

고딕건축의 핵심적 요소인 첨두아치, 리브 볼트 그리고 플라잉 버트레스는 로마네스크건축에서도 쓰였지만 모두 함께 쓰이지는 않았다. 12세기 중엽 프랑스에서 이 요소들을 조합하면서 이후 유럽건축을 350년간 지배한 양식이 탄생하게 되었다. 그 결과 수직성이 더 강조되었고 벽의 두께가 얇아졌으며 화려한 스테인드글라스로 만들어진 거대한 창을 통해 빛이 들어오게 되었다. 이들 요소는 고딕양식이 발전할 수록 점점 더 극단으로 치달았다. 초기의 조각장식은 로마네스크 후기의 형태를 따랐지만 곧 고유의 특징을 갖게 되었고 13세기가 되자 고딕양식은 그 형태와 장식에 있어서 진정으로 독자적인 것이 되었다.

샤르트르 성당의 서쪽 정면
West front, Chartres Cathedral
12세기 중엽에서 후반 무렵에 지어진 건물인 이 성당에는 중앙의 원형창(장미창)과 양옆의 탑이 함께 나타난다. 이들은 1140년대 생드니 성당에서 처음으로 결합되었다. 이 후에 이러한 형식은 프랑스 성당의 입구쪽 정면, 즉 서쪽 정면에 널리 쓰이게 되었다.

퐁티니 수도원의 첨두아치
Pointed arch, Abbey of Pontigny
퐁티니 수도원의 동쪽 단부(슈베chevet)에서는 첨두아치가 두드러졌다. 첨두아치로 인해 반원형 아치를 사용했을 때보다 건물을 더 높이 건설할 수 있었고 정4각형 베이 뿐만 아니라 직4각형 베이에도 사용할 수 있게 되어 매우 자유로운 평면계획이 가능해졌다.

오세르 대성당의 리브 볼트
Rib vault, Auxerre Cathedral
이와 같은 리브 볼트(13세기 초)는 축조할 때 볼트 전체를 목재 지주로 받칠 필요없이 리브 자체만 지지하는 것으로 충분했다. 따라서 좀더 빨리 건설할 수 있었고 더 강한 구조체를 만들 수 있었다.

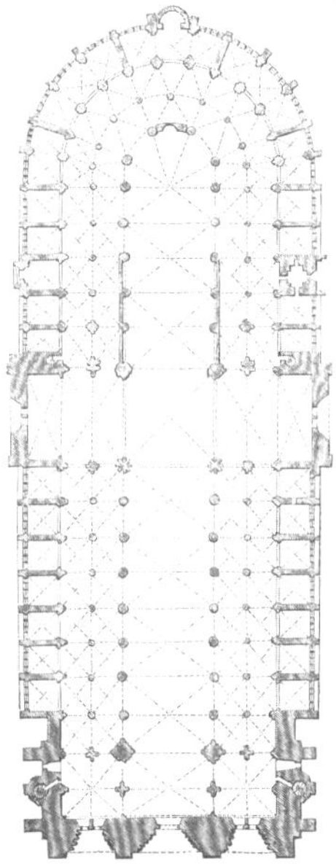

파리 노트르담 대성당의 평면
Cathedral plan, Notre Dame, Paris
노트르담 대성당의 평면에는 다양한 형태의 리브 볼트와 이들이 지지하는 다양한 형태의 베이가 있지만 전체 공간은 통일성을 갖는다.

노트르담 대성당의 베이 입면
Bay elevation, Notre Dame
네이브의 하부기둥은 여전히 육중했지만 모두 같은 모습이었다. 그 위로 가늘고 기다란 주신을 포함한 모든 요소들은 가볍고 수직으로 솟아 있다.

샤르트르 성당의 플라잉 버트레스
Flying buttress, Chartres Cathedral
플라잉 버트레스는 볼트의 추력을 대지로 전달해 벽에 걸리는 하중을 경감시켰다. 그 결과 구조물은 더 가벼워졌고 창의 크기도 커졌다.

루앙 성당의 버트레스 벽감
Buttress niche, Rouen Cathedral
고딕양식이 발전하면서 버트레스의 장식은 점점 화려해졌다. 이 버트레스의 꼭대기에는 소첨탑pinnacle을 올린 벽감 안에 조각상을 넣어 두었다.

바이유 대성당의 바 트레이서리
Bar tracery, Bayeux Cathedral
이전까지 쓰였던 두꺼운 조적조 대신에 가는 석재 멀리언이 창을 지지하면서 분할하고 있다. 이런 구성에는 수많은 커스프cusp(211쪽 참조)가 사용되었다.

플레이트 트레이서리, 파리의 생마르탱 성당
Plate tracery, St. Martin, Paris
초기 고딕의 창은 장식이 거의 없이 조적벽을 뚫어서 만들었고 이차적인 분할이 없다. 이를 플레이트 트레이서리라고 한다. 그림처럼 개별적인 유리조각이 모여 창을 이루었는데 이런 모임의 형태가 후에 바 트레이서리로 발전했다.

샤르트르 성당의 장미창
Rose window, Chartres Cathedral
장미창은 표준적인 프랑스 성당의 서쪽 정면과 트랜셉트 단부에 설치된다. 꽃모양의 외관과 둥근 형태 때문에 장미창이라는 이름을 얻었다.

렝스 성당의 주두장식
Capital ornament Reims Cathedral
이 성당의 장식은 고전적인 것에서 크게 벗어나지 않았다. 하지만 고전건축의 전례와는 달리 각 주두는 조금씩 다르게 처리되었고 잎의 모양은 좀더 자유롭다. 이로 인해 석공 개개인에게 표현의 자유가 더 주어졌다.

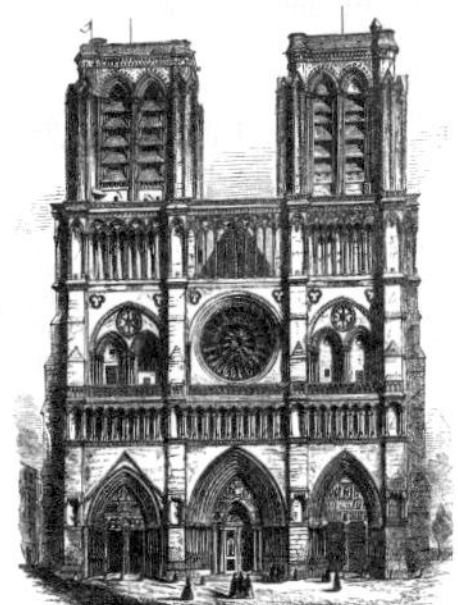

노트르담 대성당의 서쪽 정면
West front, Notre Dame
노트르담 성당의 서쪽 정면이 건설된 13세기 초가 되면 같은 구성요소를 사용해 더 큰 통일감을 얻을 수 있었다(옆쪽의 샤르트르 성당과 비교해 보라). 또한 장식은 좀더 화려해졌고 바 트레이서리가 발전했다.

고딕
Gothic

프랑스 : 레요낭과 플랑부아양
France : Rayonnant and Flamboyant

초기 고딕에 이어 프랑스에서는 2가지 특별한 양식, 레요낭양식(13세기 중반부터)과 플랑부아양양식(16세기까지)이 생겨났다. 두 양식은 모두 특유의 트레이서리문양, 즉 방사형과 불꽃 무늬에서 그 명칭을 따왔으며 여기서 짐작할 수 있듯이 구조적인 면보다는 주로 장식의 변화에 따른 것이었다. 하지만 레요낭양식 때 높이 48미터의 보베 성당과 같은 높은 건물들이 건설되었으며 벽에서 창문이 차지하는 비율도 커질 수 있는 만큼 최대한 커졌다. 14세기 후반부터 발전되기 시작하여 16세기 초까지 지속된 플랑부아양양식의 화려한 장식이 이러한 특징 위에 더해졌다. 이 양식의 영향력은 거의 외부에 한정되었다. 하지만 몇몇 내부시설은 레요낭양식의 단순함에서 벗어났다.

플랑부아양양식의 장식, 트루와 성당
Flamboyant decoration, Troyes Cathedral
16세기에 지어진 이 성당의 서쪽 정면부는 무거운 느낌의 플랑부아양양식의 장식으로 가득했다. 이들은 프랑스의 이전 양식(레요낭)이나 당시 영국의 양식(수직양식)에 비해 육중한 효과를 주었다.

과도기의 트레이서리, 루앙의 생투앙 성당
Transitional tracery, St. Ouen, Rouen
생투앙 성당의 서쪽 창은 안쪽은 방사형, 바깥쪽은 불꽃무늬 트레이서리로 되어 있다. 이는 레요낭양식에서 플랑부아양양식으로의 전이를 보여주는 것이다.

보베 성당의 블라인드 트레이서리
Blind tracery, Beauvais Cathedral
보베 성당의 플랑부아양양식 트랜셉트 출입구에는 블라인드 트레이서리를 많이 사용해 모든 요소를 장식해 놓았다. 블라인드 트레이서리는 유리가 끼워진 부분이 석재로 되어있는 것이다.

생투앙 성당의 채광탑
Lantern tower, St. Ouen

레요낭시기의 발전으로는 여기 생투앙 성당의 크로싱에 있는 채광탑을 들 수 있다. 이를 통해 성당의 깊은 안쪽까지 빛이 들어올 수 있었다. 창문이나 블라인드 트레이서리(난간과 페디먼트의 윗부분)가 아닌 부분은 뚫려 있는(아무 것도 끼워져 있지 않은) 부분이다.

플랑부아양양식의 창문, 퐁오데메르의 생제르맹 성당
Flamboyant window, St. Germain, Pont-Audemer

여기서는 플랑부아양양식의 유선형 선과 가는 불꽃 무늬 형태를 분명히 확인할 수 있다. 결과적으로 자유로운 효과를 낳았지만 레요낭양식에서 볼 수 있었던 응집성이 사라졌으며 곡선의 트레이서리는 영국에서 이미 발달한 것이었다. 영국의 곡선형이 아마도 프랑스의 플랑부아양양식에 영향을 미친 것으로 보인다.

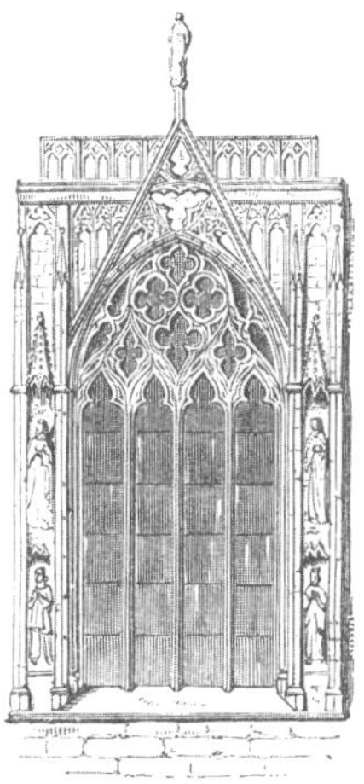

샤르트르성당의 레요낭식 창문
Rayonnant window, Chartres Cathedral

샤르트르 성당의 물흐르는 듯한 트레이서리 창은 후대에 지어진 것으로 절제되고 기하학적인 형태를 갖고 있다. 그리고 석재 커스프는 예전과 같은 방식으로 쓰였지만 좀더 풍부해졌다. 레요낭식 창문과 그를 둘러싼 석조물을 만든 수법은 세장함과 수직성을 강조했다.

방사형 트레이서리, 생투앙 성당(1318년부터 건설)
Radiating window, St. Ouen

레요낭양식의 건축물 중 가장 뛰어난 것에 속하는 생투앙 성당은 하늘 높이 솟아있다. 동쪽 단부의 예배당 위에는 뾰족한 지붕이 있어 창을 낼 수 있는 최대한의 공간을 확보했다. 창의 윗부분에는 전형적인 방사형 트레이서리가 있다.

성단 회랑, 트루와의 생트마들렌 성당
Rood loft, Ste. Madeleine, Troyes

성단 회랑rood loft은 프랑스에 거의 남아있지 않으며 여기 보이는 것은 플랑부아양시대의 것이다. 이는 네이브와 성단소(챈슬chancel)를 구분하고 악사들을 위한 갤러리(회랑)를 제공한다.

고딕
Gothic

프랑스 : 주거 및 일반건축의 고딕양식
France : Domestic and Secular Gothic

프랑스에서는 고딕시대에 수많은 마을과 도시, 성채, 주택 그리고 관공서가 요새화 되었으며 상당수가 오늘날까지 남아있다. 일반적으로 기능에 따라 형태가 만들어졌으며 외부의 장식은 성당에서와 같이 현관, 창 그리고 버트레스와 같은 부분에 집중되었다. 하지만 성당과는 달리 프랑스의 주거건축에서 가장 두드러지는 것은 계단이었다. 일반적으로 입면에서 돌출되어 있는 계단은 건물의 주 출입구를 형성했으며 서로 다른 위계의 방으로 접근할 수 있게 했다. 중세 프랑스 주거건축의 평면은 영국에서와 다르게 커다란 홀을 중심으로 모여 있지 않았다.

창문의 처리
window treatment
보베에 위치한 이 13세기 주택의 창은 성당과 거의 같은 수법으로 만들어져 있다. 하지만 여러 개가 모여 있어 방에 더 많은 빛을 끌어들이며 결과적으로 입면에 좀더 수평적인 효과를 낳았다.

현관의 처리, 공작의 궁전, 낭시
Entrance treatment, Ducal Palace, Nancy
로렌지방의 낭시에 위치한 공작을 위한 궁전의 거리쪽 입구는 후기 플랑부아양양식으로 화려하게 장식되어 있다. 하지만 커스프와 자연스러운 나뭇잎문양 뿐만 아니라 르네상스양식의 모습도 나타난다. 이는 특히 조개껍데기 모티브, 벽기둥, 흉상 판 등이 있는 상부에서 잘 드러난다.

위계적 볼트 천장, 시청, 드류(1516년부터 건설)
Hierachical vaulting, Hôtel de ville, Dreux
이 건물은 후기 프랑스 고딕의 하나로 매우 세련된 건물이다. 최상부 다락층의 볼트 천장은 지하의 것보다 상급의 것으로 공간의 상대적인 중요성을 반영한 것이다.

도시의 입면
Urban façade
이 도시주택의 3개층은 두 층의 창문과 한 층의 개방된 아케이드로 표현되어 있다. 가로 방향으로 조각 띠를 둘러 수평성을 더 강조했다.

공공건물 : 재판소, 루앙 (1499년부터 건설)

Civic building : Palais de Justice, Rouen

이 플랑부아양양식의 공공건물은 이 시기의 다른 건물들과 마찬가지로 내부 방들의 다양한 기능이 외부에 잘 드러나지 않는다. 외부의 표현은 일반적인 장식물을 반복적으로 사용해 효과를 얻고자 했다.

주거용 건물의 계단, 자크 쾨르의 저택, 부르주(15세기)

Domestic staircase, House of Jacques Coeur, Bourges

중심 계단의 중요성은 부르주에 있는 이 저택에서 명확히 드러난다. 중정쪽으로 돌출된 팔각형의 탑은 모든 층이 장식되어 있었으며 문루gatehouse의 반대편에 자리했다.

영주의 저택, 쿨렌 성채 (15세기)

Manor house : Chateau de Coulaine

자크 쾨르의 저택에서처럼 시농 근교에 위치한 이 성채(저택)에도 우뚝 솟은 계단탑이 있었다. 모서리부분의 둥그렇고 작은 탑tourelle은 방어용 건축을 떠올리게 하지만 이 시기에 그런 기능은 더 이상 필요하지 않았다.

성, 므앵쉬르예브르 성채 (14세기 후반)

Castle : Chateau de Mehun-sur-Yevre

부르주 근교의 성을 재현한 이 그림은 '베리공작의 아주 풍요로운 시대' 에 실린 삽화를 바탕으로 제작한 것이다. 그림은 여러 개의 둥근 탑이 있고 독립된 망대탑이 없는 프랑스 후기 성채(샤토Chateau)의 모습을 보여준다. 방어용 성벽 위를 집중적으로 장식했는데 이 사례에는 여러 개의 소첨탑과 창문이 있고 원뿔형 지붕을 씌운 망루가 올려져 있다.

고딕
Gothic

영국의 초기 고딕양식 : 외부
Early English Gothic : Exteriors

19세기 초 건축가 토머스 릭맨은 영국의 고딕양식을 초기 고딕양식, 장식양식, 수직양식의 세 시기로 나누었다. 영국에 고딕양식을 도입한 사람은 프랑스의 석공, 상스의 윌리엄이었다. 그는 프랑스에서 고딕양식이 탄생한지 약 30년 뒤인 1174년 켄터베리 대성당의 동쪽 단부를 개축하기 시작했다. 오래지 않아 새로운 양식이 번성하기 시작했고 영국의 초기 고딕양식은 독특한 특징을 갖게 됐다. 이 시기(1170-1280년경)의 건물들은 동시대 프랑스의 건물과는 평면과 세부 모두 전혀 달랐다. 일반적으로 직선이 좀더 많이 쓰였으며 구성요소들을 더 크게 분할했기에 결과적으로 공간적인 통일성이 부족했다.

첨두창, 온들 성당
Lancet, Oundle Church
노샘프턴셔의 온들에 있는 이 성당의 창문은 5개의 첨두 창이 모여 있는 것으로 꼭대기 부분에 커스프가 없다.(영국의 초기 고딕에서 일반적이었다) 창 사이의 석조물은 사실상 트레이서리 창틀이 될 만큼 가늘어졌으며 이는 장식양식을 예고하는 것이었다. 위쪽으로 석재의 띠인 낙수받이용 몰딩이 돌출되어 있어 빗물을 옆으로 흘려보냈다.

베벌리 대성당의 외부 요소 (13세기 초)
Exterior elements, Beverley Minster
영국의 초기 고딕건물의 입면에서 흔히 쓰였던 요소들로는 높고 가는 창(첨두 창lancet), 다발 기둥으로 분할되고 위에는 4엽(네잎무늬)장식이 있는 출입구, 뚜렷한 버트레스, 그리고 둥근 창 등이 있다. 이 성당에서 이러한 요소들이 모두 함께 나타난다.

이중트랜셉트, 솔즈베리 대성당
Double transepts, Salisbury Cathedral
14세기에 건설된 탑을 제외하면, 윌트셔의 이 성당은 전적으로 초기 고딕양식으로 이루어져 있다. 유럽의 다른 지역에 있는 고딕 성당과 달리 영국의 트랜셉트는 건물에서 크게 돌출되어 있었으며 이 경우에서처럼 이중으로 만들어지기도 했다.

현관, 그레이트 밀턴
Doorway, Great Milton

초기 고딕양식의 현관 대부분은 옥스퍼드셔에 자리한 이 예처럼 첨두아치로 되어 있었다. 또한, 폭이 깊었으며 다발기둥이 늘어서 있기도 했다. 상부의 아치에는 둥근 몰딩이 중첩되어 있었으며 그 사이는 깊게 파여 있었다.

플라잉 버트레스, 웨스트민스터 사원
Flying buttress, Westminster Abbey

런던의 웨스트민스터 사원에 있는 버트레스는 다른 초기 고딕양식과 마찬가지로 거의 장식이 없다. 난간 위로 솟은 끝부분은 피라미드 형태로 된 소첨탑의 초기 모습을 보여준다.

영국 초기 고딕양식의 장식, 워밍턴
Early England ornamentation, Warmington

영국에서는 장식이 있다 하더라도 노샘프턴셔의 워밍턴에 있는 이 경우처럼 절제되어 있다. 여기서 버트레스의 모서리를 따 놓았고 오목한 몰딩의 끝부분에 나뭇잎모양조각이 있다.

플랫 버트레스, 엔샴
Flat buttress, Ensham

옥스포드셔주 엔샴에 있는 이 버트레스는 벽에서 직접 돌출되어 있다. 폭과 너비가 거의 같으며 끝부분을 가파르게 깎아 놓았다. 이는 영국 초기 고딕양식의 전형적인 특징이다.

고딕
Gothic

영국의 초기 고딕양식 : 내부

Early English Gothic : Interiors

동시대 프랑스 건물과는 달리 영국의 초기 고딕건물에서는 아일의 베이가 더 넓었고 수평선을 더 많이 사용했다. 이에 따라 이 시대의 대성당과 성당들은 프랑스 건물보다 시각적으로 좀더 물 흐르는 듯한 느낌을 주었으며 실제 길이도 더 길어졌다. 이는 시선을 위쪽을 향하는 것만큼 동쪽 단부로 강하게 이끄는 역할을 했다. 내부는 넓게 펴져 있었기 때문에 평면이나 장식에서 전체적으로 다루지 않고 각 부분을 개별적으로 다루었다. 장식은 과감하게 사용했다. 대개 퍼벡지방의 대리석이나 다른 고급 석재로 만든 가는 기둥을 다수 사용하고 몰딩을 깊이 새겨 풍부한 효과를 자아냈다. 이 시기 후반에는 볼트의 리브를 장식적 목적으로 사용하고 표면의 텍스처에 집중했는데 이는 이후 나타난 장식고딕양식을 예고하는 특징이었다.

링컨 성당의 수평성
Horizontality, Lincoln Cathedral
1192년 착공된 이 성당은 초기 영국 고딕건축의 걸작 중 하나이다. 여기 네이브를 보면 넓어진 베이, 천장까지 이어지지 않고 아케이드에서 끝나는 기둥 그리고 동서방향으로 뻗은 볼트의 용마루 리브로 인해 수평성이 강조되고 있다.

링컨 성당의 베이
Bay, Lincoln Cathedral
이 성당의 네이브를 이루는 베이의 핵심은 넓다는 것이다. 가장 아랫부분이 아일의 아케이드이며 그 위에 트리포리움, 그리고 상부에 클리어스토리(고측창)가 있다.

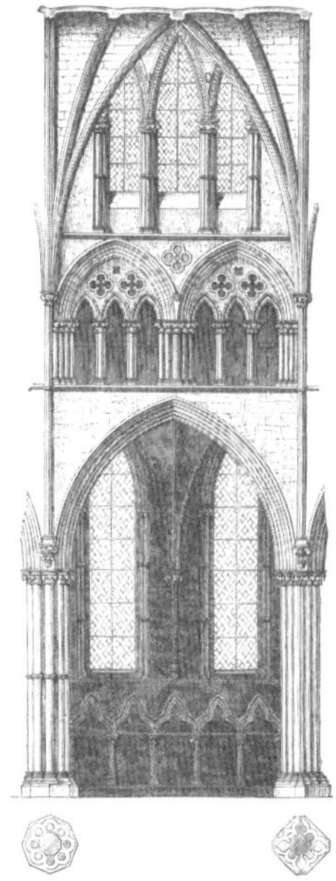

주두의 장식, 링컨 성당
Capital ornament, Lincoln Cathedral
이 성당의 북측 트랜셉트의 기둥들은 끝부분을 대담하고 깊게 조각된 나뭇잎장식으로 마무리했다. 주두의 일부에만 장식을 했으며 때로는 몰딩 자체가 주는 장식적 효과에 의지하여 다른 장식을 두지 않기도 했다.

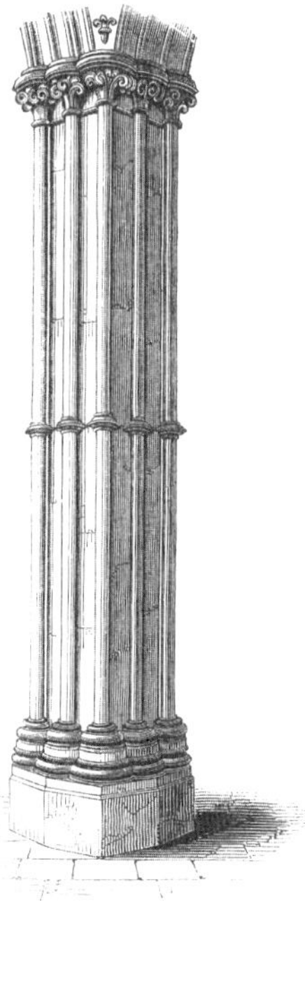

링컨 성당의 피어기둥
Pier shafts, Lincoln Cathedral
초기 영국 고딕의 피어기둥은 여기서 볼 수 있는 것과 같이 일반적으로 가는 원기둥다발로 꾸며져 있으며 대개 퍼벡지방의 대리석으로 만들어졌다. 이 다발기둥들은 상부의 깊은 몰딩과 균형을 이루고 있다.

송곳니 장식
Dogtooth ornament
송곳니장식이라 불리는 초기 영국 고딕양식의 이러한 장식은 실제로는 4잎을 가진 꽃모양으로, 그 중심부가 뾰족하게 튀어나와 있다.

볼라인드 아케이드, 베벌리 대성당
Blind arcading, Beverley Minster

이 시기에는 벽에 블라인드 아케이드를 설치하곤 했다. 이는 석재로 아케이드 안쪽을 막은 것으로 베벌리 대성당에서는 계단 앞부분에 3엽(세잎모양) 아치가 연속되는 형태로 발견된다. 기둥은 퍼벡지방의 대리석으로 만든 것이며 아치는 송곳니 장식으로 꾸며져 있다.

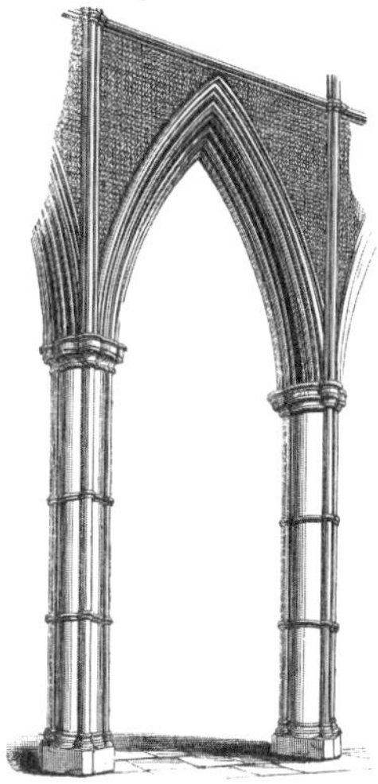

네이브의 아치, 웨스트민스터 사원
Nave arch, Westminster Abbey

프랑스의 영향으로 베이가 좁아졌고 이로 인해 네이브가 매우 높아지고 좁아졌다. 다발기둥은 퍼벡지방의 대리석으로 만든 것이며 주두에는 아무런 장식이 없다. 하지만 벽면은 마름모꼴 장식(아래를 보라)으로 덮여 있다.

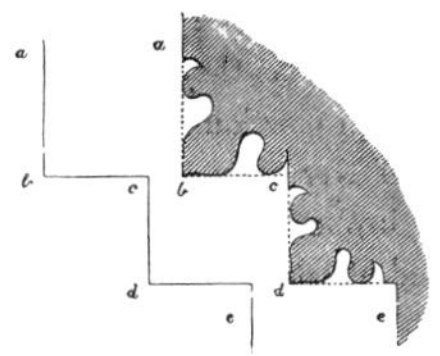

영국 초기 고딕식 몰딩
Early English molding

이와 같은 몰딩은 일반적으로 깊이 조각되어 있으며 움푹 들어간 부분과 둥글게 튀어나온 부분으로 이루어져 있다. 서리지방 쉬어에서 발견한 이 사례에서 크게 튀어나온 부분을 용골몰딩이라고 하는데 배의 용골부분의 형태와 유사하기 때문이다. 작은 부분은 반곡선 혹은 S자모양이다. 이들은 모두 직4각형 형태를 깎아내어 만든 것이다.

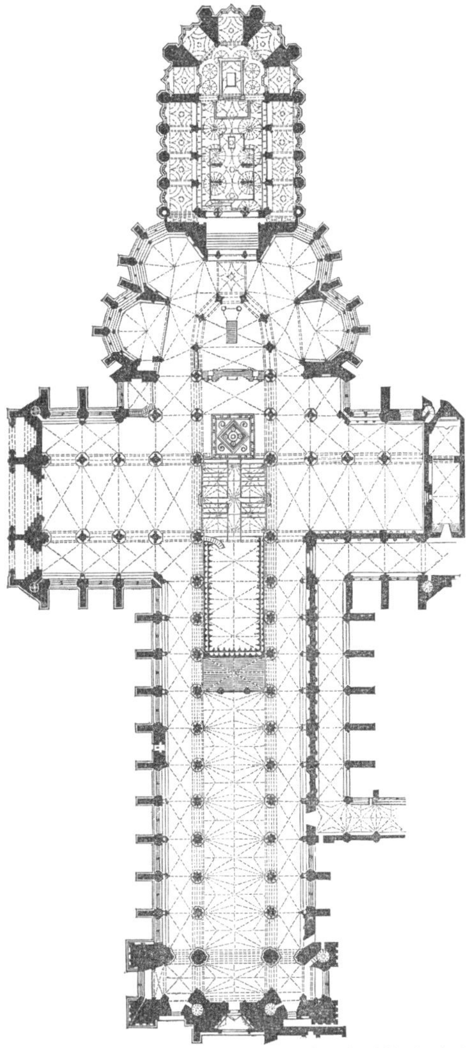

웨스트민스터 사원의 평면
Plan, Westminster Abbey

그 높이와 방사상의 예배당(채플)을 보면 웨스트민스터 사원은 프랑스의 영향을 받은 것임을 알 수 있다. 특히 방사형 예배당은 영국에서 흔치 않은 특징이다. 하지만 볼트의 용마루 리브로 인해 강조된 동서 축과 돌출된 트랜셉트와 같은 전형적인 영국 고딕양식의 특징을 갖고 있기도 하다. 건물의 동쪽 단부에는 성모 예배당이 튀어나와 있었는데 이 자리에는 현재 헨리 7세 예배당(1503년부터 1512년경까지 건설)이 있다. 이 건물에는 사원의 클로이스터(회랑)가 연결되어 있으며 평면에 나타나지는 않았지만 챕터 하우스(성직자 회의장)와 주거용 건물들이 포함되어 있었다.

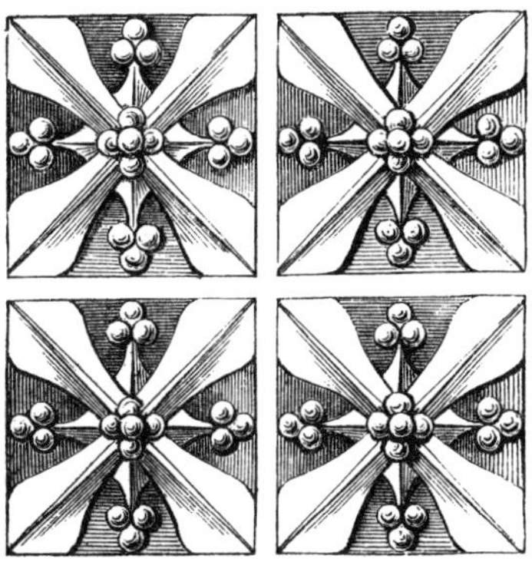

마름모꼴 장식
Diaper work

이 시기 동안에 시작된 마름모꼴 장식은 그 이후에도 계속해서 쓰였다. 이는 4각형의 꽃모양조각이 서로 맞닿아 있는 것으로 때때로 전면에 걸친 장식으로 쓰이기도 했다.

고딕
Gothic

영국 : 장식고딕양식의 외부
England : Decorated Gothic Exteriors

장식양식은 1290년경부터 1350년경까지 영국에서 가장 널리 쓰인 양식이었다. 그 이름이 함축하듯이 풍부한 장식과 장식적인 구조형태가 이 양식의 특징적인 모습이다. 하지만 이 시기의 건물 사이에서도 상당한 다양성을 발견할 수 있다. 사용된 장식물의 많고 적음의 차이는 물론, 높은 볼트와 큰 창을 낸 건물이 있는가 하면 초기 영국 고딕양식과 유사하게 납작한 비례와 절제된 장식을 가진 건물도 있었다. 트레이서리 역시 다양한 모습을 보여주었다. 정교한 기하학적 문양, 망상문양 그리고 유선형문양이 발달했으며 창은 훨씬 많은 부분으로 쪼개어졌다.

장식양식의 탑, 블록섬 성당
Decorated tower, Bloxham
옥스퍼드셔의 블록섬 성당의 탑에서는 장식양식의 특징을 여럿 발견할 수 있다. 그 특징으로는 뾰족한 첨탑, 대각선 방향으로 놓인 모서리부분의 버트레스 그리고 풍부한 조각장식을 들 수 있다.

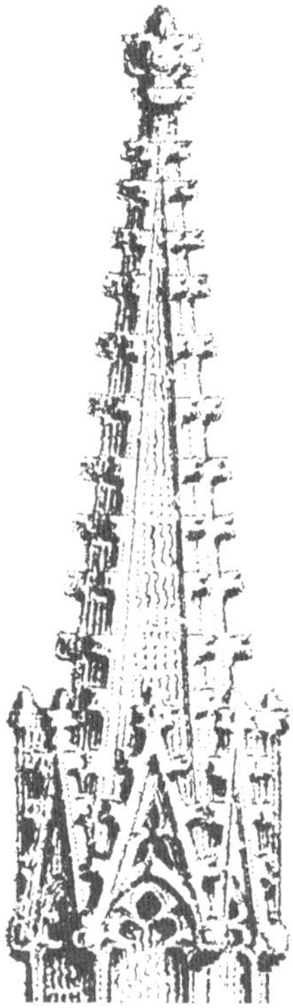

블록섬 성당의 크로켓 장식을 한 소첨탑
crocketed pinnacle, Bloxham
이 성당의 버트레스는 대부분 초기 영국양식의 것들 보다 더 높이 솟아 있으며 끝부분의 소첨탑은 작은 혹모양이 조각된 덩굴무늬장식인 크로켓(옆쪽을 보라)으로 꾸며져 있었다. 이런 모습은 이 시기에 일반적이었다.

내쌓기 선반, 블록섬 성당
Corbel table, Bloxham
상부의 석조를 지지하기 위해 내쌓기한 석재가 일렬로 배열되었을 경우, 이를 내쌓기 선반corbel table이라고 한다. 이 사례에서 내쌓기 선반은 뒤얽힌 장식 사이에 위치하고 있으며 입체적으로 두드러져 탑에서 첨탑으로의 전환을 강조하고 있다.

엘레노어의 십자탑, 노샘프턴
Eleanor Cross, Northampton
장식양식의 완성된 작품 중 가장 빠른 것으로 위의 탑을 포함한 일련의 십자탑을 들 수 있다. 이는 에드워드 1세의 왕비인 카스티야의 엘레노어의 장례행렬이 지나간 것을 추모하기 위해 노샘프턴에 건립된 것이다.

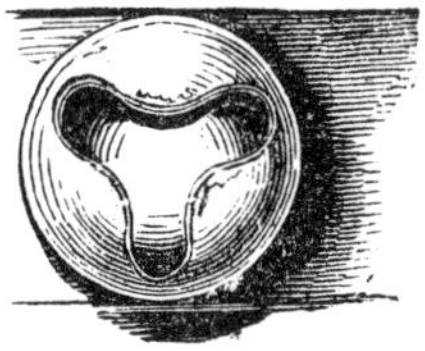

둥근 꽃송이장식, 뱀턴 성당
Ballflower ornament, Bampton

위의 둥근 꽃송이장식은 장식양식의 특징으로서 일반적으로 뱀턴 성당의 서쪽 출입문(오른쪽)에서처럼 길게 연속적으로 사용되었다. 출입문은 보통 초기 영국양식에 비해 비교적 간소한 편이었으며 그 깊이도 얕았다.

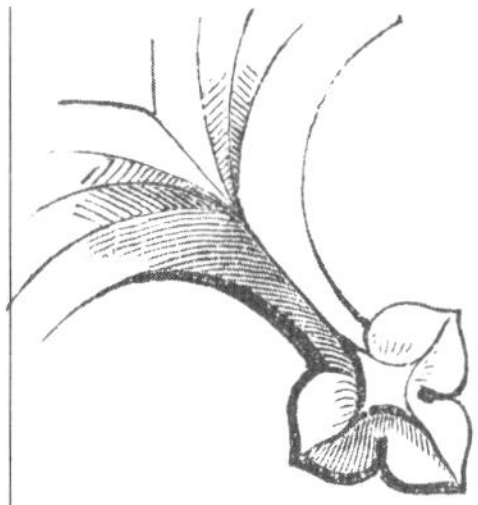

커스프, 링컨 대성당
Cusps, Lincoln Cathedral

위와 같이 뾰족한 돌출부는 장식양식시대의 일반적인 특징이었다. 이것들을 사용하여 여기 보이는 링컨 대성당의 칸막이벽장식과 같이 창의 트레이서리와 다른 장식품에 다양한 형태를 만들었다.

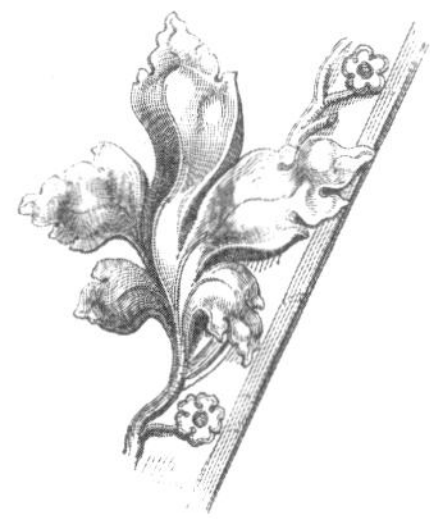

크로켓
Crockets

돌출된 잎사귀나 꽃모양을 일렬로 조각해 첨탑, 소첨탑 그리고 다른 뾰족한 부분의 경사진 몰딩을 장식했다. 하지만 수직방향의 몰딩에는 거의 쓰이지 않았다.

세인트메리 성당의 곡선형 트레이서리, 첼트넘
Curvilinear tracery, St. Mary's, Cheltenham

유선형 트레이서리는 곡선형 트레이서리라고도 불린다. 아래의 아름다운 장미창에서처럼 수많은 커스프가 있는 형태를 구성하기 위해 곡선을 주로 사용하기 때문이다.

유선형 트레이서리, 어슬링버러
Flowing tracery, Irthlingborough

장식양식 후기에 들어서면서, 수직창틀은 그물처럼 보이는 상부에 비해 잘 드러나지 않게 된다. 노샘프턴셔의 이 사례에서처럼 트레이서리는 단검모양같은 유선형으로 이루어지기도 했다.

기하학적인 바 트레이서리
Geometrical bar tracery, Raunds

13세기 후반 들어 창틀은 가는 막대가 되었다(여기서 바 트레이서리라는 명칭이 나타났다). 그리고 윗부분은 그물모양을 형성하거나 여기 노샘프턴셔 지방의 창처럼 일련의 기하학적인 형태를 갖는다.

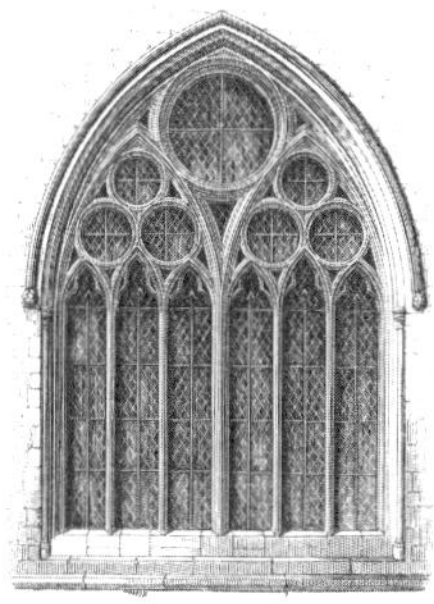

켄트 도버지역의 포일
Foils, Dover

커스프가 원호 안쪽으로 돌출하면서 원형에 가까운 형태를 만들 때 이를 포일(잎사귀장식)이라고 한다. 켄트의 도버지역 건물에 있는 이 3각형의 창문에서는 3개의 원이 합쳐져 3엽장식trefoil을 만들었다. 14세기에는 커스프로 이루어진 문양이 이전처럼 반드시 하나씩 원형 석재로 둘러싸여지지 않았다.

고딕
Gothic

영국 : 장식고딕양식의 내부
England : Decorated Gothic Interiors

S자 형태의 반곡선아치는 장식양식시대의 가장 특징적인 발전 중 하나이다. 비록 건물의 내·외부 모두에서 발견할 수 있지만 주로 내부에 사용되었다. 반곡선아치는 벽과 나란히 조각되거나, 엘리 성당의 성모 예배당과 같이 일부 화려한 건물의 경우 윗부분을 앞으로 휘게 해 입체적으로 캐노피를 형성하게 했다. 볼트는 구조적으로 필요한 것 이상으로 발전하여 부수적인 리언 리브(서까래 볼트)가 장식용으로 쓰이기 시작했으며 리브의 패턴은 더욱 복잡해졌다. 주두에 쓰인 잎사귀조각은 이전보다 더 복잡하게 얽히고 덜 양식적이었으며 장식이 가미된 부분은 더 화려해졌다.

초기 장식양식, 리치필드 대성당
Early Decorated style, Lichfield Cathedral

리치필드대성당(1260년경-1280년)의 네이브에는 마름모 형태의 다발기둥이 지주에 붙어있으며 기하학적인 트레이서리가 있다. 자유분방한 송곳니장식 몰딩의 사용과 경직된 잎사귀 조각은 수수한 모습이었다.

챕터 하우스, 웰스 대성당
Chapter House, Wells Cathedral

챕터 하우스(성당의 수석 사제와 참사회 의원들이 모여 회의하는 곳)의 다각형 형태와 유별나게 화려한 처리는 영국 특유의 모습이다. 웰스 대성당의 챕터 하우스(14세기 초)의 경우 중앙 지주에서 약 36개의 리브가 솟아나와 볼트를 이루고 있었다.

4엽꽃장식, 엘리 대성당
Four-leafed flower, Ely Cathedral

엘리 대성당(14세기 초 건립)의 아치와 그 윗부분은 풍부하게 장식되어 있으며 아치의 바깥쪽 몰딩에는 4엽꽃장식이 가로질러 이어져 있다. 이러한 장식은 장식양식과 수직양식시기에 유행했다.

평평한 동쪽 단부, 성 트리니티(삼위일체) 성당, 헐
Flat east end, Holy Trinity, Hull

영국 성당의 동쪽 단부는 유럽 대륙과는 달리 보통 평평했다. 이는 동쪽 창이 크게 드러날 수 있도록 했다. 이 그림은 구부러진 창살과 수많은 커스프로 이루어진 곡선형 트레이서리를 잘 보여주고 있다.

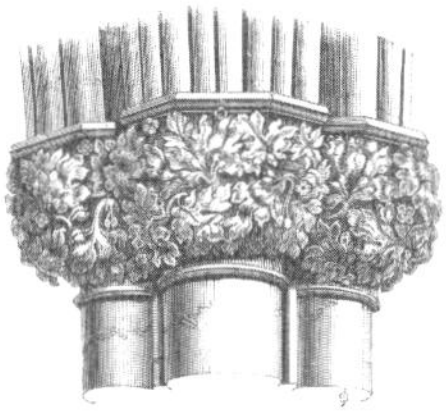

잎사귀조각, 요크 대성당
Foilage carving, York Minster

이 시기의 잎사귀조각은 대개 이 사례처럼 실제 식물을 바탕으로 하고 있다. 하지만 초기 영국양식의 양식화된 뻣뻣한 잎사귀 형태 또한 여전히 계속 사용되었다.

분묘장식, 글로스터 대성당
Tomb decoration, Gloucester Cathedral

이 에드워드 2세의 것처럼 누운 조각상이 있는 제단(탁자형 분묘table tomb)은 장식양식시대에 곧잘 발견된다. 여타 중요한 중세 무덤과 마찬가지로 에드워드 2세의 무덤 역시 기념물의 양식을 따랐으며 S자형 곡선(반곡선), 커스프, 벽감, 소첨탑과 다른 다양한 장식으로 화려하게 꾸며져 있다.

사제석, 그래프턴 언더우드
Sedilia, Grafton Underwood

사제석은 챈슬(성단소)의 남쪽 벽 안쪽으로 자리했다. 이는 사제와 부제, 차부제를 위한 자리였다. 사제석은 종종 성수반과 함께 결합되어 있었다. 성수반은 벽감에 놓인 수반으로 손이나 성배를 씻기 위한 것이다.

성물 안치소, 스탠턴의 성 요한 성당
Easter sepulchre, Stanton St. John's

옥스퍼드셔의 이 성당에서, 커스프와 크로켓으로 꾸며진 과감한 S자형 아치의 아래쪽 벽은 뒤로 물러서 있다. 이는 부활절에 그리스도를 매장한 것을 상징하기 위한 것이다.

평면, 웨스트민스터의 성 스테파노 예배당
Plan, St. Stephen's Chapel, Westminster

이 건물은 파리의 생트 샤펠과 경쟁하며 건설되었다(1298-1348년). 아일이 없는 유리박스 형태로 직선이 강조되었고, 수직양식시대의 훌륭한 건축물들의 전조였다.

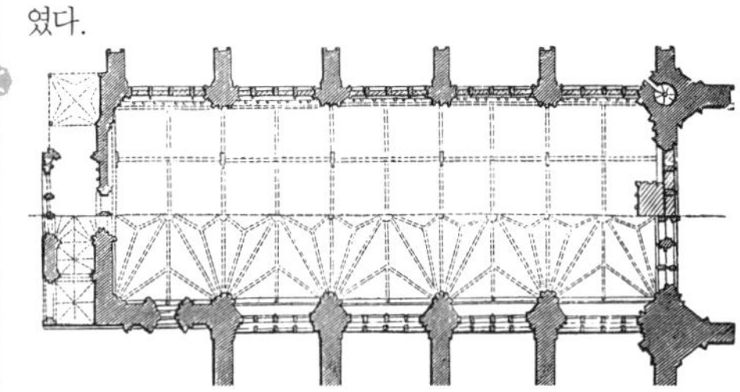

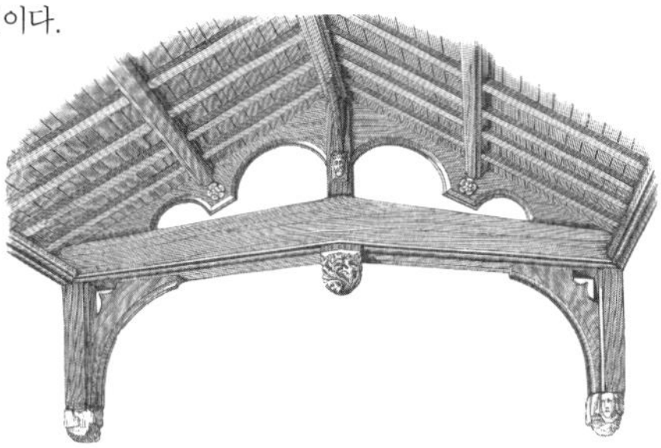

목재 지붕, 폴브룩
Timber roof, Polebrook

성당의 천장은 볼트로 덮지 않은 경우 이 건물처럼 육중한 목재구조물로 덮었다. 이것은 상대적으로 단순한 사례이며 이 시기 다른 건물에서는 뚫린 트레이서리를 결합하기도 했다.

리언 볼트, 성 스테파노 예배당
Lierne vault, St. Stephen's

이 예배당에는 지하납골당이 남아있어 초기의 리언 볼트를 볼 수 있다. 이는 장식양식에서 발달한 것으로 볼트 시작점에서 시작하지 않고 다른 리브 사이에 걸쳐진 리브(리언 리브)가 사용된 볼트이다.

고딕
Gothic

영국 : 수직고딕양식의 외부
England : Perpendicular Gothic Exteriors

수직양식(1340-1540년경)의 가장 큰 특징은 수직, 수평방향 모두 직선을 강조하는 것이다. 창과 벽면은 대개 직4각형 패널로 구획했으며 다시 트레이서리로 열을 맞춰 분할했다. 리브는 어느 한 쪽으로 기울거나 구부러짐 없이 수직으로 세워 아치 꼭대기에 닿도록 했다. 수직양식은 유럽의 다른 어떤 양식과도 닮지 않은 것으로 다른 곳에서는 일반적으로 진부해지거나 혹은 르네상스양식으로 대체된 고딕양식을 계속적으로 발전시켜 활력있는 모습을 보여준다.

킹스 칼리지 예배당, 캠브리지(1446-1515년)
King's College Chapel, Cambridge

수직양식에서 가장 중요한 건물 중 하나인 이 예배당은 1446년 착공되었지만 장미전쟁으로 인해 1515년이 되어서야 완공되었다. 웨스트민스터의 성 스테파노 예배당과 마찬가지로 이 예배당은 파리의 생트 샤펠과 유사한 건물로 풍부한 유리창과 함께 강한 수직성을 보여주고 있다.

수직양식의 피니얼
Perpendicular finial

피니얼(꼭대기장식)은 건물의 뾰족하거나 날카로운 부분의 끝에 자리하며 크로켓 장식과 비슷한 시기에 발전했다.

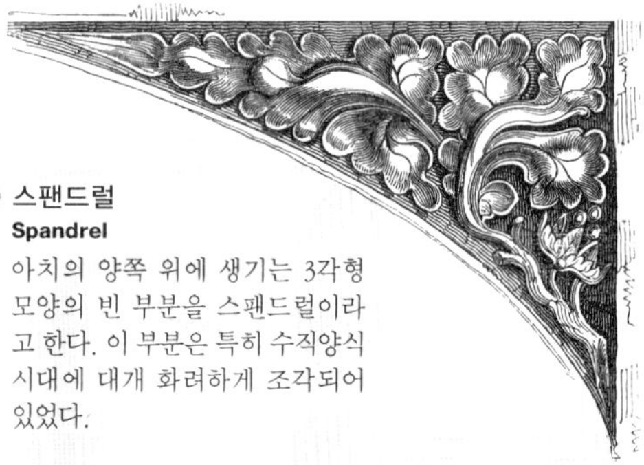

스팬드럴
Spandrel

아치의 양쪽 위에 생기는 3각형 모양의 빈 부분을 스팬드럴이라고 한다. 이 부분은 특히 수직양식 시대에 대개 화려하게 조각되어 있었다.

4중심점아치, 옐버토프트
Four-centered arch, Yelvertoft

노샘프턴셔의 옐버토프트 성당에는 벽면을 직4각형 패널로 분할하고 수직창틀을 사용한 것 뿐만 아니라, 또 하나의 중요한 수직양식의 특징을 보여주고 있다. 바로 4중심점아치이다. 낮은 형태의 이러한 아치를 그리기 위해서는 원호를 그리는 4개의 중심점이 필요하다.

구멍 뚫린 난간
Pierced parapet

수직양식시대에 들어 난간이 있는 낮게 솟은 지붕을 사용하기 시작했다. 크로머의 이 예처럼 난간은 대개 구멍이 뚫려 있고 밑에서 지붕선을 볼 수 없도록 가려주고 있다. 이러한 난간은 탑에도 널리 사용되었다.

요크 대성당의 패널 트레이서리
Panel tracery, York Minster

요크 대성당 성가대 부분의 클리어스토리에 있는 이 창문은 휘어지지 않은 수직창틀(멀리온mullion)과 수평창틀(트랜섬transom)로 구성되어 있어 어느 정도 패널을 이루고 있다. 5개의 주요 채광창 부분 중 가운데 것만 상부에 커스프가 있는 직4각형 헤드가 배치되어 있다. 반면 후대의 건물들(웨스트민스터 사원의 헨리 7세 예배당, 캠브리지의 킹스 칼리지 예배당 등)에서는 이러한 특징이 더 일관성있게 쓰여서 수직성 뿐만 아니라 수평성도 강조했다.

수직양식의 버트레스
Perpendicular buttress

수직양식시대에 버트레스의 기본적인 형태는 크게 변화하지 않았다. 하지만 15세기부터 다른 평평한 벽면과 조화를 이루기 위해 패널로 나뉘곤 했다.

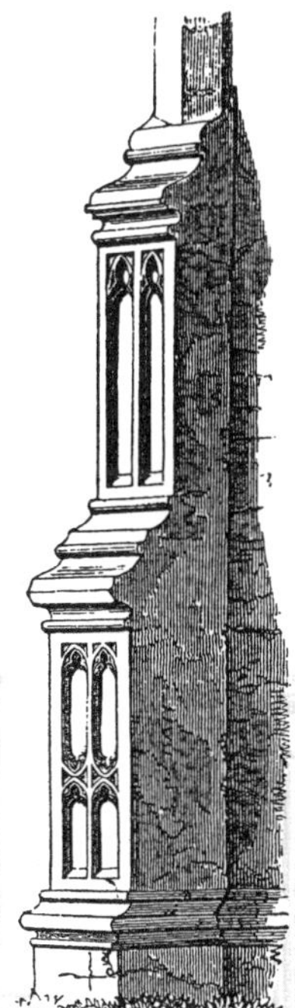

수직양식의 현관, 켄톤
Perpendicular doorway, Kenton

데본의 켄톤지방에서 볼 수 있는 것처럼 출입구의 몰딩은 거의 대부분 얕았으며 상부를 4각형 모양으로 구성했다. 이에 따라 화려한 스팬드럴이 강조되었다. 주신은 최소화되었으며 대개 문설주에는 홈이 하나만 있다. 이 출입구의 경우 4엽꽃장식이 홈을 채우고 있다.

총안이 있는 난간
Battlement

총안은 난간 상부를 톱니모양으로 만든 것으로 다양하게 장식할 수 있다. 여기 2가지는 윗부분의 형태가 다른 것이다. 높이 솟은 부분을 멀론merlon이라 하며 움푹 파인 부분을 엠브레이저embrasure라고 한다. 창문의 아랫부분과 수평창틀에 총안을 장식으로 사용한 것은 영국 수직양식 고유의 모습이다.

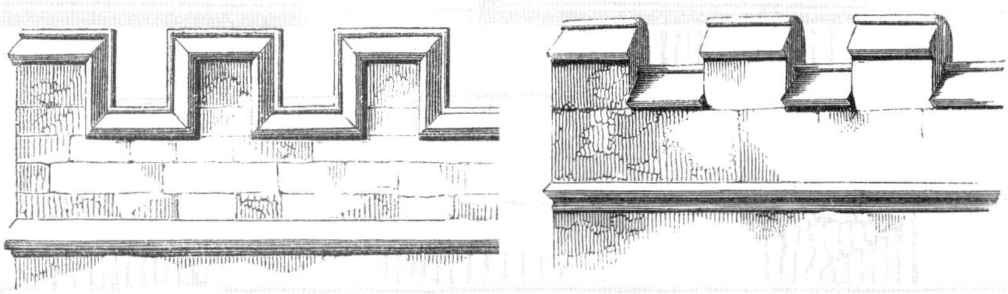

고딕
Gothic

영국 : 수직고딕양식의 내부
England : Perpendicular Gothic Interiors

내부가 완전한 수직양식으로 되어 있는 최초의 건물은 글로스터 대성당의 챈슬 부분으로 1337년 착공되었다. 여기서 창과 벽면 전체는 트레이서리로 나뉘어져 있었으며 매우 수직적인 중심 기둥이 복잡한 볼트까지 끊어짐 없이 솟아있다. 이 건물은 수직양식의 중요한 실내 특징을 모두 갖고 있으며 이러한 특징은 15세기와 16세기 초 왕실재단의 건물에서 정점에 이르렀지만 많은 교구교회에서도 뚜렷이 나타났다. 이 양식은 건물 전체에 걸쳐 독창적인 모습을 갖고 있었으며 특히 지붕구조에서 창의성이 가장 돋보였다.

팬 볼트(부채살 볼트), 킹스 칼리지 예배당, 캠브리지
Fan vault, King' s College Chapel, Cambridge
이 팬 볼트는 14세기의 복잡한 리언 볼트로부터 발전한 것이다. 전체적으로는 원뿔모양으로 커스프로 장식한 패널을 응용하여 장식적으로 분할했다. 교차부에는 대개 돌출된 장식용 조각boss이 있으며 부채꼴 리브패턴은 굵은 크로스 리브로 나뉘기도 했다.

왕실 건축, 킹스 칼리지 예배당
Dynastic architecture, King' s College Chapel
수직양식의 기념비적 건축물들은 장미전쟁(1455-1485년)에 맞서 싸웠던 왕조에 의해 건립된 것으로 전쟁 후에 왕실의 권위와 견고함을 알리기 위한 것이다. 킹스 칼리지 예배당은 최후의 승리자인 튜더 왕조가 완성한 것으로 다른 부분의 장식이 간소하고 단순한 선으로 이루어진 반면 서쪽 단부는 문장紋章을 가득 조각해 넣어 그들 왕조의 업적을 기리고 있다. 튜더가를 상징하는 장미와 문장이 기둥에 부착되어 있고 왕의 문장이 거대한 창 아래에 조각되어 있다.

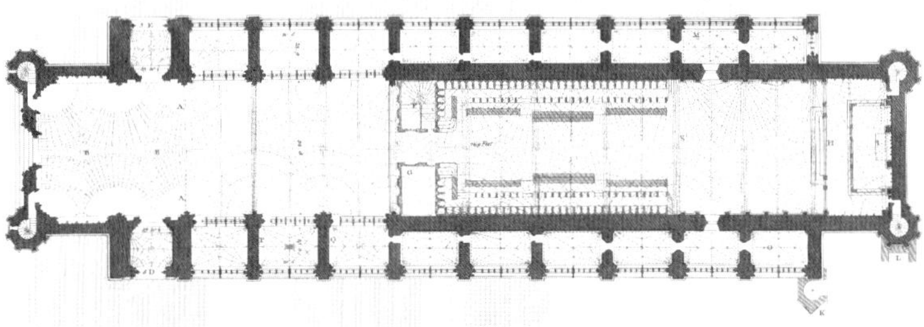

수직양식의 평면, 킹스 칼리지 예배당
Perpendicular plan, King' s College Chapel
평면의 단순성과 공간의 통일성이 수직양식 건물의 전형적인 특징이다. 이 예배당에는 트랜셉트와 아일이 없으며 네이브, 성가대석 그리고 성단 간에 건축적인 구분이 없다.

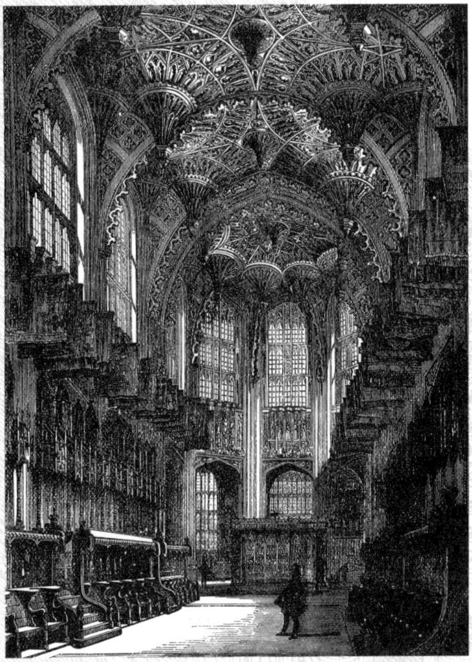

펜던트 팬 볼트, 헨리 7세 예배당
Pendant fan vault, Henry VII's Chapel

웨스트민스터 사원 내에 있는 헨리 7세 예배당(1503년-1509년)은 영국에서 고딕양식이 마지막으로 만개한 모습을 보여준다. 여기에는 후기에 발전한 펜던트 팬 볼트가 쓰였다. 부채꼴 부분은 이제 완전한 원뿔 형태로 변해 화려한 펜던트처럼 매달려 있다.

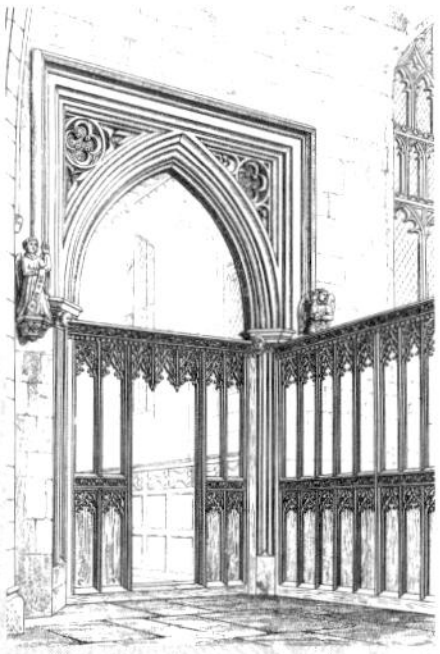

4각형 낙수받이돌, 러쉬던
Square label, Rushden

낙수받이돌은 건물 외부에 부착된 몰딩이며 빗물을 옆으로 흘려보내는 역할을 했지만 수직양식시대에는 내부에도 사용되기 시작했다. 이는 노샘프턴셔의 성당에서 볼 수 있는 것처럼 개구부의 4각형을 강조하기 위한 것이다.

주두장식, 옥스퍼드의 크라이스트 처치
Capital ornament, Christ Church, Oxford

수직양식의 주두는 대개 간소했지만 잎사귀장식을 조각하는 경우에는 일반적으로 이 사례처럼 양식화했다.

외팔보지붕
Hammerbeam roof

수평보 혹은 외팔보가 아치모양의 지붕을 지지하며 각 보의 아래에는 아치모양의 버팀대가 있다. 빈 공간은 트레이서리로 채웠고 외팔보의 끝부분에는 노포크의 트런치지방의 이 건물처럼 천사를 조각하기도 했다.

수직양식의 대성당, 윈체스터와 캔터베리
Cathedral Perpendicular, Winchester and Canterbury

윈체스터 대성당(왼쪽)과 캔터베리 대성당(오른쪽)과 같은 대부분의 성당에서 수직양식의 영향은 동 시대 왕실재단 건물에 미친 것 만큼 극적이지는 않았다. 동일한 건축언어를 사용했지만 훨씬 더 조심스럽고 실용적인 방식으로 적용되었다. 더 복잡한 예배용 시설을 마련해야 했을 뿐만 아니라 대개 기존 구조물의 제한을 받았기 때문이다.

당초문
Vignette

장식양식에서와 마찬가지로 수직양식에서도 속이 빈 몰딩에는 보통 덩굴 줄기와 잎사귀를 조각해서 연속적인 문양인 당초문을 만들었다. 수직양식에 조각된 장식은 일반적으로 양식화되고 경직된 모습으로 장식양식 보다는 초기 영국양식의 것과 유사하다.

고딕
Gothic

영국 : 초기의 주거 및 일반건축의 고딕양식
England : Early Domestic and Secular Gothic

영국의 주거 및 일반건축에 고딕이 도입된 것은 교회건축과 거의 같은 시기였지만 남아있는 건축물은 거의 없다. 일상생활이나 행정에서 요구하는 시설이 변화했고 이에 따른 건물의 보수와 교체가 계속되었기 때문이다. 대부분의 초기 건물의 경우 기능이 형태를 지배했고 교회건축의 고딕양식을 세속적인 환경에 맞추어 조절해 적용했다. 하지만 방어의 필요성 때문에 창과 문을 크게 표현한다거나 저층부의 많은 부분을 유리창으로 둘 수는 없었다. 그리고 방어만을 위한 요소와 혹은 주거생활을 위한 벽난로, 굴뚝, 부엌 그리고 생활공간과 같은 추가적인 건축언어가 필요했다.

영주 저택 : 스톡시 성(1285년 착공)
Manor house : Stokesay Castle
중세 영국에서 거의 모든 영주 저택의 기본형태는 같았다. 중앙의 연회장(여기서는 높은 창문들로 구별할 수 있다)과 그 한쪽 측면으로는 영주의 방이, 반대편으로는 시종들의 방이 자리하는 형식이었다. 이러한 구성은 유럽의 다른 지역에서는 찾아볼 수 없는 것이다. 슈롭셔지방의 스톡시 성에는 방어용 탑이 있으며, 원래 해자와 함께 정원 쪽에 담장이 있었다.

방어용 저택 : 마켄필드 홀
Defensive house : Markenfield Hall
요크셔지방의 마켄필드 홀에는 연회장이 2층에 있어 창문을 지면에서 높이 떨어진 곳에 설치할 수 있도록 했다. 2개의 거대한 아치로 된 기하학적인 창문을 제외하면 다른 개구부는 모두 작았다.

돌출된 총안
Machicolations
방어용 건물의 난간은 종종 벽면보다 바깥으로 튀어나와서 벌집처럼 구멍난 공간을 만들었다. 이 구멍을 통해 아래의 적에게 물체를 던져 공격할 수 있었다. 이런 요소를 돌출된 총안이라고 한다.

솔라, 서턴 코트니(약 1330년)
Solar, Sutton Courtenay

연회장에서 영주용 방이 있는 쪽 2층에는 솔라라고 불리는 큰 방이 자리했다. 이곳은 영주와 그 가족이 대피할 수 있는 곳이었다. 따라서 이 방에는 화려하게 꾸민 창문과 벽난로가 있었다.

굴뚝과 지붕창
Chimneys and louvers

난방과 조리를 위한 불의 사용으로 인해 굴뚝이 필요했고 난로가 개방되어 있는 경우 지붕창도 필요했다. 따라서 채광탑의 옆면을 뚫어 연기가 나갈 수 있게 했다. 이 부분은 13세기와 14세기에 걸쳐 지어진 아래의 사례에서 볼 수 있듯이 그 당시 유행한 양식으로 꾸며졌다.

연회장, 서턴 코트니
Great hall, Sutton Courtenay

연회장은 현관, 집회 그리고 식사를 위한 공간이었다. 멀리 끝의 낮은 부분은 일반적으로 칸막이벽이었으며 그 뒤로 부엌이 자리했다.

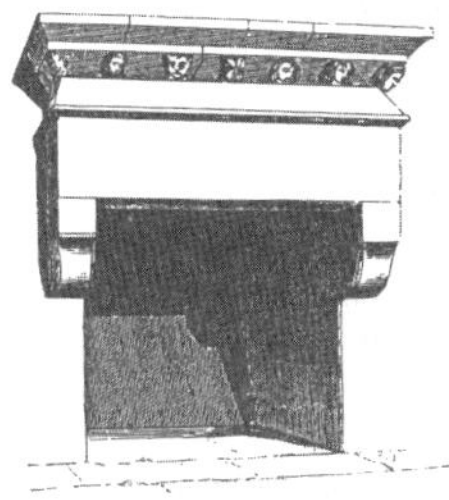

벽난로, 에이든 성
Fireplace, Aydon Castle

대부분의 초기 저택에는 연회장에 개방된 난로가 있었지만 다른 방에는 노섬벌랜드의 에이든 성에 있는 것과 같은 벽난로가 있었다.

회전 계단
Spiral staircases

내부의 계단은 거의 다 회전계단이었으며 작은 탑 혹은 두꺼운 벽 속에 위치했다. 좁은 폭 덕분에 방어가 용이했고 시계방향으로 돌며 올라가기 때문에 오른손잡이가 방어하기에 유리했다.

타워 하우스 : 랭리 성(14세기)
Tower house : Langley Castle

랭리 성처럼 건물을 항상 튼튼하게 방어할 수 있어야 하지만 외부에 방어시설을 두기에는 충분치 않은 규모인 경우, 수직벽과 최소한의 개구부를 사용했다.

가고일
Gargoyle

모든 고딕건축물에서 널리 사용되는 요소인 가고일은 건물의 지붕에 달린 빗물받이용 홈통이다. 이것은 기괴한 사람 혹은 동물의 형상을 하고 있는데 벌리고 있는 입을 통해 물이 흘러나왔다.

고딕
Gothic

영국 : 후기의 주거 및 일반건축의 고딕양식
England : Late Domestic and Secular Gothic

14세기 중반부터 주거 및 일반건축이 급격히 발달하기 시작했다. 옥스퍼드와 캠브리지에 있는 대부분의 대학건물들과 수많은 대규모 저택과 주거용 성이 이 시기에 건설됐다. 산발적이고 지역적으로 전투가 벌어졌던 장미전쟁에도 불구하고 이 시기에 방어는 더 이상 가장 중요한 목적이 아니었다. 생활은 이제 충분히 안정되어 좀더 거대한 규모의 건물을 지을 수 있게 되었으며, 커다란 개구부를 내지 못할 이유가 사라졌기 때문에 장식과 표현을 할 수 있는 범위가 더 넓어졌다. 하지만 외관은 여전히 기능에 의해 크게 좌우되었고 대칭, 적어도 균형을 이루는 건물은 거대한 학교건물 뿐이었다.

학교건물, 이튼 (1451년 착공)
Collegiate buildings, Eton
학교건물은 안뜰 주변으로 배치하며 대저택의 필수요소, 즉 문루(현재는 주로 전시용), 강당, 예배당 그리고 숙박용 시설이 있다. 버크셔의 이튼 칼리지의 출입구 부분에는 문루가 결합되어 있다.

다각형의 창, 윈저 성
Polygonal windows, Windsor Castle
버크셔의 윈저성에 있는 부속탑turret에서 튀어나온 이 복잡한 다각형 창은 헨리 7세가 개조한 부분 가운데 일부이다. 이 창은 영국 고딕양식의 끊임없는 창의성을 보여주며 그 착상이 동시대 건물인 웨스트민스터 사원의 헨리 7세 예배당의 창문과 유사하다.

캠턴 위니예이츠의 대저택(16세기 초)
Great house : Compton Wynyates
중세의 주거용 평면은 후대의 대저택에 영향을 미쳤다. 안뜰을 중심으로 주택이 배치되고 문루가 있었지만 이전보다 훨씬 더 외부지향적이었고 방어시설은 줄어들었다. 총안, 탑 그리고 부속탑은 이제 좀더 폭넓은 장식용 레퍼토리의 일부였다. 워릭셔지방의 캠턴 위니예이츠는 이러한 경향을 보여주는 좋은 예로서 다각형모양 혹은 뒤틀린 굴뚝이 잔뜩 있으며 당시 유행하던 벽돌쌓기를 볼 수 있다. 짙은 색의 벽돌을 마름모꼴로 기하학적으로 배치했다.

베이 윈도우
Bay window, Compton Wynyates

대부분의 연회장의 높은 끝부분에 외부로 돌출된 부분을 만들고, 때때로 거대한 응접실을 밝히는 역할을 하는 창이 수직양식 시대에 도입되었다. 많은 교회건축물과 마찬가지로 캠턴 위니예이츠의 베이 윈도우(돌출창)는 전형적인 수직양식 벽과 패널 트레이서리 그리고 총안이 있는 난간으로 이루어져 있다.

강의실, 신학교, 옥스퍼드(1427년 착공)
Collegiate room, Divinity School, Oxford

옥스퍼드지방의 이 건물과 같은 거대한 강의실은 성당과 같은 방식으로 건설됐다. 볼트(1480년경), 창 그리고 블라인드 트레이서리는 성당 건물의 그것과 유사하며 높은 수준을 보여주지만 교회건축 만큼 그 높이가 높지는 않았다.

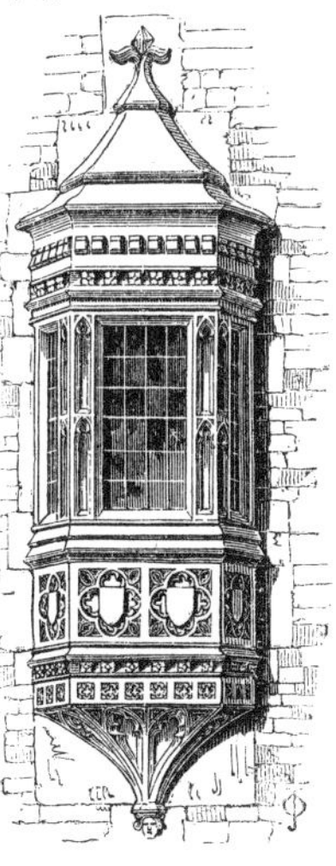

비카스 클로스의 퇴창, 웰스
Oriel window, Vicar' s Close, Wells

웰스지방의 비카스클로스의 14세기 건물 중 하나에 이 퇴창(벽에서 내민 창)이 있다. 퇴창oriel window이라는 말은 기도를 위한 작은 공간을 뜻하는 단어에서 비롯한 것이다.

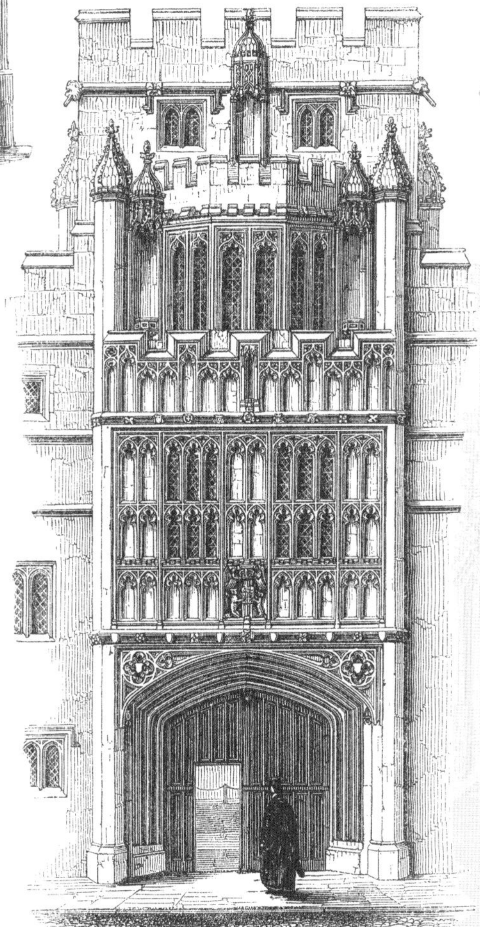

문루, 브레이스노스 칼리지, 옥스퍼드(1512년)
Gatehouse, Brasenose College, Oxford

대규모 주택 및 일반 건물의 진입부분은 일반적으로 화려하게 장식된 문루가 있었다. 위와 같이 도시에 자리한 건물의 경우 문루는 대개 탑 형태로 측면의 건물보다 높게 지어 눈에 잘 띄도록 했다.

마켓크로스, 치체스터 (1501년 착공)
Marketcross, Chichester

다각형의 볼트 위에 개방된 아치를 얹은 구조물이 주요한 시장에 건설되어 휴게와 만남의 장소로 사용되었다. 치체스터지방의 십자가는 특별히 현란하게 장식되어 있다.

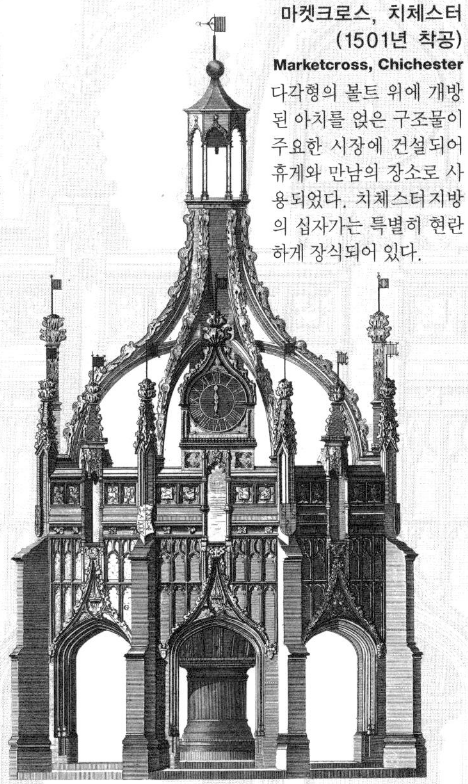

고딕
Gothic

스페인과 포르투갈
Spain and Portugal

스페인에 고딕양식이 상륙한 것은 12세기 후반이었다. 이 무렵 무어인들은 이베리아 반도에서 거의 쫓겨났으며 강성해진 그리스도교 왕국은 국력을 건축물에 쏟을 수 있게 되었다. 스페인의 초기 대성당에서는 프랑스의 고딕양식이 상당한 영향을 미쳤지만 일부 스페인적인 특징이 뚜렷한 건축방식이 후에 민족적 자긍심이 넘치는 스페인의 민족양식으로 발전했다. 외부는 수수하고 육중했지만 내부는 넓고 가벼운 모습이었다. 스페인의 고딕양식은 이슬람양식의 요소를 도입하면서 활기를 얻어 16세기까지 훌륭하게 지속되었다. 건물들은 점점 장식으로 덮이게 되었는데 이러한 특징은 포르투갈의 후기 고딕 마누엘양식에서도 나타난다.

서쪽 정면, 부르고스 대성당(1221년 착공)
West front, Burgos Cathedral
부르고스 대성당의 서쪽 정면부에는 3개의 출입구, 장미창 그리고 양옆의 탑에서 프랑스 고딕양식의 영향이 강하게 드러난다. 하지만 내부를 노출시킨 첨탑을 포함한 탑의 윗부분은 15세기의 것으로 훨씬 더 스페인풍이었다. 성당 건물의 응집적 발달은 스페인 고딕양식 특유의 특징이다.

라스 우엘가스의 클로이스터, 부르고스
Cloisters, Las Huelgas, Burgos
안뜰 주위로 아케이드를 이뤄 지붕이 있는 보도가 클로이스터(수도원 회랑)을 이루고 있다. 이는 모든 수도원 건물에 필수적인 요소였다.

마누엘양식, 벨렘 수도원(1502년 착공)
Manueline style, Belém Monastery
포르투갈 고딕은 이사벨양식과 결합해 좀더 자유로운 형태의 장식이 발달하기 전까지는 스페인 고딕과 유사한 자취를 따라 발전했다. 이는 마누엘 1세의 후원 아래 15세기 후반과 16세기 초에 걸쳐 나타났으며 해외에서 이베리아 반도로 쏟아져 들어오는 부의 표현이었다. 이 양식은 벨렘의 수도원에서 볼 수 있다.

스페인식 슈베, 바르셀로나 대성당(1298년 착공)
Spanish chevet, Barcelona Cathedral
프랑스식 성당에서 발견되는 슈베는 동쪽 단부에서 방사형으로 펼쳐진 구역으로 스페인에서 훨씬 더 간소하게 발전되었다. 여기서 채플(예배당)은 볼트를 지지하기 위해 건설된 육중한 버트레스 사이사이에 자리했다.

경사진 벽, 메디나델캄포(15세기)
Battered walls, Medina del Campo
15세기에 스페인에는 일련의 완고한 방어용 성들이 건설되었다. 메디나델캄포에는 경사진 성벽이 둘러져 있다. 이는 수직벽보다 튼튼하지만 여전히 적들이 올라오기는 힘든 형태이다.

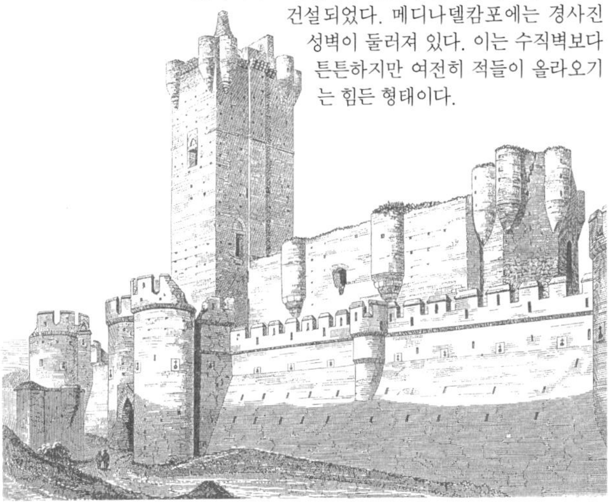

아일이 없는 네이브, 헤로나 대성당
Aisleless nave, Gerona Cathedral
14세기와 15세기에 특히 카탈루냐지방의 성당에는 거대하고 방해물이 없는 공간이 만들어졌다. 헤로나 대성당(1416년 착공)의 네이브를 덮는 볼트는 그 경간이 당시 유럽에서 가장 컸다.

이사벨양식
Isabelline style
초기 고딕양식의 수수한 실내는 종종 15세기 이사벨양식(이사벨라 여왕의 이름을 딴 양식)의 장식에 의해 가려지곤 했다. 이 그림은 톨레도 대성당의 동쪽 단부를 보여준다.

스페인식 트레이서리, 주교의 궁전, 알칼라
Spanish tracery, Bishop's Palace, Alcala
유럽과 이슬람의 영향이 혼합되면서 알칼라 지방 주교의 궁전에 있는 이 창의 트레이서리처럼 몇몇 특별히 창의적인 형태를 낳았다. 각각의 구성요소들은 유럽 다른 부분의 주류 고딕양식과 유사했지만 그 배치는 명백히 이슬람풍이었다.

무데하르양식, 과달라하라 궁전
Mudéjar style, Guadalajara Palace
15세기 후반에 지어진 이 궁전은 이슬람양식에 기반을 둔 무데하르양식의 요소를 보여준다. 이는 화려한 이사벨양식의 일부였다. 여기서는 많은 커스프가 있는 아치, 표면 전체를 덮는 장식, 그리고 복잡한 무늬가 있는 난간을 볼 수 있다.

프랑스의 영향, 레온 대성당(13세기에 착공)
French influence, Leon Cathedral
초기 스페인 고딕건물은 프랑스의 건물과 거의 구별할 수 없었다. 이 성당의 베이는 랭스와 아미엥 성당과 그 세부적인 모습이 유사하다. 레온 대성당의 넓은 창문에는 스테인드글라스가 많이 쓰였다.

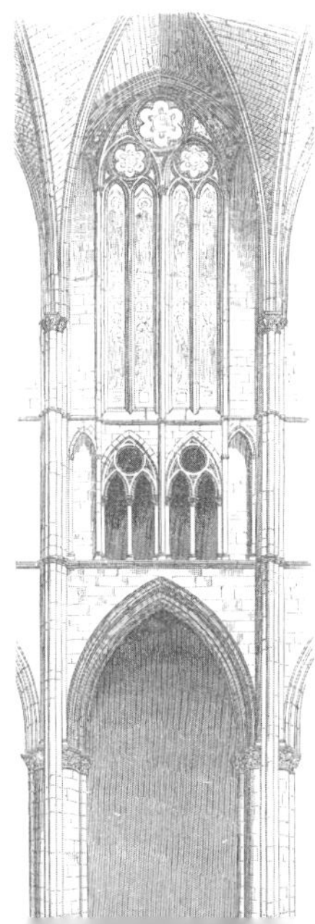

고딕
Gothic

유럽의 북부와 중부
Northern and Central Europe

중세시대에 유럽의 북부와 중부 대부분은 신성로마제국의 영토였거나 북해 연안의 벨기에, 네덜란드, 덴마크는 독일의 쾰른 대교구의 지배 아래에 있었다. 이 지역은 처음에는 로마네스크양식을 대체하는 고딕양식을 받아들이는 것을 꺼려했기에 최초의 진정한 고딕양식 건물은 13세기 중엽에서야 건립된다. 이는 적극적으로 고딕을 채택한 프랑스, 영국, 스페인에 비해 많이 뒤쳐진다. 하지만 그 후부터 고딕양식은 빠르게 뿌리를 내려 힘차고 개성있는 형태로 발전했다. 그 결과 유럽에서 가장 훌륭한 후기 고딕건축물 중 일부가 건설되었다.

이중4엽무늬장식, 쾰른 대성당
Double quatrefoil, Cologne Cathedral
쾰른 대성당의 트레이서리에서는 레요낭양식이 분명히 드러나지만 이 창문에서 이미 개성적인 면모의 징후가 드러나고 있다. 상부 원형창의 복잡한 커스프는 아래의 두 원형창에 쓰인 일반적인 기법과는 대조적이다. 이러한 기법은 동시대 프랑스의 트레이서리보다 덜 경직되어 보인다.

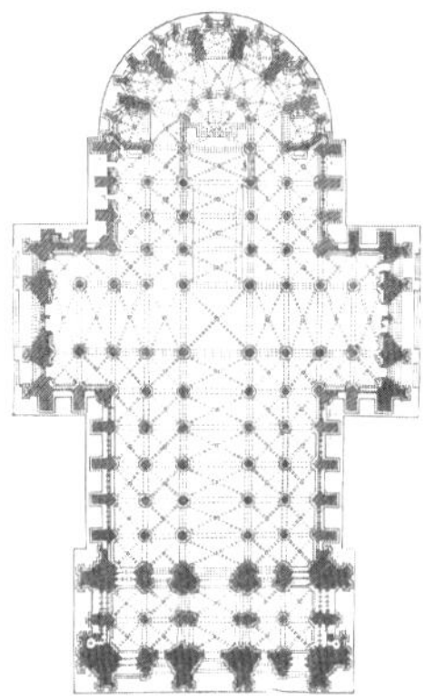

초기 고딕양식의 평면, 쾰른 대성당
Early Gothic plan, Cologne Cathedral
방사상으로 배치된 동쪽 단부의 예배당, 적당히 돌출된 트랜셉트 그리고 단순한 패턴의 볼트로 이루어진 쾰른 대성당의 평면은 그 입면과 마찬가지로 당대 프랑스의 성당과 다른 점이 거의 없었다.

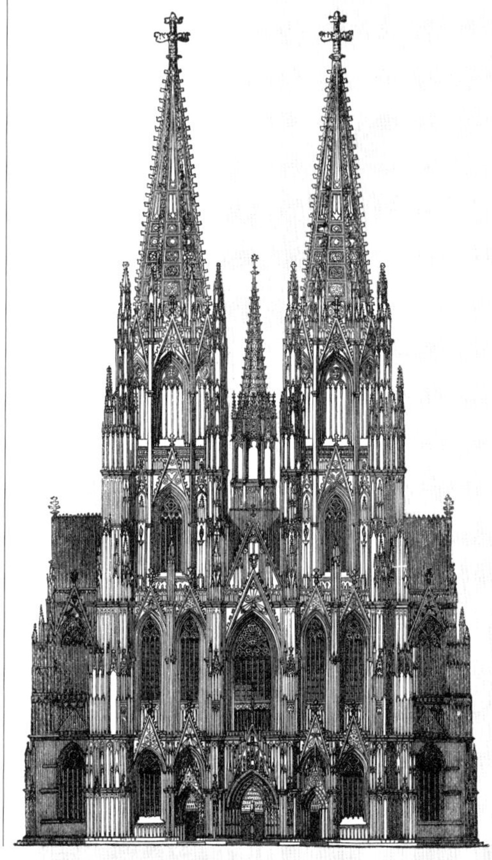

서쪽 정면, 쾰른 성당
West front, cologne Cathedral
19세기에 건설되었지만 13세기 후반의 설계에 따라 건설된 서쪽 정면은 대성당의 다른 부분이나 훨씬 이른 시기의 독일 고딕건축과 마찬가지로 분명히 프랑스의 레요낭식 형태였다.

덩굴잎장식 주두, 쾰른 대성당
Vineleaf capital, Cologne Cathedral
북부와 중부 유럽의 초기 고딕에서는 쾰른 대성당의 이 예처럼, 특히 사실적인 훌륭한 자연물 조각이 사용되었다.

후기 고딕양식의 주두, 성모교회, 에슬링겐
Late Gothic capital, Frauenkirche, Esslingen
이 주두는 후기 고딕양식의 우아함을 보여주는 전형적인 예이다. 잎사귀조각과 15세기 후반의 독특하게 꼬인 별모양 볼트 모두에서 우아함이 드러난다.

직물교역소, 이프르 (14세기)
Cloth Hall, Ypres
직물교역소는 당시에 무역이 번성했던 북해 연안의 국가에서 성업하던 건물유형으로 이프르의 직물교역소는 그 중 하나이다. 모서리의 탑, 작은 탑 그리고 중앙의 종탑은 일반적인 구성요소였다.

스칸디나비아 반도의 고딕, 산데오
Scandinavian Gothic, Sandeo
독일, 프랑스, 영국에 많은 영향을 받았지만 스칸디나비아 반도의 고딕은 그 자체만의 독자성이 있었다. 이는 스웨덴 산데오에 있는 건물 현관에서 창의적인 S자 곡선과 원형 커스프에 잘 나타난다.

존더고틱양식, 쿠트나호라의 바바라 성당 (1388년 착공)
Sondergotik, St. Barbara, Kutna Hora
남부 독일과 보헤미아(지금의 체코) 지방의 후기 고딕양식인 존더고틱양식은 석공-건축가 가문인 팔러 가에 의해 크게 발전했다. 그들은 14세기부터 16세기까지 수많은 대규모 건설공사에 관여했다. 보헤미아의 쿠트나호라지방에 있는 바바라 성당도 그 중 하나로 소첨탑이 있는 플라잉 버트레스가 빼곡히 있다.

주거건축, 브루캄무어
Domestic architecture, Bruck-am-Mur
존더고틱양식의 창의적이고 유연한 형태는 오스트리아 브루캄무어에 16세기에 지어진 이 주택에서 잘 나타난다. 난간의 일부는 마치 나무로 깎은 것처럼 조각되어 있다.

일반건축, 마리엔부르크 성
Secular architecture, Marienburg Castle
마리엔부르크 성의 기사관의 입면은 버트레스, 4각형 창문, 물갈퀴모양의 돌출된 총안(218쪽을 보라) 그리고 패널로 꾸민 총안으로 구성되어 있다. 이는 중세 독일에서 가장 인상적인 일반 건축물 중 하나이다.

고딕
Gothic

이탈리아
Italy

이탈리아의 고딕은 가장 늦게 전파되었을 뿐만 아니라 유럽의 모든 고딕양식 중 가장 짧은 기간 동안 지속되었다(13세기 중반부터 200년 동안만 지속되었음). 프랑스나 다른 나라에서처럼 가늘고 높게 솟는 건물은 이탈리아에서는 드물었으며 특별히 그런 건축물을 원하지도 않았던 것으로 보인다. 그리고 로마네스크양식의 형태가 사라지지 않고 남아 고딕과 혼합되었다. 플라잉 버트레스는 잘 쓰이지 않았고, 예술가들은 석공만큼이나 입면과 내부가 주는 전반적인 효과를 책임졌다. 비종교 건축물에서 고딕의 건축적 언어는 보다 열광적으로 수용되었다. 특히 온화한 지중해 기후에 안성맞춤인 수많은 발코니와 아케이드에 고딕양식이 도입되었다.

오르비에토 대성당의 서쪽 정면(14세기)
West front, Orvieto Cathedral
대부분의 고딕 성당에서 서쪽 정면은 조각 및 구조용 석조로 가득한 반면, 이탈리아 성당의 소첨탑, 첨두아치 그리고 몰딩은 대개 단지 예술가를 위한 틀일뿐이었다. 오르비에토 성당에서 넓은 페디먼트와 스팬드럴 부분들은 다채로운 모자이크로 채워졌기에 조각된 암벽 보다는 채색된 거대한 제단화 같은 인상을 주었다.

이탈리아의 트레이서리
Italian tracery
이탈리아의 성당에서는 유리창을 크게 중시하지 않았다. 그 이유는 온화한 기후와 더불어 내부 벽면을 최대한 남겨 프레스코화를 위한 공간을 확보하고자 했기 때문이다. 13세기에 지어진 이 예의 경우 상대적으로 상부에 유리창이 적었다.

남아있는 로마네스크 형태, 크레모나 대성당
Survival of Romanesque forms, Cremona Cathedral
이탈리아에서 고딕시대 전반에 걸쳐 돔은 여전히 인기있는 요소였으며, 크레모나 대성당의 이 창에서 볼 수 있듯이 첨두아치가 반원형 아치를 완전히 대체한 적은 없었다. 또한 여기에는 동방의 영향도 찾아볼 수 있는데 이는 이탈리아가 교역을 통해 이슬람세계에 노출된 결과이다.

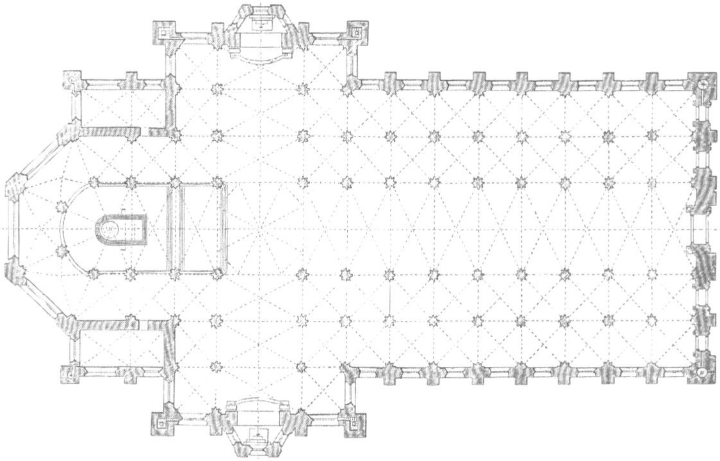

이탈리아 고딕의 평면, 밀라노 대성당(두오모) (1386년 착공)
Italian Gothic plan, Milan Cathedral(Duomo)

이 평면에는 이중 아일이 존재하지만, 이탈리아의 성당은 보통 넓은 중앙 아일과 넓게 배치된 아케이드로 구성된 단일 공간으로 처리한다. 밀라노 대성당은 거대한 규모로 지어졌으며 이탈리아의 다른 어떤 성당보다도 고딕양식을 완전하게 수용한 형태이다.

치아모양 몰딩
Dentil molding

베네치아 고딕에서 발전한 특징 중 하나는 울퉁불퉁한 치아모양 몰딩이다. 이는 일반적으로 개구부 둘레에 쓰였는데 위의 예에서는 고전양식에 가까운 기둥과 고딕양식의 트레이서리가 부적절하게 나란히 놓여있는 것을 몰딩을 통해 하나로 묶어주고 있다.

줄무늬, 산타 아나스타시아 성당, 베로나
Striation, S. Anastasia, Verona

위의 베로나의 산타 아나스타시아성당에서 볼 수 있듯이, 색이 다른 석재나 대리석을 교차로 쌓아 만든 줄무늬는 이탈리아 고딕에서 자주 쓰였다. 줄무늬는 이 시대 유럽의 다른 곳보다 건축물을 더 수평적으로 보이게 한 특징 중에 하나이다.

두칼레 궁의 발코니, 베네치아
Balconies, Doge' s Palace, Venice

트레이서리문양은 일반 건축물의 발코니와 아케이드에 널리 쓰였으며 가장 유명한 건축물인 베네치아의 두칼레 궁에서도 사용되었다.

종탑, 베로나
Campanile, Verona

독립된 종탑은 이탈리아건축 특유의 요소였다. 종탑은 예전과 동일한 형태로 정4각형이 그대로 솟은 모양으로 지어졌다. 베로나의 이 사례에서 볼 수 있는 것처럼 단지 세부적인 모습을 통해서만 고딕양식으로 구별가능하다.

주두
Capitals

이탈리아 고딕의 주두는 보통 밋밋하게 두기 보다는 나뭇잎 조각으로 장식했다. 그리고 다발기둥보다는 단일기둥 위에 놓였다. 이에 따라 유럽의 다른 국가의 것만큼 다양하지 못하며 나뭇잎문양으로 된 고대의 주두 형태와 오히려 공통점이 있다.

르네상스 15세기 초–1630년경
Renaissance early C.15th–c.1630

피렌체의 초기 르네상스건축
France : Early Gothic Early Renaissance Architecture in Florence

이탈리아의 르네상스건축의 특징은 조화, 명확성 그리고 강인함이다. 고전적인 모티프와 고대의 건축적 오더, 즉 기둥양식을 사용했다. 비록 고전에서 영감을 얻은 건축물이 15세기 이탈리아, 특히 피렌체지역에 다시 등장했지만 고딕이나 더 이전의 로마네스크양식과의 갑작스런 단절을 의미하는 것은 아니었다. 새로운 건축물은 지역의 훌륭한 건축물에서 디자인 요소를 따오면서 옛 것과 새 것을 연결했으며 그 근저에는 전통의 연속성과 시민의 긍지가 자리했다. 새로운 양식은 문학, 철학 그리고 수학과 같은 고대의 문명을 동경하는 르네상스시대의 열정과 밀접하게 관련되어 있었다. 통치자들과 건축의 후원자들은 시민들에게 질서정연한 사회의 개념을 전파하는 수단으로서 건축물과 도시계획이 중요하다는 것을 인식하게 되었다.

피렌체 대성당의 랜턴
Lantern, Florence Cathedral
피렌체 대성당 돔의 최상부에 있는 다면체 큐폴라는 고딕양식의 윤곽을 갖고 있지만 바로 아래 있는 랜턴(창이 있는 상부구조물)은 우아한 고전적 형태로 되어있다. 랜턴은 채광창 역할과 동시에 거대한 돔의 균형을 잡아준다. 코린트식 벽기둥, 대담한 소용돌이 장식, 조개껍질형 벽감 그리고 석재의 사용과 같은 알란티카식all' antica(피렌체에서 발전한 고전주의식 장식) 어휘를 통해 이 채광창이 고전의 영향을 받은 르네상스 건축물 가운데 가장 오래된 것의 하나임을 알 수 있다.

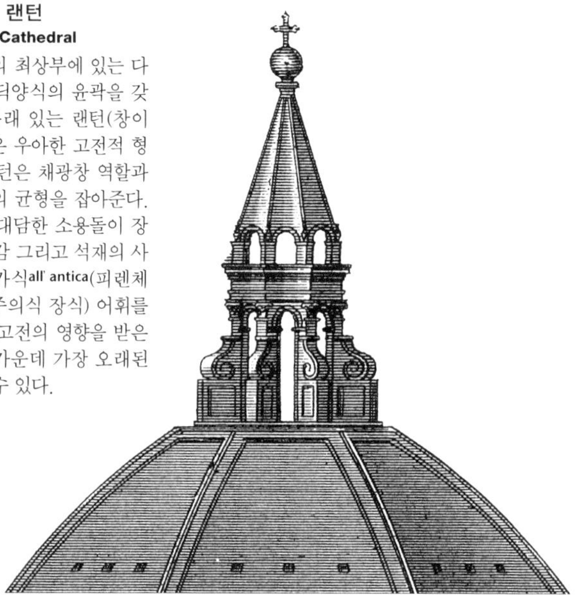

아케이드, 산타 마리아 노벨라 광장, 피렌체(1490년대)
Arcade, Piazza S. Maria Novella
대성당의 돔을 설계한 건축가인 필리포 브루넬레스키Filippo Brunelleschi는 코린트식 기둥과 반원형 아치가 리듬감있게 구성된 아케이드를 여러 건물에 사용했다. 아래의 산타 마리아 노벨라 광장에서처럼 많은 건축가들이 이를 차용했다. 이러한 르네상스 초기의 아케이드가 갖는 명확성과 대칭성은 중세 도시인 피렌체의 도시조직과 현격한 대조를 이루었다.

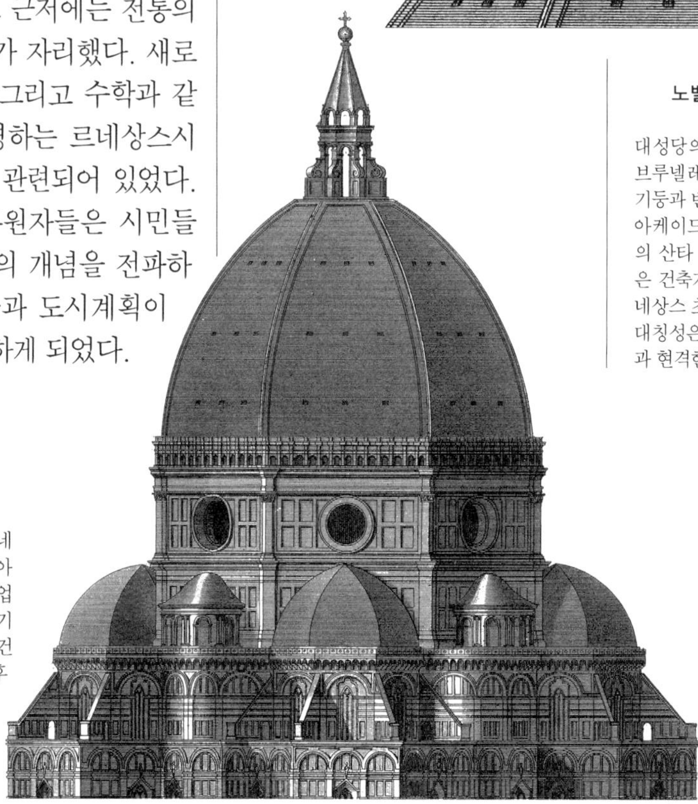

피렌체 대성당의 돔(15세기)
Florence Cathedral Dome
이 거대한 돔(두오모duomo)은 르네상스 시대 피렌체를 상징할 뿐만 아니라 좀더 넓은 의미에서 고대의 업적에 비견할만한 공학적, 구조적 기술의 부활을 상징했다. 이 건물이 건설된 15세기 초 이것은 고대 이후 지어진 최대 크기의 돔이었다.

부활과 인용
Revival and quotation

고대의 형태를 부활하고 모티프를 인용하는 것은 이탈리아 르네상스건축에서 중요한 개념이었다. 레온 바티스타 알베르티Leon Battista Alberti가 피렌체의 부유한 가문을 위해 설계한 루첼라이 예배당Rucellai chapel은 이러한 개념이 잘 드러난 건물이다. 외부는 상감으로 꾸민 대리석으로 되어 있는데 이는 고난이도의 토스카나식 기술이다.

명문을 새긴 프리즈
Inscribed frieze

피렌체의 루첼라이 예배당은 프리즈에 초기 그리스도교 분묘에서 사용된 고대 로마 글자체로 명문을 새김으로써 로마시대 건축물과 관계를 맺는다. 고대 건물을 직접적으로 인용함으로써 후원자와 건축가는 르네상스 사상과 고전에 대한 박식함을 드러낼 수 있었다.

형태의 변형
Variation of forms

초기 르네상스건축에서 오더의 쓰임은 고대의 것을 그대로 베낀 것이 아니었다. 그리스의 코린트 오더에 대한 르네상스시대 건축가의 지식은 주로 로마시대 건축물에 사용된 형태에서 비롯한 것이었다. 아칸서스잎과 모서리의 소용돌이문양같은 주요 요소를 창의적으로 사용해 코린트식 주두의 르네상스식 변형을 많이 만들었다.

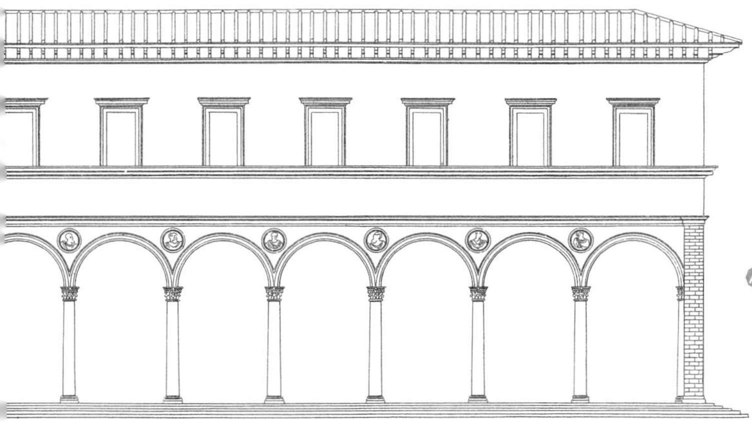

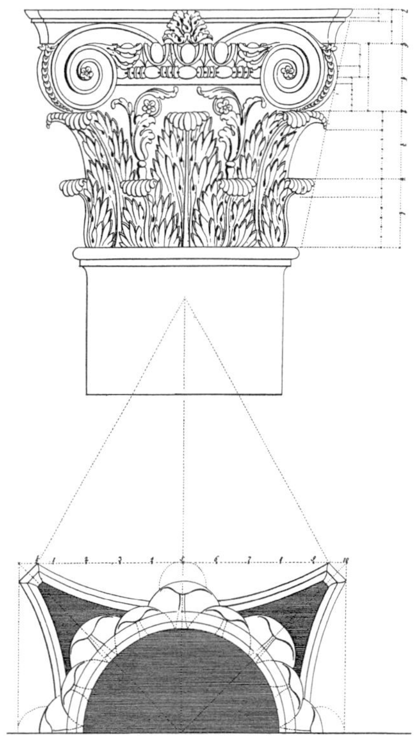

복합 주두
Composite capital

알베르티는 자신의 저서 「건축10서」에서 이탈리아식 건축 오더를 최초로 구분해서 언급하며 이탈릭italic이라고 불렀다. 이 양식은 그 후 복합 오더로 알려졌는데 코린트식의 아칸서스잎과 이오니아식의 소용돌이장식이 함께 쓰였기 때문이다.

르네상스
Renaissance

초기 이탈리아 르네상스의 교회건축
Ecclesiastical Architecture of the Early Italian Renaissance

초기 르네상스시대에 교회건물의 2가지 중요한 양식이 개발되었다. 두 양식 모두 고대건축에 기원을 두고 초기 그리스도교 건축에서 발전한 것이다. 그 하나는 바실리카식 형태이며 다른 하나는 중앙집중형 교회 평면이 다양하게 변형된 것이다. 중앙집중형 평면은 주로 작은 건물에 쓰였으며 고대부터 분묘와 납골당(순교자 기념성당)으로 사용되었다. 바실리카식 평면은 콘스탄티누스시대의 장방형 성당건물에서 비롯한 것으로 원래 로마시대 집회장에서 발전한 것이다. 초기 르네상스시대를 대표하는 2명의 건축가가 각자 두 양식의 성당을 모두 건설했다. 이들이 부활한 고전 건축언어를 어떻게 사용했는가를 살펴보는 것은 유익한 비교가 될 것이다.

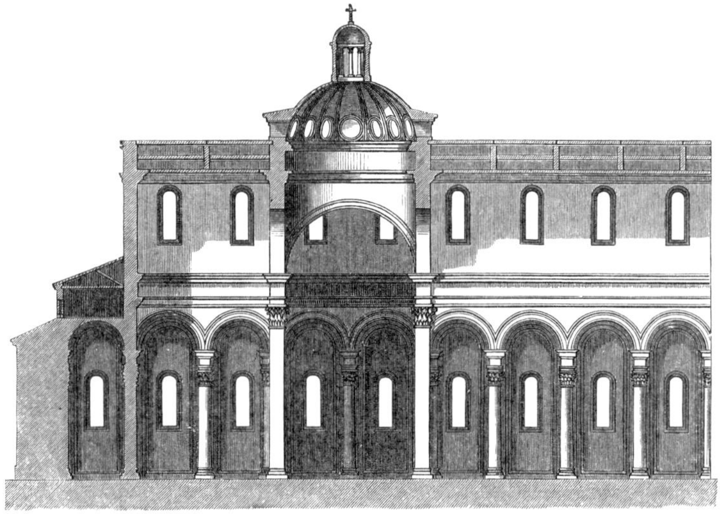

실내
Interior
바실리카형 성당은 일반적으로 네이브의 양쪽에 하나 혹은 2개의 아일이 있으며 아일은 대개 네이브보다 층고가 낮다. 브루넬레스키는 자신이 설계한 교회에서 반원형 아치로 이루어진 높은 코린트식 아케이드로 네이브와 아일을 구분했으며 클리어스토리(고측창)를 통해 네이브에 빛이 들어왔다.

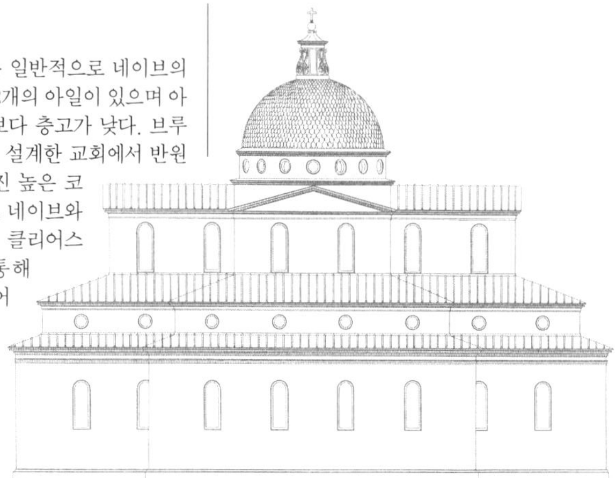

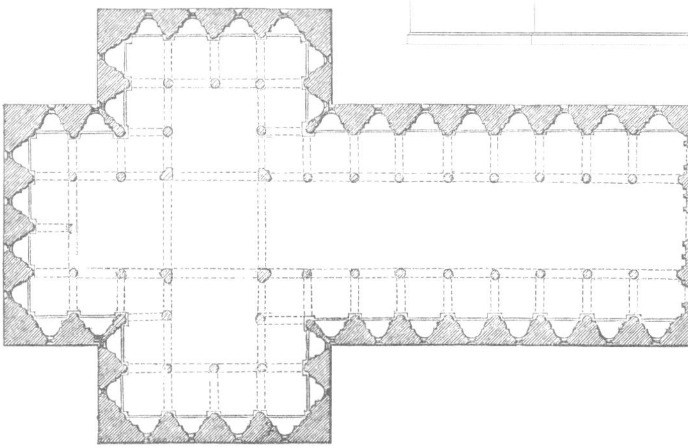

모듈로 이뤄진 바실리카 평면
Modular basilica plan
필리포 브루넬레스키는 크로싱(중앙 교차부)의 정4각형을 모듈로 반복해 십자가 형태로 구성되는 바실리카 평면을 개발했다. 크로싱으로부터 네이브는 4모듈, 성단은 1모듈로 이루어져 있고 양옆으로 1모듈이 트랜셉트를 구성한다. 1/4모듈로 아일을 만들었다. 이렇게 논리적이고 엄격하게 구성된 설계는 혁신적인 것이었다.

논리적인 설계
Rational planning
브루넬레스키의 건축적 혁신은 단순히 고전 모티프의 부활과 형태의 단순성에 있는 것은 아니다. 그의 건축은 고도의 논리성과 합리성을 기반으로 내부와 외부의 형태가 밀접하게 관련되어 있었다. 이는 평면, 입면, 그리고 볼륨에 있어 치수와 비례를 철저하게 계획했기에 가능했다.

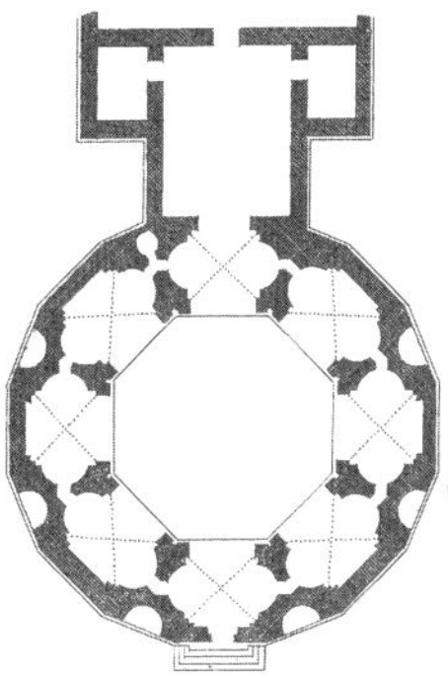

다각형 평면
Polygonal plans

브루넬레스키는 이 예배당과 같이 2개의 복잡한 다각형을 중첩시킨 새로운 중앙집중형 설계를 실험했다.

로마식 형태
Roman forms

고전적 모티프를 우아하게 해석한 브루넬레스키와는 대조적으로 알베르티는 그가 직접 경험한 고대 로마건축에 대한 방대한 지식을 좀더 기념비적인 형태로 풀어냈다. 성 안드레아 성당의 거대한 배럴 볼트는 코퍼링으로 덮여 있고 거대한 지주가 지지하고 있다. 이는 로마의 거대한 공공욕장을 떠올리게 한다.

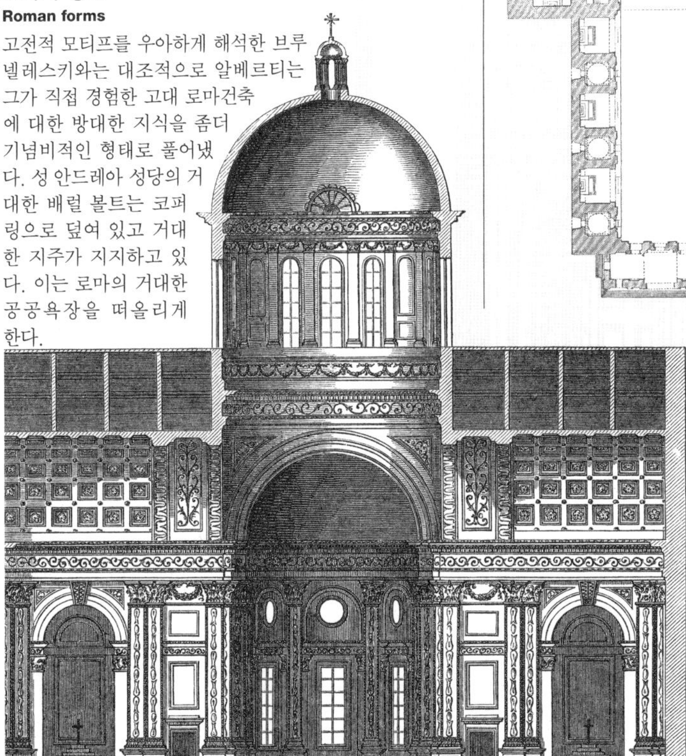

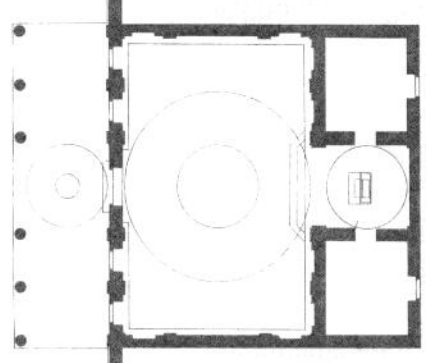

중앙집중형으로 설계된 예배당
Centrally planned chapels

중앙집중형으로 계획된 건축물은 일반적으로 정다각형, 원 혹은 정4각형의 기초 위에 세워진다. 이러한 기하학적 형태는 '완전성'을 내포하고 있으며 후에 알베르티는 이를 이상적인 교회 형태로 추천했다.

만투아의 성 안드레아 성당(1470년 착공)
S. Andrea, Mantua

이 바실리카식 성당은 알베르티가 설계했지만 건물의 많은 부분은 그의 사후에 건설되었다. 그의 바실리카 평면에서는 네이브 측면에 아일을 두는 대신 네이브에서 직각방향으로 커다란 예배당들을 배치했고 네이브를 지지하는 거대한 지주 내부에 작은 예배당이 추가되었다.

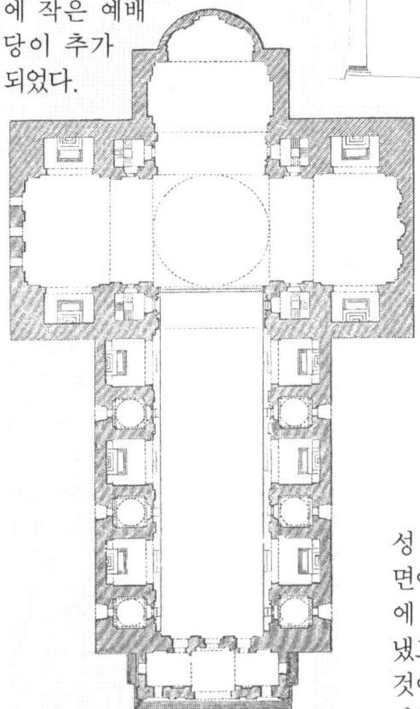

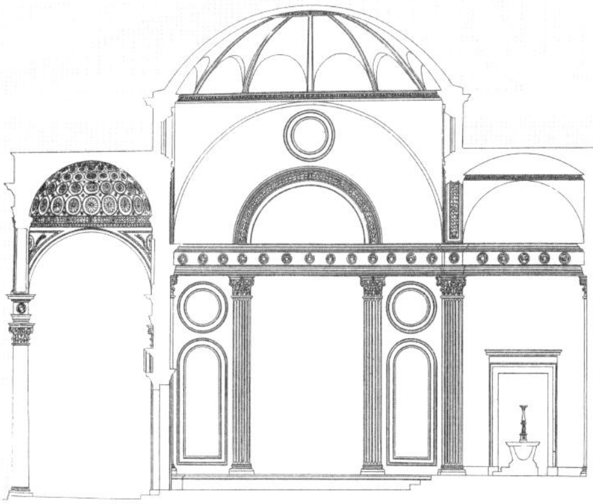

파찌 예배당, 피렌체
Pazzi Chapel, Florence

피렌체와 토스카나 지방의 많은 건축가들은 피렌체에 위치한 파찌 예배당의 단면에서 볼 수 있는 브루넬레스키의 절제된 장식을 많이 차용했다. 그는 흰색 스터코 위에 고전건축의 디테일(기둥, 벽기둥, 원형창, 까치발)을 피에트라 세레나라는 이 지역의 회색 돌로 조각해 넣는 방식을 선호했다.

신전 파사드, 만투아
Temple façade, Mantua

성 안드레아 성당에서 알베르티는 르네상스 성당의 정면에 적합한 해결책을 찾았다. 4개의 거대한 벽기둥 위에 3각형의 페디먼트를 올려 열주현관과 같은 효과를 냈고 입구의 깊은 배럴 볼트는 개선문의 요소를 도입한 것이다. 이상적인 도시에 관한 글에서 그는 신전은 가장 아름다운 건축물이어야 한다고 주장했다. 만투아의 성당에 인상적인 정면을 도입함으로써 그는 자신의 이상에 근접했다.

르네상스
Renaissance

피렌체의 르네상스양식 팔라초
Florentine Renaissance Palaces

중세 이탈리아의 팔라초(대저택)는 방어적이고 거친 외관을 가지고 있었다. 하지만 15세기 피렌체의 정치적, 문화적 환경 속에서 우아한 르네상스식 생활을 보완하기 위해서는 새로운 형태의 주거건축이 필요했다. 르네상스양식의 팔라초는 미켈로조 디 바르톨로메오가 피렌체의 강력한 메디치 가문을 위해 설계한 팔라초에서 영향을 받아 발전했다. 중앙에 중정이 있으며 보통 3개층이 명확히 구분되도록 건설되는 팔라초 건물은 명문가 권력의 기초였다. 힘있는 가문들은 부와 권력이 분명히 드러나는 건물 안에서 야망을 키워갔다.

메디치 팔라초의 중정
Courtyard, Palazzo Medici

건물로 둘러싸인 중정은 안쪽을 향하는 창에 빛이 들 수 있게 하며 기능적이면서 우아하기까지 했다. 일반적으로 열주와 까치발이 볼트로 덮인 베이를 지지하고 이것이 아케이드를 이루며 중정 둘레를 감쌌다. 아케이드는 또한 조각을 전시하거나 그늘진 복도를 따라 산책하는 데에도 사용되었다. 중정에서 직접 출입하는 1층 방은 주로 상가나 창고 및 부대시설이 자리했다. 피렌체의 많은 초기 팔라초에는 지역의 중세 건축물에서 유래한 쌍엽창(왼쪽)이 사용되었다.

메디치 팔라초의 입면, 피렌체 (1444년 착공)
Façade, Palazzo Medici, Florence

부유한 상인들과 왕족들은 주택부지로 의미있고 눈에 잘 띄는 곳을 얻으려고 했다. 메디치 팔라초와 마찬가지로 팔라초들은 값비싼 석재로 마감한 3층으로 이루어져 있으며 섬같이 고립된 대지나 가구의 모서리와 같이 두드러져 보이는 곳에 건설되었다. 이탈리아의 르네상스양식 팔라초는 중세의 대저택보다 훨씬 많은 창을 내어 특히 상부 2개층의 방이 훨씬 더 밝아졌다. 외부 입면은 조화롭고 규칙적이지만 돌출된 코니스를 제외하면 고전적 모티프가 거의 없다.

실내 배치
Interior arrangement

팔라초의 주요 생활공간은 2층으로 피아노 노빌레piano nobile라고 한다. 3층은 대개 미성년인 자녀들이 사용했다. 각 층의 위계는 팔라초 외부에서 알 수 있다. 저층부는 러스티케이션 처리를 한 거친 석재로 쌓았으며 상층부로 갈수록 매끄럽게 손질한 석재로 마감했다.

오더의 사용, 피렌체의 루첼라이 팔라초
Use of the orders, Palazzo Rucellai, Florence

팔라초 입면을 분할하기 위해 벽기둥 오더를 최초로 사용한 곳은 알베르티가 설계한 루첼라이 팔라초였다. 1층에는 도리스 오더, 그 위의 두 층은 코린트 오더로 구성되어 있으며 각각은 층을 나누는 엔타블러처를 지지하고 있다.

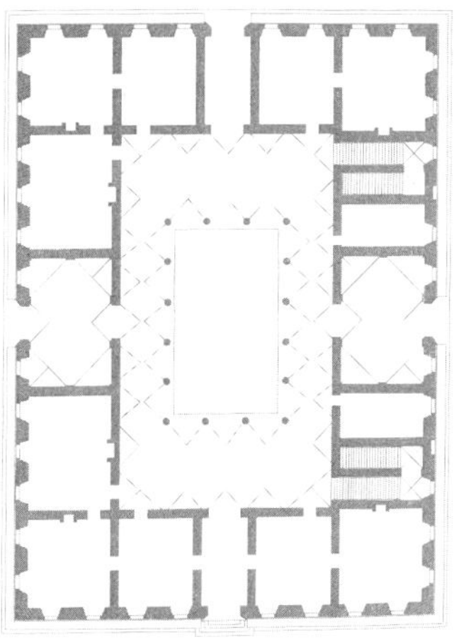

스트로치 팔라초의 평면 (1489–1490년 설계)
Plan, Palazzo Strozzi

스트로치 팔라초는 넓고 외딴 대지 위에 직4각형의 중정 둘레로 건설되었다. 1층 평면에서 볼 수 있듯이 계단은 일반적으로 폭이 넓고 실용적이다. 하지만 이는 초기 르네상스 팔라초의 주요 설계요소에 포함되지 않는 것이었다.

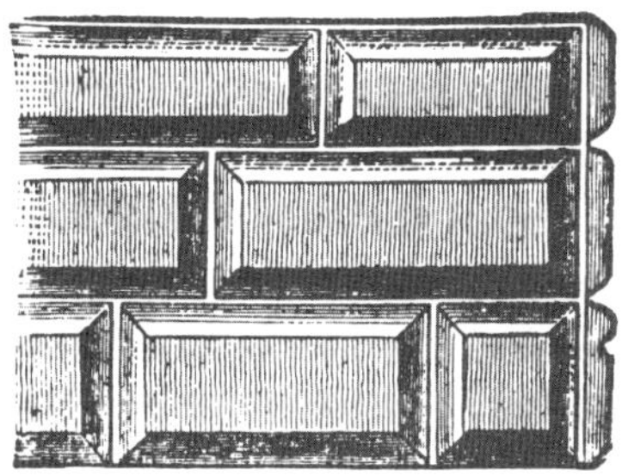

러스티케이션
Rustication

팔라초 1층에 거대한 석재 블록을 사용함으로써 건축물을 시각적으로 지면에 고정시키며 강인하고 견고한 인상을 주게 된다. 때로는 볼록하게, 때로는 거칠게 쪼갠 석재들을 눈에 두드러지는 방식으로 접합시켜 표면의 느낌을 강화했다. 극도로 고가의 기법인 석재 러스티케이션을 사용해 건축주의 부와 지위를 강조했다.

르네상스
Renaissance

고전 건축어휘의 변형
Variations on the Classical Vocabulary

어떤 언어든지 지역적 차이가 있기 마련인데 이는 르네상스시대 이탈리아의 건축적 언어도 마찬가지였다. 건축양식은 한 지역의 자율성을 결정하는 주요 요소였다. 베네치아와 같은 도시에서는 새로운 건축물에 고전 건축어휘가 도입되긴 했지만 여전히 지역적 전통이 강하게 반영되어 있었다. 북부 이탈리아에서는 벽돌이 건축재료로 널리 쓰였으며 많은 건물들은 그 위를 타일, 대리석, 조각판 등으로 덮었다. 이 때문에 밑에 있는 고전 형태가 잘 드러나지 않았다. 그럼에도 불구하고 16세기에 이르러서는 이탈리아의 많은 지역에 고전 건축에서 영감을 얻은 성기 르네상스건축물이 나타났다.

부조장식
Relief ornamentation
풍성하고 화려하게 꾸며진 부조조각은 특히 롬바르디아와 토스카나지역에서 오래전부터 사용된 장식형태였다. 이러한 장식은 실내에 많이 쓰였으며 상상의 괴물, 소용돌이치는 잎사귀, 항아리 등의 모티프를 의도적으로 고전풍으로 사용하는 것이 특징이었다. 이는 로마의 부조를 모방한 것이다.

벽기둥
Pilaster
직4각형 단면을 가진 얇은 지주인 벽기둥은 장식용으로 구조적인 목적은 전혀 없었다. 대리석 조각, 스터코, 혹은 페인트로 장식했다.

상감한 대리석
Inlaid marble
베네치아의 반짝이는 물은 전통적으로 화려하고 다채로운 입면의 시각적 효과를 증진시켰다. 15세기 후반의 건물인 산타 마리아 데이 미라콜리 성당 S. Maria dei Miracoli은 고전과 지역적 양식이 함께 쓰인 좋은 예이다. 2층으로 구성된 외부는 코린트식과 이오니아식 벽기둥으로 정확하게 분절되어 있지만 벽은 값비싼 다색 대리석 장식으로 덮여 있다.

베네치아의 팔라초
Venetian palaces
베네치아의 팔라초는 일반적으로 L자 형태의 평면으로 이루어졌으며 건물의 길이가 긴 것에 비해 정면이 좁았다. 16세기 초에 건설된 로레단 팔라초Palazzo Loredan는 베네치아의 다른 르네상스양식 팔라초와 마찬가지로 견고한 고전적 틀 위에 베네치아식의 화려함이 더해져 있다. 육중한 코니스 아래 3개층은 모두 장식적인 코린트 오더로 이루어져 있으며 그 안쪽으로 쌍열창이 있다. 지역의 유리 제조공장에서 제작된 유리를 끼운 넓은 창이 특징적이다.

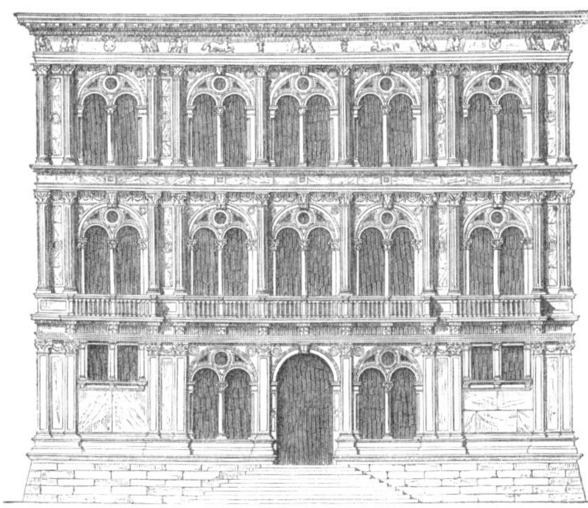

벽돌과 테라코타
Brick and terra-cotta

이탈리아 북부의 일부 지방은 오랜 벽돌 제조의 역사를 지니고 있었으며 벽돌의 구축방식에 따라 고전 형태가 변형되었다. 볼로냐의 파바 팔라초Palazzo Fava(1480년대)같은 르네상스양식의 팔라초에서는 가로로 열린 아케이드와 좁은 위층 등과 같은 지역적 특성이 굵은 지주 위에 놓인 둥근 아치, 일련의 줄눈 그리고 거대한 코니스와 함께 혼합되어 쓰였다. 창문과 코니스 둘레의 섬세한 테라코타장식은 지역적 특징이었다.

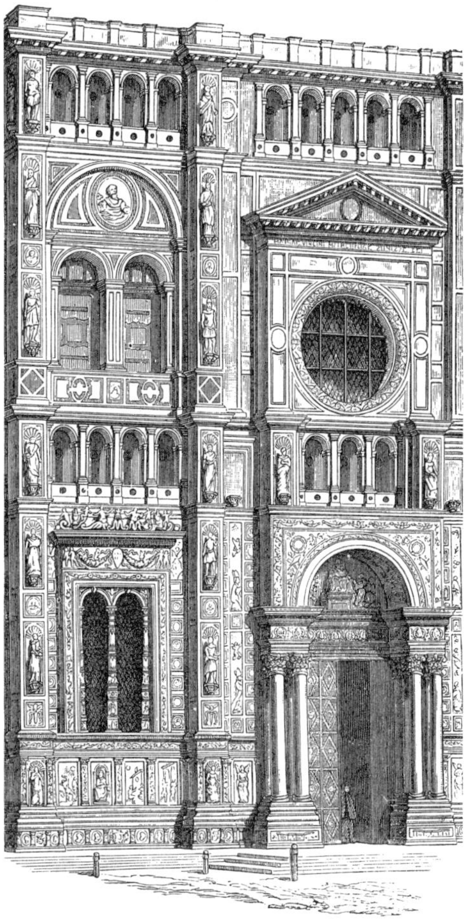

건축적 암시
Architectural allusions

르네상스시대 건물들은 이전의 중요한 건물에서 특정한 요소를 참조하는 경향이 있었다. 한 예로 베네치아의 두칼레 팔라초(총독궁)에 쓰인 고딕 트레이서리는 르네상스양식의 팔라초에도 되풀이되어 나타난다. 그리고 왼쪽 그림의 산마르코 대회당(1480-1490년대)에서는 외곽선을 이루는 아치형 팀파눔에 산마르코 성당의 돔으로 덮인 지붕이 암시되어 있다.

색의 사용
Use of color

북부 이탈리아건축의 특징은 풍부한 장식의 양 뿐만 아니라 여러 가지 서로 다른 재료를 사용하여 다양한 색상을 쓴다는 점이다. 파비아의 수도원(1429-1473년)은 문자 그대로 장식으로 뒤덮여 있었다. 장식은 고전을 강하게 연상시키는 검은색, 초록색, 흰색 대리석과 붉은 반암으로 만들어져 있다.

전반적인 장식의 성격
Overall decoration

몇몇 고전적 요소는 독립적으로 분명히 구별 가능했지만, 벽감, 주두, 까치발 등의 세부장식들은 전체적으로 보아 고전적이라기보다는 북부 이탈리아건축의 장식양식에 더 가까웠다.

르네상스
Renaissance

16세기 이탈리아의 교회건축
Ecclesiastical Architecture in 16th-Century Italy

16세기 초 이후 이탈리아에서 건축적 혁신의 중심 장소는 로마였다. 교황청을 재건하고 황폐해진 도시를 개조해야 하는 급박한 요구로 인해 교황과 주교 및 새로운 교단들이 수많은 건물을 의뢰했다. 가톨릭 개혁운동에 따라 가톨릭교회의 신뢰성을 강조하기 위한 방편으로 건축은 강력한 도구였으며 장방형과 중앙집중형의 2가지 양식으로 된 성당 건물들이 16세기에 건설되었다. 이 건물들은 변화하는 예배 및 기능적 요구에 맞추어 계획되었다. 건축가들이 로마의 고대 건축물을 직접 연구하는 기회가 증가하고 도나토 브라만테와 당대의 다른 건축가들이 지은 새로운 건물들을 통해 성기 르네상스의 건축적 언어는 좀더 기념비적이고 성숙하게 되었다.

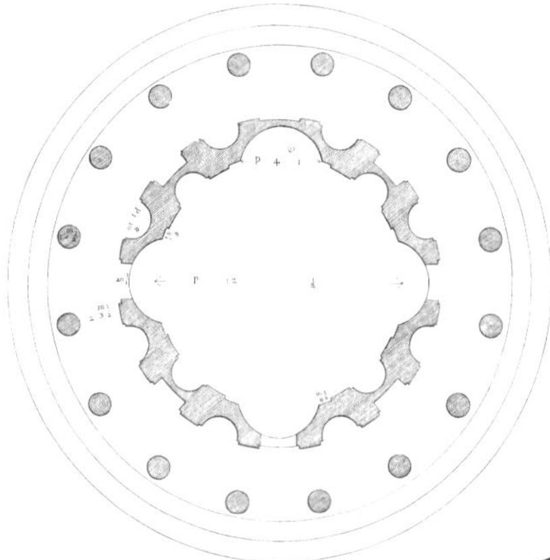

템피에토, 로마(16세기 초)
Tempietto, Rome
브라만테가 건설한 템피에토는 특별한 종교적 의미가 있는 장소에 중앙집중형 건물을 짓는 전통의 좋은 예이다. 이는 성 베드로가 순교한 것으로 알려진 자리 위에 건축되었다. 이는 이미 브라만테가 살아있을 때에도 완벽한 작품으로 여겨졌으며, 안드레아 팔라디오가 쓴 로마의 신전에 관한 책에 언급된 고전 이외의 유일한 건물이었다.

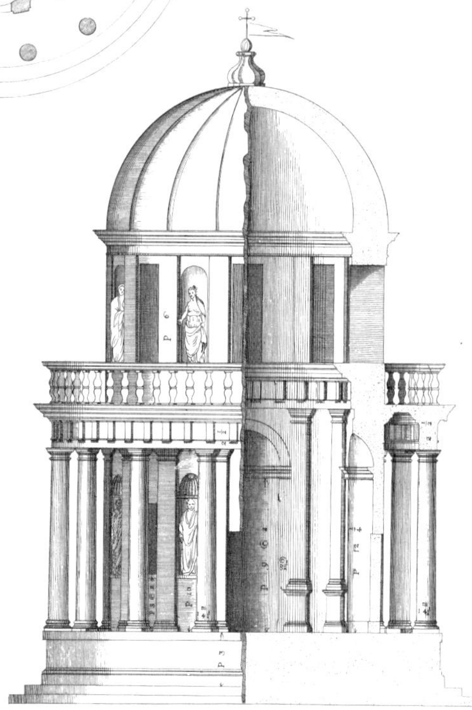

신전 형태
Temple form
브라만테는 템피에토에서 중앙의 셀라(지성소) 주위로 열주를 두름으로써 원형 신전의 형태를 재해석하고자 했다. 반원형 돔으로 내부를 덮고 있는 것은 판테온과 마찬가지였지만 여기서는 높은 드럼(원통부) 위에 올려져 있다. 성 베드로에게 헌정할 건물에 적합한 양식으로 남성적인 도리스 오더를 선택한 것과는 별개로 브라만테는 교황의 문장을 프리즈의 메토프에 포함시켰다.

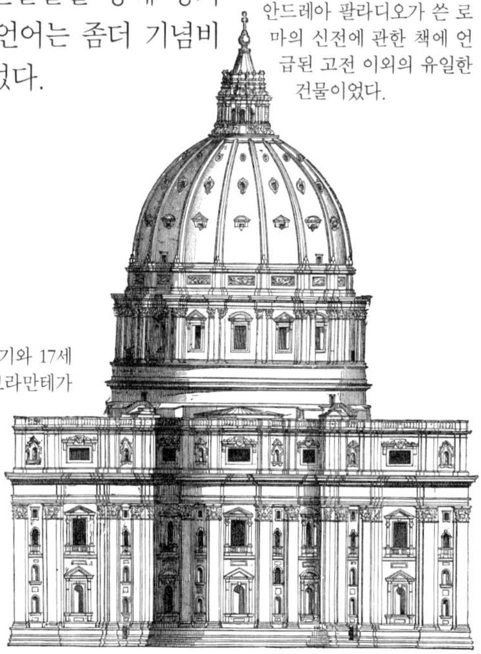

로마의 성 베드로 성당
St. Peter's Basilica, Rome
성 베드로 성당의 재건은 16세기와 17세기 초까지 걸쳐 진행되었다. 브라만테가 설계한 크로싱 부분의 지주들로 성당의 규모가 결정됐지만 1605년이 되어서야 이 성당의 장방형 평면이 최종적으로 결정됐다. 예배용 동측 단부를 분할한 것은 미켈란젤로였으며 그는 육중한 지붕층을 지지하는 자이언트 오더의 코린트식 벽기둥을 건설했다.

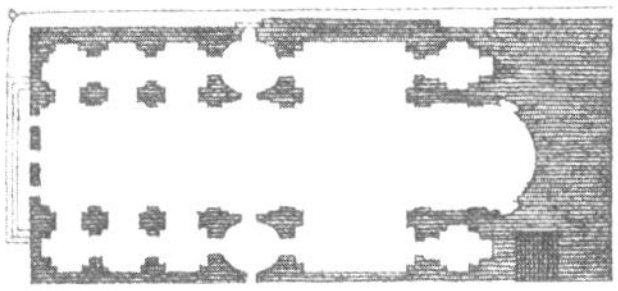

일 제수 성당, 로마(1568년 착공)

The Gesù, Rome

이 시기에 형성된 교단들은 개선된 종교적 의식에 따른 새로운 형식의 성당을 필요로 했으므로 많은 성당을 건축했다. 예수회의 본당인 일 제수 성당은 트렌트 공의회에서 성문화한 건축적 요구 사항(넓은 네이브와 측면의 예배당)을 구체적으로 실현한 것으로 보였기 때문에 당대 성당의 표준이 되었다. 2층으로 구성하고 상부에 페디먼트를 얹은 이 건물의 정면을 많은 성당들이 모방했다.

비아 플라미니아의 성 안드레아 성당, 로마(1550–1553년)

S. Andrea in Via Flaminia, Rome

유명한 선례에서 영감을 얻어 지어진 르네상스 건물은 종종 그 스스로 매우 독창적이며 혁신적인 모습을 갖기도 했다. 한 예로 플라미니아 거리의 조그마한 추모 성당인 성 안드레아 성당은 시각적으로 판테온을 암시하지만 건축가 자코모 바로치 다 비뇰라는 새로운 시도를 했다. 펜덴티브 위에 놓인 타원형 돔을 직4각형의 내부공간 상부에 배치했다.

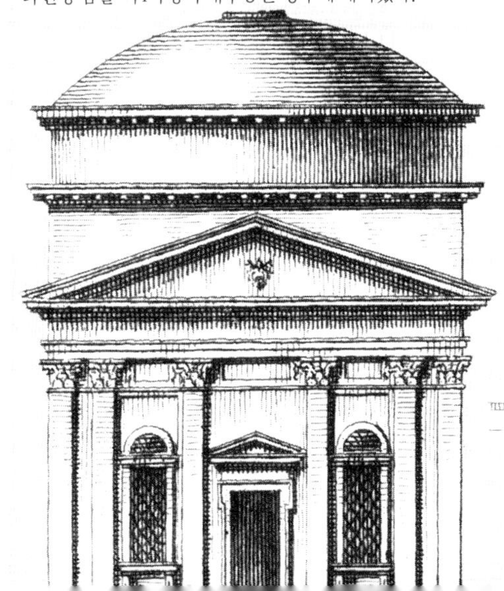

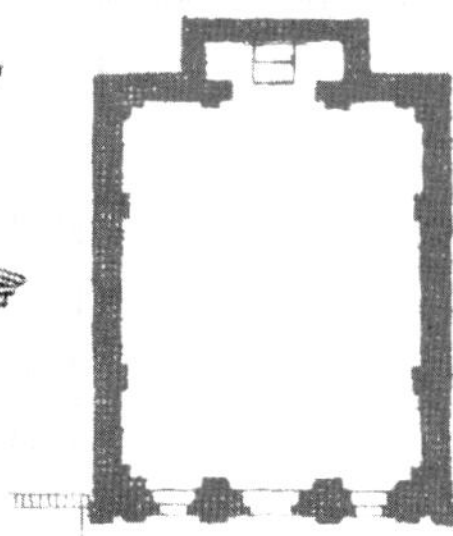

레덴토레 성당, 베네치아(1577년 착공)

Redentore, Venice

교회건축에 팔라디오가 기여한 바는 매우 인상적이다. 성당의 입면에 적합한 해결책을 찾기 위한 노력의 결과, 서로 페디먼트가 맞물린 신전 입면에 기둥과 벽기둥이 부착되어 있는 형태가 나타났다. 그가 베네치아에 건설한 성당의 내부는 거대한 디오클레티아누스의 '욕장'과 같은 양식의 창문을 통해 채광이 되며, 주제단 뒤로 원주모양의 칸막이벽이 있어 수도사 성가대석을 성당 본체와 분리하고 있다.

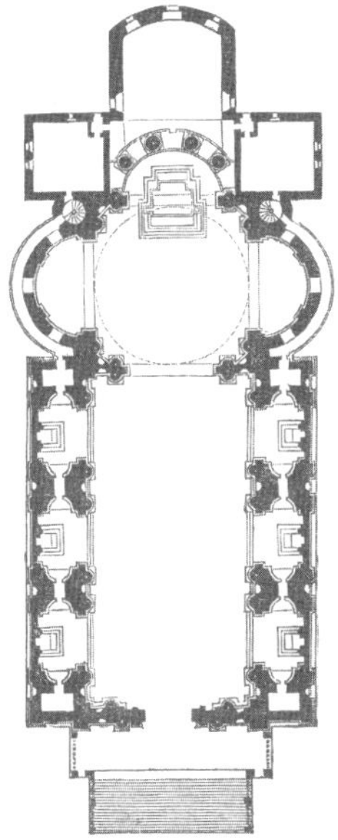

산타 마리아 델라 콘솔라치오네 성당, 토디(1508년 착공)

S. Maria della Consolazione, Todi

건축가들은 르네상스시대 내내 이상적인 중앙집중형 평면을 찾기 위해 고민했다. 토디에 있는 순례 성당에는 알베르티의 이론적 이상형의 몇 가지 특징이 구체화되었다. 이 건물은 눈에 잘 띄는 탁 트인 대지에 자리했고 규칙적인 중앙집중형 형태 안에 원, 정4각형, 반원이 통합되어 있다.

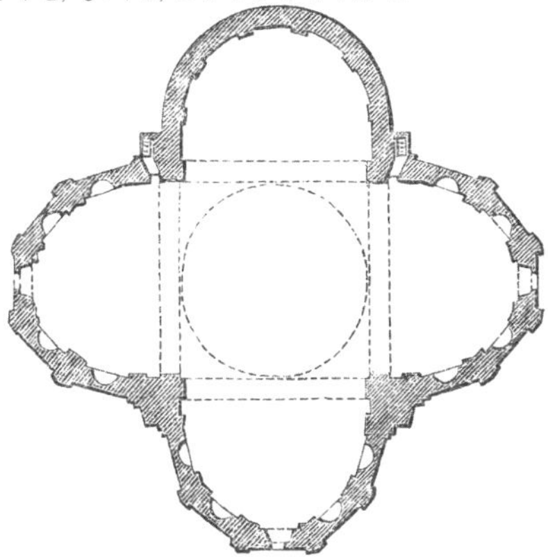

르네상스
Renaissance

권력과 명성의 건축적 표현
Architectural Expression of Power and Prestige

16세기에 걸쳐 건축가들은 고전 건축어휘를 훨씬 당당하고 분명하게 사용했다. 이론가들은 오더의 쓰임을 명문화했고 건축이론에 대해 해설했다. 도시계획에 훨씬 많은 관심을 기울였으며 도시는 장엄한 공공건물과 민간건축물로 아름답게 꾸며졌다. 도시와 개인은 그들의 힘을 웅장한 새 건축물을 통해 표현했고 여기에 사용된 고전 건축언어는 그 형태 안에 문명, 질서 그리고 권위를 내포하고 있었다.

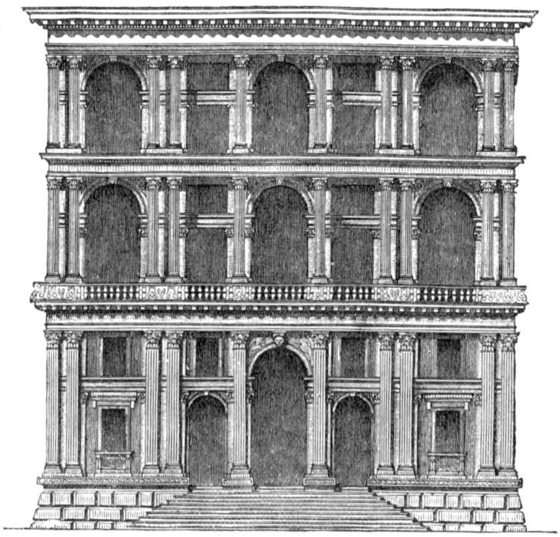

베네치아의 팔라초
Venetian palaces
베네치아 팔라초의 기본적인 디자인은 16세기를 거치면서 거의 변하지 않았다. 하지만 건축가들은 입면에 고전적인 특징을 과감하게 받아들였다. 이는 활력이 충만한 건물 표면과 질감에 대한 베네치아인들의 애호를 보여주는 것으로 이를 위해 장식적인 코린트 오더, 홈파기한 주신 그리고 쌍기둥이 사용되었다.

엔타블러처, 파르네제 팔라초
Entablature, Palazzo Farnese
개인들은 건축을 통해 도시를 아름답게 만들고자 했으며 동시에 자신의 지위를 드러내고자 했다. 두드러지는 가족 문장을 과시함으로써 소유자와 후원자를 알렸다. 이 거대한 엔타블러처에서 파르네제가의 문장이 덴틸(이빨모양장식) 아래 프리즈를 장식하는 데 쓰였다.

도서관, 베네치아 (1537년 착공)
Library, Venice
야코포 산소비노가 베네치아의 산마르코 광장을 개축한 것은 르네상스시대의 가장 중요한 도시계획사업 중 하나였다. 이 도서관은 고전 건축어휘를 절제되면서 섬세하게 사용한 전형적인 예이다.

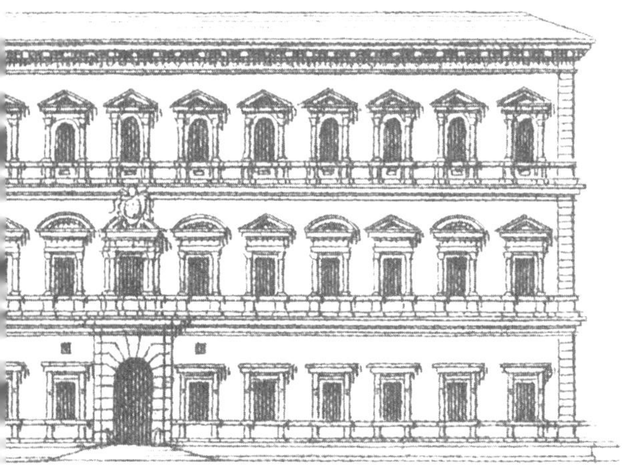

로마의 파르네제 팔라초(16세기)
Palazzo Farnese, Rome
많은 도시의 인상적인 대저택들은 여전히 대개 중앙에 안뜰을 두고 3층으로 지어진 피렌체의 팔라초를 모범으로 삼고 있었다. 파르네제 팔라초는 이러한 건물 형식이 16세기에 들어 발전한 모습을 보여준다. 여기서 페디먼트를 얹은 창문이 중세의 쌍옆창양식을 대체했으며 벽은 모든 층이 동일하게 처리됐고 주출입구는 거대한 홍예석으로 강조되어 있다.

귀돌, 파르네제 궁전
Quoins, Palazzo Farnese
귀돌은 건물의 모서리를 꾸미고 외곽선을 마무리한다. 이는 또한 탁월한 디자인 요소가 될 수 있는데 여기 파르네제 팔라초에서처럼 평면적인 벽과 대조를 이루면서 독립적으로 서 있는 거대한 건물 덩어리의 경계를 뚜렷이 한정해 준다.

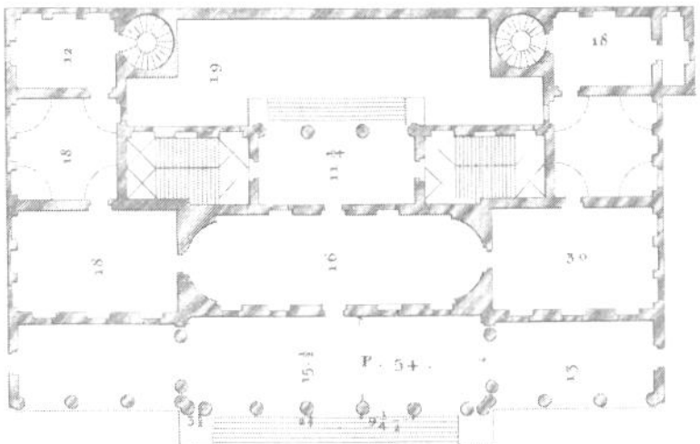

키에리카티 팔라초, 비첸차(1554년 착공)
Palazzo Chiericati, Vicenza

디자인의 장엄함은 때때로 건물의 상대적인 크기를 사실과 다르게 보이기도 한다. 비첸차의 키에리카티 팔라초처럼 대칭적이고 빈틈없이 계획된 평면은 사용가능한 공간을 최대한으로 활용한 것이다. 여기서는 명확하게 구분된 고전요소가 있는 돋보이는 인방보식 구조를 사용해 우아한 입면을 형성한다.

팔라디오양식의 주거건축
Palladian domestic architecture

팔라디오는 빌라건축에서 원거리 조망과 넓은 공간을 활용했지만 도시에서는 제한된 조망과 좁은 가로로 인해 좀더 과감한 해결책이 필요했다. 육중한 러스티케이션, 쌍기둥과 돌출된 엔타블러처, 그리고 상부 윤곽을 이루는 조각상의 배치는 모두 사람들의 주의를 끌기 위한 것이다.

비첸차의 바실리카
Basilica, Vicenza

비록 베네치아 공국의 지배를 받고 있었지만 비첸차시는 도시의 자부심을 인상적인 공공 건축물을 통해 표현했다. 안드레아 팔라디오는 오래된 중세 시청을 이중로 지아로 완전히 감쌌으며 상층에는 발코니를 두었다. 팔라디오는 스스로 이 건물을 '바실리카' 라고 부르며 의식적으로 이 건물을 고대의 공공건물과 연관시키고자 했다.

팔라디오식 모티프, 바실리카, 비첸차
Palladian motif, Basilica, Vicenza

팔라디오식 모티프는 기둥과 아치를 사용해 큰 개구부를 만들고 기둥 위의 짧은 엔타블러처를 인방처럼 사용하여 추가적인 개구부를 만드는 것을 말한다. 비록 시각적으로는 바실리카의 아치들이 동일한 간격으로 배치되어 있는 것처럼 보이지만 사실 팔라디오는 측면 개구부의 폭을 조절해 뒤쪽의 중세 건물과 기둥 열을 맞출 수 있었다.

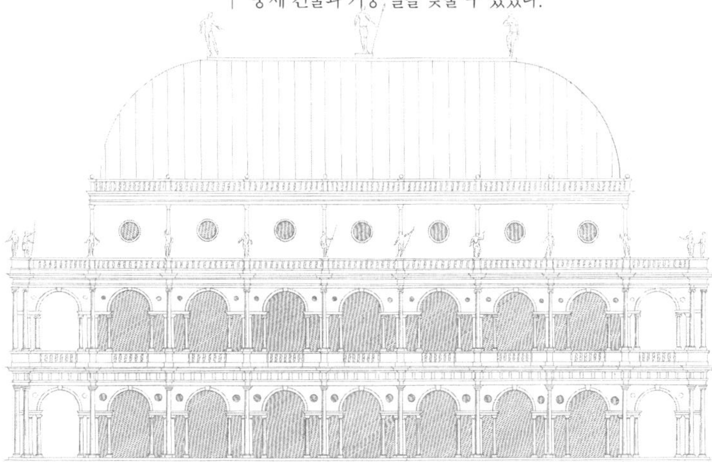

르네상스
Renaissance

빌라와 정원
Villas and Gardens

빌라와 정원 그리고 경치좋은 전망은 행복과 여유로움을 의미한다. 교외의 명상적인 고요함을 추구하는 것이 활동적인 도시 생활의 부산함과 균형을 이룰 수 있는 것으로 여겨지던 르네상스시대에 이러한 전원생활은 매우 중요했다. 수많은 명문가와 왕족 그리고 고위 성직자들이 전원풍의 은신처를 만들고자 했다. 이는 때때로 풍요로운 농장지대에 자리한 거대한 빌라에서부터 도시에서 가까운 곳에 있는 포도원과 정원에 자리한 작은 빌라까지 다양했다. 르네상스 시대 학자와 후원자들은 고대 빌라에 대한 지식을 대부분 고대 문헌자료에서 얻었으며 16세기 로마에서는 고대의 주택이 어떻게 계획되었고 쓰였는지를 밝히려는 지대한 노력이 있었다.

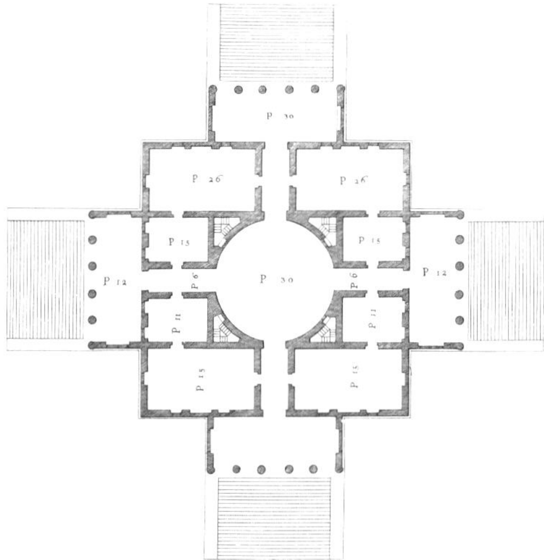

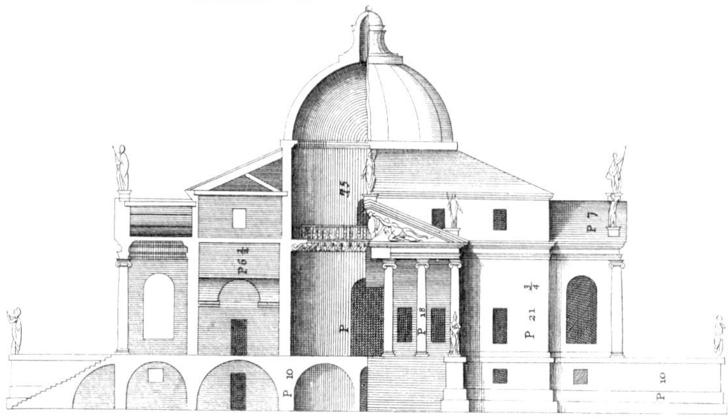

빌라 로툰다, 비첸차 (1566–1570년경)
Villa Rotunda, Vicenza

안드레아 팔라디오는 일련의 조화로운 비례를 갖춘 빌라를 16세기 후반에 건설함으로써 명성을 얻었다. 1층 평면은 엄격한 대칭성을 잘 보여준다. 그의 작품 중 가장 영향력 있는 빌라 로툰다는 중앙집중형 평면으로 돔이 있는 홀을 중심으로 설계되었으며 좌우상하 2개의 축에 대해 대칭이다.

빌라의 부지
Siting of villas

빌라의 부지를 선택하는 것은 실용적 이유 뿐만 아니라 미적 이유로도 중요했다. 언덕이나 높은 곳의 대지가 인기있었으며 특히 강이나 호수를 바라볼 수 있는 곳을 원했다. 팔라디오가 설계한 마제르에 위치한 빌라 바르바로Villa Barbaro(1577-1578년)처럼 샘이 있는 경우 정원 용수와 가사용으로 쓰일 수 있었다.

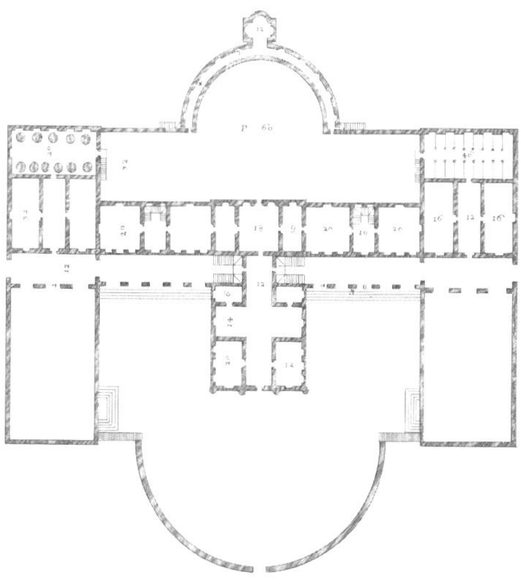

도시근교 빌라
The villa suburbana

빌라 로툰다와 같은 도시근교에 위치한 빌라는 일반적으로 여름철 장기 체류에는 쓰이지 않았고 만찬과 연회를 위해 사용되었다. 대부분의 방은 여러 용도로 사용되었고 날씨와 계절에 따라 달라졌다. 서비스 시설은 일반적으로 지상층(1층)에 있고 주층(2층)을 들어올려 주층에 위치하는 주 객실의 전망이 좋아지도록 했다. 빌라 로툰다의 주층은 페디먼트가 있는 4개의 동일한 열주현관을 통해 도달할 수 있다.

빌라 줄리아, 로마(16세기 중반)
Villa Giulia, Rome

르네상스시대의 정원에서 분수는 그 시각적, 청각적 특성 때문에 중요한 요소였다. 물은 솟아오르고 졸졸 흐르며 찰랑대는 움직임으로 건물에 즐거움과 놀라움의 요소를 더해 준다. 그 예로 빌라 줄리아에는 강의 신들이 새겨진 님파이움(샘)과 그로토(작은 동굴)가 있는데 이들은 휘어진 계단을 따라 마치 비밀 정원처럼 숨겨져 있었다.

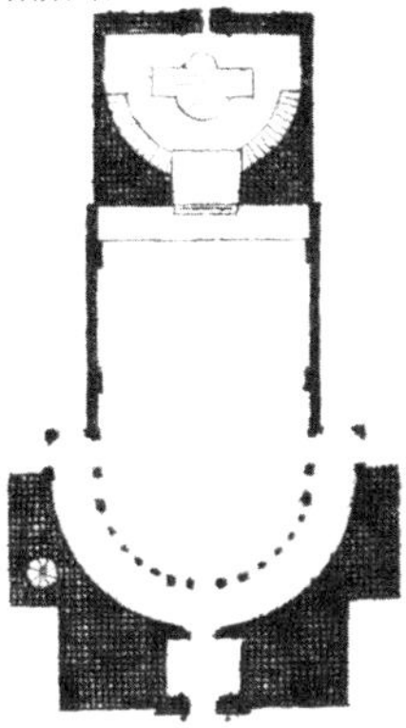

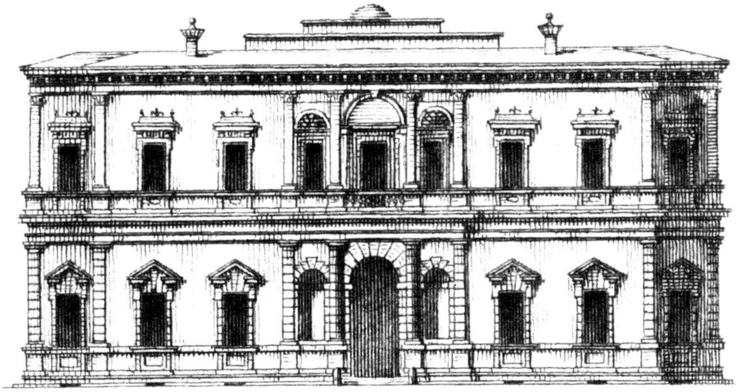

빌라 줄리아의 입면
Façade, Villa Giulia

몇명의 교황들은 그들의 빌라를 로마 성벽 너머 평온한 언덕지대에 건설했다. 교황 율리우스 3세의 빌라 줄리아의 정면은 팔라초와 같은 모습이었다. 2층이며 토스카나식과 복합오더로 구성되어 있는데 이러한 좀더 형식적인 건축언어는 프레스코화로 꾸민 열주현관과 섬세한 스터코벽으로 이루어진 정원쪽 입면과 대조를 이루었다.

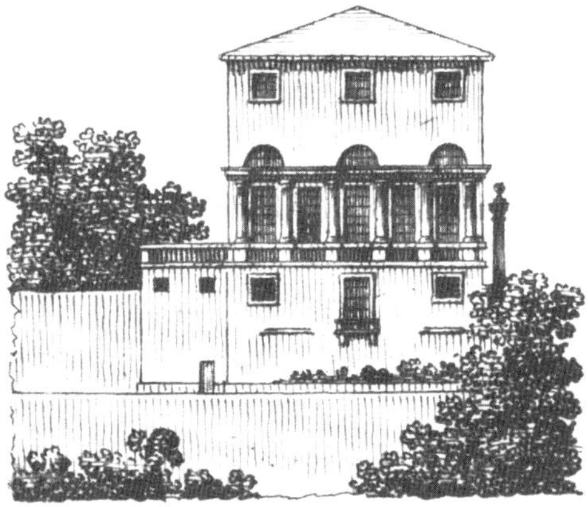

대문과 출입구
Gateways and entrances

눈에 띄는 대문이 중요한 정원과 영지의 경계를 한정했다. 대담하고 명쾌한 석조와 러스티케이션 그리고 환상적인 형태는 모두 정원건축에 적합한 것이었다.

연회
Entertainments

팔라초와 빌라의 테라스와 정원은 장관이 펼쳐지는 연회의 무대가 되었다. 향초의 향기, 물이 흐르는 소리, 경치와 조각의 시각적인 효과는 모두 연회의 매력을 더해 주었다.

테라스, 발코니, 전망대
Terraces, balconies, belvederes

높은 발코니와 테라스를 만들어 가장 훌륭한 경치를 바라볼 수 있게 했다. 탑이나 전망대 역시 많은 빌라의 특징으로 모든 방향으로 개방되어 있었다.

베네토지역의 빌라들 : 빌라 바르바로, 마제르
Villas in the Veneto: Villa Barbaro, Maser

팔라디오는 베네토지역에 몇몇 거대한 장원의 중심 건물로 빌라를 건설했다. 이들 빌라는 대체적으로 중앙의 주 건물의 정면에는 페디먼트가 있는 원주형 열주현관이 있고 좌우에는 농장건물동이 있는 형태를 따르고 있다. 신전 파사드와 자이언트 오더와 같은 대담한 고전적 요소를 사용해 가문의 영지를 나타내었고, 한편으로 양측의 아케이드는 단순한 지주로 이루어져 있다.

르네상스
Renaissance

16세기 프랑스의 성채
Royal Chateaus of 16th-Century France

이탈리아 르네상스건축의 언어와 양식은 이탈리아 밖으로 전파되는 데에 꽤 오랜 시간이 걸렸다. 고딕건축은 프랑스, 스페인 그리고 북부 유럽에서 15세기 내내 주된 건축양식으로 남아 있었다. 고전에서 영감을 얻은 이탈리아건축에 대한 지식과 관심은 이탈리아에서 돌아온 여행자들과 외국에서 작업하던 이탈리아 건축가와 장인들을 통해 전파되기 시작했다. 프랑수아 1세와 그의 아들 앙리 2세는 정치적 지배 뿐만 아니라 문화적 지배가 갖는 힘을 정확하게 인지하고 있었으며 두 왕 모두 야심찬 대규모 건축물 건설에 힘을 쏟았다.

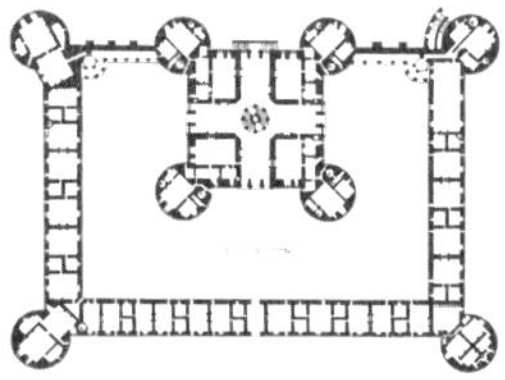

평면, 샹보르 성채
Plan, Chambord
이 성채의 1층 평면은 엄격한 르네상스식으로 대칭적이지만 모서리의 탑은 중세 성의 방어용 건축물을 떠올리게 한다.

아빠르망, 샹보르 성채
Appartement, Chambord
여러 개의 방으로 이루어진 아빠르망(왕의 침실)은 샹보르 성채에서 최초로 쓰인 것으로 추정되는데 이후 프랑스 궁전건축의 중요한 특징이 된다. 중앙계단에서부터 복도를 통해 이곳으로 들어올 수 있었다.

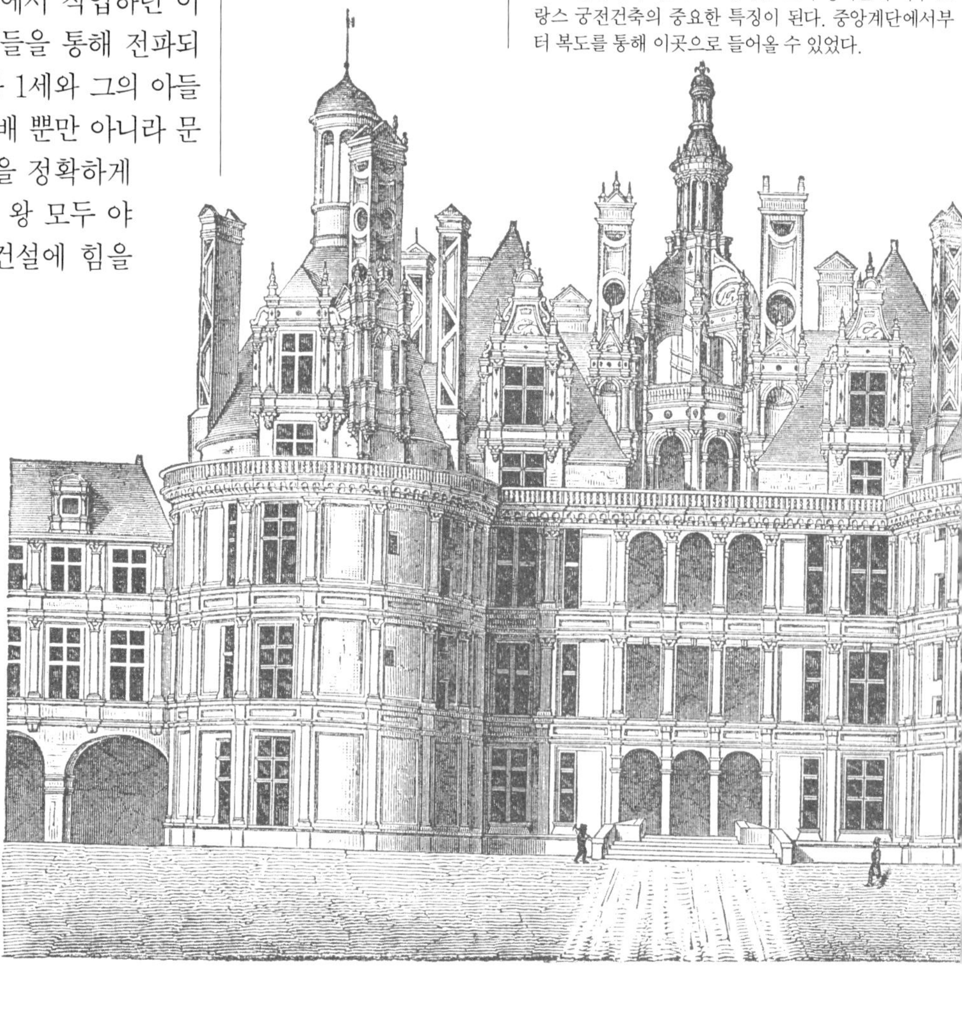

샹보르 성채, 루아르(1519년 착공)
Château de Chambord, Loire
르네상스시대 프랑스건축은 비록 이탈리아풍의 고전 건축 언어가 자주 사용되었지만 이탈리아의 것을 그대로 베끼지 않았으며 독특한 프랑스풍 양식이 발전했다. 많은 건물들은 혼합된 형태를 보여준다. 샹보르 성채에서 저층부는 벽기둥과 개구부 없이 부가된 아치형의 로지아로 분절되어 있다. 하지만 거대한 코니스와 난간의 윗부분은 작은 탑과 가파른 경사지붕으로 이루어져 이전의 프랑스식 건축 전통과 결합되어 생동감있는 윤곽을 만들어 내고 있다.

중앙계단, 샹보르 성채

Central staircase, Chambord

샹보르 성채의 유명한 이중나선계단은 아마도 레오나르도 다 빈치의 삽화에서 영감을 얻은 것 같다. 팔라디오는 이 계단의 참신함, 아름다움, 그리고 실용성에 감명을 받아 이를 「건축4서」 1권의 계단에 대한 장에 실었다.

블루와 성채의 계단, 루아르

Staircase, Château de Blois, Loire

계단은 동시대 일반적인 이탈리아 팔라초에서보다 16세기 프랑스건축에서 더 중시되었다. 15세기부터 프랑스에는 회전계단을 사용하는 전통이 있었는데 프랑수아 1세를 위해 건설된 블루와 성채(1515-1524년)에 지어진 거대하고 개방된 이 석재계단은 그 전통을 이어받은 것으로, 고전적 장식언어의 요소가 함께 쓰였다.

고전적인 장식

Classical decoration

많은 프랑스 건축물에서 높은 굴뚝을 볼 수 있으며 여기에는 통상적으로 높은 건물이나 지붕에는 사용하지 않을 법한 장식과 요소가 종종 쓰였다. 우측의 두 굴뚝의 끝부분은 석관과 유사한 형태로 두루마리, 벽기둥, 그리고 난촉무늬로 장식되어 있다.

르네상스
Renaissance

프랑스의 건축적 언어
Architectural Language in France

프랑스는, 비록 때때로 고전 형태가 장식적 모티프로 국한되기도 했지만, 유럽의 다른 국가에 비해 이탈리아의 고전양식에 대해 직접적이고 철저한 방식으로 대응했다. 이탈리아와 접해 있는 지리적 조건 뿐 아니라 건축에 대한 판화, 삽화, 그리고 논문을 통해 새로운 건물에 대한 지식이 프랑스로 전파되었다. 세바스티아노 세를리오는 로마의 브라만테와 라파엘의 건축적 환경을 직접 보고 배운 이탈리아의 건축가로 프랑수아 1세가 그의 궁전으로 초대한 이탈리아의 예술가와 학자 중 한사람이었다. 세를리오의 「건축론」은 삽화를 포함한 최초의 근대 논문으로 이탈리아 성기 르네상스의 형식을 널리 퍼뜨리는 데에 매우 큰 역할을 했다.

내부 장식, 퐁텐블로 성채
Interior decoration, Fontainbleau
프랑수아 1세는 많은 이탈리아 예술가를 프랑스로 초청했으며 그중 일부가 퐁텐블로 성채의 호화스러운 실내를 담당했다. 여기서 오더, 루네트lunette(반원형 벽면), 프리즈로 이루어진 건축적 틀 안에 회화, 스터코 그리고 조각을 효과적으로 사용한 독특한 양식이 만들어졌다.

무덤조각
Tomb sculpture
많은 거대한 르네상스양식의 무덤에는 고전건축 어휘가 뚜렷이 사용되었다. 하지만 때때로 조각상의 배치나 조각이 중세의 전통을 반영하기도 했다. 몇몇 프랑스 왕의 무덤은 이탈리아 조각가가 제작한 것으로 루이 12세의 무덤에는 화려하게 꾸며진 코린트식 벽기둥과 넓은 프리즈 그리고 돌출된 코니스로 이루어진 아치모양의 캐노피(덮개)가 쓰였다.

디자인 요소, 퐁텐블로 성채
Design ingredients, Fontainbleau
다양한 색상과 화려한 표면 무늬가 퐁텐블로 성채 실내 디자인의 주요 요소였다. 상감쪽매로 꾸민 지붕, 나무패널로 짠 벽, 금박을 입힌 창틀, 거울 등으로 화려한 장식을 만들었다. 이런 장식양식은 프랑스 뿐만 아니라 유럽의 다른 곳에서도 반복되었다.

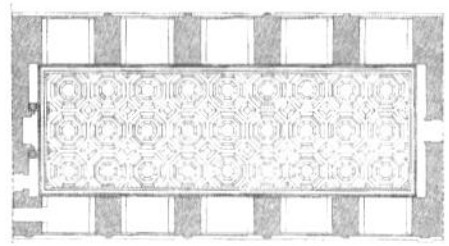

퐁텐블로 성채의 오더
The orders, Fontainbleau
세를리오는 건축의 오더와 그 장식에 대해 그의 논문 제 4권에서 다루었으며 단순한 토스카나식에서 화려하게 꾸며진 복합양식으로 발전해간 모습을 보여준다. 퐁텐블로 성채에서는 세련된 러스티케이션 기법을 통해 건물의 저층부에 우아함과 견고성을 동시에 부여한다.

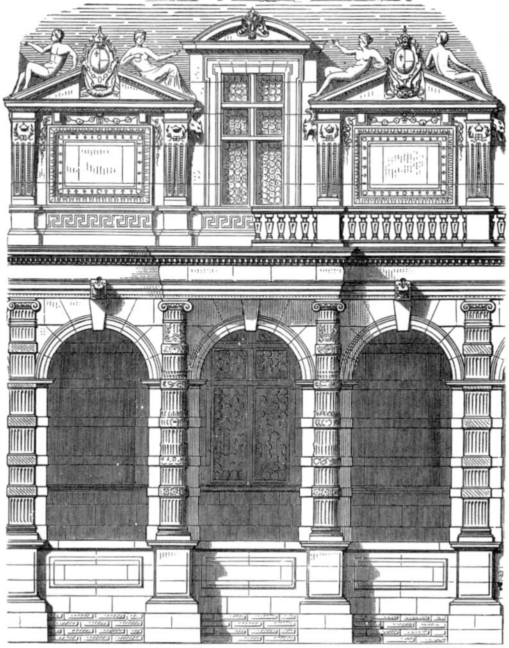

'프랑스식' 오더
The 'French' order
필리베르 들롬과 같은 프랑스 건축가들은 근대 16세기의 건축 뿐만 아니라 고대의 유적까지 공부하고자 이탈리아를 방문했다. 들롬은 특별히 '프랑스식' 오더를 제안했는데, 세로홈이 있는 주신에 두께가 다른 석재를 교차하여 장식적인 고리를 만들어 가로로 띠를 갖는 모습이었다.

열주현관, 퐁텐블로 성채
Portico, Fontainbleau
퐁텐블로 성채의 이 열주현관에는 가구식 구조가 사용되었다. 높은 페데스탈(좌대) 위에 놓인 코린트식 기둥이 상부의 곧은 보를 지지하고 있다.

퐁텐블로 성채의 페론
Perron, Fontainbleau
페론은 2층에 위치한 플랫폼 또는 데크로 일반적으로 외부 계단을 통해 도달한다. 현재 이 용어는 외부 계단을 일컫는 단어로 쓰인다. 퐁텐블로 성채의 인상적인 페론은 2개의 곡선계단으로 이루어져 있다.

프랑스적인 혁신
French innovation
여러 건축논문들이 오더의 사용과 그 장식을 규정했지만 많은 건축가들은 엄격한 전례를 따르기 보다는 그들 자신만의 변형을 만들고자 했다. 여기서는 상상의 날개 달린 조각상이 소용돌이 장식(볼류트)을 대체하고 있다. 하지만 좀더 관례적인 아칸서스잎장식도 함께 있다.

독창성
Originality
들롬의 프랑스식 오더는 일부 순수하게 실용적인 면도 있었다. 프랑스의 건축물 대부분이 석재로 지어졌기에 가로로 띠가 있는 구조물은 눈에 거슬리는 접합부를 숨겨주며 더 튼튼하게 했다. 이 루브르 궁의 일부를 묘사한 삽화처럼 장식적 가능성 또한 다양했다.

르네상스
Renaissance

북부 유럽의 공공건축
Civic Architecture in Northern Europe

르네상스의 건축언어는 일반적으로 고대 그리스와 로마의 선례를 기초로 한 고전적 형태로서 인식된다. 하지만 이는 16세기의 건축언어들 가운데 하나였을 뿐이며 가톨릭교회와의 연관성을 고려하면 북부 유럽 대부분의 지역에서는 부적절한 건축양식이었다. 이탈리아와 관계없이 북부 유럽 전반에 걸쳐 발달한 강한 건축적 특징 가운데 하나는 바로 장식적인 박공으로 공공 및 주거 건축에 널리 사용되었다. 건축의 힘을 빌어 시민의 자부심과 국가의 정체성을 전달하려는 노력이 북부 유럽 도시의 대규모 공공건물에서 시도되었다. 이들 16세기의 시청 가운데 일부는 지역 고유의 건축적 특성과 함께 고전적 모티프를 독창적으로 사용해 강력하고 기념비적인 공공건물이 되었다.

레이덴 시청 입면(1595년)
Town Hall façade, Leiden
번영하는 도시에서는 공공건물을 개축하거나 증축해 근대화하고자 했다. 그 한 예로 네덜란드의 레이덴 시를 들 수 있다. 이곳은 16세기 후반 직물교역으로 번영했던 도시로 리벤 데 키가 기존의 시청건물 정면을 생동감 넘치는 입면으로 설계했다. 여기에 고전적 모티프의 모든 기법(세로홈이 있는 기둥과 벽기둥, 3각형의 페디먼트, 가로띠가 있는 주신 그리고 러스티케이션한 석재)을 동원해 화려한 박공이 만드는 스카이라인과 함께 이목을 집중시켰다.

앤트워프 시청(1561–1565년)
Town Hall, Antwerp
이탈리아건축에 대한 지식은 건축논문을 통해 북부 유럽으로 전해졌다. 일부는 이탈리아에서 일했던 북부 유럽의 건축가가 네덜란드어나 다른 언어로 번역하여 전해졌다. 이탈리아에서 수년을 지낸 코르넬리스 플로리스는 앤트워프에 거대한 시청을 건설했다. 여기서 그는 브라만테와 세를리오에 대해 그가 가진 지식을 선보였다. 박공이 있는 이 건물의 정면부에는 기능적 목적보다는 장식을 위해 근엄하고 기념비적인 고전적 어법이 추가되었다. 이는 이 지역에서 이탈리아식 건물로는 최초의 것으로 이후 북해 연안 국가의 시청의 설계에 지대한 영향을 끼쳤다.

직물시장, 브런즈윅
Cloth Hall, Brunswick

북부 유럽 많은 도시에서 주요 광장을 지배하는 인상적인 건축물은 무역과 상업을 통한 수익으로 지어졌다. 한 예로 남부 작센지역 브런즈윅에는 다층으로 이루어져 위압적인 직물시장이 있었다. 아래쪽 4개 층에는 건축 오더가 순서에 맞추어 부가되어 있었다. 입면 상부에는 북부 유럽의 특징인 띠모양장식과 소용돌이모양으로 장식된 박공이 쓰였다.

그단스크지방의 병기고
Armory, Gdansk

북유럽의 많은 나라에서는 수준 높은 벽돌건물의 전통이 있으며 이는 르네상스시대에도 계속해서 이어졌다. 폴란드의 그단스크지방의 병기고는 이런 전통을 따른 것으로 창에 사용된 석재창틀(멀리온과 트랜섬)과 육중한 포르탈 정문 둘레의 대담한 석조가 눈에 띈다. 화려한 곡선으로 이루어진 박공과 오벨리스크 형태의 피니얼(꼭대기장식)이 상층부 위에 자리한다.

르네상스
Renaissance

스페인의 장식있는 양식과 장식없는 양식
Decorated and Unadorned Styles in Spain

르네상스의 모티프는 16세기 초부터 스페인의 일반 건축물에 쓰이기 시작했다. 하지만 화려하게 장식한 스페인 고딕양식이 많은 지역에서 특히 교회건축물을 중심으로 계속 사용되었다. 일부 건축가들이 좀더 이탈리아풍의 건축기법을 사용했지만 대개 여전히 기본적으로 고딕양식인 구조 위에 장식으로 적용된 것이었다. 하지만 이탈리아건축과 건축이론에 대한 지식이 더 널리 보급되면서 비례와 조화의 규칙을 더 적극적으로 적용한 건물이 지어졌다. 16세기 후반 필리페 2세의 건축가 후앙 데 에레라는 매우 절제되고 간소화된 고전적 양식에 따른 건축물을 남겼는데 후에 이를 금욕양식이라고 불렀다.

알카사르 성채의 입면, 톨레도(1537년)
Alcazar façade, Toledo
알론소 데 코바루비아스가 설계한 이 성채의 주 입면에는 팔라초와 요새건축의 요소들이 결합되어 있으며, 고전적 모티프를 독창적으로 사용한 좋은 예이다. 일반적으로 러스티케이션과 까치발로 돌출시킨 부분은 1층에 쓰이게 마련인데 여기서는 최상층에 나타나며 이는 건물 모서리 돌출부의 외곽을 장식하는 요소로 사용되었다.

분수, 왕립병원
Fountain, Royal Hospital
중정과 파티오(스페인식 주택의 안뜰)는 스페인건축에서 중요한 특징이었다. 산티아고의 왕립병원에는 직4각형의 중정 둘레로 정4각형 지주가 반원형 아치를 지지하고 있다. 중앙의 분수에는 고전적 모티프인 상상의 동물과 아칸서스잎이 조각되어 있다.

왕립병원, 산티아고데콤포스텔라(1501–1511년)
Royal Hospital, Santiago de Compostela
플라테레스크(은세공풍)라는 용어는 대개 건축물의 구조와는 상관없는 화려한 장식을 사용한 스페인건축을 일컫는 말이다. 왕립병원의 화려한 포르탈 정문은 오더를 따른 4개의 벽기둥과 넓은 아치로 이루어진 팀파눔으로 꾸며져 있다. 그 위에 덧대어진 벽감은 높은 부조로 된 조각상으로 채워져 있고 벽기둥과 다른 면들은 낮은 부조로 장식했다.

황금계단, 부르고스 대성당(1524년)
Golden staircase, Burgos Cathedral

황금계단에는 페데스탈과 엔타블러처를 포함한 건축 오더가 사용되었지만 과도한 표면장식이 이러한 고전적 형태를 가리고 있다. 풍성한 조각은 스페인의 많은 장식에서 전형적인 모습으로 대개 조개껍질, 잎사귀, 원형 메달 그리고 항아리와 같은 알란티카양식의 모티프를 사용한다.

오더의 사용
Use of the orders

건축 오더는 대개 중정에 쓰였다. 하지만 그 화려하고 장식적인 주두는 고전적인 규범이나 비례와는 관계가 없었다. 16세기 초에 과달라하라에 건설된 멘도사 궁 Mendoza Palace의 파티오 아케이드는 상하 오더의 주신, 주초, 주두는 석재로 만들어졌고 상인방과 공포는 목재였다.

금욕양식, 에스코리알
The austere style, Escorial

에스코리알의 엄숙한 고전주의는 초기의 스페인양식과 강한 대조를 이루며 16세기 후반 이후 스페인 건축에 매우 큰 영향을 미쳤다. 에스코리알은 화강석으로 건설되었고 장식이 거의 없다. 그리고 그 기념비적인 존재의 엄숙함은 가톨릭 개혁운동의 이상이 건축적으로 표현된 것으로 해석할 수 있다.

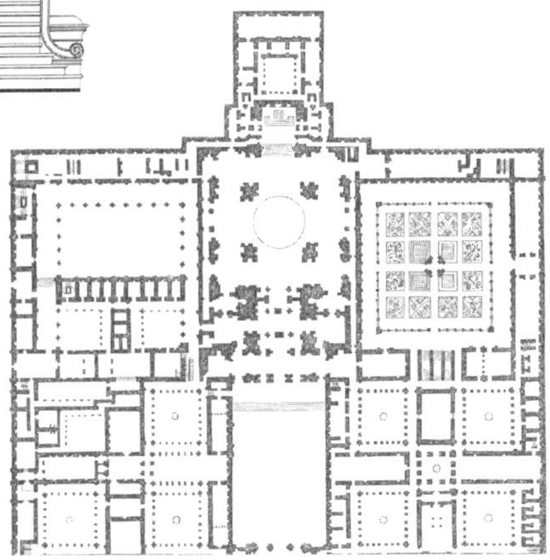

마드리드의 에스코리알(1563-1584년)
Escorial, Madrid

에스코리알은 펠리페 2세가 그의 아버지 카를로스 5세의 무덤으로 건설한 것으로 1층 평면을 보면 이 건물의 대칭성과 복잡성을 알 수 있다. 돔이 덮인 십자가형 성당은 이탈리아의 중앙집중형 성당에서 기원한 것으로 보이며 이 거대한 왕실 건축물의 실질적, 상징적 초점이 되고 있다. 에스코리알에는 또한 수도원, 회랑, 왕실 주거, 도서관이 있었다.

공포
Bracket capitals

스페인의 많은 건축물에는 주두 위에 넓은 공포가 올려져 있다. 여기서는 목재 공포에 소용돌이문양이 새겨져 있으며 조각된 둥근 판이 상부의 프리즈와 공포를 장식적으로 연결해준다.

르네상스
Renaissance

엘리자베스 여왕시대의 프로디지 하우스
Elizabethan Prodigy Houses

대부분의 북부 유럽과 마찬가지로 영국에서도 16세기까지 고딕양식이 계속해서 애용되었다. 고전건축에 대한 지식은 이탈리아가 아닌 유럽의 다른 나라들을 통해 여과되어 전파되었으며 프랑스와 피렌체의 건축으로부터 영향을 받았다. 종교개혁기의 영국에는 교회나 왕실의 명령에 의한 건축이 거의 없었다. 이와 대조적으로 엘리자베스 1세 왕실의 고위 관리들은 많은 수의 저택을 건설했다. 건축사가 존 서머슨경은 이러한 건물을 "프로디지 하우스"라고 명명했으며 몇몇 건물은 엘리자베스 1세와 그 수행원들이 연례 가두행차시에 여왕의 품격에 맞는 화려한 배경을 제공하도록 특별히 건설되거나 개축되었다. 이러한 주택의 중요한 특징들은 롱리트 저택과 월러튼 홀에 잘 나타나 있다.

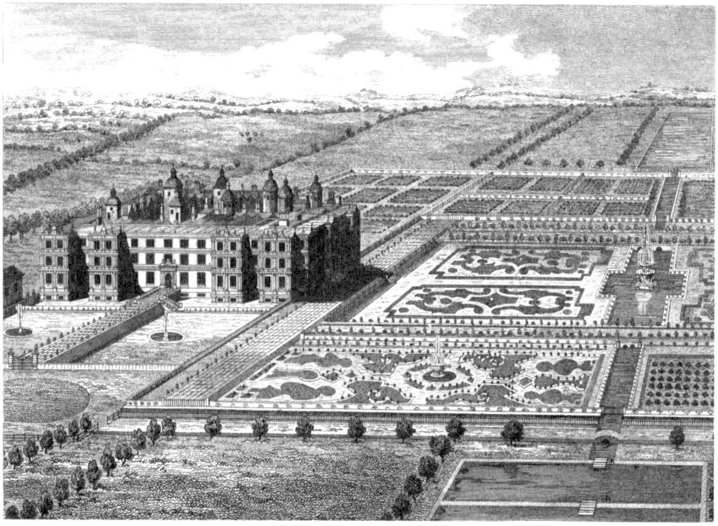

롱리트 저택(1570년대), 윌트셔
Longleat, Wiltshire
기존의 주택을 증축한 롱리트 저택은 1570년대에 개축된 것이다. 이 건물이 갖는 독창적인 특징 가운데 일부는 대칭적이고 조화로운 입면에서 나타난다. 입면에는 멀리언과 유리를 많이 도입한 커다란 창이 사용되었다.

입면, 롱리트 저택
Façade, Longleat
롱리트 저택의 입면에는 고전적인 단순함과 르네상스건축의 오더가 영국적 모티프인 베이 윈도우와 결합되었다. 살짝 돌출된 베이 윈도우는 근엄한 기념비성을 해치지 않으면서 입면에 생기를 부여한다.

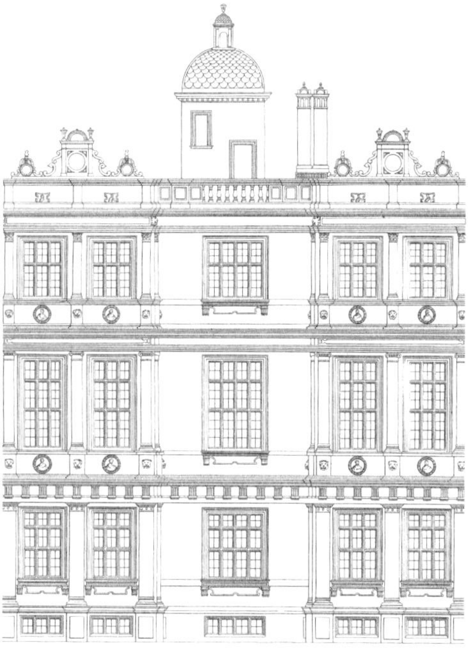

롱리트 저택의 평면
Plan, Longleat
왕실과 귀족을 수용하기 위한 주택에는 화려한 연회를 위한 긴 회랑과 거대한 연회장 뿐만 아니라 가사가 원활히 운영되기 위해 잘 설계된 부엌과 부대시설이 필요했다. 또 여러 개의 방도 필요했다. 이러한 특징은 동서남북의 두 축으로 모두 대칭인 지상층 평면에 잘 드러난다.

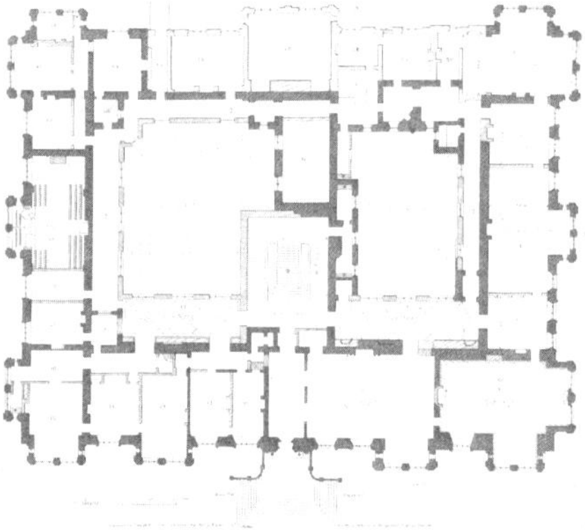

노팅엄셔의 월러튼 홀(1580년대)
Wollaton Hall, Nottinghamshire

이탈리아와 유럽 다른 지방의 건축에 대한 지식은 건축논문을 포함한 다양한 방법으로 영국에 전해졌다. 1580년대 로버트 스미슨이 설계한 월러튼 홀은 건축디자인과 장식에 있어 세를리오와 한스 브레데만 드 브리스의 영향을 받았다는 흔적이 있다.

탑, 월러튼 홀
Towers, Wollaton Hall

네 모서리에 있는 탑은 건물의 극적인 윤곽을 강화하며 드브리스의 디자인에서 유래한 독특한 띠장식으로 박공이 장식되어 있었다. 입면에서처럼 벽기둥에는 띠가 둘러져 있으며 멀리언이 있는 거대한 창문을 둘러싸고 있다.

월러튼 홀의 평면
Plan, Wollaton Hall

대칭적인 평면에는 4각형 블록의 모서리 부분에 자리한 4개의 탑이 잘 드러난다. 내부에 중정은 없지만 대신 거대한 중앙의 대연회장이 있다. 이 평면은 아마도 세를리오의 설계에서 비롯한 것으로 추정된다.

대연회장, 월러튼 홀
Great hall, Wollaton Hall

대연회장은 튜더 왕가의 건축에 계속적으로 나타났다. 이 건물의 경우 저층부에는 창이 없고 고딕양식의 고측창이 실내를 밝히고 있다. 띠장식으로 꾸며진 칸막이의 세부 형태는 16세기 네덜란드의 디자인에서 유래한 것이다.

르네상스
Renaissance

자코비언건축양식
Jacobean Architecture

영국 최초로 스튜어트 왕가 출신인 제임스 1세의 집권기간 동안 건축양식에 큰 변화는 없었지만 그럼에도 불구하고 17세기 초에 자코비언건축양식이 나타났다. 이는 부분적으로는 해외, 특히 북해 연안 국가에서 온 조각가와 장인을 많이 채용했기 때문이다. 실내장식은 많은 부분이 스터코장식과 목재조각으로 이루어졌으며 화려한 벽난로와 현관이 사용되었다. 많은 신축건물에 장식적인 "네덜란드식" 박공이 쓰였으며 이러한 경향은 특히 북해 연안 국가와 관련이 깊은 영국 동부지방의 주거건축에서 계속 사용되었다. 튜더 왕가시대와 마찬가지로 교회는 거의 건설되지 않았지만 자코비언양식의 대표적인 프로디지 하우스 몇 채가 건설되었다. 이 건물들은 많은 부분에서 기존의 프로디지 하우스와 유사했지만 평면이 변화하여 H자 혹은 U자 형태를 띠는 경향이 생겨났다. 이 시기에는 주택의 실루엣을 강렬하고 인상적으로 만드는 것과 흥미로운 건물외형을 만드는 것에 관심을 기울였다.

에섹스의 오들리 엔드 저택
Audley End, Essex
제임스 1세시대의 프로디지 하우스의 훌륭한 예 중 하나인 오들리 엔드 저택은 1603년부터 건설되기 시작했다. 조화와 기념비성이라는 특징을 구체화했으며 낮은 중앙 블록과 대조적으로 측면 건물의 높이를 다양하게 해 시각적인 재미를 추가했다.

오들리 엔드 저택의 현관
Porches, Audley End
돌출된 현관은 건축물에서 고전적 건축 오더가 자주 사용된 부분이다. 이 저택에는 이층 현관에 아치모양의 개구부 양쪽으로 다발기둥이 있다. 그리고 현관의 윗부분에는 투각으로 장식된 깊은 난간이 있다.

창내기 Fenestration
엘리자베스 1세와 제임스 1세시대의 많은 저택에는 많은 양의 유리가 사용되었으며 때때로 가짜 창문도 포함되었다. 통상적으로 창문은 높이가 높고 세로로 멀리언이 있었으며 굵은 트랜섬에 의해 가로로 구분되었다.

블리클링 홀, 노포크 (1616–1627년)
Blickling Hall, Norfolk

건축재료는 핵심적인 구조적 역할 뿐만 아니라 중요한 미적 역할도 했다. 영국의 동부 연안 근처에서는 벽돌이 널리 사용되었으며, 곡선 형태의 박공과 같은 모티프와 함께 쓰이면서 제임스 1세시대 이 지역의 건축은 양식상 북해 연안 국가의 건축과 강한 유사성을 띠게 되었다. 아름다운 예 중 하나인 블리클링 홀에는 석재 귀돌과 육중한 창틀이 화려한 붉은 벽돌과 조화롭게 대조되고 있다.

브라우쇼름 홀의 출입구, 랭커셔(1603년)
Entrance, Browsholme Hall, Lancashire

이 출입구에는 3개층에 중첩된 오더가 사용되었다. 도리스 오더는 1층에 쓰여 강인한 힘을 의미하고, 우아한 이오니아 오더가 상층부에 사용되었다.

박공
Gables

박공장식은 자코비언건축의 중요한 요소였으며 계단식 형태보다 곡선의 소용돌이 모양 선으로 이루어진 형태를 선호했다. 곡선 형태의 박공, 탑 그리고 튜렛(작은 부속 탑)이 모여 인상적이고 극적인 윤곽을 만들어냈다.

르네상스
Renaissance

이니고 존스의 건축
The Architecture of Inigo Jones

이니고 존스(1573-1652년)의 고전 건축은 16세기 영국의 건축물에 주로 장식적으로 사용되었던 여과된 르네상스양식과는 확연히 달랐다. 존스는 이탈리아를 방문해 고대기념물과 르네상스건축, 특히 안드레아 팔라디오의 건축물을 세밀하게 연구했다. 존스가 즐겨 보던 팔라디오의 「건축4서」(1570년)는 여백에 그가 남긴 메모와 함께 아직도 남아있다. 그의 건축은 단순히 장식으로 고전적인 모티프를 적용하는 것과는 거리가 멀었으며 기능, 조화, 그리고 전체의 비례를 고려하는 건물의 기본적인 건축적 진실성을 추구했다. 존스를 통해 이탈리아에서는 이미 바로크양식에 밀려나고 있던 성기 르네상스양식이 영국에 도입되었다.

런던의 연회관 (1619-1622년)
Banqueting House, London
이 견고하고 조화로운 건물은 존스가 이탈리아 르네상스건축을 수용했음을 보여주는 전형이다. 2개층으로 구성된 고전적인 입면은 그가 성기 르네상스를 완벽하게 이해했음을 보여준다.

연회관의 평면
Plan, Banqueting House
완벽한 형태에 내재하는 시각적, 정신적 만족에 대한 르네상스시대의 이상이 정6면체 2개를 합친 하나의 공간으로 구성된 연회관의 내부에 잘 드러난다. 연회관은 본래 왕실의 연회, 국가행사 그리고 연극에 사용되었다.

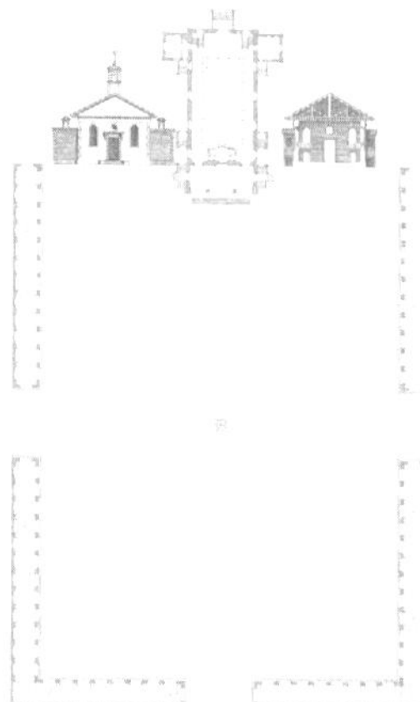

런던의 코벤트 가든
Covent Garden, London
존스는 이탈리아에서 본 도시공간을 토대로 코벤트 가든을 런던 최초의 규칙적이고 대칭적인 광장으로 설계했다. 화려한 장식은 없으나 품위있는 주택들이 줄지어 있고 1층은 개방된 복도로 구성되어 있는 통합된 도시평면이 탄생했다.

런던의 세인트폴 성당(1631년)
St. Paul Church, London
이 성당은 코벤트 가든을 재개발하면서 종교개혁 이후 영국에 건설된 최초의 성당으로, 단순한 직4각형 형태로 동측 단부에 굵은 토스카나식 열주현관이 있다. 비록 성당의 주출입구는 아니지만 열주현관은 전체 도시계획에서 인상적인 시각적 초점을 제공한다.

내부설계, 연회관
Interior Design, Banqueting House
연회관은 전체 건축물을 하나의 통합체로 보는 존스의 관점을 잘 보여주는 건물이다. 외부 입면의 분할은 내부에도 반영되어 벽에 부착된 오더를 사용했는데 이는 내부에서 복도를 통해 나뉘어 있다.

표면 질감과 형태
Texture and form
벽난로, 현관, 대문 등을 그린 도면을 보면 존스가 표면 질감과 형태의 매력에 빠져 있었음을 알 수 있다. 여기 러스티케이션으로 이루어진 대문에는 띠를 둘러 거칠게 마감한 기둥, 대담한 홍예석 그리고 도리스식 프리즈 등이 매우 다양한 마감기법과 함께 결합되어 있다.

윈체스터 대성당의 벽 (1638년경)
Winchester Cathedral Screen
존스가 설계한 윈체스터 대성당의 성가대 벽에는 건축적 형태의 명쾌함과 질서가 잘 드러난다. 창의적이고 혁신적인 그의 건축은 명문화된 르네상스건축의 법칙과 관례의 규율 아래에 발전한 것이다.

바로크와 로코코 17세기–18세기 후기
Baroque and Rococo C.17th–late C.18th

로마의 바로크
Roman Baroque

바로크건축은 17세기 로마에서 탄생한 건축양식으로, 새로워진 가톨릭교회를 표현하는 수단으로 발전되었다. 이는 로마를 진정한 가톨릭 도시로 변화시키는 데에 건축, 회화 그리고 조각이 중요한 역할을 한다고 믿었기 때문이다. 오래지 않아 성 베드로 성당을 중심으로 방사상으로 펼쳐진 도로 곳곳에 개혁을 이룬 가톨릭 신앙을 기념하는 건물이 배치되었다. 어느 정도 정적이고 지적이었던 르네상스양식을 탈피한 바로크양식은 무엇보다도 신앙을 전파하는 수단이었다. 성당 안으로 발을 딛는 행위는 상징적이고 환상적인 설계를 통해 신자들의 이성은 물론 감성에도 영향을 미치는 경험으로 승화되었다. 대개 르네상스의 고전적인 모티프를 반복, 분절, 변형시킨 형태에서 비롯한 역동적인 건축언어가 새롭게 나타났다. 바로크양식의 건축가들은 조각 페디먼트, 자이언트 오더, 오목하고 볼록한 벽 등의 요소를 비교적 자유롭게 사용했으며, 이에 따라 건축가마다 다른 양식이 나타났다.

성당 장식 : 일 제수 성당, 로마(1568–1584년)
Church decoration : The Gesù, Rome
교회에 들어서는 순간 신자들의 신앙심이 즉각적으로 강화되도록 극적인 구성을 권고한 반종교개혁(가톨릭개혁)의 원칙에 따라 예수회의 본당인 일 제수 성당이 새롭게 장식되었다. 성인의 생애와 기적을 묘사한 거대한 프레스코화의 가장자리를 따라 채색한 스터코, 입체적인 조각 그리고 파편화된 건축요소들이 배치되었다.

조각 페디먼트
Broken pediments
바로크건축의 주요 모티프 중 하나인 조각 페디먼트는 원형 혹은 3각형인 페디먼트의 꼭지점이나 기단의 중앙부가 분리되어 있다. 조각 사이의 틈은 비워두거나 간혹 장식물로 채워졌다. 조각 페디먼트는 건축요소들이 수직적으로 상호작용하도록 하여 입면에 역동성을 부여했다.

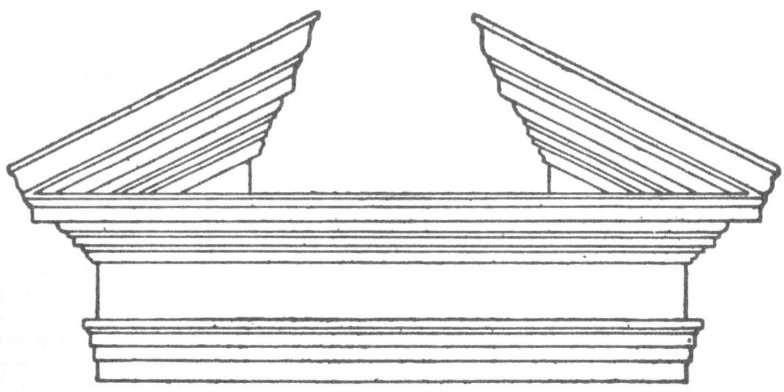

평면, 로마의 성 베드로 성당 광장(1656년 착공)
Plan, St. Peters piazza, Rome

성 베드로 성당의 광장에서 로렌조 베르니니는 원근법을 교묘히 왜곡하는 2가지 기술을 사용했다. 카를로 마데르노가 설계한 미완성의 길쭉한 성당 입면의 앞쪽에 사다리꼴의 광장을 건설해서 새로운 바로크적 역동성을 부여했으며 또한 착시를 통해 입구가 있는 정면이 좁아 보이도록 했다. 베르니니는 두번째 광장을 가로로 긴 타원형으로 설계하여 또 다른 공간적 왜곡을 만들었다.

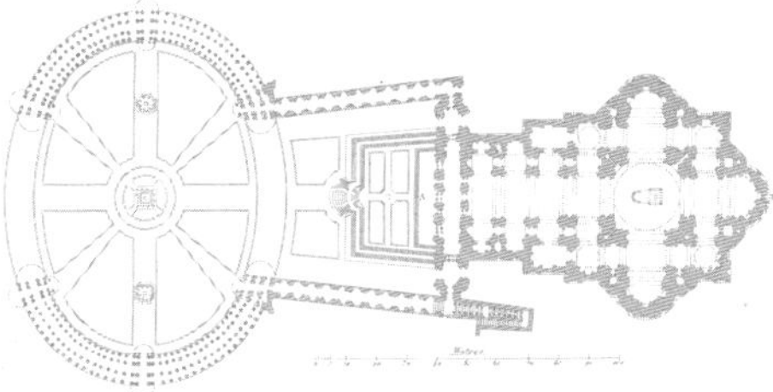

열주, 성 베드로 성당의 광장
Colonnade, St. Peter' s piazza

베르니니는 성 베드로 성당의 타원형 광장 주위를 열주로 둘러서 행사를 위해 필요한 지붕덮인 회랑을 구성했다. 회랑의 폭은 두쌍의 기둥으로 이루어져 있어 광장을 구획하는 거대한 벽처럼 보이지만 여전히 그 너머의 도시와 상호작용하고 있다. 베르니니 자신은 이 열주를 신자들을 받아들이고 재결합시키기 위해 뻗은 '어머니의 팔'로 비유했다.

로마의 산 카를로 알레 콰트로 폰타네 성당
S. Carlo alle Quattro Fontane, Rome

프란체스코 보로미니가 설계한 산카를로알레콰트로폰타네 성당의 입면은 전체적으로 오목면과 볼록면으로 분절되어 있다. 4개의 오목한 베이가 2개의 중첩된 중앙 베이를 둘러싸고 있다. 중앙 베이는 위층의 발코니와 이디큘aedicule, 그리고 아래층의 볼록한 엔타블러처와 계단으로 인해 볼록해 보인다.

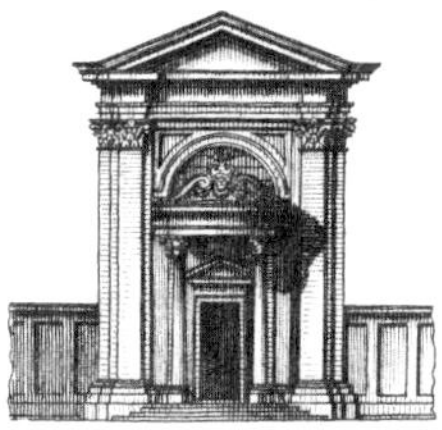

산 안드레 알 퀴리날레 성당의 입구, 로마
Entrance, S. Andrea al Quirinale, Rome

베르니니가 설계한 성 안드레아를 위한 작은 성당의 정면은 기념비적인 이디큘(페디먼트와 기둥으로 프레임을 구성했다)로 만들어졌다. 반원형 현관과 계단이 앞쪽으로 돌출되어 있고 균형을 맞추기 위해 짧고 오목한 낮은 벽이 양쪽에 자리한다. 내부의 타원형 평면은 출입구로 들어서는 순간 제단과 즉각적인 관계를 맺는다.

성 베드로 성당의 발다치노(1624-1633년)
Baldacchino, St. Peter' s

'발다치노'라고 알려진 이 유물은 지하 예배당 위에 자리하며 이는 가톨릭교회의 상징적인 초석인 성 베드로의 무덤으로 이어진다. 발다치노는 동으로 만든 거대한 제단으로 초기 그리스도교 유적에서 사용되었던 것과 유사한 뒤틀린 기둥 4개가 S자형 곡선으로 이루어진 캐노피를 지지하고 있는 것이다. 그 꼭대기에는 기독교 신앙의 전파를 상징하는 구球가 올려져 있다.

바로크와 로코코
Baroque and rococo

로마의 바로크
Roman baroque

교황 식스토 5세와 그의 후계자들이 로마를 체계적인 종교적 수도로 만드는 데 성공했다. 곧이어 로마의 상류층 가문들은 개인 저택을 신앙적인 바로크양식으로 바꾸고자 했다. 베르니니, 보로미니 등의 건축가들은 오래된 팔라초를 개방된 로지아, 거대한 계단 그리고 강조된 입구 등의 통합적인 요소를 사용해 개조하도록 의뢰받았다. 뒤따라서 화가와 조각가들이 건축물을 거대하고 상징적인 프레스코화로 장식했다. 17세기 중반에 이르러 바로크양식은 원숙하여 "성기 바로크"라고 일컫는 절정기를 맞이했으며 그 영향력이 로마 북부로 뻗어갔다. 성기 바로크의 성당은 중앙집중형 평면, 거대하고 환상적인 제단과 천장, 빽빽이 장식된 힘 있는 입면 등의 특징을 가지고 있다. 토리노의 구아리노 구아리니는 성기 바로크양식의 대가 중 한명으로 18세기 초 유럽 전역으로 이 양식을 전파하는 데 공헌했다.

로지아, 보르게제 팔라초, 로마(1607년)
Loggia, Palazzo Borghese, Rome
개방된 로지아(양쪽이 트여 있고 지붕으로 덮인 회랑)가 17세기에 점점 더 널리 사용되었다. 그 초기의 모습을 보르게제 팔라초에서 볼 수 있다. 3층으로 구성된 별관들은 2층짜리 개방된 로지아로 연결되어 있다. 르네상스양식의 중정 형태는 남아있지만 바로크양식의 세로축이 중정에서 정원을 향해 형성되었다.

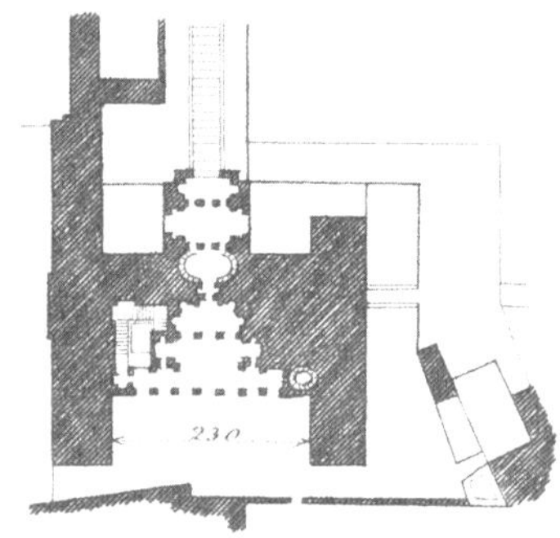

세로축, 바베르니 팔라초
Longitudinal axis, Palazzo Barberni
궁전을 통과해 정원까지 이르는 깊은 통로를 중심으로 팔라초의 나머지 부분이 펼쳐졌다. 3겹의 아케이드로 이루어진 열주현관을 지나면 4단의 층계로 이루어진 거대하고 개방된 계단과 타원형의 접견실이 나타난다. 이곳을 통해 한층 위에 자리한 정원으로 들어간다.

바베르니 팔라초, 로마(1628–1633년)
Palazzo Barberni, Rome
카를로 마데르노, 보로미니, 그리고 베르니니가 새로운 바베르니 팔라초 건설의 책임자였다. 이 대저택은 전통적인 중정식 도시 팔라초를 벗어나 H형 평면을 갖고 있었다. 개방된 중정의 끝부분에 자리한 입구 입면은 3개의 중첩된 아케이드로 이루어진 장방형의 열주현관으로 이루어져 있으며 이는 바로크양식의 개방된 로지아를 떠올리게 한다.

카르투슈
Cartouche

바로크양식의 특징적인 장식 형태인 카르투슈는 가장자리를 파도 형태 혹은 두루마리 형태의 테두리로 장식한 타원형 패널이다. 이는 팔라초와 성당의 입면에서 문장紋章을 감싸는 데 사용되었으며 때로는 순수하게 장식적인 모티프로 사용되기도 했다. 이는 일반적으로 입구 위나 축 상의 조각 페디먼트 안에 위치한다.

공간적 통합성
Spatial unity

이탈리아 바로크건축의 공간적 통합성은 구아리니가 설계한 북부지역의 성당에서 정점에 이르렀다. 고딕양식과 유사한 리브가 뼈대를 이루는 가운데에 돔, 반원형 돔 그리고 대각선 방향의 공간을 병렬로 배치함으로써 구아리니의 성당은 반종교개혁의 경험을 더욱더 공간적이고 구조적으로 느끼게 했다.

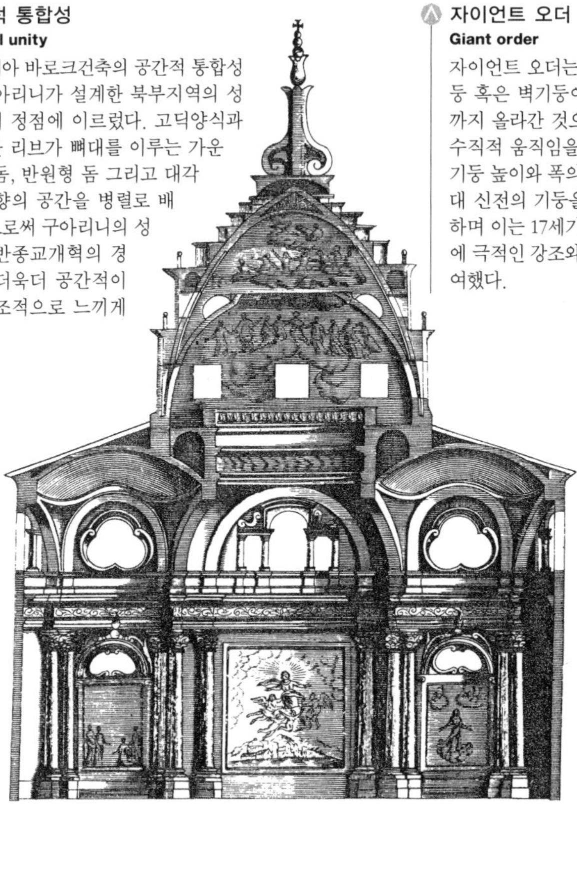

자이언트 오더
Giant order

자이언트 오더는 하나의 기둥 혹은 벽기둥이 2층 이상까지 올라간 것으로 입면의 수직적 움직임을 통합한다. 기둥 높이와 폭의 비례는 고대 신전의 기둥을 떠올리게 하며 이는 17세기 건물 입면에 극적인 강조와 권위를 부여했다.

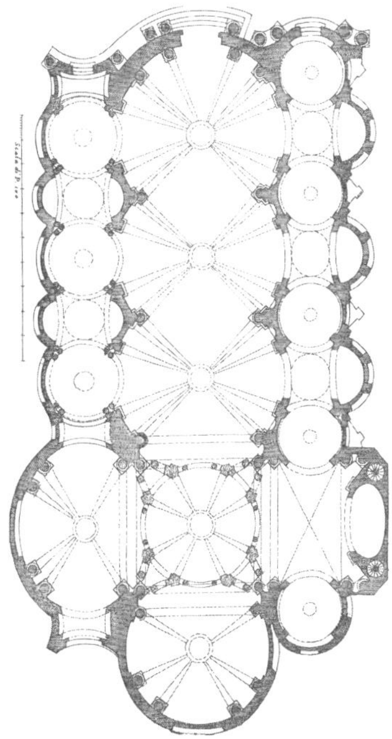

물결모양 벽
Undulating wall

구아리니의 성당을 이루는 내·외부의 윤곽은 모두 연속적으로 조각나 있거나 물결모양의 벽으로 이루어져 있다. 역동성을 위해 평면에서 원과 타원을 효과적으로 융합한 결과 오목하고 평평하고 볼록한 벽이 병치되었다.

바로크와 로코코
Baroque and rococo

프랑스의 바로크
French Baroque

로마건축이 반종교개혁에 의해 바로크 건축으로 변화한 것과는 달리 17세기 프랑스의 건축은 르네상스건축에서 비롯한 좀더 자연스러운 결과였다. 앙리 4세는 위그노전쟁 이후 파리로 돌아와서 국왕의 조각상과 귀족의 저택으로 이루어진 일련의 광장들을 조직하여 군주의 존재를 다시 확립하고자 했다. 그 결과 나타난 절도있고 일률적인 양식은 곧 도시의 주택과 궁전은 물론 지방 귀족의 성채에도 사용되었다. 프랑수아 망사르, 쥘 아르두앵 망사르, 루이 르보 등의 건축가들이 반복적인 모티프가 사용된 긴 입면을 만들어 뚜렷한 바로크적인 효과를 만들었다.

프랑스의 뤽상부르 궁전
Palais du Luxembourg, Paris
이 궁전은 건축가 살로몽 드 브로스가 마리 드 메디치를 위해 전통적인 중정형 평면으로 구성하여 1615년 착공했다. 입면은 러스티케이션으로 처리한 벽기둥과 기둥이 쌍을 이루어 연속적인 체계로 구성되었다. 전통적인 프랑스식 다락창이 난간 뒤에 자리했다.

파리의 르와이얄 광장 (1605–1612년)
Place Royale, Paris
파리에서 앙리 4세가 계획한 중요한 도시계획은 귀족들의 주택이 있는 최초의 '왕실 광장'을 만드는 것이었다. 보쥬 광장 혹은 르와이얄 광장 둘레로 연속적인 아케이드 위에 2층 건물이 자리하고 가파른 만사드지붕이 건물 동을 구분하고 있다. 벽돌조 입면은 치장석재를 이용한 수직띠를 만들어 장식하고 있다.

쌍기둥
Paired columns
17세기 프랑스건축의 특징으로 쌍을 이룬 기둥과 벽기둥이 일견 반복적이고 긴 궁전의 입면에 리듬감을 부여했다. 대개 홈파기를 하거나 러스티케이션으로 처리된 기둥은 우아하고 절제되어 있는 형태의 장식을 보여주었다. 또한 넓은 기둥간격은 더 큰 창과 출입구를 만들 수 있게 했다.

파리의 메종 성채(1642–1646년)
Château de Maisons, Paris
이 건물은 프랑수아 망사르의 작품이다. 그는 여기에서 3개의 뚜렷하게 구분된 건물을 장식적인 정면을 사용해 통합했다. 쌍기둥과 페디먼트로 구성된 장식적인 정면이 양 측면 건물에서 조금씩 변형되며 반복되고 있다. 장식 정면은 경사가 급한 지붕 앞에 겹쳐있는데 중앙으로 갈 수록 여러 층을 이루며 후퇴하고 있다.

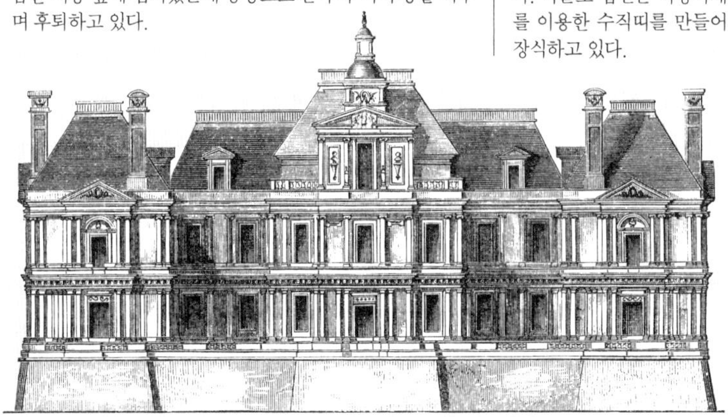

파리 루브르 궁의 동쪽 입면(1667–1670년)
East front of the Louvre, Paris
베르니니를 비롯한 이탈리아 건축가들의 디자인을 받아보고 거절한 루이 14세는 프랑스 건축가들을 모아 루브르 궁의 동쪽 정면부를 건설하도록 했다. 그 결과 높은 주초 위에 쌍을 이룬 자이언트 기둥을 나열하여 절도있고 웅장한 열주가 만들어졌다.

평면, 앵발리드의 성당
Plan, Church at Les Invalides

쥘 아르두앵 망사르는 루이 14세의 명을 받아 오텔 앵발리드Hotel des Invalides의 두 건물 사이에 돔을 가진 교회를 건축하게 된다. 그의 독창적인 해결안은 중앙집중형 평면의 새로운 교회를 제단을 모신 바로크양식의 타원형 성소를 통해 이전의 교회와 연결하여 하나의 축을 이루게 하는 것이었다. 모서리의 예배당은 거대한 대각선 방향으로 배치하여 지주 뒤에 숨겨져 자리했다. 이를 통해 돔 아래의 중심공간의 통일성을 유지하도록 했다.

파리 앵발리드의 성당(1680-1707년)
Church at Les Invalides, Paris

이 성당의 입면을 보면 열주현관의 기둥에서 시작해 돔의 리브까지 연속적으로 이어지는 강한 수직적 움직임이 파사드를 지배하고 있음을 알 수 있다. 드럼과 돔 사이에 애틱이 도입되면서 돔의 높이가 높아졌다. 돔 둘레의 비스듬히 돌출된 콘솔과 금박을 입힌 부조판이 이 왕실 교회의 바로크적 역동성을 더해주고 있다.

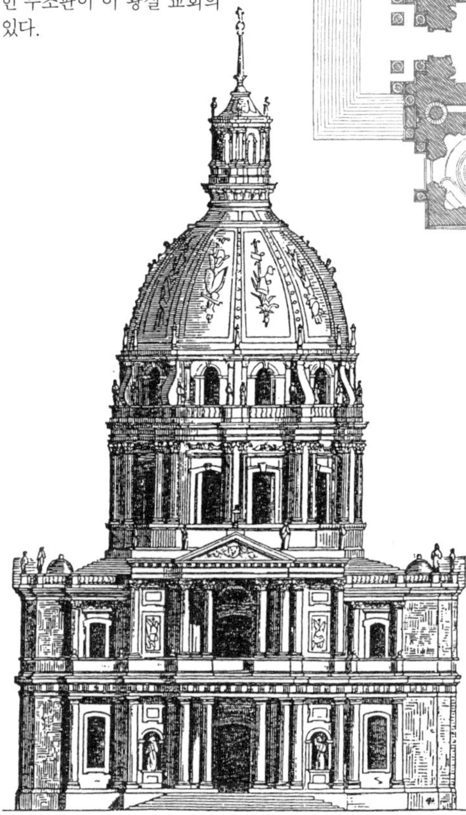

콘솔(소용돌이형 까치발)
Consoles

대개 소용돌이나 두루마리 형태를 가진 거대한 장식적인 까치발이 17세기 후반 프랑스건축에 자주 등장했다. 이것은 보통 구조적인 역할보다는 장식적으로 사용되었다.

원형창
Bull's eye aperture

프랑스의 바로크건축물 상부는 원형 혹은 타원형의 과녁모양 창으로 장식된다. 이는 특히 만사드 지붕과 돔에 많이 사용되었다. 이것은 때때로 다락창으로 사용되었지만 대개 벽을 장식하는 개구부로 쓰였다.

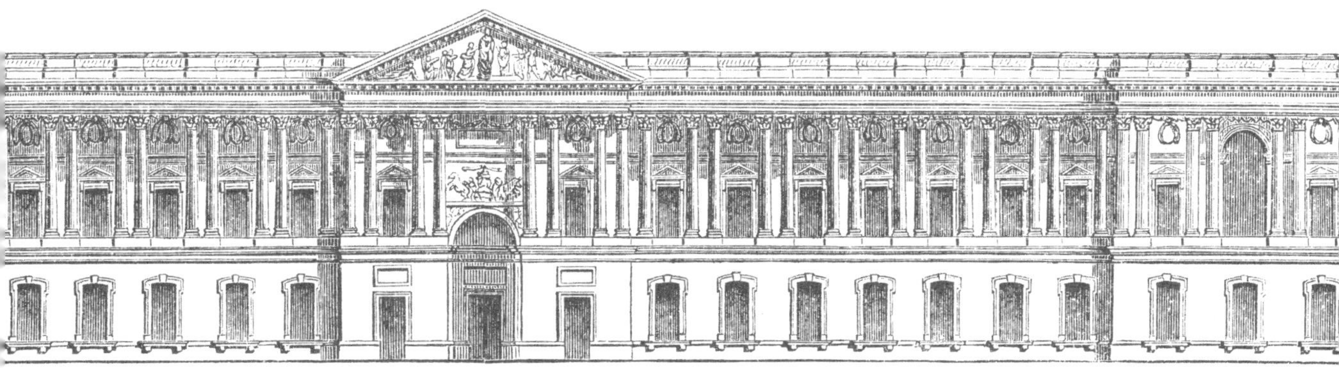

바로크와 로코코
Baroque and rococo

프랑스의 바로크 : 베르사이유 궁전과 그 영향
French Baroque : Versailles and its Influence

1664년 루이 14세는 건축가 르보에게 베르사이유 궁전을 재건하도록 명령했다. 국왕은 그의 궁전이 크기와 웅장함에서 다른 대신들의 궁전을 압도하기를 원했다. 17세기와 18세기 동안 여러 단계를 거쳐 개발된 베르사이유의 궁전과 정원은 그 시기에 가장 두드러지는 건축 활동이었으며 같은 시기 프랑스건축의 방향을 선도했다. 궁전과 정원을 치밀하게 배치함으로써 루이 14세는 완벽한 중앙집중형 바로크양식 체계 혹은 바로크적인 세계를 창조했다. "군주의 승리"를 주제로 한 대규모 장식을 제작하기 위해 당대의 유명 조각가와 화가들이 고용되었다. 귀족들은 이에 대한 대응으로 파리에 오텔이라고 하는 저택을 발전시켰다. 이 저택의 내부는 베르사이유 궁전의 장식양식에서 크게 영향을 받았다.

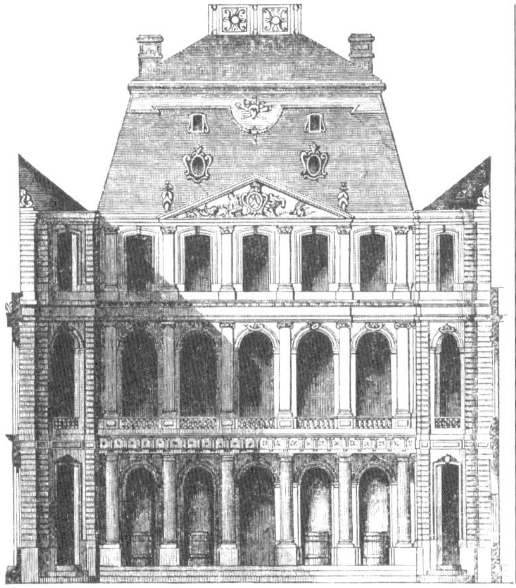

파리의 오텔
Parisian hôtel
귀족들의 새로운 도시 주거형태인 오텔은 전면에 중정이 있었고 건물은 중정 뒤로 후퇴되어 배치되었다. 가로쪽으로는 출입구가 있는 벽이 있고 건물 뒤로 정원이 있었다. 평면은 부득이하게 비좁았고 대개 두 저택이 하나의 중정을 공유했으며 고전적인 입면이 일종의 장막 역할을 했다.

오텔 창문 상부의 장식
Hôtel window-head
오텔의 외부장식, 특히 가로변의 입면장식은 대개 창, 문 그리고 넓게 노출된 벽에 설치된 발코니가 전부였다. 하지만 이러한 요소들은 극도로 화려하곤 했는데 이는 베르사이유 궁전의 장식양식의 영향을 받은 것이다. 여기에는 콘솔, 조각 페디먼트, 복잡한 몰딩, 조각상이 있는 부조판 그리고 여상주가 사용되었다.

베르사이유 궁전의 평면
Plan, Château de Versailles
절대 권력을 이상화한 루이 14세의 계획에 따라 이 궁전은 몇 단계에 걸쳐 계획되었다. 거대한 중정 끝부분에 자리한 루이 14세의 아파르망(왕의 숙소)을 평면의 중심으로 양 옆으로 방들이 병렬로 배치되어 별관을 이루고 있다. 르 노트르가 계획한 정원 배치와 반대편의 베르사이유와 파리까지 이어지는 대로가 이루는 축 위에 왕의 침실이 자리했다.

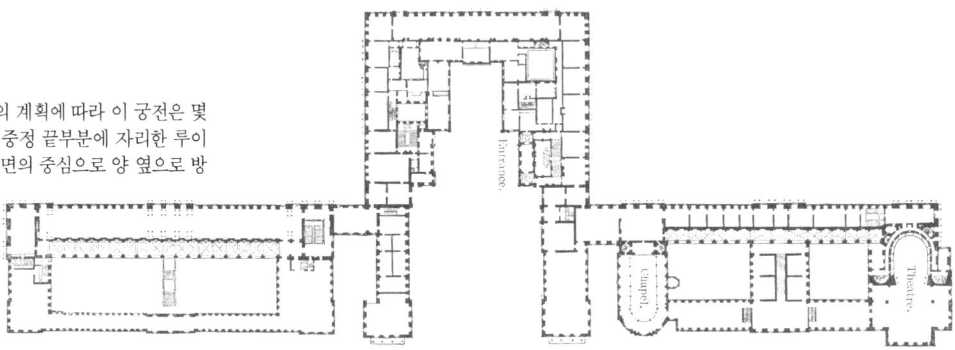

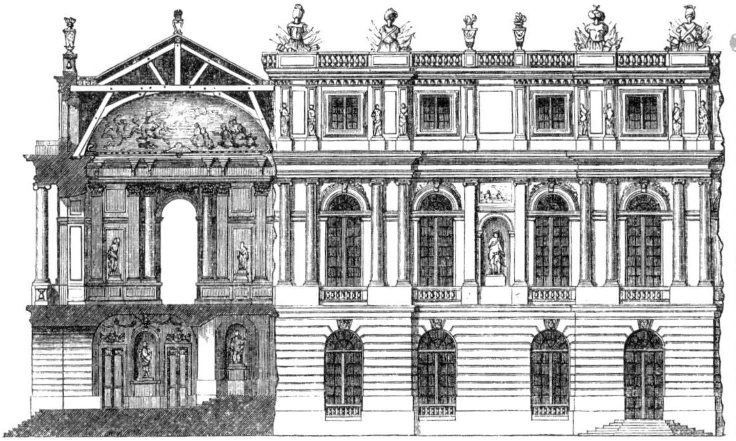

거울의 방, 베르사이유 궁전, 1678년

Galerie des Galaces (Hall of Mirrors), Versailles

이 방은 1678년 아르두엥 만사르가 증축한 것으로 샤를 르 브루가 장식을 담당했다. 이 기다란 방의 한쪽에는 정원을 내려다 볼 수 있는 거대한 창문들이 있었으며 반대편에는 같은 크기와 개수의 베네치아산 거울이 있었다. 이 거울은 빛, 금으로 만든 장식, 채색한 대리석 그리고 국왕의 일생을 묘사한 르 브루의 프레스코화를 반사한다. 이 방의 양식은 후에 18세기 유럽의 궁전장식의 모델이 되었다.

문 장식, 베르사이유 궁전

Door panel, Versailles

베르사이유 궁전에 있는 대부분의 장식은 금박을 입힌 얕은 부조형식으로 아라베스크, 소용돌이 잎사귀, 꽃다발문양이었다. 이러한 문양은 나무나 색대리석으로 된 고전적인 직4각형 패널 안에 조각되었다.

응접실의 장식, 베르사이유 궁전

Decoration of a salon, Versailles

베르사이유 궁전에서 살롱(접견실)으로 사용된 공간에는 각각 주제가 있었다. 거울의 방 양쪽의 살롱은 전쟁의 방, 평화의 방이다. 왕의 침실에 있는 7개의 방은 7개의 행성 이름을 땄으며 그와 관련된 상징을 사용해 왕의 덕목을 기리고 있다. 각각의 살롱은 천장의 환상적인 프레스코화에 제시된 주제와 관련있는 부조판으로 꾸며져 있다.

장식적인 주두, 베르사이유 궁전

Decorative capital, Versailles

베르사이유 궁전 내부에는 특히 비전형적인 장식양식이 발달했다. 이는 건물의 규모가 커서 부분보다는 전체가 주는 인상이 강렬했기 때문으로 보인다. 내부의 주두 중 일부에는 금박이 입혀져 있으며 꽃다발, 아칸서스잎, 동물 그리고 작은 가상의 동물들이 조각되어 있다.

바로크와 로코코
Baroque and rococo

영국의 초기 바로크
Early English Baroque

17세기 영국건축의 변화는 1666년에 일어난 런던 대화재에 의해 촉진되었다. 이 화재로 인해 87개의 교구 교회를 포함한 도시의 중요한 부분이 파괴되었다. 곧이어 런던의 도시재건을 위해 특별히 성당과 대성당에 초점을 맞춘 일련의 법안이 통과되었다. 당시 건설총감독관이었던 크리스토퍼 렌이 새로운 교회를 설계하고 건축하는 책임을 맡았다. 자연과학을 공부한 렌은 구조적 난제를 변형과 개조를 이용한 독창적인 '바로크식' 방법으로 해결했다. 가장 힘든 도전이었던 세인트폴 대성당의 재건을 위해서 렌은 방대한 양의 도면을 그렸다. 하지만 렌은 최종 디자인을 두고 대륙의 바로크양식을 받아들이기 꺼려하는 영국적인 정서와 맞서야 했다.

런던의 세인트제임스 성당(1683년)
St. James's, London
1711년경에 작성된 렌의 메모에 따르면 그는 도시의 교회를 작은 극장처럼 설계했다고 한다. 신도들의 좌석을 교회의 3면을 따라 배치해서 개신교 예배에서 특히 중시되었던 설교를 모든 신도들이 들을 수 있도록 했다. 피카딜리에 위치한 세인트제임스 성당에서는 독특하게도 설교단이 신도들의 좌석 사이, 성당의 중앙부에 자리했으며 제대는 동쪽 끝 벽에 위치했다.

런던의 세인트브라이드 성당(1701-1703년)
St. Bride, London
도심의 성당들은 좁은 대지 위에 저렴한 재료로 건설되었다. 우아하고 대개 독창적인 뾰족탑은 주변의 주택 위로 솟아있어 외부장식의 주요한 형태를 구성하고 있다. 플리트 거리의 세인트브라이드 성당의 뾰족탑은 4층으로 구성되어 있으며 내부에 석재 계단이 있다. 각 층의 평면은 팔각형이며 아치형 개구부와 벽기둥으로 둘러싸여 있다.

트리니티 칼리지 도서관, 캠브리지(1676-1684년)
Trinity College Library, Cambridge
렌은 네빌스 코트에 있는 기존의 두 건물 사이에 트리니티 칼리지 도서관을 건설했다. 불가피하게 낮아야 하는 도서관 층고와 도리스 오더의 높이가 어긋나는 것을 가리기 위해 1층 아치의 아랫부분을 작은 달 모양조각으로 채워서 입면을 시각적으로 보완했다.

런던의 세인트베넷 성당 (1683년)

Church of St. Bennet, London

윗부분이 둥근 거대한 창이 렌의 건축물, 특히 도심 성당에서 종종 사용되었다. 일견 단순해 보일 수 있는 조적조 입면을 꾸며주는 화려한 꽃다발장식과 다양한 색채효과를 위해 벽돌과 석재를 병치하는 것은 렌의 건축적 특징 중 하나이다.

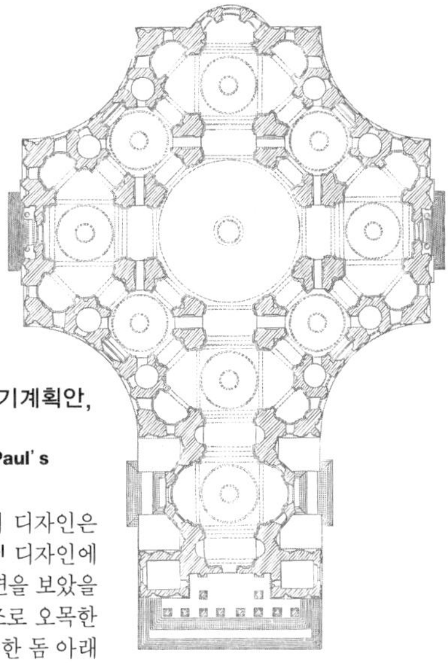

세인트폴 대성당의 초기계획안, 런던(1673년)

The Great Model of St. Paul's Cathedral, London

세인트폴 대성당의 초기 디자인은 그레이트 모델Great Model 디자인에서 정점을 이루었다. 평면을 보았을 때 이는 중앙집중형 구조로 오목한 외벽을 갖고 있으며 거대한 돔 아래의 중심공간 둘레로 예배당이 회랑을 이루고 있었다. 그리고 입구의 열주현관 뒤로 작은 두번째 돔이 놓였다. 이 설계안은 대륙의 바로크양식 성당을 떠올리게 했기에 교회의 승인을 얻지 못했다. 성직자들이 이 안이 전통과 어긋나며 비실용적이라고 생각했기 때문이다.

윗 부분이 둥근 창, 세인트폴 대성당

Roundheaded window, St. Paul's Cathedral

렌은 대성당의 외부에 특별히 장식적인 창문을 도입했다. 얇은 여러 개의 몰딩이 창의 상부를 둥글게 두르다가 원형 시작 부분에서 뚝 끊어져 장식적인 '귀'를 만든다. 조각난 아키트레이브를 닮은 이런 몰딩으로 창문의 틀을 장식하고 있다.

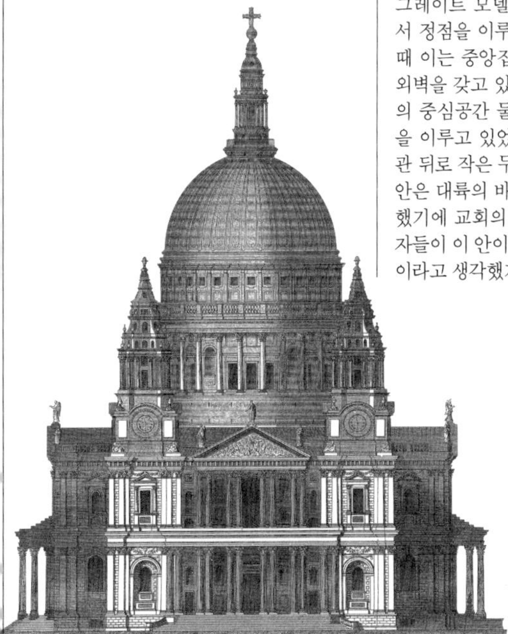

세인트폴 대성당의 서측 입면(1675-1710년)

West front, St. Paul's Cathedral

렌은 원래 성당의 서측 현관에 자이언트 오더를 사용하려고 했다. 하지만 포트랜드의 채석장에서 엔타블러처로 사용할 수 있을 만한 거대한 석재를 구할 수 없어 그 안을 포기해야 했다. 그럼에도 불구하고 코린트양식의 쌍기둥과 벽기둥 그리고 중앙 돔 하부의 열주를 모방하여 화려하게 장식된 탑으로 구성된 이 입면은 매우 바로크적이다.

이중 돔, 세인트폴 대성당

Double-shelled dome, St. Paul's Cathedral

런던 도시 위로 솟아 오른 높은 돔은 렌이 처음부터 구상한 개념 중 하나였다. 최종 해결책은 매우 복잡한 공학기술의 결정체로 외부 돔과 상부 랜턴을 바라볼 수 있는 오쿨루스(돔 중심에 있는 원형 개구부)가 있는 내부 돔을 만들고 그 사이에 조적조로 원뿔을 보이지 않도록 삽입해 외부 돔을 버팀대로 지지하도록 했다.

바로크와 로코코
Baroque and rococo

영국의 후기 바로크
Later English Baroque

영국 바로크양식의 두번째 시기는 새로운 세대의 건축가가 나타나난 18세기 초부터 시작되었다. 그들 중 일부는 렌의 사무소 출신이었다. 이 때의 두 거장은 니콜라스 혹스무어와 존 밴브루이다. 혹스무어는 렌이 죽은 이후에 완공된 그리니치병원을 포함한 다수의 왕실작품에 참여했다. 이니고 존스의 왕비관에서 강둑을 바라볼 수 있도록 2개의 마당 주위로 건물이 배치된 왕립병원은 이후에 혹스무어와 밴브루에 의해 발전한 영국의 바로크양식 궁전의 선구자였다. 두 건축가는 동업자로서 오목하고 볼록한 익부를 가진 매력적인 전원주택을 건설했다. 건물 전체의 매스가 주는 느낌과 벽에 내재된 동세에 관심을 갖고 있었던 이들은 건물 매스의 스케일을 솜씨있게 다루었으며 고전적 건축언어를 재기발랄하게 해체했다.

블레넘 궁전, 옥스퍼드 근교(1705-1724년)
Blenheim Palace, near Oxford
말버러공은 밴브루에게 영국의 군사적 성취를 기리는 기념물로도 쓰일 수 있는 궁전을 건설하도록 했다. 밴브루는 혹스무어와 함께 승리를 기리는 건축물을 건설하는 기회로 삼았다. 그들은 높이가 서로 다른 성채와 같은 육중한 건물들을 만들고 고전적 모티프와 열주를 재치있게 사용해 이들을 연결했다.

요크셔의 하워드 성(1699-1712년)
Castle Howard, Yorkshire
밴브루의 하워드 성 설계안은 그리니치병원에서 사용한 2개의 앞마당을 합치는 수법을 기초로 하고 있다. 첫번째 마당의 측면을 둘러싸고 있는 부속건물과 중앙에 돔이 있는 중심건물은 짧은 곡선 형태의 열주랑으로 연결되어 있으며 이것이 두번째 앞마당을 이루고 있다.

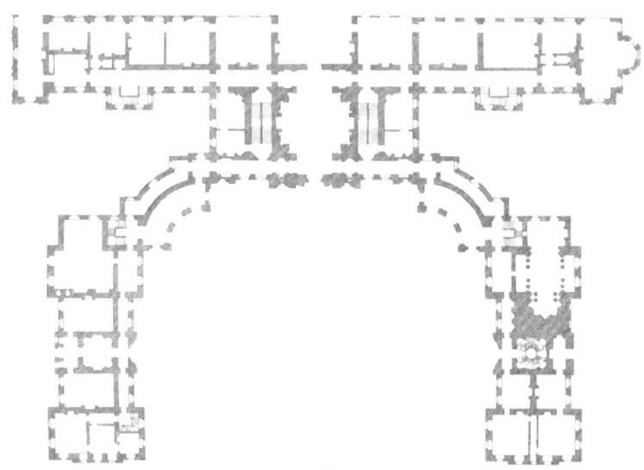

그리니치병원, 런던(1695년)
Greenwich Hospital, London
그리니치에 건립될 왕립해군병원이 1695년 발주되었다. 렌은 2개의 옥외 중정이 있는 평면을 도입하여 병원의 중심축 위에 왕비관이 보이도록 했다. 건물의 입면은 렌이 사망한 후에 그의 후계자들에 의해서 하부가 끊어진 페디먼트와 키 큰 아치와 같은 모티프를 사용하여 완성되었다.

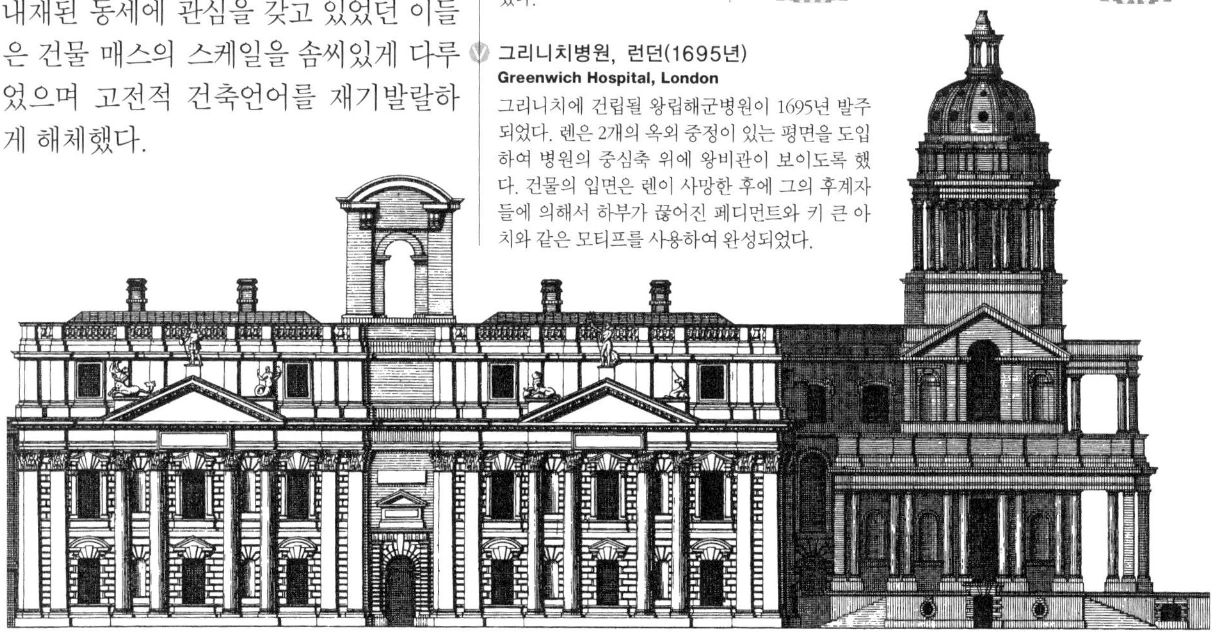

시애튼 딜래벌, 노섬벌랜드(1720–1729년)
Seaton Delaval, Northumberland

매스를 성채처럼 다루는 밴브루의 접근법은 시애튼 딜래벌과 같이 조밀한 구성에서 가장 극명하게 드러난다. 벽을 꾸미는 다양한 종류의 띠 장식과 고리무늬가 있는 도리스식 자이언트 오더 기둥 쌍이 서로 다른 유닛의 매스를 훌륭하게 강조하고 있다. 난간이 있는 2개의 탑과 매끈한 벽으로 이루어진 중앙 블록이 방어적인 정면 출입부 위로 자리했다.

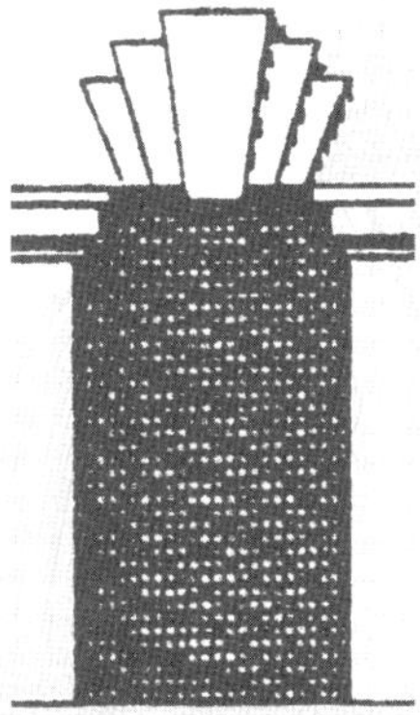

거대한 이맛돌
Giant keystone

영국의 바로크양식 건축가들은 자주 거대한 이맛돌을 사용해 문과 창문을 강렬하게 장식하곤 했다. 어떤 건축가들은 5개의 석재를 사용해 폭이 넓은 모습을 만든 반면 혹스무어는 종종 하나의 거대한 이맛돌을 독립적으로 사용해 그 길이의 절반 정도가 창문을 덮도록 하여 입면에 강한 수직적 악센트를 주었다.

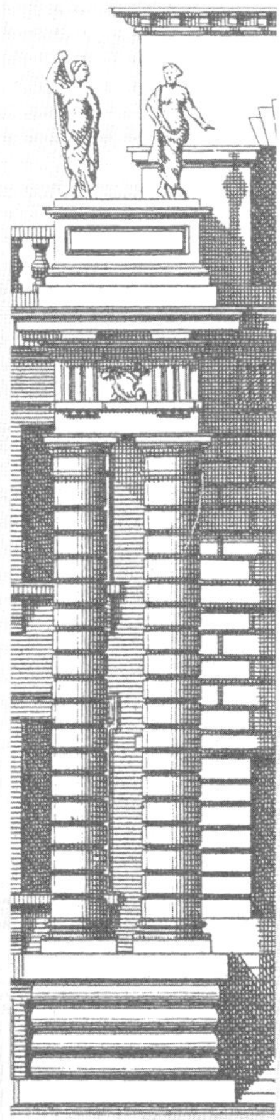

고리무늬 기둥, 시애튼 딜래벌
Ringed columns, Seaton Delaval

고리무늬 기둥은 시애튼 딜래벌 및 대부분의 밴브루의 전원주택에서 사용된 인상적인 요소 중 하나이다. 대개 도리스식 자이언트 오더로 이루어져 있으며 주신에는 정확하고 규칙적인 홈이 조각되어 있다. 이탈리아와 프랑스의 르네상스건축에서 이미 널리 쓰이던 요소였지만 밴브루는 이를 사용해 거대한 벽면에 뚜렷한 수평적 리듬감을 부여하고자 했다.

버밍엄의 세인트필립 성당(1709–1715년)
St. Phillip, Birmingham

토마스 아처는 1711년 성당 건설을 위한 법령을 제정한 위원 중 한명이었다. 그가 설계한 버밍엄의 세인트필립 성당은 이탈리아와 프랑스의 바로크양식 성당을 강하게 연상시킨다. 오목한 벽, 돔이 있는 탑, 사선 방향으로 돌출된 콘솔 형태의 버트레스 그리고 원형창 등이 쓰였기 때문이다. 그렇지만 이 성당은 렌의 성당에서 기원한 영국식 박스형 평면을 갖고 있다.

바로크와 로코코
Baroque and rococo

북부 및 중부 유럽의 바로크
Northern and Central European Baroque

바로크양식은 17세기 후반에 들어 북부 및 중부 유럽 전역에 걸쳐 전파되었으며 로마 가톨릭의 바로크양식과 프랑스의 세속적인 정원의 고전주의가 하나로 합쳐진 것이었다. 유럽의 가톨릭 도시들은 로마를 모방한 반면 국왕들은 자신만의 베르사이유를 계획하고 있었다. 프라하, 빈, 스톡홀름의 궁전들은 평면적으로는 프랑스의 궁전과 매우 유사했으나 입면의 표현들은 로마의 바로크를 연상케 하는 화려하고 조각적인 입체감을 나타냈다. 18세기에 반종교혁명과 함께 남부 독일과 오스트리아에서는 이탈리아의 성기 바로크양식이 성당의 원형이 되었다. 구아리노 구아리니의 저서는 매우 영향력이 있었다. 그리스도교의 수도인 로마의 권위를 상기시키도록 고대 로마 건물을 그대로 인용하여 화려하고 조각적인 입면을 만드는 것이 추세였다. 1800년대에 이르러 빈과 프라하는 국제적인 바로크양식의 선구적인 도시로 변모했다.

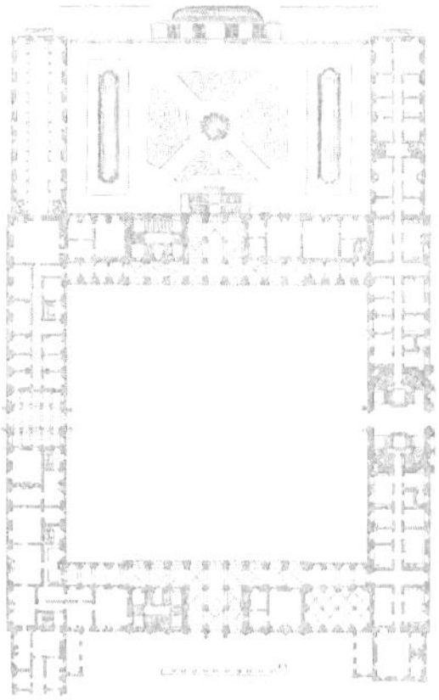

스톡홀름의 왕궁 (1697-1771년)
Royal Palace, Stockholm
스웨덴 국왕 카를 12세를 위해 니코데무스 테신이 설계한 스톡홀름의 왕궁은 18세기 초에 유행한 유럽의 궁전 형식을 잘 보여준다. 4면에 모두 출입구가 있는 넓은 중정, 2개의 돌출된 별관 사이의 정원 그리고 외관의 통일된 블록 형태와 같은 요소는 뤽상부르, 루브르, 베르사이유의 궁전을 떠올리게 한다.

남상주
Atlantes
피셔 폰 에를라흐와 그의 동료들이 설계한 궁전의 출입구에는 중부 유럽의 바로크건축에서 중심요소로 쓰인 남상주(뒤틀린 모습의 거대한 근육질 남성 조각상)가 아치를 지지하고 있었다. 이 거대한 조각상은 대개 쌍으로 배치되었다.

프라하의 클람 갈라스 궁전(1791년)
Palace of Clam Gallas, Prague
얀 파클라프 갈라스백작은 빈의 궁정건축가인 피셔 폰 에를라흐에게 프라하에 유럽대륙의 최신 건축유행으로 궁전을 건설할 것을 의뢰했다. 3층 창문의 반복적으로 교차하는 페디먼트는 독창적이며 중앙의 오목한 페디먼트는 윗부분에 카르투슈(타원형 장식물)를 겹쳐 놓아 장식의 절정을 이루고 있다. 빽빽하게 장식된 출입구는 로마 바로크의 입체감과 베르사이유의 장식양식의 중간 정도의 화려함을 보여주고 있다.

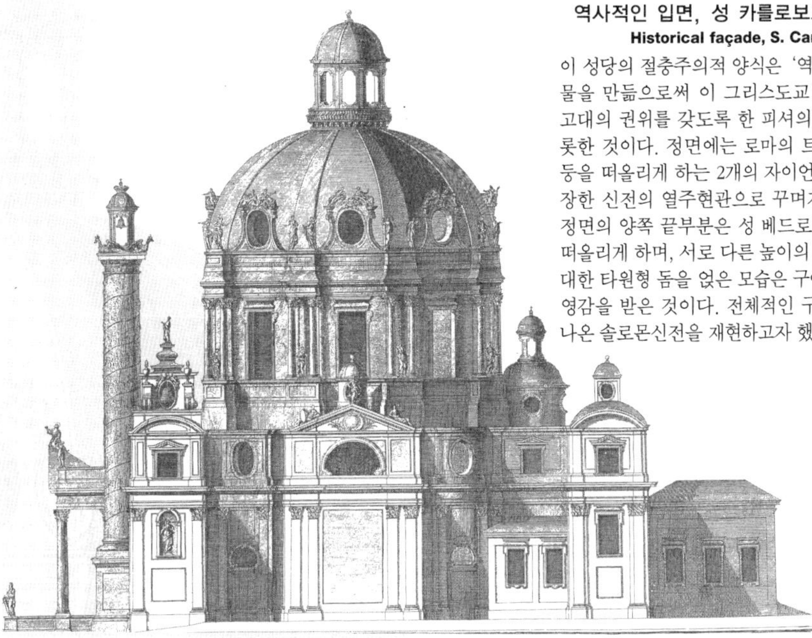

역사적인 입면, 성 카를로보로메오 성당
Historical façade, S. Carlo Borromeo

이 성당의 절충주의적 양식은 '역사적인' 건축물을 만듦으로써 이 그리스도교 봉헌 교회가 고대의 권위를 갖도록 한 피셔의 의도에서 비롯한 것이다. 정면에는 로마의 트라야누스 기둥을 떠올리게 하는 2개의 자이언트 기둥과 웅장한 신전의 열주현관으로 꾸며져 있다. 성당 정면의 양쪽 끝부분은 성 베드로 성당의 것을 떠올리게 하며, 서로 다른 높이의 유닛 위에 거대한 타원형 돔을 얹은 모습은 구아리니에게서 영감을 받은 것이다. 전체적인 구성은 성경에 나온 솔로몬신전을 재현하고자 했다.

평면, 성 카를로 보로메오 성당, 빈(1715-1737년)
Plan, S. Carlo Borromeo, Vienna

성당의 평면은 돔 아래 타원형 중심 공간이 있으며 강한 세로축을 형성한다. 정면에는 양쪽으로 확장된 웅장한 열주현관이 자리해 뒤쪽의 성당의 실제 크기를 가려주고 있다.

잘츠부르크 대성당, 잘츠부르크(1686-1707년)
Kollengienkirche, Salzburg

베네딕토회는 남부 독일의 예수회 성당과는 다른 양식의 성당을 원했다. 피셔는 평면은 물론 입면에도 바로크양식의 '타원' 형태를 도입하여 독특한 곡선의 성당을 창조했다. 입면에는 볼록한 타원형 건물을 중심으로 양쪽에 날렵한 보로미니 스타일의 탑이 배치되었다. 자이언트 오더의 벽기둥, 높은 돔 그리고 타원형 창문으로 인해 건물의 수직성이 강화되었다.

바로크와 로코코
Baroque and rococo

로코코
Rococo

로코코양식은 본질적으로 18세기 초에 파리의 귀족들의 오텔이나 타운하우스에서 발전한 장식적인 양식이었다. 이 양식이 베르사이유의 화려한 장식에서 기원한 것이지만 왕궁의 격식을 차린 절도있는 모습에 대한 반작용으로 나타난 것이기도 했다. 쥐스트-오렐르 메소니에, 질-마리 오펜노르트, 니콜라 피노, 제르맹 보프랑은 좀더 친밀한 스케일과 편안한 배치의 방을 만들어낸 건축가 중 일부로서 밝고 가벼우며 다채로운 장식을 통해 패널과 문틀의 경계가 흐려지고 벽과 천장이 융합되도록 했다. 로카이유 아라베스크무늬(덩굴무늬)와 시누아즈리(중국풍 장식) 등을 포함한 모티프의 종류는 무한대로 다양하게 변화했다. 프랑스에는 로코코양식의 외관을 갖는 건물의 거의 지어지지 않았으나 독일 남부에서 상당수의 로코코양식 교회당이 지어졌다.

중첩된 몰딩
Overlapping moldings
베르사이유의 형식적인 패널과 문틀에 대한 반작용으로 로코코의 장식은 몰딩을 중첩시킴으로써 패널, 거울, 문, 천장을 융합했다. 슈비즈 오텔Hôtel de Soubise(1738-1739년)에서 모든 방의 각진 부분은 둥글게 처리되었으며 모서리와 천장의 경계가 사라지도록 했다.

로카이유문양
Rocaille patterns
로코코양식의 특징은 바로 조개껍데기, 고드름, 작은 동굴같은 장식물에서 유래한 '로카이유' 무늬였다. 로카이유 아라베스크무늬(덩굴무늬)는 대부분 추상적인 형태로서 건축물의 테두리에 대칭적으로 배치되었다.

가리비 껍데기
Scallop shell
인기있는 모티프는 가리비 껍데기모양으로 상부의 소용돌이는 S자와 C자로 이루어진 아라베스크무늬의 기본틀을 반영했으며 물결모양의 아라베스크 곡선으로 내부장식을 완성했다.

파리의 생폴 앤 생루이 성당
Church of St. Paul and St. Louis, Paris
예수회의 성당인 생폴 앤 생루이 성당은 바로크양식이지만 입면에는 로코코의 초기 특징이 나타난다. 여러 개의 카르투슈, 아라베스크무늬, 모노그램(결합문자), 소용돌이무늬, 아기천사 그림 그리고 벽감에 위치한 3개의 조각상 등이 그것이다.

오텔의 발코니
Hôtel balcony

절제되고 고전적인 18세기 프랑스 오텔의 입면은 로코코양식으로 이루어진 내부와 대조를 이루었다. 하지만 창문의 발코니를 통해 외부에 로코코양식의 표현을 하게 되었다. 고전적인 석재 난간으로 이루어진 발코니는 종종 화려한 콘솔 받침대 위에 복잡하게 짜인 소용돌이 무늬를 얹은 철제 발코니로 대체되곤 했다.

순수한 장식
Pure decoration

로코코 장식의 모티프는 역사적이거나 상징적인 것이 아니었다. 로카이유, 소용돌이무늬 그리고 잎사귀무늬는 대개 색다른 조각상, 마스크, 헤르메스, 스핑크스, 그리고 상상의 문장紋章 주위로 배치되었다. 일반적으로 쓰인 조각상은 여인의 얼굴 둘레에 주름깃을 두른 모습이다.

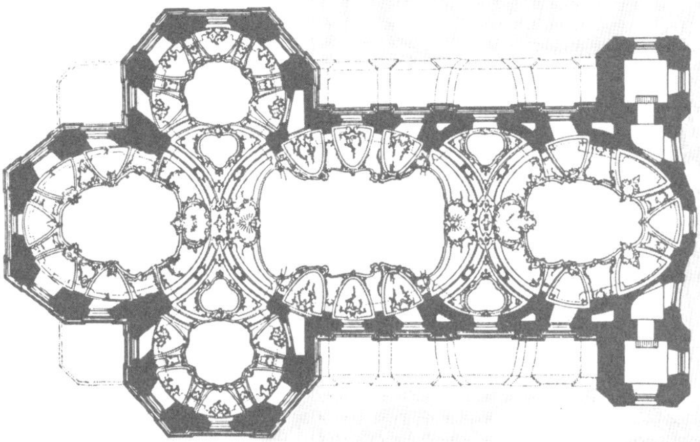

피어첸하일리겐 순례교회, 남부 독일(1772년 축성)
Pilgrimage church of Vierzehnheiligen, southern Germany

J. B. 노이만은 다양한 크기의 타원을 결합하여 평면을 구성했다. 중앙의 타원은 모서리가 둥근 직4각형 형태로 보인다. 기본 유닛의 불분명한 형태와 도형 내부를 따라 배치된 가리비문양이 후기 로코코양식의 내부장식효과를 더욱 강화하고 있다.

로코코양식의 교회장식, 피어첸하일리겐 순례교회
Rococo church decoration, Vierzehnheiligen

내부의 구조적인 요소를 코니스 아래까지로 제한함으로써 볼트천장을 표면의 연속성을 강조하는 로코코양식으로 장식할 수 있도록 했다. 그물망처럼 얽혀있는 볼트의 얇은 리브 위로 가라비문양이 있는 패널, 프레스코화, 카르투슈 그리고 아라베스크무늬가 중첩되어 있다. 네이브의 중앙에는 로카이유양식의 14성인의 성소(1764년)가 독립적으로 자리한다.

팔라디오양식 18세기 초–19세기 초
Palladianism early C.18th–early C.19th

이니고 존스의 유산
The Legacy of Inigo Jones

영국의 팔라디오양식은 바로크건축의 과도한 개인적 취향과 기형적인 "변형"에 대한 반작용으로 18세기 초에 영국에서 발생한 건축운동으로, 팔라디오와 이니고 존스(1573-1652년)의 건축에 기초하여 엄격한 고전적인 건축을 "국가적인 미적 취향"으로 수립하고자 했다. 한 세기 이전에 이니고 존스는 「건축4서」(1570)에 기록된 팔라디오의 이론을 심도있게 이해함으로써 영국에서 건축에 대한 생각을 혁명적으로 변화시켰다. 존스는 팔라디오의 작품에서 얻은 지식에 세바스티아노 세를리오, 빈첸초 스카모치 등의 저서와 고대 유적을 관찰한 결과를 가미했다. 그는 양식이라기보다는 하나의 지적인 사고방식을 영국에 전파했다. 그를 통해 팔라디오의 개념이 표면적으로만 쓰이는 것이 아니라 건축계획의 본질에 심도있게 사용되었다.

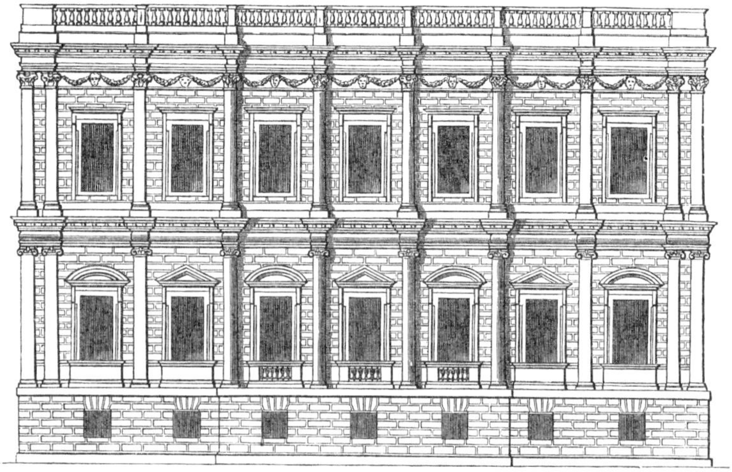

연회관, 화이트홀 (1619–1622년)
Banqueting House, Whitehall
존스의 이 연회관은 2개의 팔라디오 건물을 의도적으로 결합했다. 비트루비우스의 해설을 따라 로마 바실리카를 개조한 건물(평면)과 비첸차의 2층 팔라초(입면)를 조합하여 독창적인 결과물을 만들었다.

「건축4서」(1570년)
The Four Books of Architecture
팔라디오의 이 책이 명성과 인기를 얻은 이유는 고대 유적을 면밀히 탐구한 결과를 바탕으로 오더의 비례체계를 명쾌하게 그려냈기 때문이다. 고대 유적과 당대의 민간 및 공공건물을 정확하게 묘사한 목판 삽화와 간결한 설명은 모두에게 매력적이었다.

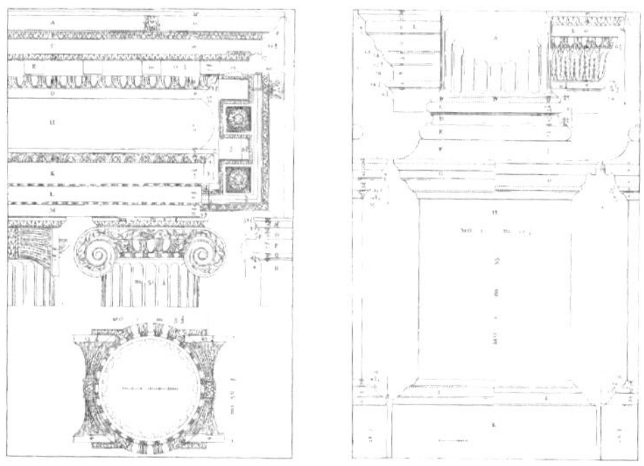

러스티케이션
Rustication
러스티케이션은 석재 모서리를 45° 정도로 비스듬하게 다듬어서 쌓는 방식을 말한다. 석재 표면은 평평하거나 거칠게 처리되었으며 매스감과 견고함을 전달한다.

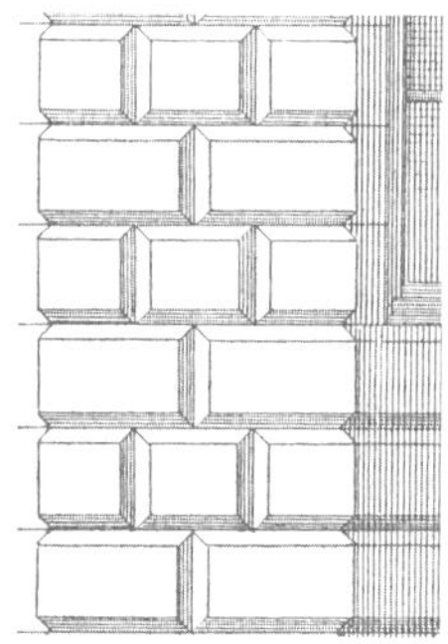

그리니치의 퀸즈 하우스 (1616–1635년)
Queen's House, Greenwich
팔라디오의 이론에 대한 존스의 깊은 이해는 퀸즈 하우스(왕비관) 설계의 비례에서 명백히 드러난다. 창문과 로지아, 로지아와 전체의 비례관계를 효과적으로 드러내는 것이 입면구성의 목적이었으며, 입면의 장식은 절제되었다. 존스는 외부의 장식은 "규칙에 따른 비례에 맞아야 하며 강건하고 거짓이 없어야 한다"고 생각했다.

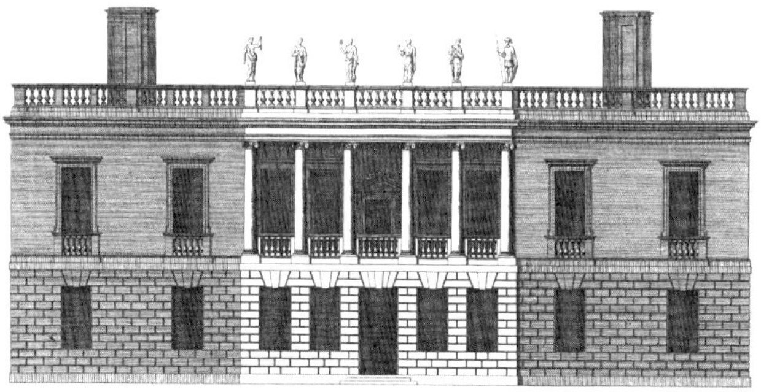

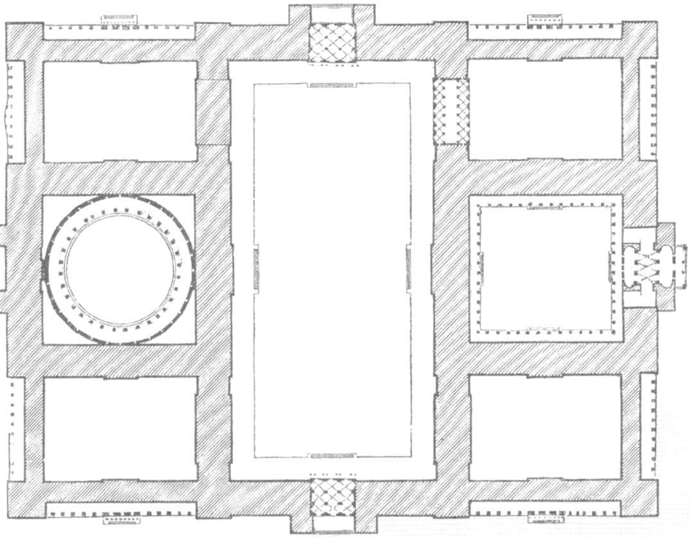

화이트홀 궁전 계획안, 런던(1647년경)
Project for a palace at Whitehall, London

존스와 웹은 기존의 연회관을 포함하는 거대한 팔라디오양식 궁전을 화이트홀에 설계했는데 이 계획안을 위해 작성된 상당수의 도면이 남아있다. 평면의 한쪽에는 원형 중정이 있고 반대편에는 이와 비례를 맞추어 4각형 중정이 자리했다.

에임즈버리 하우스, 윌트셔(1661년경)
Amesbury House, Wiltshire

존스의 제자이자 조수였던 존 웹에 의해 건설된 이 주택은 콜린 캠벨의 저서 「비트루비우스 브리타니쿠스Vitruvius Britannicus」에 도판이 실린 건물 중 유일하게 남아있는 것이다. 최근까지만 해도 존스의 작품으로 알려졌던 웹의 이 주택은 팔라디오양식의 흐름에서 매우 중요하다. 존스는 전원주택을 거의 설계하지 않았기 때문이다.

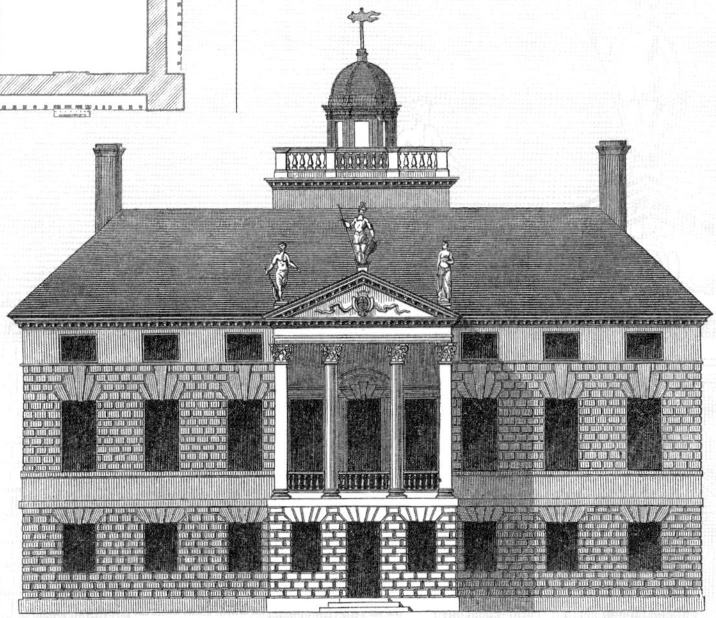

팔라디오양식 창문
Palladian window

베네치아식, 혹은 팔라디오양식 창문은 중앙의 아치 형태 개구부와 그 양쪽의 작은 4각형 개구부로 구성되어 있다. 4각형 창의 높이는 아치 기단부 높이에 자리한 곧은 아키트레이브에 의해 결정된다.

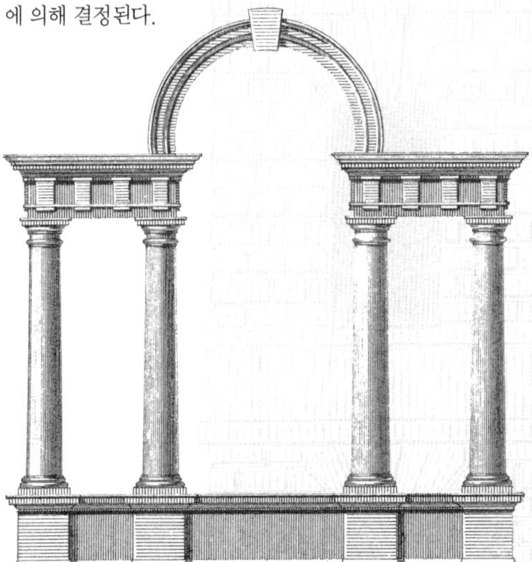

귀돌
Quoins

귀돌은 서로 다른 크기의 러스티케이션한 석재를 건물의 모서리 부분에 교차시켜 쌓은 것이다. 이는 종종 다른 건물 동을 구분하는 데에 쓰였다. 귀돌은 르네상스건축에서 비롯한 모티프로, 기둥이 없는 특성 때문에 팔라디오양식 건축가들의 흥미를 끌었다.

팔라디오양식
Palladianism

18세기 영국의 팔라디오양식
18th-century English Palladianism

18세기 초 영국의 휘그당원들은 개별 건축물이 아닌 전국적인 운동의 일환으로 건축적 규범을 재정립하고자 했다. 이는 환상적이고 기발하며 개인적인 바로크적 가치를 고전에서 찾은 진실하고 절대적인 가치로 대치하는 것이었다. 샤프츠버리경은 1712년에 쓴 유명한 편지에서 국가적인 미적 취향을 형성하기 위해 아카데미의 창립을 제안했다. 하지만 새로운 양식의 기초는 출판된 각종 저서를 통해 정립되었다. 콜린 캠벨의 「비트루비우스 브리타니쿠스」(1715년), 쟈코모 레오니가 번역한 팔라디오의 「건축4서」(1715-1720년」를 통해서 18세기의 건축은 팔라디오와 존스의 작품과 사상을 참고해야 한다는 사상이 고취되었다.

대문, 벌링턴 하우스
Great Gate, Burlington House
이니고 존스는 세심하게 비례를 맞춘 출입구를 다수 남겼는데 이것이 팔라디오양식 대문의 선례가 되었다. 캠벨이 설계한 벌링턴 하우스의 대문(1718)은 특별히 뛰어난 작품으로서 띠를 두른 기둥 4개를 넓은 간격으로 배치한 후 상부에 완벽한 도리스식의 엔타블러처를 올렸다.

난간
Balustrade
고전적인 난간은 르네상스 시대에서 전수받은 모티프로서 원래 발코니와 계단에 사용되었던 것이다. 하지만 팔라디오양식의 건축가들은 긴 난간을 거의 규칙적으로 사용해 지붕의 수평선을 규정했다. 때때로 난간은 조각상과 항아리 조각으로 분절되었다.

벌링턴 하우스, 런던(1715년)
Burlington House, London
1715년 이탈리아에서 돌아오면서 벌링턴경은 캠벨을 고용하여 런던에 있는 자신의 주택을 새로운 팔라디오양식으로 개축할 것을 의뢰했다. 캠벨은 최근에 출간한 「비트루비우스 브리타니쿠스」에서 새로운 팔라디오양식을 알리고 있었다. 비첸차에 자리한 팔라디오의 포르토콜레오니 팔라초Palazzo Porto-Colleoni에 기초를 둔 설계안에는 양측의 건물에 2개의 거대한 팔라디오양식 창문이 있었다.

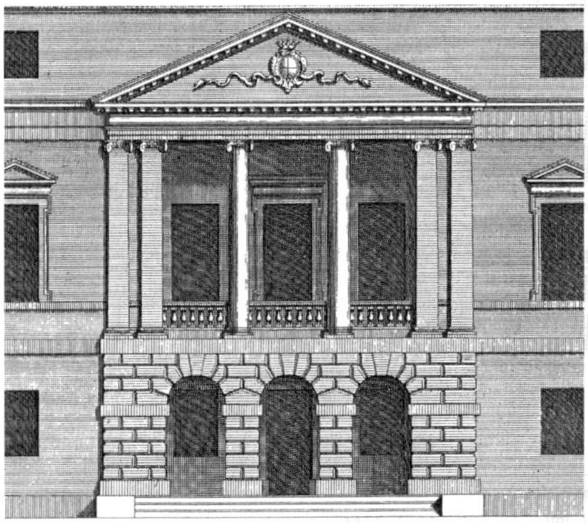

허버트경의 주택, 런던(1723-1724년경)
Lord Herbert' s House, London

열주현관 또는 로지아는 팔라디오양식의 도시주택 및 전원주택의 정면을 구성하는 일반적인 방법이 되었다. 때때로 상부에는 페디먼트가 자리하고 하부에는 작은 세를리오식 아케이드가 있었다. 이러한 정면 디자인이 캠벨이 설계한 화이트홀의 허버트경 주택에 나타난다. 이는 존스가 서머셋 하우스의 갤러리 디자인에 기반을 둔 것이다.

웨이드장군의 주택, 런던(1723년)
General Wade' s House, London

건축가이기도 했던 벌링턴경이 최초로 설계한 주택이다. 이는 벌링턴이 수집한 팔라디오 설계도 가운데 하나를 완벽하게 복제한 것이다. 입면의 중심에는 짐받이아치(창이나 문 위에 만든 아치로 상부 벽의 하중을 아래로 전달하기 위한 것) 아래에 팔라디오양식 창이 있다. 이는 벌링턴의 후기 설계에 반복적으로 나타나는 주제였다.

세를리오식 아케이드
Serlian arcade

러스티케이션한 석재를 이용해 3개의 아치로 이루어진 아케이드는 팔라디오양식 주택의 특징이다. 이를 통해 1층과 중앙 블록의 중요성이 더욱 드러났다. 러스티케이션 기법의 아케이드는 세를리오의 저서에 등장하지만 존스 또한 이를 코벤트 가든의 광장에 사용했다. 그 이후로 18세기 팔라디오양식의 건축요소로 쓰이기 시작했다.

세인트마틴인더필즈, 런던
St. Martin-in-the-Fields, London

비록 제임스 깁스는 팔라디오양식을 전적으로 옹호하지는 않았지만 그의 저서인 「건축서」를 통해 베네치아식 창문(아래)과 블록창틀(277쪽 참조)같은 중요한 팔라디오양식 모티프를 전파하는 데에 기여했다.

짐받이아치 아래의 팔라디오양식 창
Palladian window in a relieving arch

짐받이아치 아래에 팔라디오양식 창을 두는 방식은 벌링턴경이 애용한 것으로 단순한 팔라디오양식 창에 비해 입면구성의 짜임새가 강화되는 장점이 있었다. 짐받이아치는 현관의 아치와 같은 모습이지만 그 아래 작은 아치는 입면의 다른 창들과 높이가 같았다.

팔라디오양식
Palladianism

비트루비우스 브리타니쿠스
Vitruvius Britannicus

콜린 캠벨의 「비트루비우스 브리타니쿠스」(1715)는 아마도 18세기 영국에서 출판된 건축서적 중 가장 중요한 저서일 것이다. 전원주택 소유주 대부분이 이 책을 구독했으며 그 결과 책의 범위를 훨씬 넘어서는 지적 흐름이 생겨나게 되었다. 캠벨은 각 권의 첫 페이지에 존스의 건축요소를 최대한 수록했다. 존스는 팔라디오를 통해 영국에 고대 로마를 전파한 "영국의 비트루비우스"라고 불렸다. 캠벨은 자신의 작품을 책의 주요 부분에 수록하여 본인이 팔라디오양식의 선구자라고 선전했다. 캠벨의 설계를 살펴보면, 독창성 없이 그가 참고한 건물들을 모방했으며 이로 인해 후에 동시대 건축가들로부터 비판을 받았다. 하지만 완스테드 저택이나 휴턴 저택 등의 거대한 주택은 매우 영향력이 있었으며 팔라디오양식을 정의하는 데 크게 기여했다.

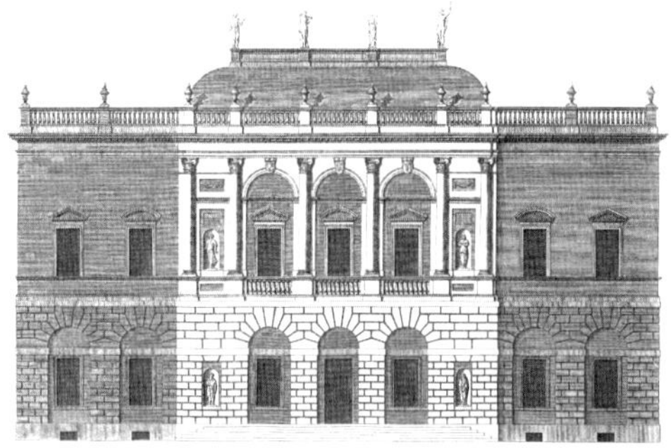

'이니고 존스풍'의 설계
Design 'in the style of Inigo Jones'
「비트루비우스 브리타니쿠스」에서 캠벨이 자신의 '독창적인 안'이라고 주장한 디자인 중 하나로 '이니고 존스풍'의 전원주택 한 채를 들 수 있다. 이는 사실 존스가 설계한 서머셋 하우스의 갤러리를 원작으로 하고 있다. 존스의 주택에서도 역시 러스티케이션으로 이루어진 아케이드 위에 코린트 오더가 자리했다.

홍예석
Voussoirs
팔라디오양식의 일부 전원주택에 사용된 러스티케이션으로 처리된 1층의 짐반이아치를 살펴보면 아치 둘레로 점차 길이가 짧아지는 홍예석을 통해 장식적 효과를 얻고 있다. 이는 아치 내부의 4각형 창문 상부에 쐐깃돌을 반복적으로 사용함으로써 더욱 강조되었다.

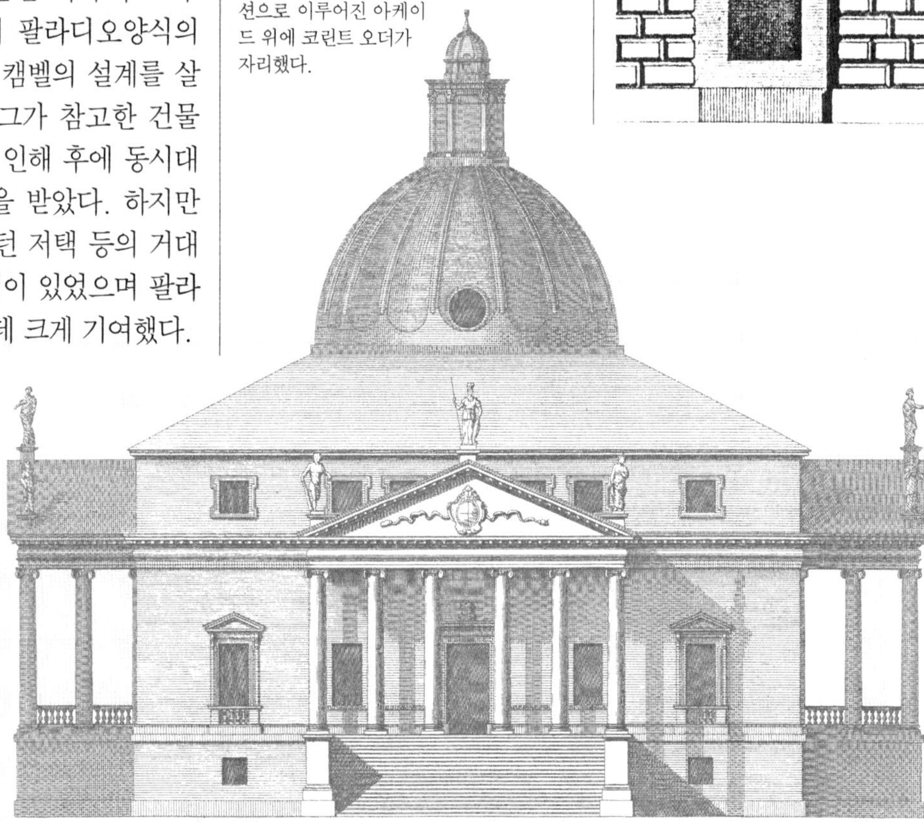

미어워스 성, 켄트 (1723년경)
Mereworth Castle, Kent
캠벨이 팔라디오풍 건물을 그대로 모방한 가장 대표적인 건물은 미어워스 성이었다. 이는 평면과 입면 모두 비첸차에 위치한 팔라디오의 빌라 로툰다를 기초로 하고 있었다. 두 건물은 모두 밀집된 중앙집중형 평면으로 구성되어 있고 4개의 동일한 열주현관이 각 면에 자리했다. 호레이스 월폴은 이 건물을 '완벽한 팔라디오풍'이라고 묘사했다.

완스테드 하우스, 에섹스 (1715 –1720년)
Wanstead, Essex
완스테드 하우스와 같은 몇몇 전원주택은 거대한 규모로 건설되었다. 캠벨이 제안한 3가지 설계안 모두 거대한 6주식 열주현관이 저택 규모에 맞는 비례로 전면에 자리했다.

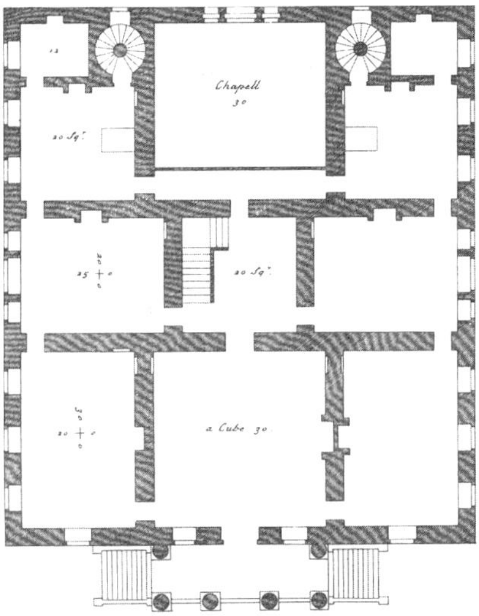

스투어헤드, 윌트셔(1721년경)
Stourhead, Wiltshire
캠벨이 스투어헤드 계획안으로 처음 설계한 평면은 판촐로 지방에 팔라디오가 설계한 빌라 에모Villa Emo에서 유래한 것이었다. 하지만 단순한 비례관계로 이루어진 전형적인 팔라디오양식의 평면은 캠벨의 후원자였던 헨리 호어를 만족시키지 못했다. 호어는 이 평면에 하인용 계단은 없고 침실로 이어진 2개의 쓸모없는 회전계단이 대칭을 이루며 자리하는 것이 비실용적이라고 생각했다. 건설된 평면은 대칭성과 실용성 사이에서 타협점을 찾은 형태이다.

휴턴 저택의 응접실, 노포크(1722년)
Great Hall at Houghton, Norfolk
캠벨이 설계한 휴턴 저택의 응접실은 전형적인 1720년대 팔라디오양식으로 내부가 구성되어 있다. 내부는 벽난로 장식, 엔타블러처, 페디먼트가 있는 문과 창문, 난간이 있는 발코니 등 고고학적으로는 물론 수학적으로도 정확한 건축요소로 이루어져 있다.

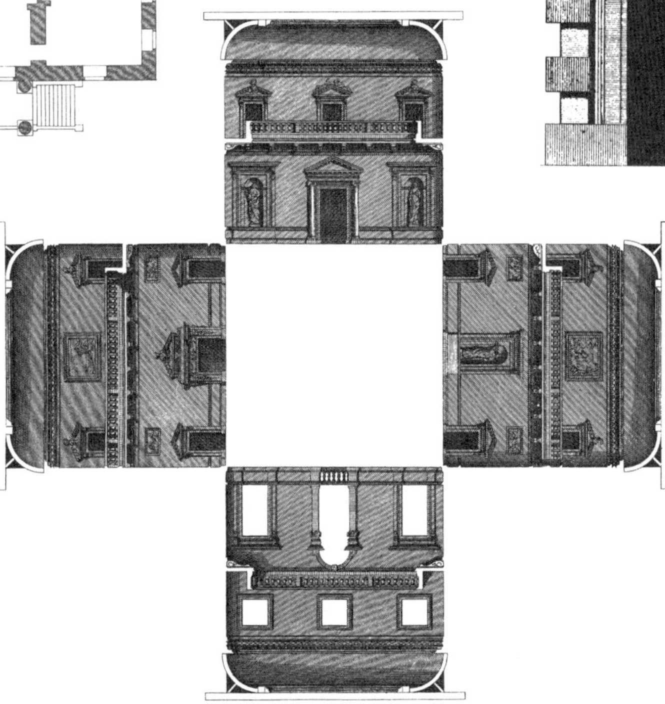

블록창틀
Blocked surround
이 장식은 존 깁스의 건물에 빈번히 등장하는 요소로서 '깁스식 창틀'으로도 불린다. 이는 단순한 아키트레이브 창틀에 4각형 석재가 규칙적인 간격으로 삽입되어 있는 형태이다. 창틀이 창문의 위쪽까지 이어지거나 쐐깃돌과 페디먼트로 위쪽을 장식했다. 캠벨은 이 요소를 반복적으로 사용하여 출입구와 피아노 노빌레(거실 공간)의 창문을 강조하도록 했다.

팔라디오양식
Palladianism

런던의 치즈윅 하우스
Chiswick House, London

치즈윅 하우스(1725년 착공)는 벌링턴 경의 대표적인 건물이다. 이 건물을 설계함에 있어 그는 개인적으로 수집한 팔라디오와 존스의 원본 도면을 연구하여 얻은 지식을 현실에 이용할 수 있음에 기뻐했다. 그 결과, 건축적 인용이 풍부하며 독특하지만 지나치게 분절이 많은 건축물이 탄생했다. 내부와 외부 모두 전반적으로 팔라디오의 비례를 따르고 있었지만 세부적인 부분은 팔라디오, 스카모치, 존스, 비트루비우스 등의 건축가에게서 비롯한 모티프를 학구적으로 병치했다. 풍부한 건축적 상세에도 불구하고 각각의 세부 표현은 분명하고 정확했으며 대가들에 대한 벌링턴의 해박한 이해를 보여준다. 치즈윅 하우스는 비첸차에 있는 팔라디오의 빌라 로툰다를 기초로 하고 있지만 단순한 모방이 아니라 팔라디오양식에 맞게 독창적으로 해석한 것이다.

버미큘레이션
Vermiculation
버미큘레이션은 러스티케이션의 일종으로 석재의 표면을 벌레가 지나간 자국과 같은 곡선으로 조각한 것이다. 치즈윅 하우스의 전면에 쓰인 버미큘레이션은 건물에 조각적 풍성함을 더해준다.

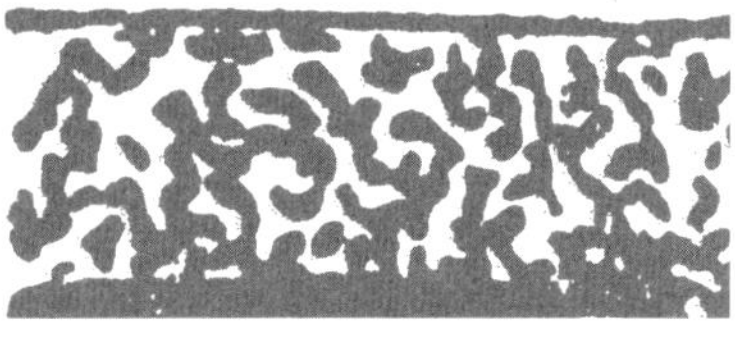

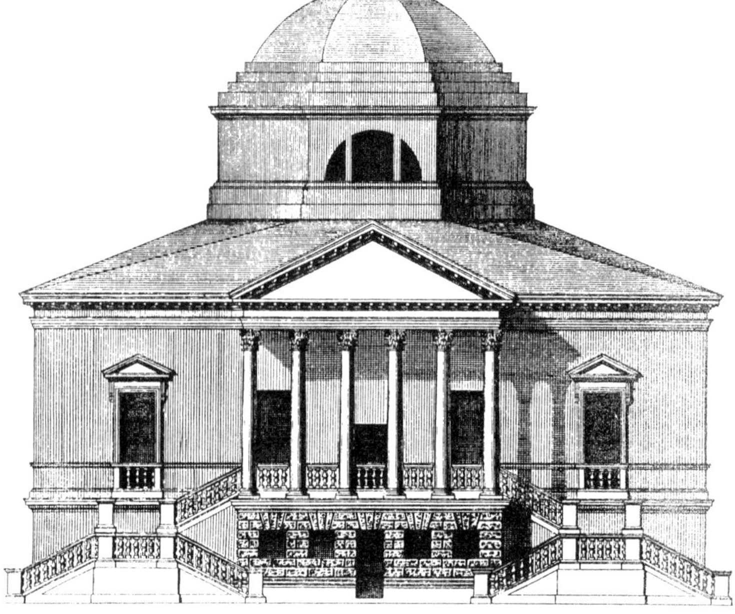

현관 정면
Entrance front
버미큘레이션으로 꾸며진 기단 위에 화려한 코린트식 열주현관이 자리하며 양옆으로 2개의 이중난간이 있는 계단이 있다. 열주현관의 모든 세부장식은 팔라디오의 디자인이다. 난간은 존스의 퀸즈 하우스에서처럼 현관의 기둥 사이와 측면의 창에도 이어진다.

평면
Plan
평면적으로 이 주택은 빌라 로툰다의 축소판이다. 기존 주택에 추가된 새로운 건물은 접견실들로 이루어졌다. 디자인의 순수성은 실제적인 문제(살림살이에 필요한 공간들은 기존 주택에서 담당했다)로 훼손되지 않았다. 비례에 맞게 디자인된 원형, 8각형, 4각형 그리고 앱스 형태의 방들이 균형잡힌 채 대비를 이루며 구성되었다.

정원측 정면
Garden front

이 입면은 짐받이아치 안에 자리한 팔라디오양식 창문 3개로 이루어져 있다. 벽감, 중앙 창문 아래의 둥근 출입구 그리고 디오클레티아누스식 창문에 입면의 주제인 아치가 반복적으로 쓰였다.

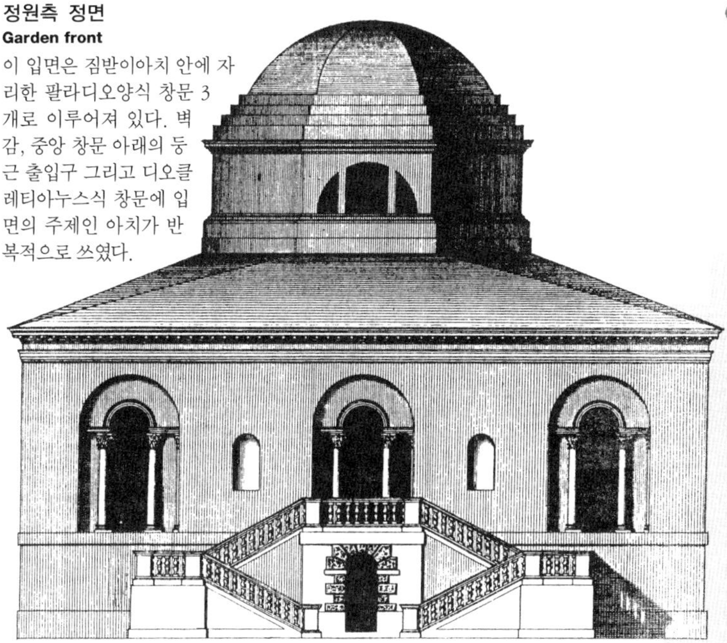

대문 기둥
Gate piers

2개의 팔라디오양식 기둥이 치즈윅 하우스 입구 정면의 틀을 구성하고 있다. 기둥은 열주현관 아래와 마찬가지로 버미큘레이션 세공이 되어 있다. 버미큘레이션된 석제와 평평한 석재를 교대로 쌓은 위로 축제용 꽃다발장식이 있고 그 위에 거대한 고전적인 스핑크스가 있다.

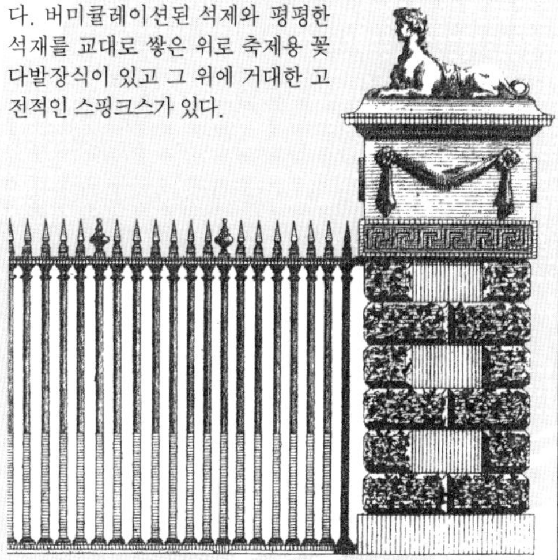

홀의 단면
Section of hall

중앙의 8각형 홀은 응접실로 4개의 디오클레티아누스식 창문을 통해 빛이 들어왔다. 풍부하게 장식된 페디먼트가 있는 출입구는 존스의 것을 인용한 것이며 방의 장식은 코린트양식 방에 대한 팔라디오의 지침에 따라 이루어졌다.

오렌지 트리 가든의 신전
Orange Tree Garden temple

벌링턴은 또한 치즈윅에 여러 채의 정원 건물을 설계했다. 치즈윅 하우스와 마찬가지로 고고학적으로 신중하게 그의 원전을 충실히 따랐다. 이 정원의 신전은 원형 셀라로 정면에는 고대 로마의 포르투나 비릴리스Fortuna Virilis신전의 열주현관을 비례를 맞추어 복제하여 배치했다.

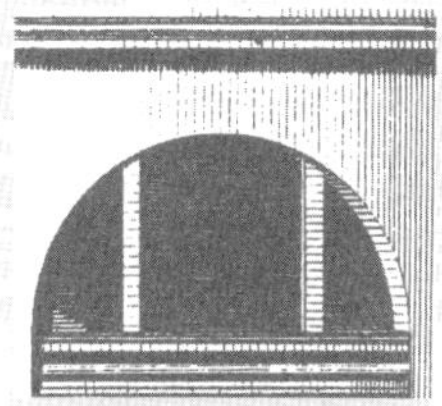

디오클레티아누스식 창문
Diocletian windows

디오클레티아누스식 혹은 '욕장식' 창문은 팔라디오의 도면과 건물 여러 군데에서 나타나며 이는 궁극적으로는 디오클레티아누스의 욕장과 같은 고대 로마의 공공욕장에서 기원한 것이다. 이는 벌링턴의 설계에서도 되풀이하여 나타나는 요소이다. 치즈윅 하우스의 정원측 정면부에서, 창문을 나누는 2개의 멀리언(세로 창틀)은 중앙의 팔라디오양식 창문의 기둥과 일렬로 정렬되어 있다.

팔라디오양식
Palladianism

벌링턴경과 윌리엄 켄트
Lord Burlington and William Kent

윌리엄 켄트는 벌링턴과 함께 치즈윅 하우스 설계에 관여했다. 특히 그가 디자인한 정원은 팔라디오양식 주택을 정의하는데 크게 기여했다. 이 공동작업은 매우 성공적이었고 이후에도 그는 벌링턴과 함께 건설국에 근무하면서 화이트홀에 건설될 건물들을 설계했으나 실제로 지어진 것은 거의 없었다. 그사이 켄트는 이니고 존스의 화이트홀 설계에 대한 책을 출간했는데 이 책은 18세기 공공건물에 지대한 영향을 끼쳤다. 팔라디오양식은 민간 건물을 넘어서 공적 영역에도 적용되기 시작했고 성공적으로 건설된 공공건물이 나타나기 시작했다. 그 예로 벌링턴이 설계한 요크지방의 집회장은 팔라디오와 존스를 넘어서 고대 로마건축의 기념비성을 추구하는 경향을 보여주었다.

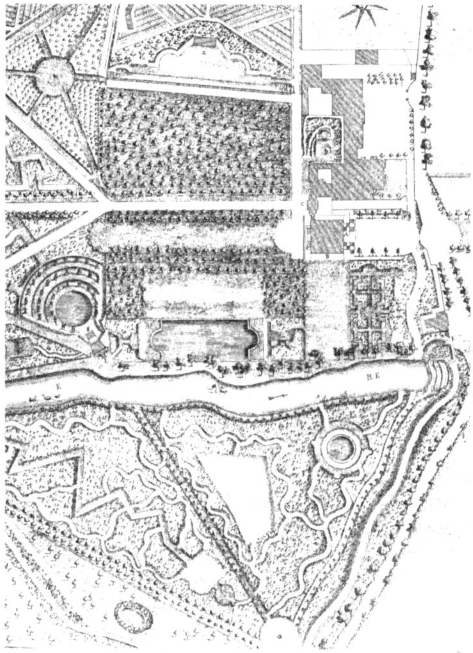

치즈윅 하우스의 정원, 런던
Garden, Chiswick House, London

벌링턴이 설계한 팔라디오양식 빌라 주변에 펼쳐진 고전적인 정원은 대부분 켄트의 작업이었다. 이러한 정원에는 중요한 건축물을 모방하여 축소한 소형 건물이 중요한 요소였다. 각 산책로의 끝부분에서는 팔라디오 혹은 존스의 원형을 기초로 한 작은 신전을 포함하여 정문, 폭포, 연못, 오벨리스크 같은 건축적 '돌발요소'를 발견할 수 있었다. 정원은 기하학적인 원칙에 의해 설계되었지만 '자연스럽게' 보이기 위해 의식적으로 노력했다.

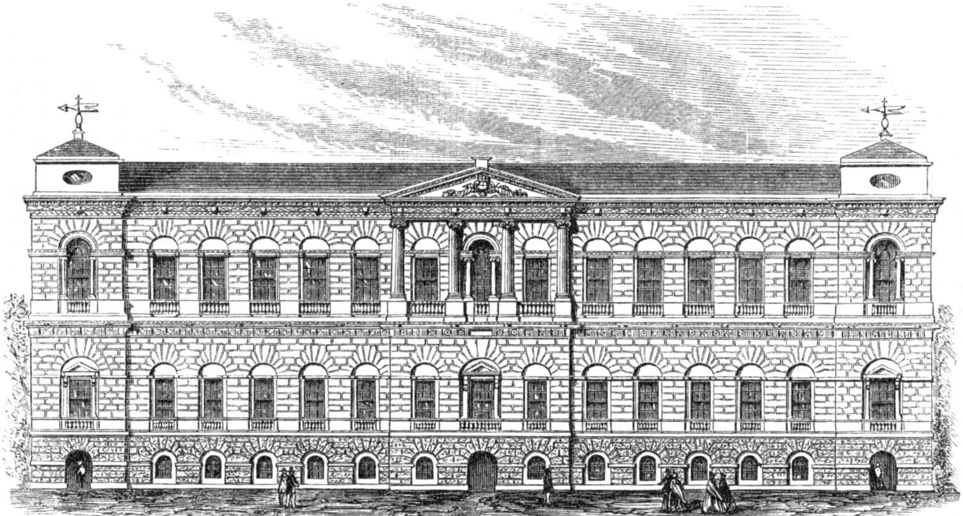

런던의 재무부 청사 (1734년)
Treasury, London

재무부 청사는 켄트가 설계한 화이트홀 궁전 건물 중 유일하게 건설된 것이다. 이 건물은 켄트 자신이 출판한 존스와 웹의 화이트홀 설계에 의존하고 있다. 러스티케이션으로 이루어진 긴 입면의 중앙에 페디먼트가 있는 열주현관을 적용했으며, 현관의 중앙 베이에는 베네치아식(팔라디오양식) 창문이 있었다. 하나의 베네치아식 창문이 있는 모서리 파빌리언은 18세기 팔라디오양식의 전원주택에서 일반적으로 사용되었던 것이다.

팔라디오의 '이집트관', 집회장
Palladio's 'Egyptian hall', Assembly Rooms

벌링턴은 대연회장의 설계를 위해 팔라디오의 「건축4서」에 "축제와 연회에 적합하다"고 소개된 디자인을 참고했다. 팔라디오의 디자인도 비트루비우스의 이집트관 묘사를 기초로 한 것이었다. 팔라디오의 설계를 모방함으로써 벌링턴은 자신이 로마의 고전적인 특징을 성실하게 계승하고 있다고 생각했다.

요크지방의 집회장(1730년)
Assembly Rooms, York

이 평면에는 치즈윅 하우스에서처럼, 앱스 같은 방을 포함한 다양한 형태의 방들이 연속적으로 배치되어 있는 것을 볼 수 있다. 이는 팔라디오가 그린 로마 욕장 복원도면에도 나타나는 특징으로서 벌링턴이 소유하고 있다가 1730년 출판했다.

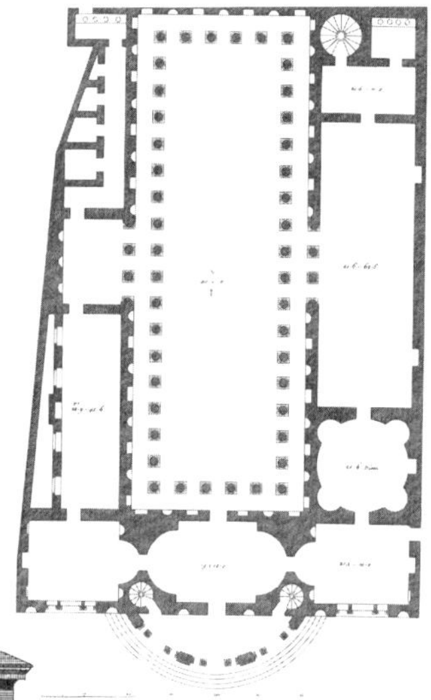

정면의 입면, 집회장
Front elevation, Assembly Rooms

벌링턴은 중앙 홀의 내부 설계를 전적으로 팔라디오의 디자인에 의존한 반면 출입구측 정면은 로마 황실의 욕장에서 영감을 얻어 독창적으로 설계했다.

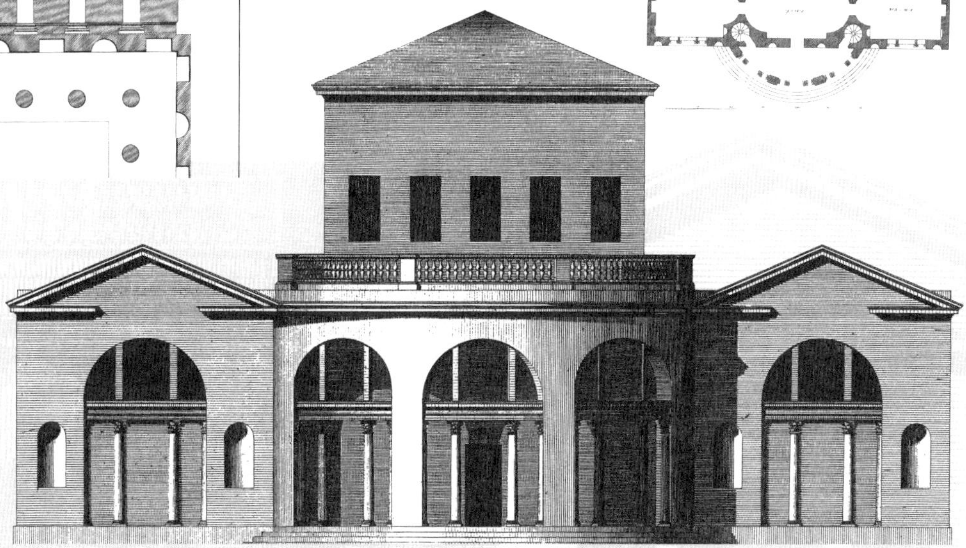

단면, 집회장
Cross section, Assembly Rooms

팔라디오는 홀의 길이가 고대 바실리카의 길이만큼 되어야 한다고 권고했다. 이에 벌링턴은 기둥 18개의 길이를 사용했다. 하지만 이 평면은 아일의 폭과 기둥간격이 춤추기에 너무 좁았기 때문에 기능적으로 비실용적이라는 비판을 받았다.

팔라디오양식
Palladianism

미국의 팔라디오양식
American Palladianism

미국에 팔라디오양식의 모티프가 최초로 등장한 것은 조지 왕조시대인 18세기 중엽이었다. 건물 설계는 대개 상류층 건축애호가와 목수의 몫이었으며 주로 팔라디오양식을 다루었던 18세기 영국의 건축 서적을 참고했다. 이들은 책에서 입면의 마감장식 정도만을 참조했으며 18세기 말에 이르러서야 좀더 계획적이고 세련된 평면을 통해 팔라디오양식이 새로운 의미를 갖게 되었다. 미국의 제 3대 대통령으로서 잘 알려진 토머스 제퍼슨은 아마추어 건축가이기도 했다. 그는 많은 건축 서적을 소유하고 있었으며 팔라디오양식을 공공건물에 적용하여 그의 공화주의적, 민주주의적 이상을 구현하고자 했다.

조지안양식의 주택
Georgian house
18세기 중엽에 들어서 직육면체로 된 본체에 모임지붕과 페디먼트가 있는 다락창을 가진 주택유형이 미국에 나타나기 시작했다. 문, 창문, 굴뚝들은 베티 랭리Betty Langley의 「디자인 선집」(1740)과 제임스 깁스의 「건축서」(1728)에서 볼 수 있는 고전적인 모티프와 비례를 따라 대칭적으로 배치되어 있다.

팔라디오양식의 다락창
Palladian dormer window
새로운 주택의 모임지붕은 이전 식민지시대의 지붕만큼 가파르지 않았으며 박공벽부분은 대개 고전적인 페디먼트로 연출되었다. 다락창은 종종 팔라디오양식 창으로 이루어져 있었으며 이는 당시 영국 서적에서 많이 찾아볼 수 있는 모습이었다.

마운트 버넌, 페어팩스 카운티, 버지니아(1757–1767년)
Mount Vernon, Fairfax County, Virginia
마운트 버넌은 그 주인인 조지 워싱턴에 의해 팔라디오양식 주택의 평면을 따라 여러 단계로 개축되고 확장되었다. 첫번째 개축으로 인해 창문이 비대칭적으로 배치되었으나 다른 부분의 강한 대칭성과 팔라디오양식의 강조로 인해 잘 드러나지 않았다. 그 예로 앞마당을 형성하는 4분원 형태의 돌출된 아케이드와 넓은 중앙 페디먼트 너머 지붕마루에 자리한 거대한 8각형 큐폴라를 들 수 있다.

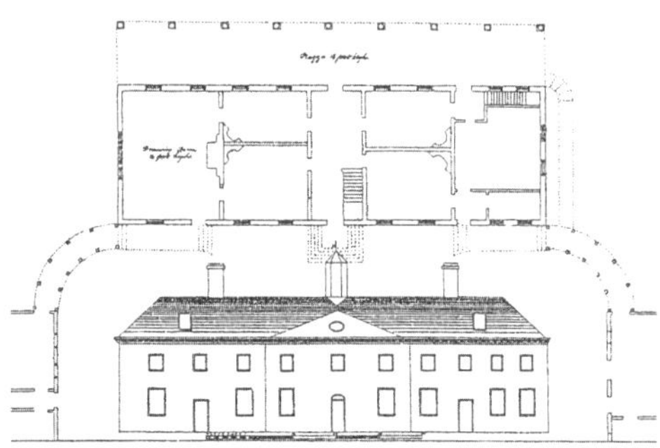

돌출된 현관
Projecting entrance pavilion
페디먼트가 있는 돌출된 현관은 자주 등장하는 요소였다. 장식이 가득한 코니스는 미국에서 유행한 것으로 페디먼트 내부까지 장식이 이어지기도 했으며 아래의 독립된 기둥 2개에 의해 지지되고 있다. 돌출된 현관은 페디먼트로 장식된 출입구(이디큘)가 기후에 적응한 실용적인 형태로서 신전 정면의 열주현관을 떠올리게 한다.

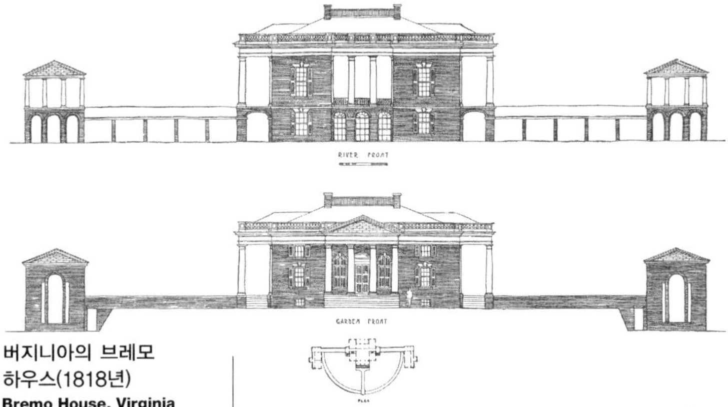

버지니아의 브레모 하우스(1818년)
Bremo House, Virginia
브레모 하우스는 여러 블록으로 분리된 전형적인 조지안양식 후기의 건물이다. 이 주택은 양쪽 측면의 건물에 팔라디오양식 창이 다른 부분과 단절된 채 배치되었고 중심 건물에는 신전 정면 형태의 열주현관이 있어 영국의 팔라디오양식 주택을 연상케 했다.

워싱턴 대통령저의 설계공모작
Competition design for President' s House, Washington
제퍼슨은 실현되지 않은 워싱턴의 대통령저(후에 백악관이 됨) 설계안에서 벌링턴과 캠벨의 관점에서 진정으로 팔라디오양식을 따르고 있다. 동일한 신전 정면 형태의 열주현관과 중앙집중형 평면으로 이루어진 그의 설계안은 전적으로 팔라디오의 빌라 로툰다를 기초로 한 것이다.

몬티첼로, 버지니아
Monticello, Virginia
몬티첼로에 지어진 토머스 제퍼슨 사저의 원래 설계안은 2층짜리 중앙 열주현관에 팔라디오가 설계한 도리스 오더와 이오니아 오더에서 따온 세부 장식으로 이루어져 있었다. 1796년 프랑스에서 돌아오면서 제퍼슨은 자신의 주택을 팔라디오양식 보다는 프랑스의 '공화국적인' 세부장식을 사용해 전체적으로 개조했다. 언덕 위에 자리한 주택의 대지는 여전히 팔라디오의 빌라 로툰다를 감상적으로 떠올리게 했다. 또한 돔이 있는 큐폴라와 독립된 열주현관도 마찬가지였다.

버지니아의 포플러 하우스(1820년)
Poplar House, Virginia
제퍼슨이 설계한 포플러 하우스는 이니고 존스의 8각형 설계안을 기초로 했다. 제퍼슨은 대칭성을 깨지 않으면서 실용적으로 공간을 분할했다.

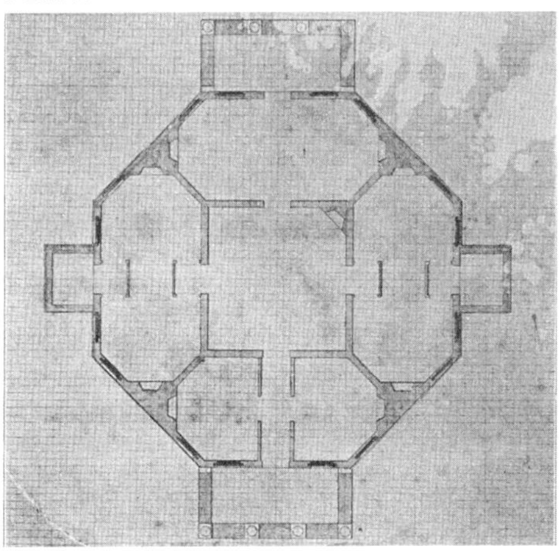

버지니아 대학교, 샬롯빌(1823-1827년)
University of Virginia, Charlottesville
제퍼슨은 이 대학건물을 팔라디오의 빌라 평면에 따라 설계했다. 긴 앞마당 끝에 판테온에서 영감을 얻은 중심 로툰다가 자리했다. 팔라디오양식의 부속 건물들(학생과 교수 기숙사)은 중심 로툰다 양쪽에 위치했다.

신고전주의 18세기 중반–19세기 중반
Neoclassical mid-C.18th–mid-C.19th

신고전주의의 기원
The Origins of Neoclassicism

신고전주의는 복잡하고 다양한 변형이 공존하는 양식이다. 이는 바로크와 로코코양식의 과도한 장식과 시각적 자극에 대한 반작용의 일부로서, 건축의 순수성과 고귀함으로 돌아가고자 하는 시도였다. '신고전주의'라는 용어는 19세기 후반이 될 때까지 고안되지 않았지만, 양식 자체는 18세기 중반 이후부터 널리 전파되어 있었다. 지적 연구에 기반을 둔 신고전주의는 4가지의 주된 원천, 즉 고고학, 출판물, 낭만주의, 구조적 순수성에 영향을 받아 발전했다. 고대 그리스와 로마 건물을 고고학적으로 엄밀히 조사하고, 이들을 낭만적인 유적으로 묘사한 도판의 영향과 그리스건축의 단순성에 대한 이해를 바탕으로 장식을 없애거나 간소화한 디자인이 나타났다.

로마의 콘스탄티누스 개선문
Arch of Constantine, Rome
18세기의 화가이자 건축가였던 피라네시가 출간한 판화집을 통해 대중들이 고대 로마 건축물에 관심을 갖게 되었다. 이 도판은 반쯤 허물어진 콘스탄티누스 개선문을 그리고 있다.

로마건축의 주두조각
Fragments of Roman capitals
이 조각들은 로마건축의 절충주의를 보여주는 전형적인 예로서 신고전주의 건축물에서 많이 모방했다. 이들은 코린트 오더를 기초로 하면서 그 세부 언어를 흥미롭게 사용했다. 좌측의 주두에는 여성과 갑옷이 상부를 받치고 있으며, 우측 주두에는 아칸서스 잎 사이로 말이 뛰어나오는 모습을 조각했다.

옥타비우스 아우구스투스 황제의 전승기념비
Trophy of Octavius Augustus
무기와 갑옷이 장식적으로 배치되어 있는 옥타비우스 아우구스투스 황제의 전승기념비는 고대 로마 장식 모티프 중 하나였다. 18세기 건축가들이 이를 이용해 현관홀을 장식했다. 이는 방어를 위해 현관홀에 무기를 두던 중세의 사고방식과 연결된 것이다.

바알벡신전, 시리아
Temple at Baalbek, Syria

이 단면은 고고학적 조사과정에 낭만주의와 정확성이 혼합된 전형적인 모습을 보여준다. 세부장식은 완벽하게 기록되었지만 단면 위로 자라는 식물의 모습에서 낭만주의적 태도를 볼 수 있다.

아테네의 일리수스신전
Temple on the Ilissus, Athens

일리수스 강변에 자리한 이 이오니아식 신전은 18세기와 19세기에 큰 영향을 미친 그리스건축물 중 하나이다. 4개의 기둥으로 이루어진 단순한 신전 입면은 유럽 전역에 걸쳐 수많은 교회건물에 다시 나타났다.

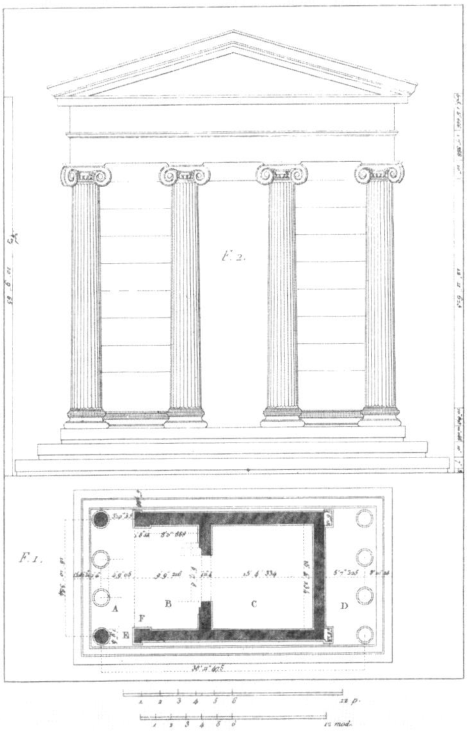

일리수스신전의 이오니아 오더
Ionic order, Temple on the Ilissus

이 도판은 일리수스신전에 쓰인 이오니아 오더의 주초, 주두, 프리즈 그리고 엔타블러처를 보여준다. 이러한 건축요소의 세부적인 도판이 출판됨으로서 건축가들은 개별적인 건축요소를 선택하여 새로운 건물에 사용할 수 있었다. 이는 건축 형태와 장식에 대한 일종의 어휘사전 역할을 했다.

프리즈, 팔미라의 신전, 시리아
Frieze, temple at Palmyra, Syria

꽃의 중심에서 도약하는 말의 모티프가 주두가 아닌 프리즈에 자리하고 있다. 고고학자들은 각각의 오더가 단일한 형태로 이루어지지 않고 많은 변형이 있음을 발견했다.

원시 오두막의 재건
Reconstruction of the primitive hut

원시 오두막을 재현한 이 도판에서 프랑스 이론가 로지에는 구조적 순수성을 극단적으로 추구하고 있다. 이를 통해 가구식으로 건설된 '최초'의 오두막에서부터 오더의 형태가 어떻게 도출되었는지를 보여준다.

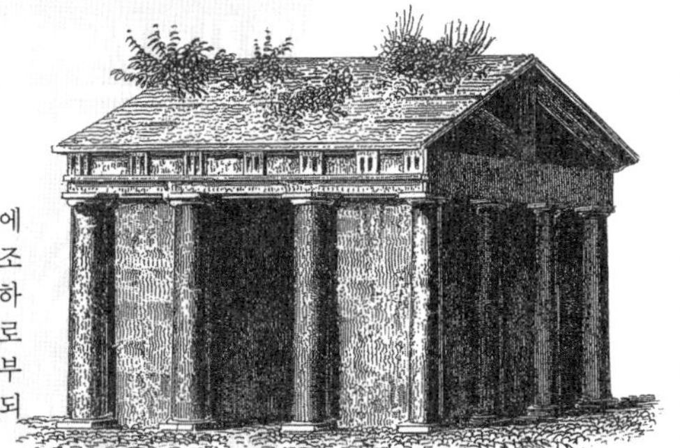

신고전주의
Neoclassical

오더를 바라보는 새로운 시선
A New Look at the Orders

5개의 오더는 고전건축을 구성하는 기본 요소로서 수많은 작가들이 오랜 역사를 거치며 오더에 대한 자신들의 해석을 기록해왔다. 새로운 유적을 탐구한 고고학과 기존 건물에 대한 세심한 재검토를 통해 이 시대에도 쓰일 수 있는 다양한 디테일들이 새로 발견되었다. 이제는 주초가 없는 그리스의 도리스식 기둥과 주초가 있는 로마식 기둥 사이에서 어느 것을 모방할 것인지 선택할 수 있게 된 것이다. 두 양식 모두 기록으로 잘 남아 있었으며 모방의 원형이 되기에 적합했다. 몇몇 건축가들은 5가지 오더의 고전적인 규범을 확장시켜 자신만의 것을 창조하고자 했다. 때로는 서로 다른 오더의 부분들을 조합하기도 했고 심지어 어떤 경우에는 특정한 개념을 나타내고자 완전히 새로운 유형을 만들어 내기도 했다.

대문에 사용된 도리스 오더, 시옹 하우스, 미들섹스, 영국
Use of the Doric order on the gateway, Syon House, Middlesex, England
도리스 오더는 남성적인 오더로 여겨졌으며 따라서 특히 대문이나 출입구에 적합한 양식이었다. 여기서는 오더의 요소들을 자유롭게 사용해 재미있는 해석을 보여준다.(아래 왼쪽)

도리스 오더의 변형, 시옹 하우스
Variations on the Doric order, Syon House
이 도리스 오더의 주두는 나뭇잎과 인동덩굴(안테미온)이 얽혀 있는 모습으로 고대의 선례보다 더욱 화려하게 꾸며져 있다. 프리즈에는 전통적인 부크라니아(황소 두개골장식)와 양의 머리가 번갈아가며 나타나고 있지만 이전보다 장식이 절제되어 있다.

대문 벽기둥의 주초부분, 시옹 하우스
Base of pilas ter on the gateway, Syon House
이 벽기둥의 주초는 4개의 사자발톱이 달린 공상적인 단 위에 자리했다. 이런 모습은 이전에는 없었던 것으로 아마도 불필요한 방문자에게 경고하기 위한 일종의 장난으로 여겨야 할 것이다.

런던 셸번 하우스의 도리스 오더

Doric order, Shelburne House, London

시옹 하우스의 도리스 오더에서 볼 수 있는 화려한 기법은 셸번 하우스(1762-1767년경)의 단순한 주초, 주두, 엔타블러처와 대조를 이루었다. 프리즈는 메토프 사이사이로 전통적인 부크라니아 대신 켄타우로스(반인반마)를 파테라patera(얕은 부조로 새겨진 원형 메달)와 번갈아 배치해 장식했다.

코린트 오더, 윌리엄스 윈 하우스, 런던

Corinthian order, Williams Wynn House, London

아래의 그림은 일반적인 코린트양식을 변형시킨 것으로 소용돌이장식은 작은 숫양의 머리로 대체되었고 프리즈는 원형 화환과 장미꽃 문양으로 장식되어 있다. 하지만 엔타블러처는 전통적인 형태를 유지하고 있다.

이오니아 오더, 전실, 시옹 하우스

Ionic order, anteroom, Syon House

이 이오니아 오더는 오더가 얼마나 화려하게 장식될 수 있는지를 보여준다. 이오니아 오더의 소용돌이장식은 나뭇잎이 감겨있는듯한 문양으로 꾸며져 있으며 야자수 나뭇잎이 아바쿠스를 감싸는 형태로 이루어져 있다.

브리타니아 오더 디자인

Design of the Britannic order

이 새로운 오더는 사자와 유니콘으로 구성된 주두의 디자인이 두드러진다. 사자와 유니콘의 측면에는 영국 왕실의 문장에서 따온 왕관이 있다. 프리즈에도 사자와 유니콘이 교대로 배치되는 애국적인 장식이 계속되었다. 이는 말조각으로 장식된 팔미라신전의 프리즈를 떠올리게 한다.

셸번 하우스의 이오니아 오더

Ionic order, Shelburne House

이것은 훨씬 간단한 모습의 이오니아 오더로서, 인식할 수 있을 정도로만 꾸며졌다. 소용돌이장식과 아바쿠스는 장식없이 단순하다. 프리즈에는 인동덩굴문양이 번갈아가며 리듬을 만들고 있다.

신고전주의
Neoclassical

프랑스의 신고전주의
Neoclassicism in France

프랑스는 바로크와 로코코양식에 대해 최초로 반기를 든 나라 가운데 하나였다. 18세기 중반부터 건축가들은 고전적인 건축어휘에 열중했지만 그 세부 장식은 절제되었다. 프랑스의 이론가들은 고전주의를 합리적인 탐구정신으로 접근했으며 오더의 기원에 대한 이론들을 세웠다. 이러한 이론이 실제 건축에 적용되자 그 결과물은 고전건축의 선례와 구별되는 그들만의 독특한 특징을 갖게 되었다. 또한 프랑스의 건축가들은 고대 유적에 대한 새로운 고고학적 접근을 시도한 선구자이기도 했다. 1758년 장 드 니 르로이는 고대 그리스 건축물을 기록한 최초의 책을 출간했다. 그는 책의 제목을 낭만적으로 「폐허가 된 그리스 최고 기념물들」이라고 지었다.

원시 오두막
The primitive hut
오더의 발달이 원시 오두막을 구축하는 원리에서 비롯한 것이라는 주장을 최초로 제시한 것은 프랑스의 이론가들이었다. 18세기 중반에 출간된 이론서들에 따르면 통나무는 기둥으로 치환되고 프리즈의 장식은 목재의 접합부에서 비롯한 것이었다.

입면, 프티 트리아농, 베르사이유(1761-1764년)
Façade, Petit Trianon, Versailles
이 입면은 단순과 절제를 추구하는 새로운 경향을 완벽하게 표현하고 있다. 입면의 중앙베이는 섬세하게 조절된 코린트 오더로 분절되어 있으며 창은 가능한한 단순한 몰딩으로 꾸며졌다. 전체 건물은 조각상없이 수수한 난간 위에 자리했다.

열주현관의 지붕, 국립극장, 파리
Portico roof, Comédie-Française, Paris

이 열주현관의 지붕은 발코니이기도 했다. 이는 이전의 그리스와 로마 건축에서 찾아볼 수 없던 것으로, 보통 버려지는 공간을 새로운 용도로 활용하는 프랑스 합리주의의 한 예라고 할 수 있다.

욕장식 창문의 세부 모습, 국립극장
Thermal-window detail, Comédie-Française

영국의 팔라디오양식에서 이미 특징적으로 쓰이던 욕장식 창문은 프랑스의 신고전주의에도 도입되었다. 여기서는 주 입면과 측면에 사용되었다.

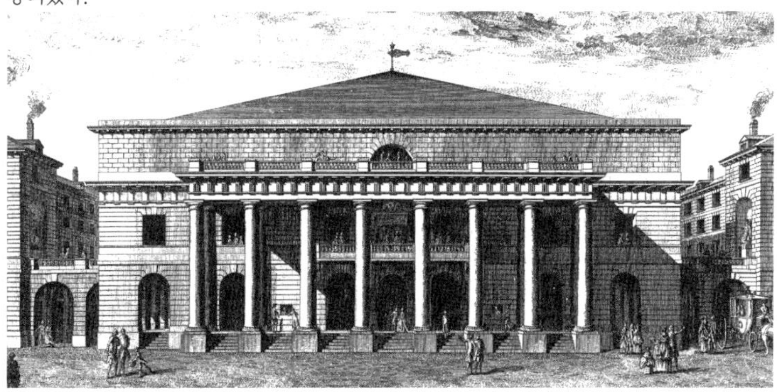

입면, 국립극장(1787–1790년)
Elevation, Comedie-Francaise

극장의 외부는 러스티케이션을 한 조적조로 이루어져 있으며 8주식의 도리스식 열주현관이 자리했다. 거대하고 단순한 설계는 절제된 양식인 프랑스 신고전주의에서의 전형적인 모습이다.

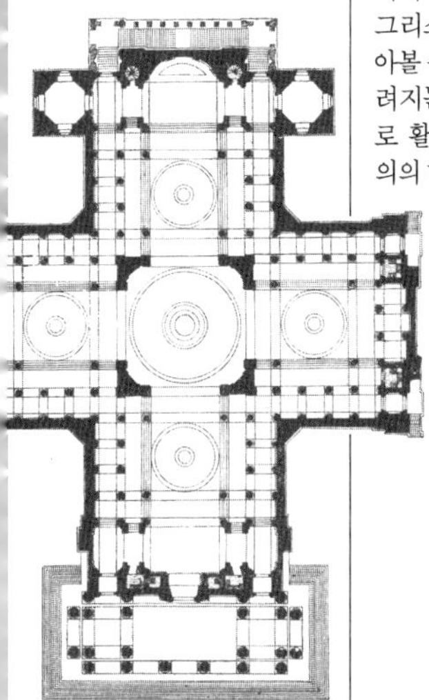

평면, 판테온, 파리 (1757년 착공)
Plan, Pantheon, Paris

이 평면은 가로 세로의 길이가 같은 그리스식 십자가 형태이다. 많은 18세기 건축가들은 대칭적인 그리스식 십자가를 특별히 완벽한 형태로 간주했으며, 긴 네이브와 짧은 성가대석을 가진 고딕의 전통에서 발전된 모습으로 생각했다.

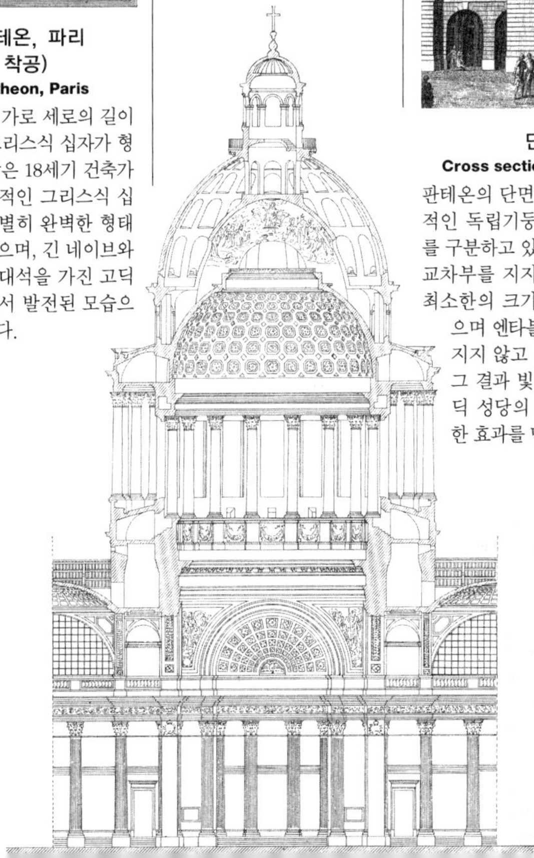

단면, 판테온
Cross section, Pantheon

판테온의 단면을 보면 구조적인 독립기둥열이 네이브를 구분하고 있다. 십자가의 교차부를 지지하는 지주는 최소한의 크기로 축소되었으며 엔타블러처는 끊어지지 않고 이어져 있다. 그 결과 빛과 공간이 고딕 성당의 느낌과 유사한 효과를 만든다.

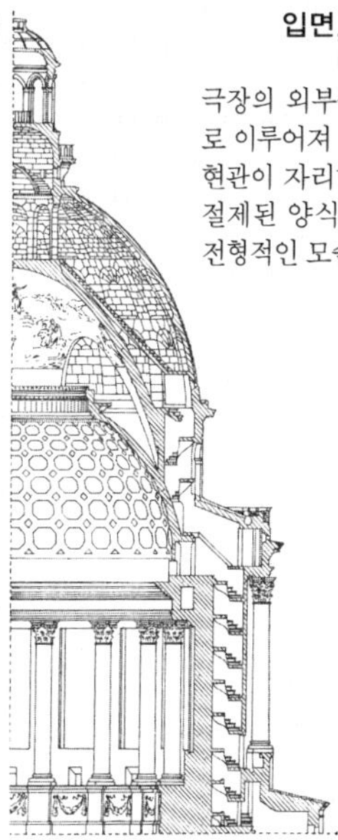

돔의 단면, 판테온
Dome cross section, Pantheon

돔을 가로지르는 이 단면은 돔의 독특한 구조를 보여준다. 전체 돔은 3겹의 돔으로 이루어져 있으며 가장 바깥쪽의 돔이 외부에 드러나는 돔의 모습이다. 중간의 돔은 내부의 관람객에게는 전혀 보이지 않지만 상부의 큐폴라를 지지하고 있어 구조적으로 중요하다.

신고전주의
Neoclassical

영국의 신고전주의 : 신고전주의 주택의 언어
English Neoclassicism : the Vocabulary of the Neoclassical House

신고전주의는 새롭게 창조된 양식이라기보다는 예전의 것을 새롭게 해석한 것이라고 할 수 있다. 형태를 창조하지 않는 대신 구성, 배치 그리고 다양한 요소의 배열을 창조한 것이다. 고대 그리스와 로마건축에 남아있는 고전건축의 언어를 재해석하여 새로운 건물유형을 창조했다. 그리스와 로마시대의 소규모 주거건축은 거의 남아있지 않았지만 신전, 개선문, 욕장 등 공공건물의 요소를 차용해서 영국의 도시와 전원생활에 적합한 주택을 구성했다. 규모, 비례, 대칭이 설계의 핵심요소였지만 당시에 참고할 수 있는 출판물이 풍부했기에 각각의 주택은 다양하고 서로 다른 세부장식으로 구성될 수 있었다.

주택의 파사드 디자인
Design for the principal facade of a villa
이 디자인은 입면의 엄격한 대칭성과 신전에서 영감을 얻은 많은 장식을 보여준다. 이오니아식 열주현관, 조각상과 얕은 부조 등이 그 예이다.

주택의 단면
Cross section through a villa
이 단면은 외관 뿐만 아니라 평면에서도 대칭이 어떻게 실용적으로 사용되었는지 보여준다. 여기에서 방은 중앙 홀과 계단을 중심으로 배치되어 있다. 우측의 응접실은 천장이 높았기 때문에 좌측에 중층을 도입해야 했다.

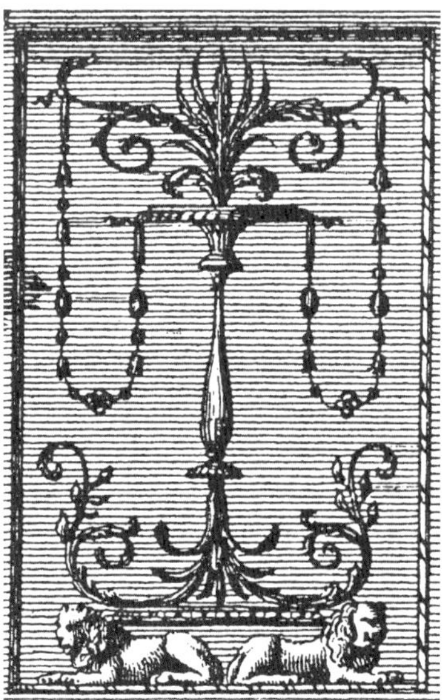

아라베스크문양의 세부모습
Detail of an arabesque
자연스럽게 흘러가는 형태를 기하학적 문양으로 정렬한 것에서 기원한 아라베스크문양은 벽에 회반죽으로 만들어지거나 직접 채색되었다. 이 문양은 영국의 신고전주의 건축에서 널리 사용되었다.

천장 디자인
Design for a ceiling
천장 디자인은 종종 고대건물에 남아있는 모습에서 영감을 얻곤 했으며 기하학적인 모습이 그 특징이다. 이 도면은 4각형, 8각형, 6각형으로 이루어진 천장 구획 디자인을 보여준다.

스핑크스 디자인
Design for a sphinx
사자의 몸과 여인의 얼굴을 가진 신화 속 동물인 스핑크스는 신고전주의에서 자주 등장하는 장식으로서 천장, 프리즈 그리고 벽난로 앞 장식에 사용되었다.

출입문 디자인
Design for a door
문은 일반적으로 돌출된 패널에 의해 6개의 구획으로 나뉘어져 있다. 문의 중앙에는 종종 선이 있었지만 가운데가 열리는 경우는 드물었다. 아칸서스잎, 항아리 조각, 스핑크스 등의 장식을 사용한 화려한 부속품이 사용되었다.

러스티케이션
Rustication
이것은 거칠게 다듬은 큰 석재블록을 쌓은 것으로 각 접합부는 깊게 패여 있다. 이는 주로 저층부를 강조하고 건물을 대지에 시각적으로 고정시키기 위해 사용되었다.

블라인드아치
Blind arch
블라인드아치는 벽면을 구분하기 위한 장치였다. 이는 벽면이 아치 형태로 얕게 파여 있는 것으로 거의 대부분 건물의 외부에 사용되었으며 대개 창문 둘레에 자리했다. 또한 아무것도 없는 거대한 벽면을 구분하기 위해 블라인드아치만 쓰이기도 했다.

벽난로장식 디자인
Design for a chimneypiece
이 벽난로장식의 잘 조절된 구성은 영국 신고전주의의 전형적인 디자인이다. 프리즈의 그리스식 만자문양과 선반을 받치고 있는 여상주 등 다양한 요소가 반복적으로 쓰이고 있다.

벽감 디자인
Design for a niche
벽의 벽감은 많은 주택에서 발견되며 방의 평면을 보았을 때 항상 대칭적으로 배치되어 있었다. 이곳에 가구나 조각상을 두었다.

벽기둥 디자인
Design for a pilaster
벽기둥은 내벽과 외벽 모두를 구획짓는 데에 사용됐다. 위의 예처럼 인동덩굴 무늬로 화려하게 꾸며져 있거나, 홈이 파여 있거나 때로는 장식이 없기도 했다.

신고전주의
Neoclassical

로버트 애덤과 애덤양식
Robert Adam and the Detail of Design

건축가 로버트 애덤(1728-1792년)은 영국 신고전주의와 뗄 수 없는 인물로서 그의 이름을 딴 실내장식양식이 있을 정도이다. 애덤양식은 문고리나 화병같은 자그마한 디테일까지 살피는 날카로운 관찰력과 비례에 대한 이해가 통합된 것이다. 새로운 건물을 짓기 보다는 주로 기존 건물을 개축했던 그는 훌륭한 비례와 흥미로운 형태로 이루어진 일련의 방을 만드는 천부적인 재능을 갖고 있어서 시각적인 즐거움을 주고 방문객을 끌어들였다. 그는 이런 개념을 '동세' 라고 불렀으며 "다른 다양한 형태와 함께 건물의 서로 다른 부분에서 상승과 하강, 진입과 후퇴를 통해 구성의 즐거움을 크게 더했다"라고 설명했다. 미들섹스의 시옹 하우스는 1761년부터 1771년 사이에 개축된 것으로 여기에 쓰인 디테일들은 애덤양식의 절정을 보여준다.

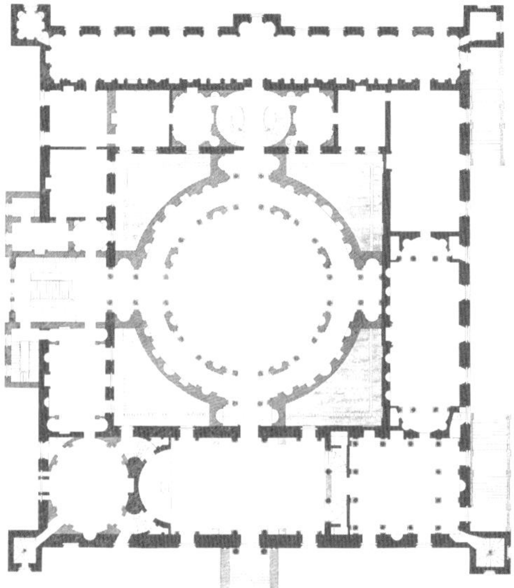

평면, 시옹 하우스
Floor plan, Syon House
애덤은 시옹 하우스의 제임스 1세 시대의 기존 평면을 손질해 대조적인 형태의 방으로 구성된 흥미로운 시퀀스를 만들어냈다. 중앙의 거대한 원형 공간이 기존 주택의 중정 위치를 차지했다. 그러나 무도장으로 계획된 이 방은 실제로 지어지지 않았다.

도리스식 파티션 벽, 현관
Doric screen, entrance hall
이 도리스식 파티션 벽은 현관의 끝부분에 위치하여 기존 현관의 바닥 높이차를 교묘하게 숨기고 있다. 죽어가는 검투사 조각상이 기둥 사이에 자리하여 높이 차이에 미치는 시선을 분산시키며 신전같은 방의 분위기를 강화하고 있다.

조각상의 받침대, 현관
Statue pedestal, entrance hall
방에 있는 각각의 요소들은 모두 애덤이 세심하게 고려하여 설계한 것이다. 이 받침대는 인동덩굴장식의 프리즈와 리본에 걸려있는 파테라, 그 아래쪽의 사자 머리에 달려있는 꽃장식 등 다양한 모티프로 꾸며져 있다. 여기 쓰인 모든 요소들은 이전부터 잘 알려진 것들이지만 이러한 구성으로 표현된 적은 없었다.

벽난로 위 장식의 디자인
Design for an overmantel
이것은 벽난로의 상인방 위에 돌출된 부분에 자리한 장식적인 패널이다. 여기서 애덤은 하인이 여인의 발을 씻겨주는 모습을 담은 로마의 얕은 부조(벽에 납작하게 새겨진 조각)를 차용했다.

석유램프의 디자인
Design for an oil lamp
아크로테리온(페디먼트 좌우에 놓인 조각)으로 사용된 이 램프는 장식과 실용성이 결합된 예이다. 칸막이 벽 양쪽에 한쌍씩 자리해서 방문객들을 정문으로 안내하는 역할을 했다.

트로피 디자인
Design for a trophy
로마건축의 개선문에서 사용되었던 이러한 형태의 장식은 현관의 장식 패널로서 새롭게 사용되었다. 이 사례에서 패널은 중앙의 갑옷 둘레로 대칭적으로 구성되어 있는데 다양한 형태의 방패를 사용해 반복적으로 보이는 것을 방지하고 있다.

인조대리석 바닥디자인
Design for a scagliola floor
애덤은 주로 카펫으로 바닥을 디자인했지만 여기서는 색다르게 석고, 색소, 아교를 섞은 인조대리석을 이용해 문양을 만들었다. 반죽을 만든 후 문양을 찍고 모두 마른 후에는 닦아서 광택을 냈다.

롱 갤러리의 디자인
Design for the Long Gallery
제임스 1세시대의 형태를 고전적인 양식의 실내로 바꾸는 것은 애덤에게 하나의 도전이었다. 그의 해결책은 훌륭했다. 그는 책장을 이용해 칸을 나누었으며 긴 회랑 공간의 단조로움을 난로, 거울, 문을 통해 극복했다.

화병 디자인
Design for a vase
외부의 칸막이벽은 벽감 속에 자리한 장식용 화병으로 인해 활력을 얻었다. 고전적인 모티프인 숫양과 사자의 머리 그리고 월계수 화환이 화병 주위에 둘러져 있다.

신고전주의
Neoclassical

영국의 그리스 부흥양식
The Greek Revival in England

그리스 부흥양식은 겉모습만을 모방한 것으로서 건물 전체를 따라하지 않고 요소들만을 차용해 새로운 유형을 만들어 냈다. 18세기 후반에 이르자 고고학 연구물의 출판에 힘입어 그리스건축이 널리 알려지게 되었다. 영국에서 핵심적인 출판물은 제임스 스튜어트와 니콜라스 레베트가 1762년 출간한 「아테네의 고대미술」이었다. 19세기 초반 들어 그리스 오더가 가장 우월하다는 인식이 커지면서 건축가들은 그리스 오더를 독창성 없이 마구 베끼기 시작했다. 이런 현상은 특히 공공건물에서 두드러졌는데 이를 통해 기념비적인 분위기를 주고 은연중에 고대 그리스의 정치와 영국의 정치를 연관 지었다. 로버트 스머크의 코벤트 가든 극장이 런던에 건설된 최초의 도리스식 건물이지만 그가 설계한 대영박물관이 아마도 영국의 건축물 중 그리스 부흥양식을 가장 잘 보여주는 건물일 것이다.

여상주 열주현관, 에렉테움, 아테네
Caryatid portico, Erechtheum, Athens
세인트팬크라스 성당의 남북에 돌출된 부분은 아테네의 에렉테움에 쓰인 여상주 플랫폼을 그대로 차용한 것이다. 양쪽의 돌출된 부분에는 실제로 각각 한쌍의 성구보관소가 있다.

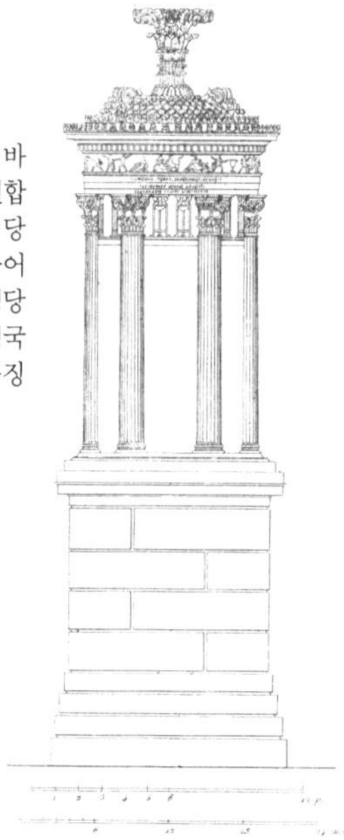

리시크라테스 기념비, 아테네
Choragic Monument of Lysicrates, Athens
리시크라테스 기념비와 바람의 탑의 기본 형태가 결합되어 세인트팬크라스 성당 지붕에 높은 첨탑이 만들어졌다. 높은 뾰족탑으로 성당 지붕을 강조하는 것은 영국 교회건축의 일반적인 특징이었다.

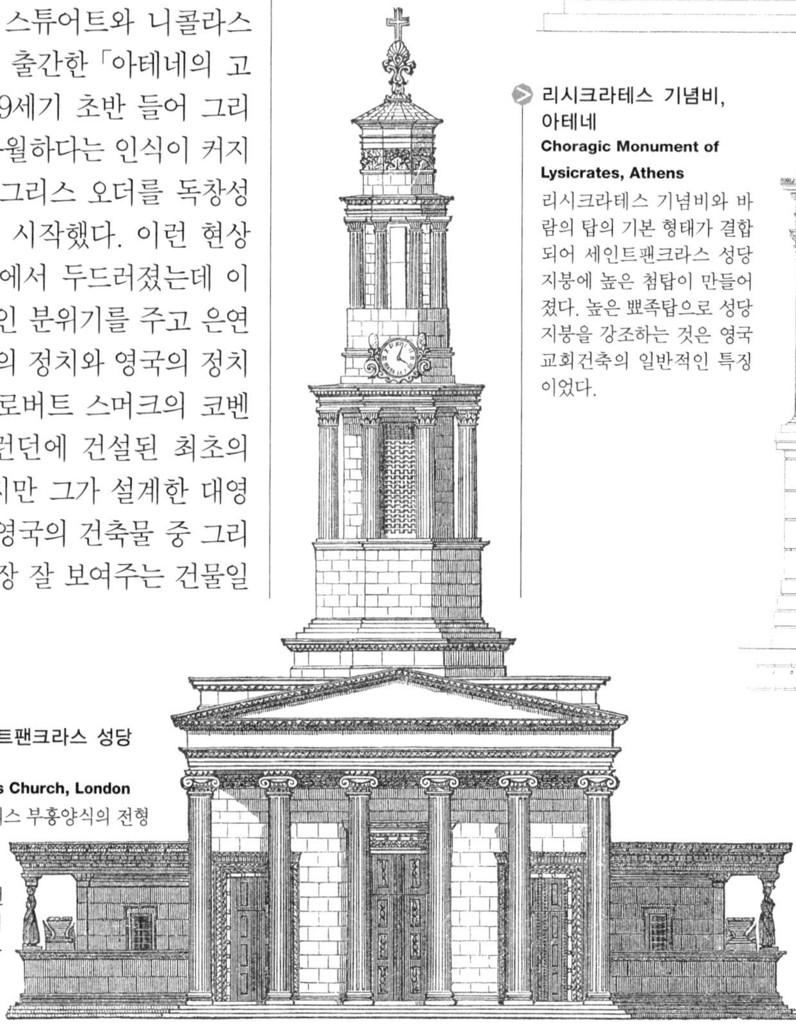

서측 입면, 런던의 세인트팬크라스 성당 (1819–1822년)
West elevation, St. Pancras Church, London
이 성당의 서측 입면은 그리스 부흥양식의 전형적인 예이다. 18세기 초반에 지어진 성당의 기본형태는 그대로 유지한 채 신전 입면과 고딕양식의 첨탑이 결합되었다. 하지만 오더와 건물의 부분들은 그리스의 원형을 그대로 모방했다.

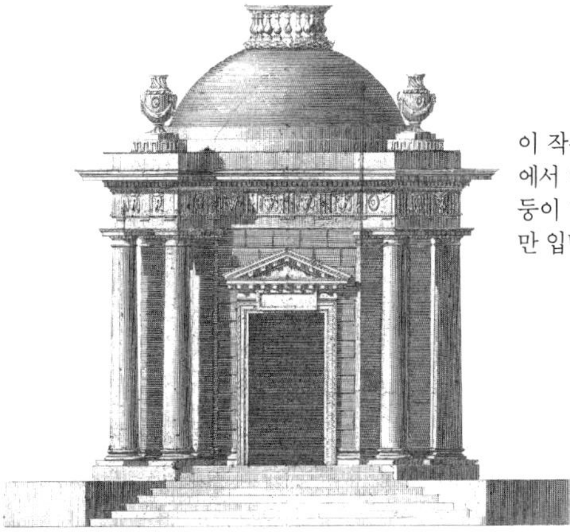

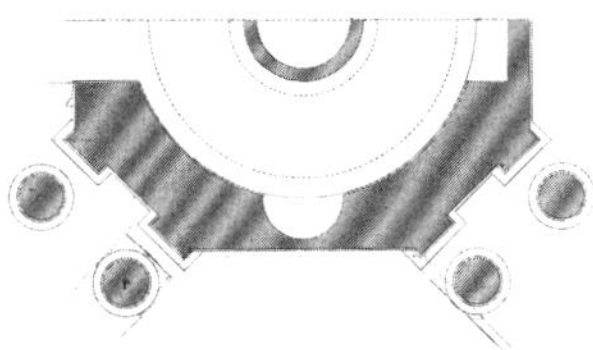

틸니경의 신전, 완스테드, 에섹스(1765년경)

Earl Tilney's temple, Wanstead, Essex

이 작은 정원신전은 바람의 탑의 평면에서 영향을 받은 것으로 쌍을 이룬 기둥이 비스듬히 자리하고 있었다. 하지만 입면과 오더는 바람의 탑과 달랐다.

그리스식 만자문양

Greek key pattern

이 패턴은 잘 알려진 고전적인 문양으로 많은 변형이 존재한다. 수직선과 수평선으로 이루어져 있으며 서로 직각으로 만나 연속적으로 이어지는 장식띠가 된다. 이는 아키트레이브나 프리즈를 장식하는 데에 사용되었다.

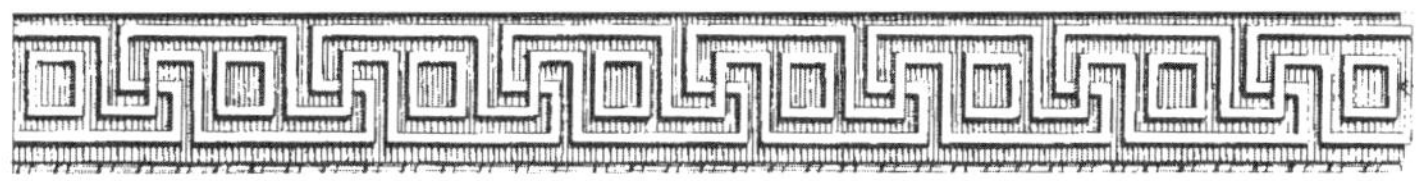

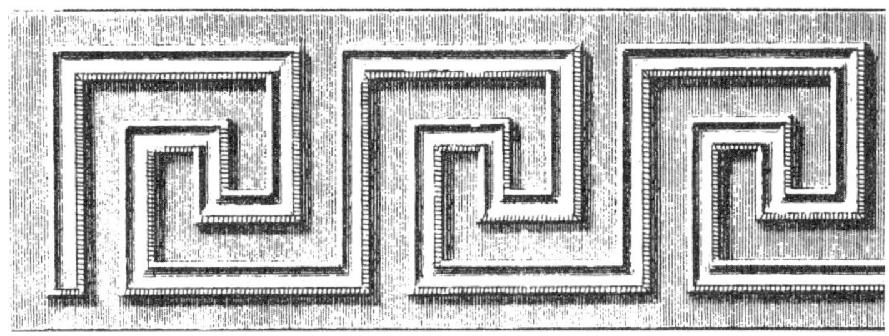

그리스 만자문양, 켄우드 하우스, 런던

Greek key pattern, Kenwood House, London

그리스 만자문양 중 단순한 형태인 이 예는 켄우드 하우스 외부에 띠처럼 둘러졌다. 이 띠는 시각적으로 건물의 층을 나누고 석재나 벽돌이 마모되는 것을 방지한다.

입면, 햄프셔의 더 그레인지(1804-1809년)

Facade, The Grange, Hampshire

이 건물은 그리스 부흥양식의 전원주택의 전형적인 모습이다. 도리스식 6주식 열주현관이 기존의 건물에 추가되어 전원의 분위기와는 잘 어울리지 않는 거대한 신전같은 느낌을 준다. 내부는 기존의 평면을 그대로 사용했다.

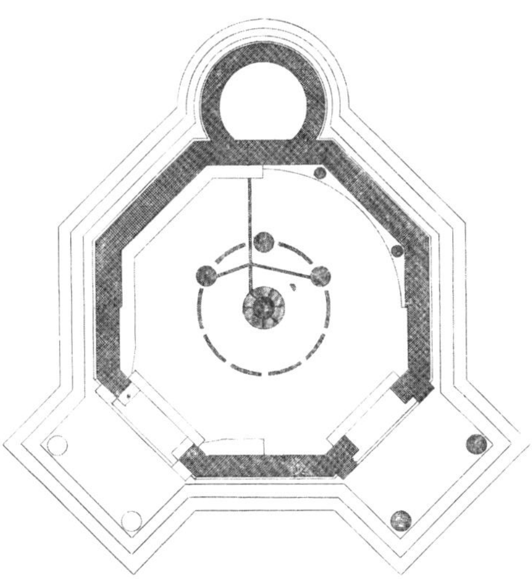

바람의 탑의 평면, 아테네

Floor plan, Tower of the Winds, Athens

바람의 탑은 서로 매우 다른 2개의 건축물에 영감을 주었다. 하나는 정원의 작은 건물(위쪽)이며 다른 하나는 세인트팬크라스 성당 첨탑의 하부(왼쪽)이다.

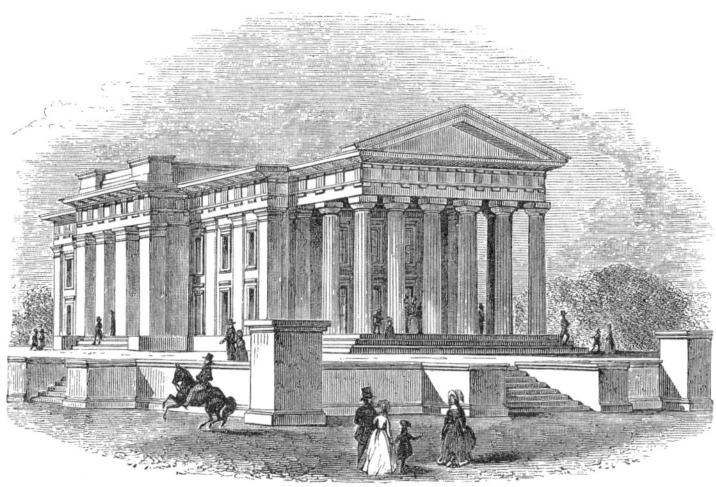

신고전주의
Neoclassical

공공건물의 새로운 유형
New Types of Public buildings

18세기 후반과 19세기에 걸쳐 빠르게 성장한 영국의 경제력은 국가적인 자부심과 업적을 상징할 수 있는 새로운 공공건물의 건설을 요구하게 되었다. 위엄 있고 웅장한 요소들을 거대하고 인상적인 규모로 조합하는 고전양식이 이러한 요구에 완벽하게 들어맞았다. 고대 그리스와 로마의 공공건물에 쓰인 개별 요소들은 영국에서 자유롭게 차용되었으며 이에 따라 영국의 시청, 박물관, 대학건물은 외형상 그리스와 로마의 욕장이나 신전을 닮게 되었다. 이렇게 고대의 건물에서 영감을 얻은 건물들은 고대 제국과 근대 영국을 은연중에 연관시켰다. 1770년과 1850년 사이에 신고전주의양식으로 건설된 다양한 공공건물 유형들은 당시 건축에서 가능했던 융통성의 범위를 보여준다.

국립박물관 : 입면, 대영박물관, 런던(1823-1847년)
National museums : facade, British Museum, London
18세기 중엽에 국가의 획득물과 그 연장선상에서 국가의 문명을 저장하는 보고로서 국립박물관이 건립되었다. 대영박물관의 입면은 연속되는 거대한 규모의 이오니아식 열주로 이루어지는데 그리스 프리에네의 아테네 폴리아스신전Temple of Athene Polias을 모델로 한 것이다.

국립박물관 : 대영박물관 출입구의 모델
National museums : models for the door to the British Museum
아테네에 자리한 에렉테움 내부의 신전으로 들어가는 출입구와 대영박물관의 주 출입구는 세부적인 면에서 유사하다. 기념비적인 스케일을 사용하여 방문자가 스스로 작아 보이게 하고 의도적으로 경외감을 갖게 했다.

교육기관 : 입면, 테일러 학교, 옥스퍼드
Academic institutions : facade, Taylorian Institute
돌출된 지붕층은 욕장 창문으로 분절되어 있으며 깊은 코니스로 마감되어 있어 독서대가 있는 내부의 갤러리를 가려주고 있다. 돌출된 기둥의 주두는 바사에의 아폴로신전의 것을 기초로 하고 있으며 엔타블러처 위에 조각상이 자리했다.

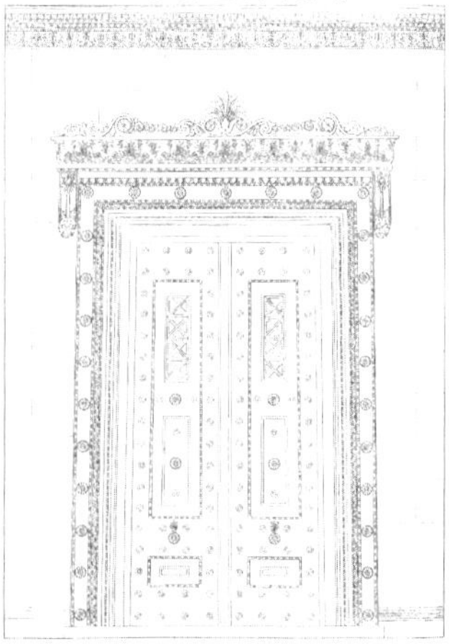

시청 : 입면, 세인트조지 홀, 리버풀 (1841–1856년)
Town halls : elevation, St. George' s Hall, Liverpool

회의장, 공연장 그리고 법정을 모두 한지붕 아래에 포함하도록 건설된 세인트조지 홀의 입면은 간결하고 절제되어 있으며 장식이 없는 지붕층이 상부에 자리했다. 이 건물은 영국의 가장 부유한 도시 중 하나였던 리버풀의 중요성을 반영했다.

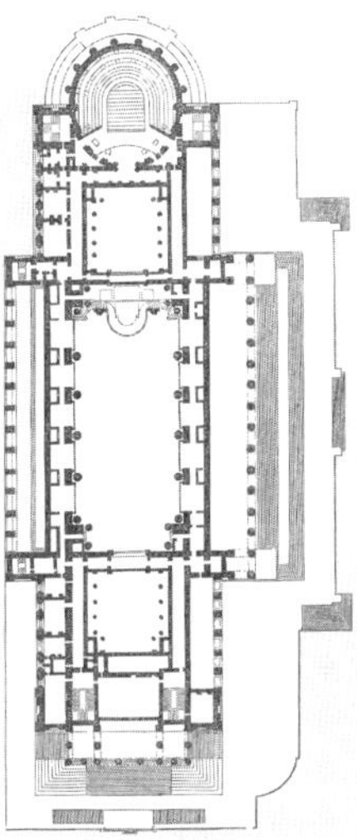

시청 : 평면, 세인트조지 홀
Town halls : plan St. George Hall

내부에는 중앙의 웅장한 회의장이 붉은 화강암으로 건설된 자이언트 오더에 의해 분절되어 있으며 그 모습은 로마의 바실리카 내부를 떠올리게 한다. 양쪽 끝의 법정은 좀더 작은 규모로서 비슷한 방식으로 분절되어 있다.

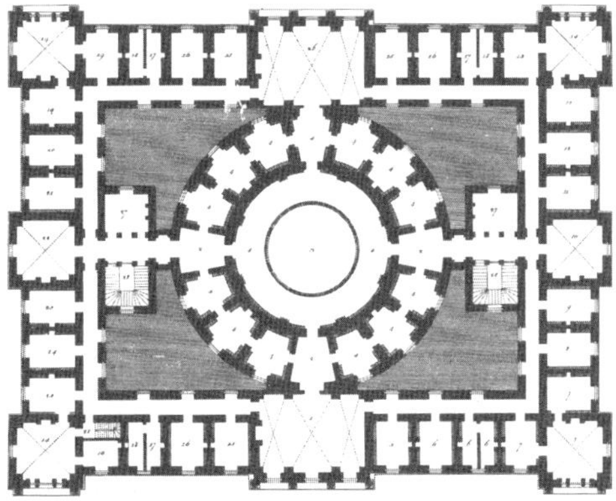

기록보관소 : 평면, 호적등기소, 에든버러
Record offices : plan, Register Office, Edinburgh

이 독특한 평면에서는 중앙의 원형 독서실과 그 둘레를 둘러싼 쐐기모양의 방이 눈에 띈다. 계단은 중앙 공간 양쪽에 한 쌍씩 배치되어서 가로 세로 모두 완벽하게 대칭을 이룬다.

정부청사 : 해군본부의 전면 가벽, 화이트홀(1759–1761년)
Government buildings : Admiralty Screen, Whitehall

이 가벽은 해군본부의 개방된 앞마당을 보호하고 거대한 출입구를 구성하기 위한 것이다. 매우 간결한 도리스 오더와 쌍기둥과 블라인드 니치blind niche를 사용함으로써 엄숙하면서도 위압적인 인상을 준다.

기록보관소 : 입면, 호적등기소, 에든버러 (1771–1792년)
Record offices : elevation, Register Office, Edinburgh

주 입면은 팔라디오양식의 영향을 분명하게 보여준다. 하지만 호적등기소의 세부장식(블라인드아치, 열주현관의 장식 패널, 페디먼트의 원형 장식 등)은 이 건물이 신고전주의양식에 속함을 확실하게 표시한다.

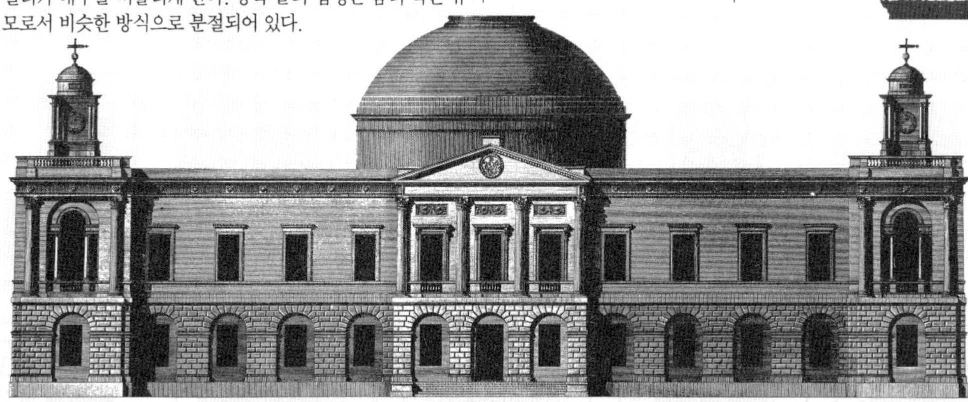

정부청사 : 세부장식, 해군본부의 전면 가벽
Government buildings : details of the decoration, Admiralty Screen

이 건물은 영국의 해군력이 최절정에 다다랐을 때 건설되었기에 그에 걸맞은 주제로 고전을 참고해 장식되었다. 신화에 등장하는 날개달린 해마가 대문 위에 자리했으며 양측 건물의 페디먼트에는 그리스양식의 뱃머리를 조각하여 활기를 더했다.

신고전주의
Neoclassical

미국의 신고전주의
Neoclassicism in the United States

미국의 신고전주의는 새로운 공화국으로서의 정치적인 상황과 밀접하게 연관되어 있었다. 이는 가장 영향력있는 대통령 가운데에 한 사람인 토머스 제퍼슨(1743-1826년)이 신고전주의를 "연방양식"으로 도입하는데 큰 역할을 했다는 사실을 통해 뒷받침된다. 1770년대 제퍼슨의 초기 설계안들은 학문적인 연구에 바탕을 둔 것으로 팔라디오양식의 영향을 뚜렷하게 보여준다. 유럽 방방곡곡을 여행하고, 구조적 순수성으로의 귀환을 주장한 프랑스 합리주의자들의 이론에 충격을 받은 뒤 제퍼슨은 그리스와 로마의 건축이 국립 및 연방 건물의 완벽한 모델이라는 것을 인지했다. 그가 설계한 리치몬드의 버지니아주 의회의사당은 프랑스 님에 있는 메종 까레를 기초로 한 것으로 미국에서 신전 형태를 모방한 최초의 공공건물이었다.

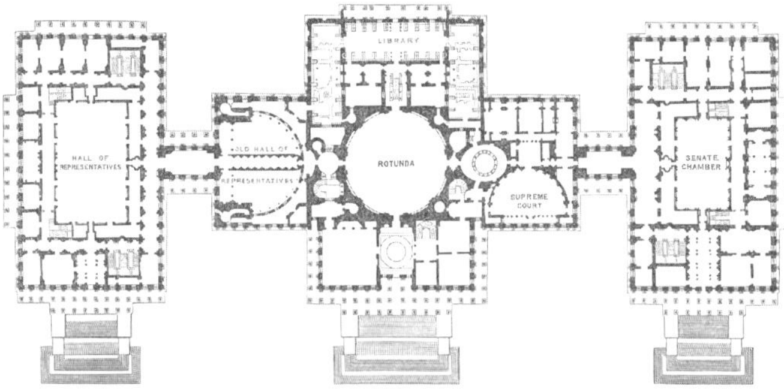

워싱턴 국회의사당의 평면
Plan, Capitol, Washington
비록 건설된 후 변경되었지만 국회의사당의 평면은 중앙블록 좌우로 같은 크기의 공간이 있다. 각각의 내부에는 반원형의 상원실과 하원실 등을 포함하는 독창적인 형태의 방이 있다.

국회의사당의 주 입면, 워싱턴(1792-1817년)
Main elevation, Capitol, Washington
워싱턴의 국회의사당은 입법부가 자리하는 곳으로 당시 미국에서 가장 중요한 건축 프로젝트였다. 기본 형태는 중앙의 로툰다와 나중에 그 위에 증축된 거대한 돔, 양쪽의 페디먼트가 있는 별관으로 이루어져 있으며 전체 입면은 자이언트 오더로 분절되어 있다.

중앙 로툰다의 단면, 워싱턴의 국회의사당
Cross section through the central rotunda, Capitol, Washington
1814년의 화재 이후 국회의사당은 재건되어야 했다. 이를 기회삼아 국가의 부가 달려있는 미국의 중요한 생산품을 반영한 2개의 새로운 '오더'를 만들었다. 상원의 출입구 쪽의 기둥에는 담뱃잎을, 다른 쪽의 기둥에는 옥수숫대와 옥수숫잎을 새긴 주두를 도입했다.

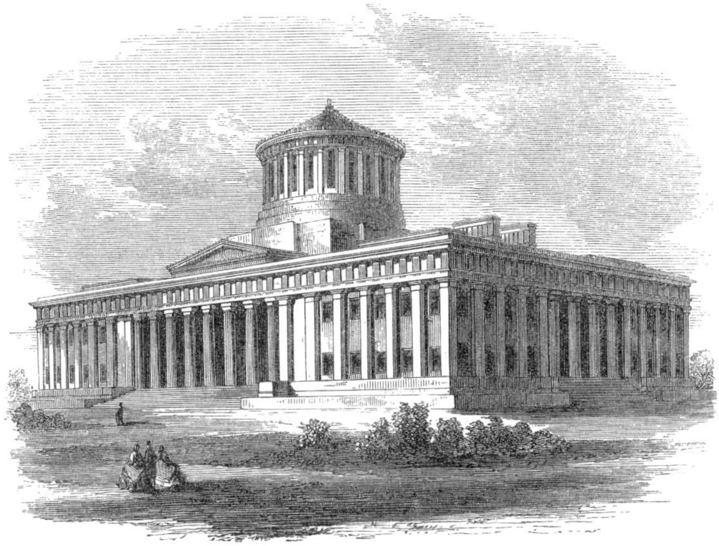

주의회의사당의 입면, 오하이오

Elevation, State Capitol, Ohio

그리스 부흥양식의 건물은 장엄한 효과를 위하여 주초가 없는 도리스 오더를 사용했다. 평면은 단순한 4각형으로 8주식 열주현관이 인안티스 형태로 구성되어 있다. 오더를 벽기둥처럼 건물 전체에 둘러놓았다.

에즈키엘 허시 경마장의 입면, 세일럼, 메사추세츠(1800년경)

Elevation, Ezekiel Hersey Derby House, Salem, Massachusetts

4개의 베이로 이루어진 이 입면은 로버트 애덤이 30년 전에 설계한 저택을 떠올리게 한다. 이 건물은 1층의 블라인드아치와 2층의 벽기둥 등의 요소를 모방했다.

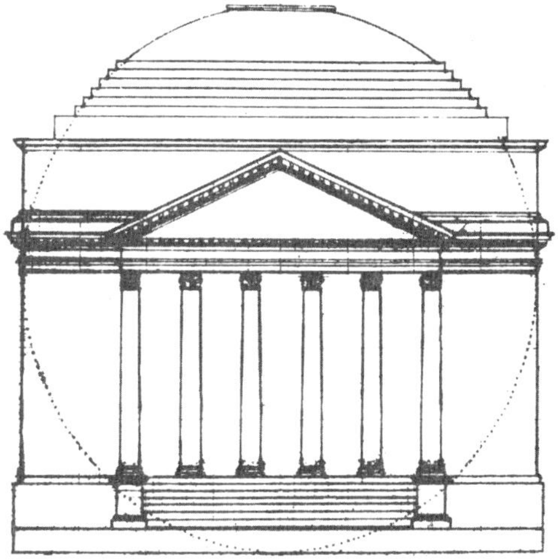

더 로툰다 디자인, 샬롯빌의 버지니아 대학교

Design for the rotunda, University of Virginia, Charlottesville

토머스 제퍼슨이 설계한 버지니아 대학교의 건물들 중 더 로툰다는 캠퍼스의 중심적인 건물이었으며 중앙도서관이었다. 건물의 형태는 로마의 판테온에서 기원한 것이며 이 도면은 평면뿐만 아니라 입면에도 그 형태 뒤에 원이 자리한다는 것을 보여주고 있다.

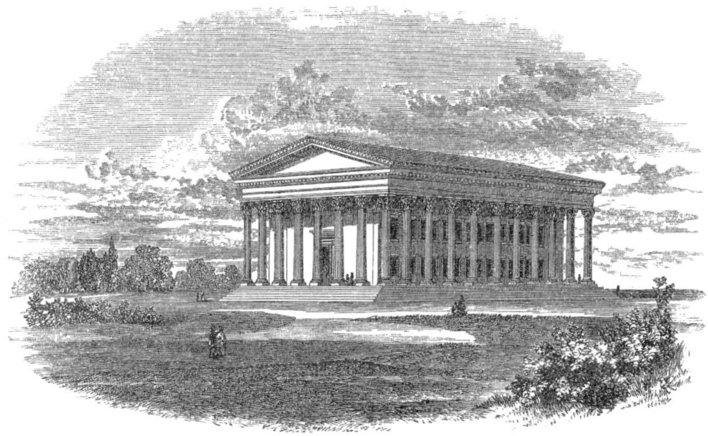

입면, 지라드 칼리지, 필라델피아(1833-1847년)

Elevation, Girard College, Philadelphia

로마양식으로 건설된 프랑스 님의 메종 까레Maison Carree를 기초로 한 이 건물의 웅장한 외부는 높이 17미터의 자이언트 코린트 오더로 이루어져 2개층의 칼리지 건물을 둘러싸고 있다. 이 형태는 메종 까레를 완벽하게 모방한 것으로 창의 배치와 구성이 기둥 뒤에 위치하게 되어 실내가 좀 어두울 정도였다.

신고전주의
Neoclassical

독일의 신고전주의
German Neoclassicism

독일은 1871년이 될 때까지 하나의 국가로 존재하지 않았고 공통의 언어를 사용하는 독립적인 소국과 공국의 집합이었다. 독일에서의 신고전주의의 발달(1785-1850년)은 국가정체성을 찾고자 한 것과 깊게 관련되어 있었다. 신고전주의 운동은 독일어를 사용하는 나라 중 가장 강력했던 프러시아에서 시작되었다. 프랑스 이론가의 영향을 받은 새로운 건축가세대가 그리스 부흥양식을 열정적으로 받아들였는데 이 양식을 통해 아름다움의 미학과 진지한 공공의 목적을 융합할 수 있을 것처럼 보였기 때문이다. 다른 나라에서와 마찬가지로 그리스적인 양식은 특히 공공건물에 적합하다고 여겨졌다. 이에 따라 그리스 부흥양식으로 최초로 디자인된 것은 독일국가의 기틀을 세운 프리드리히 대왕의 기념비였다. 그리스 부흥양식으로 건설된 최초의 건물은 브란덴부르크 문이었다. 이는 프러시아의 수도이자 법원이 위치한 베를린으로 들어가는 관문이었다.

베를린의 브란덴부르크 문(1789–1794년)
Brandenburg Gate, Berlin
도시의 서쪽에서 접근하는 사람들을 위해 건설된 이 문은 성소로 들어가는 관문이었던 아크로폴리스의 프로필레아를 기초로 만들어진 것이다. 브란덴부르크 문은 도리스식 기둥이 이중으로 배치된 6주식 열주현관과 양측의 별관으로 이루어진 구성을 프로필레아에서 차용했다.

주초의 세부모습, 브란덴부르크 문
Detail of the base of the order, Brandenburg Gate
두 건물의 세부모습 중 중요한 차이는 바로 브란덴부르크 문에서는 도리스 오더에 주초를 사용했다는 점이다. 이로 인해 그리스의 유적보다 좀더 가볍고 우아한 느낌을 주었다.

주초의 세부모습, 프로필레아
Detail of the base of the order, Propylaea
주초가 없는 그리스의 도리스 오더는 육중한 장엄함과 영속성을 느끼게 해주었으며 따라서 특별히 성스러운 공간의 출입구에 적합했다.

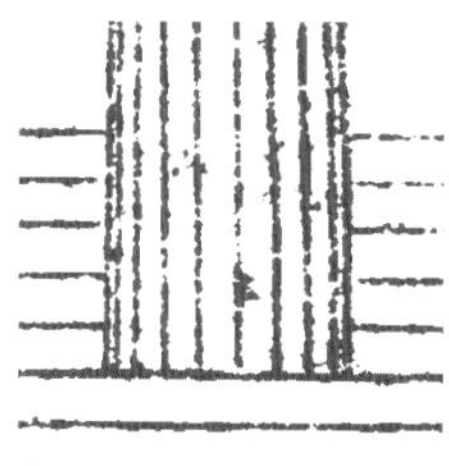

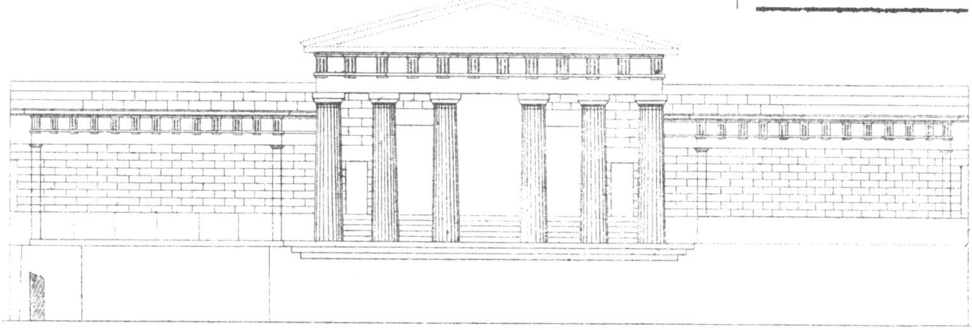

프로필레아, 아테네
Propylaea, Athens
브란덴부르크 문의 원형이 된 프로필레아는 기둥으로 이루어진 단순한 벽 그 이상이었다. 열주현관을 지나면 방문자들은 아크로폴리스로 들어가기 전에 양쪽에 방이 있는 넓은 복도를 통과해야 했다.

지붕층, 브란덴부르크 문
Attic storey, Brandenburg Gate

가장 곧바로 눈에 띄는 두 건물 간의 차이점은 프로필레아의 페디먼트 대신 도입된 지붕층이다. 상부에는 4마리의 말이 이끄는 전차의 조각상인 콰드리가quadriga가 있다. 이는 입면의 상부나 기념문에 종종 사용되는 요소였다. 가장 위의 날개 달린 조각상은 승리를 상징한다.

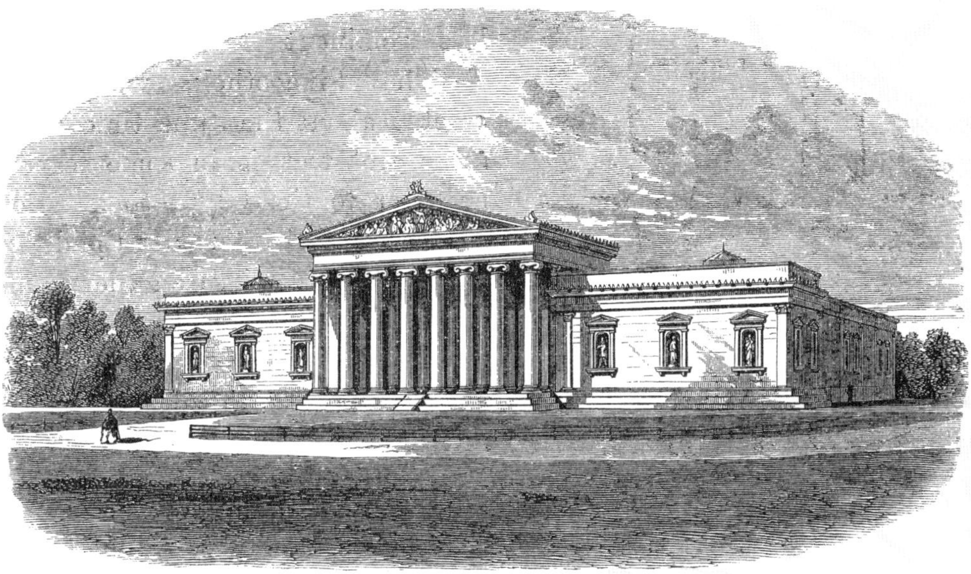

입면, 글립토테크, 뮌헨 (1816–1830년)
Facade, Glyptothek, Munich

글립토테크는 조각미술관을 일컫는 그리스어이다. 이 입면의 중앙부는 8주식 열주현관이며 주신에 홈파기는 되어 있지 않지만 아테네의 에렉테움에 쓰인 것에서 비롯한 이오니아식 주두가 사용되었다. 하지만 좌우로 돌출된 건물의 측면은 이탈리아의 르네상스건축을 떠올리게 한다.

입면, 명예의 전당, 뮌헨 (1843–1854년)
Facade. Ruhmes-Halle, Munich

바이에른지역의 위인을 기리기 위한 명예의 전당에는 48개의 도리스식 기둥이 열주를 이루며 입면을 구성하고 있다. 건물은 U자 형태이며 기단 위에 올려져 있어 명예의 전당에 헌액된 위인들이 관람객보다 높은 곳에 위치하도록 했다. 페디먼트의 조각은 바이에른지역 인물의 정치·문화적 업적을 묘사하고 있다.

신고전주의
Neoclassical

독일의 신고전주의 : 칼 싱켈
German Neoclassicism : Karl Schinkel

독일의 가장 유명한 건축가 중 한명인 칼 프리드리히 싱켈(1781-1841년)은 국가 정체성을 확립하기 위한 프로젝트에서 선구적인 인물이 되었다. 이탈리아 여행을 하며 낭만주의 사조의 영향을 받은 싱켈은 고전 건축만큼이나 고딕을 높게 평가했다. 두 양식 모두가 르네상스와 바로크시대 동안 잊혀졌던 구조적 순수성을 공유하고 있다고 생각했기 때문이다. 그럼에도 불구하고 그는 건축이 정치적 신념을 함축하고 국가의 열망을 표현하는 더 큰 역할을 수행할 수 있다고 주장했다. 싱켈이 설계한 왕립극장과 신박물관은 모두 당시 독일의 정치계를 지배하기 시작한 베를린에 건설된 작품으로 점점 증대하는 이 지역의 문화의식을 더욱 고양하기 위해 지어졌다.

왕립극장의 페디먼트
Pediment, New Theater
이것은 입면의 아랫부분에 있는 페디먼트로서 그리스 비극의 장면이 조각되어 있다. 출입구 위에 자리한 이 페디먼트는 구조적으로 불필요한 상부의 페디먼트와 대비된다.

아크로테리온의 세부모습, 왕립극장
Detail of acroterion, New Theater
출입구 위쪽 페디먼트에 자리한 아크로테리온은 가면을 들고 있는 뮤즈의 모습으로 그리스 극장을 암시하는 것이다. 이는 건축가가 2가지 고전적 모티프를 혼합해 새로운 효과를 만들어낸 예 중 하나이다.

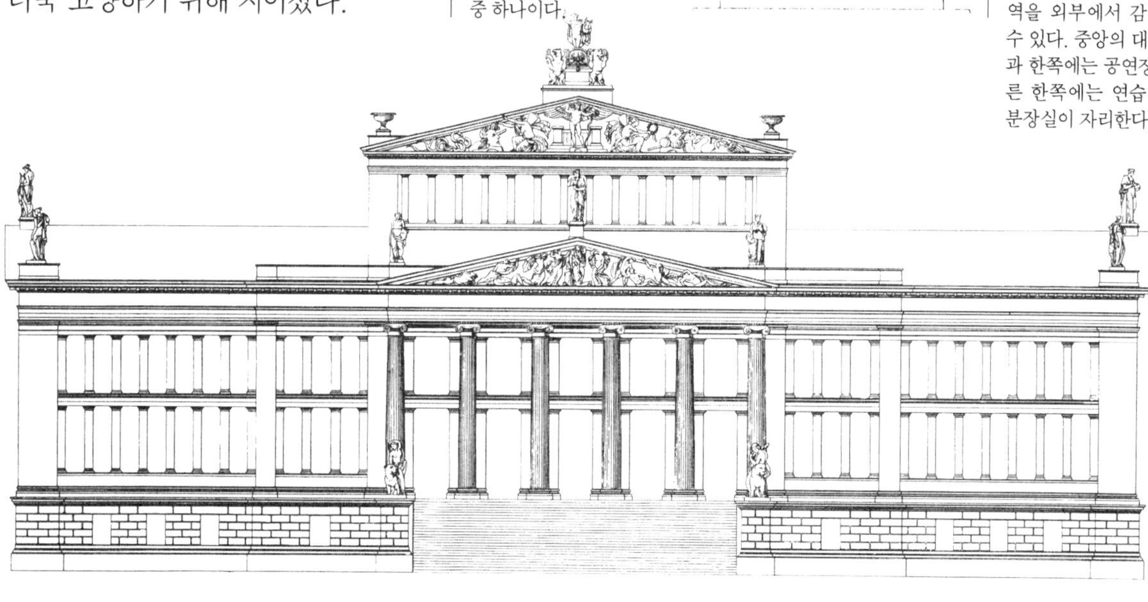

왕립극장의 입면, 베를린
Façade, New Theater, Berlin
이 도면은 왕립극장의 거대한 건물 매스와 후에 싱켈의 건축의 특징으로 자리하게 된 격자 형태의 창을 보여준다. 건물의 중심적인 세 영역을 외부에서 감지할 수 있다. 중앙의 대강당과 한쪽에는 공연장, 다른 한쪽에는 연습실과 분장실이 자리한다.

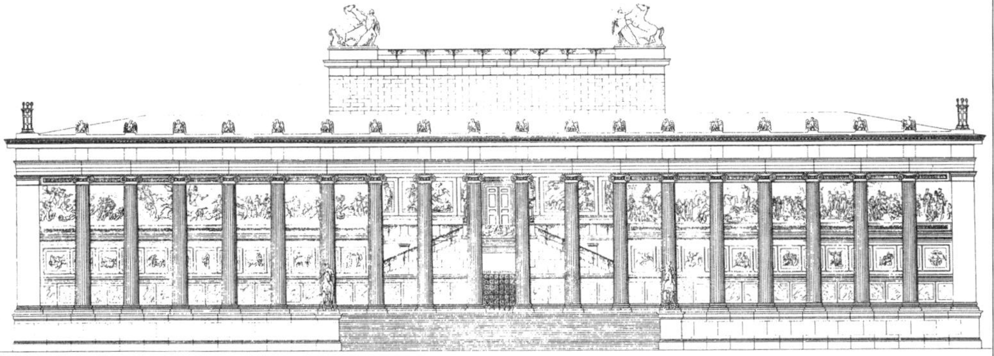

신박물관의 입면, 베를린(1823년 착공)
Elevation, New Museum, Berlin

18개의 이오니아식 기둥으로 이루어진 건물의 입면은 그 규모면에서 진정으로 기념비적이다. 각 기둥은 높이가 12미터이며 전체 입면의 길이는 81미터이다. 그리스의 열주를 떠올리게 하는 입면에는 중앙을 강조하는 요소가 없으며 돔은 지붕층에 의해 숨겨져 있다.

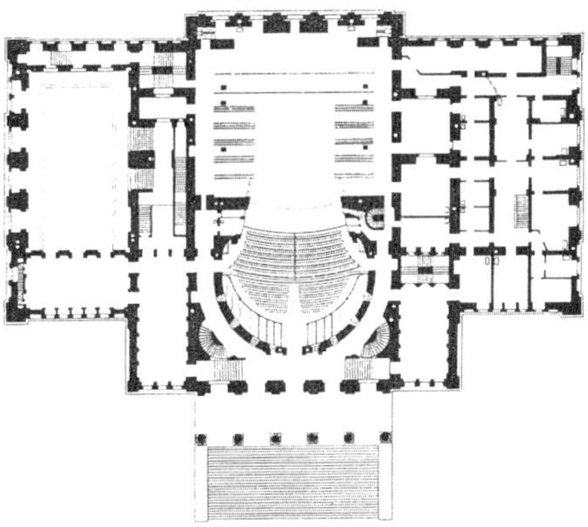

1층 평면, 왕립극장
Plan of ground floor, New Theater

극장의 1층 평면은 입면에서도 분할되어 있던 건물의 세 부분을 보여준다. 방들의 구성은 필요에 의해 계획된 것으로 다수의 작은 분장실이 반대편의 콘서트 홀과 균형을 이루고 있다.

원형장식, 신박물관
Roundel, New Museum

그리스인이 새겨져 있는 장식용 원형조각은 벽을 분절하기 위한 설계안의 일부였다. 싱켈은 이를 격자문양의 장식의 내부에 배치했다.

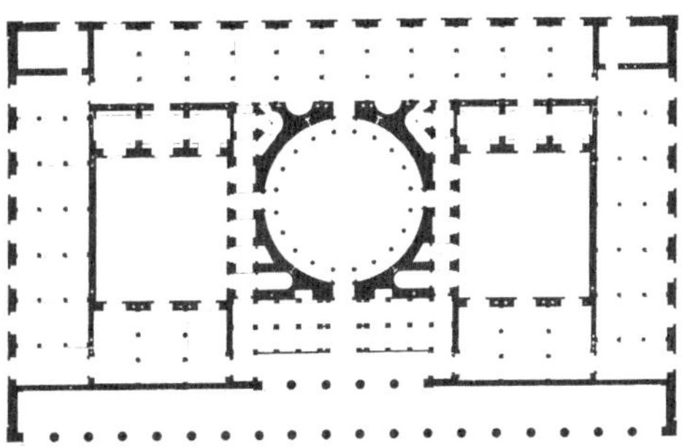

신박물관의 평면
Plan, New Museum

이 평면은 완벽하게 대칭적인 배치를 보여주어 왕립극장의 평면(위쪽)과 대조를 이루고 있다. 이는 각 갤러리들을 같은 크기로 설계할 수 있었기 때문이다. 방들의 정확한 배치는 층별로 다르지만 각 층은 대칭적인 배치를 유지하고 있다.

로툰다, 신박물관
Rotunda, New Museum

코린트식 기둥으로 둘러싸인 이 방은 박물관에서 가장 중요한 공간이다. 조각을 전시하기 위해 계획된 이 방의 원통형 벽면과 코퍼링 천장은 로마의 판테온을 떠오르게 한다.

픽쳐레스크 18세기 후반–19세기 초반
Picturesque late C.18th–early C.19th

픽쳐레스크의 기본
Fundamentals

건축의 픽쳐레스크운동은 18세기의 낭만주의에 그 뿌리를 두고 있으며 때때로 후기 조지안 혹은 섭정시대양식이라고도 한다. 픽쳐레스크라는 용어는 당초 클로드 로렌, 니콜라 푸생, 살바토르 로사 등의 17세기 화가의 작품을 닮은 건물이나 풍경을 일컫는 말이었다. 이후 1795년경에 조경 및 원예이론가였던 유브데일 프라이스와 아마추어 학자 리처드 페인 나이트가 이를 미학적 범주의 하나로 정의했다. 불규칙성, 다양성, 대조, 형태의 비대칭적 배치, 성곽같은 외관, 최신의 신고전주의식 실내장식으로 구성된 헤리퍼드셔의 다운턴 성(나이트가 설계하여 1772년 착공)이 건축에서의 픽쳐레스크운동의 시발점이었다. 픽쳐레스크양식의 효과를 만들기 위해 위의 특징들과 가능한 모든 양식들이 적용되었으며 종종 2개 이상의 양식이 절충적으로 조합되기도 했다. 픽쳐레스크양식은 다양한 양상으로 존재했는데 건축가 존 내쉬는 비정형적인 풍경 속에 자리한 거대한 전원주택에서부터 작은 오두막과 독창적인 도시계획안에 이르는 픽쳐레스크양식의 여러 측면을 두루 섭렵했다.

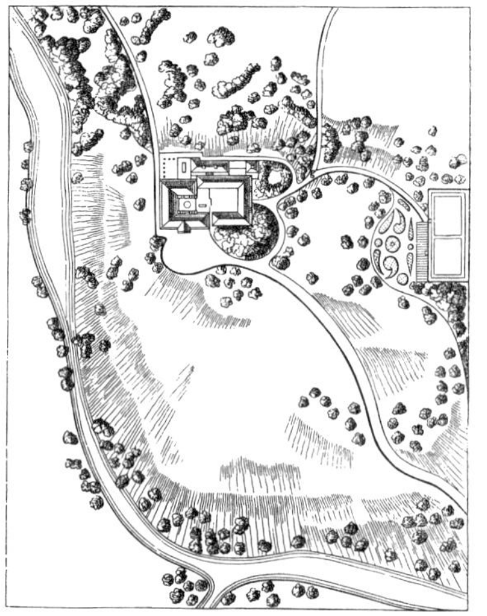

빌라
The villa
빌라는 단독주택으로 대개 아름다운 풍경 속에 그림같이 자리한 별채를 일컫는다. 빌라와 그 주변 환경은 통합적으로 픽쳐레스크적인 풍경을 이루도록 계획되었다. 주택으로 가는 진입로는 극적인 효과가 나도록 배치했고 동시에 목가적인 풍경을 만들기 위해 주택 주위로 나무를 배치하는 것이 보편적인 특징이었다.

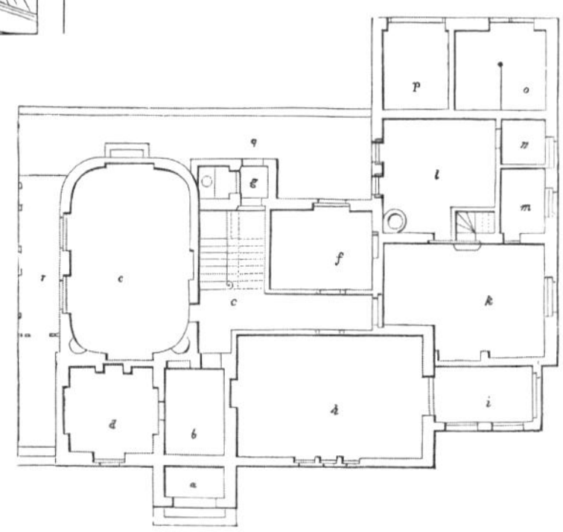

불규칙성과 다양성
Irregularity and variety
이 평면에서 나타나듯이 불규칙성은 주로 방의 배치를 통해 표현된다. 또한, 방의 규모에서 다양성을 엿볼 수 있다. 이런 2가지 특성은 건물의 외부에 반영되어서 하늘을 배경으로 하는 실루엣으로 드러난다.

고딕적인 양식
Gothic style
고딕시대의 건축요소가 종종 건물 실루엣에 픽쳐레스크적이거나 낭만적인 효과를 보강하는 것으로 여겨졌다. 고딕양식의 디테일로는 첨두창과 비막이 몰딩이 있는 창 등이 사용되었다.

성곽양식
Castellated style
총안, 탑 그리고 불규칙한 형태의 건물 매스로 특징지을 수 있는 성곽양식은 건축에서 픽쳐레스크양식을 표현하기 위해 가장 널리 쓰인 양식 중 하나이다.

이탈리아식의 픽쳐레스크양식
Italianate style
많은 픽쳐레스크양식의 건물은 이탈리아식이었다. 탑(아래의 도판에서는 4각형이지만 일반적으로 원형 건물 위에 원뿔형 지붕이 있는 형태이다), 직교하는 건물, 로지아, 난간 그리고 아치 형태의 창문이 그 주된 특징이었다.

도시의 픽쳐레스크양식
The Picturesque in town
도시에서 픽쳐레스크적인 특징은 원근법의 효과를 사용하면서 만들어졌다. 건물을 영리하게 배치하여 전체적으로 거리의 방향을 바꿀 수 있었다. 가로에 면한 하나의 테라스 위에 자리한 건물 중 몇채를 뒤로 후퇴시키고, 무대같은 아치길을 사용해 테라스들을 연결하고, 아래에 보이는 것처럼 나무와 수풀을 사용해 건축적 배치를 부드럽게 만들었다.

가짜 성
The sham castle
에어셔의 컬진 성Culzean Castle(아래 오른쪽)과 이스트로디언의 시턴 성Seton Castle(아래)은 모두 로버트 애덤이 1779년경에 설계한 건물로서 스코틀랜드에 건설되었다. 기하학적인 형태로 이루어진 대담한 건물 매스, 드라마틱한 주위환경, 동세의 느낌 그리고 그 저변의 낭만적인 매력이 '가짜 성' 이라고도 불리는 이들 건물의 특징이다. 이러한 특징이 모두 항상 픽쳐레스크와 연관되지는 않지만 어떤 비전을 표현하고 있다. 이런 비전은 그 자체로서 픽쳐레스크양식의 본질적인 부분인 환상의 모습인 것이다.

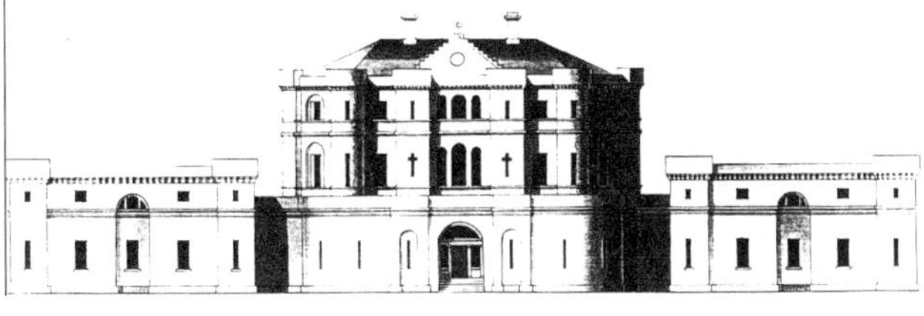

픽쳐레스크
Picturesque

오두막건축
Cottage Architecture

18세기 후반의 초기 픽쳐레스크 건물에 적용되었던 의도된 불규칙성과 모티프들의 절충적인 사용은 19세기 초반에 등장한 픽쳐레스크적 오두막 건축에도 그대로 이어졌다. 1790년과 1810년 사이에 오두막건축에 대한 출판물이 쏟아져 나왔다. 이러한 대유행은 부분적으로 당시 널리 퍼져있던 '개선'이라는 개념에 의한 것으로 설명할 수 있다. 노동자들이 편안한 숙소에 머무른다면 지주에게 이득이 될 것이라는 믿음에 근거한 것이었다. 또한 오두막을 개조함으로써 경관과 픽쳐레스크적 효과가 더 보완될 수 있었다. 픽쳐레스크양식의 오두막건축은 "원시 오두막"이라는 신고전주의의 개념에서 기원했는데 이는 건축이론가 로지에가 1753년 자신의 저서 「건축에 관한 소고」에서 주장한 것이다. 여기서 그는 최초의 원칙 혹은 자연적 근원으로의 회귀를 주장하며 건축에 불필요한 세부장식을 없애고 자라는 네 그루의 나무 기둥, 통나무 인방, 기초적인 지붕을 구성하는 나뭇가지로 이루어진 "원시 오두막"의 단순한 구조로 돌아가야 한다고 주장했다.

카티지 오르네 (장식적인 오두막)
Cottage orné

카티지 오르네는 일반적으로 시골이나 공원에 자리한 작은 주택을 말한다. 이 건물들은 그와 어울리게 매우 소박하며 초가지붕, 장식창틀, 박공널, 장식용 굴뚝, 베란다 등과 같은 픽쳐레스크양식의 특징을 많이 보여준다. 존 내쉬는 1811년경 브리스톨 근교의 세인트블레즈에 이런 유형의 주택으로 구성된 작은 마을 전체를 설계했다.

박공널
Bargeboard

박공널은 건물의 박공 끝부분에 자리한 사선 형태의 돌출된 판을 말한다. 이는 지붕의 수평 목재를 가리고 있으며 많은 경우 장식이 되어있다.

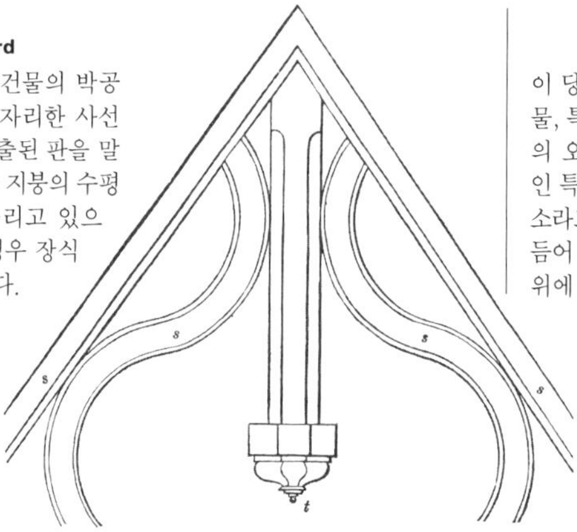

덩굴식물
Climbing vines

이 당시의 사람들은 덩굴식물, 특히 담쟁이덩굴이 시골의 오두막에 픽쳐레스크적인 특징을 크게 더해주는 요소라고 생각했다. 덩굴을 다듬어 베란다와 같은 부분 주위에 자라도록 했다.

다락창
Dormer
다락창은 경사지붕에 설치된 구조물이다. 여기에는 뾰족하거나 평평한 지붕이 씌워져 있으며 정면에 창문이 있다. 여기서 보이는 것처럼 다락창에도 대개 창문 위에 작은 박공이 있다.

뼈대만 목조로 한 오두막과 키클롭스식 돌쌓기
Half-timbered cottages and Cyclopean stonework
석재나 조적은 아래층에 사용되는 반면 목재는 대개 건물의 위층에 사용되었으며 때때로 건물의 일부분에만 쓰이기도 했다. 아래층은 종종 키클롭스식 돌쌓기로 외부를 장식했다. 이는 손질하지 않은 석재를 불규칙하게 쌓은 것으로 다양한 질감을 만들어냈다. 여기에 쓰인 거친 석재들은 거의 자연 그대로의 것으로 '원시 오두막'의 개념, 즉 자연적 근원으로의 회귀와 관련이 있다.

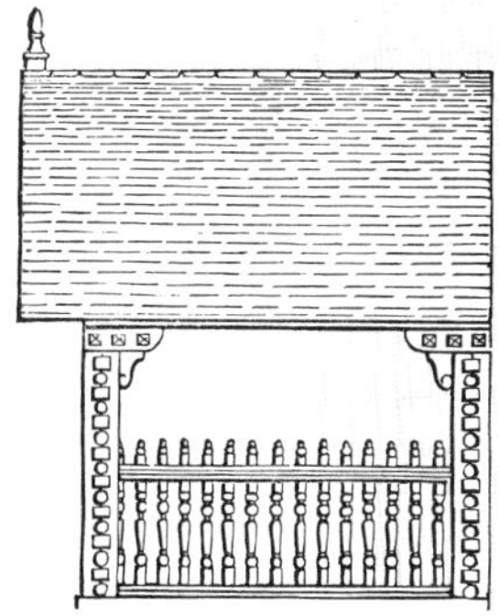

포치
Porch
포치는 지붕이 덮여있는 출입구이다. 픽쳐레스크양식의 오두막에서 포치는 대개 목재로 만들었으며 상당히 장식적이었다. 포치는 밋밋할 수 있는 규칙적인 입면에 변화를 줌으로써 오두막의 외관에 다양성과 흥미를 더하는 요소로 여겨졌다.

베란다
Veranda
베란다는 지붕으로 덮인 개방된 회랑 혹은 발코니로서 가벼운 철재기둥이나 자연으로의 회귀를 떠올리게 하는 꼬인 목재기둥이 지붕을 지지하고 있다. 베란다는 픽쳐레스크양식과 밀접한 연관을 맺게 되었으며 이는 인도에서 기원한 것으로 생각된다.

초가지붕
Thatch
초가지붕은 갈대, 골풀 혹은 짚으로 촘촘하게 엮은 지붕으로 지방의 건축물에 가장 빈번하게 사용되었다. 초가지붕은 어떤 픽쳐레스크양식의 오두막에서건 필수적이었으며 그 소박한 매력을 만드는 원초적인 요소였다.

픽쳐레스크
Picturesque

정원과 농장건물
Garden and Estate Buildings

조경사였던 험프리 렙턴과 존 내쉬는 18세기 후반에서 19세기 초반에 걸쳐 짧은 기간 동안이지만 매우 성공적인 협력관계를 통해 수많은 대규모 농장을 개조하고 개선시켰다. 렙턴은 조경을 손보고, 내쉬는 농장건물을 추가하거나 개축했다. 조경설계는 당시 최신의 직업으로서 이들의 협업은 부유한 지주들의 요구를 적절히 충족시켰다. 작은 숲 속이나 호숫가에 낭만적으로 자리한 아름다운 건물들은 더 이전세대의 건축가들의 작품에서도 발견된다. 1730년경 윌리엄 켄트가 설계한 옥스퍼드셔의 루샴 농장이나 조경사 란셀롯 브라운(1716~1783년)과 함께 작업한 스토우 하우스가 그 일부이다. 렙턴과 내쉬는 다른 픽쳐레스크양식의 작품들과 마찬가지로 그림같은 위치에 자리한 주택이 풍경의 핵심이 되는 조경을 만들었다. 브라운의 세련되고 인공적인 조경은 점차 자연 그대로의 정리되지 않은 모습을 더욱 존중하는 경향으로 대체되었다. 이를 통해 풍경에 픽쳐레스크적인 효과와 낭만적인 매력이 더해질 수 있었다.

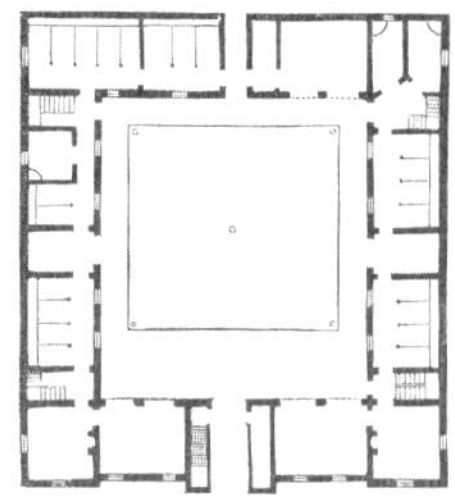

착유장
Dairy

낙농장은 본질적으로 기능적인 건물이었다. 이곳에서 소의 젖을 짜고 착유를 위한 기계를 보관했다. 건물은 픽쳐레스크양식의 장식으로 화려하게 꾸며지기도 했지만 그 기능적인 목적은 평면에 뚜렷하게 나타난다. 평면(위)은 향기나는 풀이 심어져 있는 통로와 착유기를 청소하기 위한 하인용 방을 포함한 4개의 구획으로 나뉘어져 있다.

마구간
Stables

마구간은 가족의 말들을 수용하기 위한 건물로서 구조, 양식, 장식적인 면에서 주 주택과 같은 양식으로 설계되었다.

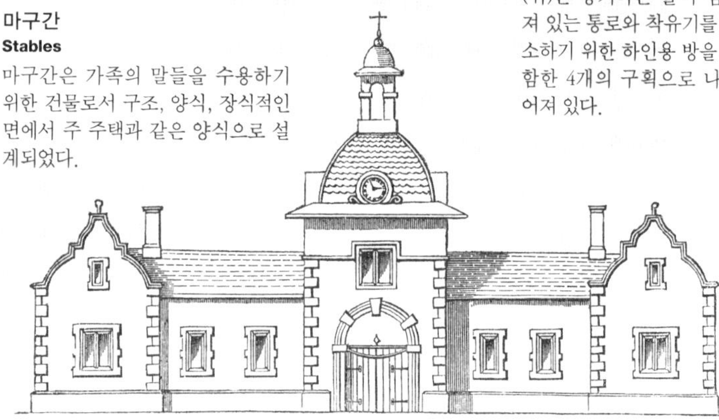

로지
Lodge

로지는 농장에 자리한 작은 주거용 건물이다. 일반적으로 로지는 편리하게 배치된 방들로 잘 계획되어 있었다. 로지의 픽쳐레스크적인 특징은 입면에서 비롯한 것으로, 이 사례에서 볼 수 있듯이 현관, 굴뚝, 창과 같은 외부 요소를 비대칭적으로 배치해서 다양성과 재미를 얻고 있다.

수위실
Gatehouse

수위실은 본래 로지의 하나로서 대문이 통합되어 있는 건물이다. 여기에 묘사된 건물은 성곽양식으로서 대칭성과 다양성을 잘 조화시켜 아름다운 픽쳐레스크식 건축물로 구성한 것이다.

분수
Fountains

이러한 장식적인 구조물을 픽쳐레스크양식의 조경에 사용함으로써 픽쳐레스크적인 효과를 증대하고자 했다.

장식용 다리
Ornamental bridge

이것은 매우 장식적으로 건설된 다리로서 풍경이 좀더 픽쳐레스크적으로 보이도록 하기 위해 사용되었다. 이러한 다리는 풍경 안에 다양성과 함께 하나의 초점을 제공하고 있으며 다양한 양식을 사용할 수 있는 기회를 부여한다. 그 예로 여기서는 다리 중간에 중국의 정자같은 건물이 자리하고 있다.

온실
Conservatory

콘저버토리는 일반적인 온실보다 좀더 장식이 많은 건물로 철과 유리로 지어졌으며 커다란 창문으로 이루어져 있다. 온실은 본 주택에 부속되어 있거나 독립적으로 떨어져 있었다.

가제보와 격자시렁 Gazebo(belvedere) and treillage

가제보는 정원의 건축물 중 하나로 대개 장식적이며 일반적으로 풍경 속의 높은 곳에 자리하고 창이나 개구부가 있어 멋진 경관을 내려다볼 수 있는 건물이다. 가제보의 측면은 격자시렁으로 이루어져 있곤 했다. 이는 장식용의 철제품으로 보통 베란다에서 투박한 칸막이벽을 대신해 가벼운 패널로서 사용되었다.

건축의 기본요소

Elements of Architecture

돔
Domes

돔은 기본적으로 볼트의 한 형태로서 원형, 다각형, 혹은 타원형 평면 위에 다양한 형태의 종단면으로 건설될 수 있다. 돔의 형태는 휘어진 나무를 가운데서 연결하고 그 위를 짚으로 덮은 원형 오두막에서 기원한 것으로 보이며 후대에 와서 천국을 상징하고 권위를 표현하는 수단으로 사용되었다. 로마에서 콘크리트가 발전되면서 거대한 반구형 돔을 건설하는 것이 가능해졌고 고전건축과 동양의 영향이 혼합되어 있는 비잔틴양식에서는 돔이 건축의 핵심적인 특징이 되었다. 로마인들은 돔을 원형 혹은 다각형 공간 위에만 사용한 반면 비잔틴양식의 건축가들은 펜덴티브(157쪽을 참고)를 사용해 정4각형이나 직4각형인 평면 위에도 돔을 건설할 수 있었다. 이는 이슬람건축(175쪽과 179쪽 참고)에서도 마찬가지였다.

내쌓기 돔
Corbeled dome

미케네 유적인 아트레우스의 보고Treasury of Atreus(기원전 1220년경)에는 지름이 거의 15미터에 이르는 톨로스(주 묘실)가 있으며 그 위는 벌집을 닮은 위로 뾰족하게 내쌓기한 돔이 올려져 있었다. 그리스에서 뿐만 아니라 인도와 남아메리카에서도 사용된 내쌓기 기법은 벽돌을 위로 갈 수록 아래보다 조금씩 돌출되도록 쌓는 방법이다.

로마의 돔
Roman dome

로마 판테온(126년)의 돔은 지름이 44미터로서 전형적인 로마식 돔이다. 내부를 보면 돔은 반구형으로 코퍼링된 우물 천장과 정창(오쿨루스)을 채용해 육중한 무게를 경감했다. 외부는 안정성을 높이기 위해 추가적인 지주와 계단식 층을 두었다. 이로 인해 돔의 하단부는 접시모양이 되었다.

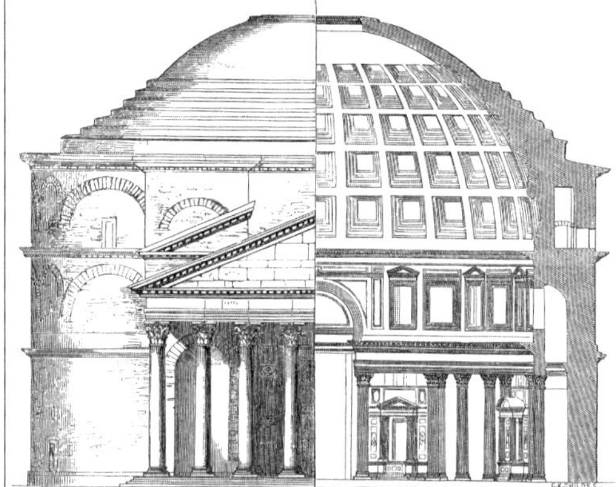

포인티드 돔
Pointed dome

이슬람건축의 특징으로는 다양한 돔의 사용을 들 수 있다. 그 중 가장 일반적인 형태가 포인티드 돔으로 꼭대기가 뾰족하게 솟아 있다. 아래의 이란 솔타니예에 위치한 올제이투 분묘(1310년경)를 보면 돔은 8각형의 드럼 위에 자리하며 유약을 바른 타일로 장식되어 있다.

복합 돔
Compound dome

복합 돔은 다수의 돔과 볼트가 연결되어 있는 것으로 비잔틴건축에서 널리 사용되었다. 콘스탄티노플의 하기아 소피아(532-537년)에는 중앙의 돔을 4개의 거대한 아치가 지지하고 있고 양 옆에 반원형 돔이 부착되어 있다. 펜덴티브를 사용해 원형의 돔을 4각형 평면 위에 얹을 수 있었다.

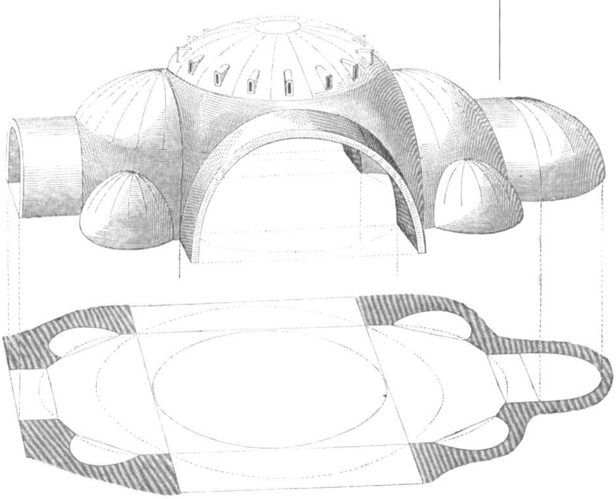

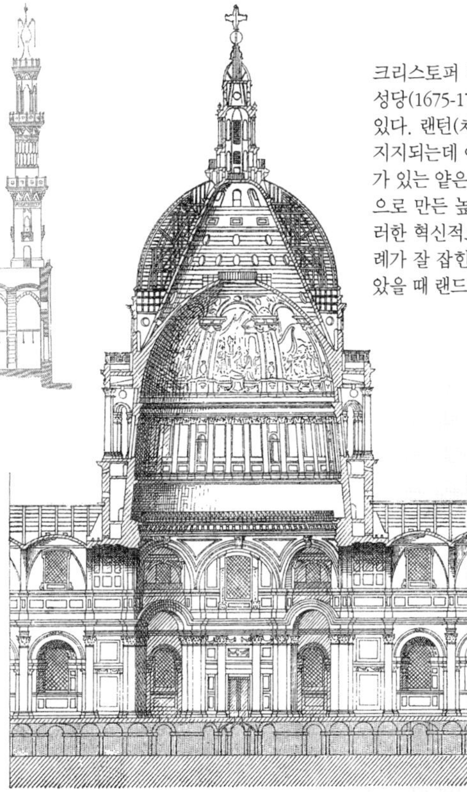

삼중 돔
Triple-shell dome

크리스토퍼 렌이 설계한 런던의 세인트폴 대성당(1675-1710년)의 돔은 3겹으로 구성되어 있다. 랜턴(채광탑)은 조적조의 원뿔구조물로 지지되는데 이 구조물은 안쪽으로는 오쿨루스가 있는 얕은 돔으로, 바깥쪽으로는 목재와 납으로 만든 높이 솟은 돔으로 가려져 있다. 이러한 혁신적으로 발전된 구조를 통해 렌은 비례가 잘 잡힌 내부를 유지하면서 외부에서 보았을 때 랜드마크를 세울 수 있었다.

상심(들어 올려진) 돔
Stilted dome

'상심(들어 올려진)'이라는 용어는 일반적으로 아치에 적용되지만 돔에도 사용할 수 있다. 들어 올려진 돔, 즉 상심上心 돔은 돔의 곡선부가 아치굽(돔이 놓이는 부분으로 이곳에서부터 돔이 솟아오르는 것처럼 보인다)보다 높은 부분에서 시작하는 것을 말한다. 측면의 경우 어느 정도의 길이만큼 수직으로 이어지다가 특정 지점에서 휘어지기 시작한다.

이중쉘구조 돔
Double-shell dome

미켈란젤로가 설계한 로마의 성 베드로 대성당(1585-1590년)의 돔은 벽돌로 지은 이중쉘구조 돔으로서 브루넬레스키가 설계한 피렌체 대성당의 거대한 돔(두오모)을 떠오르게 한다. 돔은 수평방향의 철제 체인으로 연결되어 있는 리브를 갖고 있으며, 내부는 반구형이지만 외부는 약간 뾰족했다. 육중한 조적조 쿠폴라가 리브를 제자리에 있도록 지지하고 있으며 벌어지지 않도록 막아준다.

돔의 요소
Elements of a dome

망사르가 설계한 앵발리드 성당(1680-1707년)의 돔은 드럼, 돔, 랜턴의 3개 주요 요소로 이루어져 있다. 드럼은 돔을 지지하는 수직벽으로서 창문이 있거나 기둥으로 장식되어 있다. 이는 돔의 높이를 더해주어 더욱 눈에 띄고 두드러지게 한다. 둥근 돔 본체 위에는 일반적으로 랜턴이라고 하는 구조물이 자리한다. 그 형태가 둥근 돔의 모습인 경우 큐폴라라고 부른다.

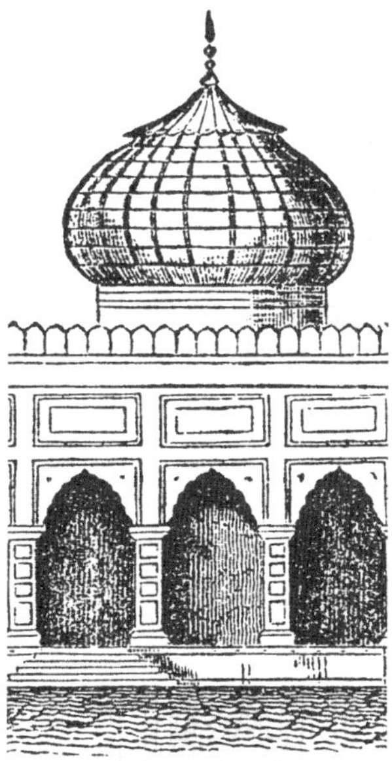

구근 형태의 돔
Bulbous dome

인도 아그라의 타지 마할(1632-1654년)에는 이슬람건축에서 널리 쓰인 돔의 형태 중 다른 하나가 나타난다. 이 돔은 뾰족하면서 또한 측면이 바깥쪽으로 둥글게 돌출되어 있는 구근 형태이다. 이와 관련있는 형태는 러시아와 동유럽에서 널리 사용된 양파 형태의 돔이 있으나 양파 형태의 돔은 둥근 천장으로 이루어져 있지 않아서 구조적으로 진정한 돔이라고 할 수 없다.

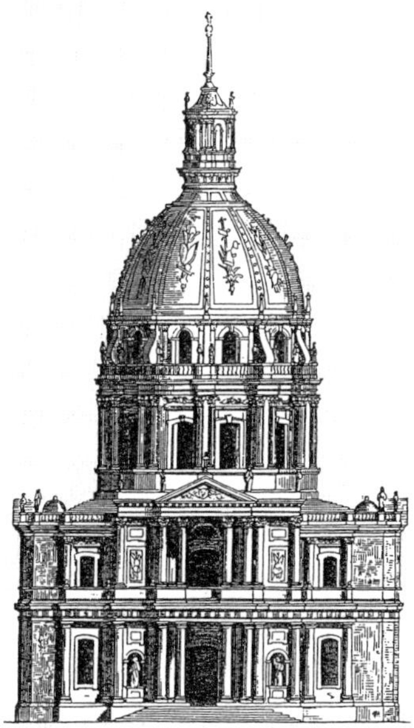

기둥
Columns

기둥은 주초, 주신, 주두로 이루어진 수직 구조 부재이다. 고전건축의 언어에서 그리스인들은 기둥을 엔타블러처와 함께 사용하여 건물의 지붕을 지지했다. 하지만 로마인들은 그리스의 가구식 구조보다 아치구조를 선호했기 때문에 기둥을 구조적으로보다는 장식용으로 사용했다. 그 결과 부착기둥, 반기둥, 벽기둥과 같은 다양한 새로운 변형이 나타났다. 기둥은 고대 로마건축에서처럼 쌍으로 쓰이거나, 영국 노르만양식에서처럼 다발로 쓰이거나, 인도의 라트처럼 분리되어 독립적으로 쓰일 수 있었다. 주신은 토스카나 오더처럼 단순하거나 또는 화려하게 장식되어 있었다. 주두는 중세의 단순한 형태로부터 이집트의 장식적인 형태까지 다양했다.

5개의 오더
The five orders

고전건축의 5개 오더는 주두와 (일반적으로) 주초가 있는 기둥과 수평으로 놓인 엔타블러처로 이루어진 각 부분을 구성하고, 조화시키며 장식하는 구조적인 체계이다. 도리스(2), 이오니아(3), 코린트(5) 오더는 그리스에서, 토스카나(1), 복합(4) 오더는 로마에서 발달한 것이다. 천년 가까이 쓰이지 않았던 오더는 르네상스시대에 다시 부흥했으며 세바스티아노 세를리오, 안드레아 팔라디오, 윌리엄 챔버스와 같은 건축가들에 의해 표준화되었다.

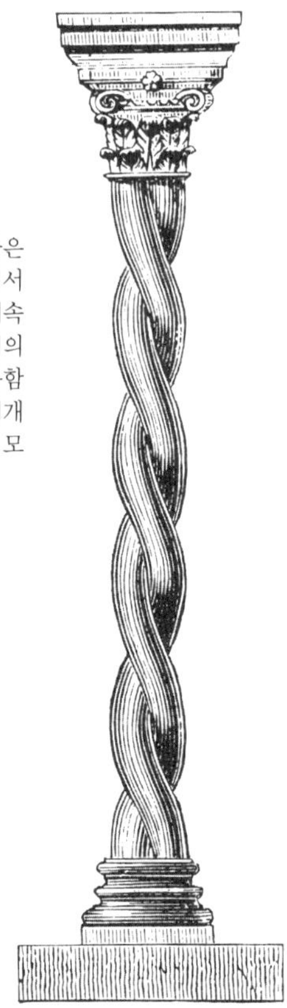

꼬인 기둥
Twisted column

로마네스크시대에 건축가들은 고대 로마의 기둥을 모방해서 적용할 수 있는 부분마다 계속해서 사용했다. 새로운 형태의 경우 이 꼬인 기둥처럼 우아함과 아름다움을 중시했다. 대개 로마네스크시대의 기둥은 모자이크로 꾸며져 있었다.

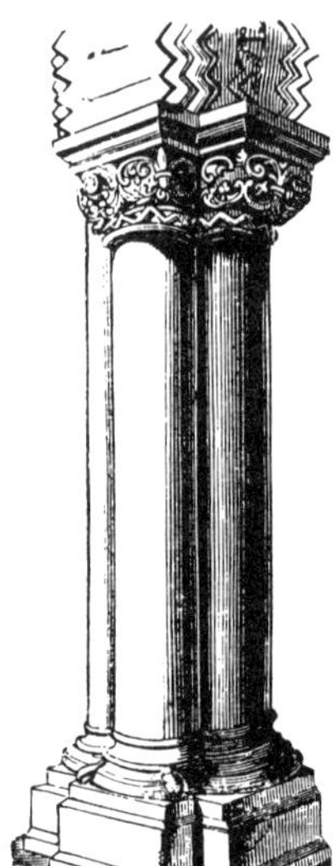

복합지주
Compound pier

지주는 기둥보다 지지력이 훨씬 큰 부재로 대개 견고하고 육중한 느낌이었다. 로마네스크와 고딕건축에서 지주는 결합되거나 분리되어 있는 반기둥 혹은 작은 기둥들로 이루어져 통합된 하나의 건축요소가 되었다. 이러한 지주를 복합지주 또는 다발기둥이라고 불렀다.

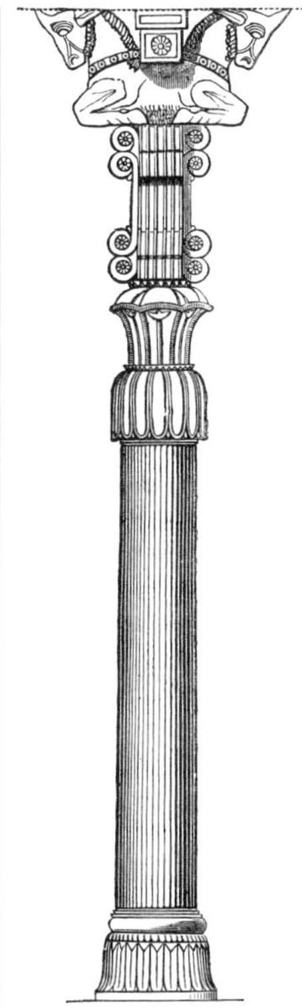

페르시아의 기둥
Persian

페르시아식 기둥의 양식적 기원은 그들의 목조건축에서 찾을 수 있다. 하지만 페르세폴리스의 백주실(기원전 5세기)에 쓰인 이 기둥은 석재를 우아하게 조각한 것으로 주신에는 홈이 파여 있고 그 위의 주두에는 소용돌이장식과 한쌍의 황소머리 장식이 있다.

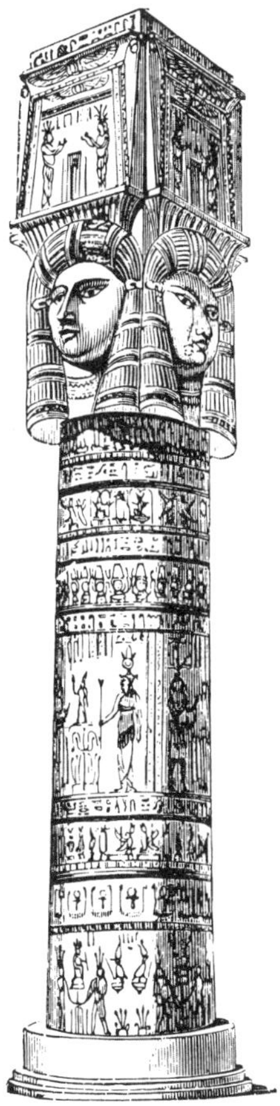

이집트의 기둥
Egyptian

이집트의 기둥은 종종 그 지역의 식물과 닮아 있었다. 기둥은 파피루스잎, 주두는 연꽃잎을 닮았다. 상이집트의 하토르신전 Temple of Hathor(기원전 110년-서기68년)에 있는 이 사례는 상형문자로 장식되어 있으며 상부는 각 면에 하토르 여신이 조각된 주두가 올려져 있다.

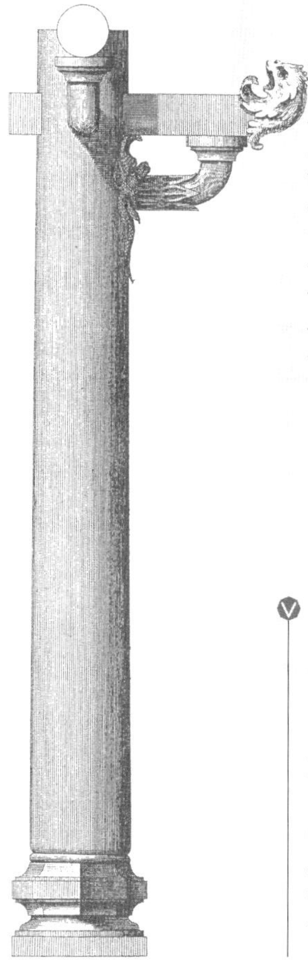

중국의 기둥
Chinese column

중국의 기둥은 나무로 만든 것으로 상부에는 주두 대신 공포가 있어 지붕을 지지하고 있었다. 독특하게도 중국인들은 기둥을 세우기 전에 먼저 지붕과 건물의 상부구조의 뼈대를 만들었다. 대개 장식적인 효과로서 기둥을 붉게 채색했다.

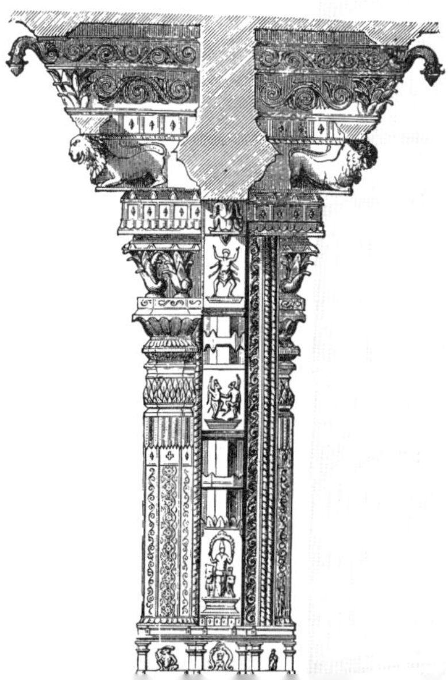

인도의 기둥
Indian

드라비다식 사원에서 발견된 이 기둥은 이전 시대의 인도건축의 목조구조를 모방한 것이다. 표면 전체가 화려하게 꾸며져 있다. 라트 lath라고 하는 독립적으로 서있는 기둥은 의식을 위한 것으로 흔히 볼 수 있었다.

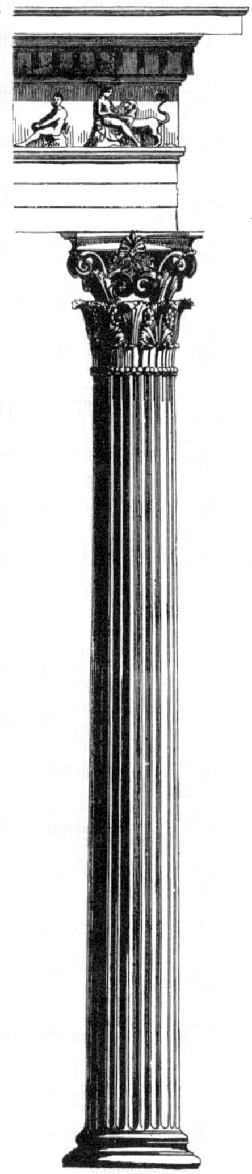

기둥의 부분
Divisions of a column

기둥은 지역이나 시대에 상관없이 주초, 주신, 주두의 세 부분의 독립적인 구성요소로 나뉜다. 이 예에서 주신에는 홈이 파여 있으며 주두는 코린트양식이다.

탑
Towers

그 높이로 인해 눈에 잘 띄는 탑은 여러 나라와 시기에 걸쳐서 일반적으로 사용된 건축요소이다. 이탈리아의 종탑(캄파닐레), 이슬람의 미나레트, 인도의 탑(시카라)과 같은 많은 형태들이 종교적인 건물과 물리적으로 직접 연결되어 있지는 않아도 깊은 관련이 있었다. 탑 자체가 종교적인 장소를 나타내는 확실한 표시라면 탑의 상부에 걸려있는 종은 사람들을 예배로 불러 모으는 역할을 했다. 고딕시대의 탑들이 특별히 화려했으며 일반적으로 십자가 형태의 교차점이나 성당의 서측 단부에 자리했다. 탑의 상부에는 대개 다양한 형태로 만들어진 첨탑이 끝을 덮고 있었다. 정세가 불안했던 중세에 탑은 중요한 방어수단으로 사용되었으며 요새와 통합되어 있었다. 스코틀랜드, 아일랜드 그리고 북부 영국에서는 타워하우스라고 하는 견고하고 방어적인 주택을 건설했다.

바늘 첨탑
Needle spire
영국 노샘프턴 근교의 이 성당에는 난간 뒤편에서부터 길고 뾰족하게 솟은 바늘 첨탑이 세워져 있다.

이탈리아의 종탑
Campanile
이탈리아의 종탑은 거의 모두 독립되어 있으며 이를 일컫는 단어 캄파닐레campanile는 종을 뜻하는 캄파나campana에서 유래한 것이다. 14세기에 지어진 이 사례에서처럼 종탑들은 일반적으로 단순한 디자인으로 평면은 4각형이나 원형이었다.

종탑
Bell tower
종탑은 도시생활과 종교활동의 초점이었으며 감시탑으로 사용되기도 했다. 탑의 윗부분에 종이 달려 있어 종루belfry라고 한다. 이 단어는 때때로 종탑 전체를 일컫기도 했다.

방어용 탑
Defensive tower
성에서 가장 크고 난공불락인 탑을 킵keep 혹은 던전donjon(아성)이라고 했다. 이는 대개 외부 방벽과 떨어져 있으며 최후의 피난처로 사용되었다. 이것은 15세기 중반에 건설된 영국 링컨셔의 태터셜 성 Tattershall Castle의 킵의 모습으로 총안, 돌출된 총안, 흉벽이 있는 전형적인 형태이다.

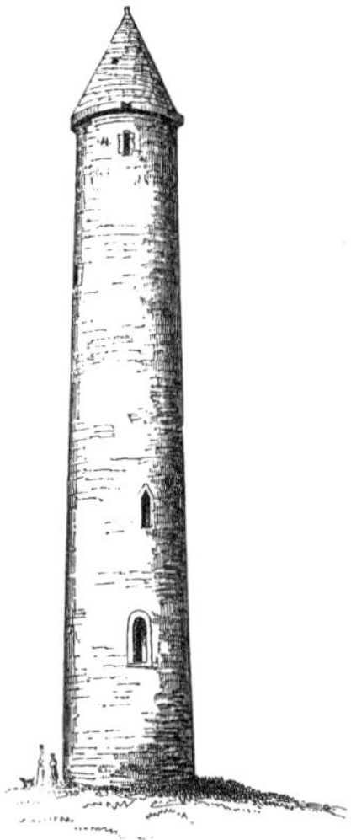

아일랜드의 원형탑
Irish round tower

아일랜드에는 다수의 독특한 원형탑이 존재한다. 이들은 10세기에서 12세기 사이에 수도원에 건설된 것이다. 이들은 독립적으로 서 있으며 상부가 살짝 좁아지는 형태로 원뿔형 석재지붕이 올려져 있다. 탑의 출입구는 지면에서 높은 곳에 자리해서 사다리를 이용해야 했다. 이는 탑을 유사시에 피난처로 사용하고자 했음을 반영한 것이다.

원형탑
Round tower

건물에 직접 부착되어 있는, 단순하고 장식이 없는 원형탑은 특별히 영국의 이스트앵글리아지방의 노르만양식 교회에서 널리 쓰였다.

시카라
Sikhara

인도 사원의 탑은 인도 북부에서는 시카라, 인도 남부에서는 비마나vimana라고 불렸으며 건물의 종교적 중심 바로 위에 자리했다.

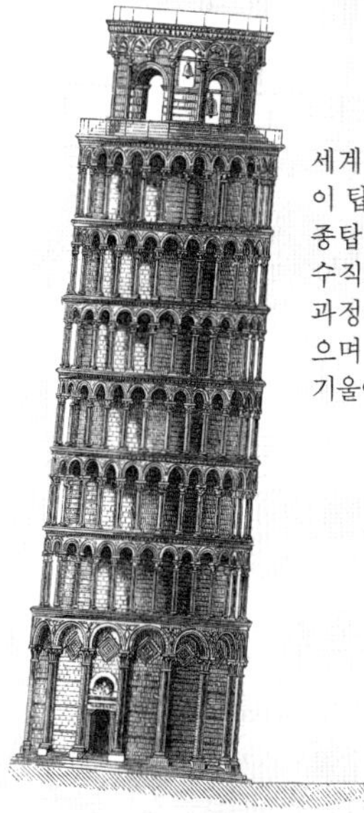

사탑
Leaning tower

세계적으로 유명하고 독특한 이 탑은 이탈리아 피사의 원형 종탑(1173년 착공)이다. 원래 수직으로 계획되었지만 건설 과정에서 점점 기울기 시작했으며 현재 남쪽으로 5.5° 정도 기울어져 있다.

미나레트
Minaret

미나레트라고 하는 이슬람 건축의 탑은 일반적으로 모스크와 연결되어 있으며 형태가 매우 날씬했다. 탑에는 예배를 알리기 위한 돌출된 발코니가 있다.

각 층이 점점 줄어드는 탑
Tower of diminishing stages

탑의 각 층은 일반적으로 스토리storey라고 하지 않고 스테이지stage라고 불렀다. 이 이탈리아 르네상스양식의 탑과 같이 일부 탑은 각 층이 위로 갈수록 점점 좁아져서 망원경같은 모습을 갖는다.

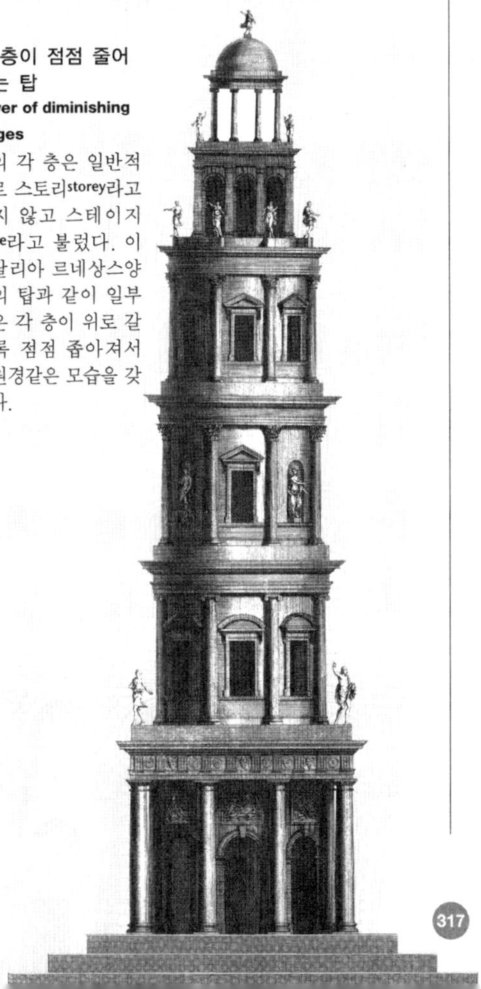

스플레이풋 첨탑
Splayfoot spire

독일에 위치한 이 성당의 탑 상부에는 스플레이풋 첨탑이 얹혀 있다. 이는 전체적으로는 8각형이지만 아랫부분은 4각형인 형태의 첨탑이다. 첨탑의 네 면이 아랫부분에서 벌어지면서 처마를 만들었다.

아치와 아케이드
Arches and Arcades

아치는 개구부를 만드는 구조물이다. 상부는 일반적으로 곡선으로 이루어져 있지만 평평한 아치부터 반원, 반타원형 아치와 뾰족한 첨두아치까지 다양한 형태의 아치가 있다. 둥그런 아치는 쐐기 모양의 석재인 홍예석으로 구성되며 각 석재가 서로를 지지하면서 하중을 지탱할 수 있도록 만들어진다. 서양의 고전 건축에서 아치 중앙에 가장 나중에 놓는 석재를 이맛돌이라고 한다. 고딕양식의 뾰족한 첨두아치에는 이맛돌이 없다. 하중은 아치와 아치 끝부분의 지지대를 통해 바깥쪽으로 퍼져서 아래로 전달된다. 아치는 또한 거대한 벽을 지지하거나 기초로서 사용될 수도 있다. 아케이드는 기둥이나 지주 위에 건설된 일련의 아치들로서 열린 출입구나 한쪽 측면이 개방된 복도에 사용된다. '블라인드 아케이드'는 벽의 표면에 부착된 일련의 아치로 중세 성당에서 널리 쓰인 장식이다.

페르시아식 아치
Persian arch

체시판에 있는 탁 케스라의 거대한 아치The great arch of Tak Kesra(550년)는 볼트로 덮인 궁전 현관의 개구부를 이루고 있었다. 아치는 뾰족하지도, 반원형도 아닌 반타원형이다. 좌우에 연결되어 있는 벽은 둥근 아치와 포인티드아치를 일렬로 배치한 블라인드 아케이드로 장식되어 있다.

중첩된 아케이드
Superimposed arcades

콜로세움(서기 70년 착공) 입면은 층마다 아케이드가 설치되어 있어 중첩된 아케이드라고 불린다. 아래층부터 도리스식, 이오니아식, 코린트식의 기둥들이 차례로 배치되었다. 아치는 상부가 반원형인 전형적인 로마식 아치이다.

오지아치
Ogee arch

고딕양식의 일반적인 요소인 오지아치는 2개의 S자 곡선을 꼭대기에서 접합시켜서 만든 뾰족한 형태의 아치이다.

고전 아치의 용어
Terminology for the classical arch

이 도면은 고전 아치의 다양한 구조적 요소와 특징에 대한 용어를 보여주고 있다. 아치굽impost은 아치가 시작되는 부분의 블록 혹은 단을 말하며 내륜intrados(혹은 soffit)은 아치 아래쪽의 곡면을 일컫는다.

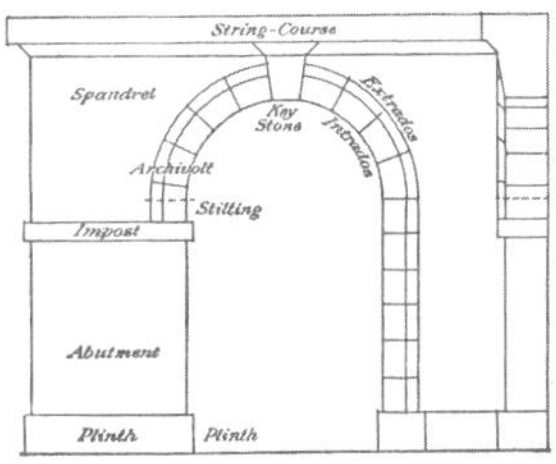

말굽아치
Horseshoe arch

이 아치의 경우, 곡면이 아래쪽으로 계속 이어져 아치굽을 지나 둥글게 되어 있다. 이는 이슬람건축에서 널리 쓰인 특징이다. 반원형 혹은 뾰족한 형태의 말굽아치가 발견되었으며 뾰족한 형태는 이집트, 시리아, 아라비아에서 좀더 널리 쓰였다.

르네상스양식의 아치
Renaissance arch

베네치아의 산마르코 성당의 구 도서관(1537년 착공)에 쓰인 아치는 로마의 원형을 따라서 만들어졌다. 고전건축의 오더 기둥으로 구성된 틀 사이에 반원형 상부, 이맛돌, 스팬드럴, 프리즈와 코니스를 차례로 얹은 반원아치가 자리했다.

튜더 왕조의 아치
Tudor arch

얕고 이중곡선으로 이루어진 이런 아치는 튜더 왕가시기에 널리 사용되었다. 그 형태는 꼭대기가 뾰족한 4중심점아치로서 아래쪽의 곡선은 아치가 시작되는 높이에 자리한 2개의 중심점으로부터, 위쪽의 곡선은 그 선 아래의 중심점으로부터 그려진 것임을 뜻한다.

첨두아치
Pointed arch

초기 영국 고딕양식으로 지어진 링컨 대성당(1230년경)의 네이브에 있는 첨두아치를 살펴보면 단순한 형태가 여러 개의 몰딩과 장식된 개구부(이것이 창문 트레이서리의 기원이다)로 인해 얼마나 화려해질 수 있는지를 볼 수 있다.

둥근 아치
Roundheaded arch

이 12세기 프랑스의 아치는 상부가 둥글었으며 바깥쪽은 빌릿 몰딩billet molding으로, 안쪽은 롤 몰딩roll molding으로 꾸며져 있다. 안쪽에 삽입된 기둥이 아래 방향 하중을 전달하는 것처럼 보이지만 실제 하중은 석재 지주가 지탱하고 있다.

노르만양식의 네이브 아케이드 Norman nave arcade

에섹스의 월섬 대성당Waltham Abbey church의 네이브 남쪽을 구성하고 있는 이 12세기의 트리포리움아치들은 아래쪽의 네이브를 구성하는 아치와 같은 폭과 높이지만 더 짧은 기둥 위에 자리했다. 표준적인 노르만양식 아치는 반원형이지만 말굽형, 분절식, 첨두아치(끝의 두 베이에 쓰였음)와 같은 변형이 존재했다.

출입구
Doorways

출입구는 건축물의 외관에서 가장 중요한 구성요소 중 하나로서 일반적으로 입면의 중앙을 차지하며 건물의 기능과 성격이 공적인지 사적인지를 규정짓는다. 또한 출입구는 외관의 건축적 초점으로서 대개 현관문의 장식이 전체 입면의 양식을 결정한다. 많은 건물에서 현관은 상부에 발코니가 있는 형태로 확장되거나 입면의 일부를 완전히 차지하기도 한다. 출입구는 외부에서 내부로 들어가는 통로를 상징하며 실내의 용도와 테마가 문틀의 조각장식을 통해서 드러나곤 한다. 입면 중에서 가장 취약한 부분인 까닭에 대개 실용적으로나 상징적으로 출입구를 보호한다. 몰딩, 코니스 지붕, 열주현관 등을 사용해 실용적으로 비를 피할 수 있게 했으며, 육중하고 방어적으로 석조를 쌓거나 경비를 서는 조각상을 두어 상징적으로도 보호하고 있다.

문설주
Doorjambs
문틀은 문설주라고 하는 수직부재로 이루어져 있다. 가장 기본적인 형태인 문설주는 단순한 몰딩으로서 여기에 조각장식을 할 수 있다. 아테네의 에렉테온과 같은 고대 그리스의 건축물의 사다리꼴 문틀조차도 화려하게 조각되어 있었다.

출입구의 수호상
Entrance guard
아시리아문명을 포함한 많은 문명권에서 중요한 출입구와 대문에는 스핑크스, 사자, 신화 속 맹수 혹은 심지어 사람의 조각상이 상징적으로 보초를 서고 있었다. 이들은 아래의 아시리아건축에서처럼 문틀에 결합되어 있거나 출입구 양쪽에 독립적으로 서 있었다.

방어용 출입구
Defensive doorway
노르만건축의 특징인 육중한 석재로 만든 아치형 출입구는 입면을 성채와 같이 육중하게 치장하고 있다. 한 덩어리로 이루어진 거대한 수직부재 위로 돌출된 육중한 아치굽이 주된 장식요소인 이러한 출입구는 노르만양식 건물이 주로 방어용이었음을 나타낸다.

성당의 출입구
Cathedral portal

로마네스크양식의 성당 출입구는 높다. 넓은 포르탈 대문이 서측 정면의 1/3 이상을 차지하고 있지만 성당으로 들어가는 실제 출입구는 포르탈 대문에 뚫린 작은 문으로 한정되어 있다.

무어식 현관
Moorish entrance

무어건축과 이슬람건축의 현관은 종종 화려하게 꾸며진 패널 안에 자리한다. 패널은 격자무늬, 모자이크, 타일, 회칠, 대리석으로 꾸며져 있으며 흑백의 띠가 있는 홍예석을 사용해 아치를 만들었다.

페디먼트가 있는 현관
Pedimented porch

조지안양식과 신고전주의양식의 주택에는 박공지붕이 있는 현관이 출입구를 보호하고 있다. 이들 현관은 종종 기둥, 엔타블러처, 페디먼트로 이루어진 고전적인 장식으로 꾸며졌다.

여상주와 남상주
Caryatids and atlantes

바로크시대에 특히 프랑스와 중부 유럽에서는 화려하게 장식된 출입구가 널리 적용되었다. 이 현관에는 여상주나 근육질의 남상주가 현관 위를 덮고 있는 화려한 발코니를 지탱하고 있다.

엘리자베스시대의 출입문
Elizabethan doorway

엘리자베스양식의 현관은 흔히 그 후원자의 건축적 지식을 보여주었다. 띠모양 장식, 헤르메스 조각상 그리고 고전적인 디테일은 플랑드르와 이탈리아의 패턴 북에서 영감을 얻은 것이다.

블록 문틀
Blocked surrounds

돌출된 석재가 아키트레이브에 끼어있는 블록 문틀은 18세기 초에 엄숙한 고전적인 정면의 출입구를 강조하기 위해 사용되었다.

신고전주의양식의 문
Neoclassical door

전형적인 신고전주의건축의 내부에는 고대 로마양식으로 섬세하게 장식된 이중문이 있었다. 장식은 로마의 원형조각, 석고흉상 혹은 우아한 여상주를 모방한 것들로 이루어져 있었다.

창문
Windows

최초의 창은 빛을 들이고 내부 공간을 환기시키기 위하여 유리없이 벽에 뚫은 개구부였다. 기능적이면서 동시에 장식적인 유리창은 로마인들이 서기 65년경에 발명한 것이다. 하지만 성당에서는 13세기에 이르기까지, 주택에서는 16세기에 이르기까지 유리가 널리 사용되지는 않았다. 창문이 미학적으로 얼마나 중요하게 기여했는가는 다양하게 발전된 양식을 통해 알 수 있다. 역사 전체에 걸쳐서 유리창의 디자인은 유리 제조법의 발달에 의해 변화했다. 작은 유리판이 납세공 틀에 끼워져 있는 초기 창문은 17세기와 18세기에 새시라고 하는 목재 창틀로 대체되었다. 1840년 기술이 발전하면서 초기의 유리보다 얇고 넓으면서 저렴한 판유리를 건축물 내외부에 사용하여 창틀에 방해받지 않고 전망을 바라볼 수 있게 되었다.

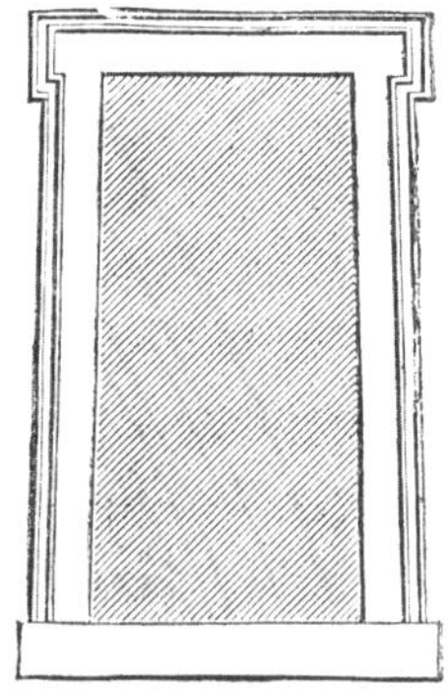

제도공의 창문
Draftsman's window
대부분의 18세기 건축도면과 도판을 보면 유리에 대한 아무런 패턴이나 표시없이 창문을 검은 빈 공간으로 묘사했다. 창문 둘레의 틀은 어깨가 있는 아키트레이브이다.

첨두창
Lancet
고딕과 비잔틴건축의 특징인 높고 긴 아치가 있는 창은 끝이 둥근 것도 나타나지만 거의 대부분 끝부분이 뾰족하다. 이는 대개 2-3개씩 짝을 지어 사용되었다.

납세공
Leadwork
채색 유리창의 유리조각 크기는 유리를 고정시키는 납으로 만든 테두리의 강도에 의해 결정되었다. 초기의 창에는 납테가 사선방향으로 있어 마름모꼴무늬가 만들어졌지만 17세기에 들어서 격자무늬가 유행했다.

원형창
Circular window
장미창 혹은 원형창은 꽃잎이나 바퀴살을 닮은 형태로 화려하게 꾸며져 있다.

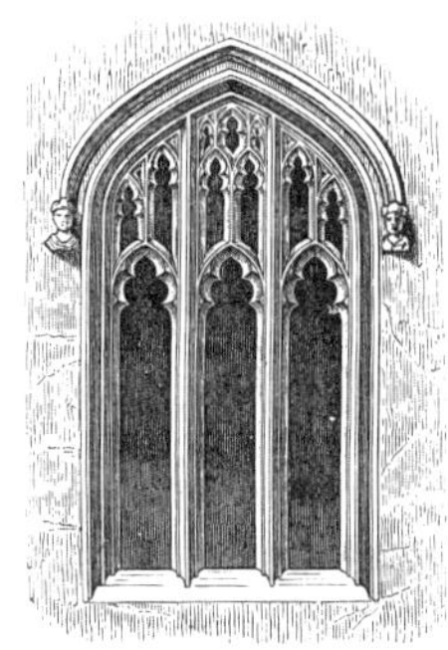

고딕양식의 창
Gothic window
첨두아치, 화려한 트레이서리, 스테인드글라스로 유명한 고딕양식의 창문은 12세기부터 16세기 초까지 널리 사용되었다. 그 후 잘 쓰이지 않다가 의도적으로 고풍스런 형태를 사용한 18세기 후반에 다시 사용되었으며 빅토리아 여왕시대의 건축가들이 애용했다.

오지 창
Ogee window
S자 곡선으로 이루어진 뾰족한 오지아치는 이슬람건축에서 최초로 나타난 것이다. 이 형태는 고딕건축에서도 발견되며 18세기에는 동양과 고대를 회상하게 하는 장식적 요소로 사용되었다.

여닫이창
Casement window

이 창문은 한쪽이 경첩으로 되어 있어 안쪽 혹은 바깥쪽으로 열린다. 여닫이창은 내리닫이창이 도입되기 전까지 주택에서 가장 흔한 형태의 창문으로서 대개 납 테로 고정시킨 채광창과 함께 쓰였다.

프랑스식 창문
French window

이는 여닫이창의 변형으로 창은 크기가 확장되어 문 높이에서 층의 바닥까지 이어진다. 프랑스식 창은 안쪽 혹은 바깥쪽으로 열린다.

내리닫이창
Sash window

내리닫이창은 목재창틀로 된 창문으로 도르래를 이용해 위아래로 움직이는 방식이다. 18세기와 19세기 전반에 걸쳐 사용된 이 창문은 특히 조지안양식건축에서 널리 사용되었다. 지역적 변형도 존재해서 가로로 열리는 요크셔식 창 등이 있었다.

디오클레티아누스식(욕장식) 창문
Diocletian(or thermal) window

반원형인 이 창은 수직 멀리언으로 인해 세 부분으로 분할되어 있다. 특별히 팔라디오양식 건축에서 함께 사용된 이 창문은 로마의 디오클레티아누스 욕장에서 발견된 것을 기초로 만들어졌다.

돌출된 창문
Projecting window

베이 윈도우와 오리얼 창oriel window은 건물의 입면에서 돌출되어 있다. 이런 창은 대개 화려하게 꾸며져 있으며 벽과 같은 평면상에 위치한 창문보다 더 많은 빛이 들어온다. 오리얼 창은 항상 위쪽 층에만 쓰인 반면 4각형 혹은 모서리가 경사진 베이 윈도우는 여기 보이는 것처럼 모든 층에서 사용되었다.

베네치아양식 창문
Venetian window

이 창은 중앙의 아치가 있는 부분과 좌우의 좁은 4각형 창문의 세 부분으로 이루어져 있다. 이 창문은 이를 대중적으로 보급했던 2명의 이탈리아 건축가, 안드레아 팔라디오와 세바스티아노 세를리오의 이름을 따서 팔라디오양식 혹은 세를리오양식 창문으로 불리기도 한다.

페디먼트와 박공
Pediment and Gables

고전건축 혹은 고전적인 건축에서 영감을 얻은 건축에서 두드러지는 특징인 페디먼트는 경사가 완만한 박공의 끝부분으로 일반적으로 열주현관 위에 자리한다. 대개 페디먼트는 건물에 특별한 의미를 부여할 수 있도록 깊은 부조로 장식되어 있으며 창문이나 문틀의 건축적 장식 뿐만 아니라 무덤과 기념물에 사용되기도 했다. 박공은 경사지붕의 끝에 자리한 벽의 윗부분을 일컫는 것이다. 가장 단순한 형태는 모서리가 곧은 3각형이지만 곡선이거나 종모양이거나 계단모양도 있었다. 박공장식은 특히 화려하고 독특한 기법이 만연했던 16~17세기에 북부 유럽의 주거건축에서 중요한 요소였다.

현관의 페디먼트
Doorway pediment
르네상스시대에는 고전건축의 요소가 내·외부를 장식하는 데에 빈번하게 사용되었다. 출입구와 창문은 기둥, 벽기둥, 페디먼트로 꾸며졌다. 16세기 스페인에 건설된 이 화려한 현관에는 난촉문양 몰딩을 두른 높게 솟은 3각형의 페디먼트가 있다. 난촉문양은 계란 형태와 화살촉 형태의 장식이 번갈아가며 놓여있는 무늬를 일컫는다.

페디먼트의 유형
types of pediment
페디먼트의 형태는 3각형에서부터 분절된 곡선 형태까지 다양하게 존재한다. 조각 페디먼트는 그 꼭대기나 아랫부분의 선이 끊어져 있는 형태를 말한다. 특히 바로크 건축에서 독창적인 형태의 페디먼트가 많이 고안되었다. 이것은 그 예의 하나로 상부에 항아리가 있는 조각 페디먼트이다.

신전의 페디먼트
Temple pediment
고대의 신전에서 페디먼트는 박공의 모서리를 따라 오더에 충실한 수평 코니스를 두른 형태였다. 기울어진 모서리는 경사 코니스라고 불렀다. 그 결과 만들어진 팀파눔은 힘찬 조각상을 전시하기에 이상적인 공간을 제공했으며, 많은 고대 신전에서 이곳을 장식했다.

박공널
Bargeboard

목재 박공널은 박공의 경사진 모서리를 따라 부착되며 때에 따라 지붕 목구조의 끝부분을 가리기 위해 사용된다. 박공널은 장식이 없는 것부터 이 사례처럼 조각으로 화려하게 장식된 것까지 다양하게 존재한다.

아크로테리온
Acroteria

아크로테리온은 엄밀히 말해서 고전건축의 페디먼트의 끝부분이나 꼭대기에 조각상을 올릴 수 있도록 만들어진 대좌를 일컫는 말이지만 이제는 일반적으로 그 위의 조각상까지도 포함하여 지칭하는 단어로서 사용된다.

박공장식 Gable decoration

박공장식은 16-17세기 네덜란드와 북부 유럽의 일반 건축물의 주요 특징이었으며 매우 화려하고 풍부한 표현으로 꾸며져 있었다. 고딕과 르네상스양식에서 건축적 모티프를 따오면서 그 윤곽과 장식적 풍부함이 굉장히 다양해졌다.

박공단이 달린 박공
Crow-stepped gable

박공의 측면이 계단 형태로 이루어진 것을 박공단이라고 한다. 대부분의 박공장식과 마찬가지로 박공의 형태로 인해 뒤편에 자리한 지붕의 윤곽이 가려졌다.

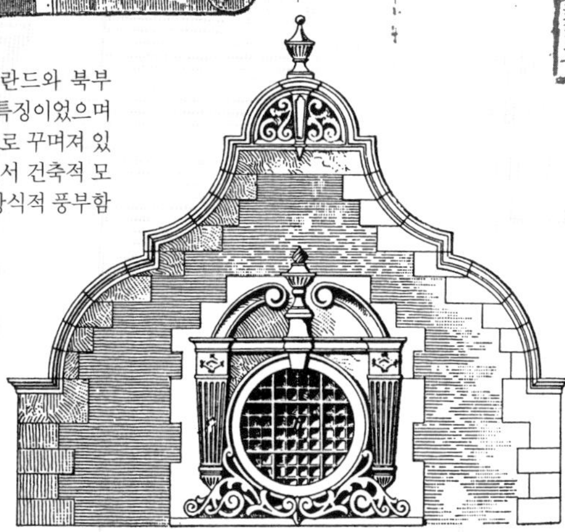

엘리자베스시대의 박공
Elizabethan gable

박공장식이 영국에 전해진 것은 16세기로 보이며 상당한 관심을 끌었다. 곡선 형태가 가장 널리 전파된 유형이다. 장식된 박공은 또한 17세기 제임스 1세시대의 건축에서도 중요한 요소였다.

지붕
Roofs

지붕은 건물을 덮는 요소로서 거주자와 건물 내부를 비바람으로부터 보호하는 역할을 수행한다. 지붕은 대개 목재로 만들어지며 기와(고전건축에서는 테라코타나 대리석으로 만들어짐)로 덮여 있었지만 짚, 슬레이트(석판), 석재, 나무, 납판, 구리판, 잔디 등의 재료로 덮이기도 한다. 지붕의 형태는 나라와 지역, 시기와 양식에 따라 다양하지만 가장 기본적인 형태는 경사지붕과 평지붕이다. 엄밀히 말하면 지붕뼈대라고 해야 하는 지붕을 지지하는 구조물 역시 지붕이라고 부른다. 초기에는 지붕이 단순한 모습이었지만 점차 좀더 복잡한 형태로 발전하여 중세 말 영국의 건축에서 그 정점에 이르렀다. 건물을 가로지르면서 베이를 나누는 튼튼한 3각형의 프레임을 트러스라고 하며 가장 단순한 트러스 형태는 서까래와 주된 가로부재인 평보로 이루어진다.

박공지붕
Pitched roof
가장 보편적인 지붕의 형태는 박공지붕이다. 이러한 유형의 지붕은 중앙의 용마루에서 결합되어 있는 두 경사면과 양끝의 박공으로 이루어져 있다.

원뿔형 지붕
Conical roof
스웨덴의 이 성당처럼 어떤 건물에는 원뿔 형태의 지붕이 있다. 이를 회전지붕이라고 한다.

투구형 지붕
helm roof
이 고딕 성당의 2개의 중심 탑에는 투구형 지붕이 얹혀 있다. 이는 박공에서부터 솟은 4개의 경사면으로 이루어져 있다. 작은 탑에는 피라미드형 지붕을 얹었다.

모임지붕
Hipped roof
영국 켄트지방 너스테드에 건설된 아일이 있는 이 중세 건물에는 지붕의 네 면이 모두 기울어져 있다. 이러한 구조의 지붕에는 4개의 추녀마루(두 경사면이 만나는 부분에 만들어진 모서리)가 있으며 모임지붕이라고 한다.

평지붕
Flat roof

이탈리아 르네상스의 많은 건축물에는 평지붕 혹은 낮은 경사지붕이 사용되었다. 지붕의 구조는 보통 난간, 거대한 코니스, 파라펫(지붕선 위쪽에 자리한 낮은 벽으로 대개 장식되었음)에 의해 가려져 있었다.

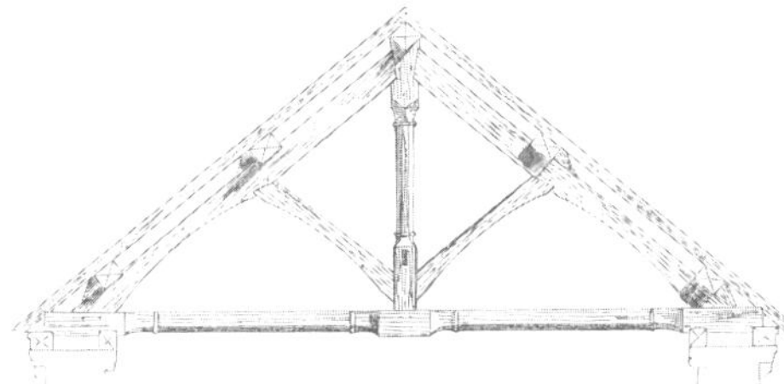

왕대공지붕
King-post roof

이 일반적인 지붕의 가장 두드러지는 특징은 왕대공이다. 왕대공은 지붕의 용마루를 따라 길게 놓인 들보와 평보의 중앙을 잇는 수직부재이다. 일반적으로 경사부재가 그 양쪽에 자리한다.

쌍대공지붕
Queen-post roof

또 다른 기본지붕 형태인 이것은 쌍대공이라고 하는 2개의 수직부재가 평보 위에 대칭적으로 놓여있는 것으로 그 사이는 일반적으로 수평 종보로 이어져 있다.

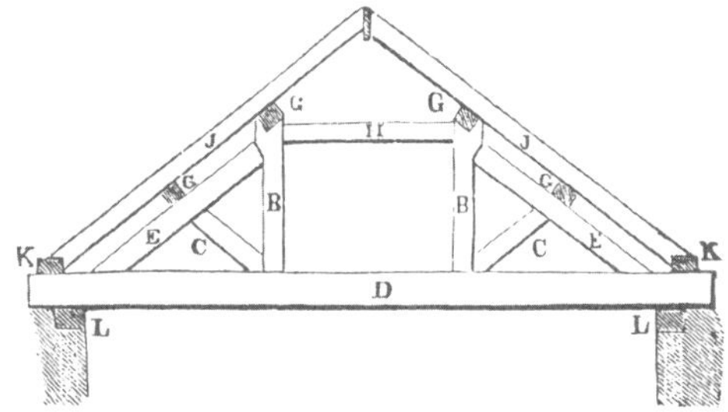

망사르지붕
Mansard roof

프랑스 건축가 프랑수아 망사르의 이름을 딴 망사르지붕은 각각의 네 면이 이중 사면으로 이루어져 있다. 아래쪽 부분이 위쪽보다 더 경사지고 길다. 낮은 쪽 사면에는 종종 다락창이 뚫려 있다.

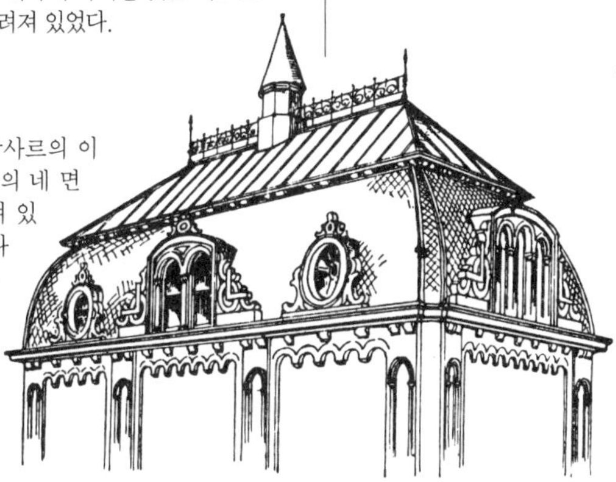

웨곤지붕
Wagon roof

마차(웨곤)지붕, 요람지붕으로 불리는 원통형 지붕은 곡선 버팀대가 지지하는 서까래를 촘촘히 배치한 것이며, 천장을 그대로 두거나 패널로 막았다. 내부에서 바라본 모습이 버팀대 위로 천을 덮은 마차의 모습과 닮아 있다.

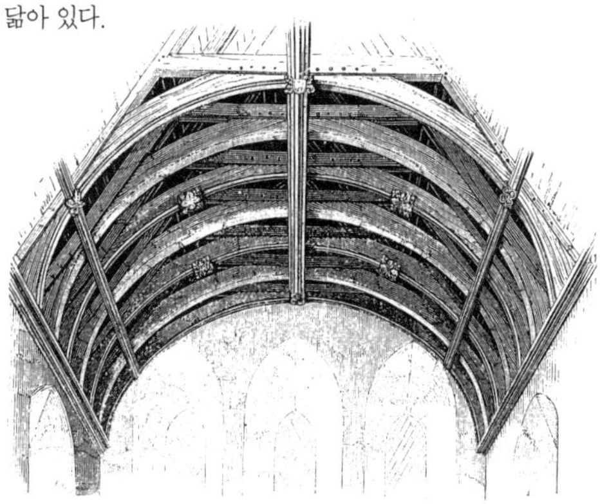

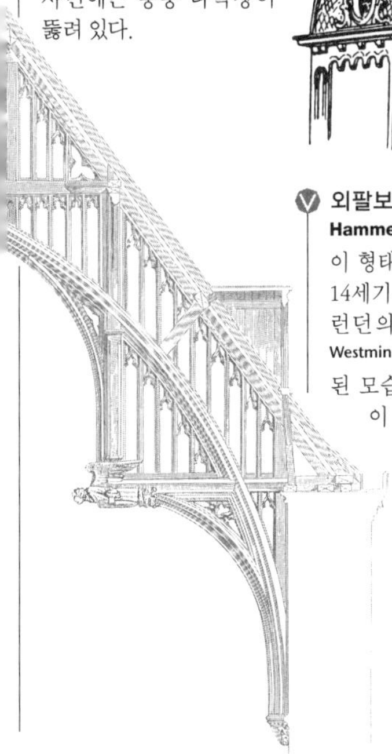

외팔보지붕
Hammerbeam roof

이 형태의 지붕은 영국에서 14세기부터 사용된 것으로 런던의 웨스트민스터 홀 Westminster Hall(1399)에 사용된 모습이 가장 유명하다. 이 지붕은 안쪽으로 돌출된 짧은 수평보인 외팔보로 지탱된다. 외팔보에는 대개 장식조각이 되어 있다.

크라운-포스트지붕
Crown-post roof

영국 옥스퍼드셔지방의 차니 바세트에 지어진 이 건물처럼 크라운포스트지붕은 평보 중앙에 수직부재가 있다. 하지만 왕대공과는 다르게 이 부재는 용마루까지 닿지 않고 중간에 멈추어서 긴 중도리나 종보를 지지한다.

볼트
Vaulting

석재로 만든 아치 형태의 지붕을 볼트라고 하며 고대 로마시대 이전부터 건축의 중요한 요소로 사용되었다. 가장 단순한 형태는 2개의 평행한 벽을 따라 석재를 쌓은 것으로 위쪽으로 올라갈 수록 안쪽으로 점차 기울어져 중앙의 이맛돌에서 연결된다. 볼트 자체를 지지하기 위해서는 그 하중(아래방향은 물론 옆으로 벌어지려는 추력까지)이 벽과, 필요에 따라서는 버트레스구조를 통해 지반으로 전달되어야 한다. 볼트는 고전건축의 거대한 바실리카 공간을 구성하기 위해 필수적이었다. 볼트는 중력에 도전하는 것처럼 보이는 중세의 성당에서 그 절정에 도달했으며 가장 다양한 형태가 사용되었다.

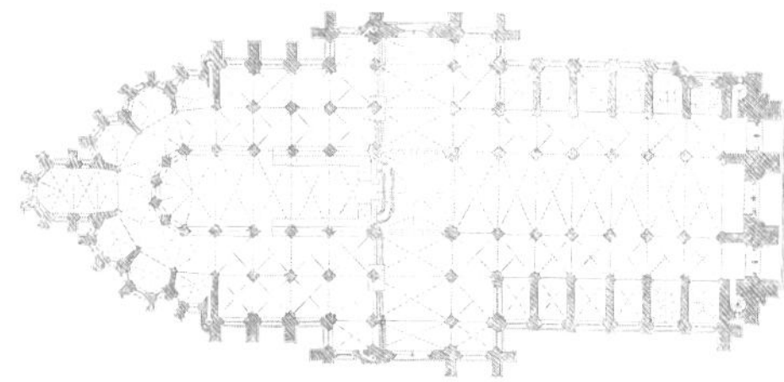

성당의 볼트 구조
Cathedral vaulting
바실리카의 단일 배럴 볼트와 대조적으로 고딕 성당의 거대한 공간의 상부는 복잡한 볼트로 덮여 있었다.

원통형 볼트
Barrel vault
배럴 볼트 또는 터널 볼트라고도 알려진 이 오목한 볼트는 그 전체 길이가 동일한 형태로 이루어져 있다. 이는 가장 단순하고 최초로 형성된 형태로서 기원전 9세기의 건축에서도 발견된다.

원통형 볼트의 건설
Barrel-vault construction
원통형 볼트는 목재 틀 위에서 축조되며 석재가 완전한 아치를 이루어 스스로 지탱할 수 있게 되면 그 틀을 해체한다.

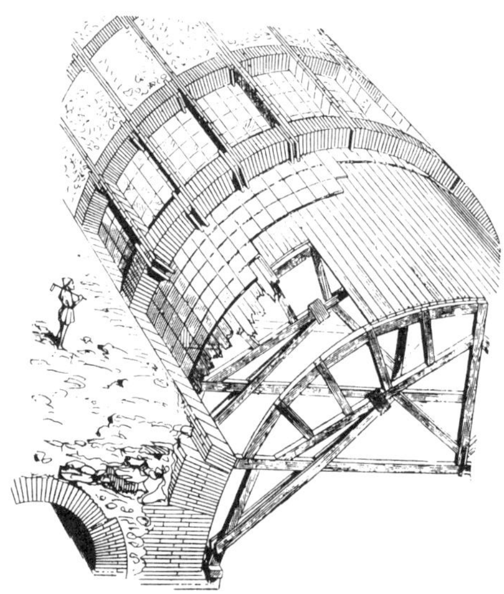

버트레스
Buttressing
버트레스는 볼트의 하중을 두꺼운 벽없이 지반으로 전달하기 위해 고안된 구조이다. 가장 세련된 형태는 고딕건축에 쓰인 것으로 어떤 것은 심지어 건물에서 분리되어 있어서 유리창이 있는 경량의 벽을 훼손하지 않도록 했다. 독일의 쾰른 대성당을 그린 이 도판에서 이러한 '플라잉 버트레스'가 나타난다.

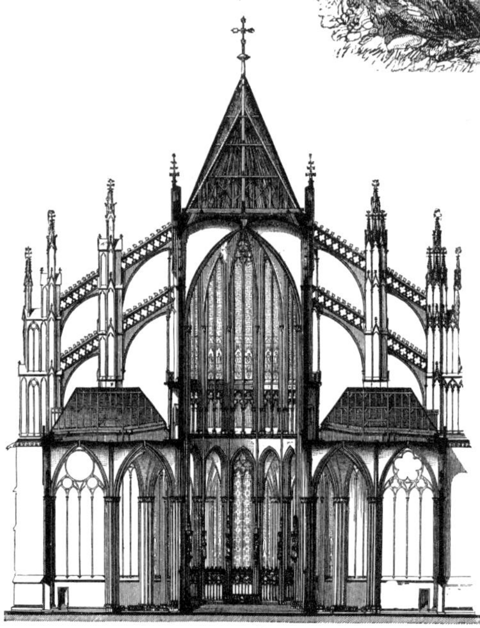

궁륭
Groining

11세기 스웨덴에 건설된 이 성당에서처럼 2개의 터널 볼트가 직각으로 만나면 궁륭(그로인)이라고 하는 마루가 생겼다. 완공 후 철거되는 목재 틀 대신에 볼트가 완성된 뒤에도 계속 남아 있는 지지용 석재틀로서 궁륭을 건설한 결과 리브 볼트가 만들어졌다.

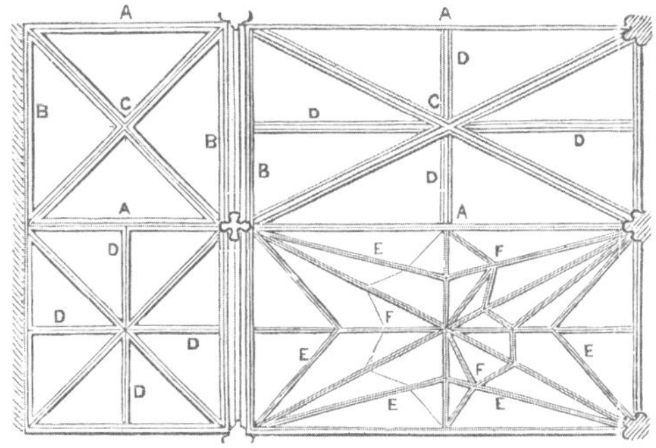

리브 볼트의 형식
Rib-vault patterns

단순한 십자형 리브(위 왼쪽)에서부터 용골 리브, 티에르스론 리브, 리언 리브가 위계적으로 구성된 복잡한 형태(아래 오른쪽)까지 볼트의 형식은 다양했다.

리언 볼트
Lierne vault

고딕양식 볼트 중 가장 정교한 것 중 하나를 스코틀랜드의 멜로즈 대성당에서 찾아볼 수 있다. 구조상의 리브에 추가로 리언(주로 장식적인 리브)을 더해서 볼트 전면에 그물같은 문양을 만들었다.

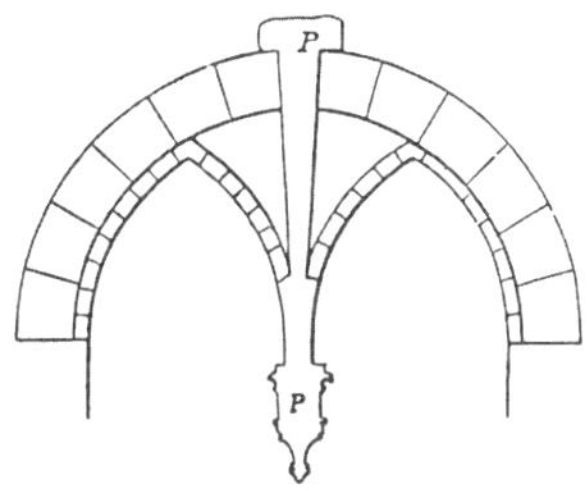

펜던트 볼트
Pendant vault

펜던트 볼트는 고딕양식 볼트의 최후의 발전된 모습 중 하나로서 지지점이 없는 것처럼 보이는 펜던트(P)는 사실 이맛돌을 연장시킨 것이다.

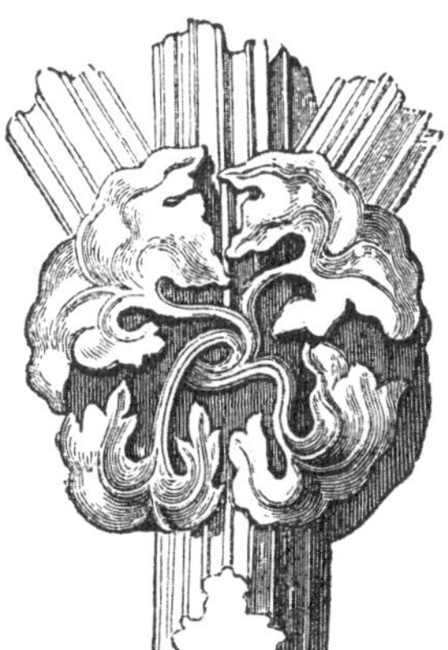

장식용 조각
Bosses

이 돌출된 석재는 종종 화려하게 꾸며져 있으며 리브의 교차부, 특히 볼트의 중앙부에 사용되었다.

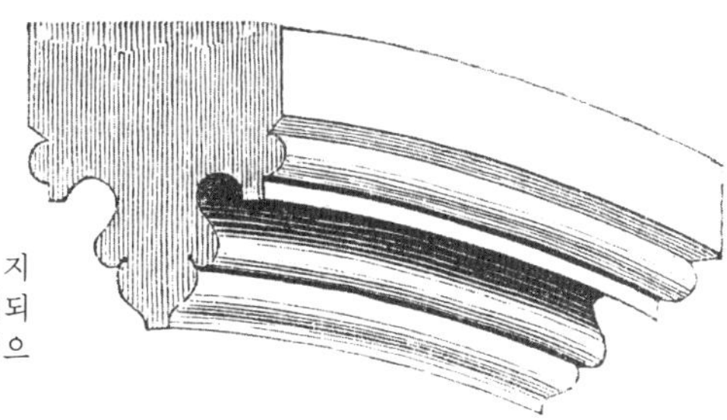

리브 장식
Rib decoration

리브 사이의 조적조 구조물을 지지하기 위해 석재 리브가 도입되었으며 볼트의 표면을 조각적으로 장식하는 수단으로 쓰였다.

계단
Stairways

계단은 두 층 사이를 연결시켜주는 불가결한 수단으로서 그 독특한 역할을 이루기 위해 다양한 조합이 존재한다. 수직 동선을 위해 마련된 원형 혹은 4각형 공간에 다양한 개수의 발판과 계단참을 이용해 구성된 원형, L자 형태, U자 형태 그리고 직선계단이 배치된다. 때때로 디딤판(수평면)과 챌면(디딤판 사이의 수직판)으로 구성된 층계를 채색하거나 조각하기도 하지만 계단의 장식은 주로 화려한 손잡이, 난간동자, 난간에 이루어진다. 계단은 또한, 상승의 중요성 때문에 상징적으로, 제의적으로 사용되며 계단의 폭, 경사, 높이를 통해 그 효과를 얻을 수 있다. 정원과 테라스의 배치는 대부분 일련의 계단에 의해 제공되는 풍경과 공간적 기회에 따라 이루어진다.

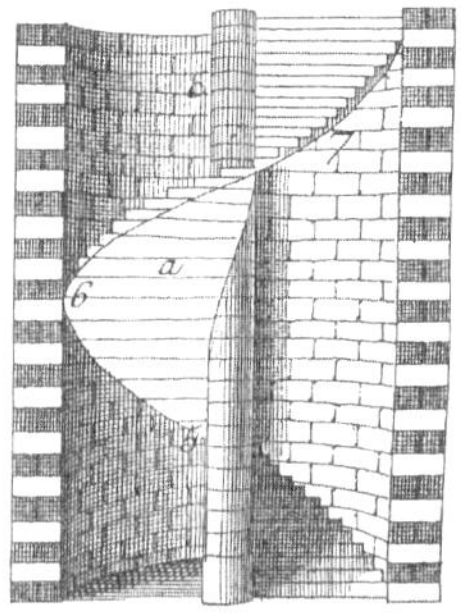

원형 계단
Newel staircase
원형 계단(혹은 나선형 계단)은 중앙의 중심기둥을 따라 층계를 원형으로 건설한 것이다. 이는 탑과 첨탑에 이상적으로 들어맞았다.

마야의 계단
Maya stairway
대개 상형문자로 조각되어 있는 계단은 마야의 피라미드에서 가장 중요한 요소였다. 이를 오르는 것이 의식적인 생활의 절정이었다.

연단계단
Tribune stairs
성당 동쪽 앱스의 실내 연단계단은 고대 로마의 바실리카에서 기원한 형태로서 높은 의자에는 집정관이 앉았다. 연사의 의자 혹은 제단은 후대의 바실리카와 성당에서 계단 층계 위로 상징적으로 올려져 있었다. 계단은 종종 앱스 전체를 두르도록 확장되어 있었다.

한쪽이 높은 볼트
Rampant vault
2개의 아치 지지대가 기울어진 평면상에 자리하는 배럴 볼트로 덮인 이러한 계단을 구성할 때에는 볼트의 하중을 안전하게 분산시킬 수 있는 섬세한 기술이 필요했다.

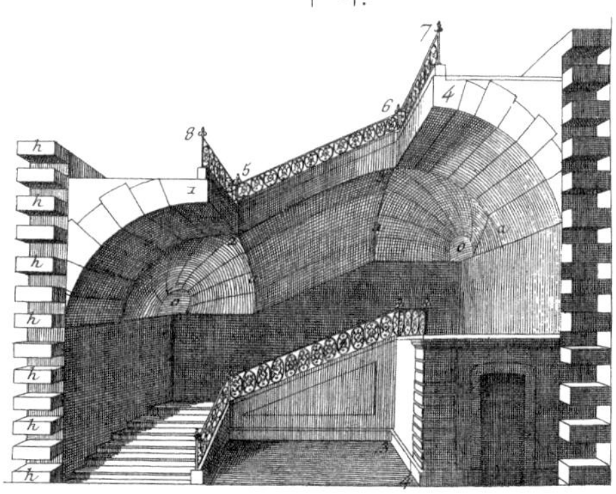

스타일로베이트
Stylobate
고대의 신전은 부분 혹은 전체가 계단으로 이루어진 기단, 즉 스타일로베이트 위에 자리하는 것이 특징이었다. 신전의 기둥들은 일반적으로 계단 최상단에 곧바로 놓였다.

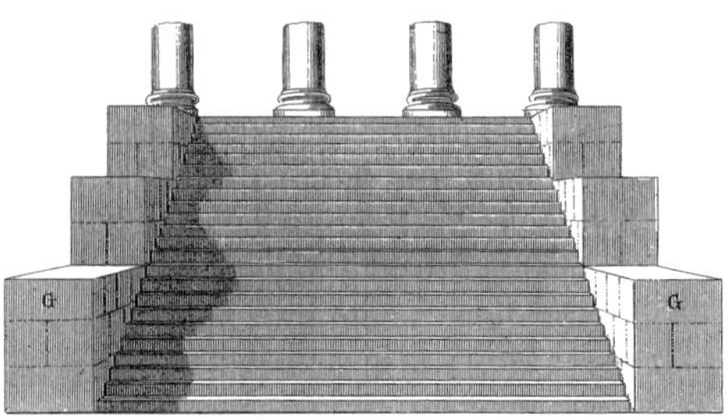

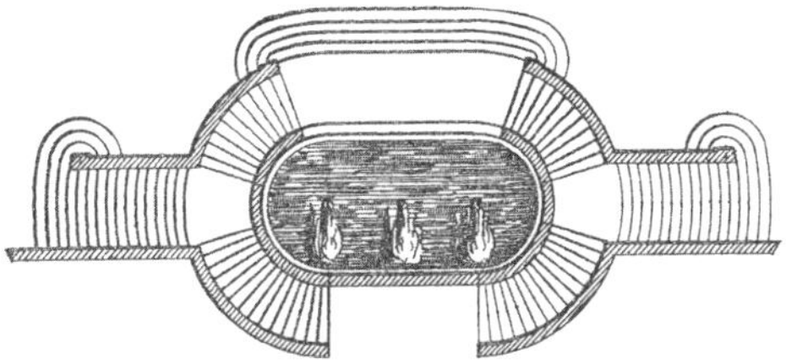

정원의 계단 Garden steps

계단 층계가 고전 정원설계의 뼈대를 이루었다. 층계들은 대개 원형의 대칭적인 문양으로 건설되었으며 오르는 중에 잠시 멈추거나 광경을 바라볼 수 있도록 여러 개의 계단참이 있었다.

열린 원형 계단 Open-newel staircase

열린 원형 계단은 중앙의 우물같은 깊게 뚫린 공간 둘레로 건설되어서 계단 가운데로 아래쪽으로 바라볼 수 있도록 했으며 때때로 기둥에 의해 지지되었다. 이러한 디자인은 흥미있는 투시도적인 광경과 화려한 난간을 설계할 수 있도록 했다.

뚫려 있는 계단옆판 Open string

계단의 층계 끝부분을 지지하는 경사진 판재를 계단옆판이라고 한다. 여기 제시된 것과 같이 뚫려있는 계단옆판의 경우 판의 위쪽 모서리가 계단의 윤곽을 따라 만들어진다. 막힌 옆판의 경우 계단의 디딤판과 챌판이 가려진다.

난간 Balustrade

고전적인 석재난간은 르네상스시대부터 널리 사용되었다. 이를 구성하는 난간동자는 짧았으며 아바쿠스(4각형 받침), 주초 그리고 고리가 있는 1-2개의 구근 모양으로 이루어져 있었다. 구근 사이는 볼록하고 오목한 몰딩이 있었다.

계단통 Stairwell

계단통은 계단이 꺾이는 부분의 수직공간을 일컫는 말이다. 벽쪽을 향해 올라오는 첫번째 계단이 잠시 멈추며 여기서 양쪽으로 2개의 곡선계단이 이어지는 신고전주의양식의 계단통은 대개 현관공간의 절정을 이룬다. 계단통 상부의 오쿨루스(원형 개구부)로부터 빛이 극적으로 들어온다.

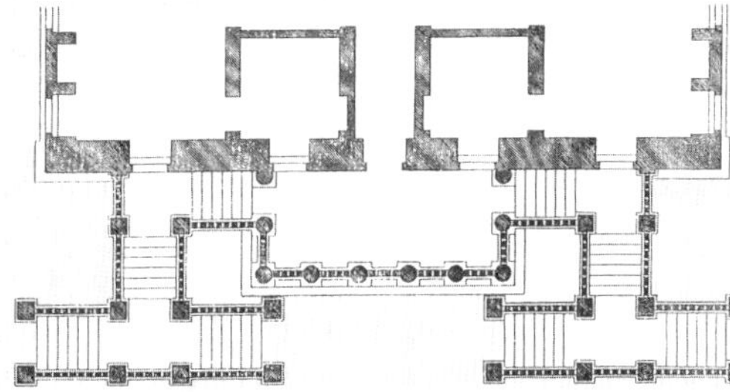

이중층계 계단 Double-flight staircase

열주현관으로 이어지는 이중계단은 주택과 정원의 다양한 조망을 고려한 것이다. 팔라디오양식의 주택에서 이러한 층계는 짧고 대칭적이었으며 정면의 다른 부분과 세심하게 비례를 맞추었다.

용어설명
Glossary

Words in **bold** refer to other entries in the Glossary.

ABACUS In classical architecture, a flat square slab placed on top of a column's **capital**. In Roman **Doric** it has some **molding**.

ACANTHUS A plant whose leaves form the basis for decoration of **Corinthian** and **Composite capitals**.

ACROPOLIS A citadel or fortress of a Greek city, containing temples and other public buildings, as in Athens.

ACROTERION (pl. **ACROTERIA**) A **pedestal** or base for an ornament or statue positioned on the angle or apex of a roof or **pediment**. Also the ornament or statue itself.

ADHISTHANA In Indian architecture, a high basement or **plinth** on which a temple was built.

ADOBE A sun-dried mud brick used for buildings in Spain, Africa, New Mexico, and Latin America.

ADYTUM The space in a Greek temple in which the statue of a god was placed. Also known as a **naiskos** or **sekos**.

AEDICULE A shrine within a temple, containing a statue and framed by two columns and a **pediment**. Sometimes refers to the framing with columns of an opening such as a door or window.

AEOLIC CAPITAL In classical architecture, a **capital** with an oblong top under which are two **volutes** or spiral scrolls.

AGORA An open space used as a market or meeting place in a Greek town. The equivalent of the Roman **forum**, it was usually surrounded by **colonnades** and public buildings.

AISLE In a church, hall, or other building, the part that serves as a corridor, usually with an **arcade** of columns on one side.

ALL'ANTICA Refers to features built in imitation of the classical Greek and Roman styles.

ALMSHOUSE A building erected as a home for the old and poor, and financed by a private charity.

ALTAR A raised structure, often a table or stone slab, on which offerings are made to a god and religious rites are performed. Used in many ancient cultures for making sacrifices. In Christian churches it may be adorned with sculptures and other decoration.

AMBO A **pulpit** used for reading the Gospels or the Epistles, commonly found in Early Christian churches.

AMBULATORY The roofed passageway of a **cloister** or round the **apse** of a church.

AMPHIPROSTYLE Refers to a temple that has columns in **porticoes** at the front and back, but not along the sides.

AMPHITHEATER A circular or elliptical auditorium surrounded by rising tiers of seats. Common throughout the Roman Empire, where they were used for gladiatorial contests and other entertainments.

ANDA A hemispherical dome that was the essential feature of a Buddhist **stupa**.

ANNULET A **molding** that consisted of a ring around the **shaft** of a column. Also called a shaft-ring.

ANTA (pl. **ANTAE**) A **pier** or rectangular column whose base and **capital** are different from those associated with the order used elsewhere in the building. Antae are often found in temple **porticoes**, where they project out beyond the end walls.

ANTARALA A short **vestibule** between the **mandapa** and **garbhagriha** in an Indian temple.

ANTEFIXAE Decorated blocks used to hide the ends of tiles along the edge of a roof.

ANTEPAGMENTA In classical Greek architecture, a **molding** around a doorway in the form of an **architrave**.

ANTHEMION Ornamentation based on the honeysuckle flower, commonly used in Greek and Roman architecture.

APADANA In ancient Persia, a columned hall used as an audience room. An *apadana* built in Persepolis in the 6th century BCE had 100 columns.

APOPHYGE The concave curve in a column, either at the base where the **shaft** joins the base or at the top where the shaft joins the **capital.**

APPLIED Refers to a column that is attached to, or projects from, a wall or pier. Also called an engaged column.

APRON A raised **panel** below a windowsill, sometimes decorated.

APSE The semicircular or polygonal termination to part of a building, such as the **aisles** or **choir** of a church.

AQUEDUCT An artificial channel made for carrying water, either above or underground, which relies on a slight gradient to make the water flow. Invented by the Romans, aqueducts are often brick structures that include arches.

ARABESQUE Intricate decoration based on geometrical patterns and the stems, tendrils, flowers, and foliage of plants and trees. It adorns the surfaces of buildings constructed by Muslims, who were forbidden the representation of animals by their religion. It was particularly popular among the Arabs and the Saracens or Moors in Spain.

ARCADE A series of arches supported by columns or **piers**. It may be freestanding or used to decorate the wall of a building, such as a church.

ARCH Construction of stones, bricks, or other materials that spans an opening and does not employ a **lintel**. There are numerous different types.

ARCHITRAVE **Lintel** that spans the space between two columns or **piers**. May also be the molded frame that surrounds a window, door, or other opening.

ARCHIVOLT A form of **architrave** around a curved opening. May also be the ornamental **molding** around the top of an arch.

ARCUATED Refers to a building whose structure depends on the employment of arches, as opposed to the beamed or **trabeated** form.

ASTRAGAL A small semicircular **molding** used in a variety of situations, such as around a column. Also called a bead-and-reel.

ASTYLAR Refers to a **façade** that has no **pilasters** or columns.

ATLANTES Supports in the shape of male figures used in place of columns. They were particularly popular in German **Baroque** architecture.

ATRIUM In Roman architecture, an inner court that was sometimes entirely covered, but usually left open in the middle. In Early Christian architecture it was an open court in front of a church, surrounded by **colonnaded porticoes**.

ATTACHED COLUMN A column attached to, or protruding from, a **pier** or wall. Also known as an engaged column.

ATTIC A space or room within the roof of a house. Also a low wall or storey above the **entablature** of a classical **façade**, as in a Roman **triumphal arch**.

AVANT-CORPS A section of a building that projects from the main part.

AZTEC A culture that flourished in the Valley of Mexico from the 15th century to the 1520s, and at its peak stretched from the Pacific to the Gulf co The architecture included many **pyramids** and temples.

BALCONY A platform projecting from the wall of a building. It has a **balustrade** or railing around its outer edge and access to it is usually through a door or window.

BALDACCHINO A **canopy** over, for example, a doorway, altar, or throne. It may be supported by columns, attached to a wall, or suspended from a ceiling.

BALL-COURT In **Mesoamerican** civilizations, a court surrounded by high walls, with seating for spectators, in which the sacred game of ball was played. Each team attempted to pass a hard ball through one of two large sculpted stone rings attached to the sides of the court.

BALLFLOWER A decoration used in the 14th century, which consisted of a three-petaled flower around a small ball.

BALUSTRADE A series of short posts or pillars, called balusters, that support a rail.

BAND A **string course,** or any horizontal flat, or slightly projecting, strip of **molding** on an exterior wall.

BANDED COLUMN A column whose **shaft** consists of alternately larger and smaller, decorated and less decorated, stone cylinders (**drums**).

BAPTISTERY A building or part of a building, such as a church, in which baptisms take place.

BAR TRACERY A form of **tracery** that originated at Reims in France and was first used in Britain around 1240, in which the lines of the window's slender stone **mullions** are extended upward to form an outline for the decoration at the top.

BARBICAN A tower that protects the gate or drawbridge of a castle.

BARGEBOARD A board that hides the end of a horizontal roof timber. It may be decorated. Also called a **gableboard**.

BAROQUE A style of architecture dating from the 17th to the early 18th centuries. Originating in Rome, it is generally ornate and exuberant with an emphasis on balance between parts to create the perfect whole.

BARREL VAULT A concave **vault** that is uniform throughout its length. It is the simplest and earliest form of vault, with examples dating from the 9th century BCE.

BARTIZAN A small **turret** attached to a corner on the top of a tower or **parapet**.

BASILICA An ancient Roman rectangular building that served as a hall of justice or market hall. It had a central **nave** and two side-**aisles**, and often galleries. The term also applies to churches, such as the Early Christian churches, which have a nave and two or more aisles.

BAS-RELIEF A low-relief carving that protrudes slightly from the background.

BASTION A projecting part of a fortification that is used as a lookout.

BATTLEMENT A **parapet** or wall, often around a castle, with indentations or embrasures through which defending forces shot at their attackers. The raised sections are known as **merlons**.

BAY A vertical division of a building that is not denoted by a wall, but by some other means, such as a window, column, or **buttress**.

BAY WINDOW A window within a curved or angular projection of a building.

BEAD-AND-REEL See **astragal**.

BEEHIVE TOMB A circular structure that has a dome and is built from rough stones. The earliest examples are prehistoric. See **tholos**.

BELFRY Usually the upper storey of a tower in which one or more bells are hung. The term may also refer to the whole **bell tower**, or to the area within a church **steeple** where the bells hang.

BELL GABLE A structure on a roof from which bells are hung. Also called a bellcote.

BELL TOWER A tower, either separate from or attached to a building such as a town hall, in which one or more bells are hung.

BELVEDERE A small lookout tower on the roof of a house. It is a form of gazebo, which may also be a summerhouse with a view of a park or garden.

BEMA A platform used by the clergy in Early Christian churches. It may also refer to a raised **pulpit** in a synagogue.

BIFORA A window in which two arched openings are separated by a vertical column.

BILLET A **Romanesque molding** in which there are two or more rows of raised square or cylindrical blocks positioned at equal intervals.

BLIND ARCADE An **arcade** that is attached to a wall.

BLIND BALUSTRADE A **balustrade** that is attached to a wall.

BLIND WINDOW A decorative device on a wall that is made up of the parts of a window, but without any opening. It was first used in the medieval period.

BLOCKED COLUMN A column whose **shaft** includes square **rusticated** blocks. Also called a rusticated column.

BOSS An ornamental projection, usually at the intersection of **ribs** or beams in a ceiling or **vault**.

BRACKET A small supporting piece of stone, wood, metal, or other material that projects from a wall.

BRACKET MOLDING A type of **molding** dating from the late **Gothic** period, which consists of two **ogees** (each in the shape of an S or inverted S), with the convex parts touching each other.

BROACH SPIRE A **spire** with an octagonal plan on top of a square tower. Masonry or broach is built up over the base where it does not coincide with the octagonal plan.

BROKEN PEDIMENT A **pediment** that has its line interrupted either at the apex or base.

BUCRANIUM (pl. **BUCRANIA**) A sculptured ox-head, often garlanded, that appears in classical buildings.

BULL'S-EYE APERTURE See **oeil-de-boeuf**.

BUTTRESS A mass of stonework or brickwork built against, or projecting from, a wall to give it additional strength. There are many different types of buttress, including the **flying buttress**.

BYZANTINE The architecture of the Byzantine Empire from 330 CE to 1453. The architecture that remains is largely ecclesiastical and includes numerous **basilicas**.

CAIHUA In Chinese architecture, polychrome painting applied to all the exterior and interior wooden parts of a building.

CALDARIUM In ancient Roman baths, a room for taking hot baths.

CAMPANILE An Italian **bell tower**, usually freestanding.

CANEPHORA A sculpture of a female figure carrying a basket on her head.

CANOPY A rooflike covering over, for example, an altar, door, window, tomb, **pulpit**, **niche**, or statue.

CANTILEVER A horizontal projection from a wall, such as a balcony, step, or beam, that is supported at one end only.

CAPITAL The top section of a column. Its shape and decoration generally denote the architectural **order** to which it belongs, such as **Doric** or **Ionic**.

CARTOUCHE An oval **panel**, typical of **Baroque** architecture, with crested or scrolled borders, used on **façades** as a framing device, but also as a purely decorative motif.

CARYATID A statue of a female figure, which is used in place of a column.

CASEMENT The part of a window that is attached to the upright window-frame by hinges.

CAVETTO Refers to a **molding** that in section is about one quarter of a circle.

CEJIAO In Chinese architecture, the slight leaning of columns toward the center of a building.

CELLA The main part of a classical temple, often containing a statue of the god to whom the temple is dedicated. Also called **naos**.

CENOTAPH A monument to one or more people who are buried elsewhere.

CHACMOOL A statue of a reclining human figure.

CHAÎNES A form of decoration that was particularly popular in 17th-century French domestic

용어설명
Glossary

architecture, consisting of vertical bands of **rusticated** masonry, which divide a **façade** into **bays** or **panels**.

CHAITYA HALL An early Indian Buddhist hall that served as a temple and was cut out of rock. The main space was divided by two rows of columns into a **nave** and **aisles**.

CHAMFER The surface created when an edge or corner of a block of stone or wood is cut away, usually at an angle of forty-five degrees. The surface can be concave.

CHANCEL The eastern end of a church, beyond the point where the **nave** and **transept** intersect, which holds the main altar and the **choir** stalls. The term sometimes refers just to the area around the altar.

CHANTRY CHAPEL A chapel usually built inside a church and containing an altar and the tombs of a chantry's founder and his family. A chantry was a religious foundation endowed with money and lands by individuals, or sometimes guilds, who wished to have prayers and daily masses said for their souls.

CHAPEL A place inside—though sometimes outside—a church with a separate altar, often for worship in honor of a particular saint. Also a place for worship in a large house or institution, such as a prison or hospital.

CHAPTER HOUSE The room in a monastery where monks gathered on a daily basis to hear a "chapter" from the Rule of their Order being read, and to discuss business affairs.

CHATEAU A country or manor house, or castle, most commonly found in France.

CHATRI A pillared pavilion on top of which is a dome. It is typical of Mughal architecture in 16th- and 17th-century India.

CHAULTRI A pillared hall built as part of an Indian temple complex.

CHENG In Chinese architecture, city wall or "to wall a city." Also city.

CHEVRON A **Romanesque molding** in the shape of a zigzag.

CHIGI Scissorslike decoration on the roof of a Japanese Shinto temple.

CHINOISERIE European imitations of the style of Chinese art and architecture, which reached their height of popularity in the 18th century. They included numerous **pagodas**.

CHIWEN In Chinese architecture, a **finial** that stands at each of the two ends of a roof's ridgepole to cover the joint of the roof slopes.

CHOIR The section of a church, usually within the **chancel**, used by choristers and clergy.

CHORTEN A Tibetan **stupa.**

CHUANDOU In Chinese architecture, the column-and-tie structure, in which the weight of a building's roof is borne directly by columns rising toward the ridge and receiving the **purlins.**A set of horizontal, transversal **tie beams** penetrates the bodies of the columns, knitting them into a framework.

CHULLPA In pre-Columbian architecture, a sepulchral tower built to bury the dead with all their possessions.

CIBORIUM A **canopy** over the high altar in a church, usually consisting of a dome supported on columns.

CINQUEFOIL See **foils**.

CIRCUS In Roman architecture, a roofless oblong building with tiers of seats on two sides and on one rounded end. It was most often used for horse or chariot racing.

CLERESTORY The upper section of a church above the **aisle**, which consists of a range of windows.

CLOISTER An enclosed space, usually a quadrangle, around which is a roofed walkway with a **colonnade** or **arcade** on the inside. It connects the domestic parts of a **monastery** with the church.

COFFERING Sunken **panels** used to decorate a ceiling, dome, or **vault**.

COLONNADE A line of columns bearing arches or an **entablature**.

COLOSSAL ORDER See also **giant order**.

COLUMN A freestanding vertical round pillar made up of a base, **shaft**, and **capital**. It is normally a form of support, but may be erected on its own as a monument.

COMPOSITE ORDER The last and most elaborate of the **orders** in classical architecture. It was created by the Romans and combined elements of the **Ionic** and **Corinthian** orders.

COMPOUND PIER A **pier** with several **shafts.** Also called a clustered pier.

CONCH A semicircular **niche** over which is a half-dome.

CONSOLE An ornamental **bracket** with a curved outline.

CORBEL A projecting **bracket**, usually made of stone, that supports a beam and is often decorated.

CORBEL TABLE A projecting layer of stones or bricks supported by a line of **corbels** to create a **parapet**.

CORINTHIAN ORDER An **order** in classical architecture invented by the Athenians in the 5th century BCE and later developed by the Romans. It is distinguished from the **Ionic** order mainly by the column's **capital**, which includes rows of **acanthus** leaves.

CORNICE In classical architecture the top section of an **entablature**. It is also the decorative **molding** along the top of a building or a part of it, such as a wall, arch, or **pedestal**.

CORONA The vertical upper part of a **cornice**.

COTTAGE ORNÉ A rustic building constructed for its picturesque qualities, such as a thatched roof and wooden beams. Such buildings were popular in England in the late 18th and early 19th centuries.

COUNTER-REFORMATORY DECORATION A form of decoration based on principles of dramatic emphasis, in which painted **stucco**, three-dimensional sculpture, and fragmented architectural features are combined to frame large fresco **panels**.

COUR D'HONNEUR The forecourt of a French **hôtel** or private urban **villa**.

CREPIDOMA The stone platform of a Greek temple, usually with three steps.

CREST An ornamental ridge along the top of a wall or building.

CRESTERIA See **roof comb**.

CROCKET In **Gothic** architecture, an ornamental hooklike spur of stone that projects from the sides of a **gable**, **pinnacle**, or **spire.** It may also decorate the **capital** of a column.

CROSS-DOMED Applied to a church built in the shape of a cross, with a dome over the center. Such churches are associated with Early Christian and **Byzantine** architecture.

CROSSING The place in a church where the **nave**, **chancel**, and **transept** intersect.

CROSS-IN-SQUARE The most widespread plan for **Byzantine** churches. It is composed of a central **bay** with four surrounding large rectangular bays and four smaller bays at the angles of the cross. The bays are either domed or **vaulted**.

CROSS VAULT Another name for a groin vault, formed by two **barrel vaults** of identical size intersecting at right angles.

CROWN-POST ROOF A roof with a vertical post standing centrally on a **tie beam**. Instead of rising to the ridge of the roof, the crown post supports a longitudinal **purlin**.

CROWSTEPS Also known as corbie steps, used to decorate a **gable**.

CRYPT A **vaulted** area beneath the main floor of a church, often housing tombs or relics.

CUBIFORM CAPITAL A capital whose shape is produced by the interpenetration of a cube and a hemisphere.

CUPOLA A **dome**, especially a miniature one crowning a **turret**, on a **drum** surmounted by a **lantern**.

CUSP A point where **foils** or **tracery** arcs meet in **Gothic** window tracery.

CYCLOPEAN In preclassical Greek architecture, a term that refers to masonry constructed with very large irregular blocks of stone. Also refers to any masonry constructed from large, rough-hewn stone blocks.

CYMA REVERSA A double-curved **molding**, convex in the upper part and concave below.

CYMATIUM In a classical **entablature**, the uppermost section of **molding**.

DADO In classical architecture, the portion of a **pedestal** or **plinth** between the **cornice** and base.

DAGABA See **stupa**.

DAIS A raised platform at one end of a medieval hall.

DARGAH In Islamic architecture, an impressive entrance, gateway, or doorway.

DECASTYLE Refers to a **portico** with ten columns across the front.

DECORATED The second of three phases in English **Gothic** architecture, dating from around 1250 to 1340. It was characterized by ornate **moldings**, multiple **ribs**, and **ogees** in arches and in the **tracery** of windows.

DENTIL A small square block used in series in the **corona** of a classical **cornice**.

DIACONICON In **Byzantine** architecture, a room within or attached to a church.

DIAPER WORK Decoration consisting of a small repeated pattern, such as squares, that completely covers a surface.

DIAPHRAGM ARCH An arch across the **nave** of a church, which partitions the roof into sections.

DIOCLETIAN WINDOW See **thermal window**.

DIPTERAL A term that refers to a building with two rows of columns on each side.

DOME A curved **vault** on a circular or square base. In section it can be semicircular, bulbous, or pointed. When the base is square, **pendentives** or **squinches** are inserted at the corners to change it into a near-circle.

DORIC ORDER An **order** in classical architecture that is divided into Greek Doric and Roman Doric. The Greek Doric column was fluted, had no base, and a **capital** with simple **molding** and an **abacus**. The Roman Doric column was slimmer and nonfluted, and had a low base and smaller capital.

DORMER WINDOW A vertical window in a sloping roof, which has its own roof and **gable**.

DOSSERET In **Byzantine** and **Romanesque** architecture, a block or slab placed on top of an **abacus**.

DOUGONG In Chinese architecture, a **bracket** set (*dou*—bearing block, *gong*—bracket arm).

DRIP STONE A projecting **molding** above a door, window, or arch to provide protection from the rain. Also known as a hood mold.

DROP TRACERY A border of pendant **tracery** on the underside of a **Gothic** arch.

DRUM The vertical wall on which a dome or **cupola** sits. Also one of the cylindrical blocks that comprise the **shaft** of a column.

EARLY ENGLISH The first of three phases in English **Gothic** architecture, dating from the late 12th century to around 1250. During this time churches in England began to be built with pointed arches and **rib vaults**.

EAVES The lower edge of a sloping roof.

ECHINUS A convex **molding** found between the **shaft** and **abacus** of a **Doric** column, and below the **volutes** of the **capital** in an **Ionic** column.

EFFIGY A portrait of a person, usually sculpted.

EGG-AND-DART A decorative **molding** in which egg-shaped and arrowhead forms alternate.

ELEVATION The flat side or external face of a building. Also a drawing projected on a vertical plane showing the face of a building.

ENCEINTE The main area of a fortress, which is surrounded by a wall or ditch.

ENFILADE An arrangement of doors employed by the French that enables a view to be seen when all the doors in a series of rooms are open.

ENTABLATURE In classical architecture, the section of a building that is supported by columns and consists of an **architrave**, **frieze**, and **cornice**.

ENTASIS The slight swelling outward used on classical columns to counteract the optical illusion of concavity in a straight-sided column.

ESPAGNOLETTE A long, hinged fastening on double French windows and doors, first used in the 17th century.

ESTIPITE A **pilaster** that gets narrower toward the base.

ETRUSCAN A civilization that flourished in Italy *c.* 780–100 BCE.

EXEDRA A large **apse**. Also a semi-circular or rectangular recess or **niche**.

FAÇADE An exterior face of a building, usually the front.

FANLIGHT A window over a door, often semicircular in shape. Also the upper part of a window with hinges that allow it to be opened separately.

FASCIA A horizontal band, usually in an **architrave**. It may be in a series of two or three, each of which juts out slightly further than the one above.

FESTOON A form of decoration, often used in a **frieze** or **panel**, that consists of a garland of flowers and fruit, or length of cloth, perhaps tied with ribbons.

FILLET A narrow, slightly raised band between **flutes** in a column or around an arch. Also the top part of a **cornice**.

FINIAL An ornament, often knob-like and with a leafy pattern, on the top of a **pinnacle**, **gable**, **spire**, or **canopy**.

FLAMBOYANT The late French **Gothic** style of the 15th and 16th centuries, characterized by flamelike **tracery** and elaborate carving.

FLÈCHE A slender **spire**, usually made of wood.

FLUTING Shallow concave channels that run vertically down the **shaft** of a **column** or **pilaster**. The channels may be separated by **fillets**.

FLYING BUTTRESS An arch or half-arch that gives extra support to the upper part of a wall by transmitting the thrust of a **vault** or roof to a support that stands outside.

FOILS The lobe-shaped curves between **cusps,** or projecting points, in **Gothic** window **tracery**. A prefix indicates the number of foils, as in cinquefoil (five foils).

FOLIATE BAND A **band** decorated with leaflike patterns.

FOLLY A decorative building, usually in the form of a classical or **Gothic** ruin or a tower, built to add interest to the landscape.

FORUM An open space used as a market or meeting place in a Roman town. The equivalent of the Greek **agora**, it was usually surrounded by **colonnades** and public buildings.

FRETWORK Decorative geometrical carving or metalwork, sometimes with holes.

FRIEZE A horizontal band that may be painted or decorated with sculpture or **moldings**. It may run along the upper part of a wall, or form the middle section of an **entablature**, between the **architrave** and **cornice**.

FRIGIDARIUM In ancient Roman baths, a room for taking a cold bath.

FRONTISPIECE The main **façade** of a building. Also a **pediment** over a door or window.

GABLE A triangular feature, often the upper section of a wall at the end of a pitched roof. It may also be used as a form of decoration above the **portal** (entrance) of a **Gothic** building. The sides are usually straight, but some are curved, stepped, or shaped in some other way.

용어설명
Glossary

GABLEBOARD A wooden board placed along the sloping edges of a **gable**, sometimes to mask the ends of roof timbers. Also called a bargeboard, it can be plain or decorated. See **bargeboard**.

GALILEE A **vestibule**, or sometimes a chapel, at the west end of a church.

GALLERY An upper storey on the interior wall of a secular building or a church, where it projects over an **aisle**. Also a long room in a large house or palace, used for recreation and sometimes to display paintings.

GARBHAGRIHA The most sacred part of an Indian temple, a small dark room in which the deity was placed.

GARGOYLE A water spout in the shape of a grotesque figure, which projects from a roof or wall.

GEORGIAN A style of English architecture between the early 18th and early 19th centuries, characterized by classical features.

GEKU In Japanese Shinto architecture, an outer shrine for a local god.

GIANT ORDER An **order** whose columns are several storeys high. Also called the **colossal order**.

GOPURAM A monumental towered gateway at the entrance to an Indian Hindu temple complex.

GOTHIC A general term for medieval architecture whose chief features were pointed stone arches, **rib vaults**, **flying buttresses**, and windows with delicate **tracery** and colored glass. First appearing in France in the mid-12th century, the style dominated European architecture for the next 350 years.

GREEK CROSS A cross with four arms of equal length.

GREEK REVIVAL A fashion in Europe and the US, between the 1780s and 1830s, for imitating elements of ancient Greek architecture.

GROIN VAULT See **cross vault**.

GROTESQUE Painted or low-relief decoration based on ancient Roman decoration; it consisted of **arabesque**-like motifs with human figures and animals. It was first used in 16th-century Italy after examples were discovered in underground Roman ruins known as *grotte*.

GUILLOCHE A pattern of plaited bands used on a **molding**.

HAMMER-BEAM ROOF A roof in which short horizontal **brackets**, called hammer beams, project inward from opposite walls and support vertical beams called hammer-posts.

HARMONIC PROPORTIONS A system used by the Romans, and later developed by Italian **Renaissance** architects and subsequently by Andrea Palladio, under which proportions in buildings were related to music.

HELM ROOF A roof with four inclined faces that rise from **gables** and join at the top.

HEPTASTYLE Refers to a **portico** with seven columns across the front.

HERM A post topped by a bust of Hermes or other god, or a human head.

HEXASTYLE Refers to a **portico** with six columns across the front.

HIPPED ROOF A roof with four sides that slope upward. Four "hips" are formed by the meeting of two sloping surfaces.

HIPPODROME In ancient Greece and Rome a construction, usually without masonry, where horse and chariot races were held.

HONDO In Japanese architecture, originally an image hall in a Buddhist temple. From the 12th century, a temple to enter and pray in.

HOOD MOLD See **drip stone**.

HORSESHOE ARCH An arch in the shape of a round or pointed horseshoe, often a feature of Islamic buildings.

HÔTEL A French private urban **villa** built to a design established in the 16th century, in which the main part of the house and two wings surround a courtyard separated from the street by a wall or a stable and kitchen block.

HYPAETHRAL A construction with its central space wholly or partially open to the sky.

HYPOSTYLE A building, usually a large hall, in which the roof is supported by several rows of columns.

HYPOTRACHELIUM In a **Doric** column, the groove at the top of the **shaft**, below the **capital**.

ICONOSTASIS In a **Byzantine** church, a screen with three doors, placed across the **nave** and in front of the altar. From the 14th century onward it developed into a stone or wooden wall with icons.

IMPOST BLOCK A block between the **capital** and **abacus** of a column, which has splayed sides.

IN ANTIS A term that refers to the columns between the **antae** (see **anta**).

INCA A South American civilization centered on Cuzco in Peru, dating from the 14th century to the 1530s. At its height, the Inca empire extended 2,600 miles (4,200 km) down the western coast.

INFILL Material used to fill a cavity, or a gap in something such as a row of buildings.

INTERCOLUMNIATION The space between adjacent columns, whose width is frequently a multiple of the diameter of the columns.

IONIC ORDER An **order** in classical architecture that originated in Asia Minor in the mid-6th century BCE. It is characterized by scroll-shaped **volutes** on the column's **capital**, **dentils** in the **cornice**, and a **frieze** that may bear continuous low-relief decoration.

IWAN In Islamic architecture, a large **vaulted** hall open on one side to a courtyard.

JALI In Islamic architecture, a perforated screen that fills an external window.

JAMB The vertical side-section of a door or window frame. Also the vertical inside face of an opening in a wall, such as an archway.

JETTY In a timber-framed building, the overhang of an upper storey created by making the beams and joists of the lower storey extend beyond the external wall.

JIAN In Chinese architecture, a **bay** or interval between columns.

JUANSHA In Chinese architecture, the equivalent of **entasis**.

KEY PATTERN An example of a **fret**, a repeated geometrical pattern made up of straight horizontal and vertical lines, used to decorate a band.

KEYSTONE The central stone of a semicircular arch.

KHANQAH An Islamic monastery.

KING-POST ROOF A roof in which a vertical timber, known as the king post, rises from the center of a transverse (tie) beam to meet a ridge-piece that runs along the roof's ridge.

KIOSK An open pavilion or summerhouse usually supported by pillars. Most often found in Turkey and Iran, a typical European adaptation is the bandstand.

KUMBHA In Indian architecture, a curved, cushion **capital**.

LABEL STOP An ornamental **boss** at each end of a **drip stone**.

LADY CHAPEL A chapel dedicated to the Virgin Mary.

LANCET WINDOW A tall, slender window with a pointed arch, typical of early **Gothic** architecture.

LANTERN A small circular or polygonal structure that crowns a dome, usually with windows and an open base to allow light to enter the space below.

LATH See **stambha**.

LESENE A rectangular column without a base or **capital**, which is built into a wall and projects slightly from it. It may be either a structural or a decorative feature.

LINTEL A wooden or stone beam across the top of an opening such as a window or door.

LOGGIA A gallery or room that is open on at least one side. It may be part of a building or separate, and it may have **piers** or **columns**.

LOUVER An opening in the roof of a room to let out smoke from a centrally placed fire. Also one of a series of overlapping parallel slats in a window or door, which slope outward and let in air while providing protection from rain.

LUCARNE A **dormer window** or a small opening in an attic or spire.

LUNETTE WINDOW A semicircular window.

LYCH GATE A roofed gate to a churchyard, traditionally used as a place where a coffin could be temporarily placed—*lych* being a Saxon word for corpse.

MACHICOLATION A defensive construction that projects from a castle wall or tower and is supported by **corbels**. Openings in the floor between the corbels allowed boiling oil and missiles to be dropped onto attackers.

MADRASA An Islamic theological college.

MANASTAMBHA In Indian architecture, the Jain form of a **stambha** or **column**, which carries a small pavilion on its **capital**.

MANDALA In Indian architecture, a geometric diagram used as a plan for a Hindu or Jain temple.

MANDAPA In Indian architecture, an assembly hall for worshippers in a Hindu or Jain temple complex.

MANNERISM A term applied to the art and architecture of Italy, France, and Spain between the High **Renaissance** and the **Baroque**, which is characterized by the use of motifs in a way that was not originally intended.

MANSARD ROOF A roof—named after the French architect François Mansart—with a double slope on each of its four sides. The lower sections are steeper and longer than the upper sections.

MARTYRIUM A structure erected on a site sacred to Christianity or symbolizing an act of martyrdom. In Early Christian architecture a martyrium was often a circular structure, unless it was a church.

MASHARABIYYA A wooden screen or grille, common in houses in Islamic countries.

MASTABA An ancient Egyptian tomb that simulated the plan of a residence. A mound with a rectangular base, sloping sides, and flat top covered a broad underground burial chamber.

MAUSOLEUM A large stately tomb.

MAYA A Native American civilization composed of city-states, which developed in Mexico and north Central America from around 1500 BCE and particularly flourished in the period 300–800 CE. It went into decline from the 9th century and the Maya people were finally conquered by the Spanish in the 16th century.

MEGARON The central complex of a **Mycenaean** palace and the main domestic unit. It was a long, narrow suite composed of a columned porch, an antechamber and the megaron proper.

MERLON The raised section in a **battlement**.

MESOAMERICA A term that refers to Central America and the part of Mexico within which civilizations flourished from about 1000 BCE until the Spanish conquest in the 16th century.

METOPE In a frieze of the **Doric order**, the rectangular area between two **triglyphs**. It may be left plain or decorated.

MIHRAB A **niche** in the wall of a **mosque** oriented toward Mecca.

MIMBAR The **pulpit** in a **mosque**.

MINARET A tall, usually slender tower with projecting balconies, which is connected to a **mosque**. It is used by the muezzin to call people to prayer.

MINOAN A Bronze Age civilization that flourished in Crete around 2000–1450 BCE.

MODILLION CORNICE A **cornice** whose protruding upper section rests on a series of small, paired **brackets** or **consoles**.

MODULE A unit of measurement used to determine proportions in the design of buildings. In classical architecture it was commonly half the diameter of a column immediately above the base.

MOLDING A sculpted band with a distinctive profile, used to decorate a wide range of protruding surfaces, including column bases and **capitals**, door and window jambs, and the edges of **panels**.

MONASTERY A group of buildings in which a religious community, usually of monks, lives in seclusion from the outside world.

MONOLITHIC Created from a single stone.

MORTICE AND TENON JOINT A joint consisting of a socket (mortice) into which a projecting piece (tenon) fits.

MOSAIC An area of surface decoration for a floor or wall composed of small pieces of stone, glass, or marble set into cement, mortar (a mixture of cement or lime with sand and water) or mastic (putty-like adhesive).

MOSQUE An Islamic place of worship, usually with one or more **minarets**.

MOUCHETTE A curved, **lancet**-shaped motif with a round or pointed head, used in **tracery** of the **Decorated** style.

MUDÉJAR A Spanish style of architecture that includes Islamic elements in the design of Christian buildings. The most notable examples date from the 13th and 14th centuries.

MULLION AND TRANSOM A mullion is an upright that divides an opening, usually a window, into two or more sections. A transom is a horizontal bar across the window.

MUQARNAS In Islamic architecture, ceiling decoration that resembles stalactites.

MUTULE In the **Doric order**, a rectangular slab that projects from under the **corona** of the **entablature**.

MYCENAEAN A civilization that flourished in Greece around 1600–1200 BCE.

NAIKU In Japanese Shinto architecture, an inner shrine for the ancestral god of the imperial family.

NAISKOS See **adytum**.

NAOS The principal enclosed area of a Greek temple, which contained the statue of a god or goddess.

NARTHEX An enclosed porch in front of the entrance of some Early Christian churches.

NAVE The central part of a church that runs from the main entrance to the **transept** or **apse**.

NEEDLE SPIRE A thin **spire** whose base is on a tower roof and is surrounded by a narrow walkway and **parapet**.

NEOCLASSICISM The last phase of European classicism, dating from the late 18th century. It placed great emphasis on geometrical forms and the sparing use of ornamentation.

NEWEL The central pillar of a winding staircase. Also a post at the top or bottom of a staircase, to which the handrail is attached.

NICHE A concave recess in a wall, usually arched and housing statuary, an urn, or other form of decoration.

NORMAN In architecture, the **Romanesque** style in England dating from the **Norman** conquest of 1066 to around 1180, when the first buildings in the **Early English** style were constructed.

NYMPHAEUM A Roman building dedicated to nymphs and containing columns, statues, and fountains, where people could relax.

OBELISK A tall stone **shaft**, usually granite, **monolithic**, and tapering, originally a feature of ancient Egyptian architecture.

OCTASTYLE Refers to a **portico** with eight columns across the front.

OCULUS A round window or an opening at the apex of a dome.

ODEON (pl. **ODEA**) In ancient Greece and Rome, a hall for music

용어설명
Glossary

that closely resembled a theater, but was smaller and either partly or wholly roofed over.

OEIL-DE-BOEUF A small round or oval window.

OGEE An S-shaped double curve often used in the design of **moldings** or of pointed **Early English** arches.

OLMEC A **Mesoamerican** culture that flourished around 1200–300 BCE.

ONION DOME A pointed bulbous dome used on the top of churches and church towers, and common in Russia and eastern Europe.

OPENWORK Work, often decorative, that contains perforations.

OPISTHODOMOS The room within a Greek temple that is situated at the back, behind the **naos**.

OPUS RETICULATUM In Roman architecture, a construction consisting of **pyramid**-shaped stones laid on the diagonal into which concrete was poured.

OPUS SECTILE A covering on a wall or floor made up of tiles or slabs of marble cut to form geometric patterns.

ORATORY A small private chapel in a church or house that contained an altar.

ORDER A style of **column** and **entablature** in classical architecture. There were five orders: the **Doric**, **Ionic**, and **Corinthian** developed by the Greeks; and the **Tuscan** and **Composite** developed by the Romans. May also refer to any arrangement of columns and entablature, as in the **giant order**.

ORIEL A **bay window** projecting from a wall.

PAGODA A tower that is several storeys high, often associated with Buddhism and most common in China, Japan, and Nepal. Each storey may be slightly smaller than the one below and have its own roof and balcony.

PALAESTRA A privately owned Greek wrestling school, similar to a gymnasium.

PALAZZO An Italian palace or any impressive public building or private residence.

PALISADE A series of strong, thick poles forming a protective fence.

PALLADIANISM A style of building based on the publications of the Italian 16th-century architect Andrea Palladio, and particularly popular in England in the 18th century. It followed classical Roman conventions.

PALMETTE A fan-shaped decoration on the **capital** of a **column**, which resembles the leaves of a palm tree.

PANEL A flat-surfaced portion that is sunk below, or raised above, the surrounding area, and may be edged with **molding**.

PARAKKLESION A **Byzantine** chapel that may be attached to another building or be freestanding.

PARAPET A low wall running the length of any feature, such as a balcony, terrace, or bridge, immediately below which is a sudden drop. May also be a defensive wall, perhaps with **battlements**.

PASTOPHORY In an **Early English** or **Byzantine** church, a side-chamber flanking the **apse**.

PATERA In classical architecture, a small, flat circular or oval piece of decoration, often featuring **acanthus** leaves.

PAVILION A summerhouse or decorative building in a garden or park. May also be an addition to a larger building, in which case it will have a distinctive feature such as a domed roof. In Britain the term may be used for a building in a sports ground where players can get changed.

PEDESTAL A support underneath a column, statue, urn, or other feature. In classical architecture it consists of a **plinth** or base, on top of which is narrower but taller **dado** surmounted by a **cornice**.

PEDIMENT A low-pitched **gable** end of a building, usually above a **portico**. A distinctive feature of classical and classically inspired architecture, it is often decorated with high-relief sculpture.

PENDANT An elongated **boss** that hangs down from a **vaulted** roof or ceiling.

PENDENTIVE A concave, inverted triangular piece of masonry that helps to support a circular dome over a square or polygonal base.

PERIPTERAL A term that refers to a building surrounded by a single row of columns.

PERISTYLE A **colonnade** around a courtyard or the exterior of a building.

PERPENDICULAR The third of three phases in English **Gothic** architecture, dating from around 1340 to 1530. It places great emphasis on straight horizontal and vertical lines, with windows and wall surfaces often divided by **tracery** into numerous rows of rectangular **panels** with vertical **ribs**.

PERRON A platform or terrace onto which the door of a house, church, or other building opens. It may also be a flight of steps leading to a terrace or doorway.

PEW A long benchlike seat in a church.

PIANO NOBILE The main floor in an Italian palace, where the reception rooms are located.

PICTURESQUE A term applied in 18th- and 19th-century England to landscapes and buildings that strike the imagination with the force of a painting. Examples included the **cottage orné** and the castellated **Gothic** house of the type designed by John Nash.

PIER A solid vertical support, often rectangular in shape and sometimes with a **capital** and base.

PILASTER A shallow **pier** that stands out slightly from a wall and in classical buildings has the features of one of the **orders**.

PILLAR See **pier**.

PINNACLE A small construction like a **turret**, usually ornamental, at the top of a **spire**, **buttress**, or some other part of a building.

PISCINA A shallow stone basin, usually within a **niche**. Also a pool or basin in Roman baths.

PISHTAQ In Islamic architecture, a large gateway.

PITCHED ROOF The most common type of roof, which has two slopes meeting at a central ridge and **gables** at both ends.

PLACE ROYALE A square in France, most commonly dating from the 17th century, with housing for the nobility.

PLATERESQUE Literally "silversmith-like," a style of highly decorative architecture associated with 16th-century Spain.

PLAZA An open space or square.

PLINTH A block, usually square, that is the bottommost section of a column base. Also refers to a projecting bottom section of a wall.

PODIUM A large platform. More specifically, it may be a platform on which an ancient building was constructed, or a platform encircling the arena in an **amphitheater** or **circus**.

PORCH A low structure, usually roofed, at the entrance to a building.

PORTAL An impressive entrance, gateway, or doorway, often decorated.

PORTICO An open space with a roof supported by columns, at the entrance to a building such as a house, temple, or church.

PRAKARA A courtyard surrounding an Indian Hindu temple and containing shrines and other structures.

PRASTARA The **entablature** in an Indian building.

PRECINCT An area with a fixed boundary, often in the form of a wall.

PRESBYTERY The area in a church that lies east of the **choir** and contains the high altar.

PRIORY A religious house governed by a prior or prioress.

PRONAOS A **portico** in front of the **cella** or **naos** in a classical temple, formed by the projection of the *cella*'s sidewalls. It has a row of columns along the front.

PROPYLAEUM (pl. **PROPYLAEA**) A monumental gateway, usually to the area around a classical temple.

PROPYLON In ancient architecture, a monumental gateway.

PROSTYLE A term that refers to a building that has a **portico** with columns only at the front.

PROTHESIS A room in a **Byzantine** church for storing the bread and wine used during Mass.

PSEUDODIPTERAL A term that refers to a temple with one row of columns on all sides.

PTEROMA A passageway in a Greek temple between a wall and a row of columns.

PTERON An external **colonnade**.

PULPIT A raised platform in a church where a preacher or reader stands.

PULPITUM A screen in a church that separates the **nave** from the **choir**.

PUMPKIN DOME A dome made up of concave sections with ridges, often found in Islamic architecture. Also called a melon or umbrella dome.

PURLIN A horizontal beam that runs the length of a roof and supports the common rafters on which the covering is laid.

PUTTI A decorative sculpture or painting that depicts naked infants.

PYLON In ancient Egyptian architecture, a structure consisting of sloping towerlike walls on either side of the entrance to a temple.

PYRAMID In ancient architecture, a huge stone structure with a square base and four triangular sloping sides that meet in a point at the top.

QIBLA In Islam, the direction of Mecca to which all must turn when praying. The qibla wall in a **mosque** contains the **mihrab niche**.

QUADRANGLE A rectangular courtyard, often with buildings on all four sides.

QUADRATURA In **Baroque** buildings, the painted architecture found on walls and ceilings. It was often a continuation of three-dimensional architectural features.

QUADRIGA In classical architecture, a sculpture of a chariot drawn by four horses.

QUATREFOIL See **foils**.

QUBBA A dome in a **mosque** or over a Muslim tomb.

QUEEN-POST ROOF A roof with two vertical members, known as queen posts, which are placed symmetrically on a transverse **tie beam** and are commonly connected by a horizontal collar.

QUINCUNX A term that refers to a church, usually **Byzantine**, built on a **cross-in-square** plan.

QUOIN A large dressed stone at the corner of a building, used either for reinforcement or for decoration. Quoins are often placed above each other so that there are alternating large and small faces.

RADIATING CHAPELS Chapels that project radially from an **ambulatory**.

RAFTER One of a number of sloping beams that form the framework of a roof.

RAKING CORNICE A **cornice** that follows the slope of a roof, **gable**, or **pediment**.

RATH/RATHA An Indian temple cut from a block of granite. The most notable examples date from the 7th century.

RAYONNANT The mid-French **Gothic** style of the 13th and 14th centuries, characterized by radiating lines of **tracery**.

REEDING Decoration made up of adjacent, parallel convex **moldings** known as reeds.

RELIEF CARVING A carving that protrudes from a flat background.

RELIEVING ARCH An arch built into a wall over an arch, doorway, or window to discharge the weight of the wall above.

RENAISSANCE The period in European history and culture, between the 14th and 16th centuries, when there were dramatic advances in the arts and learning as a result of a "rebirth" of knowledge about classical Greece and Rome. The architecture was a revival of the classical style of ancient Rome.

REREDOS An ornamental screen behind an altar.

RETROCHOIR The space behind the high altar in a church.

REVETMENT A facing, usually of stone, that is intended to be more attractive or durable than the wall it covers.

RIB A slender, projecting arched band on a **vault** or ceiling, which has a structural or decorative purpose.

RIWAQ A hall in a **mosque** with a **colonnade** or **arcade**.

ROCAILLE Ornamentation associated with the 18th-century **rococo** style, which is based on the shapes of water-worn rocks and shells.

ROCOCO The last phase of the **Baroque** style, which originated in France in the mid-18th century. It is characterized by rich decoration—with an infinitely varied repertoire of motifs—and light, colorful interiors.

ROMANESQUE A style of architecture that developed in the 6th century from an interest in Roman imperial culture. It is characterized by use of the round arch and **basilica** plan.

ROOD TOWER A tower built above the **crossing** in a church.

ROOF COMB Generally a wall along the ridge of a roof. In Classic **Maya** architecture, a feature on the summit of a **pyramid** that consisted of two pierced framework walls leaning against each other with attached **stucco** relief sculpture. Also called a cresteria.

ROSE WINDOW A large circular window with **tracery** arranged like the spokes of a wheel. Common in **Gothic** buildings.

ROSETTE A small, flat, circular or oval piece of decoration with a floral motif, made from stone or wood and often attached to a wall.

ROTUNDA A circular building or room, usually domed.

ROUNDEL A small circular and ornamental window or **panel**.

RUSTICATED/RUSTICATION Refers to masonry consisting of large cut stone blocks that are smooth or roughly hewn.

SACRISTY A room in a church where altar vessels and the clergy's vestments are kept.

SALOMÓNICA Spanish term for a spirally **fluted**, or "solomonic," column.

SANCTUARY The area in a church around the main altar.

SANCTUM The most sacred place of a temple. Also an especially private place.

SANGHARAMA A residential court in an early Buddhist **vihara** or monastery.

SARCOPHAGUS A stone coffin, often elaborately decorated with sculpture and bearing inscriptions.

SAUCER DOME A dome that is not supported by a vertical wall and is segmental.

SCAGLIOLA A material that imitates marble and is used to cover the surfaces of columns, **pilasters**, and other interior features.

SCALLOP ORNAMENT A piece of decoration in the shape of a shell.

SCOTIA A concave **molding** such as that on the base of a classical **column**.

SCREEN A partition, usually of stone or wood, that divides one part of a building or room from another.

SCREENS PASSAGE In a medieval hall, the space between a screen and any doors to the kitchen, buttery, and pantry.

용어설명
Glossary

SCROLL An ornament or **molding** in the shape of a partly rolled scroll of paper. An example is the **volutes** found on the **capitals** of some classical **columns**.

SEDILIA Seats for the clergy (usually three), which are built into the **chancel** wall to the south of the altar.

SEGMENTAL Refers to an arch or any other curved feature whose shape is less than a semicircle.

SEKOS See **adytum.**

SEMIDOME A dome that covers a semicircular area such as an **apse**.

SEPULCHER A burial **vault** or tomb.

SERLIAN ARCADE A **rusticated arcade**, often limited to three arches, that is characteristic of **Palladian** houses and heightens the importance of the first floor and central block.

SHAFT The main vertical part of a column, between the base and **capital**.

SHENGQI In Chinese architecture, the gradual increase in the length of the columns from the center to the sides of a building.

SHOJI A sliding screen that partitions the **vestibule** from the inside rooms in a Japanese house.

SHRINE A container or building in which sacred relics have been placed. Also a site associated with a sacred person, which may contain the person's tomb and be a place of worship.

SIKHARA A beehive-shaped tower in a north Indian temple.

SOFFIT The underside of an architectural feature such as an arch, balcony, or **vault**.

SOLAR A room on an upper floor in a medieval house.

SOLEA A raised walkway in an **Early English** or **Byzantine** church that runs between the **ambo** and **bema**.

SPANDREL A roughly triangular area next to the curve of an arch on the left-hand and right-hand sides, or between two arches or the adjacent **ribs** of a **vault**. It is often decorated.

SPHINX In ancient Egyptian architecture, a figure with the body of a lion and a human head.

SPIRE A tall, slender structure that tapers to a point and rises from a roof or tower.

SPLAY-FOOT SPIRE A **spire** that is square at its base but octagonal for most of its height.

SQUINCH A small arch, or sometimes a **lintel**, positioned across the angle of a square or polygon structure to make it more round.

SQUINT An obliquely cut small opening in the wall of a church that allows the high altar to be viewed from places where it cannot otherwise be seen.

STADIUM In ancient Greece, a running track. Generally, a sports ground that is usually oval in shape.

STAMBHA In Indian architecture, a freestanding monumental column constructed close to a **stupa** or in front of a temple. Also called a lath.

STEEPLE A tower with a **spire** on top, as in a church.

STELA An upright stone slab decorated with an inscription and possibly a figure, often marking a grave. Also a vertical surface, with a commemorative inscription, on the wall of a building.

STEREOBATE A base constructed from solid masonry for a building, particularly one that includes a row of columns.

STIFF-LEAF A form of sculpted foliage in medieval buildings, usually on **capitals** and **bosses**.

STOA A long, narrow building with an open **colonnade** in place of one or two of the long walls.

STOMION The deep entrance, fronted by a doorway, of a **Mycenaean tholos** or tomb.

STRAPWORK A form of ornamentation in which a number of bands are interlaced.

STRING COURSE A continuous horizontal course of masonry that is either flush with, or projects from, the surface of the surrounding wall. It is usually narrower than other courses and molded.

STRUT A subsidiary timber that helps to provide support to a principal member of a roof.

STUCCO A durable plaster made of gypsum, lime, and sand, for external work. Also a fine plaster used for internal decorative work.

STUPA A Buddhist shrine in the form of a hemispherical dome (**anda**), built to commemorate Buddha and his teachings or to honor a sacred site or event.

STUPIKA A diminutive **stupa** that sometimes tops a gateway (**gopuram**) to an Indian Hindu temple complex.

STYLOBATE The top step of three comprising a **crepidoma**. More generally, a continuous platform of masonry that supports a **colonnade**.

SUKIYA STYLE A style of Japanese domestic architecture that was informed by the architecture of the teahouse from the late 16th century onward.

SUN DISK A disk that represents the sun and has wings, and is usually associated with ancient Egyptian architecture.

SUTRADHARA The chief architect of a classical Indian temple, who helped to oversee the temple's construction.

SWAG A **festoon** in the form of a length of draped fabric.

SYNTHRONON The seating for the clergy in a **Byzantine** or Early Christian church, usually within the **apse**.

TABERNACLE A recess or **niche**, with a **canopy**, whose function is to contain a statue. Also a small decorated box on the altar of a church, which contains the sacrament of the Eucharist.

TABLINIUM A room in a Roman house that marked the division between public and private areas, and stood between the **atrium** and **peristyle**.

TAILIANG In Chinese architecture, a column-beam-and-**strut** structure in which columns rise up to a roof supported by beams placed vertically over one another and separated by struts.

TALA One of a series of stepped tiers in the tower of a **rath**.

TALAR A tank in an Indian temple complex, used for bathing and sacred purposes.

TALUD-TABLERO In **Mesoamerican** architecture, a feature associated with stepped temple **pyramids**, in which an outward sloping section (*talud*) supports a rectangular, vertical **panel** (*tablero*) that is treated as a **frieze**.

TAMAGAKI In a Japanese Shinto shrine, a wooden fence of horizontal boards attached to upright posts.

TATAMI A straw mat in a Japanese house, which has a standard size and is used as a unit of area in measuring and planning the size of rooms.

TEE A **finial**, often in the form of an umbrella, at the top of a **stupa** or **pagoda**.

TEMENOS The sacred precinct of a Greek temple.

TEMPIETTO A small, usually ornamental, temple dating from the 16th century onward.

TENON See **mortice and tenon joint**.

TEPIDARIUM The warm room in Roman baths.

TERRACE A platform in front of a building or flat-topped embankment. Also a row of buildings that are attached to each other on both sides.

TESSERA A small piece of glass or marble used in the construction of a **mosaic**.

TETRACONCH A shape consisting of four lobe-shaped curves that join in points.

TETRASTYLE Refers to a **portico** with four columns across the front.

THEATER A building for viewing dramas and other types of performance, which in ancient Greece and Rome was entirely open-air.

THERMAE In ancient Rome, public baths.

THERMAL WINDOW A semi-circular window that is divided into three lights by **mullions** running from the outer curve to the straight base. Also known as a Diocletian window.

THOLOS A beehive-shaped tomb dating from the **Mycenaean** period, or any beehive-shaped building.

TIE BEAM The main horizontal transverse beam in a roof.

TITHE BARN A barn used for storing a parish's agricultural tithe, a tax—often in the form of produce—paid for the support of the clergy.

TOLTEC Ancient Native American civilization that dominated central Mexico from 900 to 1200 CE. Among the main features of Toltec architecture are multiple rows of columns and narrative relief **panels**.

TOOTH ORNAMENT A form of ornamentation in **Gothic molding**, made up of four-petalled flowers with projecting central points.

TOPE See **stupa**.

TORANA In Indian architecture, a gateway, particularly to the area around a Buddhist **stupa**.

TORII In Japanese architecture, a gateway to a Shinto shrine.

TORUS A convex **molding** that generally forms the bottom section of a column's base.

TOURELLE A **turret**.

TRABEATED Refers to a form of construction that uses a horizontal beam over supports, as opposed to the arched or **arcuated** form.

TRACERY The ornamental intersecting stonework in **Gothic** windows, **panel**, and screens and on the surface of **Gothic vaults**.

TRANSEPT The arm that crosses the **nave** of a church at right angles to produce a cross-shaped plan.

TRANSITIONAL Refers to the period of transition from the **Romanesque** or **Norman** to the **Gothic** style.

TRANSOM See **mullion and transom**.

TRAPEZOIDAL Refers to a quadrilateral in which two parallel sides are of unequal length.

TRAVERTINE A variety of limestone.

TREFOIL See **foils.**

TRIBUNE In classical architecture, a raised platform. Also the **apse** of a **basilica**.

TRIFORIUM An **arcaded** wall passage that runs parallel to the **nave** in a medieval church. In a three-storey building, it is between the ground-level arcade and the **clerestory**; in a four-storey building it is between the gallery and the clerestory.

TRIGLYPH A form of decoration in a **Doric** frieze, which consists of three vertical blocks separated by V-shaped grooves or glyphs.

TRIUMPHAL ARCH A freestanding monumental arch commemorating a great victory in battle, originally associated with the Romans.

TROPHY A sculptured composition of arms and armor commemorating a victory.

TSUI-TATE In Japan, a low freestanding screen.

TUDOR ARCH An arch whose sides start as curves but then straighten out to meet in a point at the apex. It was a common feature of Tudor architecture in England, a form of **Perpendicular Gothic** that developed between 1485 and 1547, during the reigns of Henry VII and Henry VIII.

TUMULUS A mound constructed over a tomb chamber or grave.

TURRET A small tower, often projecting from the corner of a building or wall.

TUSCAN ORDER The simplest of the Roman **orders**. Closest in style to the Greek **Doric**, one of its most notable characteristics is a plain **frieze.**

TYMPANUM The triangular space enclosed by the **moldings** of a **pediment**. Also the delineated space, often semicircular, between the **lintel** of a door and the arch situated above it.

TZOMPANTLI In **Mesoamerican** civilizations, a skull rack on which the heads of sacrificed people were deposited.

UNDERCROFT A **vaulted** room, sometimes partly or totally below ground, often under a church.

UPASTHANASALA In Indian architecture, a meeting hall in a Buddhist or Jain **monastery**.

URUSRINGA In Indian architecture, a small representation of a **sikhara** or tower of a temple used to decorate the sikhara itself.

USHNU In **Inca** architecture, a sacred table.

VAULT An arched roof or ceiling of stone or brick.

VEDIKA A railing that encloses a paved pathway around a **stupa**.

VENETIAN WINDOW A large window divided by columns or **piers** into three lights. The central light is larger than the other two and is often arched. Also called a **Palladian** or Serlian window.

VERANDA A covered porch or balcony that extends along one or more walls of a building and is open on the outer side.

VERMICULATION A form of decoration on stonework that consists of wavy lines resembling worm tracks.

VESTIBULE An anteroom or entrance area.

VESTRY A room in a church in which sacred vessels and the robes of the clergy and **choir** are kept.

VIHARA In Indian architecture, a Buddhist or Jain **monastery**.

VILLA In Roman and **Renaissance** architecture, a house on a country estate.

VIMANA The multistorey, pyramidal tower of a Dravidian temple.

VITRUVIAN SCROLL A classical form of decoration, often used in **friezes**, in which a wavelike band connects a series of scrolls. Also called a running dog.

VOLUTE A spiral scroll, the principal feature of an **Ionic** column.

VOUSSOIR A wedge-shaped stone or brick used in the construction of an arch or **vault**.

WAGON ROOF A roof with closely set rafters supported by curved braces, which may be left open, giving the effect of being inside a wagon with a covering of canvas stretched over hoops.

WAVE MOLDING A form of **molding** typical of the **Decorated** style, in which interlocking convex and concave curves represent the breaking of waves.

WHEEL WINDOW See **rose window**.

YASTI The pole above the **tee** on the pinnacle of an Indian Buddhist **stupa**.

XIAOSHOU In Chinese architecture, **acroteria**, each in the form of a fantastic animal, which are placed in line on the sloping ridge at the corner of a roof.

XOANON In ancient Greece, a crude wooden statue of a deity that was housed in a primitive hut.

ZIGGURAT A form of religious monument built in Sumer, Babylon, and other Middle Eastern civilizations between 3000 and 600 BCE. It had a rectangular or square base and was constructed as a truncated, stepped pyramid with rectangular or square tiers. A series of ramps led to a shrine at the top.

참고문헌
Bibliography

ANCIENT EGYPT

ALDRED, C., *Egyptian Art*, London, 1988

BADAWY, A., *A History of Egyptian Architecture*, Giza, 1954–68, 3 vols

EDWARDS, I. E. S., *The Pyramids of Egypt*, Harmondsworth, 1985

GORRINGE, H. H., *Egyptian Obelisks*, New York, 1882

MEHLING, M. (ed.), *Egypt*, Oxford, 1990

PETRIE, W. M. FLINDERS, *Egyptian Architecture*, London, 1938

SETON-WILLIAMS, V., *Egypt*, London, 1993 (3rd edn)

SMITH, W. STEVENSON, *The Art and Architecture of Ancient Egypt*, Harmondsworth, 1958 (revised edn 1981)

UPHILL, E. P., *The Temples of Per Ramesses*, Warminster, 1984

WILKINSON, SIR JOHN GARDNER, *The Architecture of Ancient Egypt*, London, 1850

ASSYRIA AND PERSIA

FERGUSSON, J., *The Palaces of Nineveh and Persepolis Restored*, London, 1851

FRANKFORT, H., *The Art and Architecture of the Ancient Orient*, Harmondsworth, 1954 (revised edn 1970)

LAYARD, A. H., *Monuments of Nineveh*, London, 1849, 2 vols

LAYARD, A. H., *Nineveh and Its Palaces*, London, 1849, 2 vols

LEICK, G., *A Dictionary of Ancient Near Eastern Architecture*, London, 1988

MALLOWAN, M. E. L., *Nimrud and Its Remains*, London, 1966, 2 vols

O'KANE, B., *Studies in Persian Art and Architecture*, Cairo, 1995

POPE, A. U., *Persian Architecture*, London, 1965

POPE, A. U. and ACKERMAN, P., *A Survey of Persian Art*, Oxford, 1939

EARLY AND CLASSICAL INDIA

ALLEN, MARGARET PROSSER, *Ornament in Indian Architecture*, London, Newark, and Toronto, 1991

BROWN, PERCY, *Indian Architecture: Buddhist and Hindu Periods*, Bombay, 1971 (6th edn)

BURGESS, JAMES, *The Ancient Monuments, Temples, and Sculptures of India*, London, 1911

FERGUSSON, J., *History of Indian and Eastern Architecture*, London, 1910 (revised edn), 2 vols

HARLE, J. C., *The Art and Architecture of the Indian Subcontinent*, London and New Haven, 1994

HAVELL, E. B., *The Ancient and Medieval Architecture of India: A Study of Indo-Aryan Civilization*, London, 1915

MEISTER, MICHAEL W. (ed.), *Encylopaedia of Indian Temple Architecture: Foundations of North Indian Style c. 250 BC–AD 1100*, Delhi, 1988

MEISTER, MICHAEL W. (ed.), *Encyclopaedia of Indian Temple Architecture: North India, Period of Early Maturity c. AD 700–900*, Delhi, 1991, 2 vols

MEISTER, MICHAEL W. (ed.), *Encylopaedia of Indian Temple Architecture: South India, Lower Dravidadosa 200 BC–AD 1324*, Delhi, 1983

MICHELL, GEORGE, *The Penguin Guide to the Monuments of India, Volume One: Buddhist, Jain, Hindu*, London, 1990

MURTY, K. SATYA, *Handbook of Indian Architecture*, New Delhi, 1991

EARLY AND DYNASTIC CHINA

BOYD, ANDREW, *Chinese Architecture and Town Planning, 1500 BC–AD 1911*, London, 1962

KESWICK, MAGGIE, *The Chinese Garden: History, Art, and Architecture*, New York, 1986 (2nd edn)

LIANG, SSU-CH'ENG, *A Pictorial History of Chinese Architecture: A Study of the Development of Its Structural System and the Evolution of Its Types*, ed. Wilma Fairbank, Cambridge, MA, 1984

LIU DUNZHEN (ED.), *Zhongguo Gudai Jianzhu Shi* (*A History of Ancient Chinese Architecture*), Beijing, 1980

LIU DUNZHEN, *Suzhou Gudian Yuanlin* (*Classical Gardens of Suzhou*), Beijing, 1979

MORRIS, EDWIN T., *The Gardens of China: History, Art, and Meanings*, New York, 1983

SICKMAN, LAURENCE and SOPER, ALEXANDER, *The Art and Architecture of China*, Harmondsworth, 1971 (3rd edn)

STEINHARDT, NANCY SHATZMAN, *Chinese Imperial City Planning*, Honolulu, 1990

STEINHARDT, NANCY SHATZMAN (ED.), *Chinese Traditional Architecture*, New York, 1984

TITLEY, NORAH and WOOD, FRANCES, *Oriental Gardens*, London, 1991

XU YINONG, *The Chinese City in Space and Time: The Development of Urban Form in Suzhou*, Honolulu, 2000

ZHANG YUHUAN (ED.), *Zhongguo Gudai Jianzhu Jishu Shi* (*A History of Ancient Chinese Architectural Technology*), Beijing, 1985

CLASSICAL JAPAN

BALTZER, FRANZ, *Die Architektur Der Kultbauten Japans*, Berlin, 1907

DRESSER, CHRISTOPHER, *Japan: Its Architecture, Art, and Art Manufactures*, London, 1882

FUJIOKA, M., *Shiro to Shoin*, 1973

INAGAKI, E., *Jinja to Reibyo*, Tokyo, 1968

KAWAKAMI, M. and NAKAMURA, M., *Katsura Rikyu to Shashitsu*, 1967

MASUDA, T., *Living Architecture: Japanese*, London, 1971

MORSE, EDWARD S., *Japanese Homes and Their Surroundings*, London, 1888

NAKANO, G., *Byodoin Hoodo (The Pavilion of the Phoenix at Byodoin)*, Tokyo, 1978

OTA, H., *Japanese Architecture and Gardens*, Tokyo, 1966

PAINE, R. and SOPER, A., *The Art and Architecture of Japan*, Harmondsworth, 1974

SANSOM, G. B., *A Short History of Japanese Architecture*, Rutland, VT, 1957

STANLEY-BAKER, JOAN, *Japanese Art*, London, 1984 and 2000

PRE-COLUMBIAN

COE, MICHAEL D., *The Maya*, London, 1995 (5th edn)

COE, MICHAEL D., *Mexico from the Olmecs to the Aztecs*, London, 1995

HEYDEN, DORIS and GENDROP, PAUL, *Pre-Columbian Architecture of Mesoamerica*, London, 1988

HYSLOP, JOHN, *Inka Settlement Planning*, Austin, 1990

KOWALSKI, JEFF KARL (ed.), *Mesoamerican Architecture as a Cultural Symbol*, Oxford and New York, 1999

KUBLER, GEORGE, *The Art and Architecture of Ancient America*, London and New Haven, 1993

MILLER, MARY ELLEN, *The Art of Mesoamerica from Olmec to Aztec*, London, 1986

PASZATORY, ESTHER, *Pre-Columbian Art*, London, 1998

RUTH, KAREN, *Kingdom of the Sun, the Inca: Empire Builders of the Americas*, New York, 1975

STIERLIN, HENRI, *The Maya, Palaces and Pyramids of the Rainforest*, Cologne, 2001

PRECLASSICAL

BOËTHIUS, AXEL, *Etruscan and Early Roman Architecture*, Harmondsworth, 1978

HAYNES, SYBILLE, *Etruscan Civilisation*, London, 2000

LAWRENCE, A. W., *Greek Architecture*, London and New Haven, 1996 (5th edn)

MARTIN, ROLAND, *Greek Architecture: Architecture of Crete, Greece, and the Greek World*, London, 1980

MATZ, FRIEDRICH, *Crete and Early Greece: The Prelude to Greek Art*, London, 1962

MYLONAS, GEORGE E., *Mycenae and the Mycenaean Age*, Princeton, 1966

STIERLIN, HENRI, *Greece: From Mycenae to the Parthenon*, London and Cologne, 2001

TAYLOUR, LORD WILLIAM, *The Mycenaeans*, London, 1964

ANCIENT GREECE

LAWRENCE, A. W., *Greek Architecture*, London and New Haven, 1996 (5th edn)

MARTIN, ROLAND, *Greek Architecture: Architecture of Crete, Greece, and the Greek World*, London, 1980

SCRANTON, ROBERT L., *Greek Architecture*, London, 1962

STIERLIN, HENRI, *Greece: From Mycenae to the Parthenon*, London and Cologne, 2001

TAYLOR, WILLIAM, *Greek Architecture*, London, 1971

TOMLINSON, R. A., *Greek Architecture*, Bristol, 1989

ANCIENT ROME

BOËTHIUS, A., *Etruscan and Early Roman Architecture*, New Haven and London, 1994

BROWN, F. E., *Roman Architecture*, New York, 1961

MACDONALD, W. L., *The Architecture of the Roman Empire*, New Haven, 1965–86 (revised edn 1982), 2 vols

MACKAY, A. G., *Houses, Villas, and Palaces in the Roman World*, London, 1975

NASH, E., *Pictorial Dictionary of Ancient Rome*, London, 1961–2 (2nd edn 1968), 2 vols

PLATNER, A. B. and ASHBY, T., *A Topographical Dictionary of Ancient Rome*, London, 1929

SEAR, F. B., *Roman Architecture*, London, 1982

SUMMERSON, J., *The Classical Language of Architecture*, London, 1980

VITRUVIUS, *On Architecture*, London and New York, 1931–34

WARD-PERKINS, J. B., *Roman Imperial Architecture*, London and New Haven, 1994

WHEELER, M., *Roman Art & Architecture*, London, 1964

EARLY CHRISTIAN AND BYZANTINE

KRAUTHEIMER, RICHARD, *Early Christian and Byzantine Architecture*, Harmondsworth, 1981

LASSUS, JEAN, *The Early Christian and Byzantine World*, London, 1967

MAINSTONE, ROWLAND J., *Hagia Sophia: Architecture, Structure and Liturgy of Justinian's Great Church*, London, 1988

MANGO, CYRIL, *Byzantine Architecture*, New York, 1976

MATHEWS, THOMAS F., *The Byzantine Churches of Istanbul: A Photographic Survey*, Pennsylvania, 1976

MILBURN, ROBERT, *Early Christian Art and Architecture*, Aldershot, 1988

RODLEY, LYN, *Byzantine Art and Architecture: An Introduction*, Cambridge, 1994

WHARTON, ANNABEL JANE, *Art of Empire: Painting and Architecture of the Byzantine Periphery, A Comparative Study of Four Provinces*, Pennsylvania, 1988

ISLAMIC

BLAIR, S. S. and BLOOM, J. M., *The Architecture of Islam 1250–1800*, London and New Haven, 1994

BLOOM, J. M., *Minaret: Symbol of Islam*, Oxford, 1994

COSTA, P. M., *Studies in Arabian Architecture*, Aldershot, 1994

CRESWELL, K. A. C., *A Bibliography of the Architecture, Arts, and Crafts of Islam*, Cairo, 1962 and 1973

DAVIES, PHILIP, *The Penguin Guide to the Monuments of India, Volume Two: Islamic, Rajput, and European*, London, 1989

ETTINGHAUSEN, R. and GRABAR, O., *The Art and Architecture of Islam 650–1250*, London and New Haven, 1987

FRISHMAN, M. and KAHN, H. U. (eds), *The Mosque: History, Architectural Development and Regional Diversity*, London, 1994

GRABAR, O., *The Great Mosque of Isfahan*, London, 1987

HARLE, J. C., *The Art and Architecture of the Indian Subcontinent*, London and New Haven, 1994

HILL, D. and GRABAR, O., *Islamic Architecture and its Decoration*, London, 1964

HILLENBRAND, R., *Islamic Architecture*, Edinburgh, 1994

HOAG, JOHN D., *Islamic Architecture*, New York, 1997

KUHNEL, E., *Islamic Art and Architecture*, London, 1966

MAYER, L. A., *Islamic Architects and Their Works*, Geneva, 1956

MICHELL, GEORGE (ed.), *Architecture of the Islamic World: Its History and Social Meaning*, London, 1978 (2000 edn)

ROMANESQUE

ARCHER, L., *Architecture in Britain & Ireland: 600–1500*, London, 1999

BROOKE, C. N. L., *The Twelfth Century Renaissance*, London, 1969

BUSCH, H. and LOHSE, B. (eds), *Romanesque Europe*, London, 1960

CONANT, KENNETH J., *Carolingian and Romanesque Architecture 800 to 1200*, Harmondsworth, 1973

DUBY, G., *The Europe of the Cathedrals, 1140–1280*, Geneva, 1966

EVANS, J. (ed.), *The Flowering of the Middle Ages*, London, 1966

FERNIE, ERIC, *The Architecture of Norman England*, Oxford, 2000

HOOKER, D. (ed.), *Art of the Western World*, London, 1989

KUBACH, HANS ERICH, *Romanesque Architecture*, London, 1988

SWARZENSKI, H., *Monuments of Romanesque Art*, London, 1974

OURSEL, R., *Living Architecture: Romanesque*, London, 1967

WATKIN, D., *A History of Western Architecture*, London, 1986

GOTHIC

ARCHER, L., *Architecture in Britain & Ireland: 600–1500*, London, 1999

ARSLAN, E., *Gothic Architecture in Venice*, New York, 1971

BONY, J., *French Gothic Architecture Twelfth to Thirteenth Century*, London and Berkeley, 1983

BRANNER, R., *St. Louis and the Court Style in Gothic Architecture*, London, 1964

FRANKL, P., *Gothic Architecture*, Harmondsworth, 1962

GRODECKI, LOUIS, *Gothic Architecture*, London, 1986

HARVEY, J. H., *The Gothic World 1100–1600*, London, 1950

HENDERSON, G., *Gothic*, Harmondsworth, 1967

PUGIN, A. and A. W., *Examples of Gothic Architecture*, London, 1838–40, 3 vols

WHITE, JOHN, *Art and Architecture in Italy 1250 to 1400*, Harmondsworth, 1966

WOOD, MARGARET, *The English Mediaeval House*, London, 1965

참고문헌
Bibliography

RENAISSANCE

ACKERMAN, J. S., *The Villa: Form and Ideology of Country Houses*, London, 1995

ALBERTI, LEON BATTISTA, *On the Art of Building in Ten Books*, translated by J. R. Rykwert *et al.*, Cambridge, MA, 1988

BLUNT, ANTHONY, *Art and Architecture in France 1500–1700*, London and New Haven, 1999 (5th edn)

BLUNT, ANTHONY, *Artistic Theory in Italy 1450–1600*, Oxford and New York, 1978

HEYDENREICH, L. H. (revised by P. Davies), *Architecture in Italy 1400–1500*, London and New Haven, 1996

LOTZ, W. (revised by D. Howard), *Architecture in Italy 1500–1600*, London and New Haven, 1995

MILLON, H. and LAMPUGNANI, V. M. (eds), *The Renaissance from Brunelleschi to Michelangelo: The Representation of Architecture*, Milan, 1994

MURRAY, PETER, *Architecture of the Renaissance*, New York, 1971

PALLADIO, ANDREA, *Four Books of Architecture*, English translation, New York, 1965

SUMMERSON, JOHN, *Architecture in Britain, 1530–1830*, London and New Haven, 1993

THOMSON, D., *Renaissance Architecture: Critics, Patrons, Luxury*, Manchester, 1993

WATKIN, D., *English Architecture*, London, 1979 (reprinted 1990)

WITTKOWER, R., *Architectural Principles in the Age of Humanism*, London and New York, 1988

BAROQUE AND ROCOCO

BLUNT, ANTHONY, *Art and Architecture in France 1500–1700*, London and New Haven, 1999 (5th edn)

BLUNT, ANTHONY, *Baroque and Rococo, Architecture and Decoration*, London, 1978

BOTTINEAU, YVES, *Iberian–American Baroque*, ed. Henri Stierlin, Cologne, 1995

DOWNES, KERRY, *English Baroque Architecture*, London, 1966

HEMPEL, EBERHARD, *Baroque Art and Architecture in Central Europe*, Harmondsworth, 1965

MARTIN, JOHN RUPERT, *Baroque*, London, 1989

MILLON, HENRY A. (ed.), *The Triumph of the Baroque, Architecture in Europe 1600–1750*, London, 1999

MINOR, VERNON HYDE, *Baroque and Rococo, Art and Culture*, London, 1999

NORBERG-SCHULZ, CHRISTIAN, *Baroque Architecture*, London, 1986

NORBERG-SCHULZ, CHRISTIAN, *Late Baroque and Rococo Architecture*, London, 1986

SUMMERSON, JOHN, *Architecture in Britain, 1530–1830*, London and New Haven, 1993

VARRIANO, JOHN, *Italian Baroque and Rococo Architecture*, Oxford and New York, 1986

WITTKOWER, RUDOLF, *Art and Architecture in Italy 1600–1750*, London and New Haven, 1999 (6th edn)

PALLADIANISM

BARNARD, TOBY and CLARK, JANE (eds), *Lord Burlington, Architecture, Art, and Life*, London, 1995

BOLD, JOHN, with REEVES, JOHN, *Wilton House and English Palladianism*, London, 1988

CAMPBELL, COLEN, *Vitruvius Britannicus*, London, vol. I 1715, vol. II 1717, vol. III 1725

HARRIS, JOHN, *The Palladian Revival, Lord Burlington, His Villa and Garden at Chiswick*, London and New Haven, 1994

HARRIS, JOHN, *The Palladians*, London, 1981

PARISSIEN, STEVEN, *Palladian Style*, London, 1994

SUMMERSON, JOHN, *Architecture in Britain, 1530–1830*, London and New Haven, 1993

SUMMERSON, JOHN, *Inigo Jones*, London and New Haven, 2000

TAVERNOR, ROBERT, *Palladio and Palladianism*, London, 1991

WITTKOWER, RUDOLF, *Palladio and English Palladianism*, London, 1983

WORSLEY, GILES, *Classical Architecture in England, The Heroic Age*, London and New Haven, 1995

NEOCLASSICAL

ADAM, ROBERT and JAMES, *Works in Architecture*, London, 1778

The Age of Neo-Classicism, Arts Council exhibition catalog, London, 1972

CROOK, J. M., *The Greek Revival*, London, 1972

HAMILTON, G. H., *The Art and Architecture of Russia*, Harmondsworth, 1983

HONOUR, HUGH, *Greek Revival Architecture in America*, Oxford, 1944

KALNEIN, W. G. and LEVEY, M., *Art and Architecture of the Eighteenth Century in France*, Harmondsworth, 1972

MIDDLETON, R. D. and WATKIN, D., *Neo-Classical and Nineteenth-Century Architecture*, London, 1977

PIERSON, W. H., *American Buildings and Their Architects: The Colonial and Neo-classical Styles*, New York, 1970

STILLMAN, D., *English Neo-classical Architecture*, London, 1988

SUMMERSON, JOHN, *Architecture in Britain, 1530–1830*, London and New Haven, 1993

WATKIN, D. and MELLINGHOFF, T., *German Architecture and the Classical Ideal, 1740–1840*, London, 1986

WIEBENSON, DORA, *Sources of Greek Revival Architecture*, London, 1969

WORSLEY, GILES, *Classical Architecture in Britain, The Heroic Age*, London and New Haven, 1995

PICTURESQUE

ARNOLD, D. (ed.), *The Georgian Villa*, Stroud, 1996

BALLANTYNE, A., *Architecture, Landscape and Liberty: Richard Payne Knight and the Picturesque*, Cambridge, 1977

DANIELS, S., *Humphry Repton: Landscape Gardening and the Geography of Georgian England*, London and New Haven, 1999

HARRIS, J., *The Architect and the British Country House*, Washington, 1985

HUSSEY, CHRISTOPHER, *The Picturesque: Studies in a Point of View*, London, 1983

LINDSTRUM, D. (ed.), *The Wyatt Family*, RIBA catalog, Farnborough, 1974

LOUDON, J. C., *The Encyclopedia of Cottage, Farm, and Villa Architecture*, London, 1833

LOUDON, J. C., *The Landscape Gardening and Landscape Architecture of the Late Humphry Repton*, London, 1840

MACDOUGALL, E. (ed.), *John Claudius Loudon and the Early Nineteenth Century in Great Britain*, Dumbarton, 1980

MANSBRIDGE, M., *John Nash: A Complete Catalogue*, London and New York, 1991

ROWAN, A., *Robert and James Adam: Designs for Castles and Country Villas*, Oxford, 1985

STAMP, G., *The Great Perspectivists*, London, 1982

SUMMERSON, JOHN, *Architecture in Britain, 1530–1830*, London and New Haven, 1993

TEMPLE, N., *John Nash and the Village Picturesque*, Gloucester, 1979

WATKIN, D., *The Buildings of Britain: Regency*, London, 1982

WATKIN, D., *The English Vision: The Picturesque in Architecture, Landscape, and Garden Design*, London, 1982

찾아보기
Index

찾아보기
Index

찾아보기
Index

찾아보기
Index

찾아보기
Index